工业机器人

工作站系统集成与应用

韩鸿鸾　编著

化学工业出版社

·北京·

图书在版编目（CIP）数据

工业机器人工作站系统集成与应用/韩鸿鸾编著．北京：化学工业出版社，2017.7（2024.7 重印）

ISBN 978-7-122-29807-2

Ⅰ.①工…　Ⅱ.①韩…　Ⅲ.①工业机器人-工作站-系统集成技术　Ⅳ.①TP242.2

中国版本图书馆 CIP 数据核字（2017）第 120811 号

责任编辑：贾　娜　　　文字编辑：陈　喆

责任校对：宋　玮　　　装帧设计：刘丽华

出版发行：化学工业出版社（北京市东城区青年湖南街 13 号　邮政编码 100011）

印　　装：北京盛通数码印刷有限公司

787mm×1092mm　1/16　印张 22½　字数 621 千字　2024 年 7 月北京第 1 版第 11 次印刷

购书咨询：010-64518888　　　售后服务：010-64518899

网　　址：http://www.cip.com.cn

凡购买本书，如有缺损质量问题，本社销售中心负责调换。

定　　价：98.00 元

前言

FOREWORD

近年来，我国机器人行业在国家政策的支持下，顺势而为，发展迅速，保持着35%的高增长率，远高于德国的9%、韩国的8%和日本的6%。我国已连续两年成为世界第一大工业机器人市场。

我国工业机器人市场之所以能有如此迅速的增长，主要源于以下三点：

（1）劳动力的供需矛盾。主要体现在劳动力成本的上升和劳动力供给的下降。在很多产业，尤其在中低端工业产业，劳动力的供需矛盾非常突出，这对实施“机器换人”计划提出了迫切需求。

（2）企业转型升级的迫切需求。随着全球制造业转移的持续深入，先进制造业回流，我国的低端制造业面临产业转移和空心化的风险，迫切需要转变传统的制造模式，降低企业运行成本，提升企业发展效率，提升工厂的自动化、智能化程度。而工业机器人的大量应用，是提升企业产能和产品质量的重要手段。

（3）国家战略需求。工业机器人作为高端制造装备的重要组成部分，技术附加值高，应用范围广，是我国先进制造业的重要支撑技术和信息化社会的重要生产装备，对工业生产、社会发展以及增强军事国防实力都具有十分重要的意义。

随着机器人技术及智能化水平的提高，工业机器人已在众多领域得到了广泛的应用。其中，汽车、电子产品、冶金、化工、塑料、橡胶是我国使用机器人最多的几个行业。未来几年，随着行业需要和劳动力成本的不断提高，我国机器人市场增长潜力巨大。尽管我国将成为当今世界最大的机器人市场，但每万名制造业工人拥有的机器人数量却远低于发达国家水平和国际平均水平。工信部组织制订了我国机器人技术路线图及机器人产业“十三五”规划，到2020年，工业机器人密度达到每万名员工使用100台以上。我国工业机器人市场将高倍速增长，未来十年，工业机器人是看不到天花板的行业。

虽然多种因素推动着我国工业机器人行业不断发展，但应用人才严重缺失的问题清晰地摆在我们面前，这是我国推行工业机器人技术的最大瓶颈。中国机械工业联合会的统计数据表明，我国当前机器人应用人才缺口20万，并且以每年20%～30%的速度持续递增。

工业机器人作为一种高科技集成装备，对专业人才有着多层次的需求，主要分为研发工程师、系统设计与应用工程师、调试工程师和操作及维护人员四个层次。其中，需求量最大的是基础的操作及维护人员以及掌握基本工业机器人应用技术的调试工程师和更高层次的应用工程师，工业机器人专业人才的培养，要更加着力于应用型人才的培养。

为了适应机器人行业发展的形势，满足从业人员学习机器人技术相关知识的需求，我们从生产实际出发，组织业内专家编写了本书，全面讲解了工业机器人的安装，工业机器人弧焊工作站系统集成、点焊工作站集成、搬运工作站系统集成、码垛工作站系统集成，工业机器人CNC机床上下料与自动生产线工作站的集成，喷涂工业机器人工作站的集成等内容，并简要介绍了工业机器人典型工作站，以期给从业人员和大学院校相关专业师生提供实用性指导与帮助。

本书由韩鸿鸾编著，张朋波、孔伟、王树平、阮洪涛、刘曙光、汪兴科、徐艇、孔庆亮、王勇、丁守会、李雅楠、梁典民、赵峰、张玉东、王常义、田震、谢华、安丽敏、孙杰、柳鹏、丛志鹏、马述秀、褚元娟、陈青、宁爽、梁婷、姜兴道、荣志军、王小方、郑建强、李鲁平等业内人员为本书的编写提供了帮助。在本书编写过程中得到了山东省、河南省、河北省、江苏省、上海市等技能鉴定部门的大力支持，此外，青岛利博尔电子有限公司、青岛时代焊接设备有限公司、山东鲁南机床有限公司、山东山推工程机械有限公司、西安乐博士机器人有限公司、诺博泰智能科技有限公司等企业为本书的编写提供了大量帮助，在此深表谢意。

在本书编写过程中，参考了《工业机器人装调维修工》《工业机器人操作调整工》职业技能标准的要求，以备读者考取技能等级；同时还借鉴了全国及多省工业机器人大赛的相关要求，为读者参加相应的大赛提供参考。

由于水平所限，书中不足之处在所难免，恳请广大读者给予批评指正。

编著者

目录

CONTENTS

第1章　工业机器人的安装 / 1

第2章　工业机器人弧焊工作站系统集成 / 55

第3章　工业机器人点焊工作站的集成 / 110

第4章　工业机器人搬运工作站系统集成 / 168

第1章

工业机器人的安装

工业机器人的研究工作是20世纪50年代初从美国开始的。日本、俄罗斯、欧洲的研制工作比美国大约晚10年。但日本的发展速度比美国快。欧洲特别是西欧各国比较注重工业机器人的研制和应用，其中英国、德国、瑞典、挪威等国的技术水平较高，产量也较大。

第二次世界大战期间，由于核工业和军事工业的发展，美国原子能委员会的阿尔贡研究所研制了“遥控机械手”，用于代替人生产和处理放射性材料。1948年，这种较简单的机械装置被改进，开发出了机械式的主从机械手（见图1-1）。它由两个结构相似的机械手组成，主机械手在控制室，从机械手在有辐射的作业现场，两者之间有透明的防辐射墙相隔。操作者用手操纵主机械手，控制系统会自动检测主机械手的运动状态，并控制从机械手跟随主机械手运动，从而解决对放射性材料的远距离操作问题。这种被称为主从控制的机器人控制方式，至今仍在很多场合中应用。

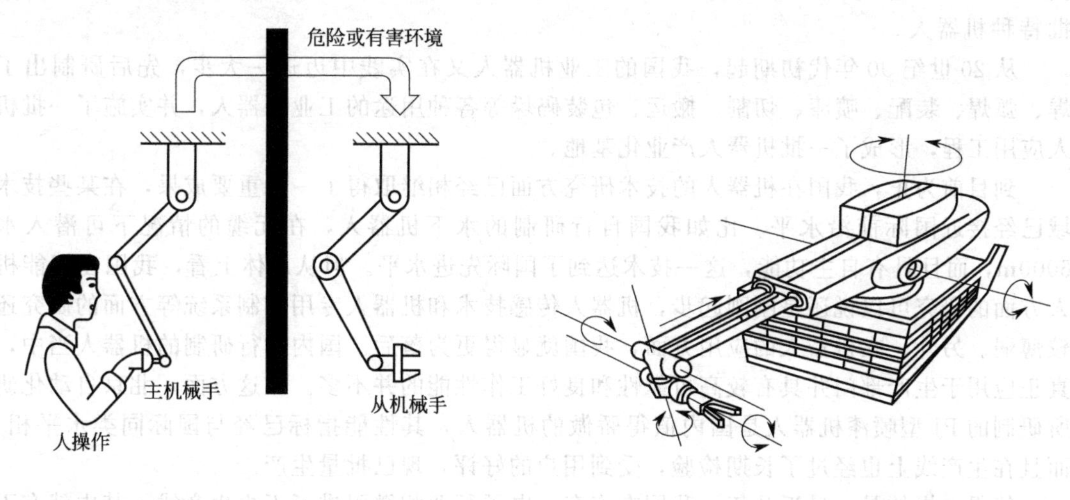

图1-1　主从机械手　　　　图1-2　Unimate机器人

由于航空工业的需求，1952年美国麻省理工学院（MIT）成功开发了第一代数控机床（CNC），并进行了与CNC机床相关的控制技术及机械零部件的研究，为机器人的开发奠定了技术基础。

1954年，美国人乔治·德沃尔（George Devol）提出了一个关于工业机器人的技术方案，设计并研制了世界上第一台可编程的工业机器人样机，将之命名为“Universal Automation”，并申请了该项机器人专利。这种机器人是一种可编程的零部件操作装置，其工作方式为：首先移动机械手的末端执行器，并记录下整个动作过程；然后，机器人反复再现整个动作过程。后来，在此基础上，Devol与Engerlberge合作创建了美国万能自动化公司（Unimation），于1962年生产了第一台机器人，取名Unimate（见图1-2）。这种机器人采用极坐标式结构，外形像坦克炮塔，可以实现回转、伸缩、俯仰等动作。

在 Devol 申请专利到真正实现设想的这 8 年时间里，美国机床与铸造公司（AMF）也在从事机器人的研究工作，并于 1960 年生产了一台被命名为 Versation 的圆柱坐标型的数控自动机械，并以 Industrial Robot（工业机器人）的名称进行宣传。通常认为这是世界上最早的工业机器人。

Unimate 和 Versation 这两种型号的机器人以“示教再现”的方式在汽车生产线上成功地代替工人进行传送、焊接、喷漆等作业，它们在工作中反映出来的经济效益、可靠性、灵活性，令其他发达国家工业界为之倾倒。于是，Unimate 和 Versation 作为商品开始在世界市场上销售。

随着第一台机器人在美国的诞生，机器人的发展历程就进入了第一阶段，即工业机器人时代。

我国工业机器人研制起步于 20 世纪 70 年代初期，经过 30 多年的发展，大致经历了 3 个阶段：20 世纪 70 年代的萌芽期，80 年代的开发期和 90 年代的实用化期。

我国于 1972 年开始研制自己的工业机器人。当时，中科院北京自动化研究所和沈阳自动化研究所相继开展了机器人技术的研究工作。

进入 20 世纪 80 年代后，在高技术浪潮的冲击下，我国机器人技术的开发与研究得到了政府的重视与支持。“七五”期间，国家投入资金，对工业机器人及其零部件进行攻关，完成了示教再现式工业机器人成套技术的开发，研制出了喷涂、点焊、弧焊和搬运机器人。1986 年国家高技术研究发展计划（863 计划）开始实施，智能机器人主题跟踪世界机器人技术的前沿，经过几年的研究，取得了一大批科研成果，成功地研制出了一批特种机器人。

从 20 世纪 90 年代初期起，我国的工业机器人又在实践中迈进一大步，先后研制出了点焊、弧焊、装配、喷漆、切割、搬运、包装码垛等各种用途的工业机器人，并实施了一批机器人应用工程，形成了一批机器人产业化基地。

到目前为止，我国在机器人的技术研究方面已经相继取得了一批重要成果，在某些技术领域已经接近国际前沿水平。比如我国自行研制的水下机器人，在无缆的情况下可潜入水下 6000m，而且具有自主功能，这一技术达到了国际先进水平。但从总体上看，我国在智能机器人方面的研究可以说还是刚刚起步，机器人传感技术和机器人专用控制系统等方面的研究还比较薄弱。另外，在机器人的应用方面，我国就显得更为落后。国内自行研制的机器人当中，能真正应用于生产部门并具有较高可靠性和良好工作性能的并不多。在这方面，北京自动化研究所研制的 PJ 型喷漆机器人是国内值得骄傲的机器人，其性能指标已经与国际同类水平相当，而且在生产线上也经过了长期检验，受到用户的好评，现已批量生产。

值得一提的是，最近几年，我国在汽车、电子行业相继引进了不少生产线，其中就有不少配套的机器人装置。另外，国内的一些高等院校和科研单位也购买了一些国外的机器人，这些机器人的引入，也为我国在相关领域的研究工作提供了许多借鉴。

1.1 机器人的基本组成与工作原理

1.1.1 工业机器人的基本组成

工业机器人通常由执行机构、驱动系统、控制系统和传感系统四部分组成，如图 1-3 所示。工业机器人各组成部分之间的相互作用关系如图 1-4 所示。

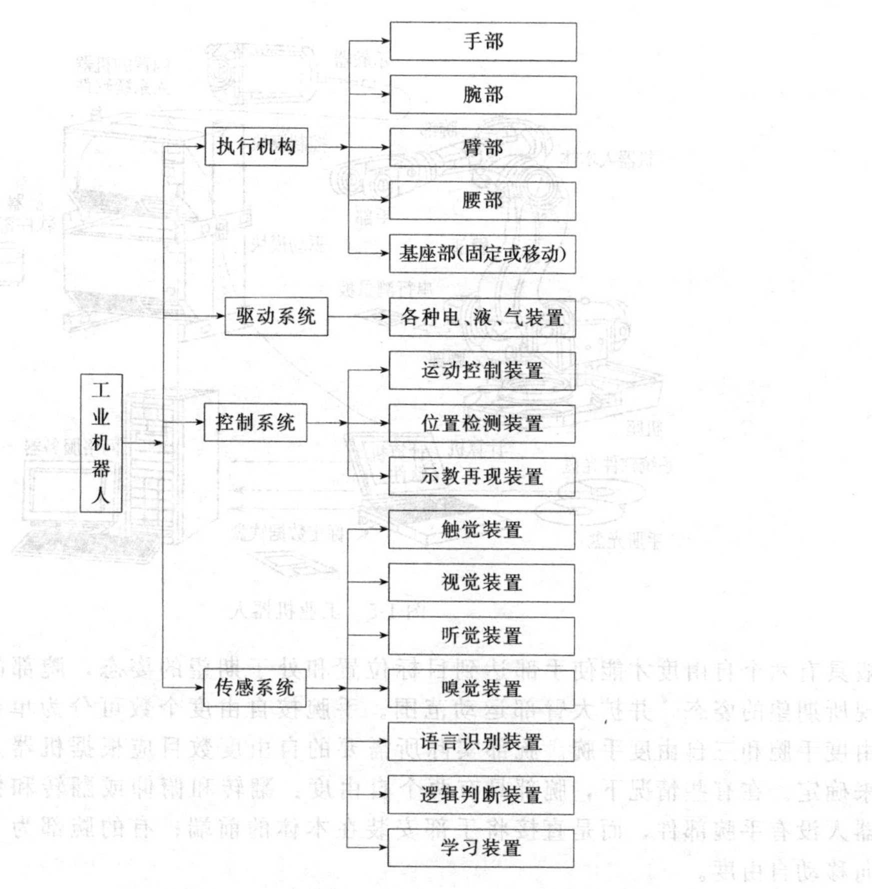

图 1-3　工业机器人的组成

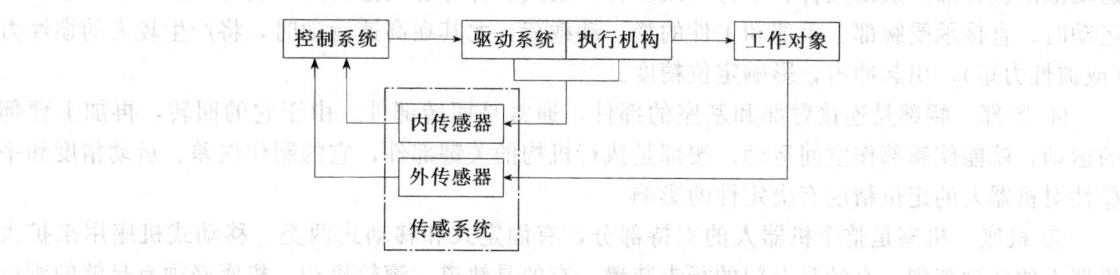

图 1-4　机器人各组成部分之间的关系

(1) 执行机构

执行机构是机器人赖以完成工作任务的实体，通常由一系列连杆、关节或其他形式的运动副组成。从功能的角度可分为手部、腕部、臂部、腰部和机座，如图 1-5 所示。

① 手部　工业机器人的手部也叫做末端执行器，是装在机器人手腕上直接抓握工件或执行作业的部件。手部对于机器人来说是完成作业好坏、评价作业柔性好坏的关键部件之一。

手部可以像人手那样具有手指，也可以不具备手指；可以是类似人手的手爪，也可以是进行某种作业的专用工具，比如机器人手腕上的焊枪、油漆喷头等。各种手部的工作原理不同，结构形式各异，常用的手部按其夹持原理的不同，可分为机械式、磁力式和真空式三种。

② 腕部　工业机器人的腕部是连接手部和臂部的部件，起支撑手部的作用。机器人一

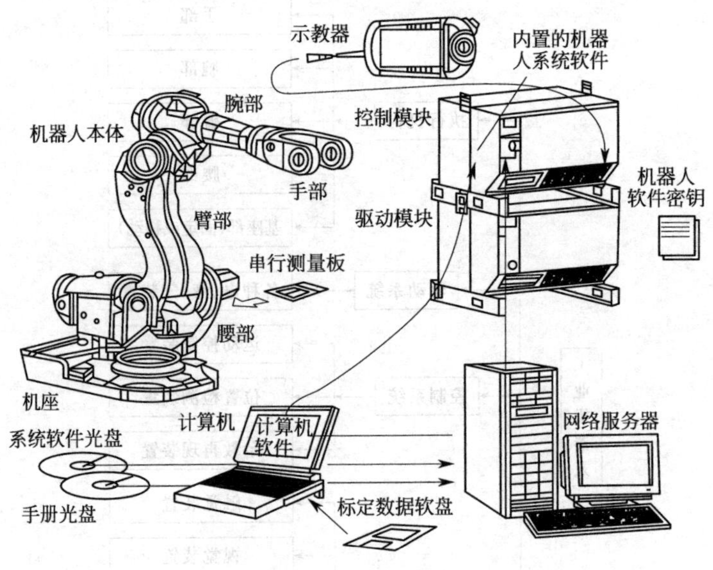

图 1-5 工业机器人

般具有六个自由度才能使手部达到目标位置和处于期望的姿态，腕部的自由度主要是实现所期望的姿态，并扩大臂部运动范围。手腕按自由度个数可分为单自由度手腕、二自由度手腕和三自由度手腕。腕部实际所需要的自由度数目应根据机器人的工作性能要求来确定。在有些情况下，腕部具有两个自由度：翻转和俯仰或翻转和偏转。有些专用机器人没有手腕部件，而是直接将手部安装在本体的前端；有的腕部为了特殊要求还有横向移动自由度。

③ 臂部 工业机器人的臂部是连接腰部和腕部的部件，用来支撑腕部和手部，实现较大运动范围。臂部一般由大臂、小臂（或多臂）组成。臂部总质量较大，受力一般比较复杂，在运动时，直接承受腕部、手部和工件的静、动载荷，尤其在高速运动时，将产生较大的惯性力(或惯性力矩)，引起冲击，影响定位精度。

④ 腰部 腰部是连接臂部和基座的部件，通常是回转部件。由于它的回转，再加上臂部的运动，就能使腕部作空间运动。腰部是执行机构的关键部件，它的制作误差、运动精度和平稳性对机器人的定位精度有决定性的影响。

⑤ 机座 机座是整个机器人的支持部分，有固定式和移动式两类。移动式机座用来扩大机器人的活动范围，有的是专门的行走装置，有的是轨道、滚轮机构。机座必须有足够的刚度和稳定性。

(2) 驱动系统

工业机器人的驱动系统是向执行系统各部件提供动力的装置，包括驱动器和传动机构两部分，它们通常与执行机构连成一体。驱动器通常有电动、液压、气动装置以及把它们结合起来应用的综合系统。常用的传动机构有谐波传动、螺旋传动、链传动、带传动以及各种齿轮传动等。工业机器人驱动系统的组成如图 1-6 所示。

① 气力驱动 气力驱动系统通常由气缸、气阀、气罐和空压机（或由气压站直接供给）等组成，以压缩空气来驱动执行机构进行工作。其优点是空气来源方便、动作迅速、结构简单、造价低、维修方便、防火防爆、漏气对环境无影响，缺点是操作力小、体积大，又由于空气的压缩性大、速度不易控制、响应慢、动作不平稳、有冲击。因起源压力一般只有 60MPa 左右，故此类机器人适宜抓举力要求较小的场合。

② 液压驱动 液压驱动系统通常由液动机（各种油缸、油马达）、伺服阀、油泵、油箱等

组成，以压缩机油来驱动执行机构进行工作。其特点是操作力大、体积小、传动平稳且动作灵敏、耐冲击、耐振动、防爆性好。相对于气力驱动，液压驱动的机器人具有大得多的抓举能力，可高达上百千克。但液压驱动系统对密封的要求较高，且不宜在高温或低温的场合工作，要求的制造精度较高，成本也较高。

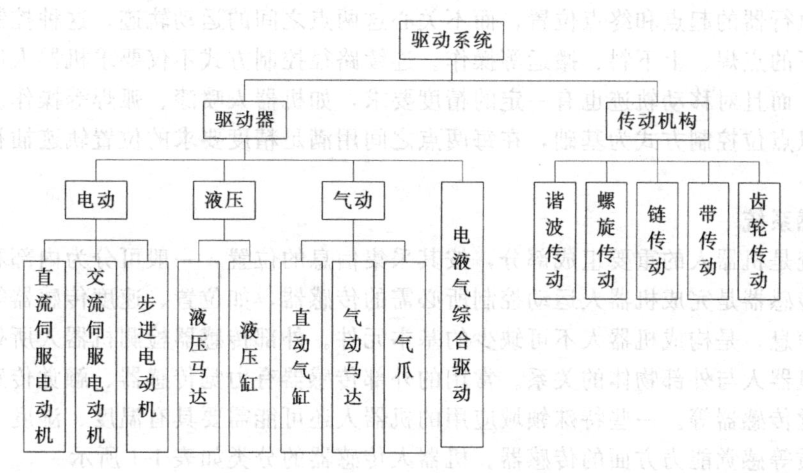

图 1-6　工业机器人驱动系统的组成

③ 电力驱动　电力驱动是利用电动机产生的力或力矩，直接或经过减速机构驱动机器人，以获得所需的位置、速度和加速度。电力驱动具有电源易取得，无环境污染，响应快，驱动力较大，信号检测、传输、处理方便，可采用多种灵活的控制方案，运动精度高，成本低，驱动效率高等优点，是目前机器人使用最多的一种驱动方式。驱动电动机一般采用步进电动机、直流伺服电动机以及交流伺服电动机。由于电动机转速高，通常还需采用减速机构。目前有些机构已开始采用无需减速机构的特制电动机直接驱动，这样既可简化机构，又可提高控制精度。

④ 其他驱动方式　采用混合驱动，即液、气或电、气混合驱动。

(3) 控制系统

控制系统的任务是根据机器人的作业指令程序以及从传感器反馈回来的信号支配机器人的执行机构完成固定的运动和功能。若工业机器人不具备信息反馈特征，则为开环控制系统；若具备信息反馈特征，则为闭环控制系统。

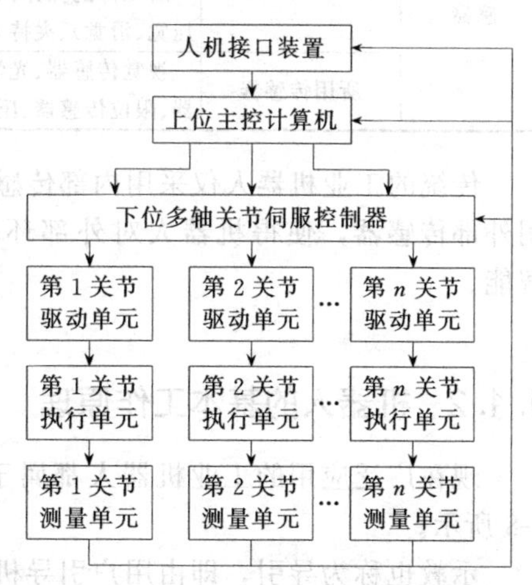

图 1-7　工业机器人控制系统一般构成

工业机器人的控制系统主要由主控计算机和关节伺服控制器组成，如图 1-7 所示。上位主控计算机主要根据作业要求完成编程，并发出指令控制各伺服驱动装置使各杆件协调工作，同时还要完成环境状况、周边设备之间的信息传递和协调工作。关节伺服控制器用于实现驱动单元的伺服控制，轨迹插补计算，以及系统状态监测。机器人的测量单元一般为安装在执行部件中的位置检测元件（如光电编码器）和速度检测元件（如测速电机），这些检测量反馈到控制器中或者用于闭环控制、监测、进行示教操作。人机接口除了包括一般的计算机键盘、鼠标外，通常还包括手持控制器（示教盒），通过手持控制器可以对机器人进行控制和示教操作。

工业机器人通常具有示教再现和位置控制两种方式。示教再现控制就是操作人员通过示教装置把作业程序内容编制成程序，输入记忆装置中，在外部给出启动命令后，机器人从记忆装置中读出信息并送到控制装置，发出控制信号，由驱动机构控制机械手的运动，在一定精度范围内，按照记忆装置中的内容完成给定的动作。实质上，工业机器人与一般自动化机械的最大区别就是它具有“示教、再现”功能，因而表现出通用、灵活的“柔性”特点。

工业机器人的位置控制方式有点位控制和连续路径控制两种。其中，点位控制方式只关心机器人末端执行器的起点和终点位置，而不关心这两点之间的运动轨迹，这种控制方式可完成无障碍条件下的点焊、上下料、搬运等操作。连续路径控制方式不仅要求机器人以一定的精度达到目标点，而且对移动轨迹也有一定的精度要求，如机器人喷漆、弧焊等操作。实质上这种控制方式是以点位控制方式为基础，在每两点之间用满足精度要求的位置轨迹插补算法实现轨迹连续化的。

(4) 传感系统

传感系统是机器人的重要组成部分，按其采集信息的位置，一般可分为内部和外部两类传感器。内部传感器是完成机器人运动控制所必需的传感器，如位置、速度传感器等，用于采集机器人内部信息，是构成机器人不可缺少的基本元件。外部传感器检测机器人所处环境、外部物体状态或机器人与外部物体的关系。常用的外部传感器有力觉传感器、触觉传感器、接近觉传感器、视觉传感器等。一些特殊领域应用的机器人还可能需要具有温度、湿度、压力、滑动量、化学性质等感觉能力方面的传感器。机器人传感器的分类如表 1-1 所示。

表 1-1 机器人传感器的分类

传感器分类	用途	机器人的精确控制
内部传感器	检测的信息	位置、角度、速度、加速度、姿态、方向等
	所用传感器	微动开关、光电开关、差动变压器、编码器、电位计、旋转变压器、测速发电机、加速度计、陀螺、倾角传感器、力（或力矩）传感器等
外部传感器	用途	了解工件、环境或机器人在环境中的状态，对工件的灵活、有效的操作
	检测的信息	工件和环境：形状、位置、范围、质量、姿态、运动、速度等 机器人与环境：位置、速度、加速度、姿态等 对工件的操作：非接触（间隔、位置、姿态等）、接触（障碍检测、碰撞检测等）、触觉（接触觉、压觉、滑觉）、夹持力等
	所用传感器	视觉传感器、光学测距传感器、超声测距传感器、触觉传感器、电容传感器、电磁感应传感器、限位传感器、压敏导电橡胶、弹性体加应变片等

传统的工业机器人仅采用内部传感器，用于对机器人运动、位置及姿态进行精确控制。使用外部传感器，使得机器人对外部环境具有一定程度的适应能力，从而表现出一定程度的智能。

1.1.2 机器人的基本工作原理

现在广泛应用的工业机器人都属于第一代机器人，它的基本工作原理是示教再现，如图 1-8 所示。

示教也称为导引，即由用户引导机器人，一步步将实际任务操作一遍，机器人在引导过程中自动记忆示教的每个动作的位置、姿态、运动参数、工艺参数等，并自动生成一个连续执行全部操作的程序。

完成示教后，只需给机器人一个启动命令，机器人将精确地按示教动作，一步步完成全部操作，这就是示教与再现。

(1) 机器人手臂的运动

机器人的机械臂是由数个刚性杆体和旋转或移动的关节连接而成，是一个开环关节链，开链的一端固接在基座上，另一端是自由的，安装着末端执行器（如焊枪），在机器人操作时，机器人手臂前端的末端执行器必须与被加工工件处于相适应的位置和姿态，而这些位置和姿态是由若干个臂关节的运动合成的。

因此，机器人运动控制中，必须要知道机械臂各关节变量空间和末端执行器的位置和姿态之间的关系，这就是机器人运动学模型。一台机器人机械臂的几何结构确定后，其运动学模型即可确定，这是机器人运动控制的基础。

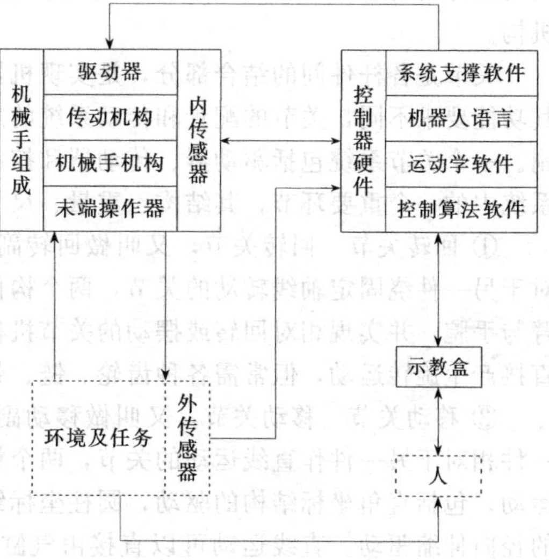

图 1-8 机器人工作原理

(2) 机器人轨迹规划

机器人机械手端部从起点的位置和姿态到终点的位置以及姿态的运动轨迹空间曲线叫做路径。

轨迹规划的任务是用一种函数来“内插”或“逼近”给定的路径，并沿时间轴产生一系列“控制设定点”，用于控制机械手运动。目前常用的轨迹规划方法有空间关节插值法和笛卡尔空间规划两种方法。

(3) 机器人机械手的控制

当一台机器人机械手的动态运动方程已给定，它的控制目的就是按预定性能要求保持机械手的动态响应。但是，由于机器人机械手的惯性力、耦合反应力和重力负载都随运动空间的变化而变化，因此要对它进行高精度、高速度、高动态品质的控制是相当复杂且困难的。

目前工业机器人上采用的控制方法是把机械手上每一个关节都当做一个单独的伺服机构，即把一个非线性的、关节间耦合的变负载系统，简化为线性的非耦合单独系统。

1.2 机器人的基本术语与图形符号

1.2.1 机器人的基本术语

(1) 关节

关节（Joint）：即运动副，是允许机器人手臂各零件之间发生相对运动的机构，也是两构件直接接触并能产生相对运动的活动连接，如图 1-9 所示。A、B 两部件可以做互动连接。

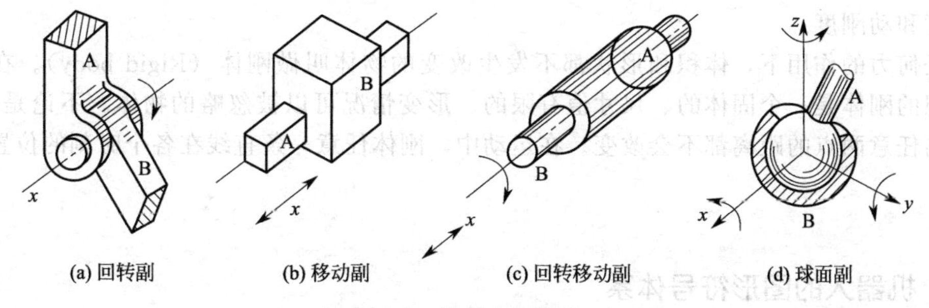

图 1-9 机器人的关节

高副机构（Higher pair），简称高副，指的是运动机构的两构件通过点或线的接触而构成的运动副。例如齿轮副和凸轮副就属于高副机构。平面高副机构拥有两个自由度，即相对接触面切线方向的移动和相对接触点的转动。相对而言，通过面的接触而构成的运动副叫做低副机构。

关节是各杆件间的结合部分，是实现机器人各种运动的运动副，由于机器人的种类很多，其功能要求不同，关节的配置和传动系统的形式都不同。机器人常用的关节有移动、旋转运动副。一个关节系统包括驱动器、传动器和控制器，属于机器人的基础部件，是整个机器人伺服系统中的一个重要环节，其结构、重量、尺寸对机器人性能有直接影响。

① 回转关节　回转关节，又叫做回转副、旋转关节，是使连接两杆件的组件中的一件相对于另一件绕固定轴线转动的关节，两个构件之间只作相对转动的运动副。如手臂与机座、手臂与手腕，并实现相对回转或摆动的关节机构，由驱动器、回转轴和轴承组成。多数电动机能直接产生旋转运动，但常需各种齿轮、链、带传动或其他减速装置，以获取较大的转矩。

② 移动关节　移动关节，又叫做移动副、滑动关节、棱柱关节，是使两杆件的组件中的一件相对于另一件作直线运动的关节，两个构件之间只作相对移动。它采用直线驱动方式传递运动，包括直角坐标结构的驱动，圆柱坐标结构的径向驱动和垂直升降驱动，以及极坐标结构的径向伸缩驱动。直线运动可以直接由气缸或液压缸和活塞产生，也可以采用齿轮齿条、丝杠、螺母等传动元件把旋转运动转换成直线运动。

③ 圆柱关节　圆柱关节，又叫做回转移动副、分布关节，是使两杆件的组件中的一件相对于另一件移动或绕一个移动轴线转动的关节，两个构件之间除了作相对转动之外，还同时可以作相对移动。

④ 球关节　球关节，又叫做球面副，是使两杆件间的组件中的一件相对于另一件在三个自由度上绕一固定点转动的关节，即组成运动副的两构件能绕一球心作三个独立的相对转动的运动副。

(2) 连杆

连杆（Link）：指机器人手臂上被相邻两关节分开的部分，是保持各关节间固定关系的刚体，是机械连杆机构中两端分别与主动和从动构件铰接以传递运动和力的杆件。例如在往复活塞式动力机械和压缩机中，用连杆来连接活塞与曲柄。连杆多为钢件，其主体部分的截面多为圆形或工字形，两端有孔，孔内装有青铜衬套或滚针轴承，供装入轴销而构成铰接。

连杆是机器人中的重要部件，它连接着关节，其作用是将一种运动形式转变为另一种运动形式，并把作用在主动构件上的力传给从动构件以输出功率。

(3) 刚度

刚度（Stiffness）：是机器人机身或臂部在外力作用下抵抗变形的能力。它是用外力和在外力作用方向上的变形量（位移）之比来度量。在弹性范围内，刚度是零件载荷与位移成正比的比例系数，即引起单位位移所需的力。它的倒数称为柔度，即单位力引起的位移。刚度可分为静刚度和动刚度。

在任何力的作用下，体积和形状都不发生改变的物体叫做刚体（Rigid body）。在物理学上，理想的刚体是一个固体的、尺寸值有限的、形变情况可以被忽略的物体。不论是否受力，在刚体内任意两点的距离都不会改变。在运动中，刚体任意一条直线在各个时刻的位置都保持平行。

1.2.2 机器人的图形符号体系

(1) 运动副的图形符号

机器人所用的零件和材料以及装配方法等与现有的各种机械完全相同。机器人常用的关节有移动、旋转运动副，常用的运动副图形符号如表1-2所示。

表1-2 常用的运动副图形符号

运动副名称		运动副符号	
空间运动副	螺旋副	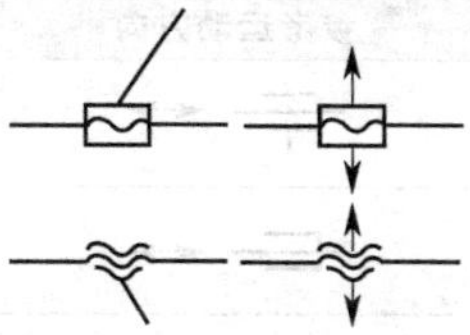	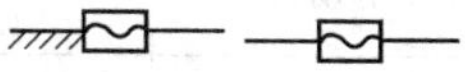
	球面副及球销副	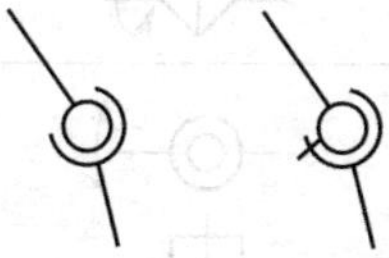	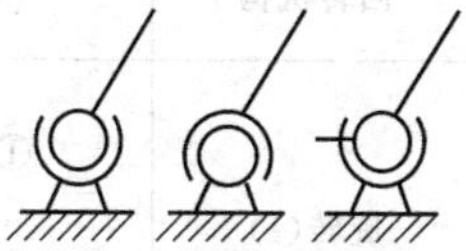
平面运动副	转动副	两运动构件构成的运动副	两构件之一为固定时的运动副
	转动副	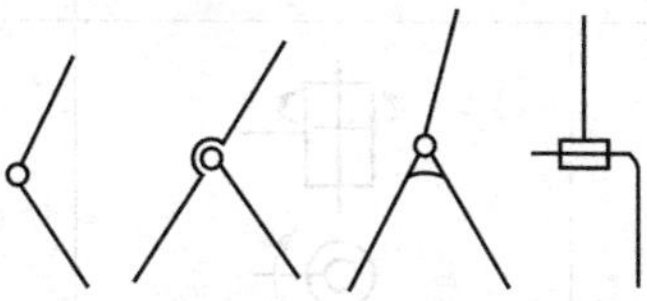	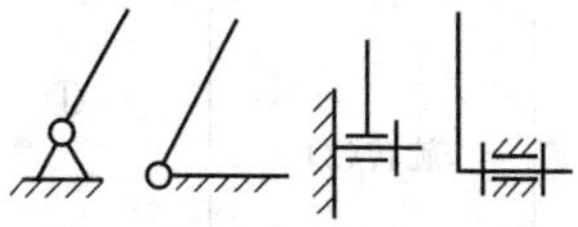
	移动副	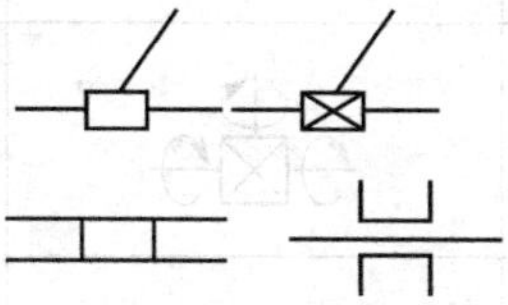	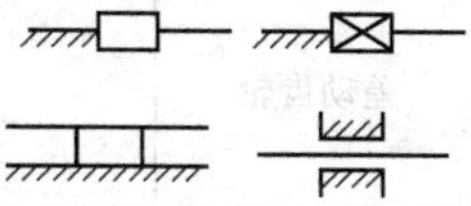
	平面高副	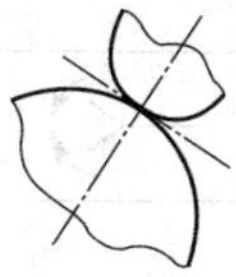	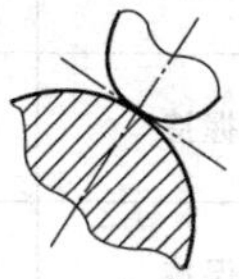

(2) 基本运动的图形符号

机器人的基本运动与现有的各种机械表示也完全相同。常用的基本运动图形符号如表1-3所示。

表1-3 常用的基本运动图形符号

序号	名称	符号
1	直线运动方向	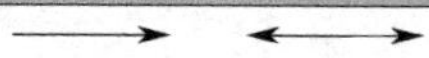 单向 双向
2	旋转运动方向	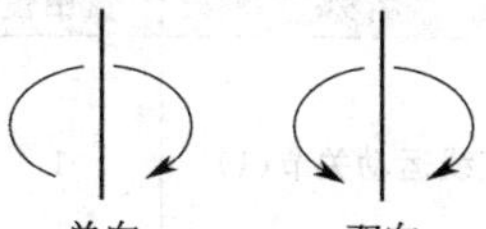 单向 双向
3	连杆、轴关节的轴	
4	刚性连接	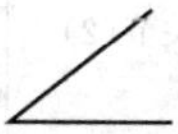
5	固定基础	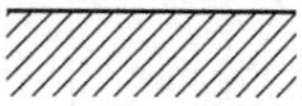
6	机械联锁	

(3) 运动机能的图形符号

机器人的运动机能常用的图形符号如表1-4所示。

表1-4 机器人的运动机能常用的图形符号

编号	名　称	图形符号	参考运动方向	备　注
1	移动(1)			
2	移动(2)			
3	回转机构			
4	旋转(1)	① ②		①一般常用的图形符号 ②表示①的侧向的图形符号
5	旋转(2)	① ②		①一般常用的图形符号 ②表示①的侧向的图形符号
6	差动齿轮			
7	球关节			
8	握持			
9	保持			包括已成为工具的装置。工业机器人的工具此处未作规定
10	机座			

(4) 运动机构的图形符号

机器人的运动机构常用的图形符号如表1-5所示。

表1-5 机器人的运动机构常用的图形符号

序号	名称	自由度	符号	参考运动方向	备　注
1	直线运动关节(1)	1			
2	直线运动关节(2)	1			
3	旋转运动关节(1)	1			

续表

序号	名称	自由度	符号	参考运动方向	备　注
4	旋转运动关节(2)	1			平面
5		1			立体
6	轴套式关节	2			
7	球关节	3			
8	末端操作器		一般型 熔接 真空吸引		用途示例

1.2.3 机器人的图形符号表示

机器人的描述方法可分为机器人机构简图、机器人运动原理图、机器人传动原理图、机器人速度描述方程、机器人位姿运动学方程、机器人静力学描述方程等。

(1) 四种坐标机器人的机构简图

机器人的机构简图是描述机器人组成机构的直观图形表达形式，是将机器人的各个运动部件用简便的符号和图形表达出来，此图可用上述图形符号体系中的文字与代号表示。常见四种坐标机器人的机构简图如图 1-10 所示。

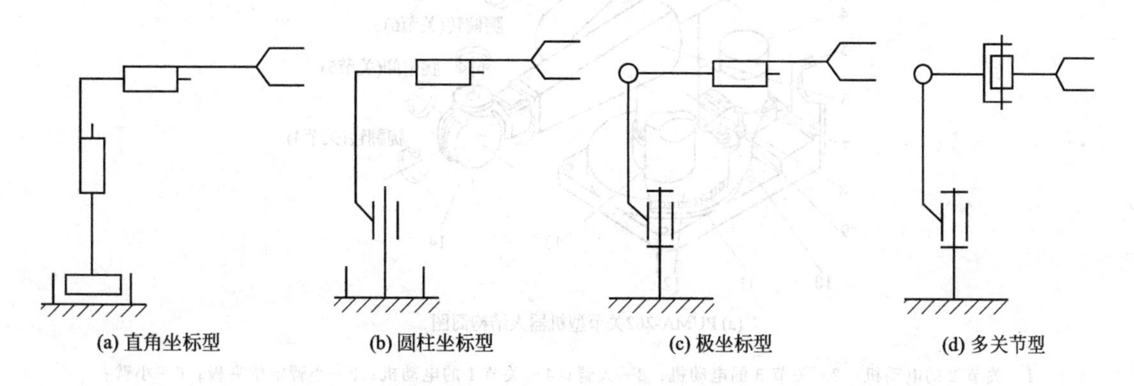

(a) 直角坐标型　(b) 圆柱坐标型　(c) 极坐标型　(d) 多关节型

图 1-10　典型机器人机构简图

(2) 机器人运动原理图

机器人运动原理图是描述机器人运动的直观图形表达形式，是将机器人的运动功能原理用简便的符号和图形表达出来，此图可用上述的图形符号体系中的文字与代号表示。

机器人运动原理图是建立机器人坐标系、运动和动力方程式、设计机器人传动原理图的基础，也是我们为了应用好机器人，在学习使用机器人时最有效的工具。

PUMA-262 机器人的机构运动示意图和运动原理图如图 1-11 所示。可见，运动原理图可以简化为机构运动示意图，以明确主要因素。

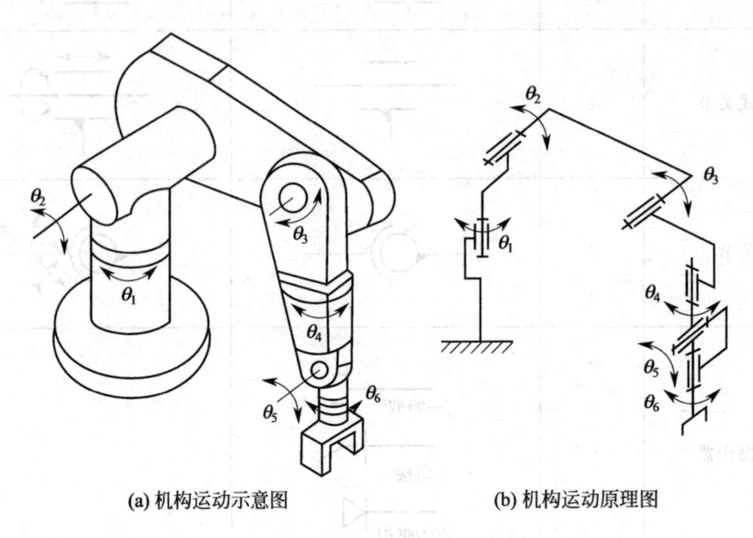

(a) 机构运动示意图 (b) 机构运动原理图

图 1-11 机构运动示意图和运动原理图

(3) 机器人传动原理图

将机器人动力源与关节之间的运动及传动关系用简洁的符号表示出来，就是机器人传动原理图。PUMA-262 机器人的传动原理图如图 1-12 所示。机器人的传动原理图是机器人传动系统设计的依据，也是理解传动关系的有效工具。

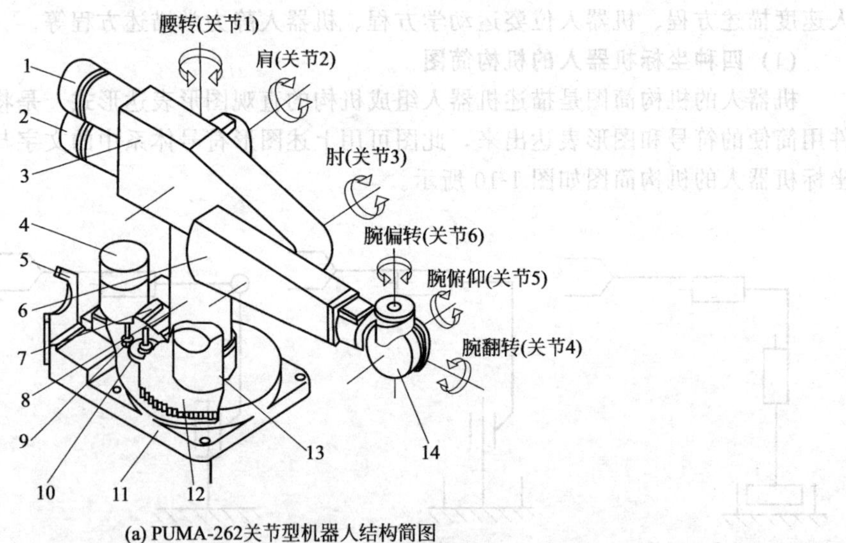

(a) PUMA-262关节型机器人结构简图

1—关节 2 的电动机；2—关节 3 的电动机；3—大臂；4—关节 1 的电动机；5—小臂定位夹板；6—小臂；7—气动阀；8—立柱；9—直齿轮；10—中间齿轮；11—基座；12—主齿轮；13—管形连接轴；14—手腕

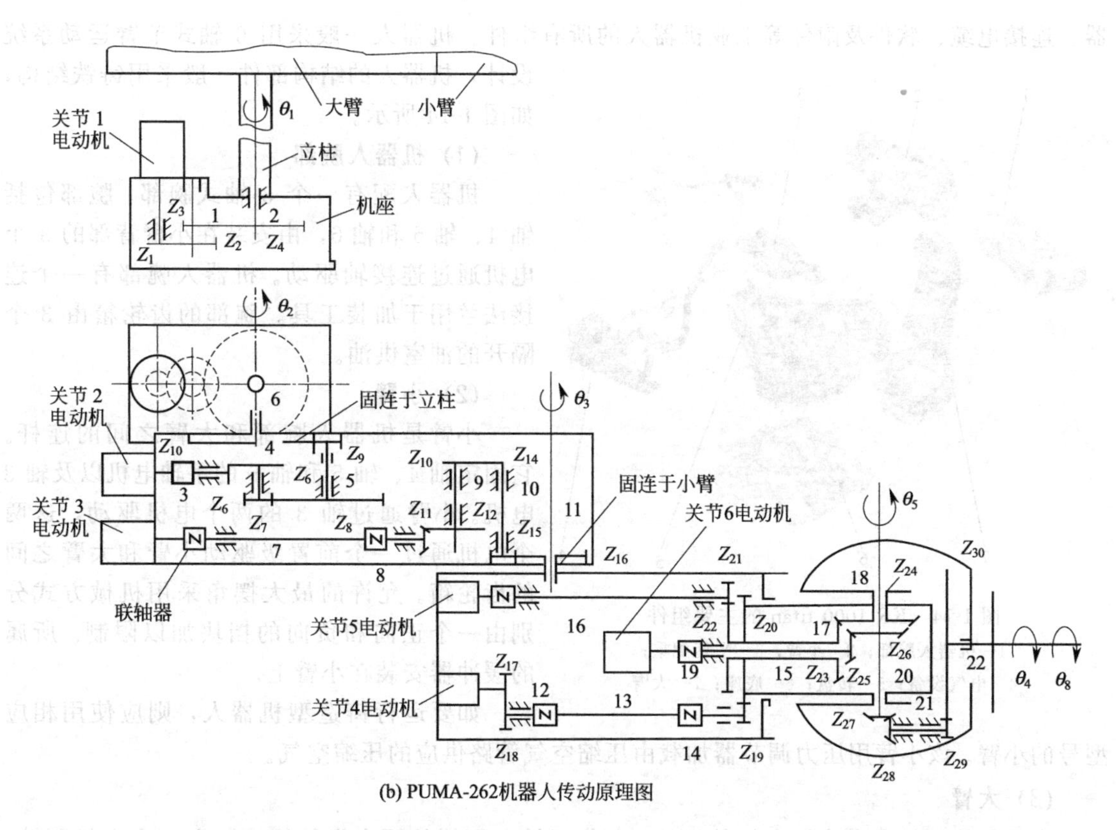

(b) PUMA-262机器人传动原理图

1,4,5,7,9,10,12,13,16,17,20,21—轴；2—轴（关节 1）；6—轴（关节 2）；11—轴（关节 3）；
15—轴（关节 4）；18—轴（关节 5）；22—轴（关节 6）；3,19—联轴器；8,14—壳体

图 1-12 PUMA-262 机器人结构和传动原理图

1.3 工业机器人的安装

1.3.1 工业机器人的组成

如图 1-13 所示，工业机器人包括机械部分（机械手等）、机器人控制系统、手持式编程

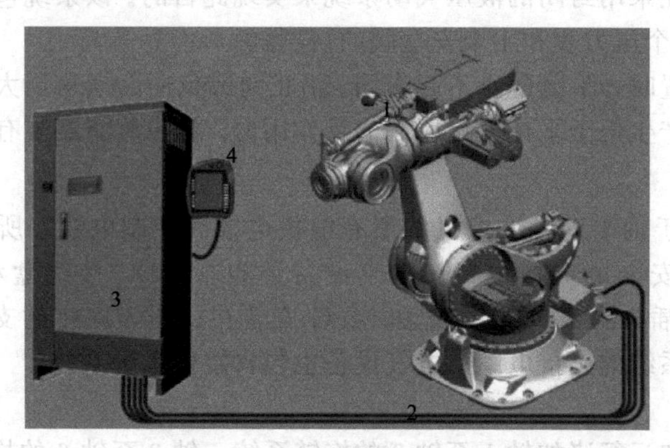

图 1-13 工业机器人示例

1—机械手；2—连接电缆；3—控制柜 KR C4；4—手持式编程器库卡 smartPAD

器、连接电缆、软件及附件等工业机器人的所有组件。机器人一般采用 6 轴式节臂运动系统设计，机器人的结构部件一般采用铸铁结构，如图 1-14 所示。

图 1-14　KR 1000 titan 的主要组件

1—机器人腕部；2—小臂；3—平衡配重；4—电气设备；5—转盘；6—底座；7—大臂

(1) 机器人腕部

机器人配有一个 3 轴式腕部。腕部包括轴 4、轴 5 和轴 6，由安装在小臂背部的 3 个电机通过连接轴驱动。机器人腕部有一个连接法兰用于加装工具。腕部的齿轮箱由 3 个隔开的油室供油。

(2) 小臂

小臂是机器人腕部和大臂之间的连杆。它固定轴 4、轴 5 和轴 6 的手轴电机以及轴 3 电机。小臂通过轴 3 的两个电机驱动，这两个电机通过一个前置级驱动小臂和大臂之间的齿轮箱。允许的最大摆角采用机械方式分别由一个正向和负向的挡块加以限制。所属的缓冲器安装在小臂上。

如要运行铸造型机器人，则应使用相应型号的小臂。该小臂用压力调节器加载由压缩空气管路供应的压缩空气。

(3) 大臂

大臂是位于转盘和小臂之间的组件。它位于转盘两侧的两个齿轮箱中，由 2 个电机驱动。这两个电机与一个前置齿轮箱啮合，然后通过一个轴驱动两个齿轮箱。

(4) 转盘

转盘用于固定轴 1 和 2 的电机。轴 1 由转盘转动。转盘通过轴 1 的齿轮箱与底座拧紧固定。在转盘内部装有用于驱动轴 1 的电机。背侧有平衡配重的轴承座。

(5) 底座

底座是机器人的基座。它用螺栓与地基固定。在底座中装有电气设备和拖链系统（附件）的接口。底座中有两个叉孔可用于叉车运输。

(6) 平衡配重

平衡配重属于一套装于转盘与大臂之间的组件，在机器人停止和运动时尽量减小加在 2 号轴周围的扭矩。因此采用封闭的液压气动系统来实现此目的。该系统包括 2 个隔膜蓄能器和 1 个配有所属管路、1 个压力表和 1 个安全阀的液压缸。

大臂处于垂直位置时，平衡配重不起作用。沿正向或负向的摆角增大时，液压油被压入两个隔膜蓄能器，从而产生用于平衡力矩所需的反作用力。隔膜蓄能器装有氮气。

(7) 电气设备

电气设备包含用于轴 1 至轴 6 电机的所有电机电缆和控制电缆。所有接口均采用插头结构，可以用来快速、安全地更换电机。电气设备还包括 RDC 接线盒和三个多功能接线盒 MFG。配有电机电缆插头的 RDC 接线盒和 MFG 安装在机器人底座的支架上。这里通过插头连接来自机器人控制系统的连接电缆。电气设备也包含接地保护系统。

(8) 选项

机器人可以配有和运行诸如轴 1 至轴 3 的拖链系统、轴 3 至轴 6 的拖链系统或轴范围限制装置等不同的选项。

1.3.2　标牌

机器人上都装有标牌以提示相关人员，不同品牌的机器人，其标牌是有所不同的，图1-15 是 KUKA 工业机器人的标牌，不允许将其去除或使其无法识别，必须更换无法识别的标牌。

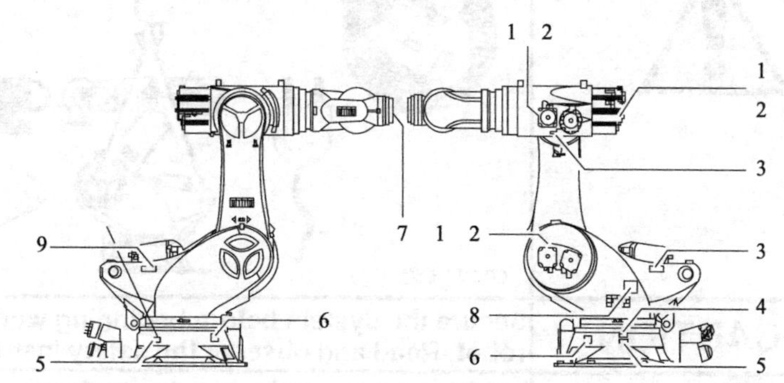

图 1-15　标牌安装位置

① 高电压　不恰当地处理可能导致触摸带电部件。电击危险！见图 1-16。

② 高温表面　在运行机器人时可能达到可导致烫伤的表面温度。请戴防护手套！见图 1-17。

图 1-16　高电压

图 1-17　高温表面

③ 固定轴　每次更换电机或平衡配重前，通过借助辅助工具 / 装置防止各个轴意外移动。轴可能移动。有挤伤危险！见图 1-18。

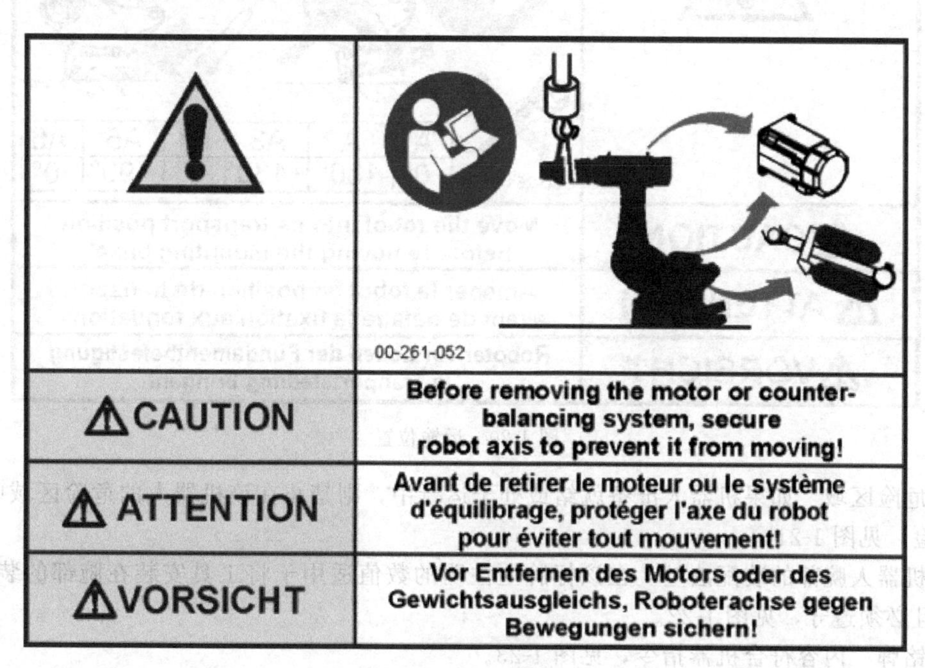

图 1-18　固定轴

④ 在机器人上作业　在投入运行、运输或保养前，阅读安装和操作说明书，并注意包含在其中的提示！见图 1-19。

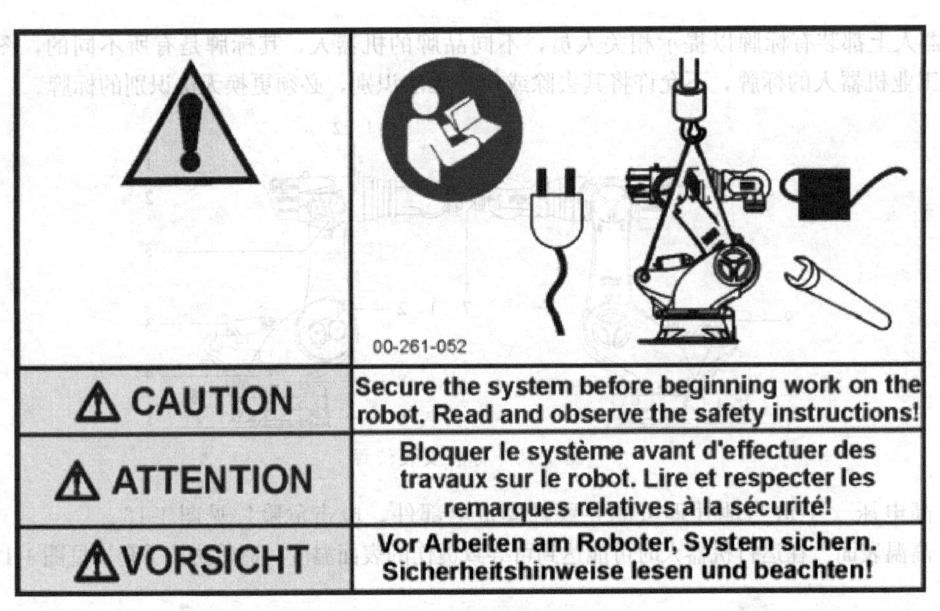

图 1-19　在机器上作业

⑤ 运输位置　在松开地基固定装置的螺栓前，机器人必须位于符号表格的运输位置上。翻倒危险！见图 1-20。

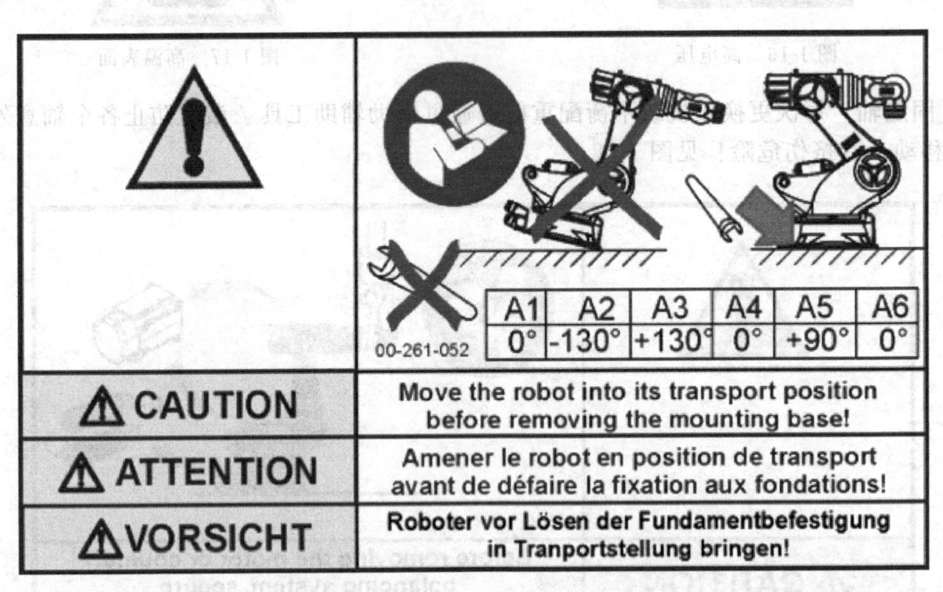

图 1-20　运输位置

⑥ 危险区域　如果机器人准备就绪或处于运行中，则禁止在该机器人的危险区域中停留。受伤危险！见图 1-21。

⑦ 机器人腕部的装配法兰　在该标牌上注明的数值适用于将工具安装在腕部的装配法兰上，并且必须遵守，见图 1-22。

⑧ 铭牌　内容符合机器指令，见图 1-23。

00-104-232

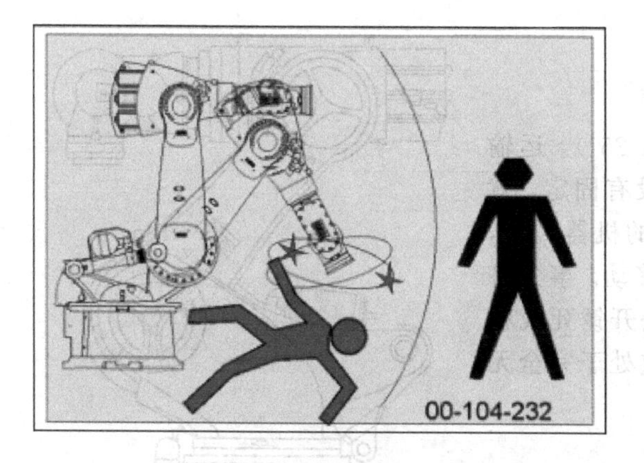

图 1-21　危险区域

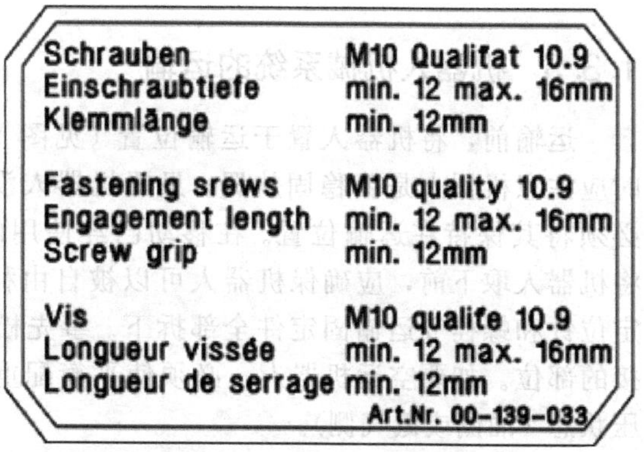

Schrauben M10 Qualitat 10.9
Einschraubtiefe min. 12 max. 16mm
Klemmlänge min. 12mm
Fastening srews M10 quality 10.9
Engagement length min. 12 max. 16mm
Screw grip min. 12mm
Vis M10 qualite 10.9
Longueur vissée min. 12 max. 16mm
Longueur de serrage min. 12mm
Art.Nr. 00-139-033

图 1-22　机器人腕部的装配法兰

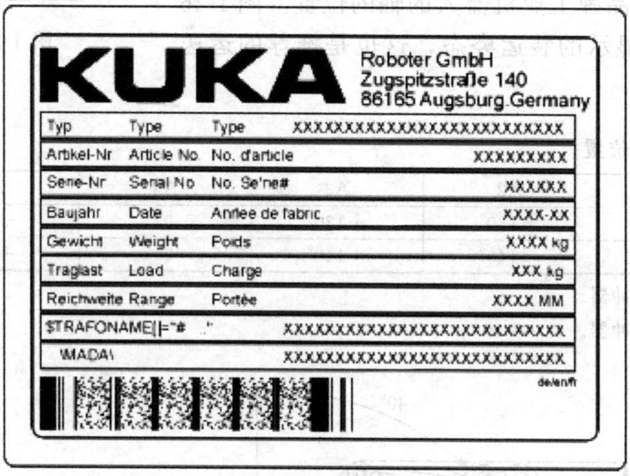

KUKA
Roboter GmbH
Zugspitzstraße 140
86165 Augsburg.Germany
Typ Type Type XXXXXXXXXXXXXXXXXXXXXXXXXX
Artikel-Nr Article No. No. d'article XXXXXXXXX
Serie-Nr Serial No No. Se'rie# XXXXXX
Baujahr Date Annee de fabric. XXXX-XX
Gewicht Weight Poids XXXX kg
Traglast Load Charge XXX kg
Reichweite Range Portée XXXX MM
$TRAFONAME[]="# ..." XXXXXXXXXXXXXXXXXXXXXXXXXXXX
\MADA\ XXXXXXXXXXXXXXXXXXXXXXXXXXXX
de/en/fr

图 1-23　铭牌

⑨ 平衡配重　系统有油压和氮气压力。在平衡配重上作业前，阅读安装和操作说明书并注意包含在其中的提示。有受伤危险！见图 1-24。

p > 13 MPa (130 bar)
00-261-052
CAUTION
Counterbalancing system pressurized – read and observe safety instructions before beginning work!
ATTENTION
Le système d'équilibrage est sous pression, lire et respecter les remarques relatives à la sécurité avant d'effectuer des travaux!
VORSICHT
Gewichtsausgleich unter Druck, vor Arbeiten Sicherheitshinweise lesen und beachten!

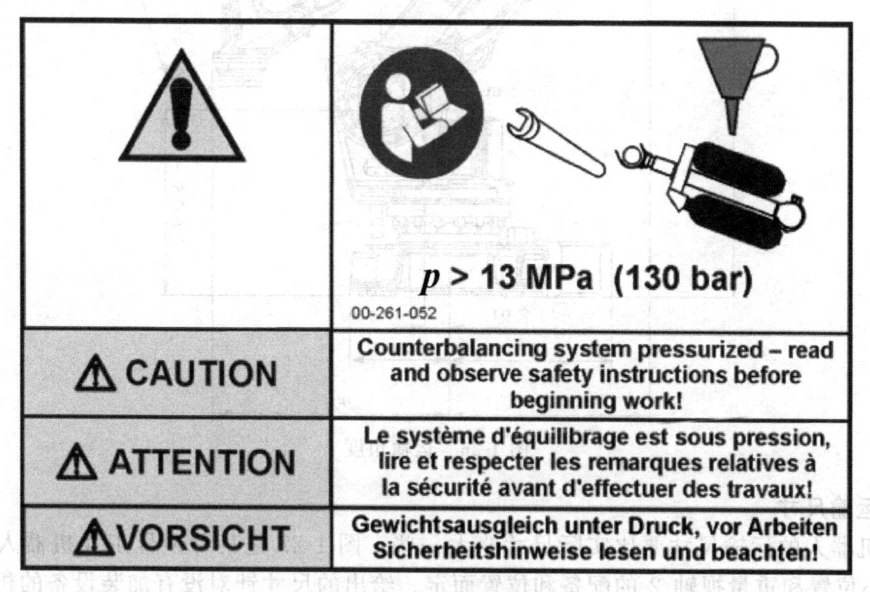

图 1-24　平衡配重

1.3.3 机器人机械系统的运输

运输前，将机器人置于运输位置（见图 1-25 ）。运输时应注意机器人是否稳固放置。只要机器人没有固定，就必须将其保持在运输位置。在移动已经使用的机器人时，将机器人取下前，应确保机器人可以被自由移动。事先将定位针和螺栓等运输固定件全部拆下。事先松开锈死或粘接的部位。如要空运机器人，必须使平衡配重处于完全无压状态（油侧或氮气侧）。

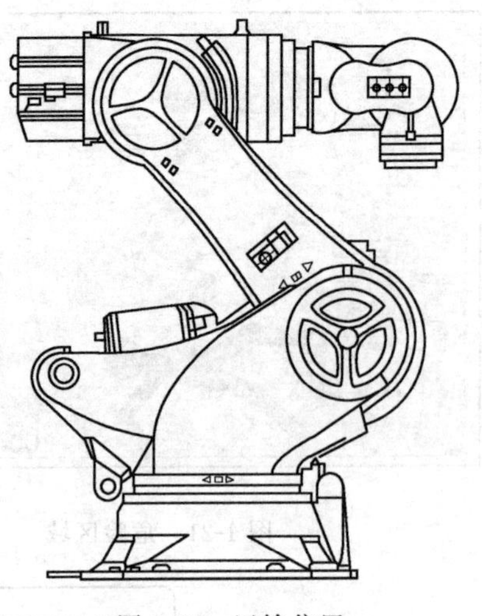

图 1-25 运输位置

(1) 运输位置

在能够运输机器人前，机器人必须处于运输位置（见图 1-25）。表 1-6 是某品牌工业机器人的轴的位置。图 1-26 是某型号工业机器人显示的装运姿态，这也是推荐的运送姿态。

表 1-6 机器人运输位置

轴	A1	A2	A3	A4	A5	A6
角①	0°	−130°	+130°	0°	+90°	0°
角②	0°	−140°	+140°	0°	+90°	0°

① 机器人轴 2 上装有缓冲器。

② 机器人轴 2 上没有缓冲器。

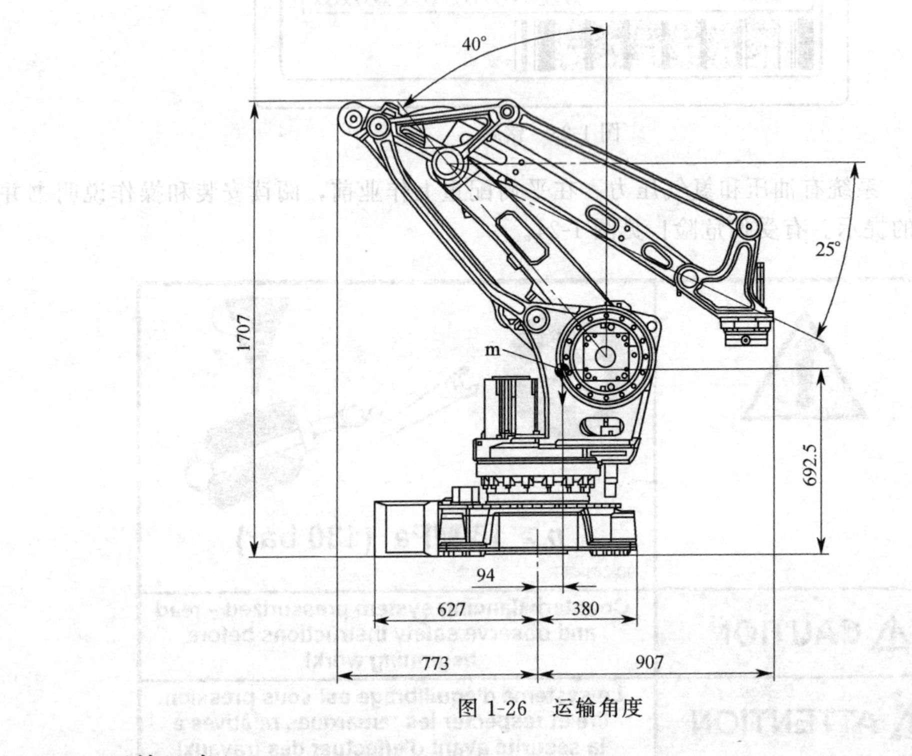

图 1-26 运输角度

(2) 运输尺寸

工业机器人的运输尺寸要比实际尺寸略大一些，图 1-27 是某种型号工业机器人的运输尺寸。其重心位置和重量视轴 2 的配备和位置而定。给出的尺寸针对没有加装设备的机器人。

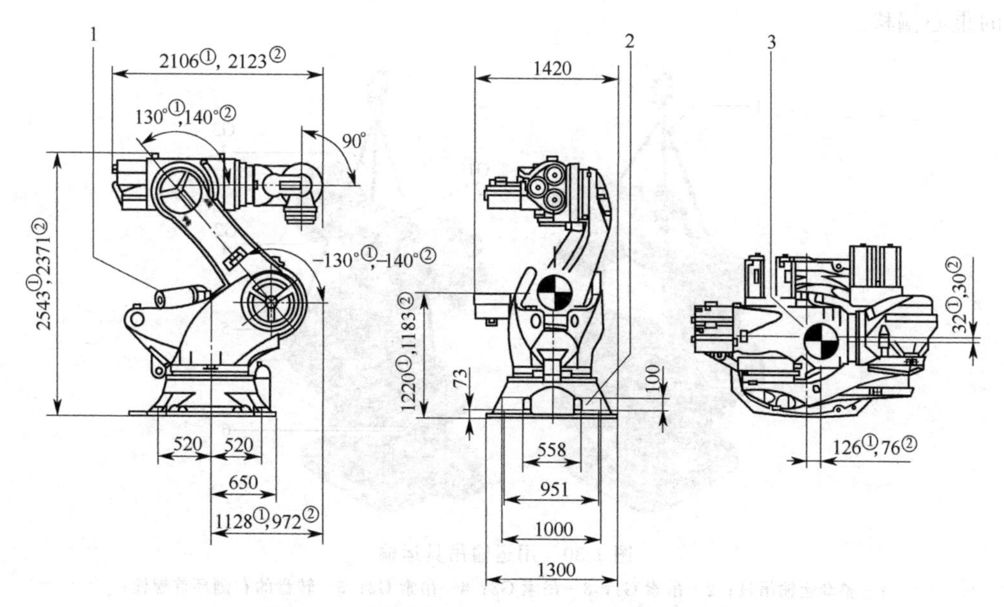

图 1-27　带机器人腕部 ZH 1000 时的运输尺寸

1—机器人；2—叉孔；3—重心

图 1-27 中，上标为①的尺寸针对普通运输。上标为②的尺寸用于轴 2 的缓冲器在负位被拆下的情况。

(3) 运输

机器人可用叉车或者运输吊具运输，使用不合适的运输工具可能会损坏机器人或导致人员受伤，只需使用符合规定的具有足够负载能力的运输工具即可。

① 用叉车运输　有的工业机器人底座中浇铸了两个叉孔。叉车的负载能力必须大于 6t，而有的工业机器人采用叉举设备组与机器人的配合，其方式如图 1-28 所示。如图 1-29 所示，用叉车运输时应避免可液压调节的叉车货叉并拢或分开时造成叉孔过度负荷。

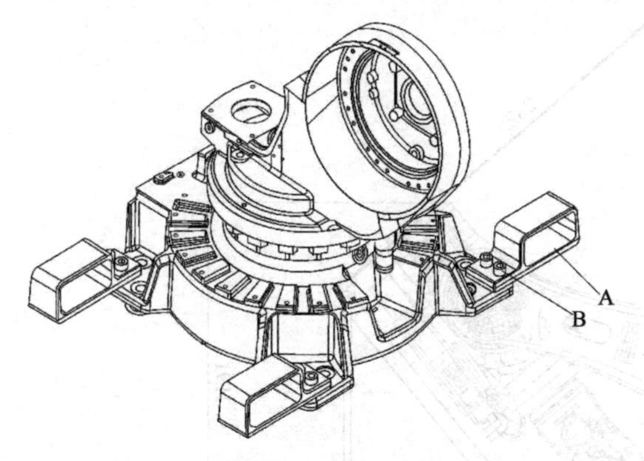

图 1-28　叉举设备组与机器人的配合

A—叉举套；B—连接螺钉 M20×60 质量等级 8.8

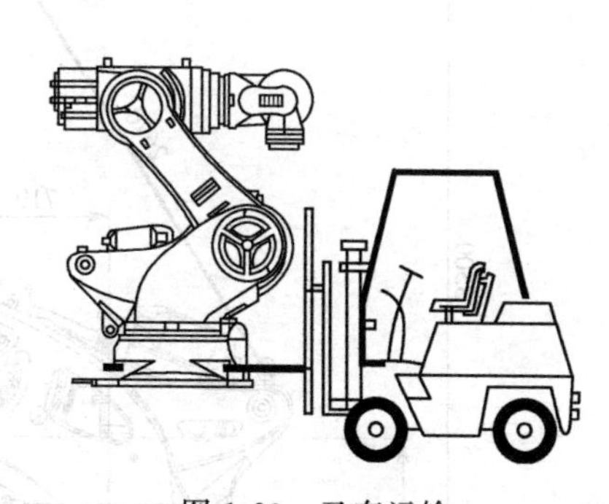

图 1-29　叉车运输

② 用圆形吊带吊升机器人　将机器人姿态固定为运送姿态，如图 1-25 所示，图 1-30 显示了如何将圆形吊带与机器人相连。所有吊索用 G1～G3 标出。

机器人在运输过程中可能会翻倒。有造成人员受伤和财产损失的危险。如果用运输吊具运输机器人，则必须特别注意防止翻倒的安全注意事项。采取额外的安全措施。禁止用起重机以任何其他方式吊起机器人！如果机器人装有外挂式接线盒，可用起重机运输机器人，这时会有少许的重心偏移。

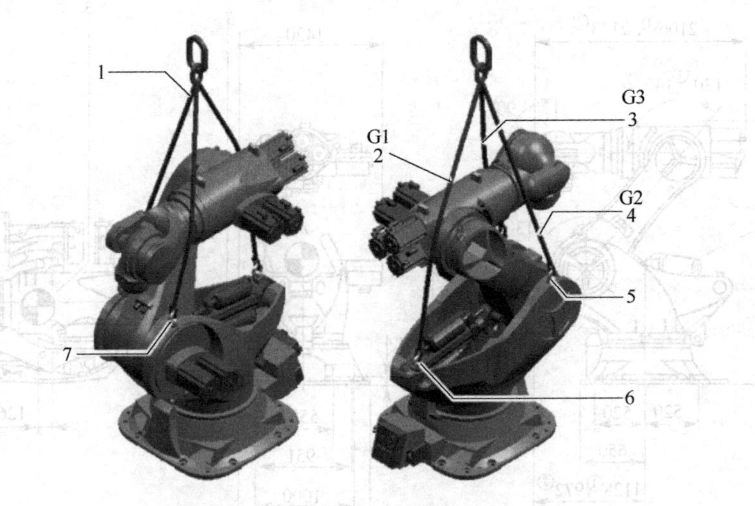

图 1-30　用运输吊具运输

1—整套运输吊具；2—吊索 G1；3—吊索 G3；4—吊索 G2；5—转盘的右侧环首螺栓；
6—转盘的后侧环首螺栓；7—转盘的左侧环首螺栓

③ 用运输架运输　如运输时超出在运输位置允许的高度，则可以在其他位置运输机器人。因此必须用所有固定螺栓将机器人固定到运输架上。然后可以移动轴 2 和轴 3，从而使总高度低一点。

图 1-31 是 ZH 1000 型工业机器人在运输架上的情况，在运输架上可以用起重机或叉车运输机器人。在允许用运输架运输该型号机器人之前，机器人的轴必须处于表 1-7 所示位置。

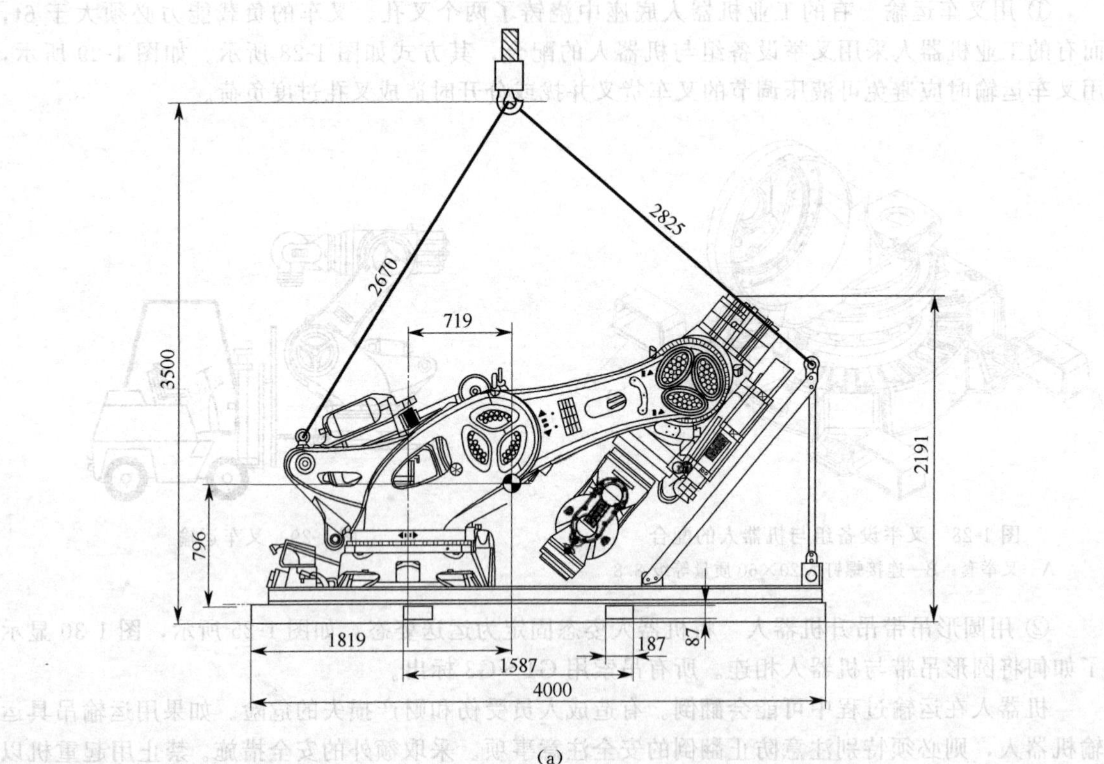

(a)

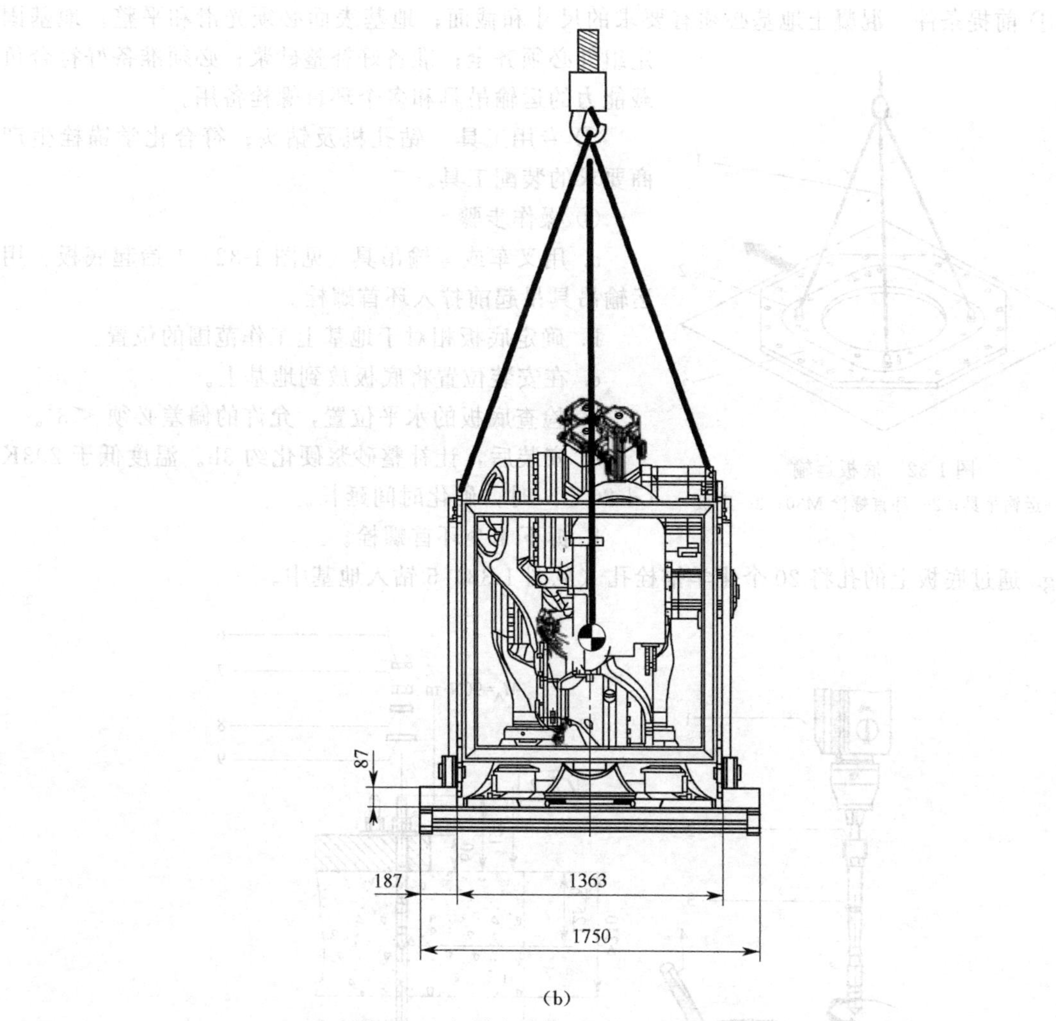

(b)

图 1-31　机器人腕部 ZH 1000 的运输架

表 1-7　机器人用运输架运输时轴位置

轴	A1	A2	A3	A4	A5	A6
支架	0°	−16°	+145°	0°	0°	−90°
支架①	0°	−16°	+145°	+25°	+120°	−90°

① 机器人腕部 ZH 750 的角度。

1.3.4　工业机器人的安装

(1) 安装地基固定装置

针对带定中装置的地基固定装置型，通过底板和锚栓（化学锚栓）将机器人固定在合适的混凝土地基上。地基固定装置由带固定件的销和剑形销、六角螺栓及碟形垫圈、底板、锚栓、注入式化学锚固剂和动态套件等组成。

如果混凝土地基的表面不够光滑和平整，则用合适的补整砂浆平整。如果使用锚栓（化学锚栓），则只应使用同一个生产商生产的化学锚固剂管和地脚螺栓（螺杆）。钻取锚栓孔时，不得使用金刚石钻头或者底孔钻头；最好使用锚栓生产商生产的钻头。另外，还要注意遵守有关使用化学锚栓的生产商说明。

① 前提条件　混凝土地基必须有要求的尺寸和截面；地基表面必须光滑和平整；地基固定组件必须齐全；准备好补整砂浆；必须准备好符合负载能力的运输吊具和多个环首螺栓备用。

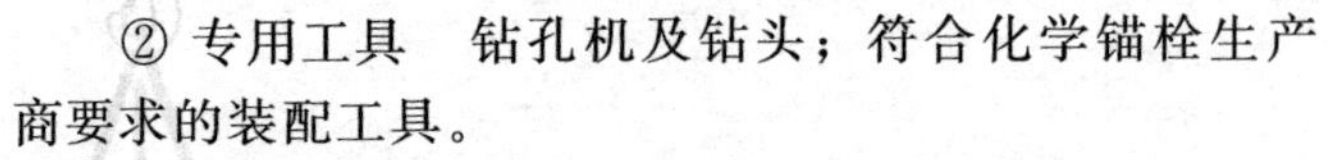

图 1-32　底板运输

1—运输吊具；2—环首螺栓 M30；3—底板

② 专用工具　钻孔机及钻头；符合化学锚栓生产商要求的装配工具。

③ 操作步骤

a. 用叉车或运输吊具（见图 1-32）1 抬起底板。用运输吊具吊起前拧入环首螺栓。

b. 确定底板相对于地基上工作范围的位置。

c. 在安装位置将底板放到地基上。

d. 检查底板的水平位置，允许的偏差必须 <3°。

e. 安装后，让补整砂浆硬化约 3h。温度低于 293K（+20℃）时，硬化时间延长。

f. 拆下 4 个环首螺栓。

g. 通过底板上的孔将 20 个化学锚栓孔（见图 1-33）5 钻入地基中。

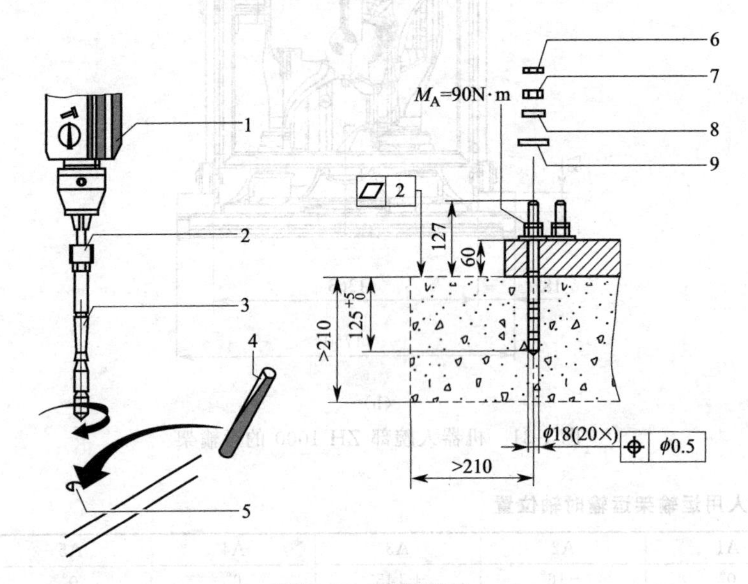

图 1-33　安装锚栓

1—钻孔机；2—装配工具；3—锚栓螺杆；4—化学锚固剂管；5—化学锚栓孔；6—锁紧螺母；7—六角螺母；8—球面垫圈；9—锚栓垫圈

h. 清洁化学锚栓孔。

i. 依次装入 20 个化学锚固剂管。

j. 为每个锚栓执行以下工作步骤：将装配工具与锚栓螺杆一起夹入钻孔机中，然后将锚栓螺杆以不超过 750r/min 的转速拧入化学锚栓孔中。如果化学锚固剂混合充分，并且地基中的化学锚栓孔已完全填满，则锚栓螺杆就座。

k. 让化学锚固剂硬化，见生产商表格或者说明，如下数值是参考值。

- 若温度≥293K（+20℃），则硬化 20min。
- 293K(+20℃)≥温度≥283K(+10℃)，则硬化 30min。
- 283K(+10℃)≥温度≥273K(0℃)，则硬化 1h。

l. 放上锚栓垫圈和球面垫圈。

m. 套上六角螺母，然后用扭矩扳手对角交错拧紧六角螺母；同时应分几次将拧紧扭矩增加至 90N・m。

n. 套上并拧紧锁紧螺母。

o. 将注入式化学锚固剂注入锚栓垫圈上的孔中，直至孔中填满为止。注意并遵守硬化时间。

这时，地基已经准备好用于安装机器人。

注意：

a. 如果底板未完全平放在混凝土地基上，则可能会导致地基受力不均或松动。用补整砂浆填住缝隙。为此将机器人再次抬起，然后用补整砂浆充分涂抹底板底部。最后将机器人重新放下和校准，清除多余的补整砂浆。

b. 在用于固定机器人的六角螺栓下方区域必须没有补整砂浆。

c. 让补整砂浆硬化约 3h。温度低于 293K（+20℃）时，硬化时间应延长。

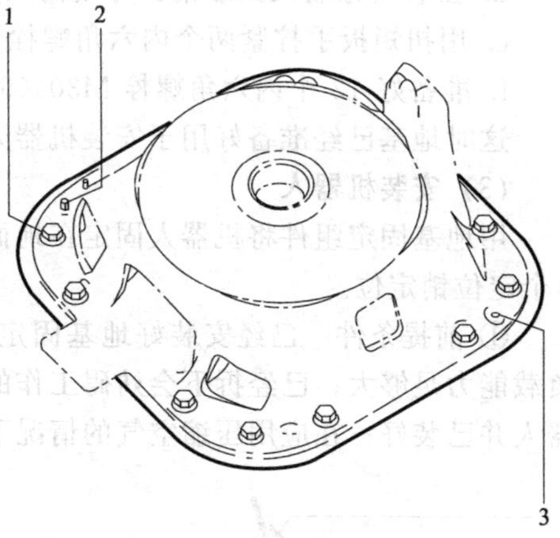

图 1-34　机器支座固紧

1—六角螺栓，12×；2—剑形销；3—销

(2) 安装机架固定装置

应用带固定件的销栓（见图 1-34）、带固定件的剑形销、六角螺栓及碟形垫圈进行安装；图 1-35 所示为关于地基固定装置以及所需地基数据的所有信息。

① 前提条件　已经检查好底部结构是否足够安全；机架固定装置组件已经齐全。

② 安装步骤

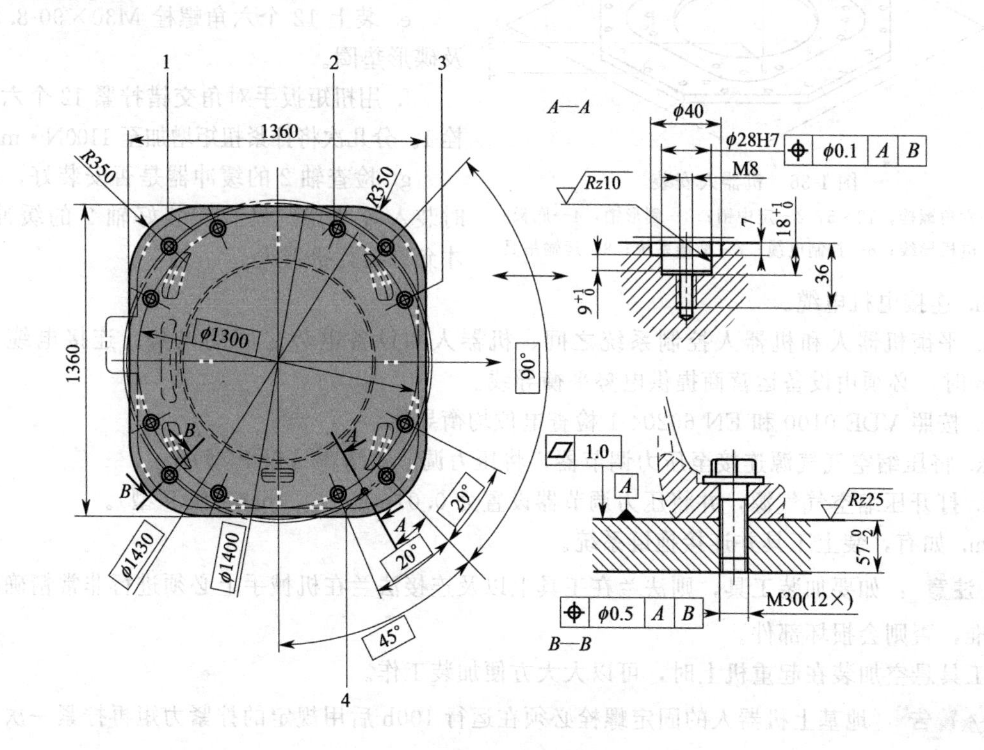

图 1-35　机架固定装置尺寸

1—剑形销；2—支承面，已加工；3—六角螺栓；4—销

a. 清洁机器人的支承面。

b. 检查补孔图。

c. 在左后方插入销，并用内六角螺栓 M8×65-8.8 和碟形垫圈固定。

d. 在右后方插入剑形销，并用内六角螺栓 M8×80-8.8 和碟形垫圈固定。

e. 用扭矩扳手拧紧两个内六角螺栓 M8×55-8.8，MA 23.9N·m。

f. 准备好 12 个内六角螺栓 M30×90-8.8-A2K 及碟形垫圈。

这时地基已经准备好用于安装机器人。

(3) 安装机器人

用地基固定组件将机器人固定在地面时的安装工作，用 12 个六角螺栓固定在底板上，由 2 个定位销定位。

① 前提条件　已经安装好地基固定装置；安装地点可以行驶叉车或者可以进入起重机。负载能力足够大；已经拆下会妨碍工作的工具和其他设备部件；连接电缆和接地线已连接至机器人并已装好；在应用压缩空气的情况下，机器人上已配备压缩空气气源；平衡配重上的压力已经正确调整好。

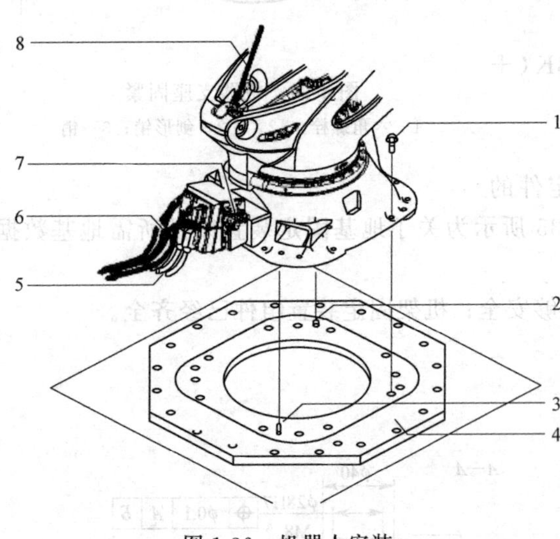

图 1-36　机器人安装

1—六角螺栓，12×5；2—定中销；3—剑形销；4—底板；5—电机导线；6—控制电缆；7—拖链系统；8—运输吊具

② 操作步骤

a. 检查定中销和剑形销（见图 1-36）有无损坏、是否固定。

b. 用起重机或叉车将机器人运至安装地点。

c. 将机器人垂直放到地基上。为了避免定中销损坏，应注意位置要正好垂直。

d. 拆下运输吊具。

e. 装上 12 个六角螺栓 M30×90-8.8-A2 及碟形垫圈。

f. 用扭矩扳手对角交错拧紧 12 个六角螺栓 1。分几次将拧紧扭矩增加至 1100N·m。

g. 检查轴 2 的缓冲器是否安装好，必要时装入缓冲器。只有安装好轴 2 的缓冲器，才允许运行机器人。

h. 连接电机电缆。

i. 平衡机器人和机器人控制系统之间、机器人和设备电势之间的电势。连接电缆长度<25m时，必须由设备运营商提供电势平衡导线。

j. 按照 VDE 0100 和 EN 60204-1 检查电位均衡导线。

k. 将压缩空气气源连接至压力调节器，将压力调节器清零（仅 F 型)。

l. 打开压缩空气气源，并将压力调节器设置为 0.01mPa（0.1bar，仅 F 型)。

m. 如有，装上工具并连接拖链系统。

注意：如要加装工具，则法兰在工具上以及连接法兰在机械手上必须进行非常精确的相互校准，否则会损坏部件。

工具悬空加装在起重机上时，可以大大方便加装工作。

⚠警告：地基上机器人的固定螺栓必须在运行 100h 后用规定的拧紧力矩再拧紧一次。

注意：设置错误或运行时没有压力调节器可能会损坏机器人（F 型)。因此，仅当压力调节器设置正确和连接了压缩空气气源时，才允许运行机器人。

1.3.5　安装上臂信号灯（选件）

上臂信号灯的位置如图 1-37 所示，信号灯位于倾斜机壳装置上。信号灯套件（IRB 760 上的信号灯套件）如图 1-38 所示。

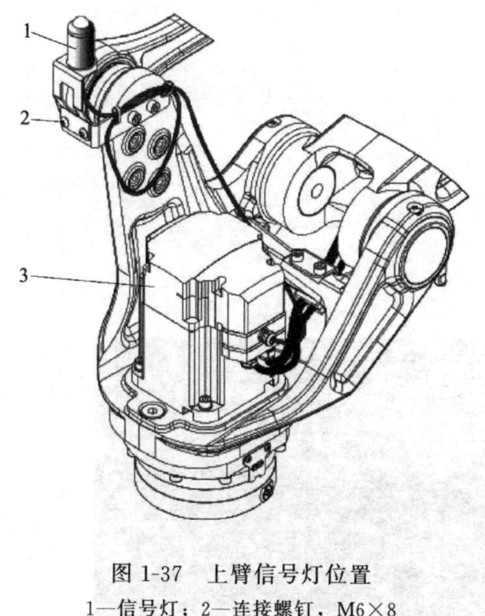

图 1-37　上臂信号灯位置

1—信号灯；2—连接螺钉，M6×8 (2 pc)；3—电机盖

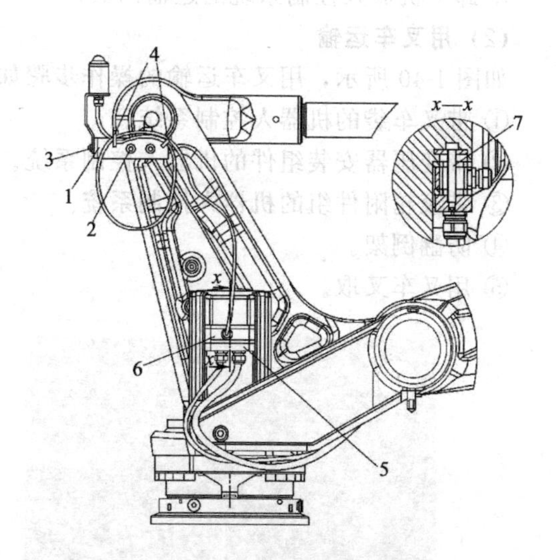

图 1-38　信号灯套件

1—信号灯支架；2—支架连接螺钉，M8×12 (2 pcs)；3—信号灯的连接螺钉 (2 pcs)；4—电缆带 (2 pcs) 5—电缆接头盖；6—电机适配器（包括垫圈）；7—连接螺钉，M6×40 (1 pc)

1.3.6　机器人控制箱的安装

(1) 用运输吊具运输

① 首要条件　机器人控制系统必须处于关断状态，不得在机器人控制系统上连接任何线缆，机器人控制系统的门必须保持关闭状态，机器人控制系统必须竖直放置，防翻倒架必须固定在机器人控制系统上。

② 操作步骤（见图 1-39）

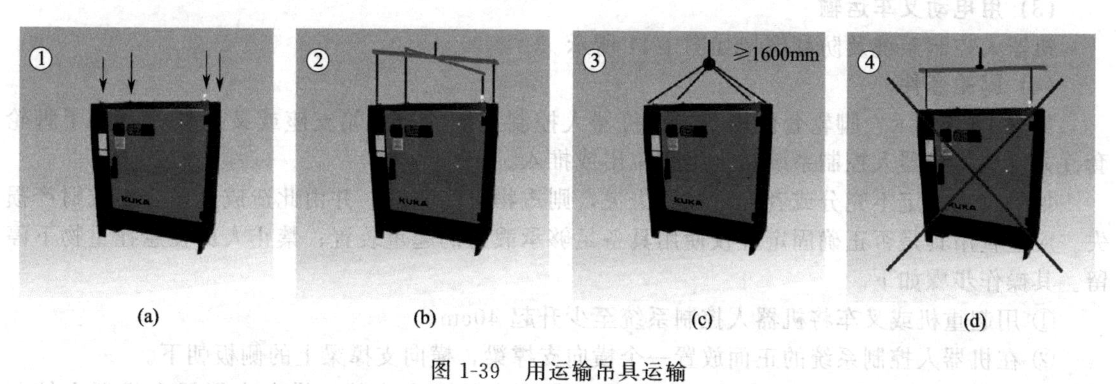

图 1-39　用运输吊具运输

a. 将环首螺栓拧入机器人控制系统中，环首螺栓必须完全拧入并且完全位于支承面上。

b. 将带或不带运输十字固定件的运输吊具悬挂在机器人控制系统的所有 4 个环首螺栓上。

c. 将运输吊具悬挂在载重吊车上。

d. 缓慢地抬起并运输机器人控制系统。

e. 在目标地点缓慢放下机器人控制系统。

f. 卸下机器人控制系统的运输吊具。

(2) 用叉车运输

如图 1-40 所示，用叉车运输的操作步骤如下。

① 带叉车袋的机器人控制系统。

② 带变压器安装组件的机器人控制系统。

③ 带滚轮附件组的机器人控制系统。

④ 防翻倒架。

⑤ 用叉车叉取。

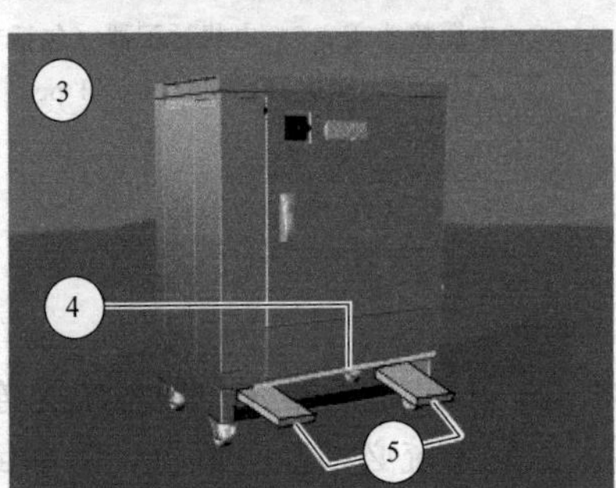

图 1-40 用叉车运输

(3) 用电动叉车运输

机器人控制系统及防翻倒架如图 1-41 所示。

(4) 脚轮套件

如图 1-42 所示，脚轮套件用于装在机器人控制系统的控制箱支座或叉孔处。有助于脚轮套件方便地将机器人控制系统从柜组中拉出或推入。

如果重物固定不充分或者起重装置失灵，则重物可能坠落，并由此造成人员受伤或财产损失。应检查吊具是否正确固定并仅使用具备足够承载力的起重装置；禁止人员在悬挂重物下停留。其操作步骤如下。

① 用起重机或叉车将机器人控制系统至少升起 40cm。

② 在机器人控制系统的正面放置一个横向支撑梁，横向支撑梁上的侧板朝下。

③ 将一个内六角螺栓 M12×35 由下穿过带刹车的万向脚轮、横向支撑梁和机器人控制系统。

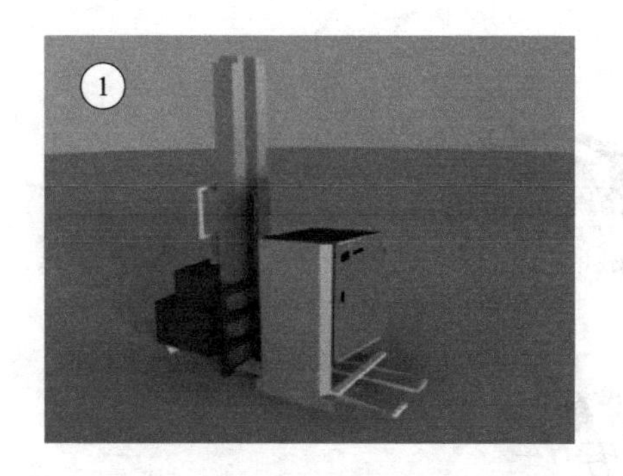

图 1-41　用电动叉车进行运输

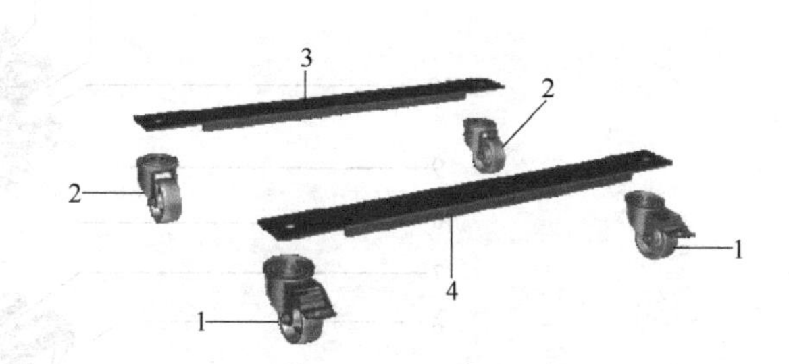

图 1-42　脚轮套件
1—带刹车的万向脚轮；2—不带刹车的万向脚轮；
3—后横向支撑梁；4—前横向支撑梁

④ 从上面用螺母将内六角螺栓连同平垫圈和弹簧垫圈拧紧（见图 1-43），拧紧扭矩为 86 N·m。

⑤ 以同样的方式将第二个带刹车的万向脚轮安装在机器人控制系统正面的另一侧。

⑥ 以同样的方式将两个不带刹车的万向脚轮安装在机器人控制系统的背面（见图 1-44）。

⑦ 将机器人控制系统重新置于地面上。

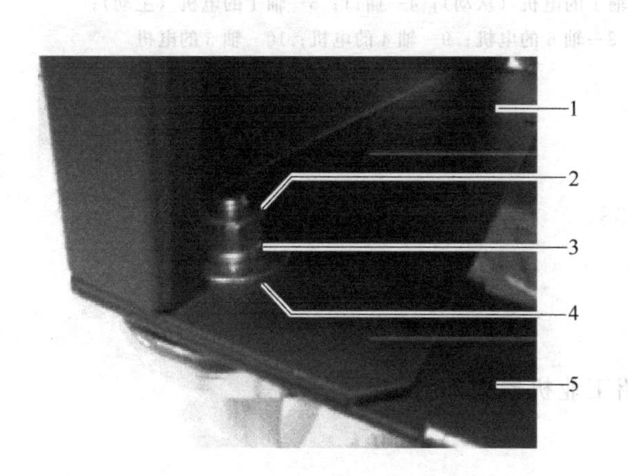

图 1-43　脚轮的螺纹连接件
1—机器人控制系统；2—螺母；
3—弹簧垫圈；4—平垫圈；5—横向支撑梁

图 1-44　脚轮套件
1—不带刹车的万向脚轮；2—带刹车
的万向脚轮；3—横向支撑梁

1.4　工业机器人电气系统的连接

以 KR C4 工业机器人的电气系统的连接为例来说明，机器人的电气设备由电缆束、电机电缆的多功能接线盒（MFG）、控制电缆的 RDC 接线盒等部件组成。

电气设备（见图 1-45）含有用于为轴 1 至轴 6 的电机供电和控制的所有电缆。电机上的所有接口都是用螺栓拧紧的连接器。组件由两个接口组、电缆束以及防护软管组成。防护软管可以在机器人的整个运动范围内实现无弯折的布线。电缆与机器人之间通过电机电缆的多功能接线盒（MFG）和控制电缆的 RDC 接线盒连接。插头安装在机器人的底座上。

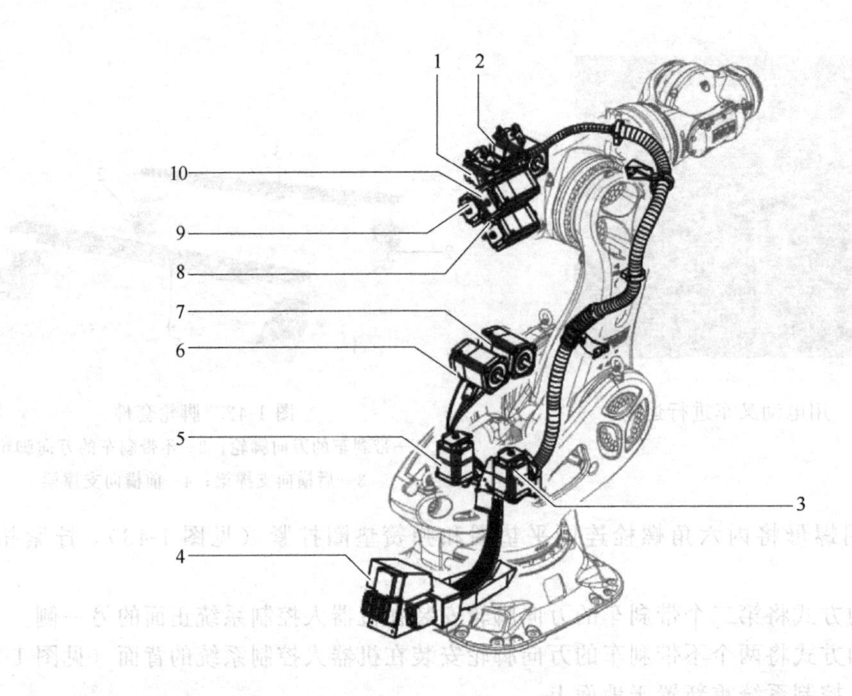

图 1-45 电气设备

1—轴 3 的电机（从动）；2—轴 3 的电机（主动）；3—轴 1 的电机（从动）；4—插口；5—轴 1 的电机（主动）；6—轴 2 的电机（从动）；7—轴 2 的电机（主动）；8—轴 6 的电机；9—轴 4 的电机；10—轴 5 的电机

1.4.1 工业机器人的电气系统布线

工业机器人电气系统布线见图 1-46～图 1-58。

1.4.2 工业机器人的 I/O 通信

以 ABB 工业机器人的 I/O 通信为例，介绍工业机器人的通信。

(1) ABB 机器人 I/O 通信的种类

关于 ABB 机器人 I/O 通信接口的说明。

① ABB 的标准 I/O 板提供的常用信号处理有数字输入 DI、数字输出 DO、模拟输入 AI、模拟输出 AO 以及输送链跟踪。

② ABB 机器人可以选配标准 ABB 的 PLC，省去了原来与外部 PLC 进行通信设置的麻烦，并且在机器人的示教器上就能实现与 PLC 相关的操作。

③ 以最常用的 ABB 标准 I/O 板 DSQC651 和 Profibus-DP 为例介绍相关的参数设定，如表 1-8 所示。ABB 机器人 I/O 通信接口位置如图 1-59 所示。

表 1-8 ABB 机器人参数设置

PC	现场总线	ABB 标准
RS232 通信 OPC server Socket Message	Device Net Profibus Profibus-DP Profinet EtherNet IP	标准 I/O 板 PLC …… …… ……

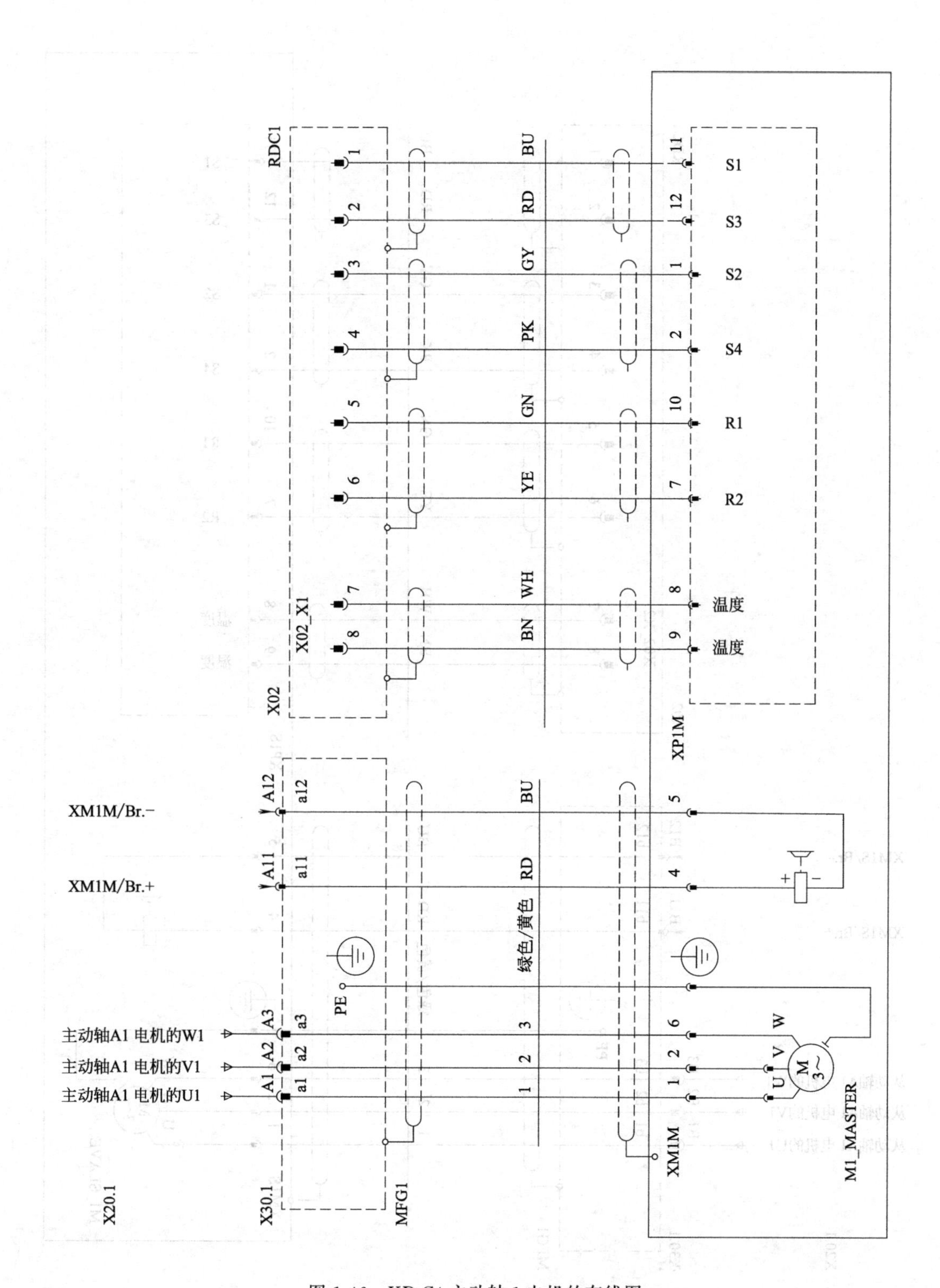

图 1-46　KR C4 主动轴 1 电机的布线图

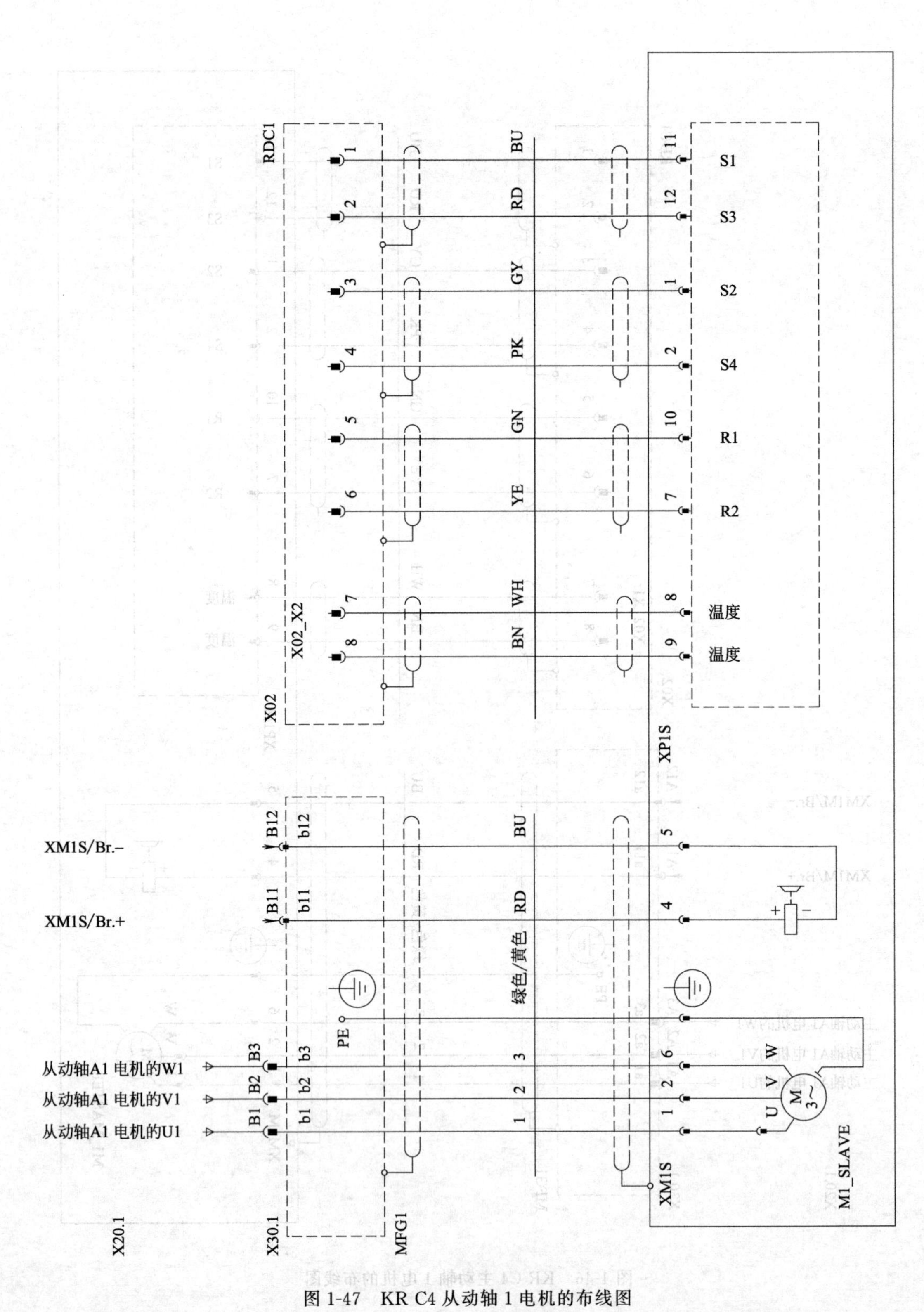

图 1-47　KR C4 从动轴 1 电机的布线图

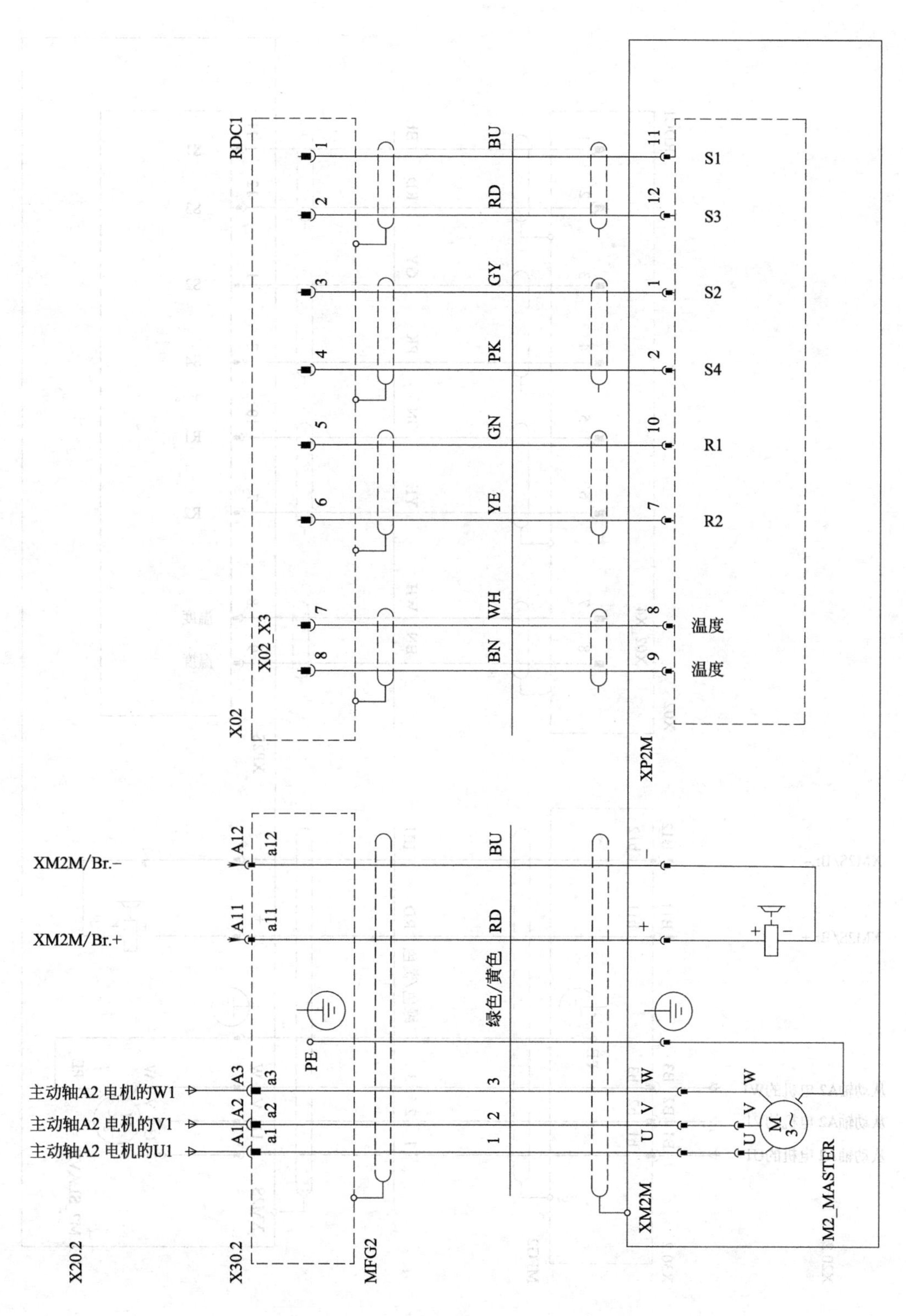

图 1-48 KR C4 主动轴 2 电机的布线图

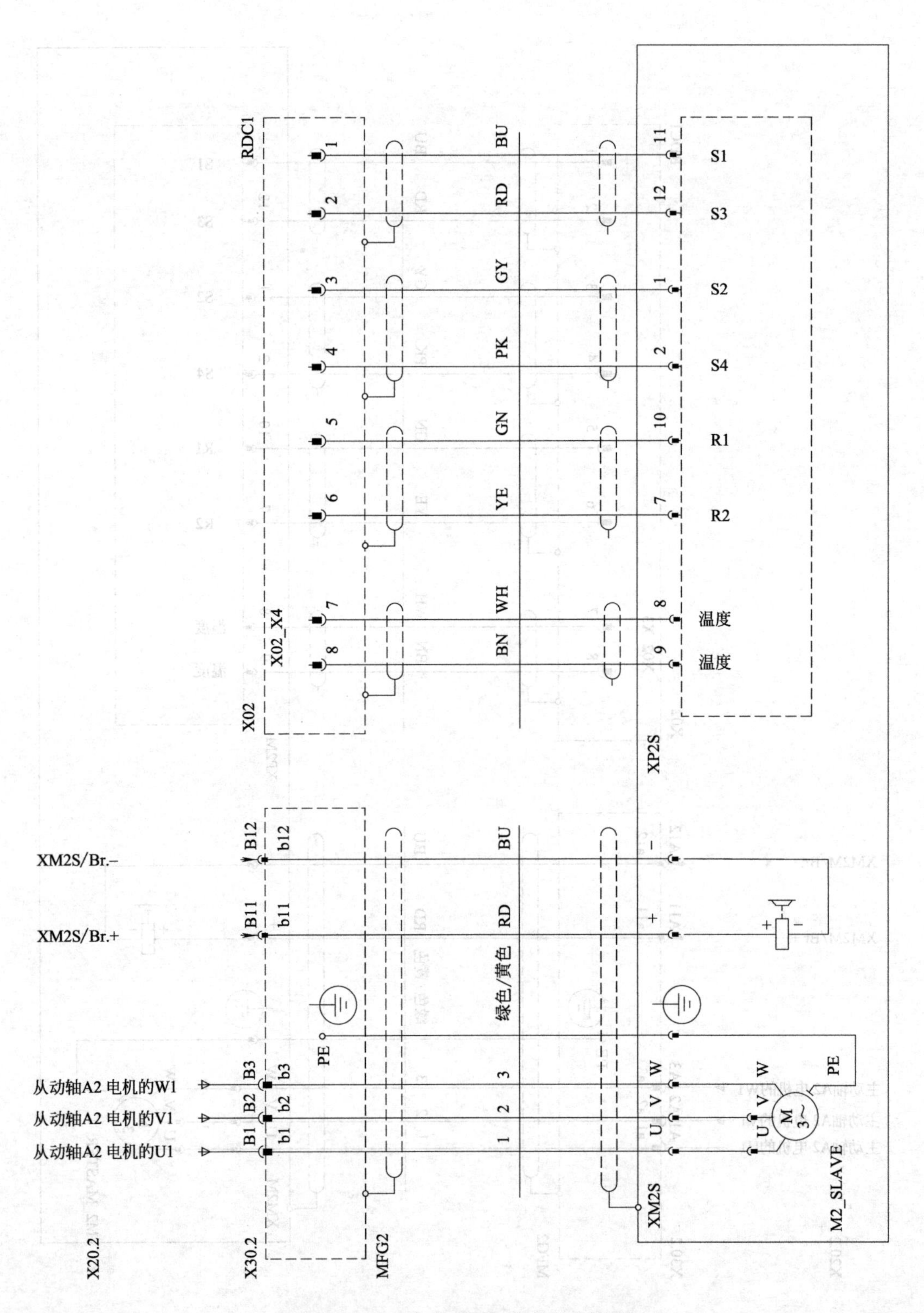

图 1-49 KR C4 从动轴 2 电机的布线图

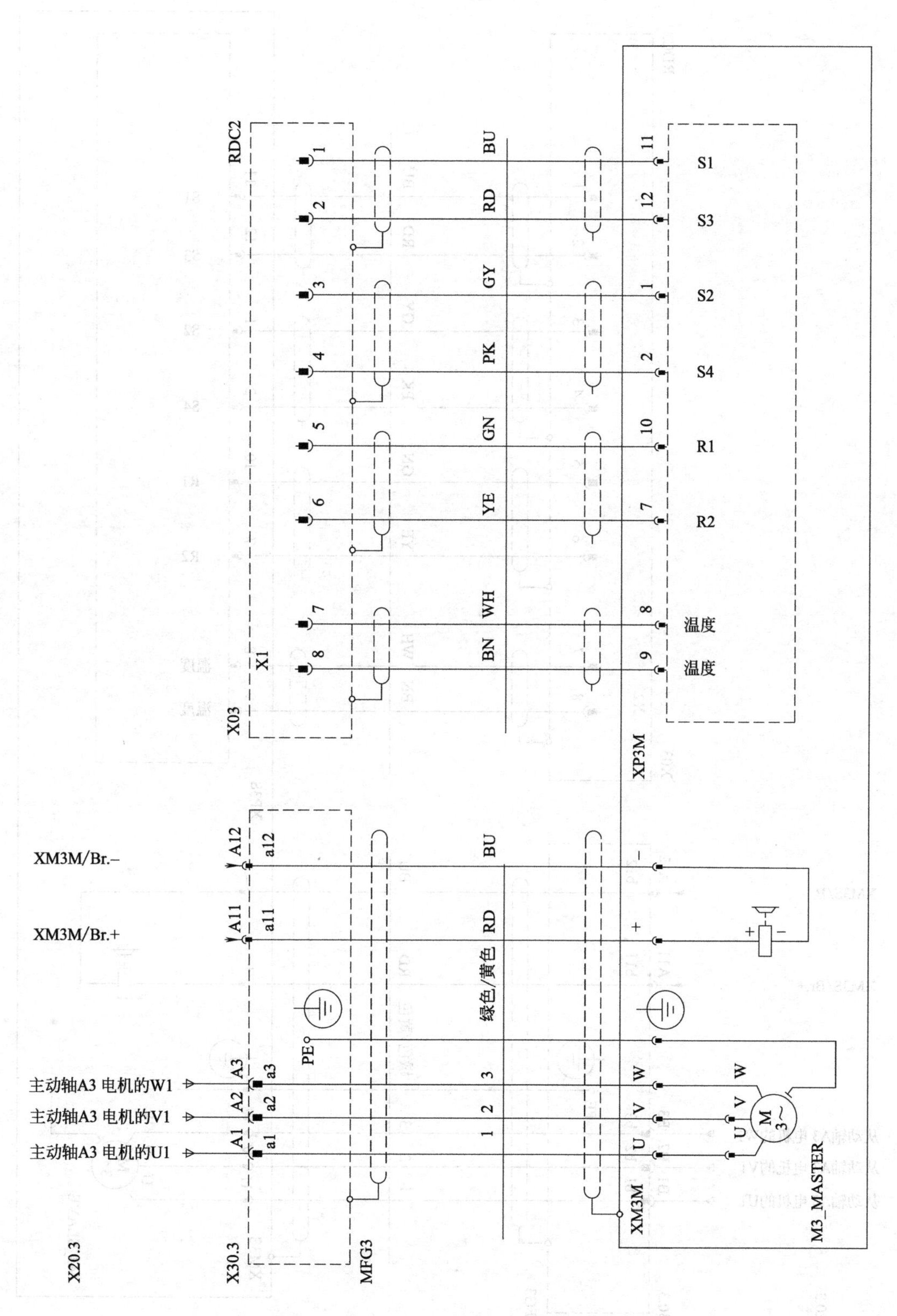

图 1-50　KR C4 主动轴 3 电机的布线图

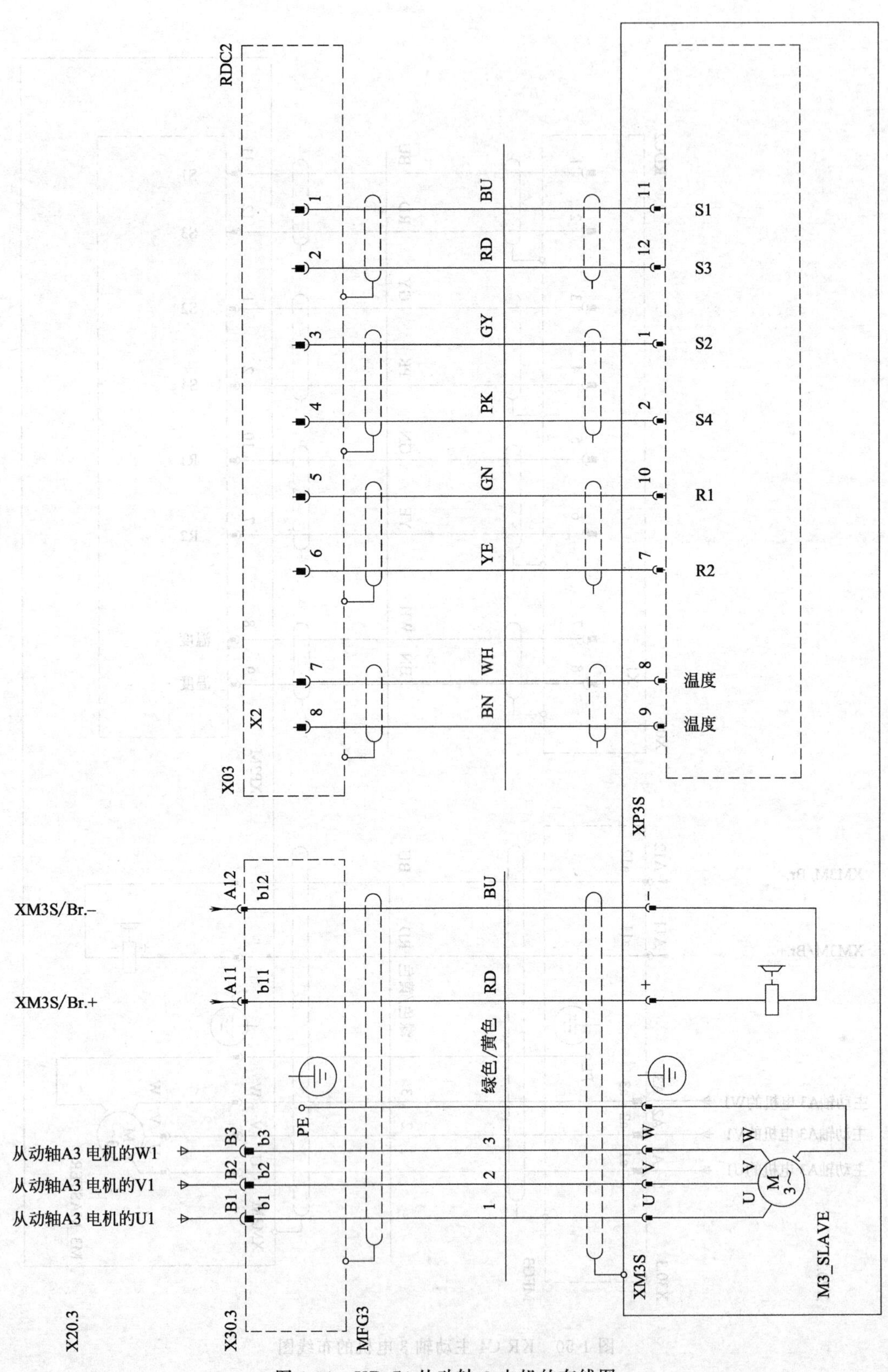

图 1-51　KR C4 从动轴 3 电机的布线图

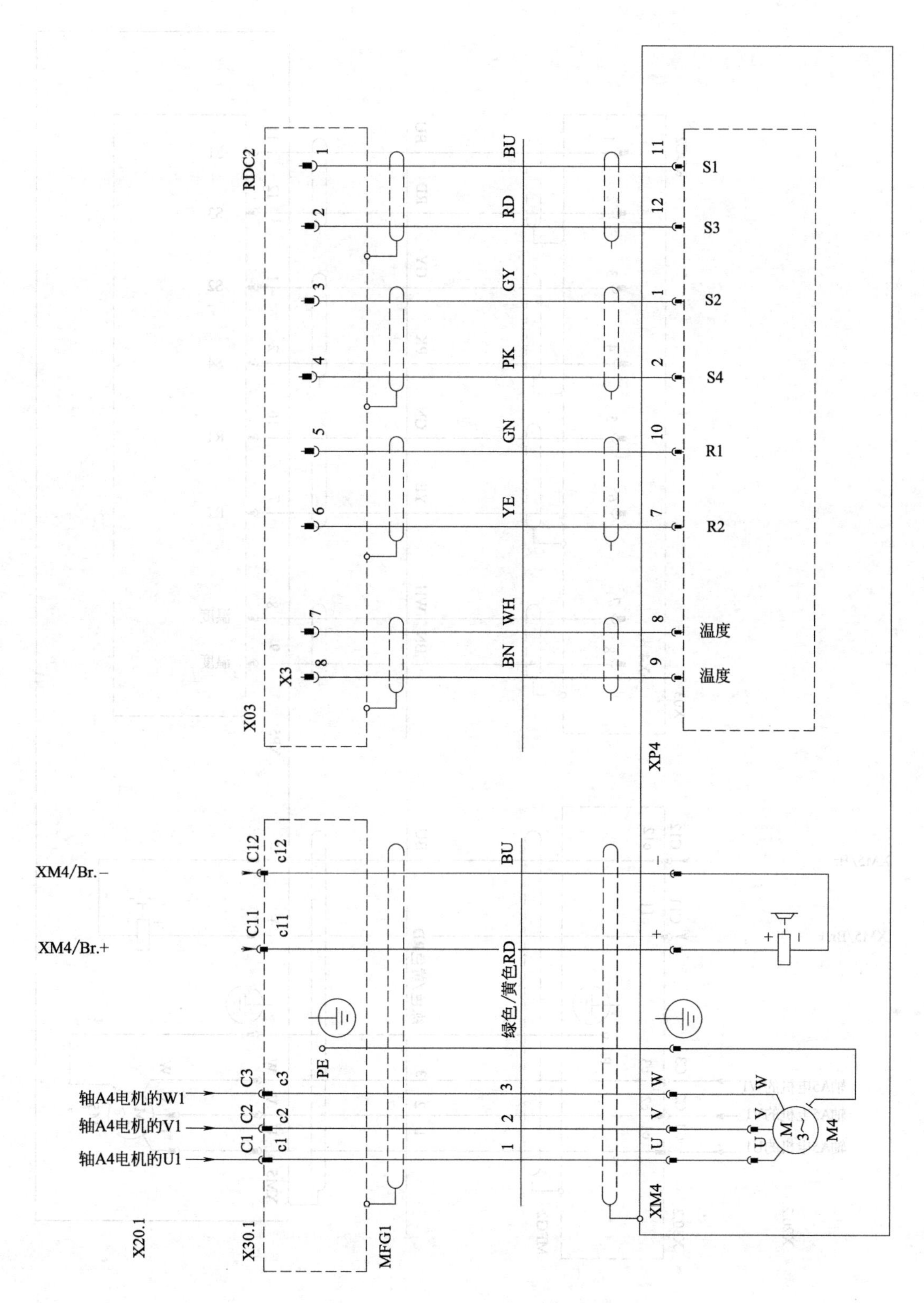

图 1-52　KR C4 轴 4 电机的布线图

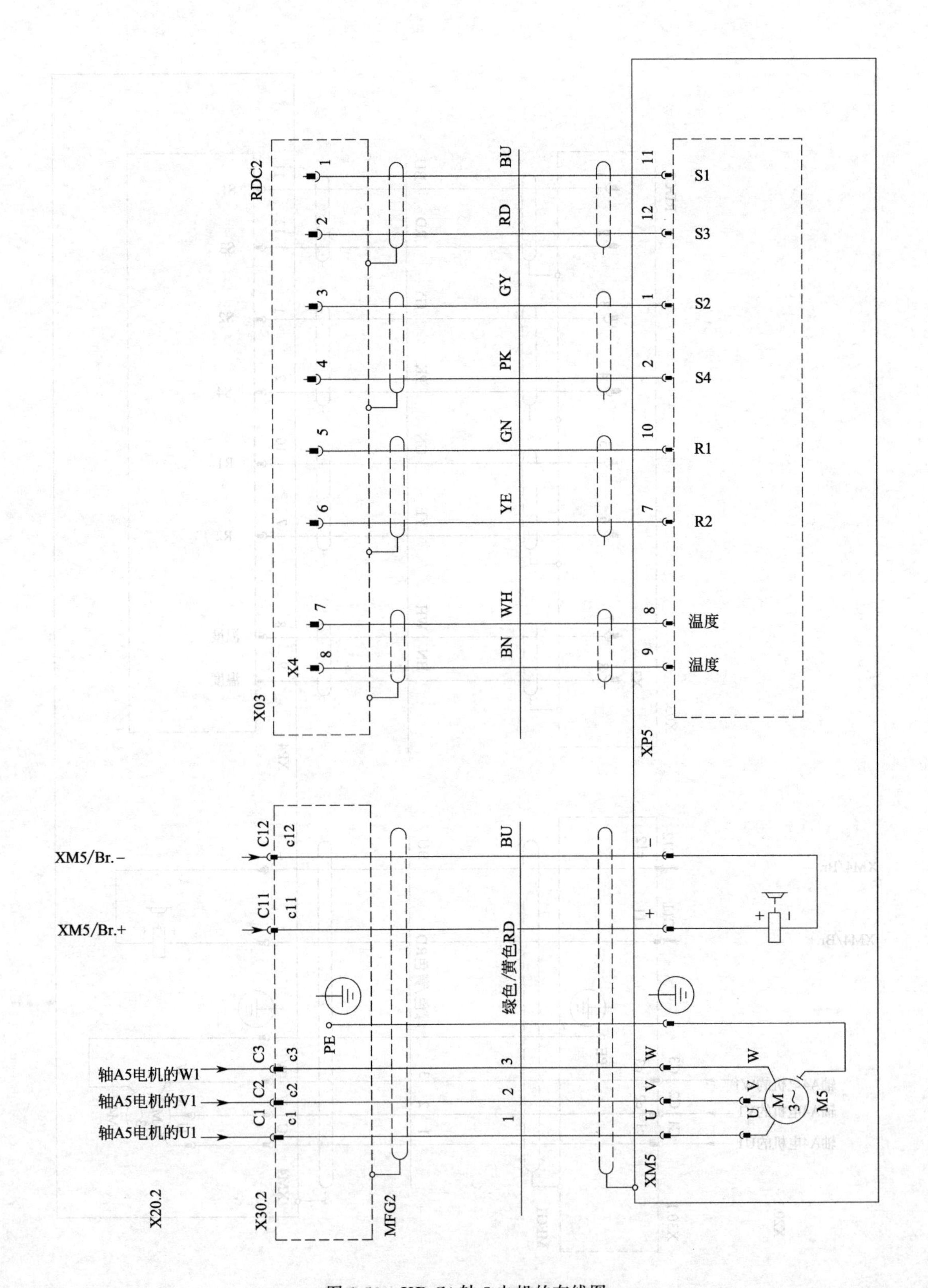

图 1-53　KR C4 轴 5 电机的布线图

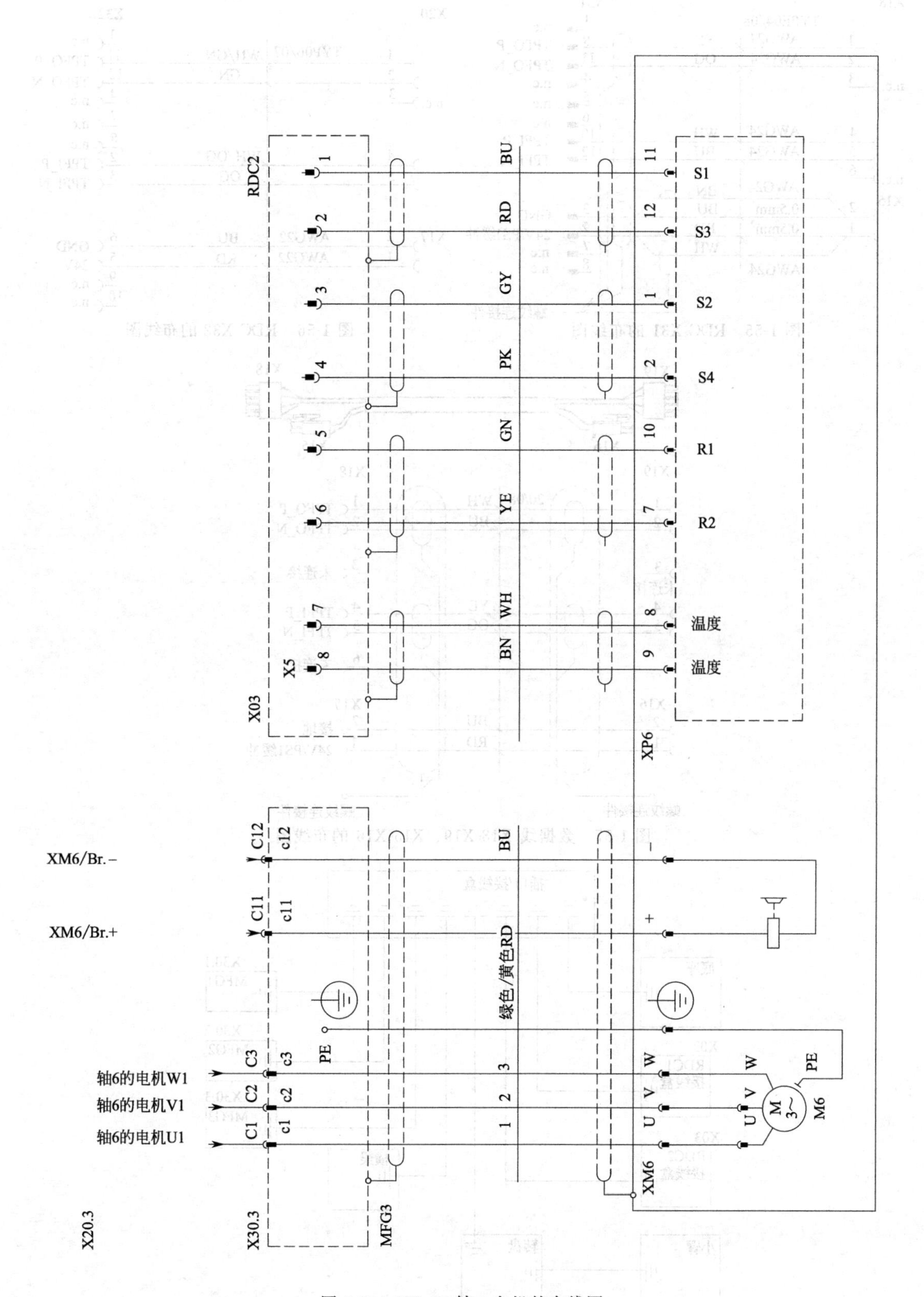

图 1-54　KR C4 轴 6 电机的布线图

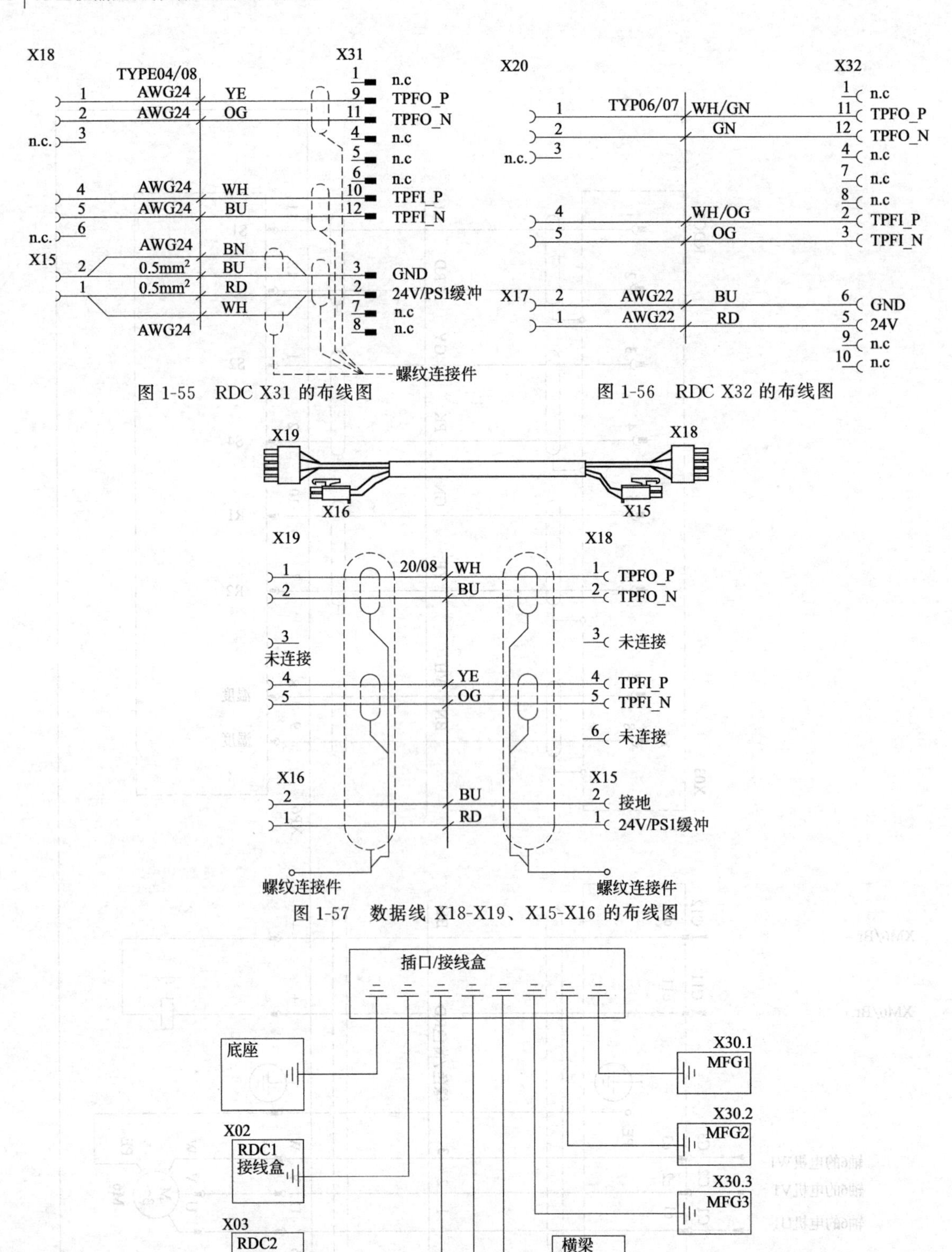

图 1-55　RDC X31 的布线图

图 1-56　RDC X32 的布线图

图 1-57　数据线 X18-X19、X15-X16 的布线图

注：所有接地线的横截面均为 $10mm^2$。

图 1-58　KR C4 接地保护系统的布线图

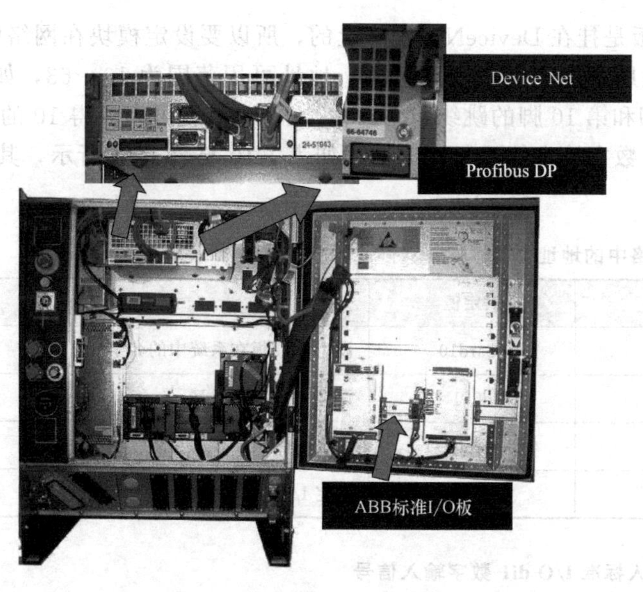

图 1-59　ABB 机器人 I/O 通信接口位置

(2) ABB 机器人 I/O 信号设定的顺序

ABB 机器人 I/O 信号设定的顺序如图 1-60 所示。

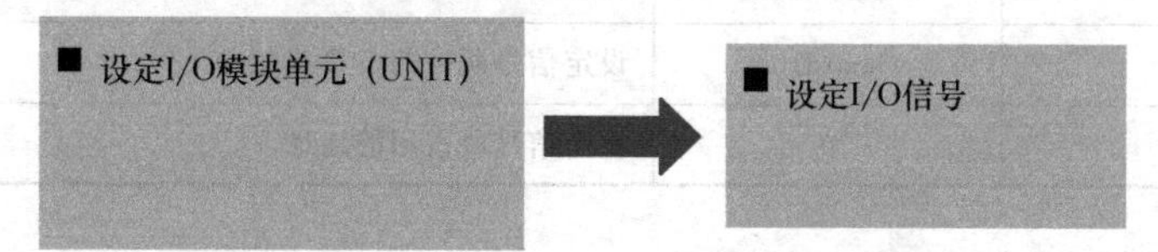

图 1-60　ABB 机器人 I/O 信号设定的顺序

(3) ABB 机器人标准 I/O DSQC651

ABB 机器人标准 I/O DSQC651 如图 1-61 所示。

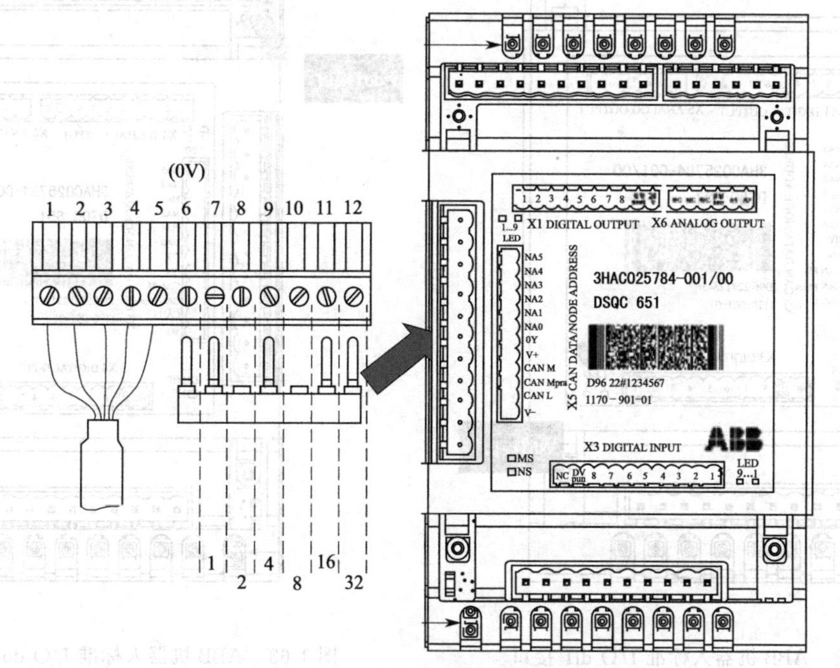

图 1-61　ABB 机器人标准 I/O DSQC651

ABB 标准 I/O 板是挂在 DeviceNet 网络上的，所以要设定模块在网络中的地址。端子 X5 的 6～12 的跳线就是用来决定模块的地址的，地址可用范围为 10～63，如表 1-9 所示。如图 1-61 所示，将第 8 脚和第 10 脚的跳线剪去，由 2＋8＝10 就可以获得 10 的地址。ABB 机器人标准 I/O di1（d01）数字输入信号与输出信号如表 1-10 与表 1-11 所示，其位置如图 1-62、图 1-63 所示。

表 1-9　模块在网络中的地址

参数名称	设定值	说　明
Name	board10	设定 I/O 板在系统中的名字
Type of Unit	d651	设定 I/O 板的类型
Connected to Bus	DeviceNet1	设定 I/O 板连接的总线
DeviceNet Address	10	设定 I/O 板在总线中的地址

表 1-10　ABB 机器人标准 I/O di1 数字输入信号

参数名称	设定值	说　明
Name	di1	设定数字输入信号的名字
Type of Signal	Digital Input	设定信号的类型
Assigned to Unit	board10	设定信号所在的 I/O 模块
Unit Mapping	0	设定信号所占用的地址

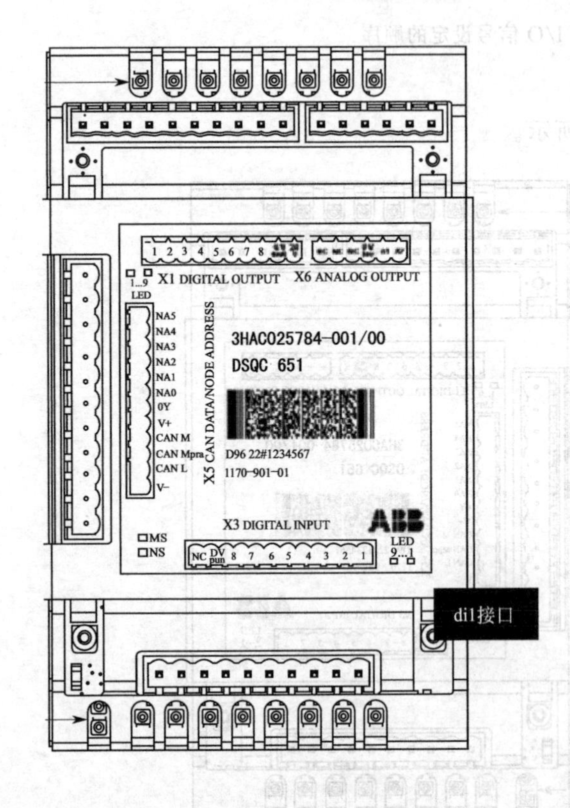

图 1-62　ABB 机器人标准 I/O di1 接口

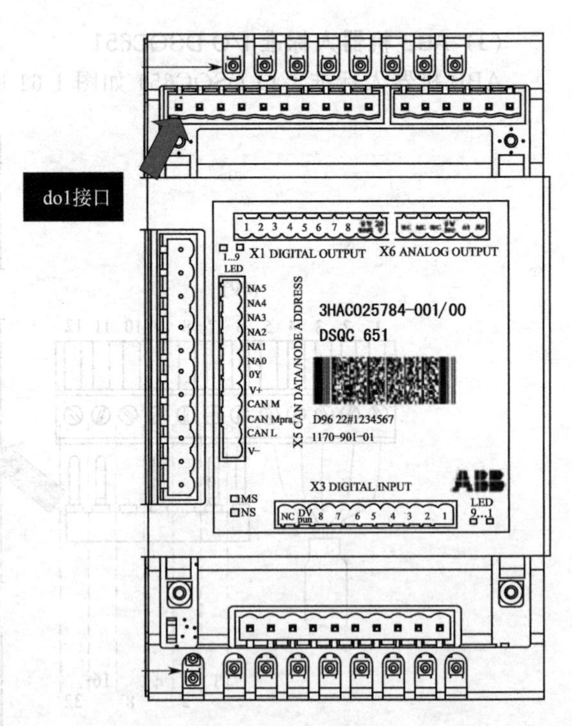

图 1-63　ABB 机器人标准 I/O do1 接口

表 1-11 ABB 机器人标准 I/O do1 数字输出信号

参数名称	设定值	说明
Name	do1	设定数字输出信号的名字
Type of Signal	Digital Output	设定信号的类型
Assigned to Unit	board10	设定信号所在的 I/O 模块
Unit Mapping	32	设定信号所占用的地址

(4) 定义组输入信号

组输入信号就是将几个数字输入信号组合起来使用，用于接受外围设备输入的 BCD 编码的十进制数。其相关参数及状态见表 1-12、表 1-13。此例中，gi1 占用地址 1～4 共 4 位，可以代表十进制数 0～15。如此类推，如果占用地址 5 位的话，可以代表十进制数 0～31，其位置如图 1-64 所示。

表 1-12 ABB 机器人标准 I/O gi1 组输入信号

参数名称	设定值	说明
Name	gi1	设定组输入信号的名字
Type of Signal	Group Input	设定信号的类型
Assigned to Unit	board10	设定信号所在的 I/O 模块
Unit Mapping	1-4	设定信号所占用的地址

表 1-13 外围设备输入的 BCD 编码的十进制数

状态	地址 1	地址 2	地址 3	地址 4	十进制数
	1	2	4	8	
状态 1	0	1	0	1	2+8=10
状态 2	1	0	1	1	1+4+8=13

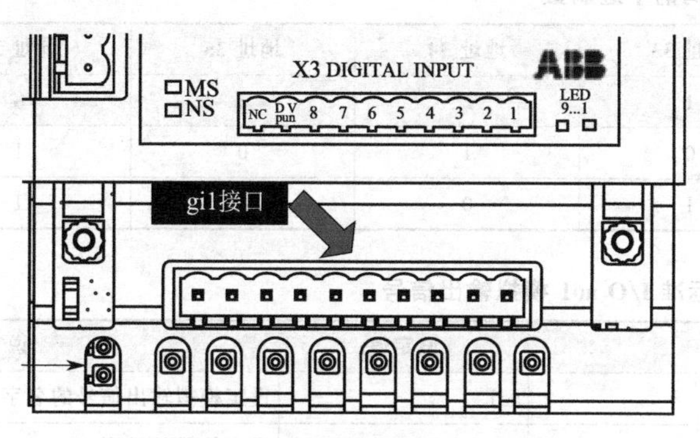

图 1-64 ABB 机器人标准 I/O gi1 接口

(5) 定义组输出信号

组输出信号就是将几个数字输出信号组合起来使用，用于输出 BCD 编码的十进制数。如表 1-14 所示。此例中，go1 占用地址 33～36 共 4 位，可以代表十进制数 0～15。如此类推，如果占用地址 5 位的话，可以代表十进制数 0～31，如表 1-15 所示。其位置如图 1-65 所示。ABB 机器人标准 I/O ao1 模拟输出信号如表 1-16 所示，其位置如图 1-66 所示。

表 1-14 ABB 机器人标准 I/O go1 组输出信号

参数名称	设定值	说明
Name	go1	设定组输出信号的名字
Type of Signal	Group Output	设定信号的类型
Assigned to Unit	board10	设定信号所在的 I/O 模块
Unit Mapping	33-36	设定信号所占用的地址

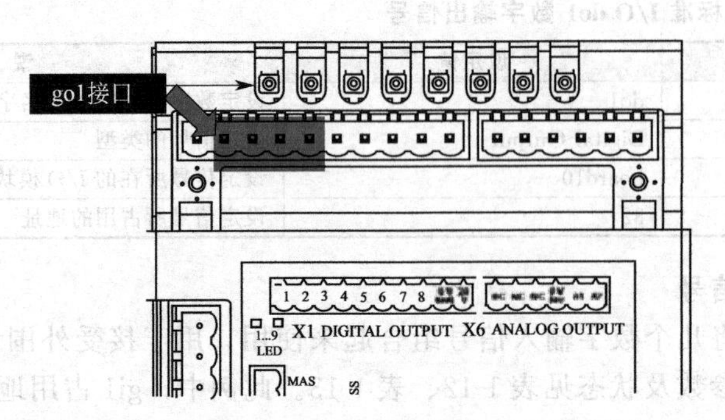

图 1-65 ABB 机器人标准 I/O go1 接口

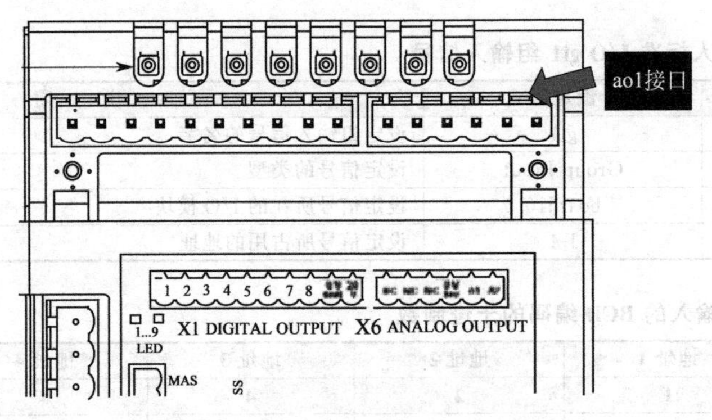

图 1-66 ABB 机器人标准 I/O ao1 接口

表 1-15 输出 BCD 编码的十进制数

状态	地址 33	地址 34	地址 35	地址 36	十进制数
	1	2	4	8	
状态 1	0	1	0	1	2+8=10
状态 2	1	0	1	1	1+4+8=13

表 1-16 ABB 机器人标准 I/O ao1 模拟输出信号

参数名称	设定值	说明
Name	ao1	设定模拟输出信号的名字
Type of Signal	Analog Output	设定信号的类型
Assigned to Unit	board10	设定信号所在的 I/O 模块
Unit Mapping	0～15	设定信号所占用的地址
Analog Encoding Type	Unsigned	设定模拟信号属性
Maximum Logical Value	10	设定最大逻辑值
Maximum Physical Value	10	设定最大物理值(V)
Maximum Bit Value	65535	设定最大位值

(6) Profibus 适配器的连接

DSQC667 模块是安装在电柜中的主机上，最多支持 512 个数字输入和 512 个数字输出。除了通过 ABB 机器人提供的标准 I/O 板与外围设备进行通信，ABB 机器人还可以使用 DSQC667 模块通过 Profibus 与 PLC 进行快捷和大数据量的通信，如图 1-67 所示。其接口位置如图 1-68 所示。Profibus 适配器的设定如表 1-17 所示。

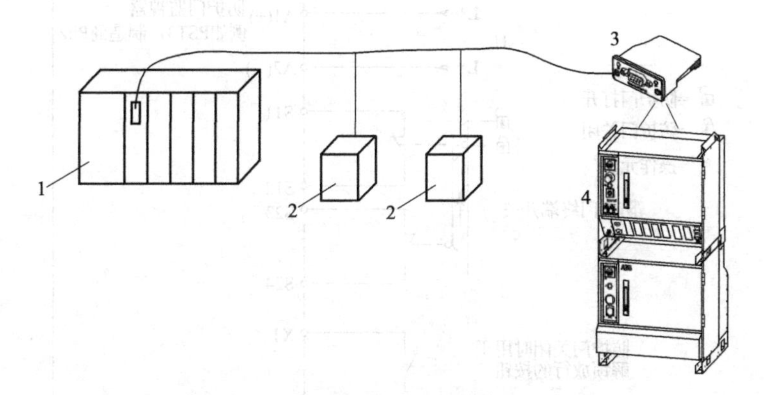

图 1-67　Profibus 适配器的连接

1—PLC 主站；2—总线上的从站；3—机器人 Profibus 适配器 DSQC667；4—机器人的控制柜

图 1-68　Profibus 适配器的接口

表 1-17　Profibus 适配器的设定

参数名称	设定值	说　明
Name	profibus8	设定 I/O 板在系统中的名字
Type of Unit	DP_SLAVE	设定 I/O 板的类型
Connected to Bus	Profibus1	设定 I/O 板连接的总线
Profibus Address	8	设定 I/O 板在总线中的地址

在完成了 ABB 机器人上的 Profibus 适配器模块设定以后，应在 PLC 端完成相关的操作。

① 将 ABB 机器人随机光盘中的 DSQC667 配置文件（路径为\RobotWare 5.13\Utility\Fieldbus\Profibus\GSD\HMS_1811.GSD）在 PLC 的组态软件中打开。

② 在 PLC 的组态软件中找到“Anybus-CC PROFIBUS DP-V1”。

③ ABB 机器人中设置的信号与 PLC 端设置的信号是一一对应的。

1.4.3　工业机器人的外围设施的电气连接

(1) 防护门的电气连接

防护门的电气连接见图 1-69。

(2) 静电保护的连接

静电保护的连接见图 1-70。

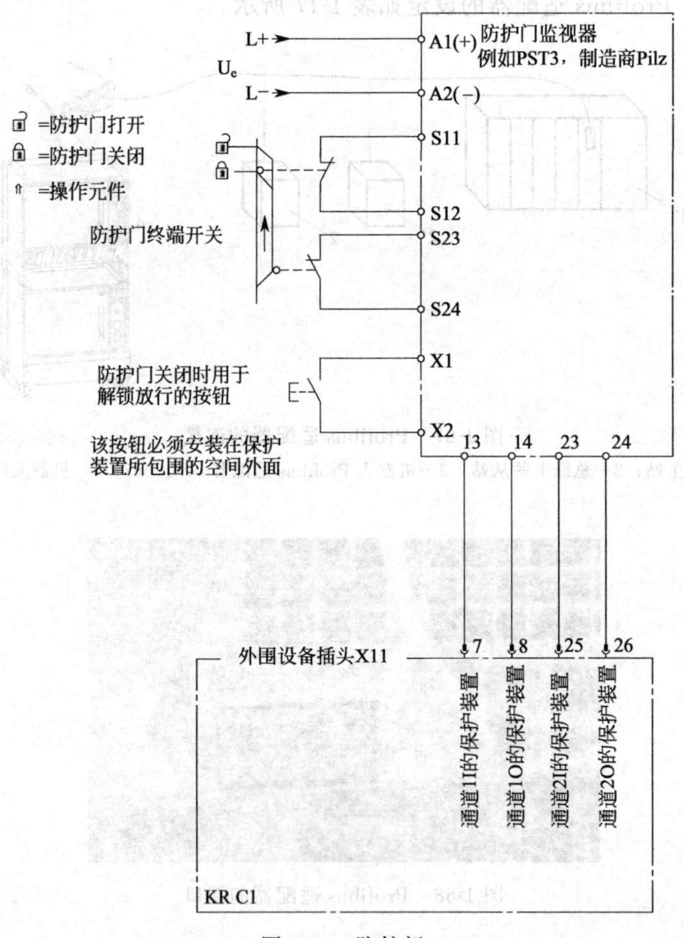

图 1-69　防护门

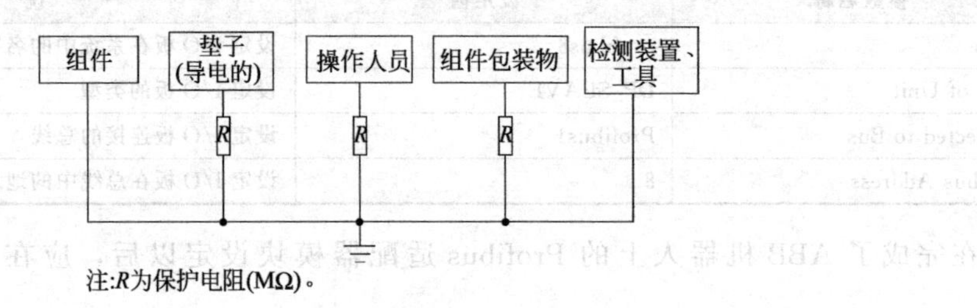

图 1-70　静电保护

1.5　认识工业机器人工作站及生产线

1.5.1　工业机器人工作站

工业机器人工作站是指使用一台或多台机器人，配以相应的周边设备，用于完成某一特定工序作业的独立生产系统，也可称为机器人工作单元。它主要由工业机器人及其控制系统、辅助设备以及其他周边设备构成。

工业机器人工作站是以工业机器人作为加工主体的作业系统。由于工业机器人具有可再编程的特点，当加工产品更换时，可以对机器人的作业程序进行重新编写，从而达到系统柔性要求。

然而，工业机器人只是整个作业系统的一部分，作业系统包括工装、变位器、辅助设备等周边设备，应该对它们进行系统集成，使之构成一个有机整体，才能完成任务，满足生产需求。

工业机器人工作站系统集成一般包括硬件集成和软件集成两个过程。硬件集成需要根据需求对各个设备接口进行统一定义，以满足通信要求；软件集成则需要对整个系统的信息流进行综合，然后再控制各个设备按流程运转。

(1) 工业机器人工作站的特点

① 技术先进　工业机器人集精密化、柔性化、智能化、软件应用开发等先进制造技术于一体，通过对过程实施检测、控制、优化、调度、管理和决策，实现增加产量、提高质量、降低成本、减少资源消耗和环境污染的目的，是工业自动化水平的最高体现。

② 技术升级　工业机器人与自动化成套装备具有精细制造、精细加工以及柔性生产等技术特点，是继动力机械、计算机之后出现的全面延伸人的体力和智力的新一代生产工具，也是实现生产数字化、自动化、网络化以及智能化的重要手段。

③ 应用领域广泛　工业机器人与自动化成套装备是生产过程的关键设备，可用于制造、安装、检测、物流等生产环节，并广泛应用于汽车整车及汽车零部件、工程机械、轨道交通、低压电器、电力、IC 装备、军工、烟草、金融、医药、冶金及印刷出版等行业，应用领域非常广泛。

④ 技术综合性强　工业机器人与自动化成套技术集中并融合了多项学科，涉及多项技术领域，包括工业机器人控制技术、机器人动力学及仿真、机器人构建有限元分析、激光加工技术、模块化程序设计、智能测量、建模加工一体化、工厂自动化以及精细物流等先进制造技术，技术综合性强。

(2) 工业机器人工作站的组成

图 1-71 所示是某弧焊机器人工作站的组成。

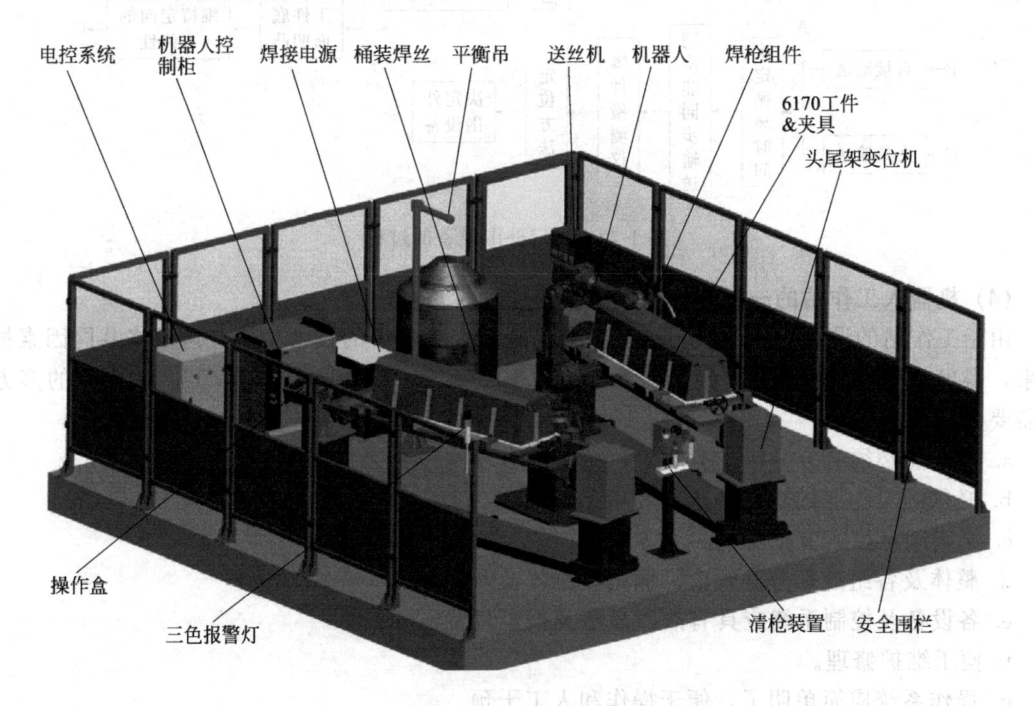

图 1-71　某弧焊机器人工作站的组成

(3) 外围设备的种类及注意事项

必须根据自动化的规模来决定工业机器人与外围设备的规格。因作业对象的不同，其规格也多种多样。从表1-18可以看出，机器人的作业内容大致可分为装卸、搬运作业和喷涂、焊接作业两种基本类型。后者持有喷枪、焊枪或焊炬。当工业机器人进行作业时，喷涂设备、焊接设备等作业装置都是很重要的外围设备。这些作业装置一般都是用于手工操作，当用于工业机器人时，必须对这些装置进行改造。

表1-18 工业机器人的作业和外围设备的种类

作业内容	工业机器人的种类	主要外围设备
压力机上的装卸作业	固定程序式	传送带、滑槽、供料装置、送料器、提升装置、定位装置、取件装置、真空装置、修边压力装置
切削加工的装卸作业	可变程序式、示教再现式、数字控制式	传送带、上下料装置、定位装置、反转装置、随行夹具
压铸加工的装卸作业	固定程序式、示教再现式	浇铸装置、冷却装置、修边压力机、脱膜剂喷涂装置、工件检测
喷涂作业	示教再现式(CP的动作)	传送带、工件探测、喷涂装置、喷枪
点焊作业	示教再现式	焊接电源、时间继电器、次级电缆、焊枪、异常电流检测装置、工具修整装置、焊透性检验、车型判别、焊接夹具、传送带、夹紧装置
电弧焊作业	示教再现式(CP的动作)	弧焊装置、焊丝进给装置、焊炬、气体检测、焊丝检测、焊炬修整、焊接夹具、位置控制器、焊接条件选择

当采用以装卸为主的工业机器人实现自动化时，决定外围设备的过程如图1-72所示。

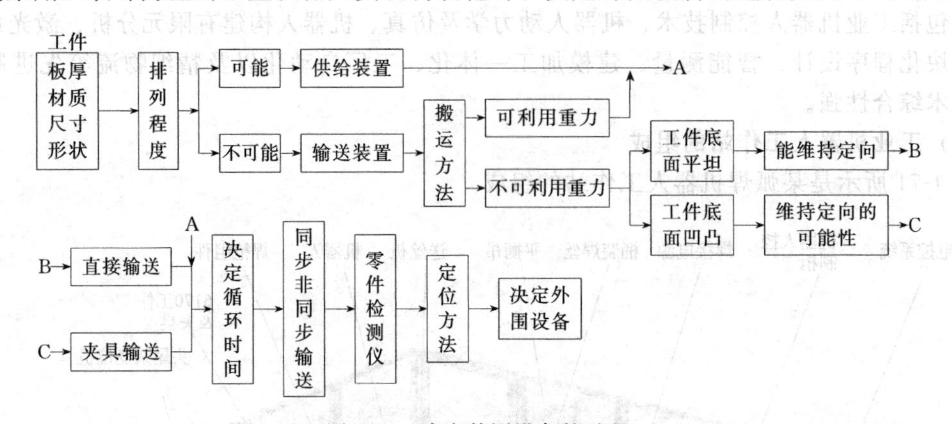

图1-72 决定外围设备的过程

(4) 机器人工作站的一般设计原则

由于工作站的设计是一项较为灵活多变、关联因素甚多的技术工作，这里将共同因素抽取出来，得出一些一般的设计原则。以下归纳的10条设计原则共同体现着工作站用户的多方面的需要。

a. 设计前必须充分分析作业对象，拟定最合理的作业工艺。

b. 必须满足作业的功能要求和环境条件。

c. 必须满足生产节拍要求。

d. 整体及各组成部分必须全部满足安全规范及标准。

e. 各设备及控制系统应具有故障显示及报警装置。

f. 便于维护修理。

g. 操作系统应简单明了，便于操作和人工干预。

h. 操作系统便于联网控制。

i. 工作站便于组线。

j. 经济实惠，快速投产。

① 作业顺序和工艺要求 对作业对象（工件）及其技术要求进行认真细致的分析，是整个设计的关键环节，它直接影响工作站的总体布局、机器人型号的选定、末端执行器和变位机等的结构以及其他周边机器的型号等方面。一般来说，对工件的分析包含以下几个方面。

a. 工件的形状决定了末端执行器和夹具体的结构及其工件的定位基准。

b. 工件的尺寸及精度对机器人工作站的使用性能有很大的影响。

c. 当工件安装在夹具体上时，需特别考虑工件的质量和夹紧时的受力状况。当工件需机器人搬运或抓取时，工件质量成为选择机器人型号的最直接技术参数。

d. 工件的材料和强度对工作站中夹具的结构设计、选择动力形式、末端执行器的结构以及其他辅助设备的选择都有直接的影响。

e. 工作环境也是机器人工作站设计中需要引起注意的一个方面。

f. 作业要求是用户对设计人员提出的技术期望，它是可行性研究和系统设计的主要依据。

② 工作站的功能要求和环境要求 机器人工作站的生产作业是由机器人连同它的末端执行器、夹具和变位机以及其他周边设备等具体完成的，其中起主导作用的是机器人，所以这一设计原则首先在选择机器人时必须满足。选择机器人，可从三个方面加以保证。

a. 确定机器人的持重能力。机器人手腕所能抓取的质量是机器人一个重要性能指标。

b. 确定机器人的工作空间。机器人手腕基点的动作范围就是机器人的名义工作空间，它是机器人的另一个重要性能指标。需要指出的是，末端执行器装在手腕上后，作业的实际工作点会发生改变。

c. 确定机器人的自由度。机器人在持重和工作空间上满足对机器人工作站或生产线的功能要求后，还要分析它是否可以在作业范围满足作业的姿态要求。自由度越多，机器人的机械结构与控制就越复杂，所以，通常情况下，如果少自由度能完成的作业，就不要盲目选用更多自由度的机器人去完成。

总之，为了满足功能要求，选择机器人必须从持重、工作空间、自由度等方面来分析，只有它们同时满足或增加辅助装置（即能满足功能要求）时，所选用的机器人才是可用的。机器人的选用也常受机器人市场供应因素的影响，所以，还需考虑成本及可靠性等问题。

③ 工作站对生产节拍的要求 生产节拍是指完成一个工件规定的处理作业内容所要求的时间，也就是用户规定的年产量对机器人工作站工作效率的要求。生产周期是机器人工作站完成一个工件规定的处理作业内容所需要的时间。

在总体设计阶段，首先要根据计划年产量计算出生产节拍，然后对具体工件进行分析，计算各个处理动作的时间，确定出完成一个工件处理作业的生产周期。将生产周期与生产节拍进行比较，当生产周期小于生产节拍时，说明这个工作站可以完成预定的生产任务；当生产周期大于生产节拍时，说明一个工作站不具备完成预定生产任务的能力，这时就需要重新研究这个工作站的总体构思。

④ 安全规范及标准 由于机器人工作站的主体设备——机器人，是一种特殊的机电一体化装置，与其他设备的运行特性不同，机器人在工作时是以高速运动的形式掠过比其机座大很多的空间，其手臂各杆的运动形式和启动难以预料，有时会随作业类型和环境条件而改变。同时，在其关节驱动器通电的情况下，维修及编程人员有时需要进入工作空间；又由于机器人的工作空间内常与其周边设备工作区重合，从而极易产生碰撞、夹挤或由于手爪松脱而使工件飞出等危险，特别是在工作站内多台机器人协同工作的情况下产生危险的可能性更高。所以，在工作站的设计中，必须充分分析可能的危险情况，估计可能的事故风险，制定相应的安全规范和标准。

(5) 机器人工作站的设计过程

① 可行性分析 通常需要对工程项目进行可行性分析。在引入工业机器人系统之前，必须仔细了解应用机器人的目的以及主要的技术要求。至少应该在三个方面进行可行性分析。

a. 技术上的可能性与先进性。这是可行性分析首先要解决的问题。为此必须首先进行可行性调查，主要包括用户现场调研和相似作业的实例调查等。

取得充分的调查资料之后，就要规划初步的技术方案，为此要进行如下工作：作业量及难度分析；编制作业流程卡片；绘制时序表，确定作业范围，并初选机器人型号；确定相应的外围设备；确定工程难点，并进行试验取证；确定人工干预程度等。最后提出几个规划方案并绘制相应的机器人工作站或生产线的平面配置图，编制说明文件。然后对各方案进行先进性评估，包括机器人系统、外围设备及控制、通信系统等的先进性。

b. 投资上的可能性和合理性。根据前面提出的技术方案，对机器人系统、外围设备、控制系统以及安全保护设施等进行逐项估价，并考虑工程进行中可以预见和不可预见的附加开支，按工程计算方法得到初步的工程造价。

c. 工程实施过程中的可能性和可变更性。满足前两项之后引入方案，还要对它进行施工过程中的可能性和可变更性的分析。这是因为在很多设备、元件等的制造、选购、运输、安装过程中，还可能出现一些不可预见的问题，必须准备发生问题时的替代方案。

在进行上述分析之后，就可对机器人引入工程的初步方案进行可行性排序，得出可行性结论，并确定一个最佳方案，再进行机器人工作站、生产线的工程设计。

② 机器人工作站和生产线的详细设计 根据可行性分析中所选定的初步技术方案，进行详细的设计、开发、关键技术和设备的局部试验或试制、绘制施工图和编制说明书。

a. 规划及系统设计。规划及系统设计包括设计单位内部的任务划分、机器人考查及询价、编制规划单、运行系统设计、外围设备（辅助设备、配套设备及安全装置等）能力的详细计划，关键问题的解决等。

b. 布局设计。布局设计包括机器人选用，人-机系统配置，作业对象的物流路线，电、液、气系统走线，操作箱、电器柜的位置以及维护修理和安全设施配置等内容。

c. 扩大机器人应用范围辅助设备的选用和设计。此项工作的任务包括工业机器人用以完成作业的末端操作器、固定和改变作业对象位姿的夹具和变位机、改变机器人动作方向和范围的机座的选用和设计。一般来说，这一部分的设计工作量最大。

d. 配套和安全装置的选用和设计。此项工作主要包括为完成作业要求的配套设备（如弧焊的焊丝切断和焊枪清理设备等）的选用和设计、安全装置（如围栏、安全门等）的选用和设计以及现有设备的改造等内容。

e. 控制系统设计。此项设计包括以下几方面的内容：选定系统的标准控制类型与追加性能，确定系统工作顺序与方法，联锁与安全设计；液压气动、电气、电子设备及备用设备的试验；电气控制线路设计；机器人线路及整个系统线路的设计等。

f. 支持系统。设计支持系统应包括故障排队与修复方法，停机时的对策与准备，备用机器的筹备以及意外情况下救急措施等内容。

g. 工程施工设计。此项设计包括编写工作系统的说明书，机器人详细性能和规格的说明书，接收检查文本，标准件说明书，绘制工程制造，编写图纸清单等内容。

h. 编制采购资料。此项任务包括编写机器人估价委托书，机器人性能及自检结果，编制标准件采购清单、培训操作要员计划、维护说明及各项预算方案等内容。

③ 制造与试运行 制造与试运行是根据详细设计阶段确定的施工图纸、说明书进行布置、工艺分析、制作、采购，然后进行安装、测试、调速，使之达到预期的技术要求，同时对管理人员、操作人员进行培训。

a. 制作准备。制作准备包括制作估价，拟定事后服务及保证事项，签订制造合同，选定培训人员及实施培训等内容。

b. 制作与采购。此项任务包括设计加工零件的制造工艺、零件加工、采购标准件、检查机器人性能、采购件的验收检查以及故障处理等内容。

c. 安装与试运转。此项任务包括安装总体设备、试运转检查、试运转高速、连续运转、实施预期的机器人系统的工作循环、生产试车、维护维修培训等内容。

d. 连续运转。连续运转包括按规划中的要求进行系统的连续运转和记录、发现和解决异常问题、实地改造、接受用户检查、写出验收总结报告等内容。

④ 交付使用　交付使用后，为达到和保持预期的性能和目标，对系统进行维护和改进，并进行综合评价。

a. 运转率检查。此项任务包括正常运转概率测定、周期循环时间和产量的测定、停车现象分析、故障原因分析等内容。

b. 改进。此项任务包括正常生产必须改造事项的选定及实施和今后改进事项的研讨及规划等内容。

c. 评估。此项任务包括技术评估、经济评估、对现实效果和将来效果的研讨、再研究课题的确定以及写出总结报告等内容。

由此可以看出，在工业生产中，引入机器人系统是一项相当细致复杂的工程，它涉及机、电、液、气、讯等诸多技术领域，不仅要求人们从技术上，而且从经济效益、社会效益、企业发展多方面进行可行性研究，只有立题正确、投资准、选型好、设备经久耐用，才能做到最大限度地发挥机器人的优越性，提高生产效率。

1.5.2 工业机器人生产线

机器人生产线是由两个或两个以上的机器人工作站、物流系统和必要的非机器人工作站组成，完成一系列以机器人作业为主的连续生产自动化系统。

(1) 工业机器人生产线构成

图 1-73 是某汽车的前后挡风玻璃密封胶涂刷作业生产线。人工将玻璃存储车送入线中，再由专用的搬运装置送到第 2 工作站，然后通过一次涂刷（3 站）、干燥（4 站）、密封胶涂刷（5 站）等工作站完成规定的作业内容，最后由玻璃翻转、搬出工作站（6 站）中的机器人将成品搬出本线，并转送到汽车总装生产线上。6 站的这个机器人是总装生产线与子生产线的连接点，它是子生产线的末端，也是总装生产线的部件搬入装置。这条子生产线共由 6 个工作站组成，其中一次涂刷、密封胶涂刷和玻璃翻转、搬出 3 个工作站使用了机器人，其他工作站配备了专用装置。2～6 站之间玻璃的搬运使用了同步移动机构。生产线还配置了涂料、密封胶送料泵及定量送料装置等辅助设备。

由实例可以看出，机器人生产线一般由以下几部分构成。

① 机器人工作站　在机器人生产线中，机器人工作站是相对独立，又与外界有着密切联系的部分。在作业内容、周边装置、动力系统方面往往是独立的，但在控制系统、生产管理和物流等方面又与其他工作站以及上位管理计算机系统成为一体。对于密封胶涂刷机器人生产线中的密封胶涂刷机器人工作站，若将工件固定的定位夹紧装置改变为一个双工位的人工上、下料转台，再配备上密封胶送料泵、定量吐料装置、气压系统等装置，便成为一个独立的机器人工作站。

机器人工作站与生产线的联系就在于采用了各站工件同步移动的传送装置，使工件运动起来，不断地自动输入送出工件。另外，工作站中机器人及运动部件的工作状态必须经控制系统

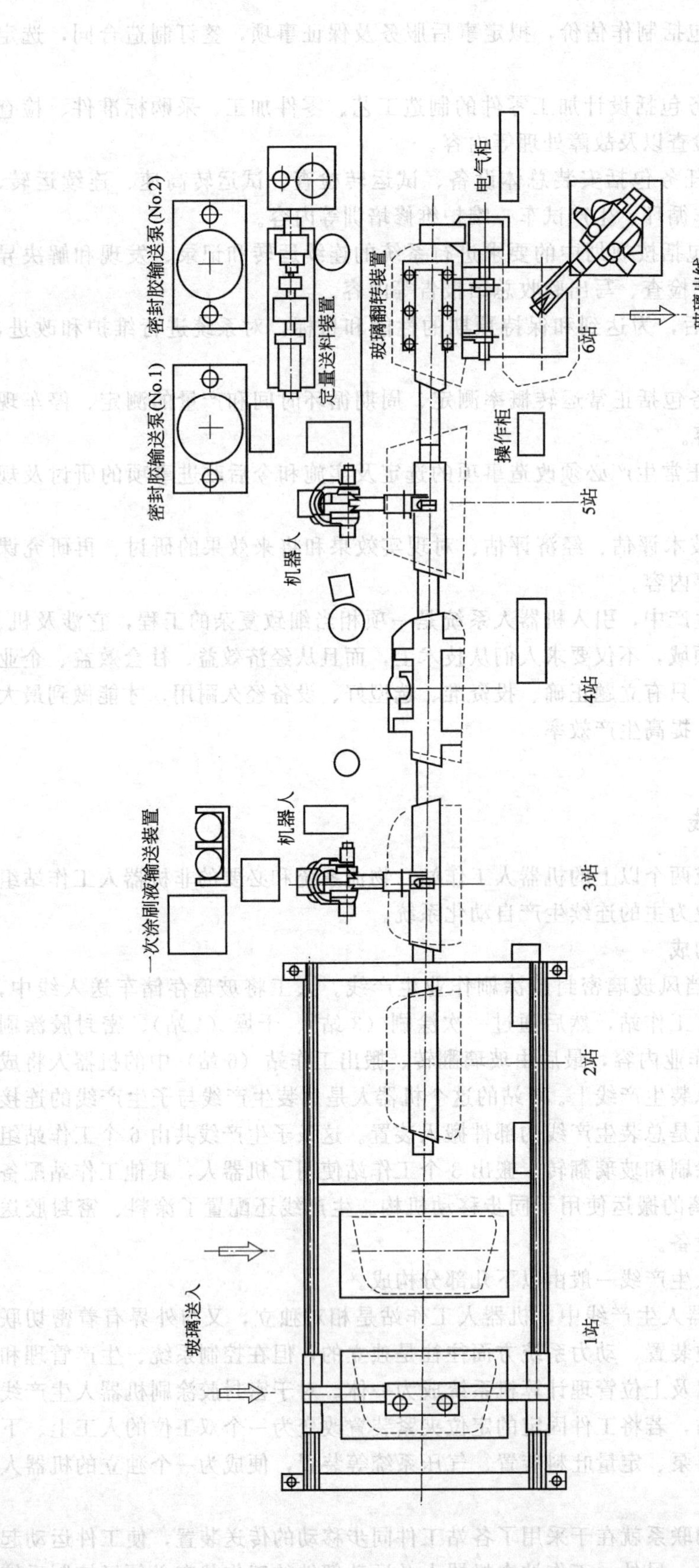

图 1-73 密封胶涂刷机器人生产线总体图

与上位管理系统建立联系，从而使各站的工作协调起来。

② 非机器人工作站　机器人生产线中，除含有机器人的工作站之外，其他工作站统称为非机器人工作站。它也是机器人生产线的一个重要组成部分，具体可分为3类：专用装置工作站，人工处理工作站和空设站。

a. 专用装置工作站。在某些工件的作业工序中，有些作业不需要使用机器人，只要使用专用装置就可以完成。这种设备称为专用装置工作站。如图1-73所示的生产线实例中，玻璃搬运工作站就属于专用装置工作站。

b. 人工处理工作站。在机器人生产线中，有些工序一时难以使用机器人，或使用机器人会花费很大的投资，而效果并非十分有效，这就产生了必不可少的人工处理工作站。在目前的多数机器人生产线上或多或少都设有这种工作站，尤其在汽车总装生产线上。

c. 空设站。机器人生产线中，有一些工作站上并没有具体的作业，工件只是经过此站，起着承上启下的桥梁作用，把各工作站连接成一条“流动”的生产线，这种工作站被称为空设站。空设站的设置，有时是为满足生产线中各站之间具有一定的节距，相同生产节拍，会设立空设站。某些情况下，空设站也有一定作用，如图1-73实例中的干燥工作站也是一种空设站，它是一个干燥环节。

③ 机器人子生产线　对于大规模生产厂的大型生产线（如轿车的总装线），往往包含着若干条小生产线，称之为机器人子生产线。子生产线是一个相对独立的系统，一条大规模的生产线可看成是由一条主线和若干条子线组成的。这些子线和主线在其输出端和输入端用某种方式建立起联系，形成树状结构形式，如图1-74所示的汽车总装生产线。

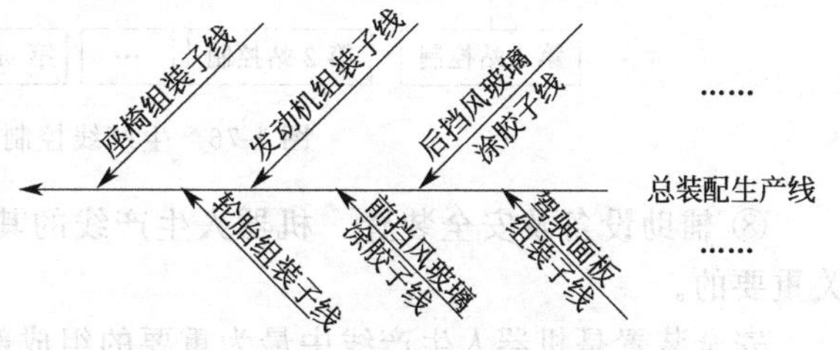

图1-74　汽车总装生产线流程示意图

④ 中转仓库（暂存或缓存仓库）　根据生产线的要求，某些生产线需要存储各种零部件或成品。它们有的是外线转来的零部件，由操作者或无人搬运车存入库内。作为生产线和子生产线的源头，或作为工作站的散件库，或在生产线的作业过程中起暂放、中转作用，或用于将生产线的成品分类入库，所有这些用于存储的装置统称为中转仓库。随着工厂自动化水平的不断提高，生产线中设立各种中转仓库的需求会越来越多。

⑤ 物流系统　物流系统是机器人生产线的一个重要组成部分，它担负着各工作站之间工件的转运、定位甚至夹紧，工件的出库入线或出线入库，各站的散件入线等工作。物流系统将各个独立的工作站单元连接起来，成为一条流动的生产线系统。生产线越大，自动化程度越高，物流系统就越复杂。它常用的传送方式有链式运输、带式运输、专用搬运机、无人小车搬运和同步移动机构等。

密封胶涂刷机器人生产线中的物流系统采用的是同步移动装置，如图1-75所示。各站中工件是用固定于本站的气吸盘定位的，2～5站还有供工件移动的气吸盘，它们安装在同一个框架上，框架在气缸和齿轮装置的驱动下，整体向前移动一个站距，完成工件的传送；工件入线由人工搬入；第1站向第2站的传送使用了专用搬运装置；工件出线则由机器人完成。

⑥ 动力系统　动力系统是机器人生产线必不可少的一个组成部分，它驱动各种装置和机构运动，实现预定的动作。动力系统可分为3种类型，即电动、液动和气动。一条生产线中可单独使用，也可混合使用。

⑦ 控制系统　控制系统是机器人生产线的神经中枢，它接收外部信息，经过处理后发出指令，指导各职能部门按照规定的要求协调作业。一般生产线的控制系统可以分为3层，即生

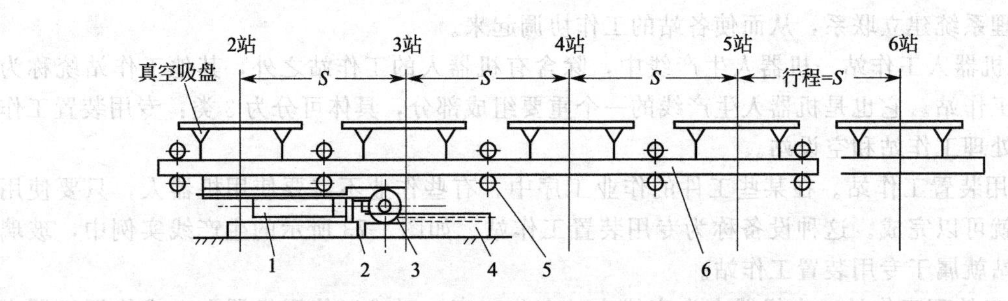

图 1-75 密封胶涂刷机器人生产线的物流装置

1—气缸；2—上齿条；3—齿轮；4—下齿条；5—导向支撑轮；6—整体移动框架

产线→子生产线→工作站，并构成相互联系的信息网络，如图 1-76 所示。

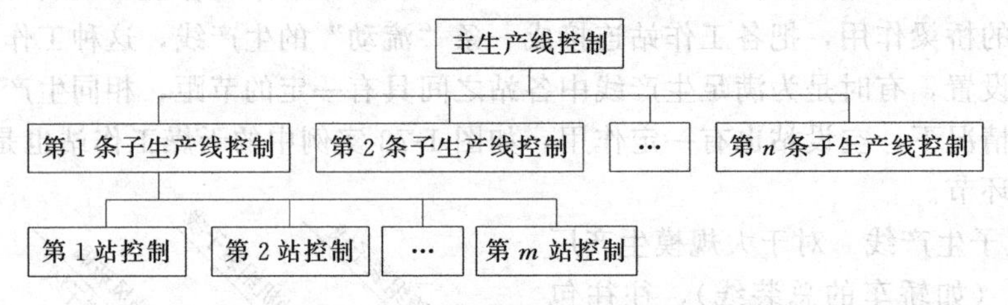

图 1-76 生产线控制系统的构成关系

⑧ 辅助设备及安全装置 机器人生产线的其他一些辅助部分也是必不可少的，甚至是至关重要的。

安全装置是机器人生产线中最为重要的组成部分，它直接关系到人身和设备的安全以及生产线的正常工作。

(2) 机器人生产线的一般设计原则

a. 各工作站必须具有相同或相近的生产周期。

b. 工作站间应有缓冲存储区。

c. 物流系统必须顺畅，避免交叉或回流。

d. 生产线要具有混流生产的能力。

e. 生产线要留有再改造的余地。

f. 夹具体要有一致的精度要求。

g. 各工作站的控制系统必须兼容。

h. 生产线布局合理、占地面积力求最小。

i. 安全监控系统合理可靠。

j. 最关键的工作站或生产设备应有必要的替代储备。

其中前 5 项更具特殊性，下面分别加以讨论。

① 各工作站的生产周期 机器人生产线是一个完整的产品生产体系。在总体设计中，要根据工厂的年产量及预期的投资目标，计算出一条生产线的生产节拍，然后参照各工作站的初步设计、工作内容和运动关系，分别确定出各自的生产周期，使得：

$$T_1 \approx T_2 \approx T_3 \approx \cdots \approx T_n \leqslant T$$

式中 $T_1 \sim T_n$——各工作站的生产周期，s/件；

T——生产线的生产节拍，s/件。

只有满足上式的要求，生产线才是有效的。对于那些生产周期与生产节拍非常接近的工作站要给予足够的重视，它往往是生产环节中的咽喉，也是故障多发地段。

② 工作站间缓冲存储区（库）　在人工转运的物流状态下，虽然尽量使各工作站的周期接近或相等，但是总会存在站与站的周期相差较大的情形，这就必然造成各站的工作负荷不平衡和工件的堆积现象。因此，要在周期差距较大的工作站（或作业内容复杂的关键工作站）间设立缓冲存储区，把生产速度较快的工作站所完成的工件暂存起来，通过定期停止该站生产或增加较慢工作站生产班时的方式，处理堆积现象。

③ 物流系统　物流系统是机器人生产线的大动脉，它的传输性、合理性和可靠性是维持生产线畅通无阻的基本条件。对于机械传动的刚性物流线，各工作站的工件必须同步移动，而且要求站距相等，这种物流系统在调试结束后，一般不易造成交叉和回流。但是，对于人工装卸工件，或人工干预较多的非刚性物流线来说，人的搬运在物流系统中占了较大的比重，它不要求工件必须同步移动和工作站距离必须相等，但在各工作站的排布时，要把物流线作为一个重要内容加以研究。工作站的排布要以物流系统顺畅为原则，否则将会给操作和生产带来永久的麻烦。

④ 生产线　机器人生产线是一项投资大、使用周期长、效益长久的实际工程。决策时要根据自身的发展计划和产品的前景预测做认真的研究，要使投入的生产线最大限度地满足品种和产品改型的要求。这就必然提出一个问题，即生产线具有混流生产，的能力。所谓混流生产，就是在同一条生产线上，能够完成同类工件多型号、多品种的生产作业，或只需要做简单的设备备件变换和调整，就能迅速适应新型工件的生产。这是机器人生产线设计的一项重要原则，也是难度较大和技术水平较高的一部分内容。它是衡量机器人生产线水平的一项重要指标，混流能力越强，则生产线的价值、使用效率及寿命就越高。

混流生产的基本要求是：工件夹具共用或可交换、末端执行器通用或可更换、工件品种识别准确无误、机器人控制程序分门别类和物流系统满足最大工件传送等。

⑤ 生产线的再改造　工厂生产的产品应当随着市场需求的变化而变化，高新技术的进步和市场竞争也会促使企业引入新技术、改造旧工艺。而生产线又是投资相对较大的工程，因此要用发展的眼光对待生产线的总体设计和具体部件设计，为生产线留出再改造的余地。主要从以下几个方面加以考虑：预留工作站，整体更换某个部件；预测增设新装置和设备的空间；预留控制线点数和气路通道数；控制软件留出子程序接口等。

在工程实际中，要根据具体情况灵活掌握和综合使用上面讲述的机器人生产线和工作站的一般设计原则。随着科学技术的发展，这些设计理论会不断充实，以提高生产线和工作站的设计水平。

(3) 成品喷漆生产线

成品喷漆生产线对总装后的成品进行喷漆前处理、喷底漆、表面喷漆和喷商标文字等一系列的作业，其工艺流程如图 1-77 所示。整条生产线的各个工作站由吊链式传送线连接起来，生产线的总体布局如图 1-78 所示。主要设备有清洗机、干燥炉、水洗装置、吊链传送线和喷涂机器人，各设备的主要作业内容见表 1-19。这里主要介绍喷涂机器人工作站及其有关内容，喷涂机器人工作站的典型配置如图 1-79 所示。工件、喷涂机器人、机器人示教盒和防爆端子箱均设在装有排风装置的喷漆工作间内，而机器人控制箱、操作箱以及喷漆动力机械则设在工作间之外，这样尽可能地将设备安装在不受污染和安全的室外，而内部的设备则应采取防爆措施。

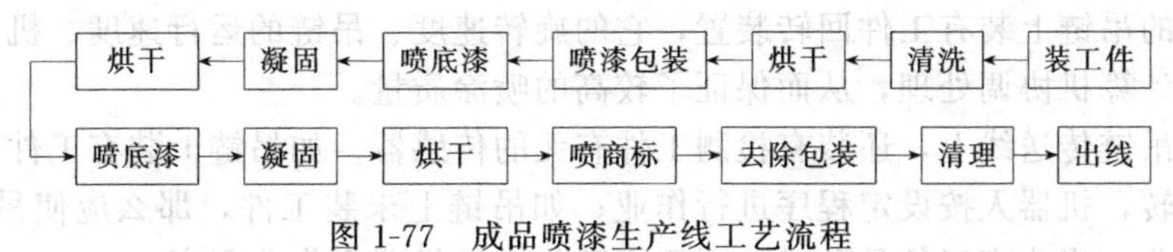

图 1-77　成品喷漆生产线工艺流程

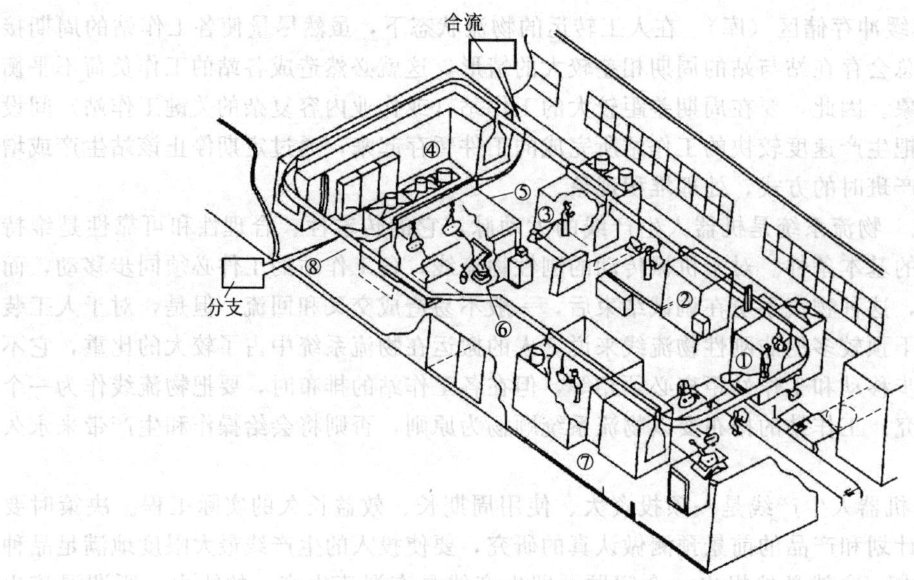

图 1-78 成品喷漆生产线总体布局图（图注见表 1-19）

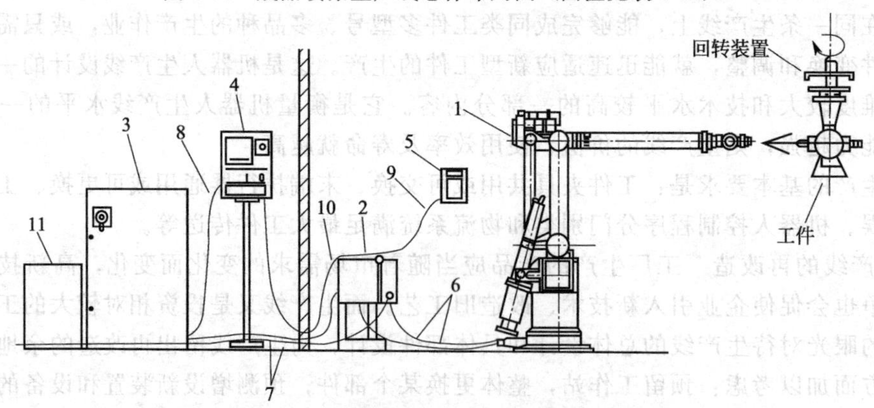

图 1-79 喷漆机器人工作站的典型配置

1—喷漆机器人本体 M-K5G；2—安全防爆端子箱；3—电控柜；4—操作箱；5—机器人示教盒；6—机器人与接线端子之间的电缆；7—接线端子箱与电控柜间的电缆；8—操作箱用电缆；9—机器人示教盒用电缆；10—机器人示教盒用中继电缆；11—喷漆动力机械（气泵）

表 1-19 成品喷漆生产线主要设备及作业内容

序号	设备名称	作业内容
①	清洗机	去除灰尘杂质及油污
②	干燥炉	烘干工件
③	喷底漆用工作间	为工件喷底漆
④	干燥炉	烘干工件
⑤	喷表面漆用工作间	工件表面喷漆作业室
⑥	喷涂机器人 M-K5G	工件表面喷漆
⑦	喷文字用工作间	喷商标及文字
⑧	吊链式传送线	传送工件

在喷漆作业中，喷枪与工件的相对位置是保证喷涂质量的关键。配电高压开关的外形较为复杂，更应选择最佳喷涂方向。本工作站采用了吊链传送线和喷涂机器人协调动作的控制方式。在传送线的吊链上装有工件回转装置，它的旋转速度、吊链的运行速度、机器人的位姿和喷涂作业均由计算机协调处理，从而保证了较高的喷涂质量。

另外，在吊链传送线上，还装有检测工件有无的传感器。如吊链上装有工件，那么回转装置带动工件旋转，机器人按设定程序进行作业；如吊链上未装工件，那么应使吊环通过该站，不进行喷涂作业。当改变工件品种时，则要启动相应的机器人作业程序。

第2章

工业机器人弧焊工作站系统集成

焊接机器人是应用最广泛的一类工业机器人，在各国机器人应用比例中占总数的40%～60%。我国目前有600台以上的焊接机器人用于实际生产。

采用机器人焊接是焊接自动化的革命性进步，它突破了传统的焊接刚性自动化方式，开拓了一种柔性自动化新方式。焊接机器人分弧焊机器人和点焊机器人两大类。

焊接机器人的主要优点如下。

① 易于实现焊接产品质量的稳定和提高，保证其均一性。

② 提高生产率，一天可24h连续生产。

③ 改善工人劳动条件，可在有害环境下长期工作。

④ 降低对工人操作技术难度的要求。

⑤ 缩短产品改型换代的准备周期，减少相应的设备投资。

⑥ 可实现批量产品焊接自动化。

⑦ 为焊接柔性生产线提供技术基础。

弧焊机器人的应用范围很广，除汽车行业之外，在通用机械、金属结构等许多行业中都有广泛的应用。最常用的范围是结构钢和铬镍钢的熔化极活性气体保护焊（CO_2焊、MAG焊）、铝及特殊合金熔化极惰性气体保护焊（MIG焊）、铬镍钢和铝的惰性气体保护焊以及埋弧焊等。

2.1 认识工业机器人弧焊工作站

2.1.1 工业机器人弧焊工作站的组成

机器人弧焊工作站的形式多种多样，如图2-1所示的工作站由两套机器人焊接系统构成，可以各自单独焊接，也可协调焊接。

一个完整的工业机器人弧焊系统由机器人系统、焊枪、焊接电源、送丝装置、焊接变位机等组成，如图2-2所示。

(1) 弧焊机器人

目前，我国应用的焊接机器人主要有欧系、日系和国产三种类型。日系中主要包括Motoman、OTC、Panasonic、FANUC、NACHI、Kawasaki等公司的机器人产品；欧系中主要包括德国的KUKA、CLOOS，瑞典的ABB，美国的Adept，意大利的COMAU及奥地利的ICM公司的机器人产品；国产机器人生产企业有广州数控、沈阳新松和安徽埃夫特，它们是中国三大工业机器人制造商，也是国产机器人生产企业的第一梯队。

ABB公司生产的IRB1410型工业机器人在机器人第六轴上安装有焊枪，并且定义焊枪导电嘴为机器人移动的TCP点（Tool Center Position，工具中心点），TCP点可到达机器人工作半径内的任何位置。机器人有3种运动方式：各轴单独运动、TCP点直线运动、机器人姿

图 2-1　机器人弧焊工作站整体布置

1—变位机；2—机器人；3—焊枪清理装置

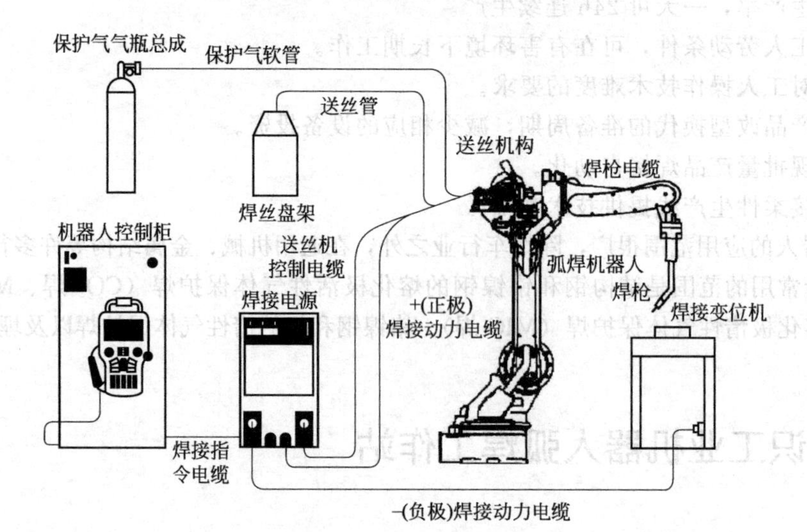

图 2-2　机器人弧焊系统

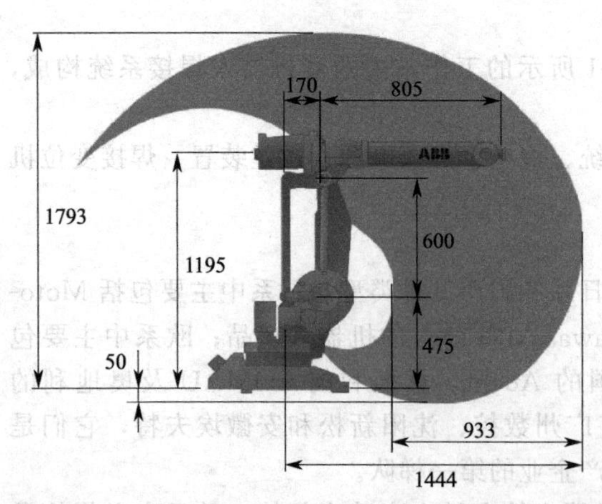

图 2-3　ABBIRB1410 型机器人结构尺寸及工作范围

态运动（TCP 点位置不变，机器人各轴围绕 TCP 点转动）。IRB1410 型机器人手腕荷重 5kg，上臂提供 18kg 附加荷重，重复定位精度为 0.05mm，作业半径为 1440mm。其主要特点有：坚固且耐用，噪声水平低，例行维护间隔时间长，使用寿命长；稳定可靠，卓越的控制水平和循径精度（+0.05mm），确保了出色的工作质量；工人工作范围大，到达距离长（最长 1.44m）；较短的工作周期，本体坚固，配备快速精确的 IRC5 控制器，可有效缩短工作周期，提高生产率；集成在机器人手臂上的送丝机构，配合 IRC5 使用的弧焊功能以及单点编程示教器，适合弧焊的应用。IRB1410 型工业机器人的结构尺寸如图 2-3 所示，表 2-1 列出了该机器人的各项参数。

表 2-1　ABBIRB1410 型机器人主要性能参数

	机械结构	6 自由度
	载荷质量	7kg
	定位精度	±0.06mm
	安装方式	落地式
	本体质量	380kg
	电源容量	4kV·A
	总高	1731mm
	标准涂色	橘黄色
最大工作范围	1 轴(旋转)	360°
	2 轴(立臂)	200°
	3 轴(横臂)	125°
	4 轴(腕)	370°
	5 轴(腕摆)	240°
	6 轴(腕转)	800°

(2) 弧焊电源

弧焊电源是用来对焊接电弧提供电能的一种专用设备。弧焊电源的负载是电弧，它必须具有弧焊工艺所要求的电气性能，如合适的空载电压、一定形状的外特性、良好的动态特性和灵活的调节特性等。

① 弧焊电源的类型　弧焊电源有各种分类方法。按输出的电流分，有直流、交流和脉冲三类；按输出外特性特征分，有恒流特性、恒压特性和介于这两者之间的缓降特性三类。

② 弧焊电源的特点和适用范围

a. 弧焊变压器式交流弧焊电源。特点：将网路电压的交流电变成适于弧焊的低压交流电，结构简单，易造易修，耐用，成本低，磁偏吹小，空载损耗小，噪声小，但其电流波形为正弦波，电弧稳定性较差，功率因数低。

适用范围：酸性焊条电弧焊、埋弧焊和 TIG 焊。

b. 矩形波式交流弧焊电源。特点：网路电压经降压后运用半导体控制技术获得矩形波的交流电，电流过零点极快，其电弧稳定性好，可调节参数多，功率因数高，但设备较复杂、成本较高。

适用范围：碱性焊条电弧焊、埋弧焊和 TIG 焊。

c. 直流弧焊发电机式直流弧焊电源。特点：由柴（汽）油发动机驱动发电而获得直流电，输出电流脉动小，过载能力强，但空载损耗大，效率低，噪声大。

适用范围：适用于各种弧焊。

d. 整流器式直流弧焊电源。特点：将网路交流电经降压和整流后获得直流电，与直流弧焊发电机相比，制造方便，省材料，空载损耗小，节能，噪声小，由电子控制的近代弧焊整流器的控制与调节灵活方便，适应性强，技术和经济指标高。

适用范围：适用于各种弧焊。

e. 脉冲型弧焊电源。特点：输出幅值大小周期变化的电流，效率高，可调参数多，调节范围宽而均匀，热输入可精确控制，设备较复杂，成本高。

适用范围：TIG、MIG、MAG 焊和等离子弧焊。

(3) 焊枪

熔化极气体保护焊的焊枪可用来进行手工操作（半自动焊）和自动焊（安装在机器人等自

动装置上）。这些焊枪包括用于大电流、高生产率的重型焊枪和适用于小电流、全位置焊的轻型焊枪。

还可以分为水冷或气冷及鹅颈式或手枪式，这些形式既可以制成重型焊枪，也可以制成轻型焊枪。熔化极气体保护焊用焊枪的基本组成有：导电嘴、气体保护喷嘴、送丝导管和焊接电缆等，这些元器件如图 2-4 所示。

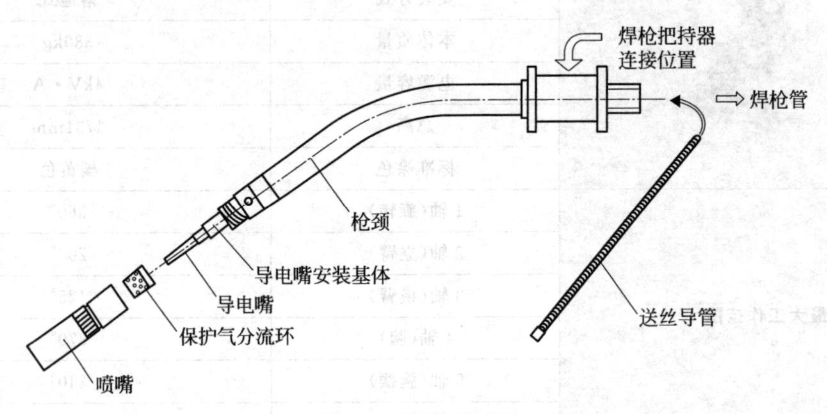

图 2-4　焊枪示意图

在焊接时，由于焊接电流通过导电嘴将产生电阻热和电弧的辐射热的作用，将使焊枪发热，所以常常需要水冷。气冷焊枪在 CO_2 焊时，断续负载下，一般可使用高达 600A 的电流。但是，在使用氩气或氦气保护焊时，通常只限于 200A 电流，超过上述电流时，应该采用水冷焊枪。半自动焊枪通常有两种形式：鹅颈式和手枪式。鹅颈式焊枪应用最广泛，它适合于细焊丝，使用灵活方便，可达性好。而手枪式焊枪适用于较粗的焊丝，它常常采用水冷。自动焊焊枪的基本构造与半自动焊焊枪相同，但其载流容量大，工作时间长，一般都采用水冷。

导电嘴由铜或铜合金制成，其外形如图 2-5 所示。因为焊丝是连续送给的，焊枪必须有一个滑动的电接触管（一般称导电嘴），由它将电流传给焊丝。导电嘴通过电缆与焊接电源相连。导电嘴的内表面应光滑，以利于焊丝送给和良好导电。

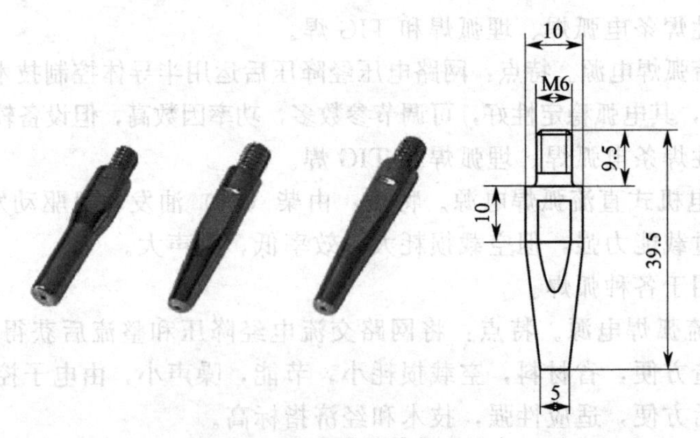

图 2-5　导电嘴及其典型尺寸

一般导电嘴的内孔应比焊丝直径大 0.13～0.25mm，对于铝焊丝应更大些。导电嘴必须牢固地固定在焊枪本体上，并使其定位于喷嘴中心。导电嘴与喷嘴之间的相对位置取决于熔滴过渡形式。对于短路过渡，导电嘴常常伸到喷嘴之外；而对于喷射过渡，导电嘴应缩到喷嘴内，最多可以缩进 3mm。

焊接时应定期检查导电嘴，如发现导电嘴内孔因磨损而变长或由于飞溅而堵塞时就应立即更换。为便于更换导电嘴，常采用螺纹连接。磨损的导电嘴将破坏电弧稳定性。

喷嘴应使保护气体平稳地流出，并覆盖在焊接区。其目的是防止焊丝端头、电弧空间和熔池金属受到空气污染。根据应用情况可选择不同尺寸的喷嘴，一般直径为 10～22mm。较大的焊接电流产生较大的熔池，则用大喷嘴。而小电流和短路过渡焊时用小喷嘴。对于电弧点焊，喷枪喷嘴应开出沟槽，以便气体流出。

焊枪的种类很多，根据焊接工艺的不同，选择相应的焊枪。对于机器人弧焊工作站而言，采用的是熔化极气体保护焊。

① 焊枪的选择依据

a. 选择自动型焊枪，不要选择半自动型焊枪。半自动型焊枪用于人工焊接，不能用于机器人焊接。

b. 根据焊丝的粗细、焊接电流的大小以及负载率等因素选择空冷式或水冷式的结构。

细丝焊时，因焊接电流较小，可选用空冷式焊枪结构；粗丝焊时，因焊接电流较大，应选用水冷式的焊枪结构。

空冷式和水冷式两种焊枪的技术参数比较见表 2-2。

表 2-2　空冷式和水冷式两种焊枪的技术参数比较

型号	Robo 7G	Robo 7W	型号	Robo 7G	Robo 7W
冷却方式	空冷	水冷	焊接电流（CO_2）/A	360	450
暂载率（10min）/%	60	100	焊丝直径/mm	1.0～1.2	1.0～1.6
焊接电流/A	325	400			

c. 根据机器人的结构选择内置式或外置式焊枪。内置式焊枪安装要求机器人末端轴的法兰盘必须是中空的。一般专用焊接机器人如安川 MA1400，其末端轴的法兰盘是中空的，应选择内置式焊枪；通用型机器人如安川 MH6 应选择外置式焊枪。

d. 根据焊接电流、焊枪角度选择焊枪。焊接机器人用焊枪大部分和手工半自动焊用的鹅颈式焊枪基本相同。鹅颈的弯曲角一般小于 45°。根据工件特点选用不同角度的鹅颈，以改善焊枪的可达性。若鹅颈角度选得过大，送丝阻力会加大，送丝速度容易不稳定，而角度过小，一旦导电嘴稍有磨损，常会出现导电不良的现象。

e. 从设备和人身安全方面考虑，应选择带防撞传感器的焊枪。

② 防撞传感器　对于弧焊机器人，除了要选好焊枪以外，还必须在机器人的焊枪把持架上配备防撞传感器。防撞传感器的作用是：当机器人运动时，万一焊枪碰到障碍物，能立即使机器人停止运动（相当于急停开关），避免损坏焊枪或机器人。图 2-6 所示的防碰撞传感器为泰佰亿 TBi KS1-S 防撞传感器，其轴向触发力为 550N，重复定位精度（横向）为±0.01mm（距绝缘法兰端面 300mm 处测得）。

图 2-6　防撞传感器

(4) 机器人送丝机构

弧焊机器人配备的送丝机构包括送丝机、送丝软管和焊枪三部分。弧焊机器人的送丝稳定性是关系到焊接能否连续稳定进行的重要问题。

① 送丝机的类型

a. 送丝机按安装方式分为一体式和分离式两种。将送丝机安装在机器人的上臂的后部上面与机器人组成一体为一体式；将送丝机与机器人分开安装为分离式。

由于一体式的送丝机到焊枪的距离比分离式的短，连接送丝机和焊枪的软管也短，所以一体式的送丝阻力比分离式的小。从提高送丝稳定性的角度看，一体式比分离式要好一些。

一体式的送丝机，虽然送丝软管比较短，但有时为了方便换焊丝盘，而把焊丝盘或焊丝桶放在远离机器人的安全围栏之外，这就要求送丝机有足够的拉力从较长的导丝管中把焊丝从焊丝盘（桶）拉过来，再经过软管推向焊枪，对于这种情况，和送丝软管比较长的分离式送丝机一样，选用送丝力较大的送丝机。忽视这一点，往往会出现送丝不稳定甚至中断送丝的现象。

目前，弧焊机器人的送丝机采用一体式的安装方式已越来越多了，但对要在焊接过程中进行自动更换焊枪（变换焊丝直径或种类）的机器人，必须选用分离式送丝机。

b. 送丝机按滚轮数分为一对滚轮和两对滚轮两种。送丝机的结构有一对送丝滚轮的，也有两对滚轮的；有只用一个电机驱动一对或两对滚轮的，也有用两个电机分别驱动两对滚轮的。

从送丝力来看，两对滚轮的送丝力比一对滚轮的大些。当采用药芯焊丝时，由于药芯焊丝比较软，滚轮的压紧力不能像用实心焊丝时那么大，为了保证有足够的送丝推力，选用两对滚轮的送丝机可以有更好的效果。

c. 送丝机按控制方式分为开环和闭环两种。送丝机的送丝速度控制方法可分为开环和闭环。目前，大部分送丝机仍采用开环的控制方法，也有一些采用装有光电传感器（或编码器）的伺服电机，使送丝速度实现闭环控制，不受网路电压或送丝阻力波动的影响，保证送丝速度的稳定性。

对填丝的脉冲 TIG 焊来说，可以选用连续送丝的送丝机，也可以选用能与焊接脉冲电流同步的脉动送丝机。脉动送丝机的脉动频率可受电源控制，而每步送出焊丝的长度可以任意调节。脉动送丝机也可以连续送丝，因此，近来填丝的脉冲 TIG 焊机器人配备脉动送丝机的情况已逐步增多。

d. 送丝机按送丝动力方向分为推丝式、拉丝式和推拉丝式三种。

- 推丝式。主要用于直径为 0.8～2.0mm 的焊丝，它是应用最广的一种送丝方式。其特点是焊枪结构简单轻便，易于操作，但焊丝需要经过较长的送丝软管才能进入焊枪，焊丝在软管中受到较大阻力，影响送丝稳定性，一般软管长度为 3～5m。
- 拉丝式。主要用于细焊丝（焊丝直径小于或等于 0.8mm），因为细丝刚性小，推丝过程易变形，难以推丝。拉丝时送丝电机与焊丝盘均安装在焊枪上，由于送丝力较小，所以拉丝电机功率较小，尽管如此，拉丝式焊枪仍然较重。可见拉丝式虽保证了送丝的稳定性，但由于焊枪较重，增加了机器人的载荷，而且焊枪操作范围受到限制。
- 推拉丝式。可以增加焊枪操作范围，送丝软管可以加长到 10m。除推丝机外，还在焊枪上加装了拉丝机。推丝是主要动力，而拉丝机只是将焊丝拉直，以减小推丝阻力。推力与拉力必须很好地配合，通常拉丝速度应稍快于推丝。这种方式虽有一些优点，但由于结构复杂，调整麻烦，同时焊枪较重，因此实际应用并不多。

② 送丝机构　送丝装置由焊丝送进电动机、保护气体开关电磁阀和送丝滚轮等构成，如图 2-7 所示。

焊丝供给装置是专门向焊枪供给焊丝的，在机器人焊接中主要采用推丝式单滚轮送丝方式。即在焊丝绕线架一侧设置传送焊丝滚轮，然后通过导管向焊枪传送焊丝。在铝合金的 MIG 焊接中，由于焊丝比较柔软，所以，在开始焊接时或焊接过程中，焊丝在滚轮处会发生扭曲现象，为了克服这一难点，采取了各种措施。

③ 送丝软管　送丝软管是集送丝、导电、输气和通冷却水为一体的输送设备。

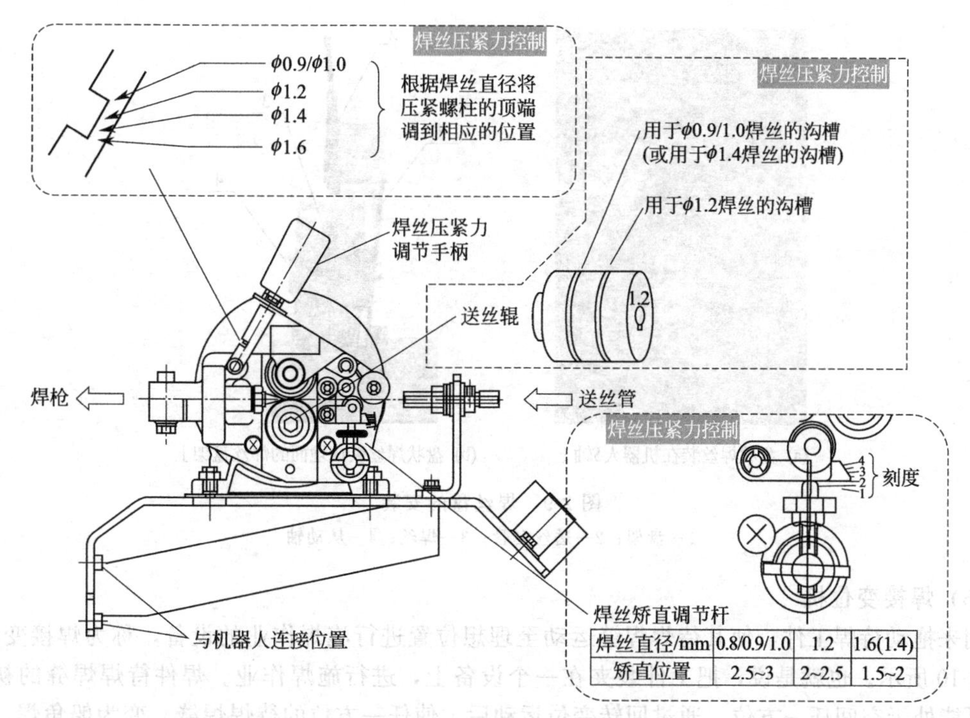

图 2-7　送丝机结构

a. 软管结构。软管结构如图 2-8 所示。软管的中心是一根通焊丝同时也起输送保护气作用的导丝管，外面缠绕导电的多芯电缆，有的电缆中央还有两根冷却水循环的管子，最外面包敷一层绝缘橡胶。

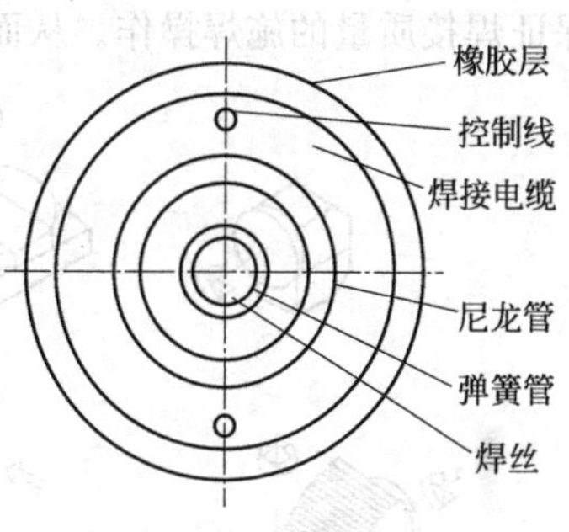

图 2-8　软管结构

焊丝直径与软管内径要配合恰当。软管直径过小，焊丝与软管内壁接触面增大，送丝阻力增大，此时如果软管内有杂质，常常造成焊丝在软管中卡死；软管内径过大，焊丝在软管内呈波浪形前进，在推式送丝过程中将增大送丝阻力。焊丝直径与软管内径匹配见表 2-3。

表 2-3　焊丝直径与软管内径匹配　　mm

焊丝直径	软管直径	焊丝直径	软管直径
0.8～1.0	1.5	1.4～2.0	3.2
1.0～1.4	2.5	2.0～3.5	4.7

b. 送丝不稳的因素。软管阻力过大是造成弧焊机器人送丝不稳定的重要因素，其原因有以下几个方面。

- 选用的导丝管内径与焊丝直径不匹配。
- 导丝管内积存由焊丝表面剥落下来的铜末或钢末过多。
- 软管的弯曲程度过大。

目前，越来越多的机器人公司把安装在机器人上臂的送丝机稍设计为微向上翘，有的还使送丝机能做左右小角度自由摆动，其目的都是为了减少软管的弯曲，保证送丝速度的稳定性。

(5) 焊丝盘架

盘状焊丝可装在机器人 S 轴上，也可装在地面的焊丝盘架上。焊丝盘架用于焊丝盘的固定，如图 2-9 所示。焊丝从送丝套管中穿入，通过送丝机构送入焊枪。

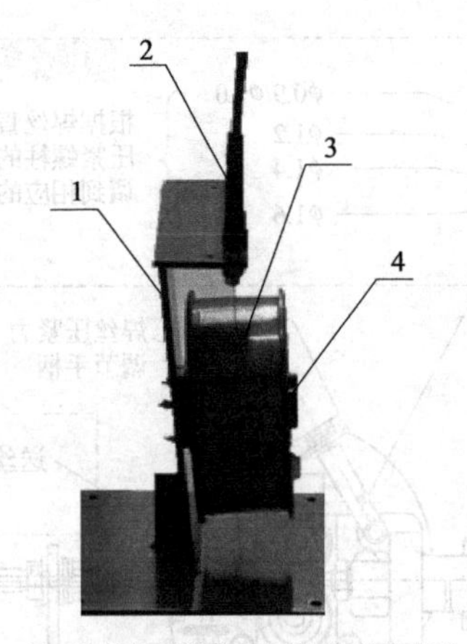

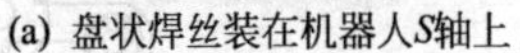

(a) 盘状焊丝装在机器人S轴上　　(b) 盘状焊丝装在地面的焊丝盘架上

图 2-9　焊丝盘的安装

1—盘架；2—送丝套管；3—焊丝；4—从动轴

(6) 焊接变位机

用来拖动待焊工件，使其待焊焊缝运动至理想位置进行施焊作业的设备，称为焊接变位机，如图 2-10 所示。也就是说，把工件装夹在一个设备上，进行施焊作业。焊件待焊焊缝的初始位置，可能处于空间任一方位。通过回转变位运动后，使任一方位的待焊焊缝，变为船角焊、平焊或平角焊施焊作业，完成这个功能的设备称为焊接变位机。它改变了可能需要立焊、仰焊等难以保证焊接质量的施焊操作。从而保证了焊接质量，提高了焊接生产率和生产过程的安全性。

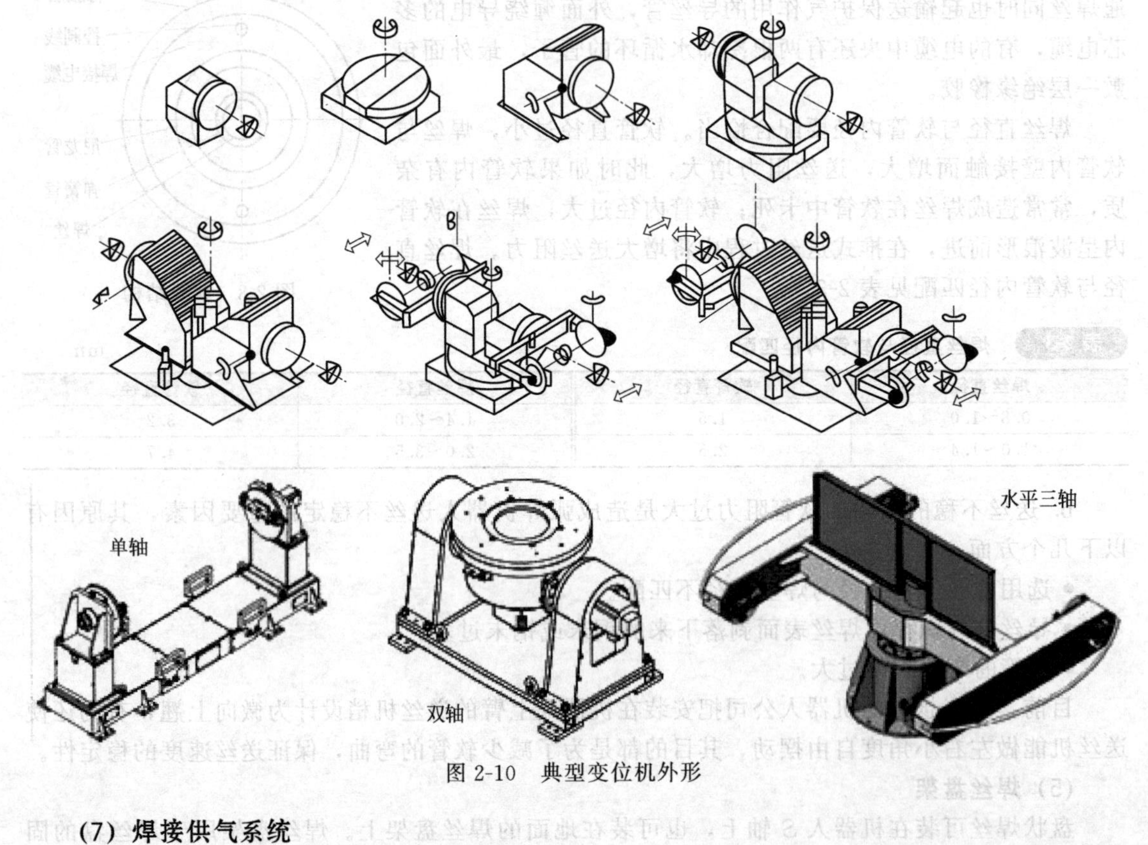

图 2-10　典型变位机外形

(7) 焊接供气系统

熔化极气体保护焊要求可靠的气体保护。供气系统的作用就是保证纯度合格的保护气体在焊接时以适宜的流量平稳地从焊枪喷嘴喷出。目前国内保护气体的供应方式主要有瓶装供气和管道供气两种，但以钢瓶装供气为主。

瓶装供气系统主要由钢瓶、气体调节器、电磁气阀、电磁气阀的控制电路及气路构成，如图 2-11 所示。对于混合气体保护，还应使用配比器，以稳定气体配比，提高焊接质量。

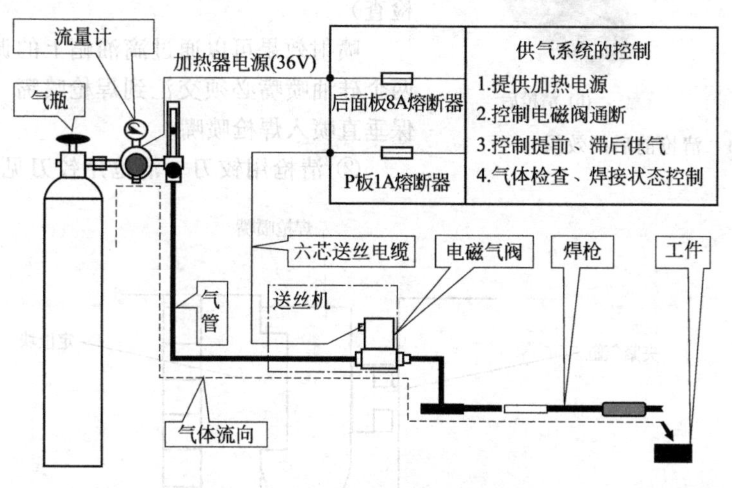

图 2-11 供气系统连接示意图

如图 2-12 所示，气瓶出口处安装了减压器，减压器由减压机构、加热器、压力表、流量计等部分组成。气瓶中装有 80%CO_2+20%Ar 的保护焊气体。

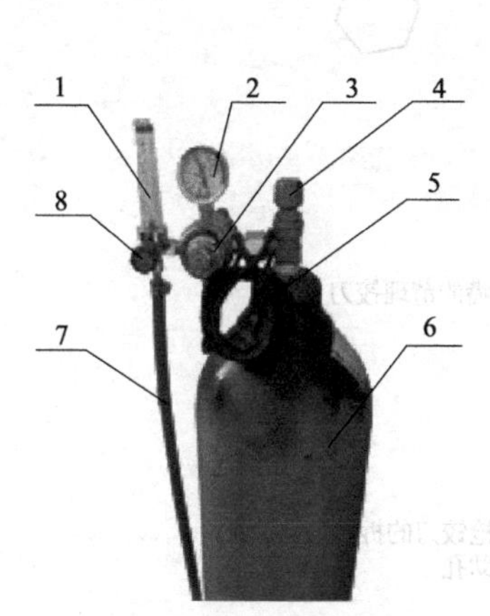

图 2-12 气瓶总成

1—流量表；2—压力表；3—减压机构；4—气瓶阀；5—加热器电源线；6—40L 气瓶；7—PVC 气管；8—流量调整旋钮

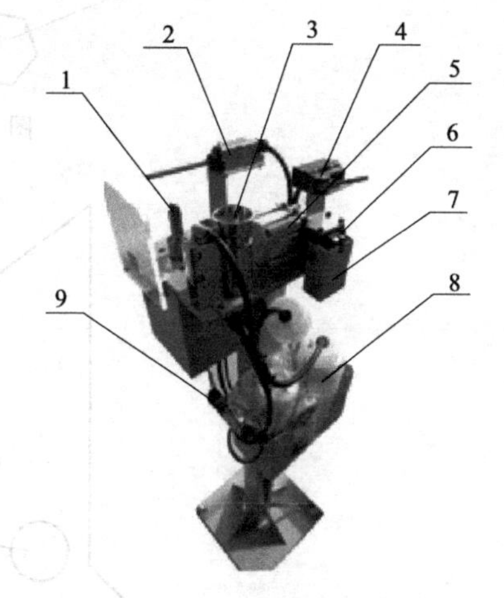

图 2-13 剪丝清洗装置

1—清渣头；2—清渣电机开关；3—喷雾头；4—剪丝气缸开关；5—剪丝气缸；6—剪丝刀；7—剪丝收集盒；8—润滑油瓶；9—电磁阀

(8) 焊枪清理装置

工业机器人焊枪经过焊接后，内壁会积累大量的焊渣，影响焊接质量，因此需要使用焊枪清理装置定期清除；焊丝过短、过长或焊丝端头成球状，也可以通过焊枪清理装置进行处理。

焊枪清理装置主要包括剪丝、沾油、清渣以及喷嘴外表面的打磨装置。剪丝装置主要用于用焊丝进行起始点检出的场合，以保证焊丝的干伸出长度一定，提高检出的精度；沾油是为了使喷嘴表面的飞溅易于清理；清渣是清除喷嘴内表面的飞溅，以保证气体的畅通；喷嘴外表面的打磨装置主要是清除外表面的飞溅。焊枪清理装置如图 2-13 所示。通过剪丝清洗设备清洗后的焊枪喷嘴对比如图 2-14 所示。

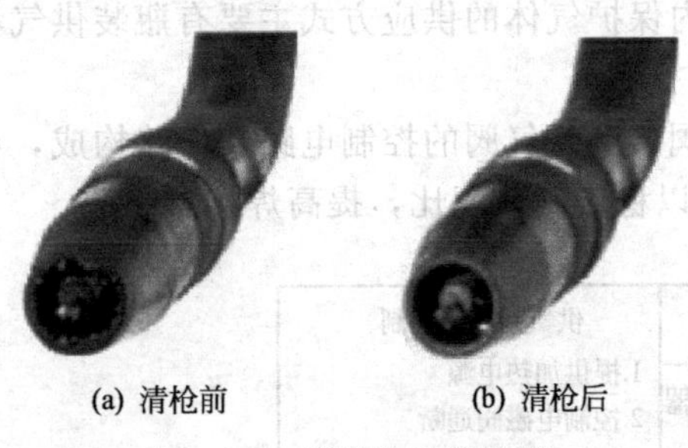

图 2-14 清枪前后的效果

① 喷硅油单元 焊枪喷嘴的自动喷硅油装置有恒定的喷射时间（见图 2-15），它是由气动信号断续器控制的（信号断续器带有手动操控器，可以实现首次使用时的充油，以及喷射效果和喷射方向的检查）。

喷射效果可以通过滴油帽上的调节螺钉来调节，两个硅油喷嘴必须交汇到焊枪喷嘴（见图 2-15），确保垂直喷入焊枪喷嘴。

② 清枪用铰刀 清枪用铰刀见图 2-16。

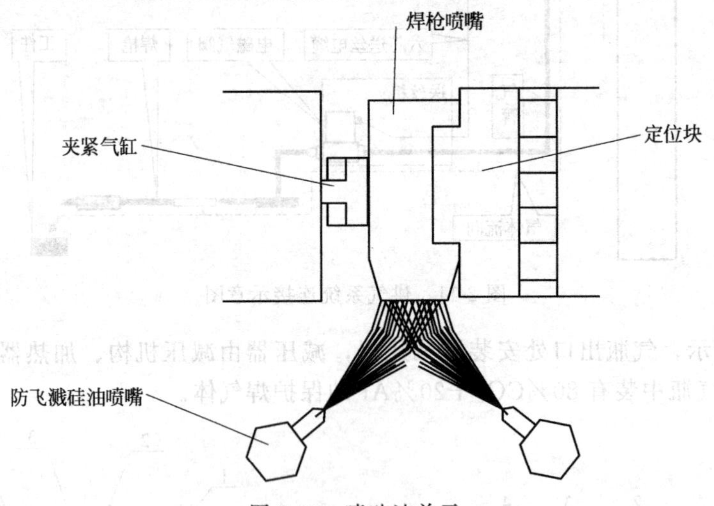

图 2-15 喷硅油单元

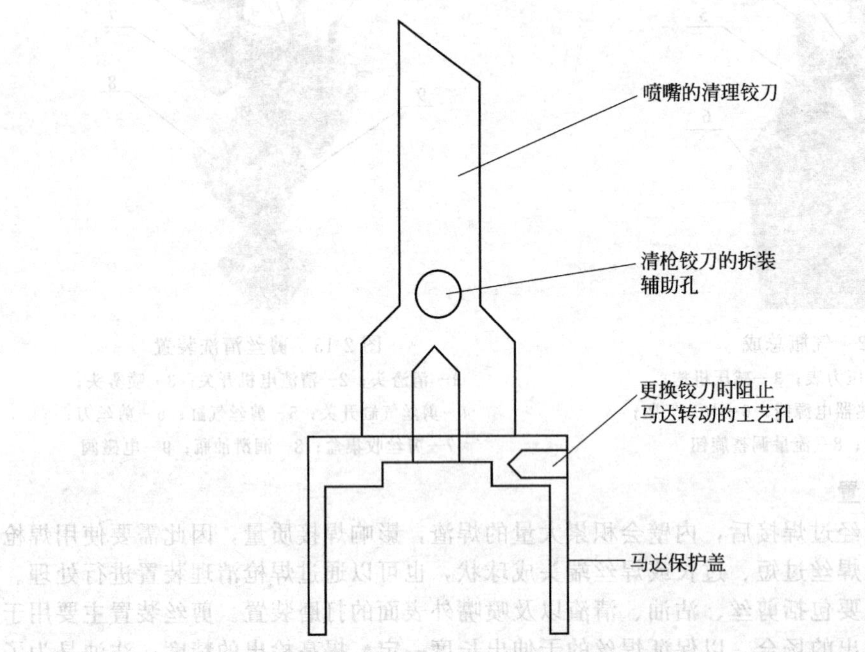

图 2-16 清枪用铰刀

更换铰刀时，将锁销（阿兰键）插入马达保护盖的孔中，并且安装到位。用 17mm 的扳手逆时针方向卸下铰刀。反顺序操作拧紧清枪铰刀。

③ 清枪装置气压与电气　清枪装置气压与电气图见图 2-17、图 2-18。设备可在“无油”状态下运行。

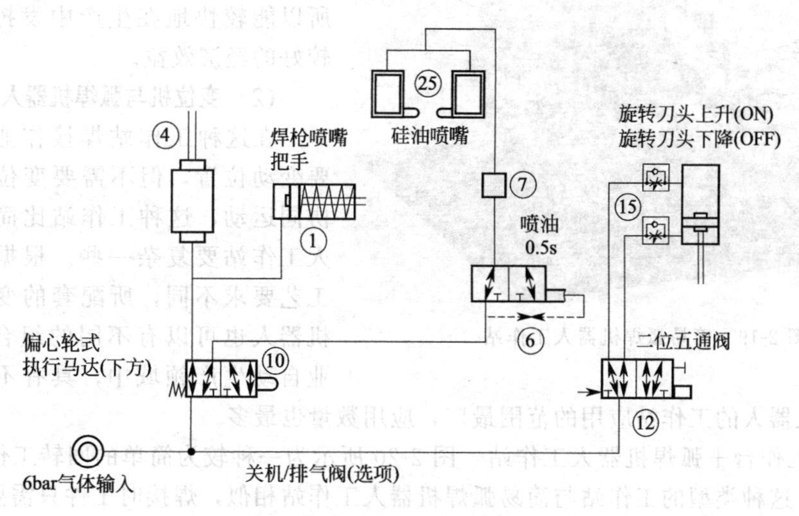

图 2-17　清枪装置气压图

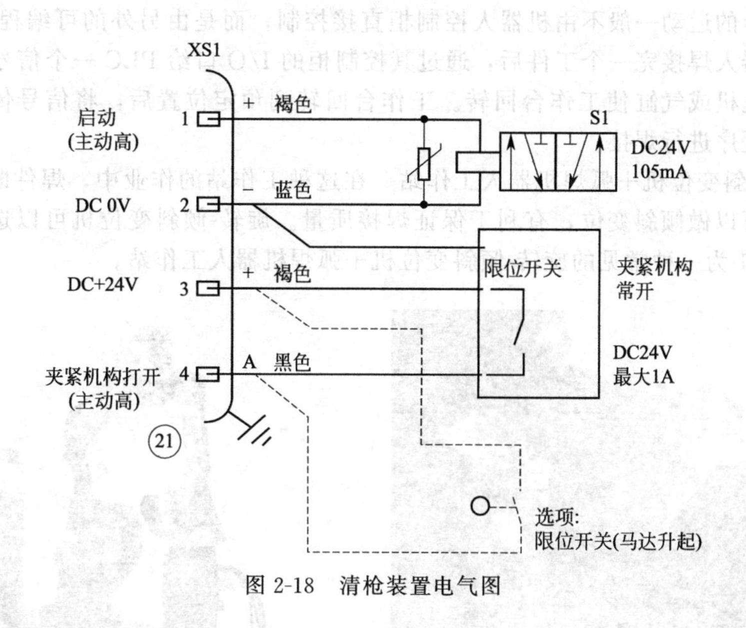

图 2-18　清枪装置电气图

2.1.2 工业机器人弧焊工作站的常见形式

(1) 简易弧焊机器人工作站

在简易弧焊机器人工作站（见图 2-19）中，在不需要工件变位的情况下，机器人的活动范围可以到达所有焊缝或焊点的位置，因此该工作站中没有变位机，是一种能用于焊接生产的、最小组成的一套弧焊机器人系统。这种类型的工作站一般由弧焊机器人（包括机器人本体、控制柜、示教盒、弧焊电源和接口、送丝机、焊丝盘、送丝软管、焊枪、防撞传感器、操作控制盘及设备间连接电缆、气管和冷却水管等）、机器人底座、工作台、工件夹具、围栏、安全保护设施和排烟系统等部分组成，另外，根据需要还可安装焊枪喷嘴清理及剪丝装置。在这种工作站中，工件只是被夹紧固定而不作变位，除夹具需要根据工件单独设计外，其他都是

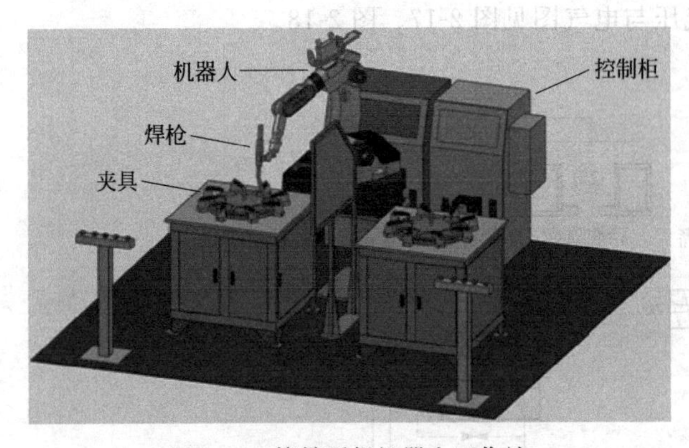

图 2-19 简易弧焊机器人工作站

通用设备或简单的结构件。由于该工作站设备操作简单，容易掌握，故障率低，所以能较快地在生产中发挥作用，取得较好的经济效益。

(2) 变位机与弧焊机器人组合的工作站

在这种工作站焊接作业时，工件需要变动位置，但不需要变位机与机器人协同运动，这种工作站比简易焊接机器人工作站要复杂一些。根据工件结构和工艺要求不同，所配套的变位机与弧焊机器人也可以有不同的组合形式。在工业自动生产领域中，具有不同形式的变位机与弧焊机器人的工作站应用的范围最广，应用数量也最多。

① 回转工作台＋弧焊机器人工作站　图 2-20 所示为一种较为简单的回转工作台＋弧焊机器人工作站。这种类型的工作站与简易弧焊机器人工作站相似，焊接时工件只需要转换位置而不改变换姿。因此，选用两分度的回转工作台（1 轴）只做正反 180°回转。

回转工作台的运动一般不由机器人控制柜直接控制，而是由另外的可编程控制器（PLC）来控制。当机器人焊接完一个工件后，通过其控制柜的 I/O 口给 PLC 一个信号，PLC 按预定程序驱动伺服电机或气缸使工作台回转。工作台回转到预定位置后，将信号传给机器人控制柜，调出相应程序进行焊接。

② 旋转-倾斜变位机＋弧焊机器人工作站　在这种工作站的作业中，焊件既可以旋转（自传）运动，也可以做倾斜变位，有利于保证焊接质量。旋转-倾斜变位机可以选用两轴及以上变位机。图 2-21 为一种常见的旋转-倾斜变位机＋弧焊机器人工作站。

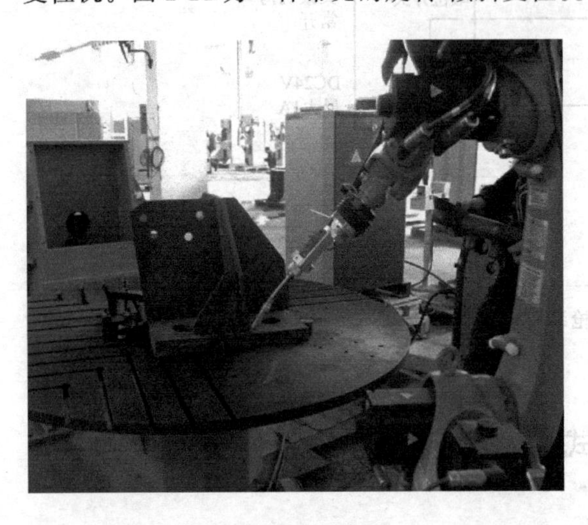

图 2-20 回转工作台＋弧焊机器人工作站

图 2-21 旋转-倾斜变位机＋弧焊机器人工作站

这种类型的外围设备一般都是由 PLC 控制，不仅控制变位机正反 180°回转，还要控制工件的倾斜、旋转或分度的转动。在这种类型的工作站中，机器人和变位机不是协调联动的，当变位机工作时，机器人是静止的，机器人运动时，变位机是不动的。所以编程时，应先让变位机使工件处于正确焊接位置，再由机器人来焊接作业，再变位，再焊接，直到所有焊缝焊完为止。旋转-倾斜变位机＋弧焊机器人工作站比较适合焊接那些需要变位的较小型工件，应用范围较为广泛，在汽车、家用电器等生产中常常采用这种方案的工作站，只是具体结构会因加工工件不同有很大差别。

③ 翻转变位机＋弧焊机器人工作站　在这类工作站的焊接作业中，工件需要翻转一定角度，以满足机器人对工件正面、侧面和反面的焊接。翻转变位机由头座和尾座组成，一般头座转盘的旋转轴由伺服电机通过变速箱驱动，采用码盘反馈的闭环控制，可以任意调速和定位，适用于长工件的翻转变位，如图 2-22 所示。

图 2-22　翻转变位机＋弧焊机器人工作站

图 2-23　龙门架＋弧焊机器人工作站

④ 龙门架＋弧焊机器人工作站　图 2-23 是龙门机架＋弧焊机器人工作站中一种较为常见的组合形式。为了增加机器人的活动范围，采用倒挂弧焊机器人的形式，可以根据需要配备不同类型的龙门机架，在图 2-23 工作站中配备的是一台 3 轴龙门机架。龙门机架的结构要有足够的刚度，各轴都由伺服电机驱动、码盘反馈闭环控制，其重复定位精度必须要求达到与机器人相当的水平。龙门机架配备的变位机可以根据加工工件来选择，图 2-23 中就是配备的一台翻转变位机。对于不要求机器人和变位机协调运动的工作站，机器人和龙门机架分别由两个控制柜控制，因此，在编程时，必须协调好龙门机架和机器人的运行速度。一般这种类型的工作站主要用来焊接中大型结构件的纵向长直焊缝。

图 2-24　滑轨＋弧焊机器人工作站

⑤ 滑轨＋弧焊机器人工作站　滑轨＋弧焊机器人工作站的形式如图 2-24 所示，一般弧焊机器人在滑轨上移动，类似于龙门机架＋弧焊机器人的组合形式。在这种类型的工作站主要焊接中大型构件，特别是纵向长焊缝/纵向间断焊缝、间断焊点等，变位机的选择是多种多样的，一般配备翻转变位机的居多。

(3) 弧焊机器人与周边设备协同作业的工作站

随着机器人控制技术的发展和弧焊机器人应用范围的扩大，机器人与周边辅助设备做协调运动的工作站在生产中的应用越来越广泛。目前由于各机器人生产厂商对机器人的控制技术（特别是控制软件）多不对外公开，不同品牌机器人的协调控制技术各不相同。有的一台控制柜可以同时控制两台或多台机器人做协调运动，有的则需要多台控制柜；有的一台控制柜可以同时控制多个外部轴和机器人做协调运动，而有的设备则只能控制一个外部轴。目前国内外使用的具有联动功能的机器人工作站大都是由机器人生产厂商自主全部成套生产。如有专业工程开发单位设计周边变位设备，但必须选用机器人公司提供的配套伺服电机及驱动系统。

① 弧焊机器人与周边变位设备做协调运动的必要性　在焊接时，如果焊缝各点的熔池始终都处于水平或小角度下坡状态，焊缝外观平滑美观，焊接质量高。但是，普通变位机很难通过变位来实现整条焊缝都处于这种理想状态，例如球形、椭圆形、曲线、马鞍形焊缝或复杂形状工件周边的卷边接头等。为达到这种理想状态，焊接时变位机必须不断改变工件位置和姿态。也就是说，变位机要在焊接过程中做相应运动而非静止，这是有别于前面介绍的不作协调运动的工作站。变位机的运动必须能共同合成焊缝的轨迹，并保持焊接速度和焊枪姿态在要求范围内，这就是机器人与周边设备的协调运动。近年来，采用弧焊机器人焊接的工件越来越复杂，对焊缝的质量要求也越来越高，生产中采用与变位机做协调运动的机器人系统也逐渐增多。但是，具有协调运动的弧焊机器人工作站其成本要比普通的工作站高，用户应该根据实际需要，决定是否选用这种类型的工作站。

② 弧焊机器人与周边设备协同作业的工作站应用实例　在协同作业的工作站的组成中，理论上所有可用伺服电机的外围设备都可以和机器人协调联动，前提是伺服电机（码盘）和驱动单元由机器人生产厂商配套提供，而且机器人控制柜有与外围设备做协调运动的控制软件。因此，在弧焊机器人与周边设备协同作业的工作站中，其组成和前文介绍的工作站的组成相类似，但是，其编程和控制技术却更为复杂。下面介绍两个工业生产中用到的弧焊机器人与周边设备协同作业的工作站。

a. 标准节弧焊机机器人工作站。本工作站采用单机器人双工位的焊接方式。由于工件焊缝为对角焊缝，且工件焊缝不集中，分布位置复杂，因此将焊接工件放在和机器人协调运动的变位上，再对其进行焊接。工作站结构如图 2-25 所示。工作站主要由弧焊机器人、焊接电源、焊接变位机（双轴和单轴焊接变位机）、焊接夹具、清枪站、系统集成控制柜等组成。

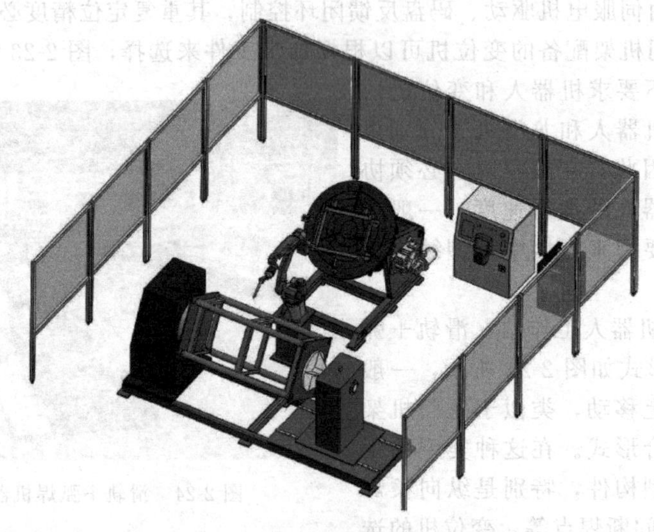

图 2-25　标准节弧焊机机器人工作站

在本工作站中，由于工件体积偏大，所以工件的装卸采用吊装；焊接时采用单丝气体保护焊；机器人配置 FANUC 电缆外置型机器人，焊接电源配置为 OTC 数字电源进行焊接。

该工作站的主要动作流程为：将点固好的工件在双轴变位机上装夹好→启动机器人→弧焊机器人开始起弧焊接→焊接完毕→将焊接好的工件吊装到单轴变位机上点焊固定→启动机器人焊接，以此类推，焊接整个工件后，进行下一步循环（焊接同时变位机与机器人协调运动）。

b. 管状横梁机器人焊接工作站。加工工件为管状横梁（见图 2-26）。管状横梁主要由中间弯管、两侧法兰及两端加强筋组焊而成，焊缝形式多为对接焊缝。焊接方法采用 MAG 焊，工

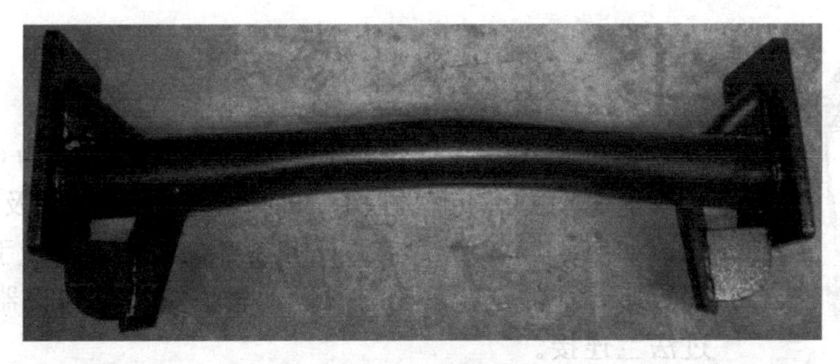

图 2-26 管状横梁

件装卸方式采用人工装卸。

本工作站采用的结构组成如图 2-27 所示。本工作站采用单机器人配置三轴气动回转变位机的焊接方式，两个工位操作，A 工位装夹，B 工位焊接；工作站主要包括弧焊机器人、焊接电源、送丝系统、三轴气动回转变位机、焊接夹具、清枪器、系统集成控制柜等。

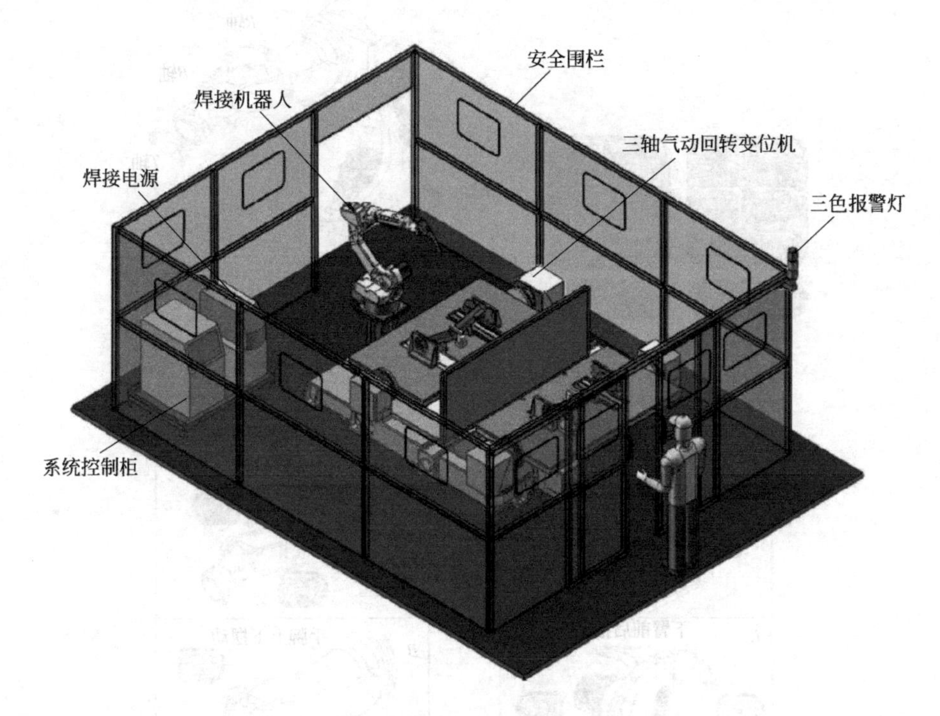

图 2-27 管状横梁＋三轴变位机焊接工作站

该工作站的主要工作流程为：将工件在焊接夹具上装夹→三轴气动旋转变位机旋转 180°→A 工位焊接完成→三轴气动旋转变位机旋转 180°→A 工位二次装夹（B 工位焊接）→B 工位焊接完成→三轴气动旋转变位机旋转 180°→A 工位焊接（B 工位装夹）→将工件卸载→进行下一循环。

2.2 认识弧焊工业机器人

我国常用的弧焊机器人主要有欧系、日系和国产三种类型，现以安川 MA1400 机器人为例进行介绍。安川 MA1400 机器人包括本体、DX100 控制柜以及示教器。

图 2-28 安川 MA1400 机器人本体及焊枪

2.2.1 本体

安川 MA1400 机器人本体如图 2-28 所示。为 6 轴弧焊专用机器人，由驱动器、传动机构、机械手臂、关节以及内部传感器等组成，如图 2-29 所示。它的任务是精确地保证机械手末端执行器（焊枪）所要求的位置、姿态和运动轨迹。焊枪与机器人手臂可直接通过法兰连接。

2.2.2 DX100 控制柜

机器人控制柜 DX100（见图 2-30）主要由主控、伺服驱动、内

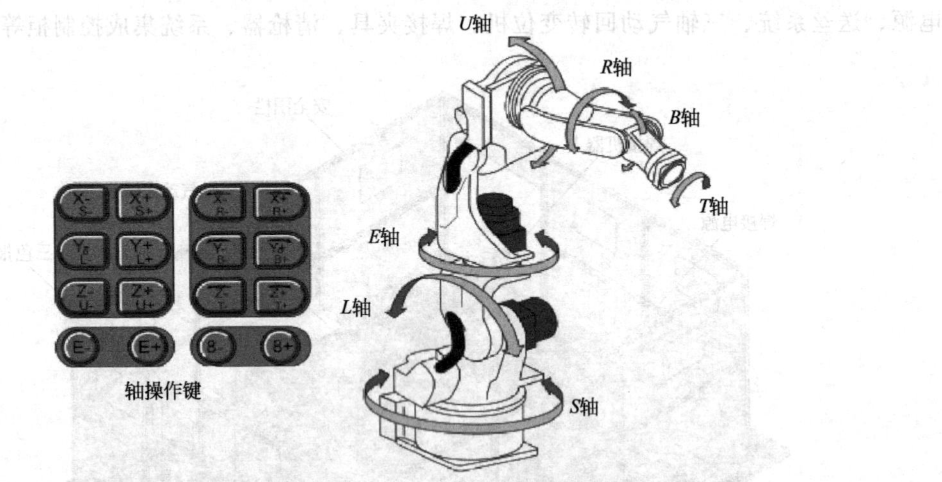

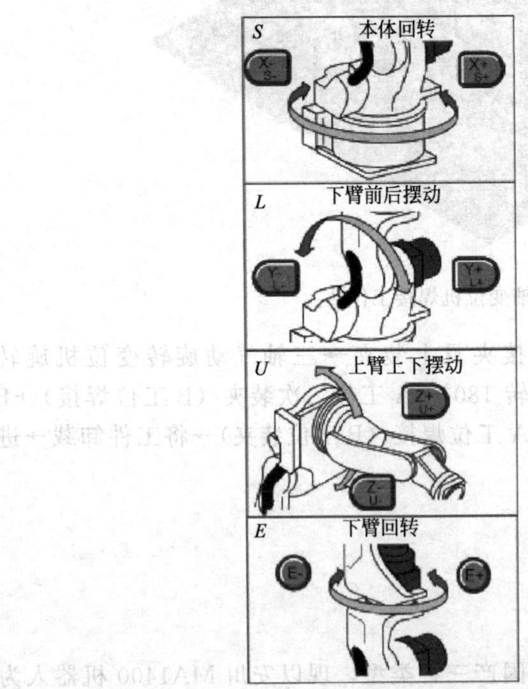

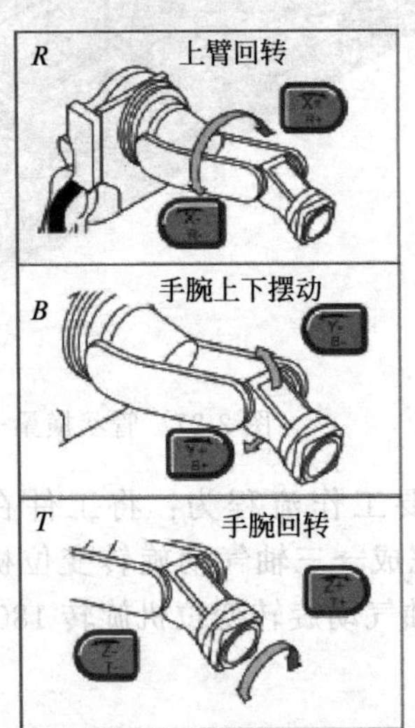

图 2-29 六轴及其运动

置 PLC 等部分组成。除了控制机器人动作外，还可以实现输入输出控制等。

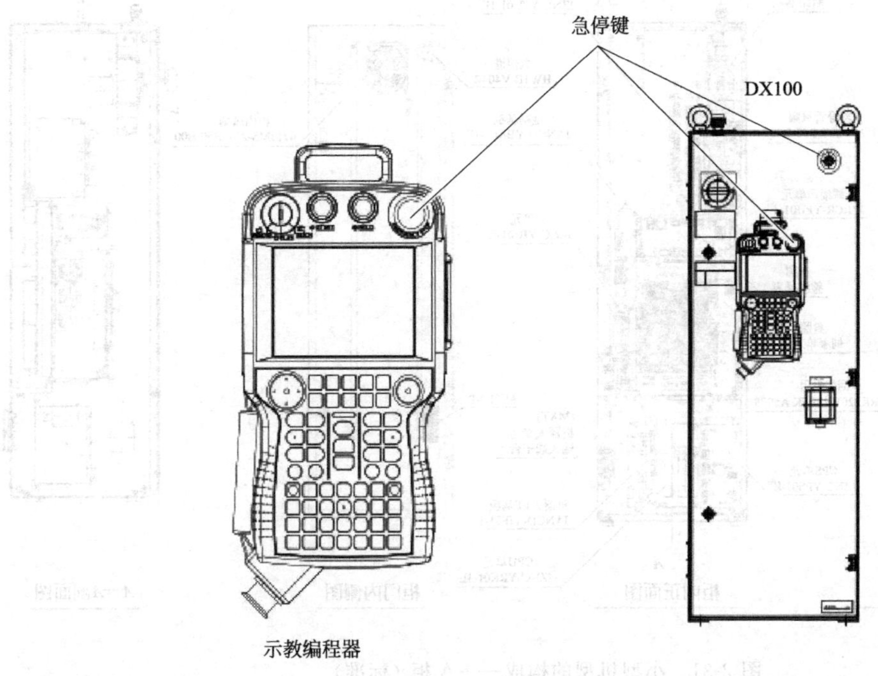

图 2-30　机器人控制柜 DX100

主控部分按照示教编程器提供的信息，生成工作程序，并对程序进行运算，发出各轴的运动指令，交给伺服驱动；伺服驱动部分将从主控来的指令进行处理，产生伺服驱动电流，驱动伺服电动机；内置 PLC 则主要进行输入输出控制。DX100 控制柜的规格见表 2-4。

表 2-4　DX100 控制柜规格

构成	立式安装、密闭型
冷却方式	间接冷却
周围温度	0～＋45℃(运行时)；－10～＋60℃(运输、保管时)
相对湿度	10%～90%、没有结露
电源	三相 AC200V/220V(－15%～＋10%)60Hz(±2%) AC200V(－15%～＋10%)50Hz(±2%)
接地	D 种(接地电阻 100Ω 以下)；专用接地
输入输出信号	专用信号(硬件)输入:23，输出:5；通用信号(标准最大)输入:40，输出:40(三极管输出:32，继电器输出:8)
位置控制方式	并行通信方式(绝对值编码器)
驱动单元	交流(AC)伺服电动机的伺服单元
加速度/负加速度	软件伺服控制
存储容量	200000 程序点、10000 机器人命令

DX100 由单独的部件和功能模块（多种基板）组成。出现故障后的失灵元件通常可容易地用部件或模块来进行更换。DX100 的部件和基板配置如图 2-31、图 2-32 所示。

(1) 控制柜冷却

通过从背面风管吸入从下部排出的空气进行风扇的冷却。另外，控制柜内部通过空气循环进行冷却，如图 2-33、图 2-34 所示。为确保冷却效果，应把控制柜的门关好。

(2) 电源接通单元 (JZRCR-YPU01-1)

电源接通单元是由电源接通顺序基板（JANCD-NTU）和伺服电源接触器（1KM、2KM）以及线路滤波器（1Z）组成，如图 2-35 所示。

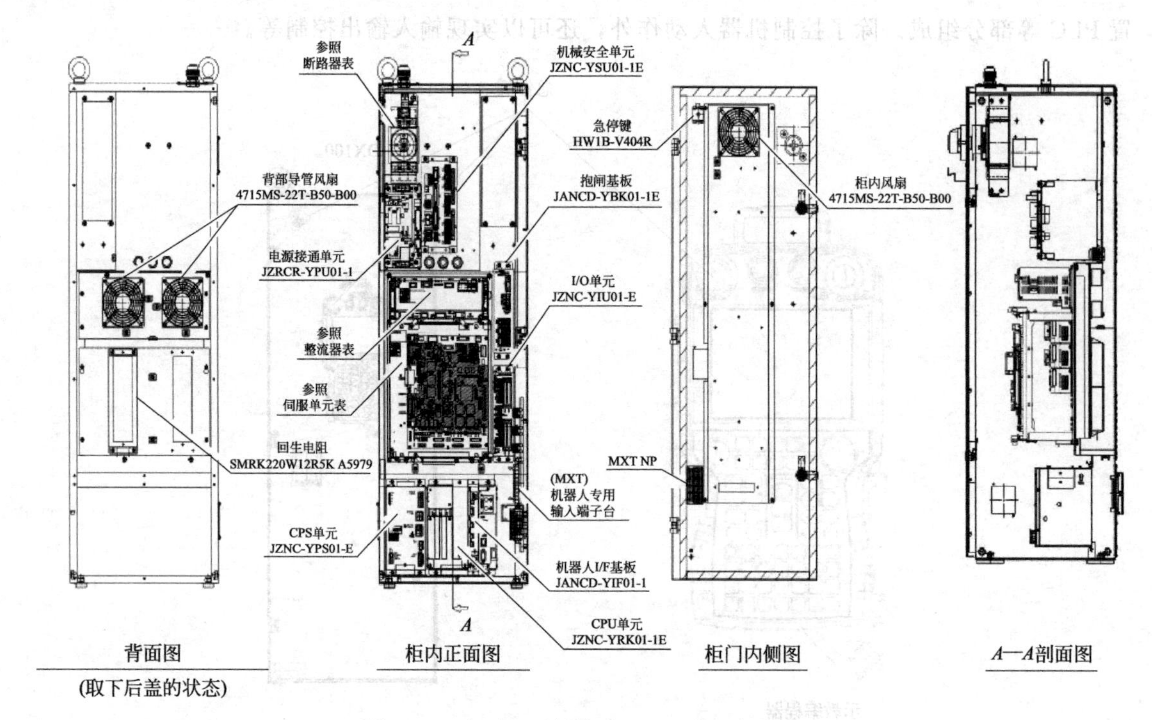

图 2-31　小型机型的构成——A 柜（标准）

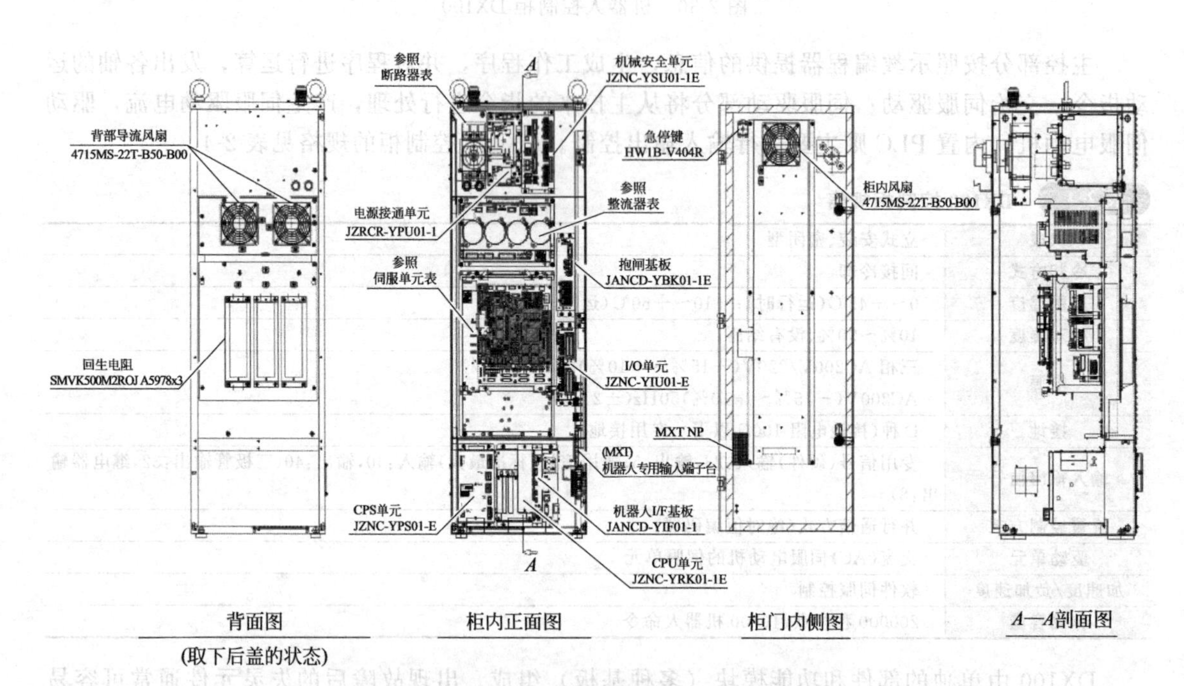

图 2-32　中、大型机型的构成——A 柜（标准）

电源接通单元根据来自电源接通顺序基板的伺服电源控制信号的状态，打开或关闭伺服电源接触器，供给伺服单元电源（三相交流 200～220V）。电源接通单元经过线路滤波器对控制电源供给电源（单相交流 200～220V）。

（3）基本轴控制基板（SRDA-EAXA01□）

基本轴控制基板（SRDA-EAXA01□）可控制机器人 6 个轴的伺服电动机，它也是控制整流器、PWM 放大器和电源接通单元的电源接通顺序基板，如图 2-36 所示。

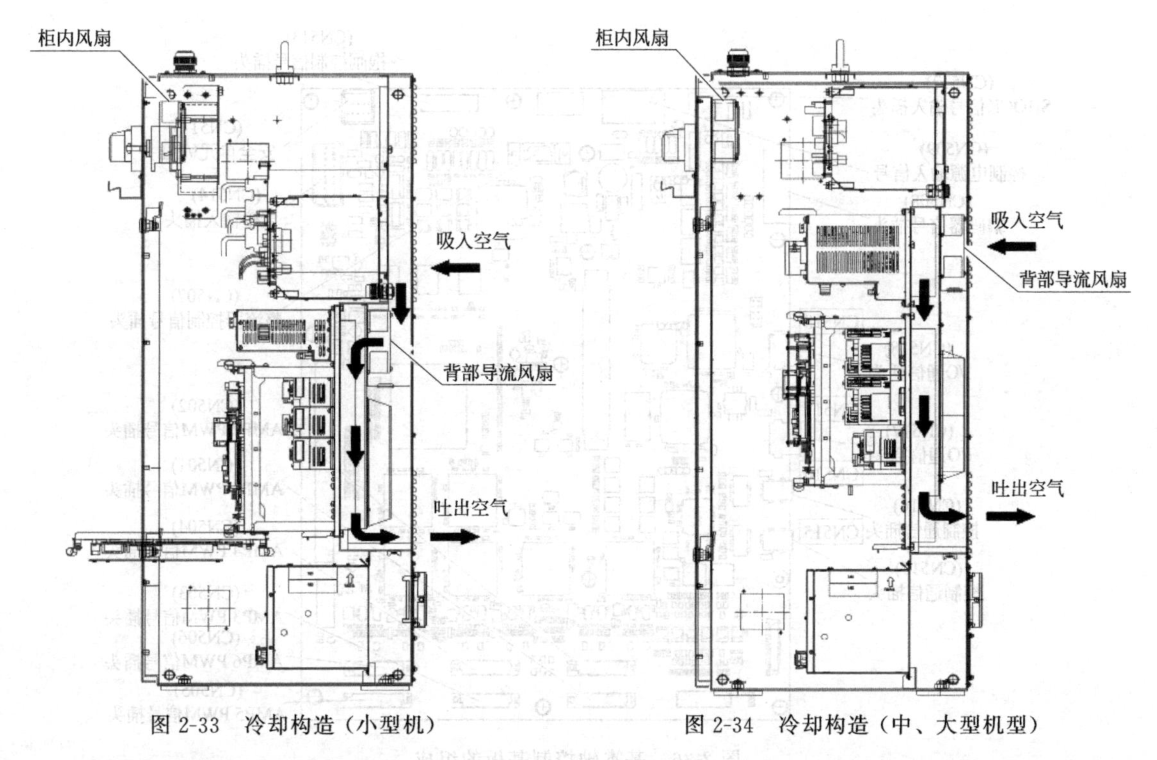

图 2-33　冷却构造（小型机）　　图 2-34　冷却构造（中、大型机型）

通过安装选项的外部轴控制基板（SRDA-AXB01□），可控制最多 9 个轴（包含机器人轴）的伺服电动机。

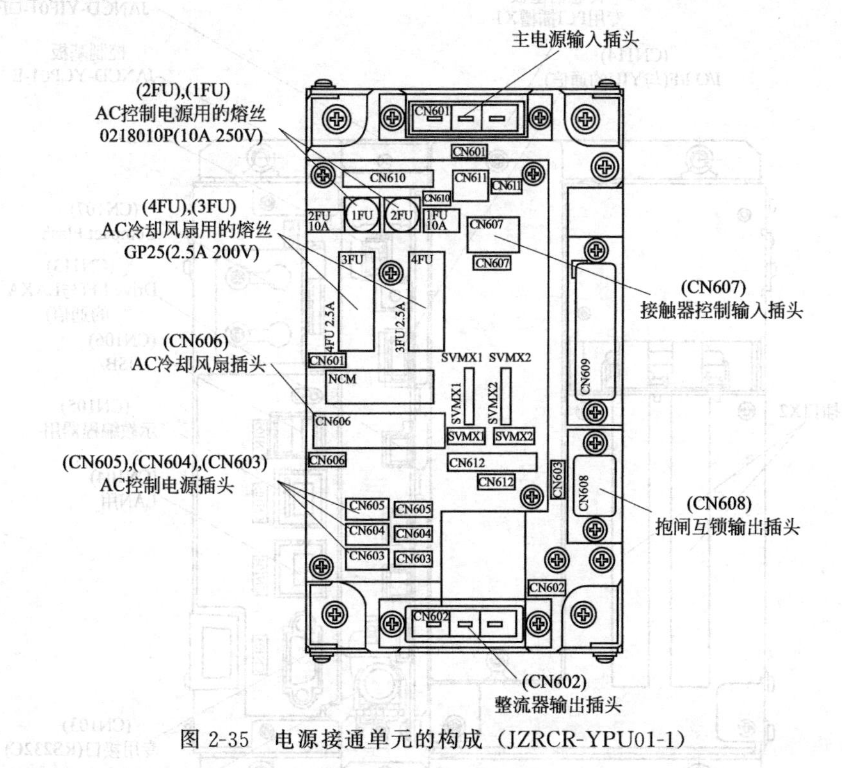

图 2-35　电源接通单元的构成（JZRCR-YPU01-1）

(4) CPU 单元（JZNC-YRK01-1E）

① CPU 单元的构成　CPU 单元是由控制器电源基板与基板架、控制基板、机器人 I/F 单元和轴控制基板组成，如图 2-37 所示。

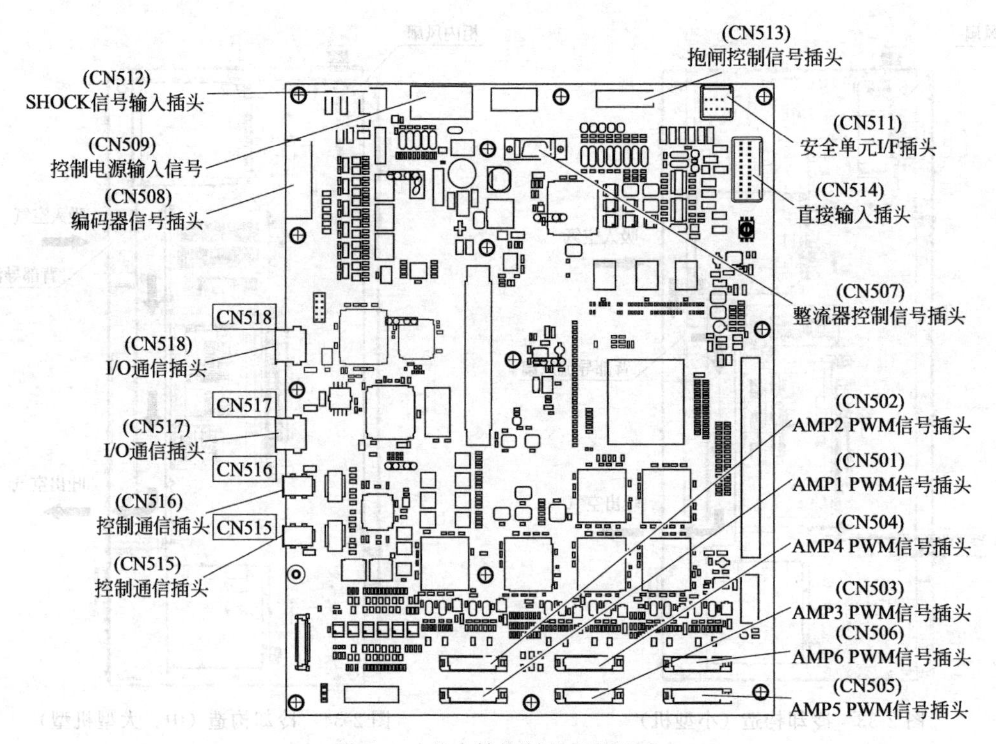

图 2-36　基本轴控制基板的组成

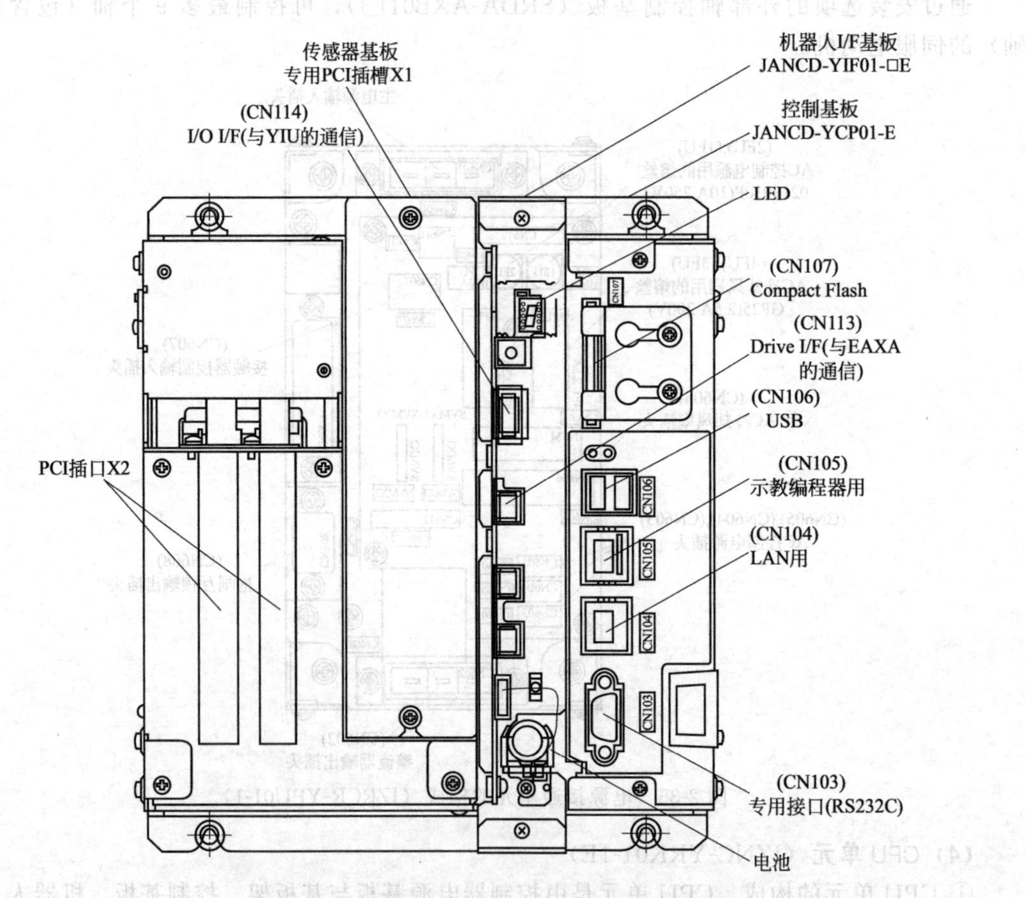

图 2-37　CPU 单元（JZNC-YRK01-1E）

有些CPU单元JZNC-YRK01-1E里，只含有基板和控制基板，不含有机器人I/F单元。

② CPU单元内的单元基板

a. 控制基板（JANCD-YCP01-E）。控制基板用于控制整个系统、示教编程器上的屏幕显示、操作键的管理、操作控制、插补运算等。它具有RS-232C串行接口和LAN接口（100BASE-TX/10BASE-T）。

b. 机器人I/F单元（JZNC-YIF01-□E）。机器人I/F单元是对机器人系统的整体进行控制，控制基板（JANCD-YCP01-E）是用背板的PCI母线I/F连接、基本轴控制基板（SRDA-EAXA01 A□）是用高速并行通信连接的。

(5) CPS单元（JZNC-YPS01-E）

CPS单元（JZNC-YPS01-E）是提供控制用的（系统、I/O、控制器）的DC电源（DC5V、DC24V），另外，还备有控制单元的ON/OFF的输入。其结构如图2-38所示。CPS单元（JZNC-YPS01-E）的技术参数及相关指示灯状态含义见表2-5。

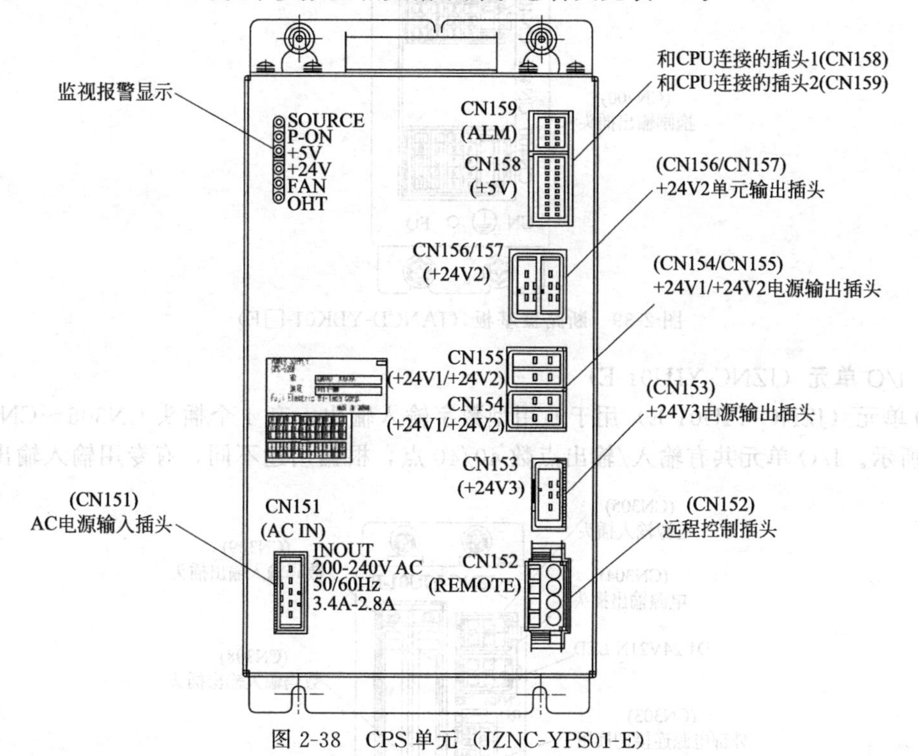

图2-38　CPS单元（JZNC-YPS01-E）

表2-5　CPS单元（JZNC-YPS01-E）技术参数

项目	规格		
交流输入	额定输入电压：AC200/220V(AC170～242V)；频率：50/60Hz±2Hz(48～62Hz)		
输出电压	DC+5V/DC+24V(24V1：系统用，24V2：I/O用，24V3：控制器用)		
监视器显示	显示	颜色	状态
	SOURC E	绿	有输入电源，灯亮；内部充电部分的放电结束，灯灭(输入电源供给状态)
	POWER 0N	绿	PWR-OK输入信号ON时，灯灭（电源输出状态）
	+5V	红	+5V过电流，灯亮(+5V异常)
	+24V	红	+24V过电流，灯亮(+24V异常)
	FAN	红	FAN异常，灯亮
	OHT	红	内部异常温度上升，灯亮

(6) 断路器基板（JANCD-YBK01-□E）

断路器基板是根据从基本轴控制基板（SRDA-EAXA01□）的指令信号，对机器人轴以及外部轴共计 9 个轴的断路器进行控制，如图 2-39 所示。

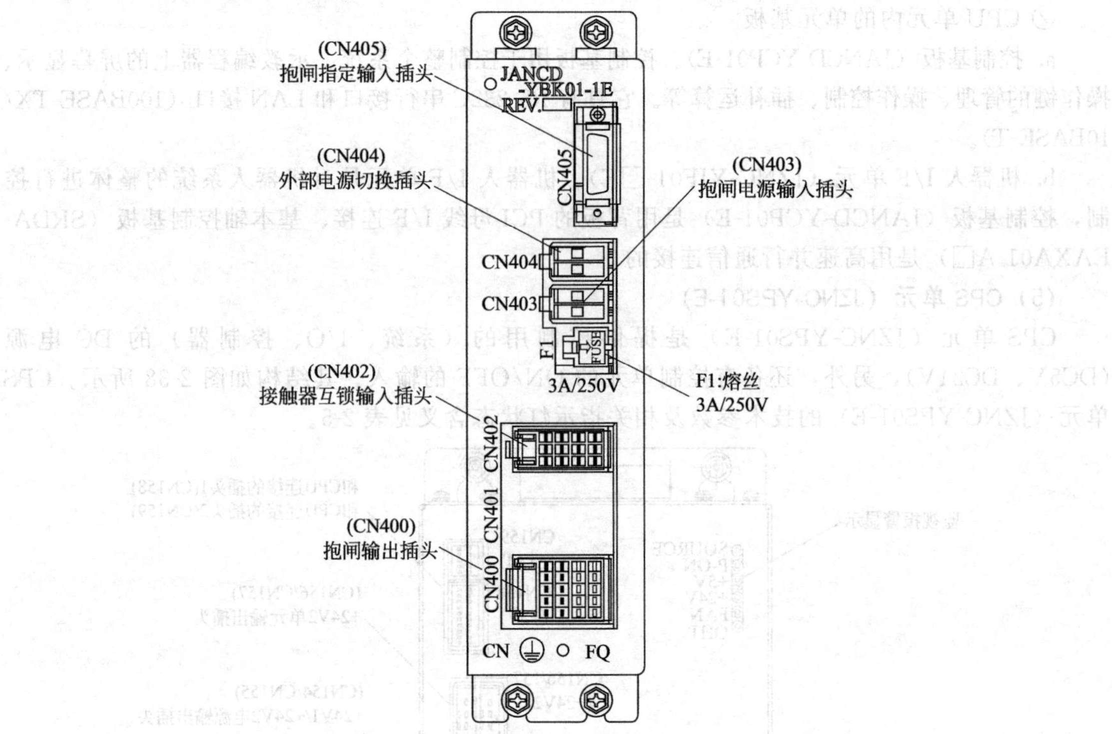

图 2-39　断路器基板（JANCD-YBK01-□E）

(7) I/O 单元（JZNC-YIU01-E）

I/O 单元（JZNC-YIU01-E）用于通用型数字输入输出，有 4 个插头 CN306～CN309，如图 2-40 所示。I/O 单元共有输入/输出点数 40/40 点，根据用途不同，有专用输入输出和通用

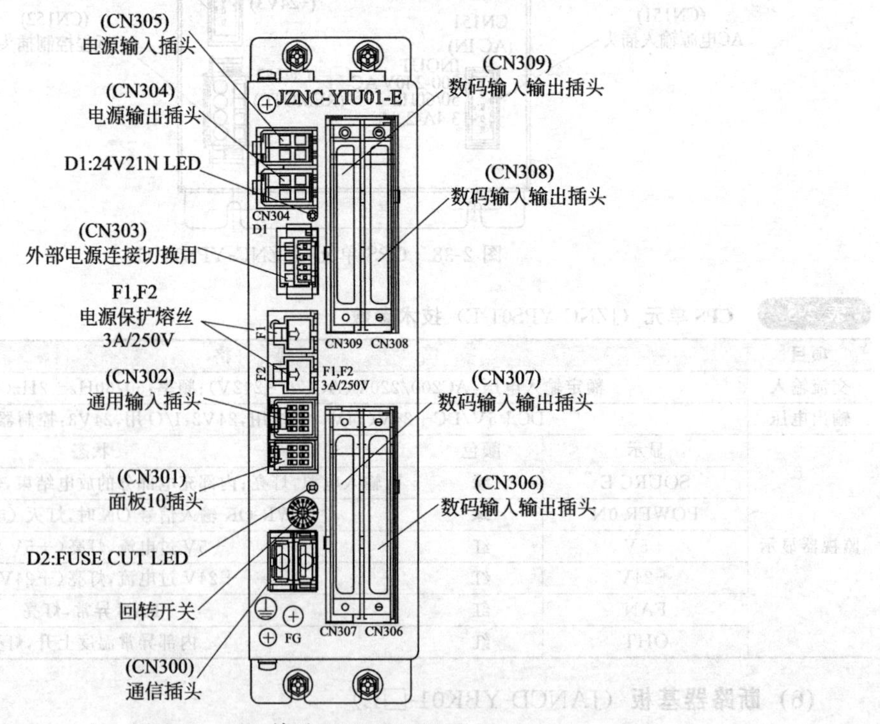

图 2-40　I/O 单元（JZNC-YIU01-E）

输入输出两种类型。

专用输入输出信号的功能是机器人系统预先定义好的。当外部操作设备（如固定夹具控制

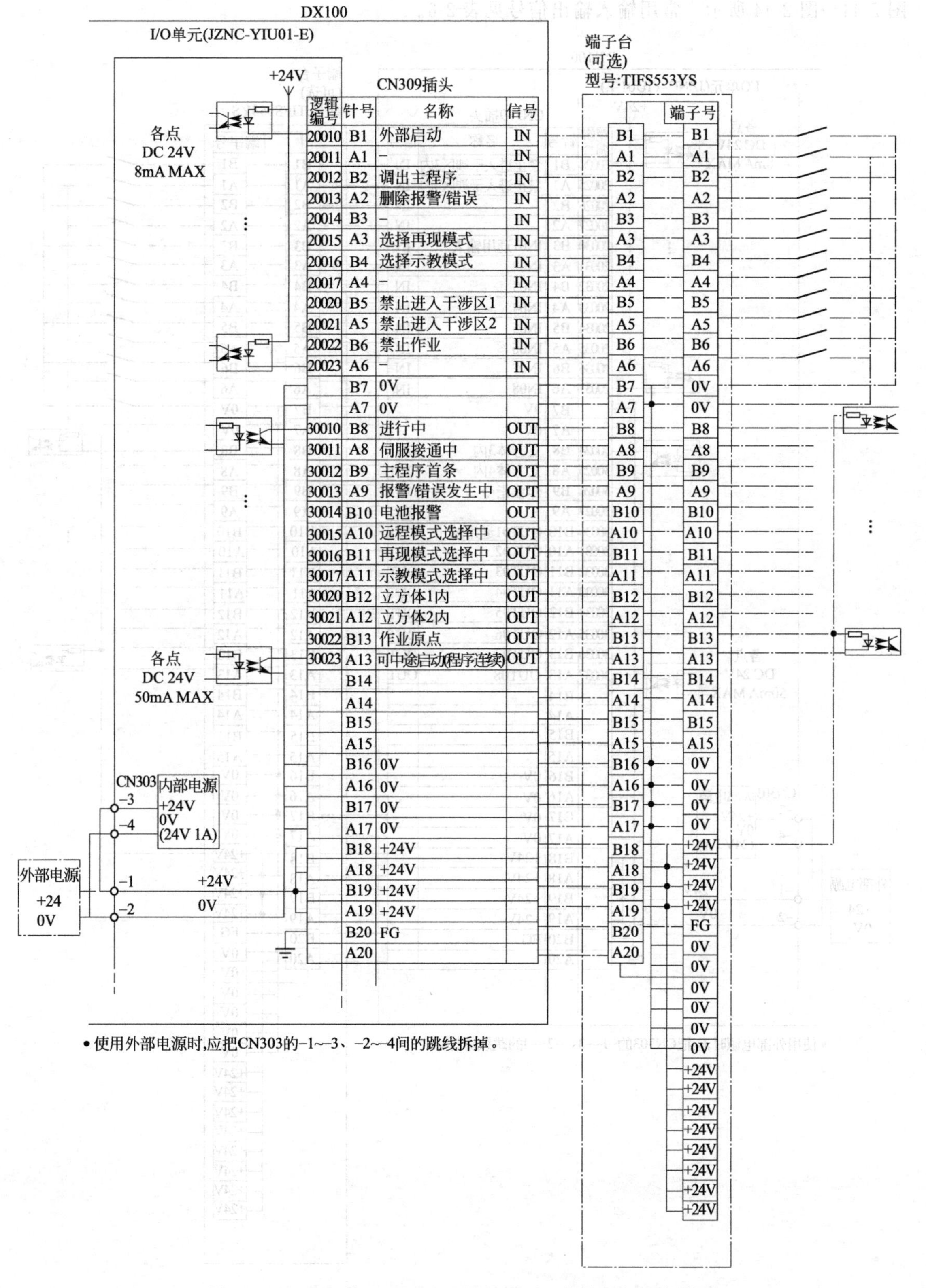

图 2-41 CN308 接口 DX100 通用用途 I/O 信号定义与接线图

柜、集中控制柜等）作为系统来控制机器人及相关设备时，要使用专用输入/输出。

通用输入输出主要是在机器人的操作程序中使用，作为机器人和周边设备的即时信号。如图 2-41～图 2-44 所示。常用输入输出信号见表 2-6。

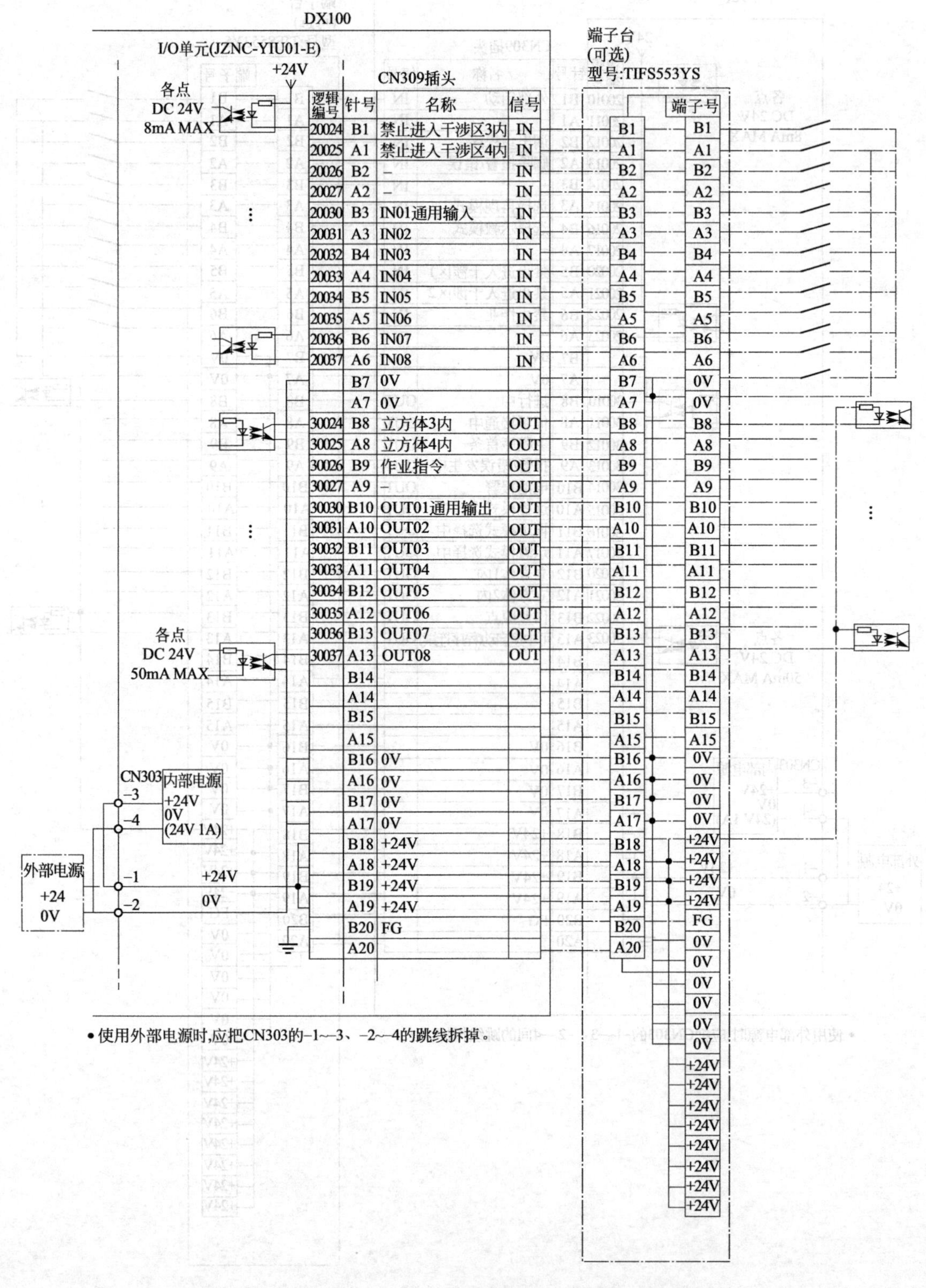

图 2-42　CN309 接口 DX100 通用用途 I/O 信号定义与接线图

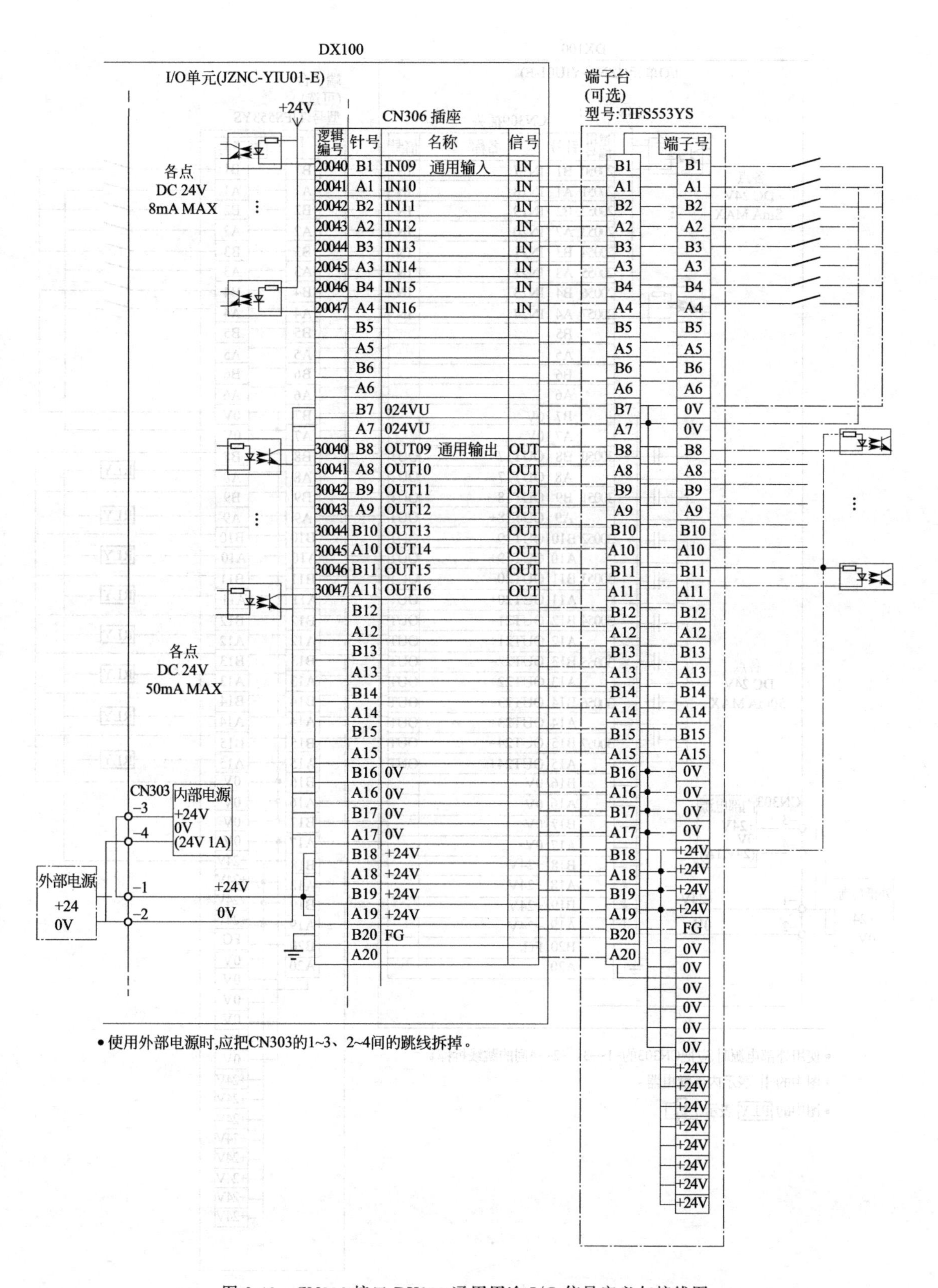

图 2-43　CN306 接口 DX100 通用用途 I/O 信号定义与接线图

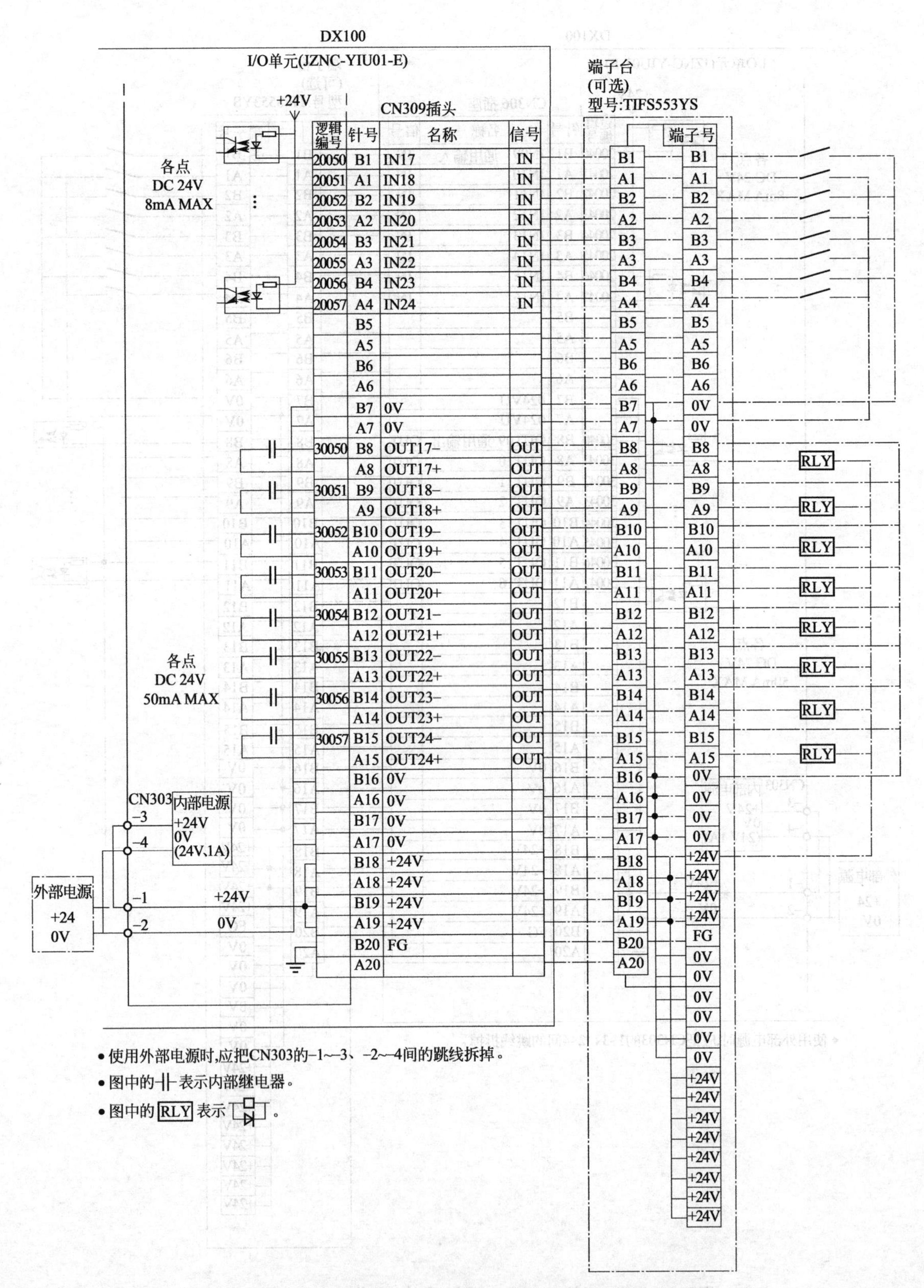

逻辑编号	针号	名称	信号
20050	B1	IN17	IN
20051	A1	IN18	IN
20052	B2	IN19	IN
20053	A2	IN20	IN
20054	B3	IN21	IN
20055	A3	IN22	IN
20056	B4	IN23	IN
20057	A4	IN24	IN
	B5		
	A5		
	B6		
	A6		
	B7	0V	
	A7	0V	
30050	B8	OUT17−	OUT
	A8	OUT17+	OUT
30051	B9	OUT18−	OUT
	A9	OUT18+	OUT
30052	B10	OUT19−	OUT
	A10	OUT19+	OUT
30053	B11	OUT20−	OUT
	A11	OUT20+	OUT
30054	B12	OUT21−	OUT
	A12	OUT21+	OUT
30055	B13	OUT22−	OUT
	A13	OUT22+	OUT
30056	B14	OUT23−	OUT
	A14	OUT23+	OUT
30057	B15	OUT24−	OUT
	A15	OUT24+	OUT
	B16	0V	
	A16	0V	
	B17	0V	
	A17	0V	
	B18	+24V	
	A18	+24V	
	B19	+24V	
	A19	+24V	
	B20	FG	
	A20		

• 使用外部电源时,应把CN303的-1~-3、-2~-4间的跳线拆掉。
• 图中的 ⊣⊢ 表示内部继电器。
• 图中的 RLY 表示 [继电器符号]。

图 2-44　CN307 接口 DX100 通用用途 I/O 信号定义与接线图

表 2-6　**常用输入输出信号**

插座号	针号	逻辑编号	信号	名称	功能
CN308	B1	20010	IN	外部启动	与再现操作盒的【启动】键具有同样的功能。此信号只有上升沿有效，可使机器人开始运转（再现）。但是，在再现状态下，如禁止外部启动，则此信号无效。该设定在操作条件画面中进行
	A2	20013		删除报警/错误	发生报警或错误时（在排除了主要原因的状态下），此信号一接通便可解除报警及错误的状态
	B8	30010	OUT	运行中	告知程序为工作状态（程序处于工作中、等待预约启动状态、试运转中），这个信号状态与再现操作盒的【启动】一样
	A8	30011		伺服接通中	告知伺服系统已接通，内部处理过程（如创建当前位置）已完成，进入可以接收启动命令的状态。伺服电源切断后，该信号也进入切断状态。使用该信号可判断出使用外部启动功能时 DX100 的当前状态
	A9	30013		报警/错误发生中	通知发生了报警及错误。另外，发生重大故障报警时，此信号接通，直到切断电源为止
	B10	30014		电池报警	此信号接通表明存储器备份用的电池及编码器备份用的电池电压已下降，需更换电池。如因为电池耗尽使存储数据丢失，而会引起大问题的发生。为了避免产生此情况，推荐使用此信号作为警示信号
	A10	30015		远程模式选择中	告知当前设定的模式状态为“远程模式”。与示教编程器的模式选择开关同步
	B13	30022		作业原点	当前的控制点在作业原点立方体区域时，此信号接通。依此可以判断出机器人是否在可以启动生产线的位置上

(8) 机械安全单元（JZNC-YSU01-1E）

机械安全单元如图 2-45 所示。内有 2 重化处理回路的安全信号，对外部过来的安全信号进行 2 重化处理，根据条件控制接通电源单元（JZRCR-YRU）的伺服电源的开关。机械安全单元拥有的主要功能见表 2-7。

表 2-7　**机械安全单元的主要功能**

功能	备注
机器人专用输入回路	安全信号 2 重化
输入伺服接通安全（ONEN）输入回路（2 重化）	2 重化
超程（OT、EXOT）输入回路	2 重化
示教编程器信号 PPESP、PPDSW 其他输入回路	安全信号 2 重化
接触器控制信号输出回路	2 重化
急停信号输入回路	2 重化

(9) 机器人专用输入端子台（MXT）

机器人专用输入端子台（MXT）是机器人专用信号输入的端子台，此端子台（MXT）安装在 DX100 右侧的下面。机器人专用输入端子台（MXT）如图 2-46 所示。机器人专用输入端子台（MXT）信号名称及功能见表 2-8。

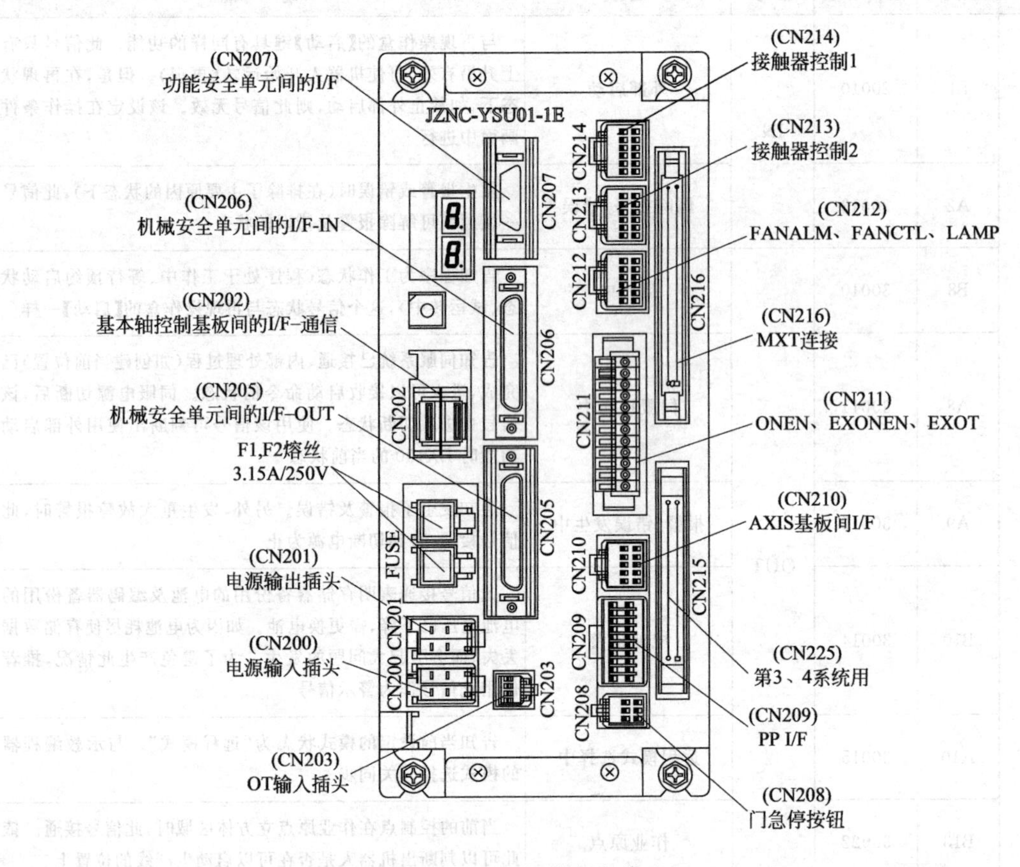

图 2-45 机械安全单元

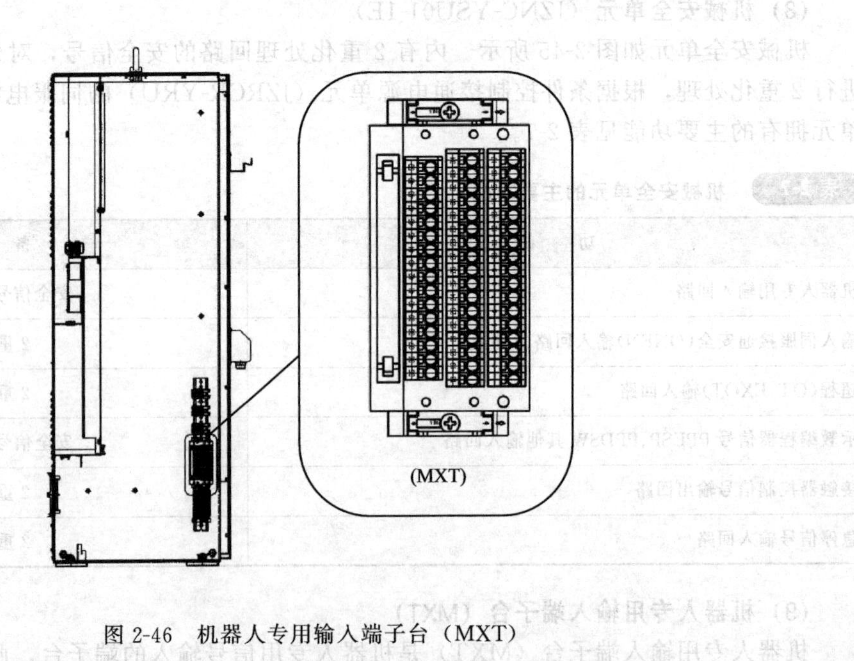

图 2-46 机器人专用输入端子台（MXT）

表 2-8 机器人专用输入端子台（MXT）信号名称及功能

信号名称	连接编号（MXT）	双路输入	功能	出厂设定
EXESP1+ EXESP1− EXESP2+ EXESP2−	−19 −20 −21 −22	○	外部急停 用来连接一个外部操作设备的外部急停开关 输入此信号，则伺服电源切断并且程序停止执行 输入信号时伺服电源不能被接通	用跳线短接
SAFF1+ SAFF1− SAFF2+ SAFF2−	−9 −10 −11 −12	○	安全插销 如果打开安全栏的门。用此信号切断伺服电源 连接安全栏门上的安全插销的联锁信号。如输入此联锁信号，则切断伺服电源。当此信号接通时，伺服电源不能被接通 但这些信号在示教模式下无效	用跳线短接
FST1+ FST1− FST2+ FST2−	−23 −24 −25 −26	○	维护输入(全速测试) 在示教模式时的测试运行下，解除低速极限 短路输入时，测试运行的速度是示教时的100%速度 打开时，在SSP输入信号的状态下，选择第1低速(16%)或者选择第2低速(2%)	打开
SSP+ SSP−	−27 −28	—	选择低速模式 在这个输入状态下，决定了FST(全速测试)打开时的测试运行速度打开时：第2低速(2%) 短路时：第1低速(16%)	用跳线短接
EXSVON+ EXSVON−	−29 −30	—	外部伺服使能 连接外部操作机器等的伺服ON开关时使用 通信时，伺服电源打开	打开
EXHOLD+ EXHOLD−	−31 −32	—	外部暂停 用来连接一个外部操作设备的暂停开关 如果输入此信号，则程序停止执行 当输入该信号时，不能进行启动和轴操作	用跳线短接
EXDSW1+ EXDSW1− EXDSW2+ EXDSW2−	−33 −34 −35 −36	○	外部安全开关 当两人进行示教时，为没有拿示教编程器的人连接一个安全开关	用跳线短接

(10) 伺服单元（SRDA-MH6）

伺服单元是由变频器及PWM放大器构成，变频器和PWM放大器是同一单元的为一种类型，变频器和PWM放大器分开的是另一种类型。伺服单元的构成如图2-47～图2-51所示。

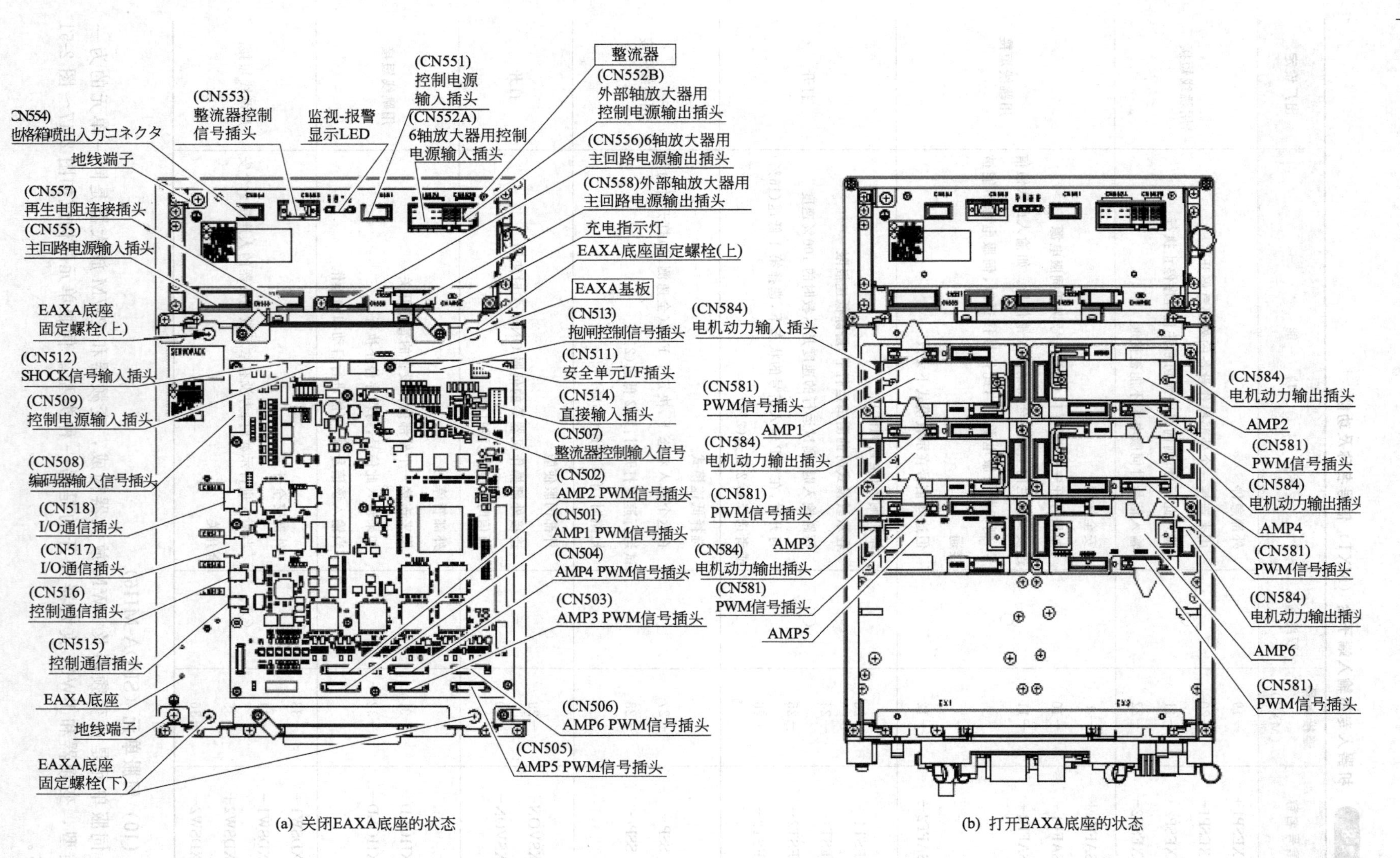

(a) 关闭EAXA底座的状态

(b) 打开EAXA底座的状态

图 2-47　MH5L、MH6、MA1400、MA1900、HP20D、HP20D-6 伺服单元的构成

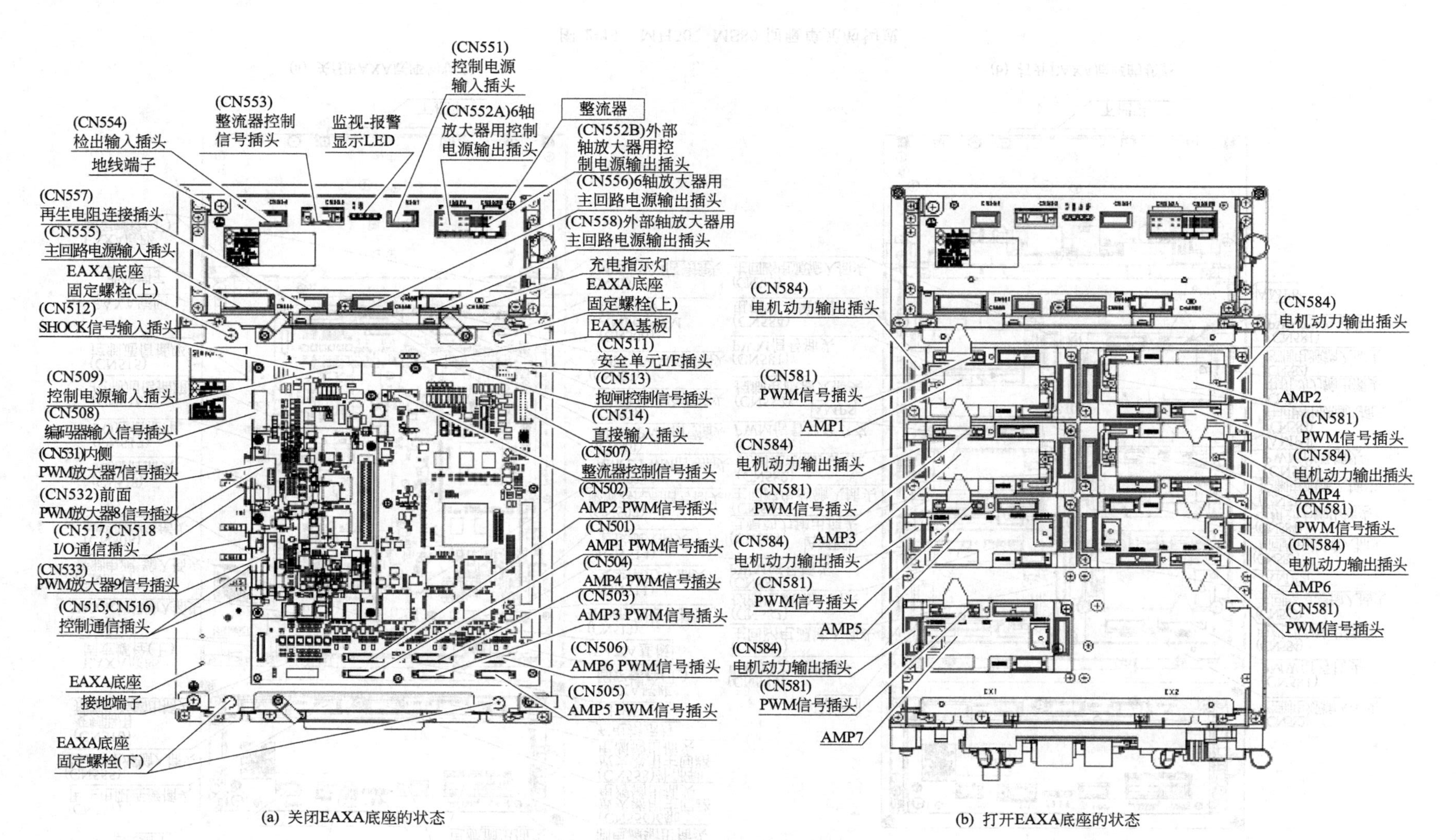

(a) 关闭EAXA底座的状态

(b) 打开EAXA底座的状态

图 2-48 VA1400 伺服单元的构成

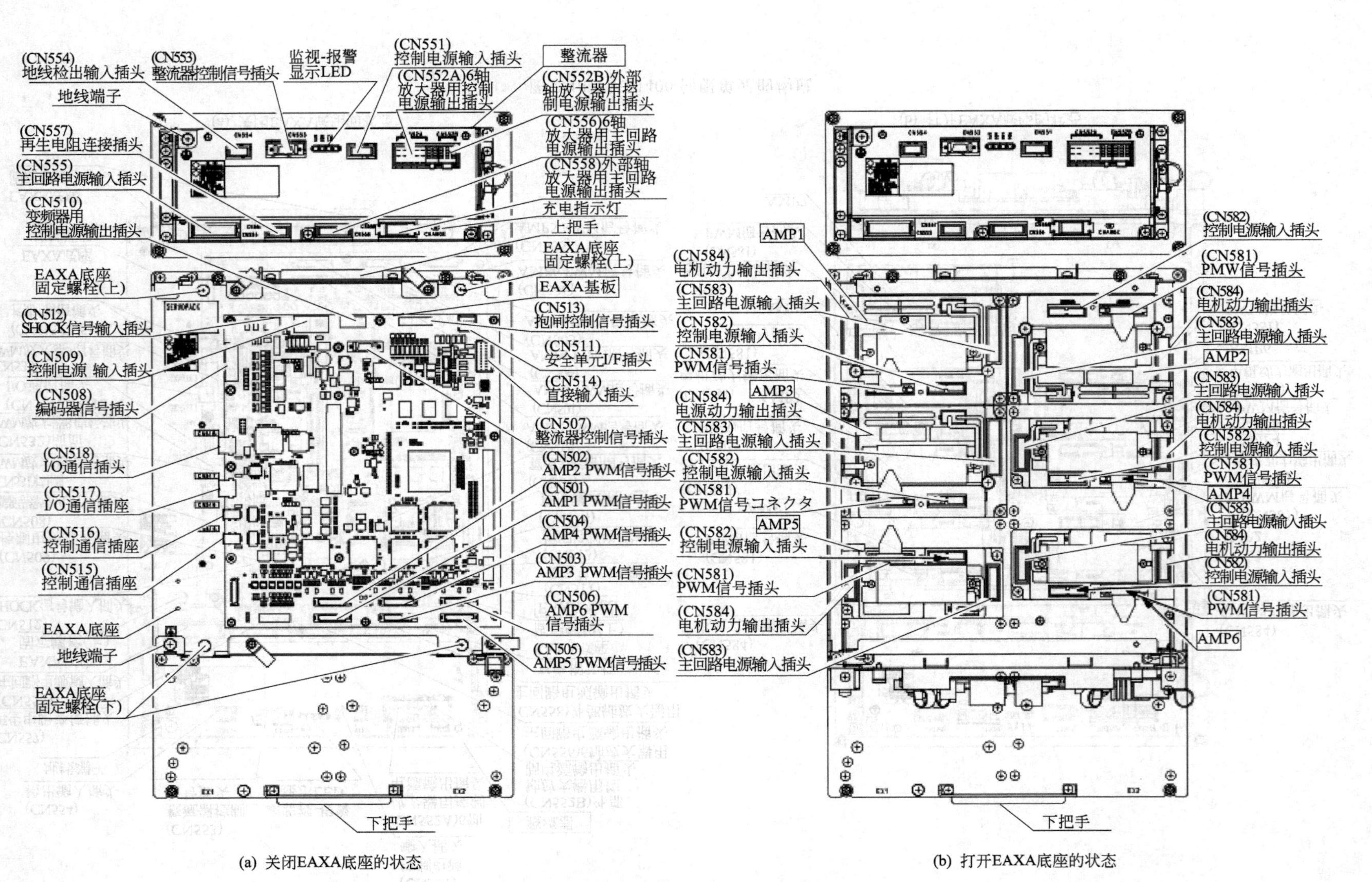

(a) 关闭EAXA底座的状态

(b) 打开EAXA底座的状态

图 2-49 MH50、MS80 伺服单元的构成

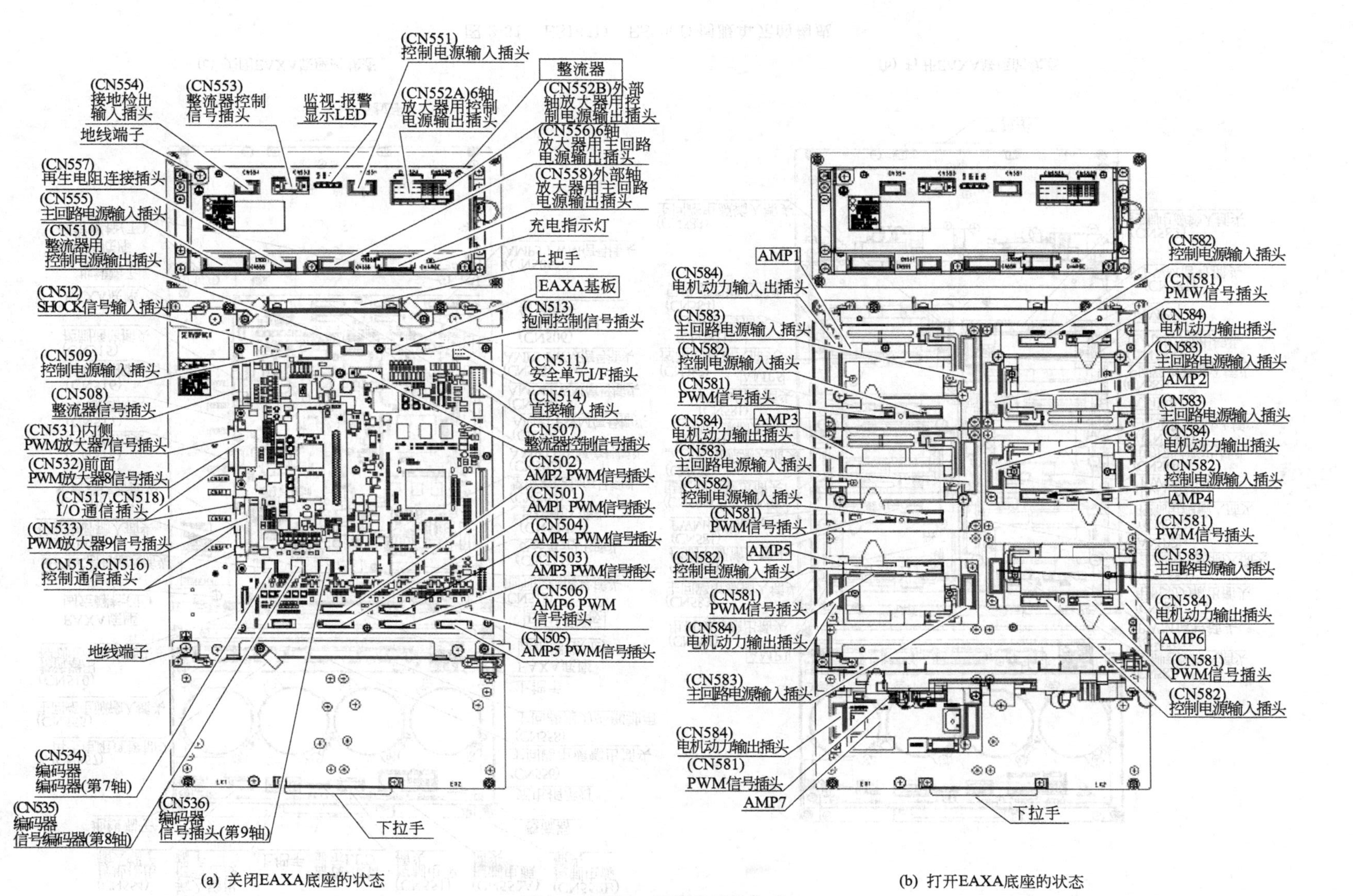

图 2-50　VS50 伺服单元的构成

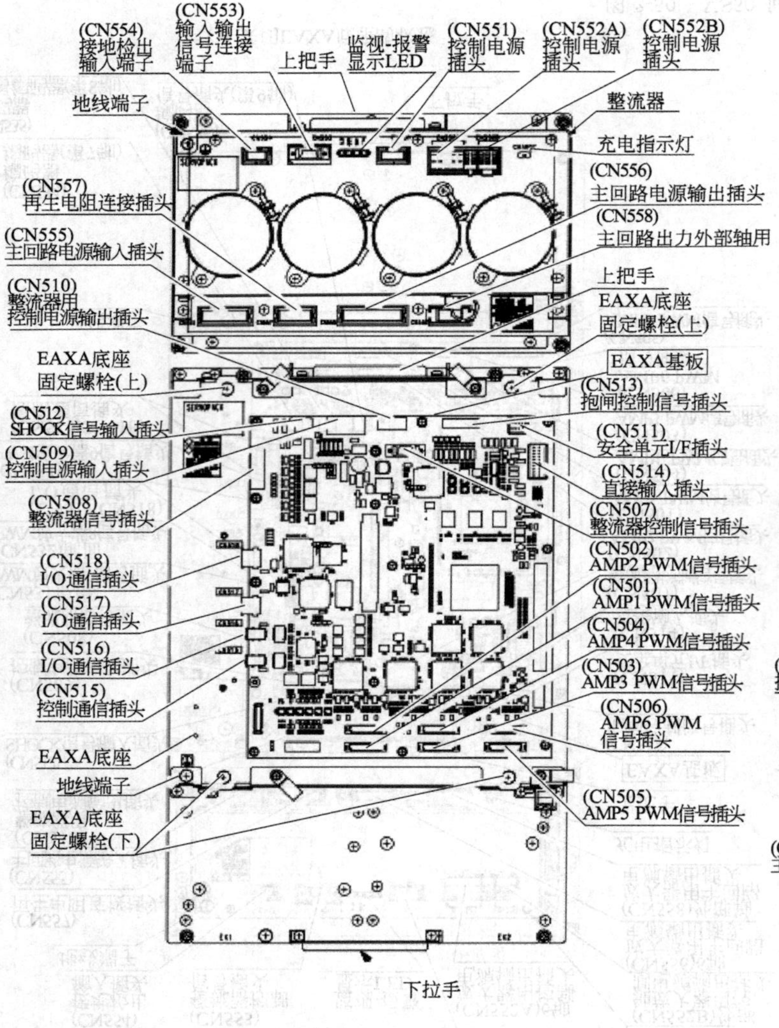

(CN554)
接地检出
输入端子
(CN553)
输入输出
信号连接
端子
上把手
监视-报警
显示LED
(CN551)
控制电源
插头
(CN552A)
控制电源
插头
(CN552B)
控制电源
插头
地线端子
整流器
充电指示灯
(CN557)
再生电阻连接插头
(CN556)
主回路电源输出插头
(CN555)
主回路电源输入插头
(CN558)
主回路出力外部轴用
(CN510)
整流器用
控制电源输出插头
上把手
EAXA底座
固定螺栓(上)
EAXA底座
固定螺栓(上)
EAXA基板
(CN512)
SHOCK信号输入插头
(CN513)
抱闸控制信号插头
(CN509)
控制电源输入插头
(CN511)
安全单元I/F插头
(CN514)
直接输入插头
(CN508)
整流器信号插头
(CN507)
整流器控制信号插头
(CN502)
AMP2 PWM信号插头
(CN518)
I/O通信插头
(CN501)
AMP1 PWM信号插头
(CN517)
I/O通信插头
(CN504)
AMP4 PWM信号插头
(CN516)
I/O通信插头
(CN503)
AMP3 PWM信号插头
(CN515)
控制通信插头
(CN506)
AMP6 PWM
信号插头
EAXA底座
地线端子
(CN505)
AMP5 PWM信号插头
EAXA底座
固定螺栓(下)
下拉手

(a) 关闭EAXA底座的状态

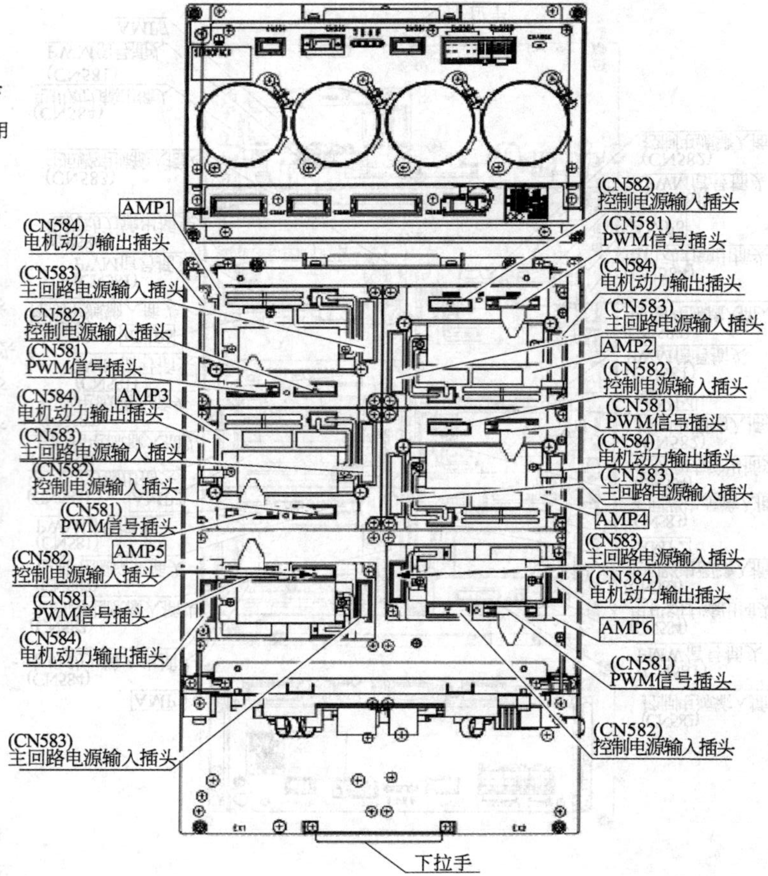

AMP1
(CN584)
电机动力输出插头
(CN583)
主回路电源输入插头
(CN582)
控制电源输入插头
(CN581)
PWM信号插头
AMP3
(CN584)
电机动力输出插头
(CN583)
主回路电源输入插头
(CN582)
控制电源输入插头
(CN581)
PWM信号插头
AMP5
(CN582)
控制电源输入插头
(CN581)
PWM信号插头
(CN584)
电机动力输出插头
(CN583)
主回路电源输入插头
(CN582)
控制电源输入插头
(CN581)
PWM信号插头
(CN584)
电机动力输出插头
(CN583)
主回路电源输入插头
AMP2
(CN582)
控制电源输入插头
(CN581)
PWM信号插头
(CN584)
电机动力输出插头
(CN583)
主回路电源输入插头
AMP4
(CN583)
主回路电源输入插头
(CN584)
电机动力输出插头
AMP6
(CN581)
PWM信号插头
(CN582)
控制电源输入插头
下拉手

(b) 打开EAXA底座的状态

图 2-51 ES165D、ES200D 伺服单元的构成

2.3　弧焊工业机器人工作站的连接与参数设置

2.3.1　电源的连接

(1) 三相电源

提供 AC200V/220V 60Hz、AC200V 50Hz 三相电源，如图 2-52 所示。

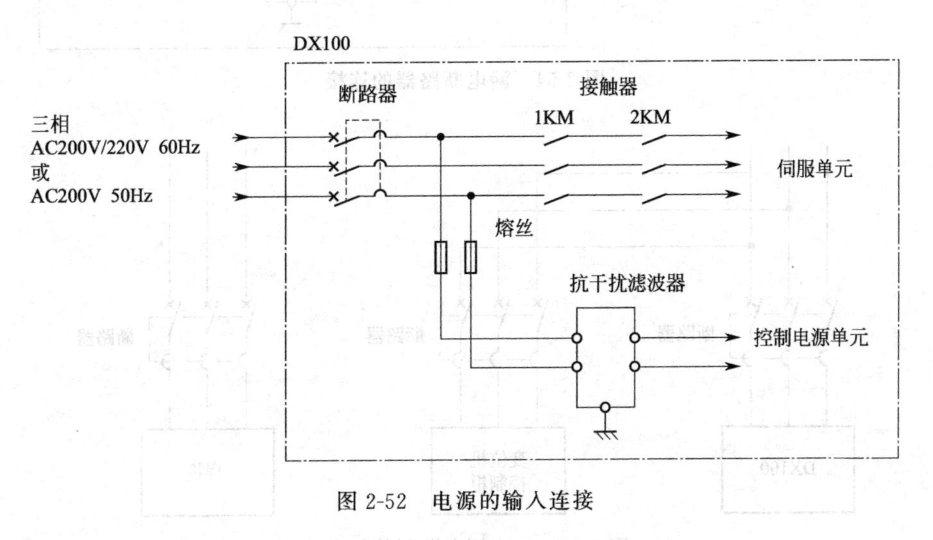

图 2-52　电源的输入连接

(2) 三相杂音过滤器的连接

如从电源里进入杂音时，请在无熔丝漏电保护器的一侧电源上安装三相杂音过滤器。如图 2-53 所示，并且各电缆的连接口密封好，以防止灰尘进入。

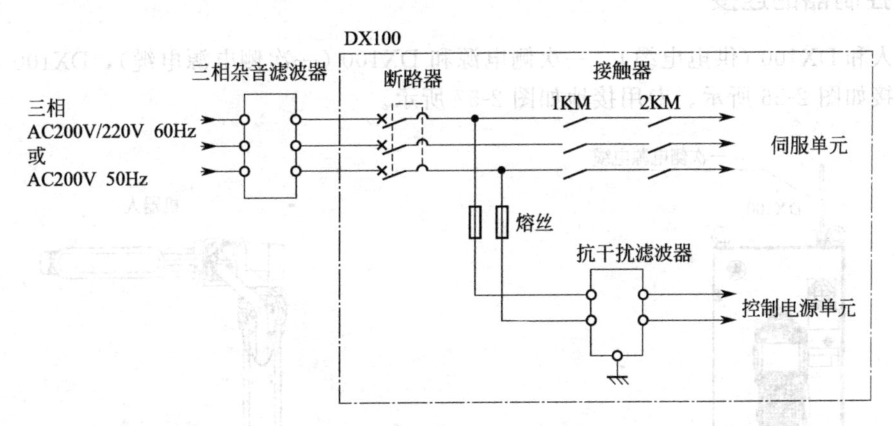

图 2-53　三相杂音过滤器的连接

(3) 漏电断路器的安装

如果给 DX100 控制柜电源连接漏电断路器，要使用可防止高频的漏电断路器，它能防止整流器的高频漏电流引起的误动作，如图 2-54 所示。

(4) 一次侧电源开关的安装

一次侧电源开关的安装见图 2-55。

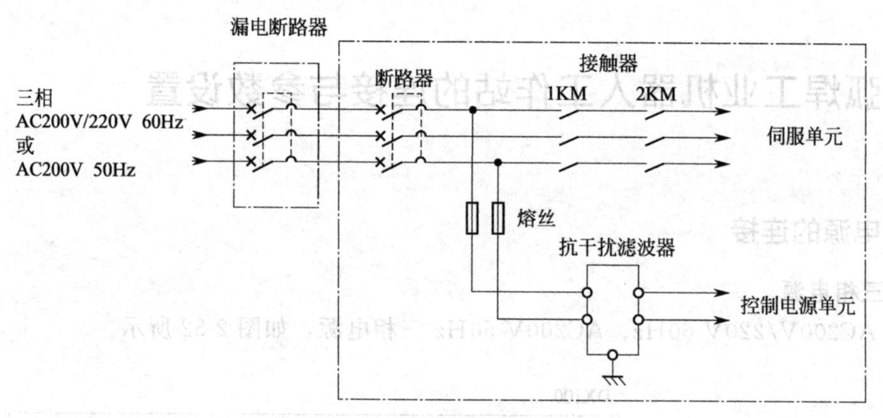

图 2-54 漏电断路器的连接

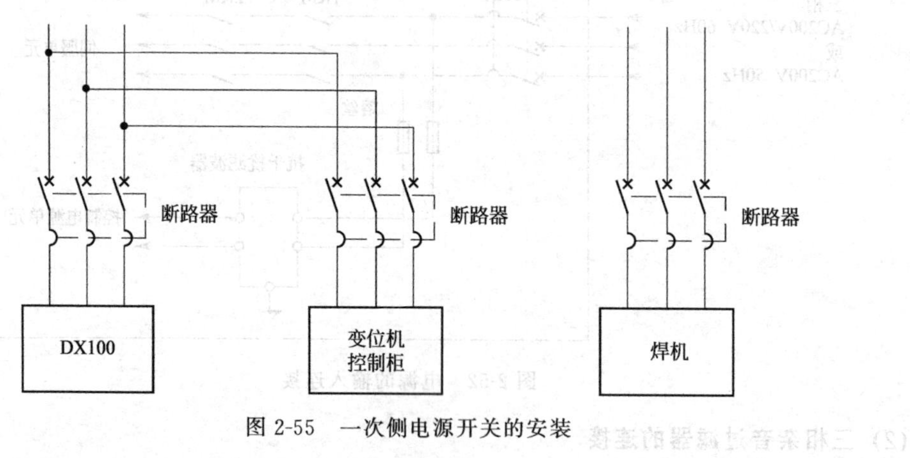

图 2-55 一次侧电源开关的安装

2.3.2 控制器的连接

机器人和 DX100（供电电缆）、一次侧电源和 DX100（一次侧电源电缆），DX100 和示教编程器的连接如图 2-56 所示。专用接地如图 2-57 所示。

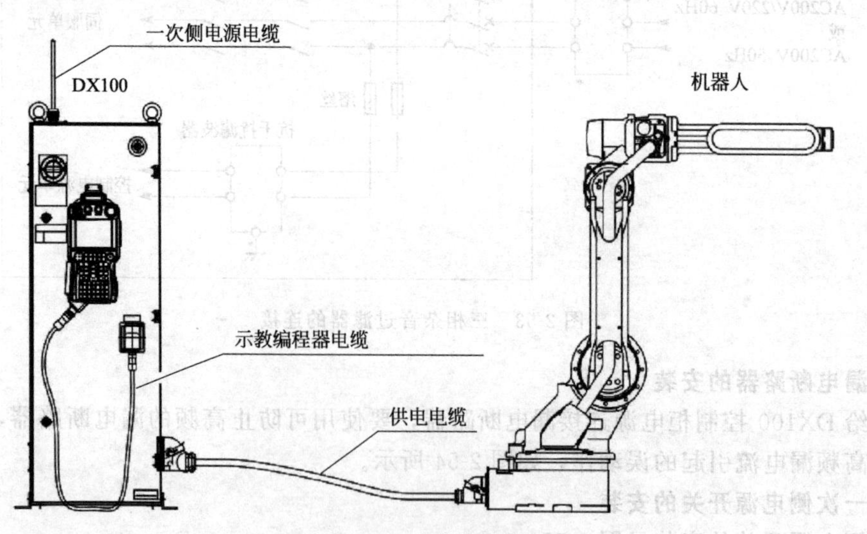

图 2-56 电缆的连接

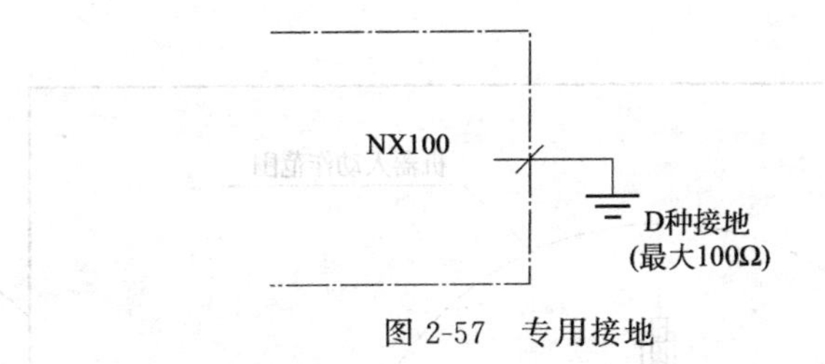

图 2-57 专用接地

(1) 外部急停

连接外部操作设备等的急停开关时使用，如图 2-58 所示。输入时，伺服电源打开，停止 JOB 的执行。通信中，不能打开伺服电源。

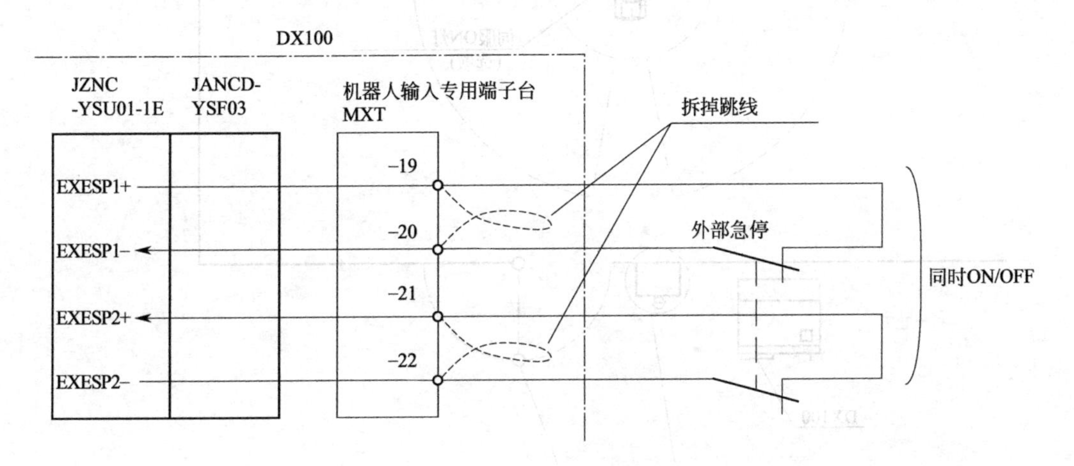

图 2-58 外部急停接续

(2) 安全开关

打开安全栏的门，是关闭伺服电源的信号。图 2-59 所示为安全栏门上的安全开关等的互锁信号，输入互锁信号，伺服电源置 OFF 位，不能关闭伺服电源，但示教模式失效。

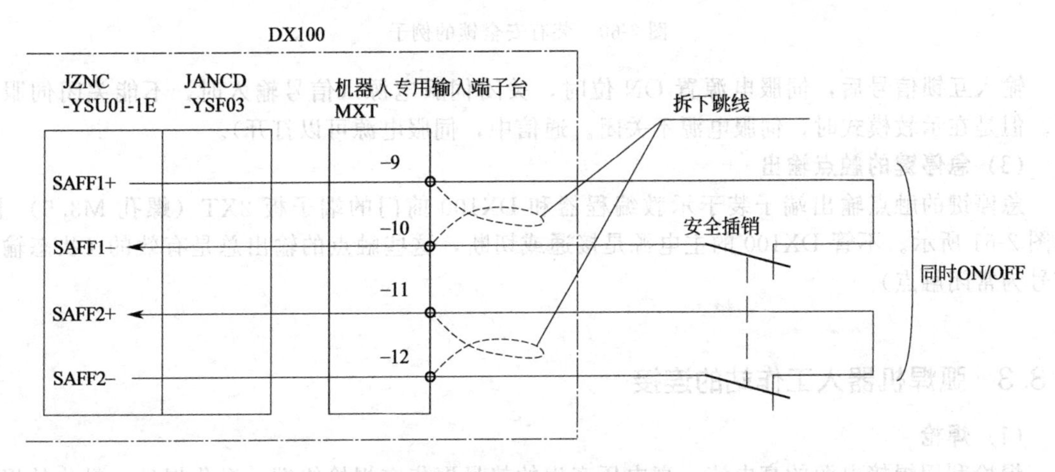

图 2-59 安全开关的连接

在机器人周围安装和安全栏有互锁功能的门，不打开门，作业人员就不能进入，打开门后，机器人停止作业。安全锁输入信号是用于连接这个互锁信号的信号，如图 2-60 所示。

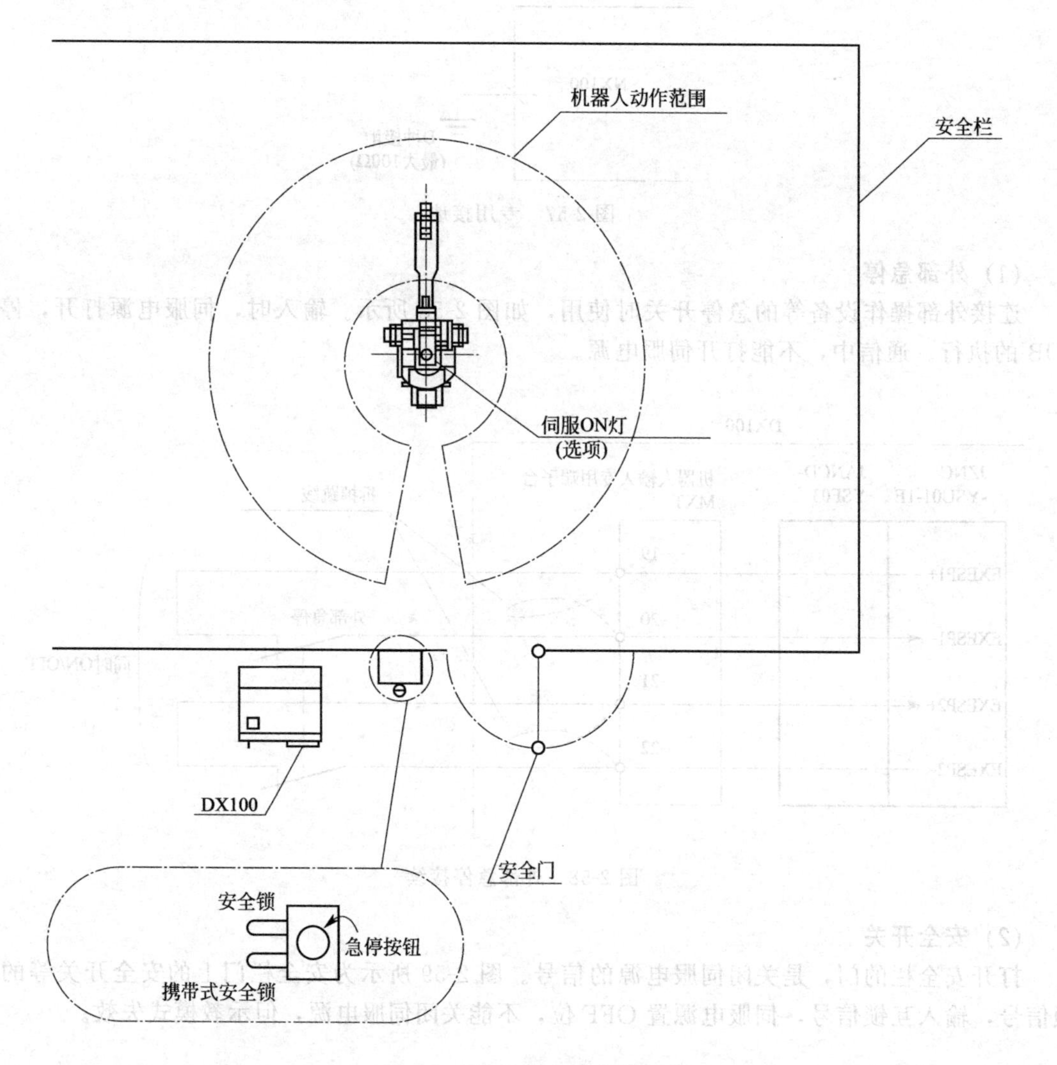

图 2-60　装有安全锁的例子

输入互锁信号后，伺服电源置 ON 位时，关闭伺服电源（信号输入时，不能关闭伺服电源。但是在示教模式时，伺服电源不关闭。通信中，伺服电源可以打开）。

(3) 急停键的触点输出

急停键的触点输出端子装于示教编程器和 DX100 前门的端子板 2XT（螺孔 M3.5）上，如图 2-61 所示。不管 DX100 的主电源是接通或切断，这些触点的输出总是有效的（状态输出信号为常闭触点）。

2.3.3 弧焊机器人工作站的连接

(1) 焊枪

焊枪利用焊接电源的高电流、高电压产生的热量聚集在焊枪终端，融化焊丝，融化的焊丝渗透需焊接的部位，冷却后，被焊接的物体牢固地连接成一体 。

机器人 MA1400 安装的焊枪型号为 SRCT-308R，内置防撞传感器，外观如图 2-62 所示。SRCT-308R 型焊枪的技术参数见表 2-9。

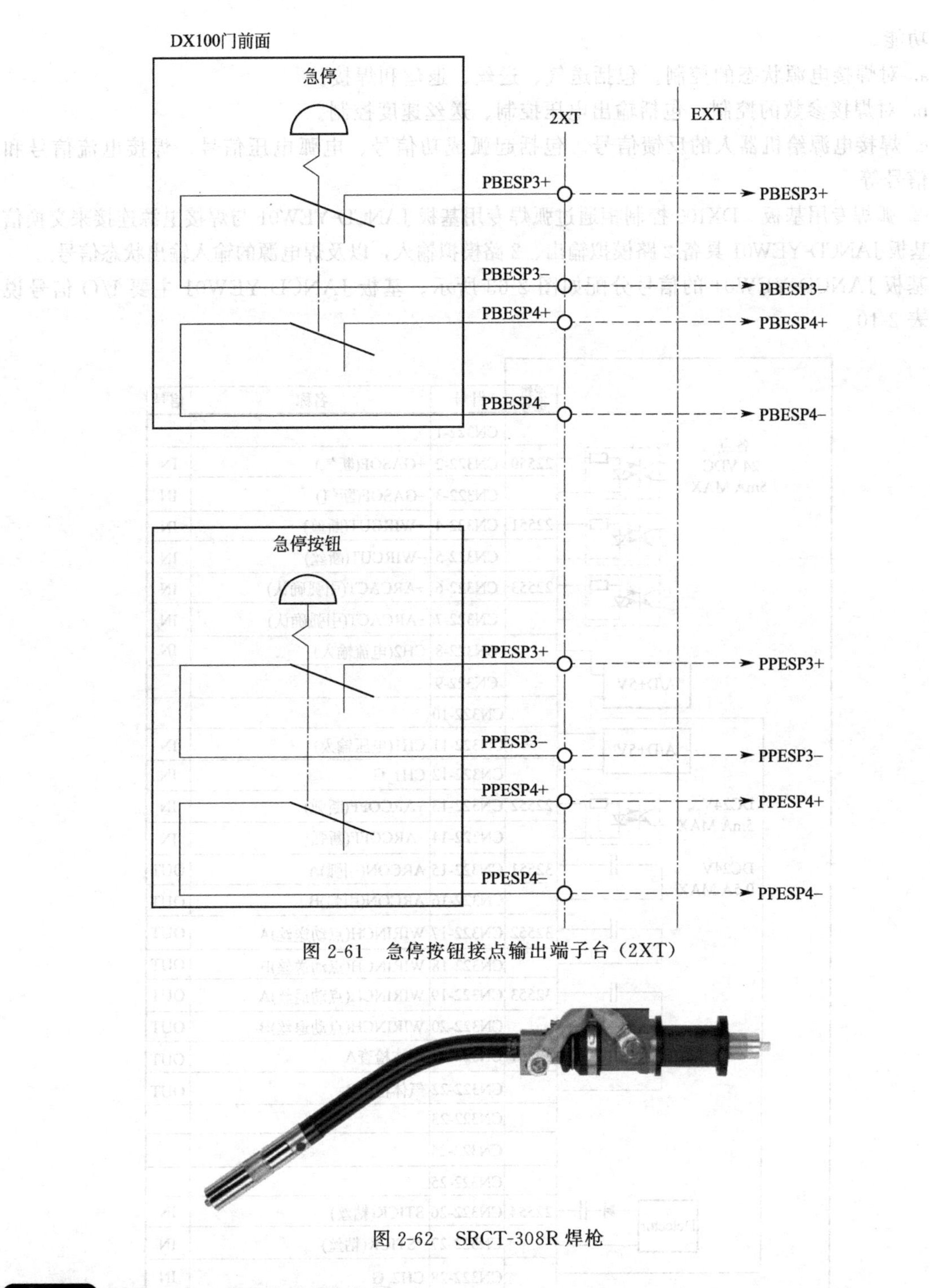

图 2-61　急停按钮接点输出端子台（2XT）

图 2-62　SRCT-308R 焊枪

表 2-9　SRCT-308R 型焊枪的技术参数

项　目	参　数	项　目	参　数
额定电流(CO_2)/A	350	适用焊丝直径/mm	0.8～1.2
额定电流(MAG)/A	300	冷却方式	空冷
使用率/%	60	电缆长度/m	0.8～5

(2) DX100 控制柜的接口

① DX100 控制柜与焊接电源的接口信号类型　机器人与焊接电源的接口信号一般要实现

三种功能。

a. 对焊接电源状态的控制。包括送气、送丝、退丝和焊接。

b. 对焊接参数的控制。包括输出电压控制、送丝速度控制。

c. 焊接电源给机器人的反馈信号。包括起弧成功信号、电弧电压信号、焊接电流信号和粘丝信号等。

② 弧焊专用基板　DX100 控制柜通过弧焊专用基板 JANCD-YEW01 与焊接电源连接来交换信息。基板 JANCD-YEW01 具备 2 路模拟输出、2 路模拟输入，以及焊电源的输入输出状态信号。

基板 JANCD-YEW01 的信号分配如图 2-63 所示。基板 JANCD-YEW01 主要 I/O 信号说明见表 2-10。

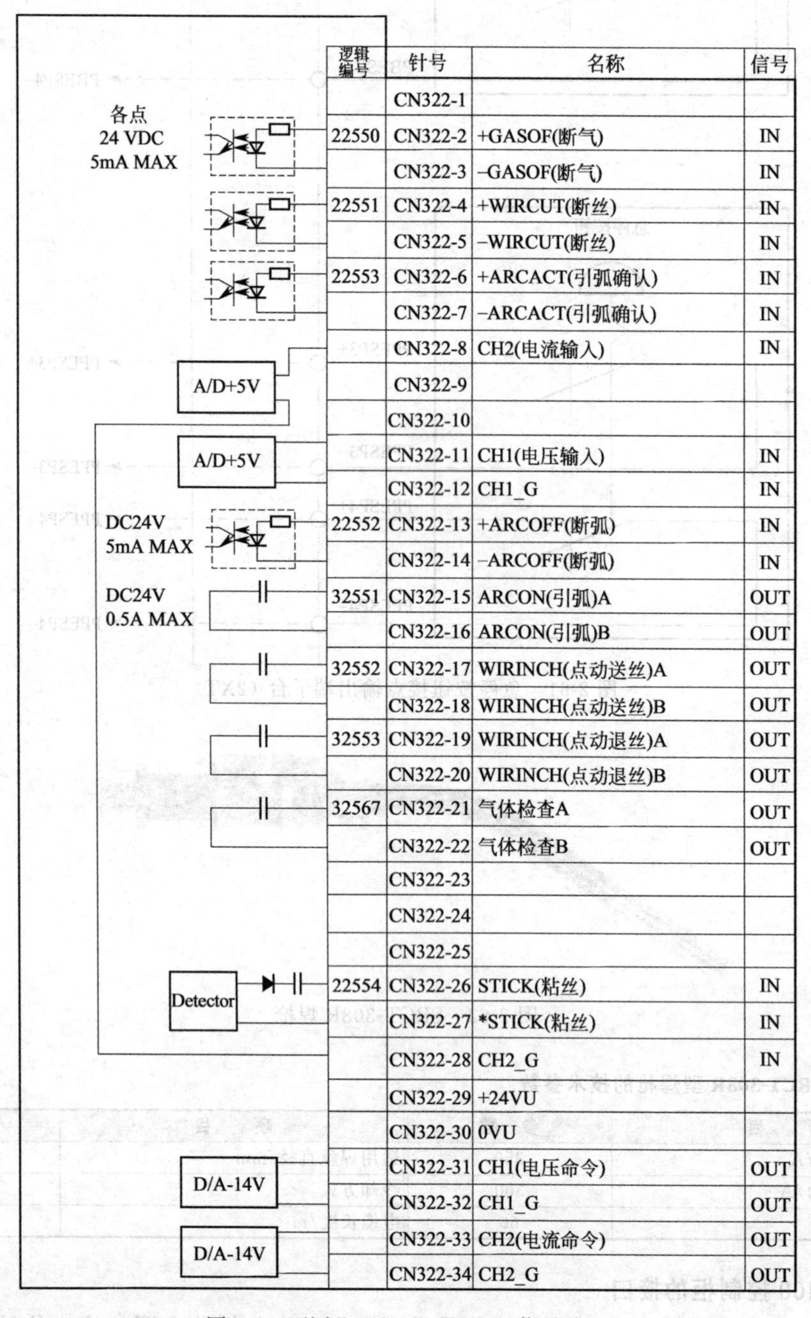

图 2-63 基板 JANCD-YEW01 信号分配

表 2-10　基板 JANCD-YEW01 主要 I/O 信号说明

针号	名称	信号含义	功　能	信号形态
31	CH1(电压命令)	焊接电压指令	给出焊接电压的自动数据的修正值(电压个别调节时为焊接电压指令)	0～14V 模拟量电压输出
32	CH1. G			
33	CH2(电流命令)	焊接电流指令	给出焊接电源输出电流(送丝量)的设定值	0～14V 模拟量电压输出
34	CH2. G			
15	ARCOM(引弧)A	焊接启动/停止指令	指令焊接的启动与停止	触点输出
16	ARCOM(引弧)B			闭:启动
17	WIRINCH(点动送丝)A	点动送丝指令	实现点动送丝	触点输出
18	WIRINCH(点动送丝)B			闭:有效
19	WIRINCH(点动退丝)A	点动退丝指令	实现点动退丝	触点输出
20	WIRINCH(点动退丝)B			闭:有效
21	气体检查 A	气体检查	对保护气电磁阀门进行开关(ON/OFF)操作	触点输出
22	气体检查 B			
11	CH1(电压输入)	焊接电压输入	焊接电压的反馈值,用于监视	0～5V 模拟量电压输入
12	CH1. G			
8	CH2(电流输入)	焊接电流输入	焊接电流反馈值,用于监视	0～5V 模拟量电压输入
28	CH2. G			
26	STICK(粘丝)	焊丝粘丝检测	焊丝粘着检测电压(约 15V)。发生粘丝时按照设定的条件,在粘丝的暂停中,自动进行粘丝的解除处理	焊接电源输出电压(模拟量值)
27	STICK(粘丝)			
2	+GASOF(断气)	气体压力不足检测	检测气体压力是否不足	触点输入
3	-GASOF(断气)			闭:有效
4	+WIRCUT	断丝检测	检测焊丝余额是否不足	触点输入
5	-WIRCUT			闭:有效
6	+ARCACT(引弧确认)	电弧发生检测	检测引弧是否成功	触点输入
7	-ARCACT(引弧确认)			闭:有效
13	+ARCOFF(断弧)	断弧检测	检测是否断弧或焊机是否异常	触点输入
14	-ARCOFF(断弧)			闭:有效

③ DX100 弧焊用途 I/O 信号定义与接线图　DX100 弧焊用途 I/O 信号定义与接线图见图 2-64～图 2-67。

(3) 弧焊焊接电源

弧焊焊接电源是为电弧焊提供电源的设备。超低飞溅全数字化机器人专用焊接电源 RD-350 如图 2-68 所示。

① RD350 弧焊电源额定规格　RD350 的额定规格见表 2-11。

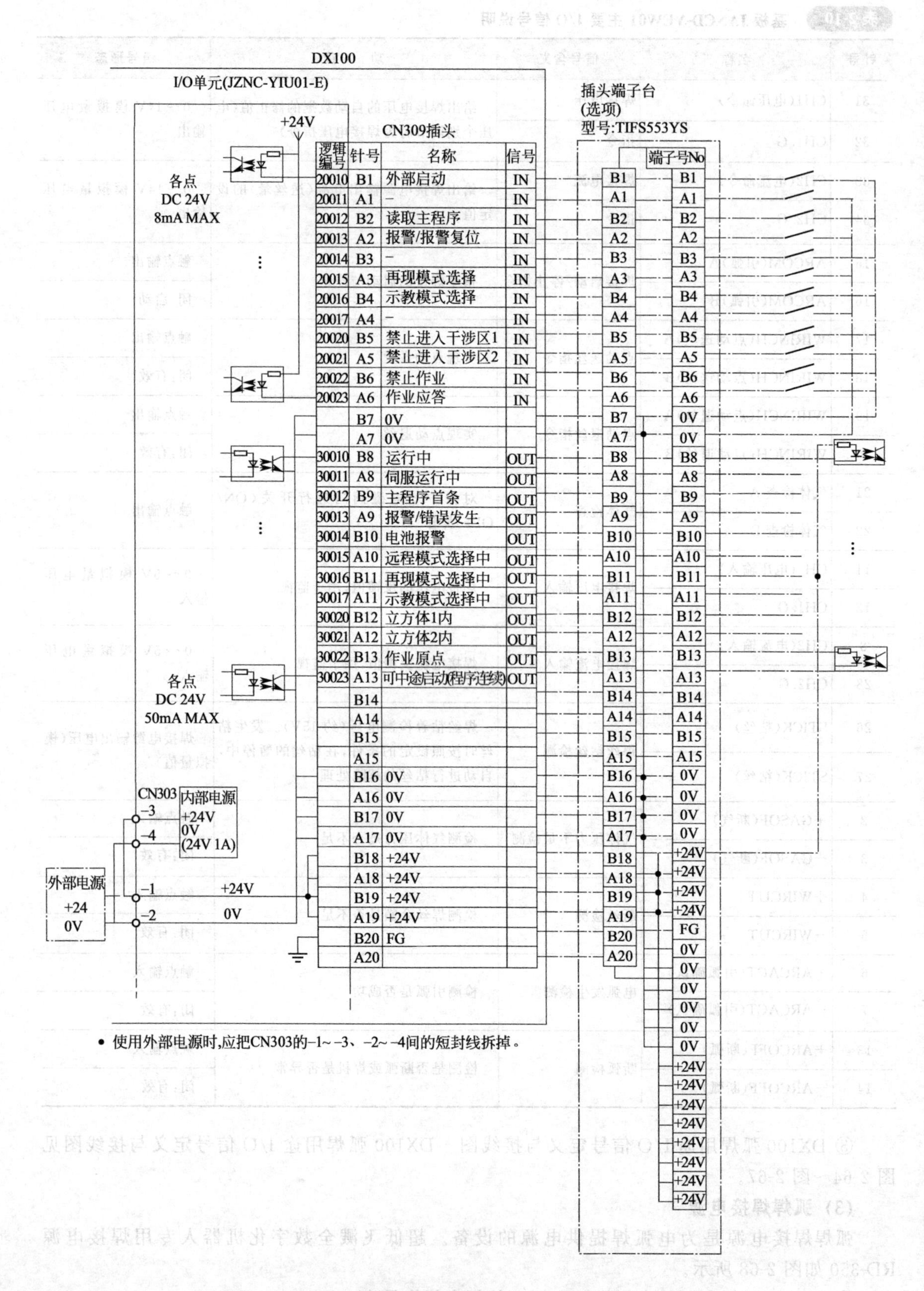

- 使用外部电源时,应把CN303的-1~-3、-2~-4间的短封线拆掉。

图 2-64 CN308 接口 DX100 弧焊用途 I/O 信号定义与接线图

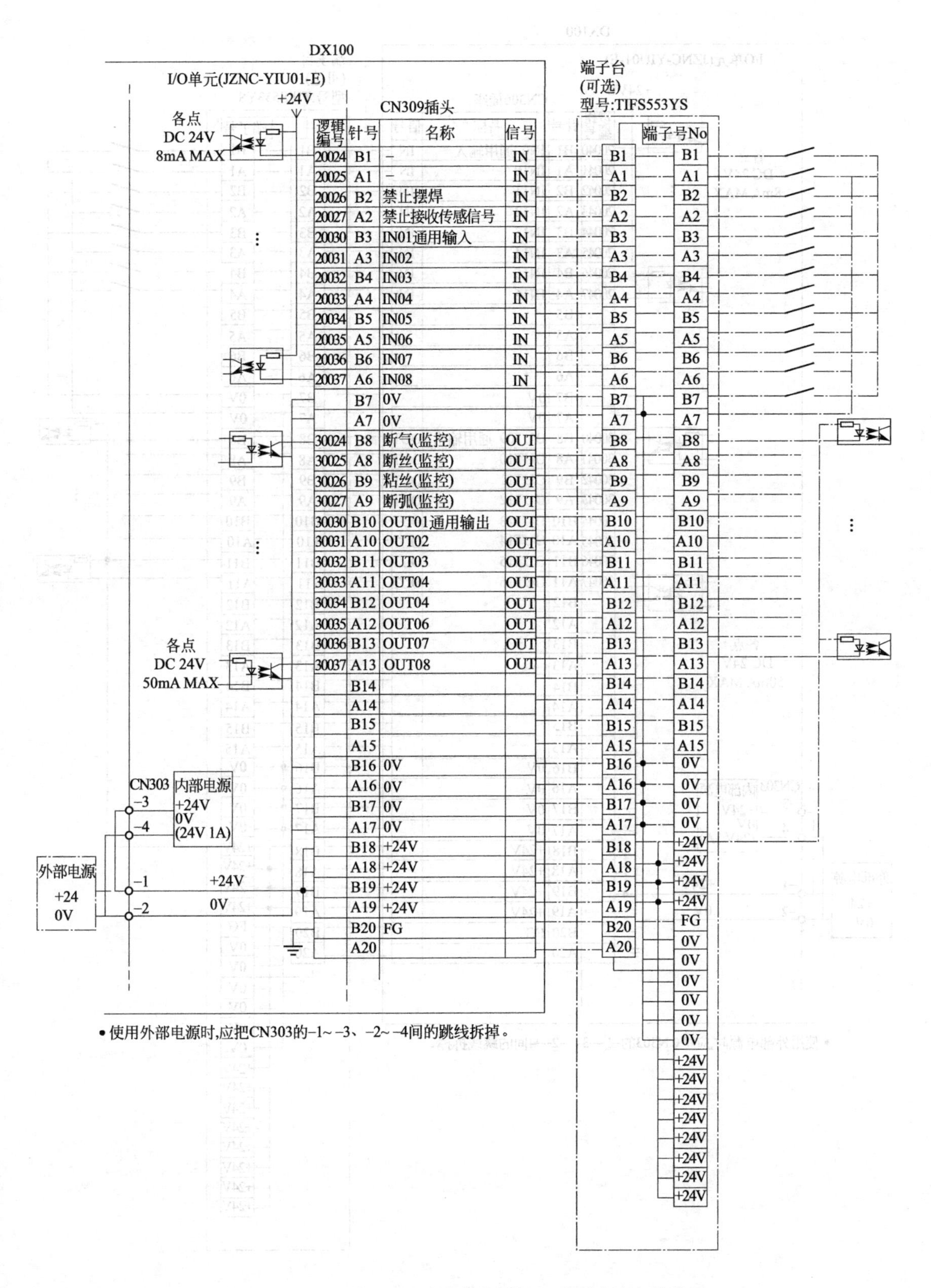

图 2-65　CN309 接口 DX100 弧焊用途 I/O 信号定义与接线图

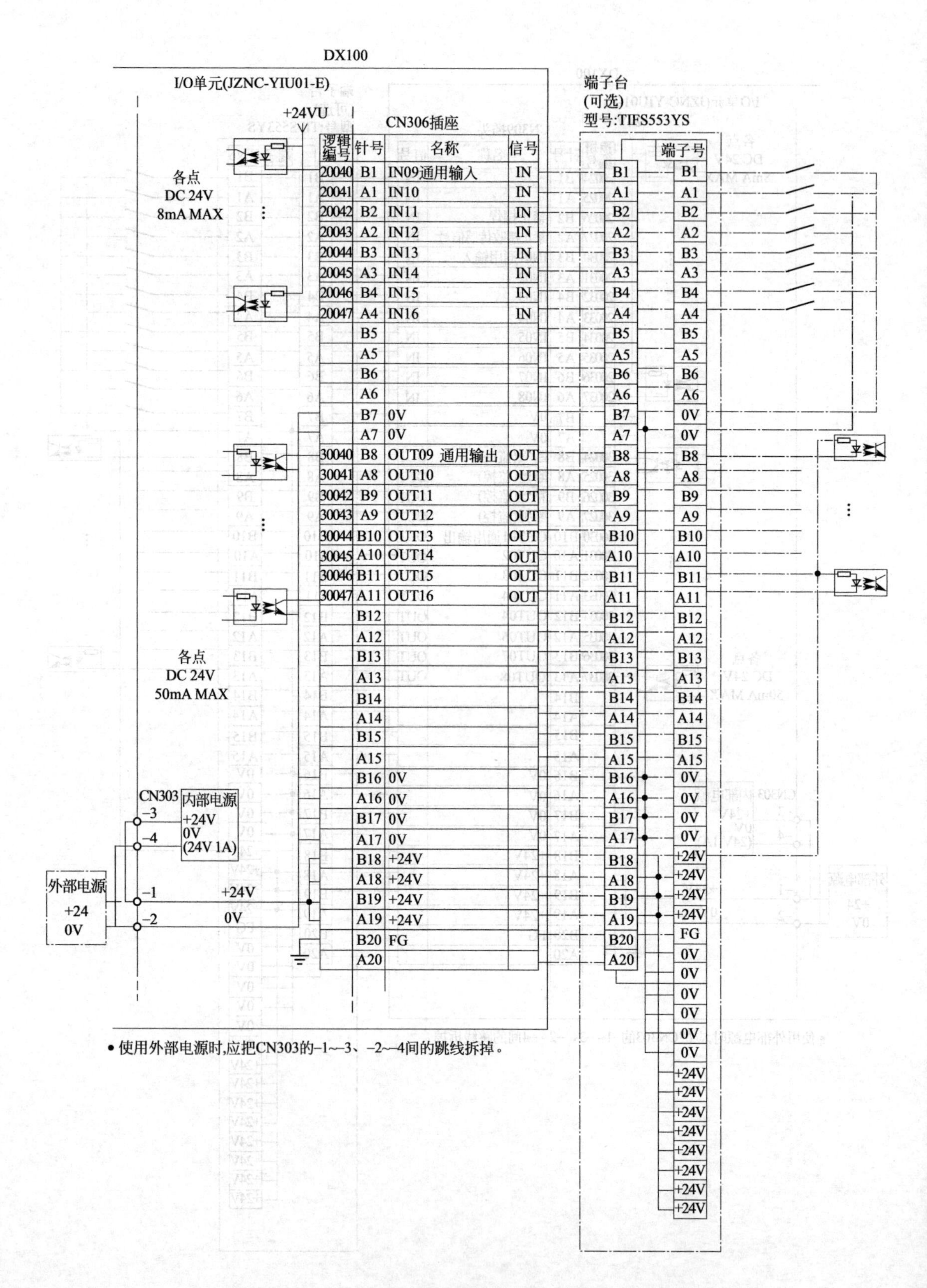

图 2-66　CN306 接口 DX100 弧焊用途 I/O 信号定义与接线图

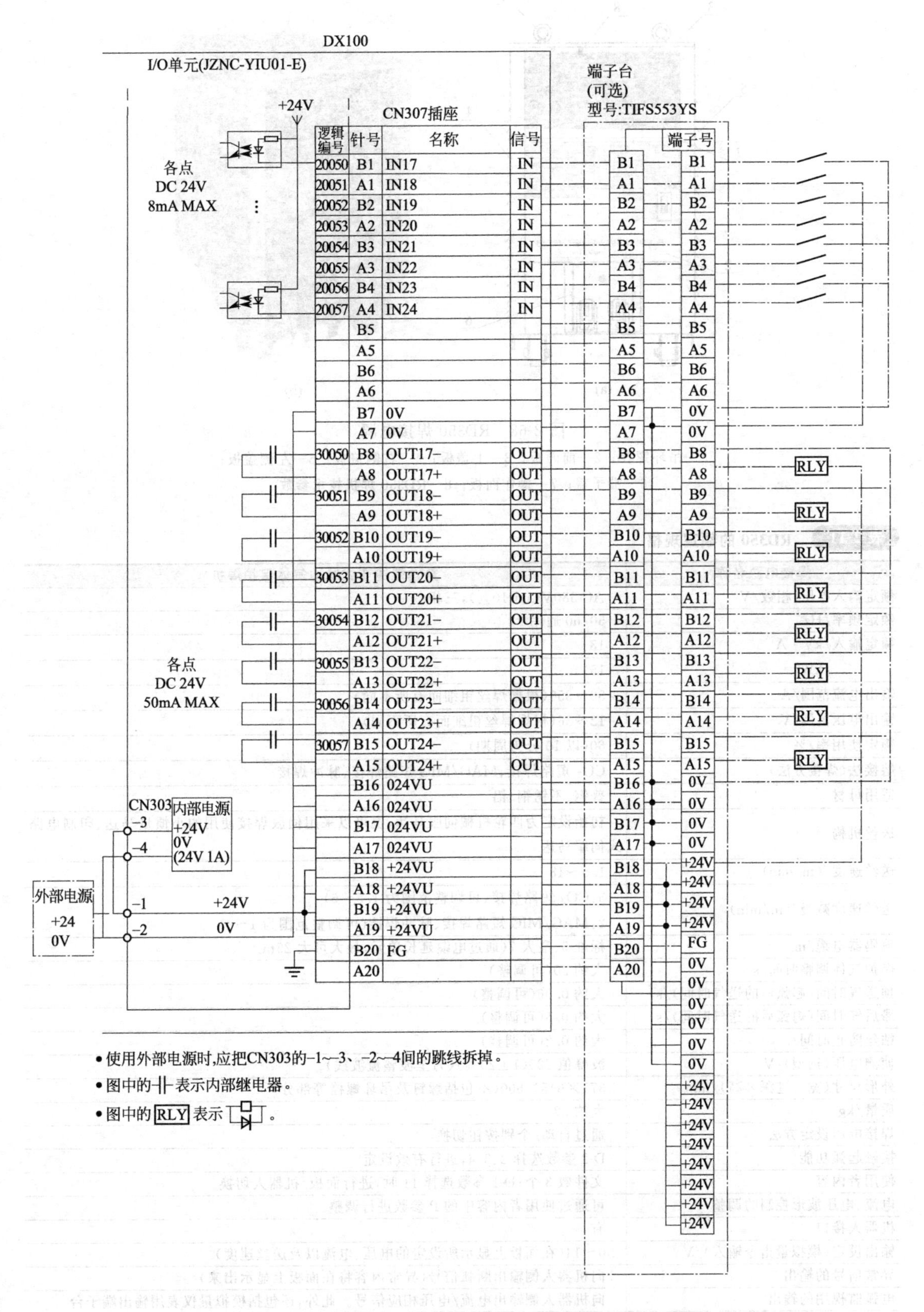

图 2-67　CN307 接口 DX100 弧焊用途 I/O 信号定义与接线图

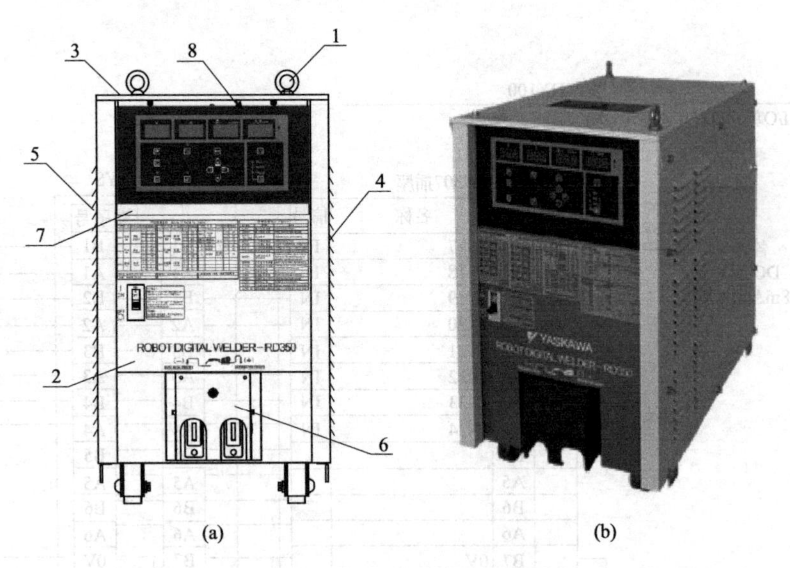

图 2-68　RD350 焊接电源

1—吊环螺栓；2—前面板；3—上盖板；4—右侧盖板；5—左侧盖板；6—端子盖；7—操作面板；8—RD350 焊机技术参数

表 2-11　RD350 的额定规格

焊接电源名称	全功能逆变式脉冲气体保护焊机
额定输入电压、相数/V	AC 380V(1±10%)，三相
额定频率/Hz	50/60 通用
额定输入/kV·A	18
/kW	15
输出电流范围/A	30～350(根据焊丝粗细而有所不同)
输出电压范围/V	12～36(根据焊丝粗细而有所不同)
额定使用率/%	60(以 10 分为周期)
熔接法(焊接方法)	CO_2 短路焊接、MAG/MIG 短路焊接、脉冲焊接
适用母材	普钢、不锈钢、铝
送丝机构	初始设定为四轮机械伺服马达，也可以采用伺服焊接使用的小惯量马达、印制电路式伺服马达
送丝速度/(m/min)	1.5～18
送丝速度减慢/(m/min)	3：CO_2 短路焊接(可调整范围为 1.5～6) 2：MAG/MIG 短路焊接、脉冲焊接(可调整范围为 1～4)
编码器电缆/m	标准 5、最大 7(通过电缆延长单元，最大可大 25m)
保护气体调整时间/s	大约 20(可调整)
预送气时间(起弧前的送气时间)/s	大约 0.06(可调整)
滞后气时间(熄弧后的送气时间)/s	大约 0.5(可调整)
粘丝防止时间/s	大约 0.2(可调整)
侦测电压(选型)/V	波峰值 220(1±20%)(为全波整流波线)
外形尺寸(宽×进深×高)/mm	371×645×600(不包括螺钉及吊环螺栓等部分)
质量/kg	大约 67
焊接电压设定方法	通过自动/个别按钮切换
接触起弧功能	D-2 参数选择 2、3、4，进行有效设定
使用者内容	文件数 3 个；D-1 参数选择 11 时，进行面板/机器人切换
电流、电压波形控制的调整	可通过使用者内容中的 P 参数进行调整
机器人接口	有
输出设定(模拟量指令输入)/V	0～14(在面板上显示所设定的电压、电流以及送丝速度)
异常信号的输出	向机器人侧输出断弧信号(异常内容将在面板上显示出来)
电弧监视用的输出	向机器人侧输出电流/电压相应信号。此外，还包括模拟量仪表用输出端子台
保护气压力调整器用加热电源	无

② RD350 弧焊电源容量配备及接线规格　焊接电源的额定输入电压为三相 380V/400V，应尽可能使用稳定的电源电压，电压波动范围在额定输入电压值±10% 以上时，将不能满足所要求的焊接条件，还会导致焊接电源出现故障。

为了安全起见，每个焊接电源均需安装无保险管的断路器或带保险管的开关；母材侧电源电缆必须使用焊接专用电缆，并避免电缆盘卷，否则因线圈的电感储积电磁能量，二次侧切断时会产生巨大的电压突波，从而导致电源出现故障。

电源容量配备及接线规格见表 2-12。

表 2-12　电源容量配备及接线规格

配电设备容量/kV·A	20	母材侧电缆/mm²	60 以上
保险管额定电流/A	45(额定电压 380V)	接地电流/mm²	14 以上
输入侧电缆/mm²	14 以上		

③ RD350 弧焊电源电气系统接线

a. 电源侧接线。电源侧接线如图 2-69 所示。电源线及接地线连接在焊接电源背面的输入

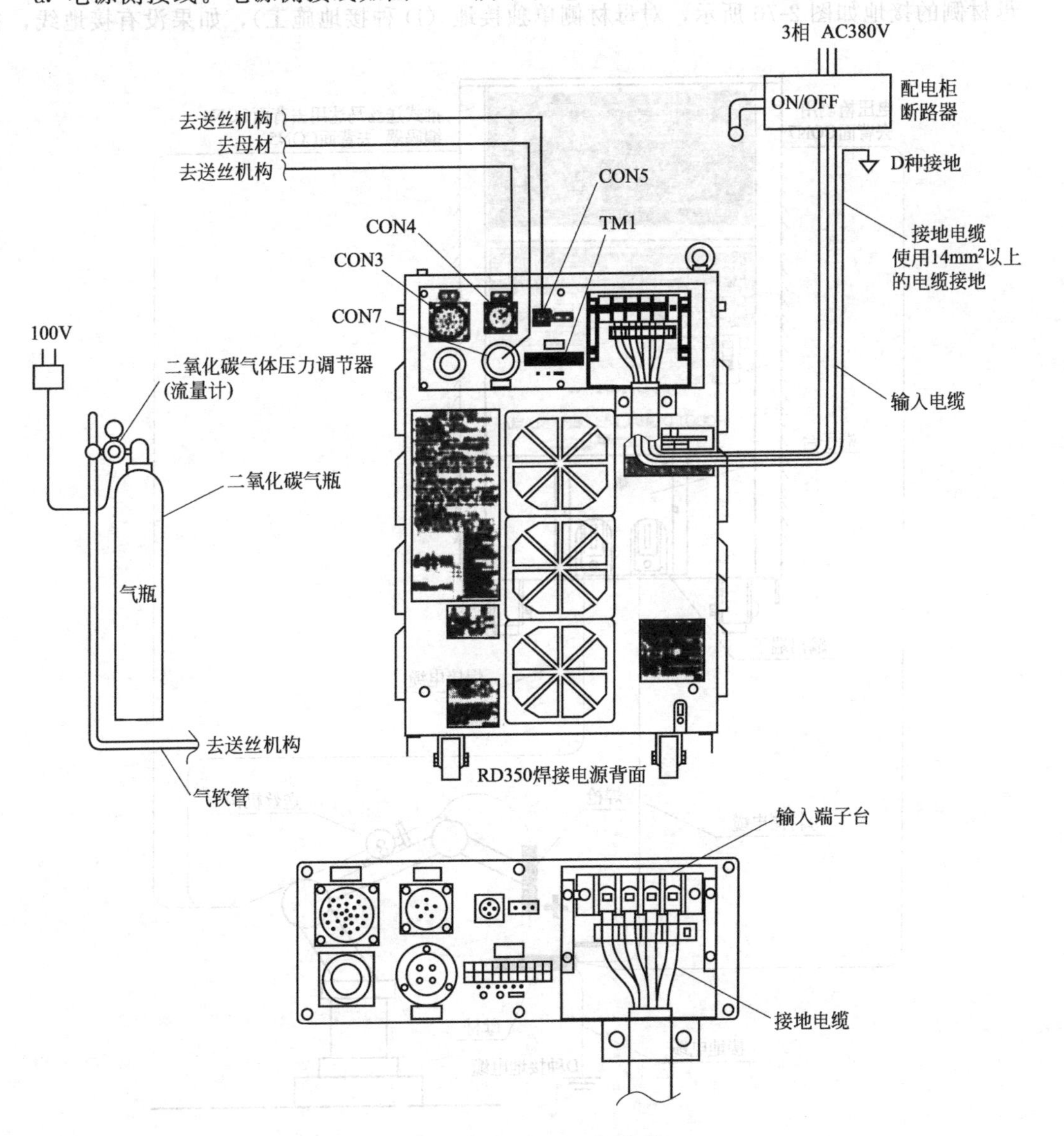

图 2-69　焊接电源背面接线

端子台上，线缆规格要符合表 2-12 的规定。

b. 焊接侧接线。焊接侧接线如图 2-70 所示。

- 焊接电缆。焊枪与电源输出端子（+）之间接线。
- 母材侧电缆。母材与输出电源（−）之间接线。
- 焊接电压检出线。母材与插口 CON7 之间接线。

如果不连接焊接电压检出线，将会出现错误提示 Err702（电压检出线异常），致使无法焊接。

c. 控制电缆接线。各种控制电缆与焊接电源背面的插口相连接，如图 2-69 所示。

- 将机器人控制柜的控制电缆与插口 CON3 相连接。
- 将送丝机构的马达电缆与插口 CON4 相连接。
- 将送丝机构的编码器电缆与插口 CON5 相连接。

d. 接地。为了安全使用，在焊接电源背面下部设计了接地端子，使用 $14mm^2$ 以上的电缆按 D 种接地施工接线。

母材侧的接地如图 2-70 所示，对母材侧单独接地（D 种接地施工），如果没有接地线，在

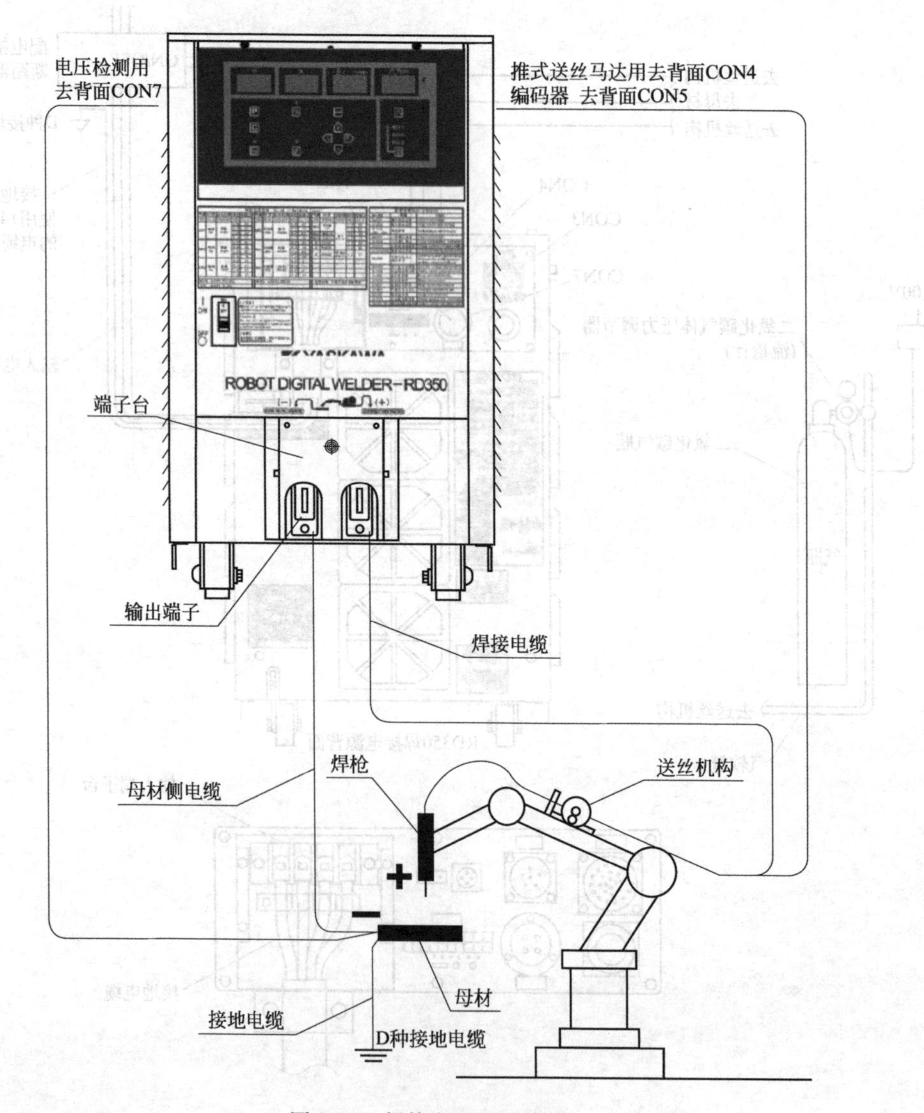

图 2-70 焊接电源正面接线

母材中会产生电压，从而引起危险。

④ 焊接电压检出线的接线

a. 单台焊接电源单工位焊接。在进行焊接电压检出线的接线作业时，务必严格遵守以下各项内容。否则，焊接时飞溅量可能会增加。

- 焊接电压检出线应连接到尽可能靠近焊接处。
- 尽可能将焊接电压检出线与焊接输出电缆分开，间隔至少保持在 100mm 以上。
- 焊接电压检出线的接线需避开焊接电流通路。

b. 单台焊接电源多工位焊接。采用多工位焊接时，如图 2-71 所示，将焊接电压检出线连接到距离焊接电源最远的工位。

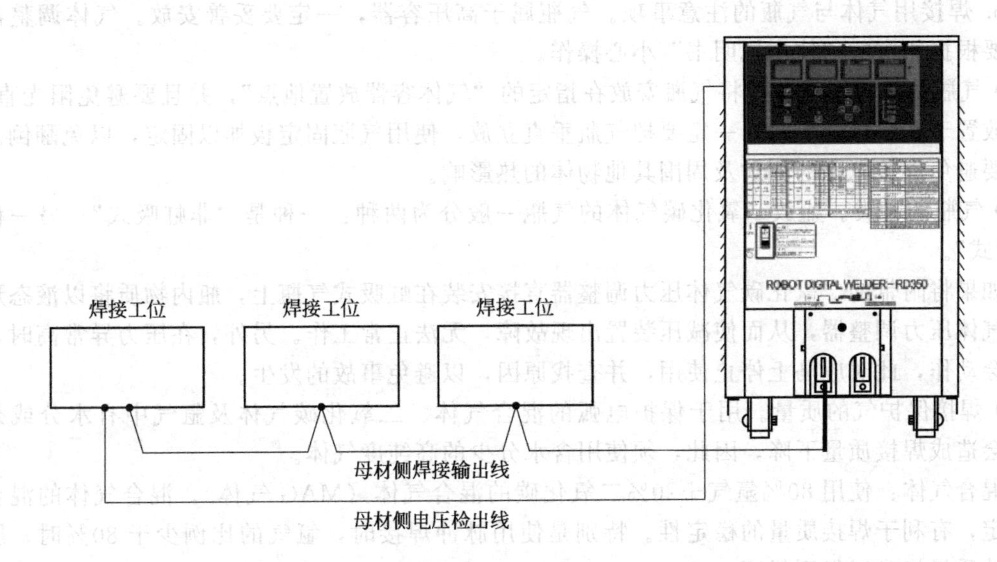

图 2-71　多工位焊接时焊接电压检出线的连接

c. 多台焊接电源单工位焊接。使用多台焊接电源进行焊接时（见图 2-72），将各自母材侧焊接输出电缆配至焊接工件附近；母材侧电压检出线须避开焊接电流通路进行接线，尤其是焊

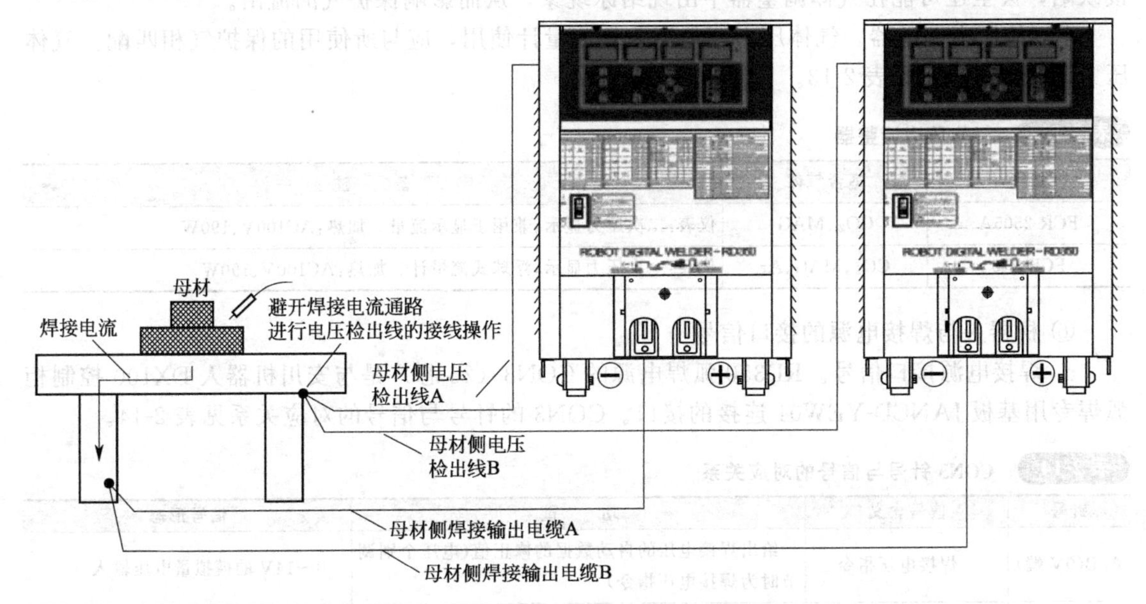

图 2-72　多台焊接电源焊接时焊接电压检出线的连接

接输出电缆 A⇔电压检出线 B、焊接输出电缆 B⇔电压检出线 A，至少保持 100mm 以上的距离。

⑤ 焊接保护气系统的连接

a. 混合气及二氧化碳气体保护焊。

• 确认气体的质量及所使用的气瓶的种类无误。清除气瓶安装口的杂物，安装上二氧化碳气体、混合气体（MAG 气体）及氩气兼用的压力调整器。

• 将送丝机构附带的气体软管与压力调整器的出口相连接，使用管夹以确保气管切实连接。

• 使用二氧化碳气体保护焊时，压力调整器加热所需要的电源为 AC 100V。

b. 焊接用气体与气瓶的注意事项。气瓶属于高压容器，一定要妥善安放。气体调整器的安装要根据相应的“使用说明书”小心操作。

• 气瓶的放置场所。要将气瓶安放在指定的“气体容器放置地点”，并且要避免阳光直射。必须放置于在焊接现场时，一定要把气瓶垂直立放，使用气瓶固定板加以固定，以免翻倒。同时，要避免焊接电弧的辐射及周围其他物体的热影响。

• 气瓶的种类。盛放二氧化碳气体的气瓶一般分为两种：一种是“非虹吸式”；另一种是“虹吸式”。

如果将附带的二氧化碳气体压力调整器直接安装在虹吸式气瓶上，瓶内物质将以液态形式进入气体压力调整器，从而使减压装置出现故障，无法正常工作。另外，在压力异常高时，安全阀会动作，此时应马上停止使用，并查找原因，以避免事故的发生。

• 焊接保护气的质量。用于保护电弧的混合气体、二氧化碳气体及氩气中有水分或杂质时，会造成焊接质量下降，因此，须使用含水分少的高纯度气体。

混合气体：使用 80%氩气+20%二氧化碳的混合气体（MAG 气体）。混合气体的混合比例恒定，有利于焊接质量的稳定性。特别是使用脉冲焊接时，氩气的比例少于 80%时，脉冲焊接的质量将难以得到保证。

二氧化碳气体：使用“焊接专用”二氧化碳气体或与 JIS-K1106 第 3 种（水分含有率在 0.005%以下或更少）同等以上的二氧化碳气体。如果二氧化碳气体中水分过多，则会导致焊接缺陷，甚至还可能在气体调整器中出现结冰现象，从而影响保护气的流出。

• 气体压力调整器。气体压力调整器兼作流量计使用，应与所使用的保护气相匹配。气体压力调整器的示例见表 2-13。

表 2-13　气体压力调整器

规格	适合气体	备　注
FCR-2505A	CO_2、MAG	仪表：二次压力显示、兼用于显示流量。加热：AC100V、190W
FCR-225	CO_2、MAG、Ar	仪表：一次压力显示，浮球式流量计。加热：AC100V、190W

⑥ 机器人与焊接电源的接口信号

a. 焊接电源接口信号。RD350 弧焊电源的 CON3（26 芯）是与安川机器人 DX100 控制柜弧焊专用基板 JANCD-YEW01 连接的接口。CON3 的针号与信号的对应关系见表 2-14。

表 2-14　CON3 针号与信号的对应关系

针号	信号含义	功　能	信号形态
A. B(0V 端)	焊接电压指令	给出焊接电压的自动数据的修正值(电压个别调节时为焊接电压指令)	0～14V 的模拟量电压输入
C. D(0V 端)	焊接电流指令	给出焊接电源输出电流(送丝量)的设定值	0～14V 的模拟量电压输入

续表

针号	信号含义	功　能	信号形态
F-G	点动送丝指令	实现点动送丝	触点输入(闭:有效)
H-J	点动退丝指令	实现点动退丝	触点输入(闭:有效)
K-L	焊接启动/停止指令	指令焊接的启动与停止	触点输入(闭:启动)
M-N	焊丝粘丝检测线	送出焊接电源的输出端子电压。焊丝粘着检测电压约 15V	焊接电源输出电压(模拟量值)
P-E(COM)	电弧发生检测	焊接启动预送气(提前送气)后,持续 16ms 检查电流并输出信号。之后,如果连续 48ms 以上没检查到电流应停止输出,如此反复。焊丝粘着防止电压结束的同时停止输出	触点输出(闭:有效)
R-E(COM)	断弧检测	①焊接启动预送气(提前送气)后,超过 1.5s 没有检查到电弧发生时输出信号 ②1.5s 以内检查到电弧发生后,0.6s 以上检查到没有连续的电弧发生时,输出信号 ③检查到后①和②信号保持到启动命令解除(检测后的信号保持到启动命令解除) ④焊接机异常(输出错误提示)时,也会输出“断弧”信号	触点输出(闭:有效)
S-E(COM)	气体压力不足检测	当保护气体压力不足时,继电器输出一个信号	触点输出(闭:有效)
T-E(COM)	断丝检测	当焊丝余额不足时,继电器输出一个信号	触点输出(闭:有效)
W-X	输出电流/监视输出	送出输出电流的监视信号 3.0V/600A	模拟量电压(输出)
U. V	输出电压监视输出	送出输出电压的监视信号 3V/60V(66V 以上时 66V)	模拟量电压(输出)
a-Z	气体检查	对保护气电磁阀门进行开关(ON/OFF)操作	+24(1±10%)V 电流容量 50mA 以上(输入)

b. 机器人与焊接电源接口电路。机器人与焊接电源接口电路如图 2-73 所示。

2.3.4 测试

(1) 全速测试

示教模式时的测试运行，解除低速极限。输入短路时，测试运行速度是示教时的 100%，如图 2-74 所示。输入打开时，低速模式选择（SSP）输入信号的状态下，选择第 1 低速（16%）或者选择第 2 低速（2%）。

(2) 低速模式选择

在这个输入状态下，是 FST（全速测试）打开时的测试运行速度，如图 2-75 所示。打开时为第 2 低速度（2%）；短接时为第 1 低速度（16%）。

(3) 外部伺服 ON

连接外部操作机器等的伺服 ON 开关时使用，如图 2-76 所示。通信后，伺服电源打开。

(4) 外部暂停

连接外部操作机器等暂停开关时使用，如图 2-77 所示。通信后，停止程序的执行。通信中，不能进行开始及轴操作。

2.3.5 参数设置

不用型的工业机器人，其参数设置是有差异的，现以 ABB 工业机器人为例进行介绍。

(1) 标准 I/O 板配置

ABB 标准 I/O 板下挂在 DeviceNet 总线上面，弧焊常用型号有 DSOC651（8 个数字输入，

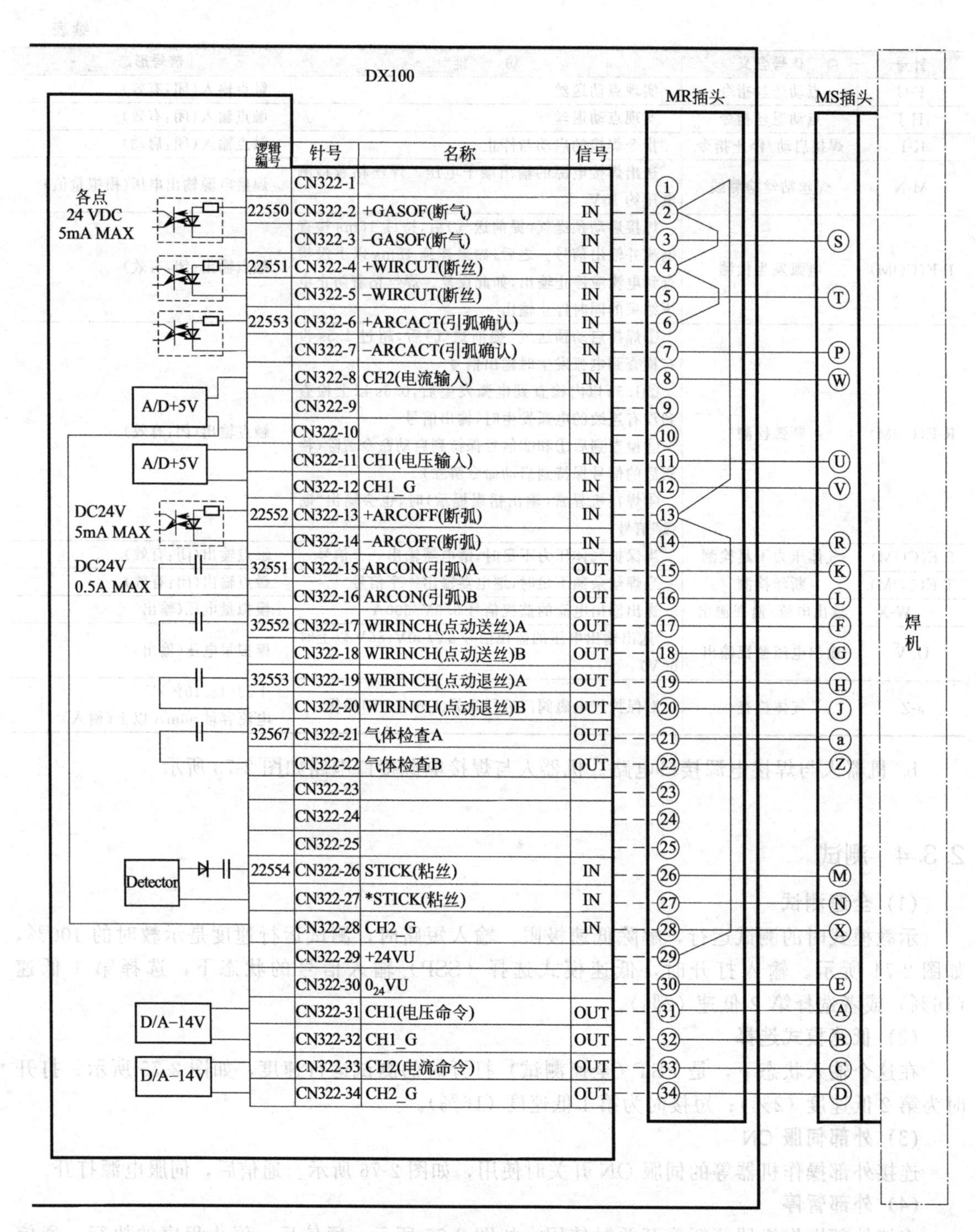

图 2-73 机器人与焊接电源接口电路

8 个数字输出，2 个模拟输出）和 DSQC652（16 个数字输入，16 个数字输出）。在系统中配置标准 I/O 板，至少需要设置四项参数，见表 2-15。

表 2-15 标准 I/O 板配置

参数名称	参数注释	参数名称	参数注释
Name	I/O 单元名称	Connected to Bus	I/O 单元所在总线
Type of Unit	I/O 单元类型	DeviceNet Address	I/O 单元所占用总线地址

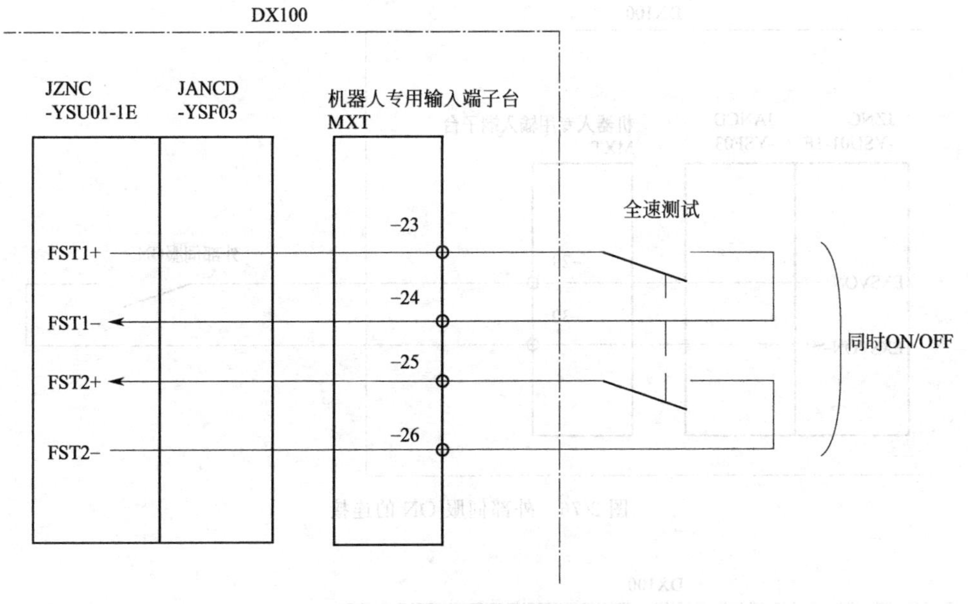

图 2-74　全速测试的连接

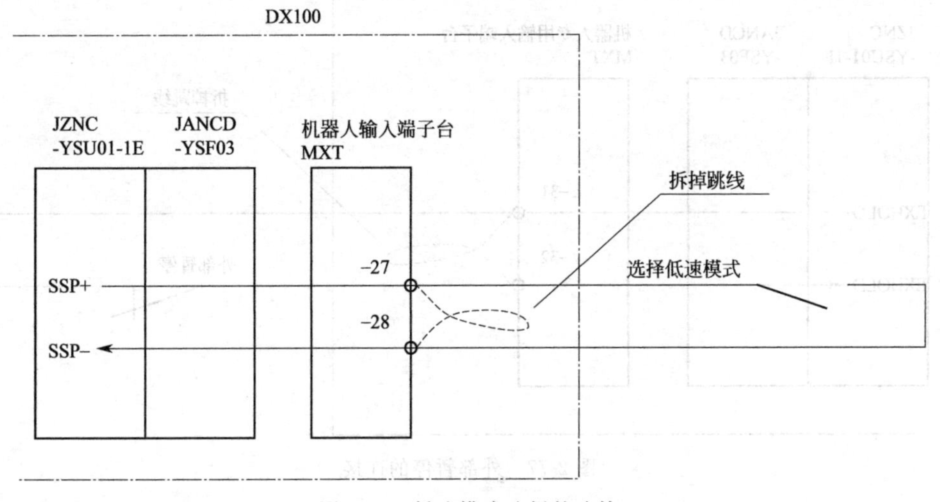

图 2-75　低速模式选择的连接

(2) 数字常用 I/O 配置

在 I/O 单元上面创建一个数字 I/O 信号，至少需要设置四项参数，见表 2-16。

表 2-16　数字常用 I/O 配置

参数名称	参数注释	参数名称	参数注释
Name	I/O 信号名称	Assigned to Unit	I/O 信号所在 I/O 单元
Type of Signal	I/O 信号类型	Unit Mapping	I/O 信号所占用单元地址

(3) 系统 I/O 配置

系统输入：可以将数字输入信号与机器人系统的控制信号关联起来，通过输入信号对系统进行控制。例如电动机上电、程序启动等。

系统输出：机器人系统的状态信号也可以与数字输出信号关联起来，将系统的状态输出给外围设备作控制之用。例如系统运行模式、程序执行错误等。

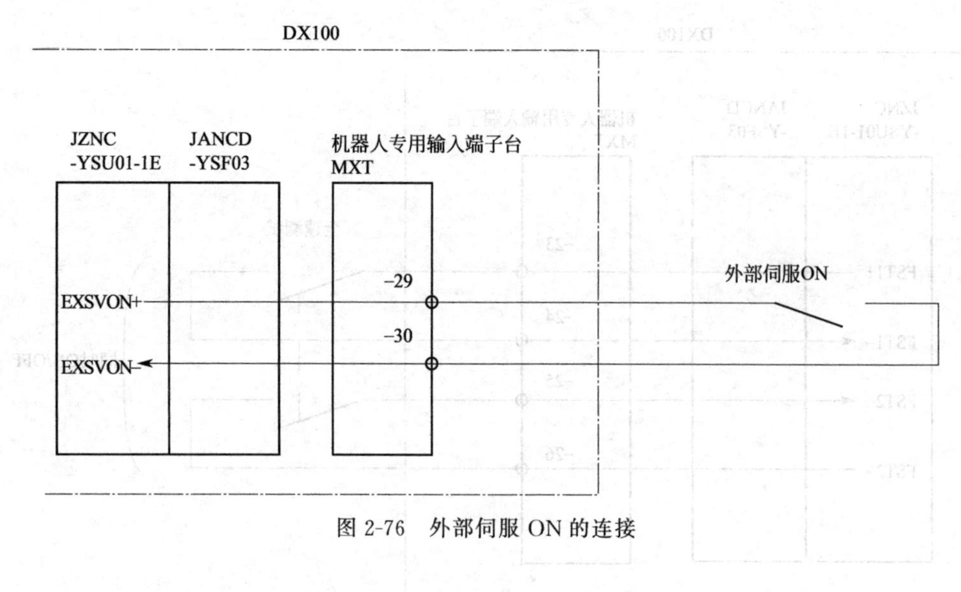

图 2-76　外部伺服 ON 的连接

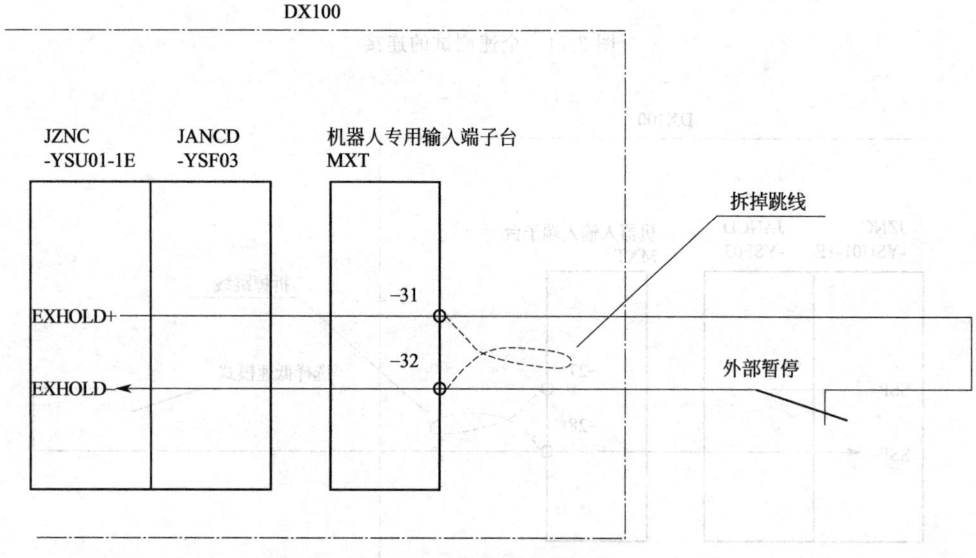

图 2-77　外部暂停的连接

(4) 虚拟 I/O 板及 I/O 配置

ABB 虚拟 I/O 板是下挂在虚拟总线 Virtuall 下面的，每一块虚拟 I/O 板可以配置 512 个数字输入和 512 个数字输出，输入和输出分别占用地址是 0～511。虚拟 I/O 如同 PLC 的中间继电器一样，起到信号之间的关联和过渡作用。在系统中配置虚拟 I/O 板，需要设定四项参数，见表 2-17。配置好虚拟 I/O 板后，配置的 I/O 信号和标准 I/O 配置相同。

表 2-17　虚拟 I/O 板的配置

参数名称	参数注释	参数名称	参数注释
Name	I/O 单元名称	Connected to Bus	I/O 单元所在总线
Type of Unit	I/O 单元类型	DeviceNet Address	I/O 单元所占用总线地址

(5) Cross Connection 配置

Cross Connection 是 ABB 机器人用于 I/O 信号“与，或，非”逻辑控制的功能。图 2-78

是“与”关系示例，只有当 di1、do2、do10 三个 I/O 信号都为 1 时才输出 do26。

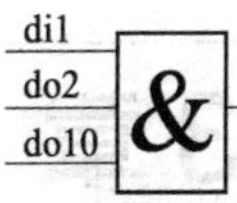

图 2-78 “与”关系示例

Cross Connection 有以下三个条件限制。

① 一次最多只能生成 100 个。

② 条件部分一次最多只能有 5 个。

③ 深度最多只能为 20 层。

(6) I/O 信号和 ABB 弧焊软件的关联

可以将定义好的 I/O 信号与弧焊软件的相关端口进行关联，关联后弧焊系统会自动地处理关联好的信号。在进行弧焊程序编写与调试时，就可以通过弧焊专用的 RAPID 指令简单高效地对机器人进行弧焊连续工艺的控制。一般来说，需要关联的信号如表 2-18 所示。

表 2-18　I/O 信号和 ABB 弧焊软件的关联

I/O Name	Parameters Type	Parameters Name	I/O 信号注解
ao01Weld_REF	Arc Equipment Analogue Output	Volt Reference	焊接电压控制模拟信号
ao02Feed_REF	Arc Equipment Analogue Output	Current Reference	焊接电流控制模拟信号
do01WeldOn	Arc Equipment Digital Output	Weld On	焊接启动数字信号
do02GasOn	Arc Equipment Digital Output	Gas On	打开保护气数字信号
do03FeedOn	Arc Equipment Digital Output	Feed On	送丝信号
di01ArcEst	Arc Equipment Digital Int put	Arc Est	起弧检测信号
di02GasOK	Arc Equipment Digital Intput	Wirefeed Ok	送丝检测信号
di03FeedOK	Arc Equipment Digital Intput	Gas Ok	保护气检测信号

(7) 弧焊常用程序数据

在弧焊的连续工艺过程中，需要根据材质或焊缝的特性来调整焊接电压或电流的大小，或焊枪是否需要摆动、摆动的形式和幅度大小等参数。在弧焊机器人系统中，用程序数据来控制这些变化的因素。需要设定以下三个参数。

① Weld Data：焊接参数　焊接参数（Weld Data）用来控制在焊接过程中机器人的焊接速度，以及焊机输出的电压和电流的大小。需要设定的参数如表 2-19 所示。

② Seam Data：起弧收弧参数　起弧收弧参数（Seam Data）是控制焊接开始前和结束后的吹保护气的时间长度，以保证焊接时的稳定性和焊缝的完整性。需要设定的参数如表 2-20 所示。

表 2-19　焊接参数

参数名称	参数注释
Weld Speed	焊接速度
Voltage	焊接电压
Current	焊接电流

表 2-20　起弧收弧参数

参数名称	参数注释
Purge_time	清枪吹气时间
Preflow_time	预吹气时间
Postflow_time	尾气吹气时间

③ Weave Data：摆弧参数　摆弧参数（Weave Data）是控制机器人在焊接过程中焊枪的摆动，通常在焊缝的宽度超过焊丝直径较多的时候通过焊枪的摆动去填充焊缝。该参数属于可选项，如果焊缝宽度较小，在机器人线性焊接可以满足的情况下，可不选用该参数。需要设定的参数如表 2-21 所示。

表 2-21　摆弧参数

参数名称	参数注释	参数名称	参数注释
Weave_Shape	摆动的形状	Weave_width	摆动的宽度
Weave_type	摆动的模式	Weave_height	摆动的高度
Weave_length	一个周期前进的距离		

第3章

工业机器人点焊工作站的集成

工业机器人点焊工作站根据焊接对象性质及焊接工艺要求，利用点焊机器人完成点焊过程。工业机器人点焊工作站除了点焊机器人外，还包括电阻焊控制系统、焊钳等各种焊接附属装置。

汽车工业是点焊机器人系统一个典型的应用领域，如图 3-1 所示。在装配每台汽车车体时，大约60%的焊点是由机器人完成的。最初，点焊机器人只用于增强焊作业，后来为了保证拼接精度，又让机器人完成定位焊作业。这样，点焊机器人逐渐被要求有更全的作业性能，具体来说有：

① 安装面积小，工作空间大；

② 快速完成小节距的多点定位（例如每 0.3～0.4s 移动 30～50mm 节距后定位）；

③ 定位精度高（±0.25mm），以确保焊接质量；

④ 持重大（50～100kg），以便携带内装变压器的焊钳；

⑤ 内存容量大，示教简单，节省工时；

⑥ 点焊速度与生产线速度相匹配，同时安全可靠性好。

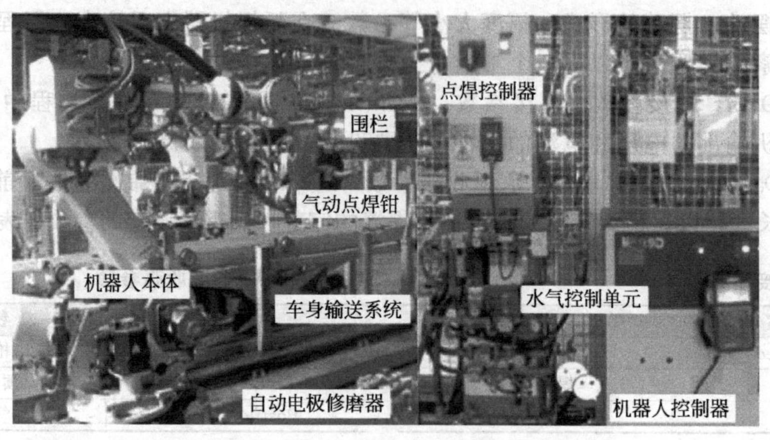

图 3-1　点焊机器人工作站在汽车行业中的应用

3.1　认识工业机器人点焊工作站

3.1.1　工业机器人点焊工作站的组成

工业机器人点焊工作站由机器人系统、伺服机器人焊钳、冷却水系统、电阻焊接控制装置、焊接工作台等组成，采用双面单点焊方式。整体布置如图 3-2 所示，点焊系统如图 3-3 所示。点焊机器人工作站图中各部分说明见表 3-1，图 3-3 中列出了点焊机器人工作站的完整配置，各部分的功能见表 3-2。

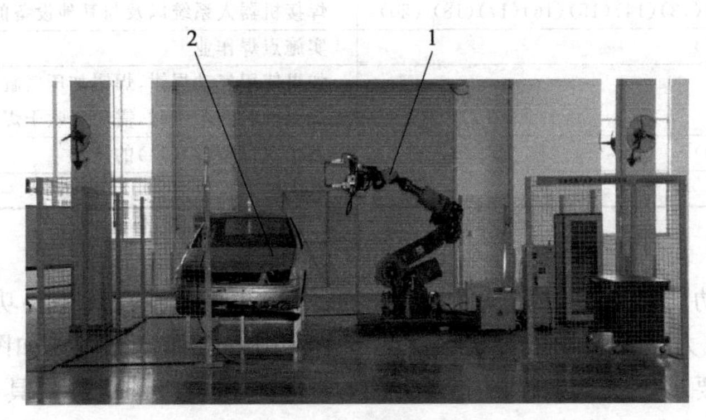

图 3-2　整体布置图
1—点焊机器人；2—工件

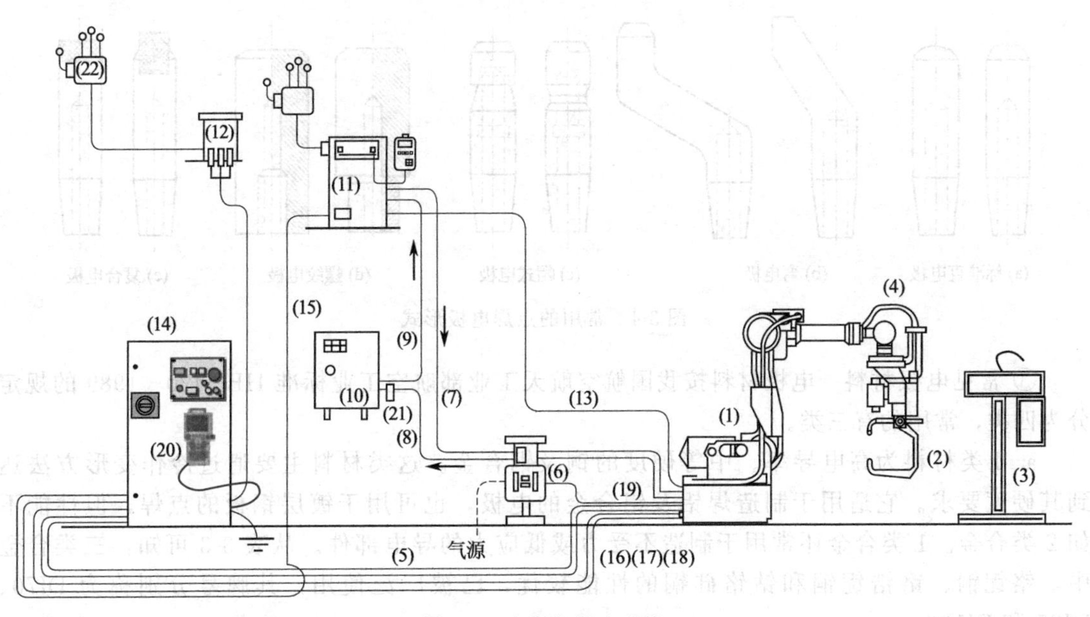

图 3-3　点焊机器人系统

表 3-1　点焊机器人系统图中各部分说明

设备代号	设备名称	设备代号	设备名称
(1)	机器人本体(ES165D)	(12)	机器人变压器
(2)	伺服焊钳	(13)	焊钳供电电缆
(3)	电极修磨机	(14)	机器人控制柜 DX100
(4)	手首部集合电缆(GISO)	(15)	点焊指令电缆(I/F)
(5)	焊钳伺服控制电缆 S1	(16)	机器人供电电缆 2BC
(6)	气/水管路组合体	(17)	机器人供电电缆 3BC
(7)	焊钳冷水管	(18)	机器人控制电缆 1BC
(8)	焊钳回水管	(19)	焊钳进气管
(9)	点焊控制箱冷水管	(20)	机器人示教器(PP)
(10)	冷水阀组	(21)	冷却水流量开关
(11)	点焊控制箱	(22)	电源提供

表 3-2 点焊机器人系统各部分功能说明

类型	设备代号	功能及说明
机器人相关	(1)(4)(5)(13)(14)(15)(16)(17)(18)(20)	焊接机器人系统以及与其他设备的联系
点焊系统	(2)(3)(11)	实施点焊作业
供气系统	(6)(19)	如果使用气动焊钳，焊钳加压气缸完成点焊加压，需要供气。当焊钳长时间不用时，需用气吹干焊钳管道中残留的水
供水系统	(7)(8)(10)	用于对设备(2)(11)的冷却
供电系统	(12)(22)	系统动力

(1) 点焊电极

① 点焊电极的功能　点焊电极是保证点焊质量的重要零件，其主要功能有：向工件传导电流；向工件传递压力；迅速导散焊接区的热量。常用的点焊电极形式如图 3-4 所示。

② 电极材料的要求　基于电极的上述功能，要求制造电极的材料应具有足够高的电导率、热导率和高温硬度，电极的结构必须有足够的强度和刚度，以及充分冷却的条件。此外，电极与工件间的接触电阻应足够低，以防止工件表面熔化或电极与工件表面之间的合金化。

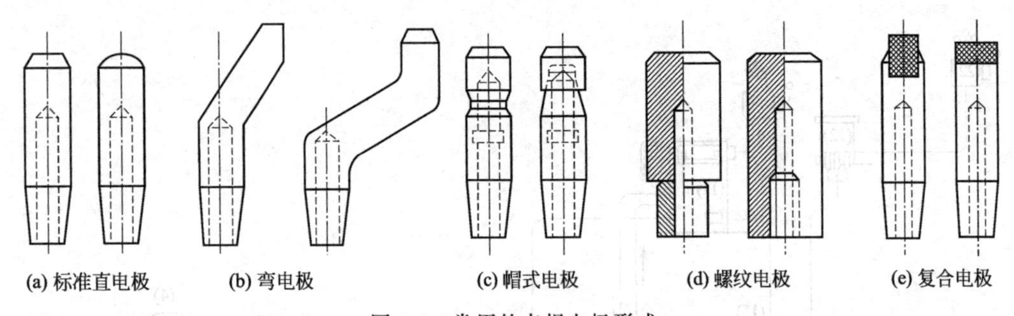

图 3-4　常用的点焊电极形式

③ 常见电极材料　电极材料按我国航空航天工业部航空工业标准 HB 5420—1989 的规定分为四类，常用的有三类。

a. 1 类材料为高电导率、中等硬度的铜及铜合金。这类材料主要通过冷作变形方法达到其硬度要求。它适用于制造焊铝及铝合金的电极，也可用于镀层钢板的点焊，但性能不如 2 类合金。1 类合金还常用于制造不受力或低应力的导电部件。从表 3-3 可知，三类合金中，铬铌铜、铬锆铌铜和钴铬硅铜的性能较优，已被广泛使用，其牌号分别称为 DJ70、DJ85 和 DJ100。

表 3-3 常见材料性能

材料	名称	品种	材料性能			
			硬度		电导率/(MS/m)	软化温度/℃
			HV30	HRB		
			不小于			
CuCrNb	铬铌铜	冷拔棒锻件	85	53	56	150
CuCrZrNb	铬锆铌铜	冷拔棒锻件	90	53	45	250
CuCo2CrSi	钴铬硅铜	冷拔棒锻件	183	90	26	600

此外，还有一种钨-铜混合烧结材料，这种材料适用于热量高、焊接时间长、冷却不足或压力高的场合。如用于铜板点焊的复式电极、凸焊用镶嵌电极或线材交叉焊电极等，随着含钨量的增加，材料的强度和硬度提高，但导电性和导热性均降低。

b. 2 类材料具有较高的电导率，硬度高于 1 类的合金。这类合金可通过冷作变形与热处理相结合的方法达到其性能要求。与 1 类合金相比，它具有较高的力学性能，适中的电导率，在中等程度的压力下，有较强的抗变形能力。因此，它是最通用的电极材料，广泛用于点焊低碳钢、低合金钢、不锈钢、高温合金、电导率低的铜合金，以及镀层钢等。2 类合金还适用于制造轴、夹钳、台板、电极夹头等电阻焊机中各种导电构件。

c. 3 类材料的电导率低于 1 类和 2 类，硬度高于 2 类的合金。这类合金可通过热处理或冷作变形与热处理相结合的方法达到其性能要求。这类合金具有更高的力学性能和耐磨性能好，软化温度高，电导率较低。因此，适用于点焊电阻率和高温高强度的材料，如铬锆铜，这类金属有良好的导电性，导热性，硬度高，耐磨抗爆，抗裂性以及软化温度高，焊接时电极损耗少、焊接速度快、焊接总成本低等特点。

随着工业生产的需要，电阻焊在高速、高节奏的生产流程中对电极材料的强度、软化点和导电性能等提出了更高的要求。颗粒强化铜基复合材料（又称为弥散强化铜）作为新型电极材料已受到重视并广泛采用。这是一种在铜基体中加入或通过一定的工艺措施制成微细、弥散分布、又具有良好热稳定性的第二相粒子，该粒子可阻碍位错运动，提高了材料的室温强度，同时又可阻碍再结晶的发生，从而提高了它的高温强度，如 Al_2O_3-Cu、TiB_2-Cu 复合材料。典型弥散强化铜电阻焊电极材料的成分性能见表 3-4。

表 3-4　典型弥散强化铜电阻焊电极材料的成分性能

材料(质量分数)/%	抗拉强度/MPa	伸长率/%	电导率/(MS/m)IACS	适用范围
Cu-0.38 Al_2O_3	490	5	84	适用于汽车制造，使用寿命为铬铜点焊电极的 4～10 倍
Cu-0.94 Al_2O_3	503	7	83	
Cu-0.16Zr-0.26 Al_2O_3	434	8	88	
Cu-0.16Zr-0.94 Al_2O_3	538	5	76	

④ 点焊电极的结构　点焊电极的结构可分为标准直电极、弯电极、帽式电极、螺纹电极和复合电极五种。

点焊电极由四部分组成，即端部、主体、尾部和冷却水孔。标准直电极是点焊中应用最为广泛的一种电极，电极各部位的名称如图 3-5 所示。

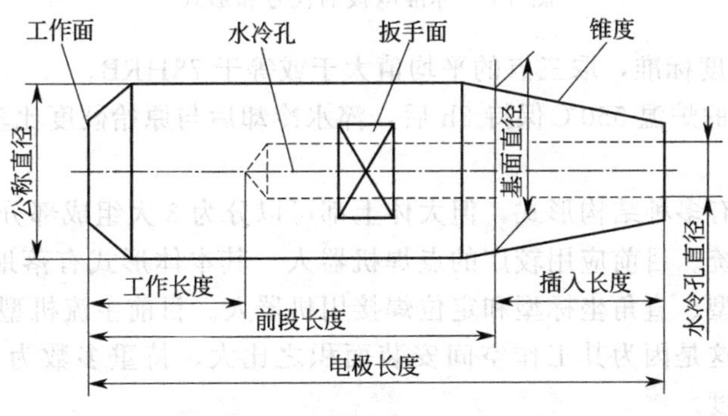

图 3-5　电极各部位的名称

根据点焊电极工作面的不同，标准电极（即直电极）的代号和形式有六种，如图 3-6 所示。

电极的端面直接与高温的工件表面接触，在焊接生产中反复经受高温和高压。因此，黏附、合金化和变形是电极设计中应着重考虑的问题。

⑤ 点焊电极的品质要求

a. 电导率测量用涡流电导仪，测三点平均值大于或等于 44MS/m。

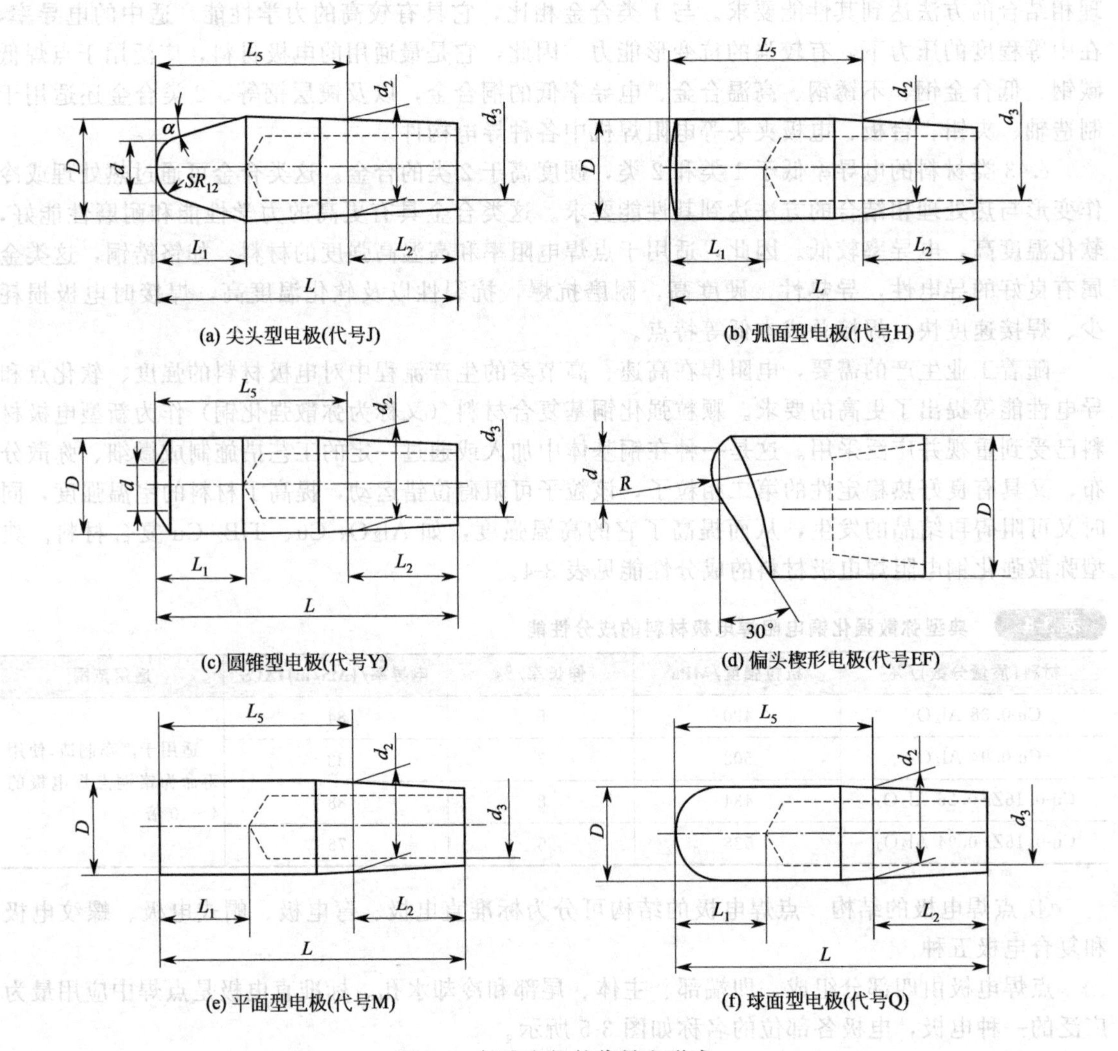

图 3-6 标准电极的代号和形式

b. 硬度以洛氏硬度标准，取三点的平均值大于或等于 78HRB。

c. 软化温度实验的炉温 550℃保持 2h 后，淬水冷却后与原始硬度比较不能降低 15%。

(2) 点焊机器人

点焊机器人虽然有多种结构形式，但大体上都可以分为 3 大组成部分，即机器人本体、点焊焊接系统及控制系统。目前应用较广的点焊机器人，其本体形式有落地式的垂直多关节型、悬挂式的垂直多关节型、直角坐标型和定位焊接用机器人。目前主流机型为多用途的大型六轴垂直多关节机器人，这是因为其工作空间安装面积之比大，持重多数为 100kg 左右，还可以附加整机移动的自由度。

点焊机器人控制系统由本体控制部分及焊接控制部分组成。本体控制部分主要是实现示教在线、焊点位置及精度控制，控制分段的时间及程序转换，还通过改变主电路晶闸管的导通角而实现焊接电流控制。

点焊机器人的焊接系统即手臂上所握焊枪包括电极、电缆、气管、冷却水管及焊接变压器，如图 3-7 所示。焊枪相对比较重，要求手臂的负重能力较强。目前使用的机器人点焊电源有两种，即单相工频交流点焊电源和逆变二次整流式点焊电源。

① 点焊机器人的分类　表 3-5 列举了生产现场使用的点焊机器人的分类、特点和用途。

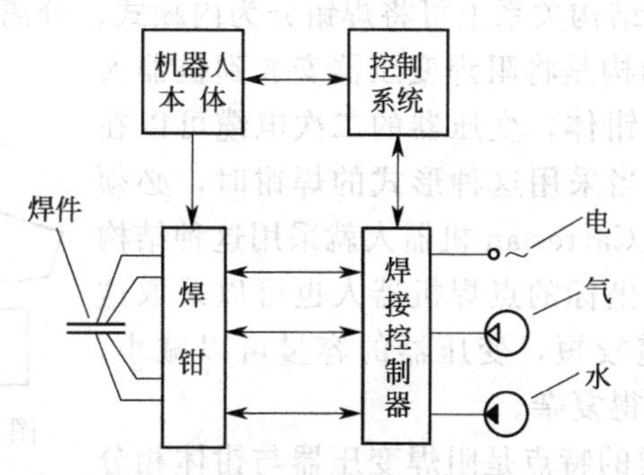

图 3-7 典型点焊机器人的组成关系

表 3-5 点焊机器人的分类、特点和用途

分类	特点	用途
垂直多关节型(落地式)	工作空间安装面积之比大,持重多数为1000N左右,有时还可以附加整机移动自由度	主要用于增强焊点作业
垂直多关节型(悬挂式)	工作空间均在机器人的下方	车体的拼接作业
直角坐标型	多数为3、4、5轴,价格便宜	适用于连续直线焊缝
定位焊接用机器人(单向加压)	能承受500kg加压反力的高刚度机器人。有些机器人本身带加压作业功能	车身底板的定位焊

在驱动形式方面，由于电伺服技术的迅速发展，液压伺服在机器人中的应用逐渐减少，甚至大型机器人也在朝电动机驱动方向过渡，随着微电子技术的发展，机器人技术在性能、小型化、可靠性以及维修等方面日新月异。

在机型方面，尽管主流仍是多用途的大型6轴垂直多关节机器人，但是，出于机器人加工单元的需要，一些汽车制造厂家也进行开发立体配置3～5轴小型专用机器人的尝试。

② 点焊机器人的焊接系统　点焊机器人焊接系统主要由焊接控制器、焊钳（含阻焊变压器）及水、电、气等辅助部分组成，系统原理如图3-8所示。

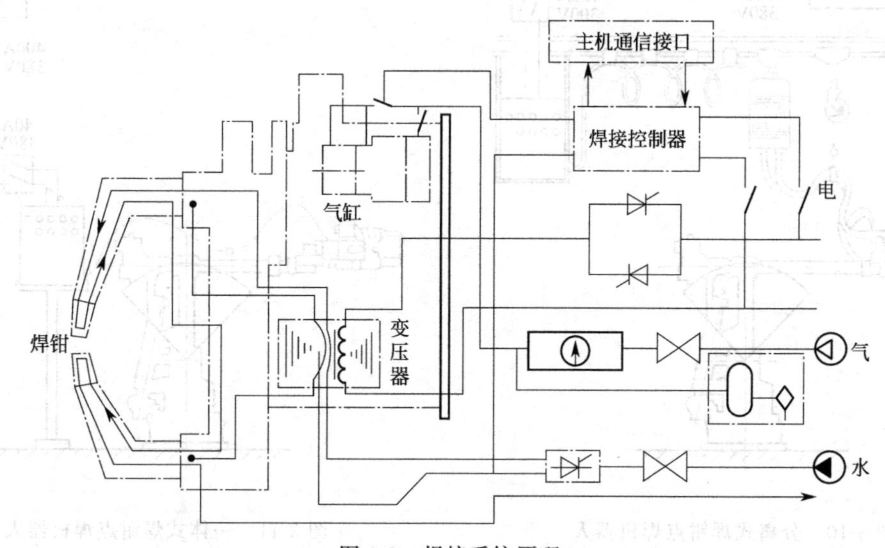

图 3-8 焊接系统原理

③ 点焊机器人焊钳　点焊机器人焊钳从用途上可分为C形和X形两种。C形焊钳用于点焊垂直及近于垂直倾斜位置的焊缝，X形焊钳则主要用于点焊水平及近于水平倾斜位置的焊缝。

从阻焊变压器与焊钳的结构关系上可将焊钳分为内藏式、分离式和一体式三种形式。

a. 内藏式焊钳。这种结构是将阻焊变压器安放到机器人手臂内，使其尽可能地接近钳体，变压器的二次电缆可以在内部移动，如图 3-9 所示。当采用这种形式的焊钳时，必须同机器人本体统一设计，如 Cartesian 机器人就采用这种结构形式。另外，极坐标或球面坐标的点焊机器人也可以采取这种结构。其优点是二次电缆较短，变压器的容量可以减小，但是使机器人本体的设计变得复杂。

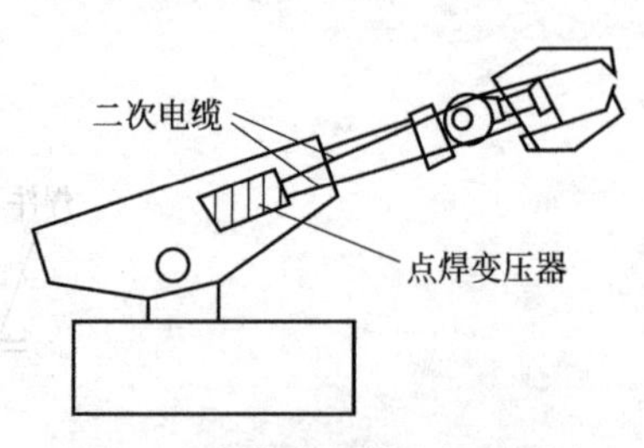

图 3-9 内藏式焊钳点焊机器人

b. 分离式焊钳。该焊钳的特点是阻焊变压器与钳体相分离，钳体安装在机器人手臂上，而焊接变压器悬挂在机器人的上方，可在轨道上沿着机器人手腕移动的方向移动，两者之间用二次电缆相连，如图 3-10 所示。其优点是减小了机器人的负载，运动速度高，价格便宜。

分离式焊钳的主要缺点是需要大容量的焊接变压器，电力损耗较大，能源利用率低。此外，粗大的二次电缆在焊钳上引起的拉伸力和扭转力作用于机器人的手臂上，限制了点焊工作区间与焊接位置的选择。分离式焊钳可采用普通的悬挂式焊钳及阻焊变压器。但二次电缆需要特殊制造，一般将两条导线做在一起，中间用绝缘层分开，每条导线还要做成空心，以便通水冷却。此外，电缆还要有一定的柔性。

c. 一体式焊钳。所谓一体式就是将阻焊变压器和钳体安装在一起，然后共同固定在机器人手臂末端的法兰盘上，如图 3-11 所示。其主要优点是省掉了粗大的二次电缆及悬挂变压器的工作架，直接将焊接变压器的输出端连到焊钳的上下机臂上，另一个优点是节省能量。例如，输出电流 12000A，分离式焊钳需 75kV · A 的变压器，而一体式焊钳只需 25kV · A。

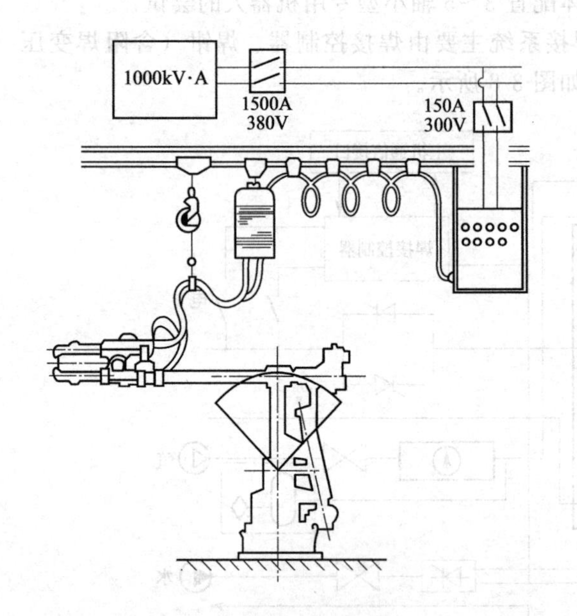

图 3-10 分离式焊钳点焊机器人

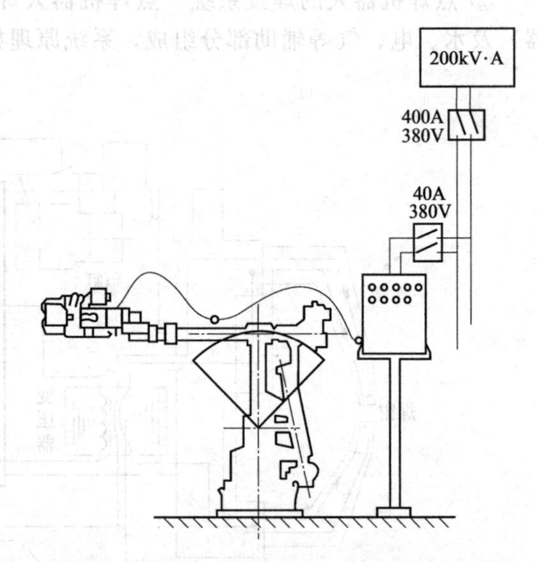

图 3-11 一体式焊钳点焊机器人

一体式焊钳的缺点是焊钳重量显著增大，体积也变大，要求机器人本体的承载能力大于 60kg。此外，焊钳重量在机器人活动手腕上产生惯性力易于引起过载，这就要求在设计时，尽量减小焊钳重心与机器人手臂轴心线间的距离。

阻焊变压器的设计是一体式焊钳的主要问题。由于变压器被限制在焊钳的小空间里，外形尺寸及重量都必须比一般的小，二次线圈还要通水冷却。目前，采用真空环氧浇铸工艺，已制造出了小型集成阻焊变压器。例如 30kV·A 的变压器，体积为 325mm×135mm×125mm，质量只有 18kg。

④ 点焊控制器　点焊控制器由 CPU、EPROM 及部分外围接口芯片组成最小控制系统，它可以根据预定的焊接监控程序，完成点焊时的焊接参数输入、点焊程序控制、焊接电流控制及焊接系统故障自诊断，并实现与本体计算机及手控示教盒的通信联系。从机器人控制系统和点焊控制的结构关系上看，常用的点焊控制器主要有三种结构形式。

a. 中央结构型。在中央结构中，机器人控制系统统一完成机器人运动和焊接工作及其控制；它将焊接控制部分作为一个模块与机器人本体控制部分共同安排在一个控制柜内，由主计算机统一管理并为焊接模块提供数据，焊接过程控制由焊接模块完成。这种结构的优点是设备集成度高，便于统一管理。

b. 分散结构型。分散结构型是焊接控制器与机器人本体控制柜分离设置，自成一体，两者通过通信完成机器人运动和焊接工作。两者采用应答式通信联系，主计算机给出焊接信号后，其焊接过程由焊接控制器自行控制，焊接结束后给主机发出结束信号，以便主机控制机器人移位，其焊接循环如图 3-12 所示。这种结构的优点是调试灵活，焊接系统可单独使用，但需要一定距离的通信，集成度不如中央结构型高。

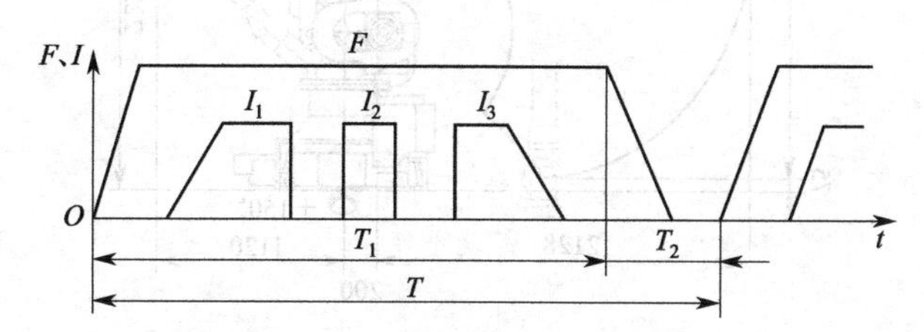

图 3-12　点焊机器人焊接循环

T_1—焊接控制器控制；T_2—机器人主控计算机控制；T—焊接周期；
F—电极压力；I—焊接电流

在分散结构中，焊接控制与机器人控制系统分散结构具有独立性强、调试灵活、维修方便、便于分工协作等特点，焊接设备也易于作为通用焊机。

焊接控制器与本体及示教再现的联系信号主要有焊钳大小行程、焊接电流增/减号，焊接时间增减、焊接开始及结束、焊接系统故障等。

c. 群控系统。群控就是将多台点焊机器人焊机（或普通焊机）与群控计算机相连，以便对同时通电的数台焊机进行控制，实现部分焊机的焊接电流分时交错，限制电网瞬时负载，稳定电网电压，保证焊点质量。群控系统的出现可以使车间供电变压器容量大大下降。此外，当某台机器人（或点焊机）出现故障时，群控系统启动备用的点焊机器人或对剩余的机器人重新分配工作，以保证焊接生产的正常进行。

为了适应群控的需要，点焊机器人焊接系统都应增加“焊接请求”及“焊接允许”信号，并与群控计算机相连。

最近，点焊机器人与 CAD 系统的通信功能变得重要起来，这里 CAD 系统主要用来离线示教。图 3-13 为含 CAD 及焊接数据库系统的新型点焊机器人系统基本构成。

图 3-14 所示是一种以持重 120kg、最高速度 4m/s 的 6 轴垂直多关节点焊机器人。它可胜任大多数本体装配工序的点焊作业。由于实用中几乎全部用来完成间隔为 30～50mm 的打点作业，运动中很少能达到最高速度，因此改善最短时间内频繁短节距启、制动的性能，是点焊机器人追求的重点。表 3-6、表 3-7 分别表示点焊机器人主要技术参数和控制功能。

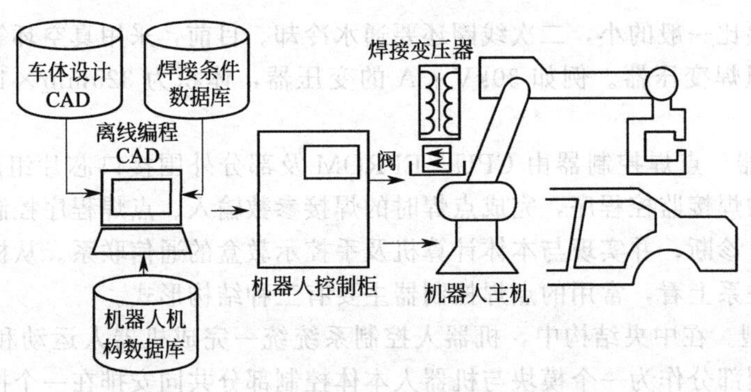

图 3-13　含 CAD 及焊接数据库系统的点焊机器人系统

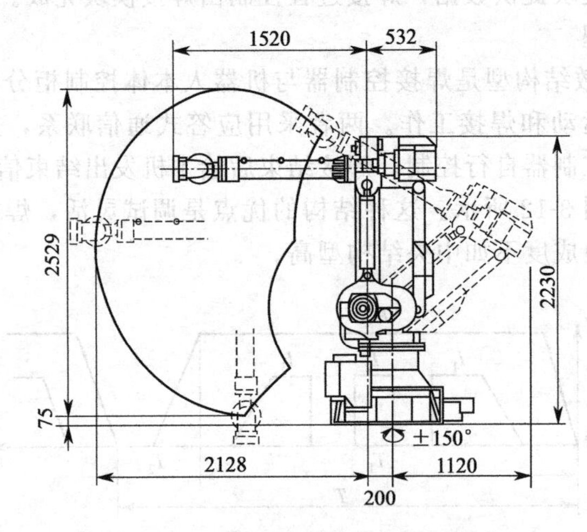

图 3-14　6 轴垂直多关节点焊机器人

表 3-6　点焊机器人主要技术参数

项目		参数
自由度		6 轴
持重		120kg
最大速度	腰回转	180°/s
	臂前后	
	臂上下	
	腕前部回转	180°/s
	腕弯曲	110°/s
	腕根部回转	120°/s
重复位置精度		±0.25mm
驱动装置		交流伺服电机
位置检测		绝对编码器

表 3-7　点焊机器人控制功能

项目	功能
驱动方式	交流伺服
控制轴数	6 轴
动作形式	关节插补、直线插补、圆弧插补
示教方式	示教盒在线示教、软盘输入离线示教
示教动作坐标	关节坐标、直角坐标、工具坐标
存储装置	IC 存储器
存储容量	40G
辅助功能	精度调节、速度调节、时间设定、数据编辑、外部输入输出、外部条件判断
应用功能	异常诊断、传感器接口、焊接条件设定、数据变换

(3) **电阻焊接控制装置**

电阻焊接控制装置是合理控制时间、电流和加压力这三大焊接条件的装置，综合了焊钳的各种动作的控制、时间的控制以及电流调整的功能。通常的方式是，装置启动后就会自动进行一系列的焊接工序。工业机器人点焊工作站使用的电阻焊接控制装置型号为 IWC5-10136C，是采用微电脑控制，同时具备高性能和高稳定性的控制器。IWC5-10136C 电阻焊接控制装置，具有按照指定的直流焊接电流进行定电流控制功能、步增功能、各种监控以及异常检测功能。电阻焊接控制器如图 3-15 所示。IWC5-10136C 电阻焊接控制器配套有编程器和复位器，如图 3-16、图 3-17 所示。编程器用于焊接条件的设定；复位器用于异常复位和各种监控。

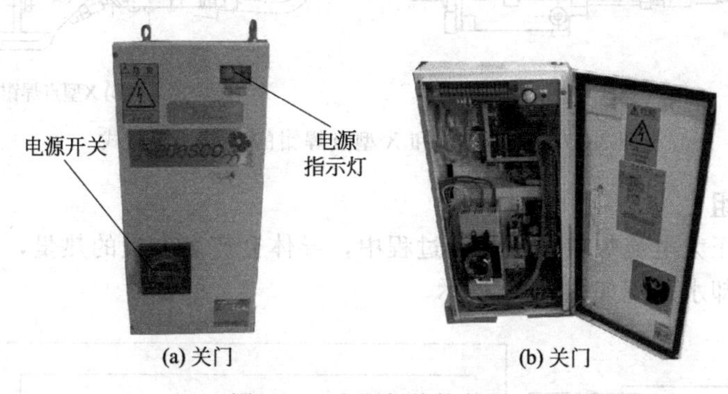

(a) 关门　　(b) 关门

图 3-15　电阻焊接控制器

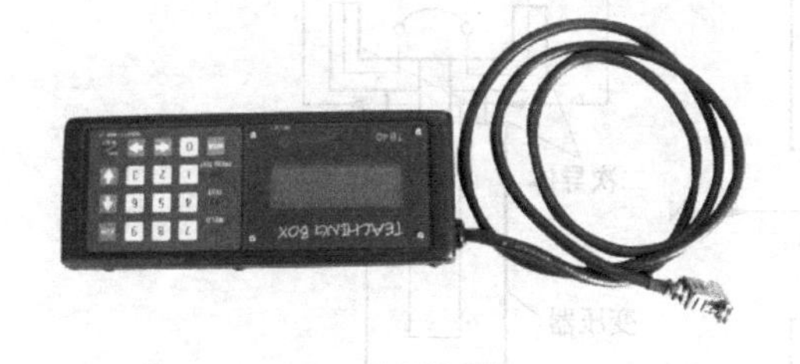

图 3-16　编程器

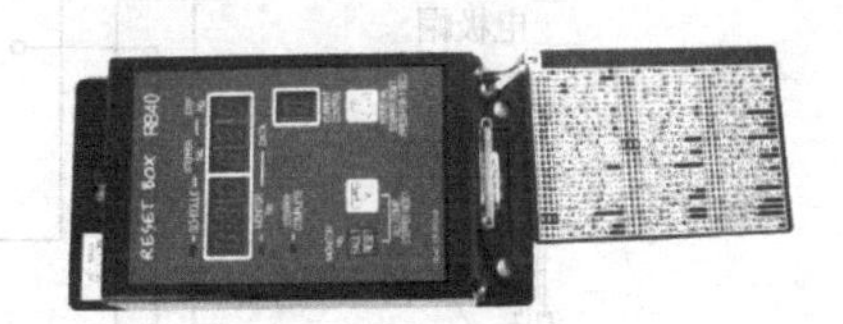

图 3-17　复位器

(4) **变压器**

三相干式变压器为安川机器人 ES165D 提供电源，变压器参数为输入三相 380V，输出三相 220V，功率 12kV·A，如图 3-18 所示。

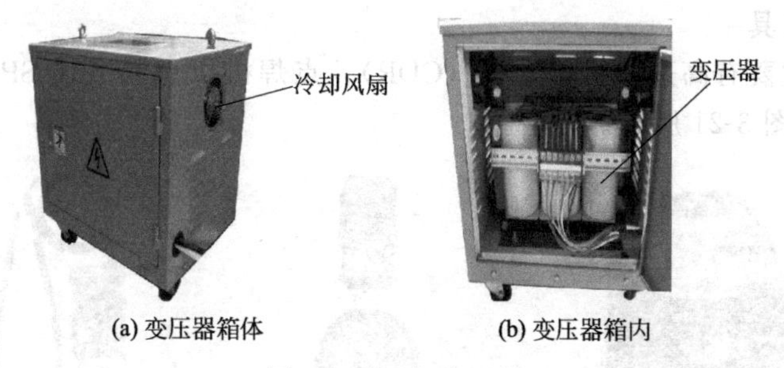

(a) 变压器箱体　　(b) 变压器箱内

图 3-18　三相变压器

(5) **焊钳**

机器人用的点焊钳和手工点焊钳大致相同，一般有 C 型和 X 型钳两类。应首先根据工件的结构形式、材料、焊接规范以及焊点在工件上的位置分布来选用焊钳的形式、电极直径、电极间的压紧力、两电极的最大开口度和焊钳的最大喉深等参数。图 3-19 为常用的 C 型和 X 型点焊钳的基本结构形式。

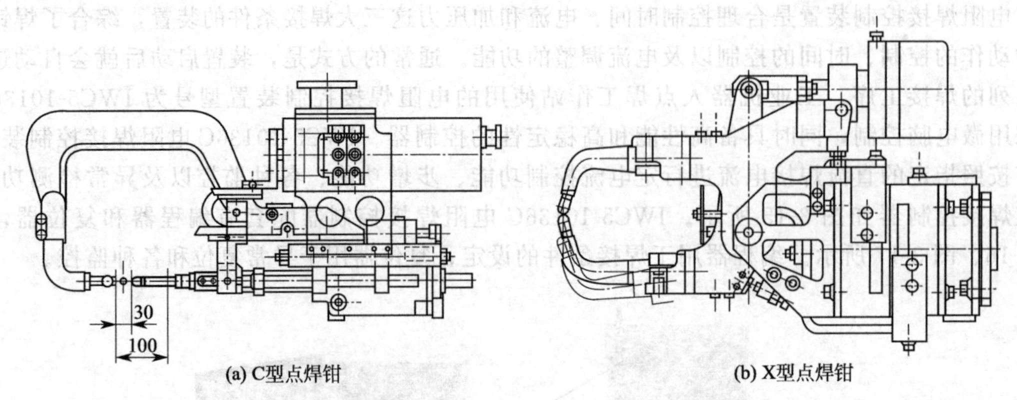

(a) C型点焊钳　(b) X型点焊钳

图 3-19　常用 C 型和 X 型点焊钳的基本结构形式

(6) 冷却水阀组

由于点焊是低压大电流焊接，在焊接过程中，导体会产生大量的热量，所以焊钳、焊钳变压器需要水冷。冷却水系统如图 3-20 所示。

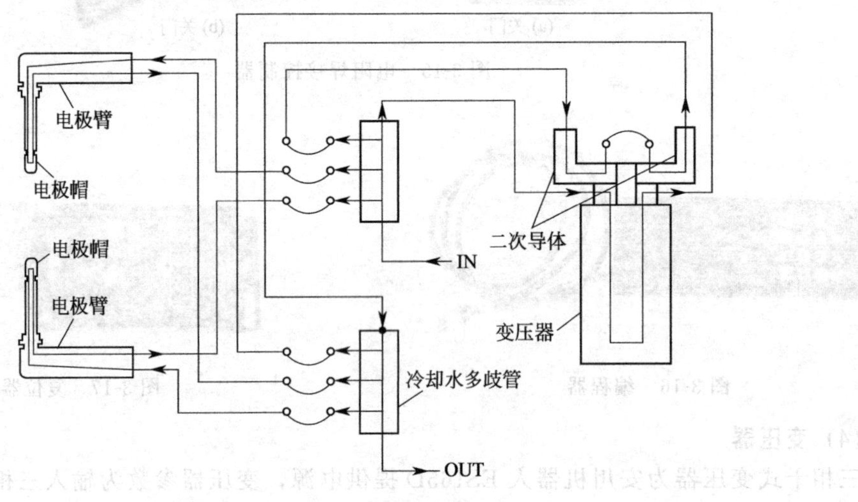

图 3-20　冷却水系统

(7) 辅助设备工具

辅助设备工具主要有高速电机修磨机（CDR）、点焊机压力测试仪 SP-236N、焊机专用电流表 MM-315B，如图 3-21 所示。

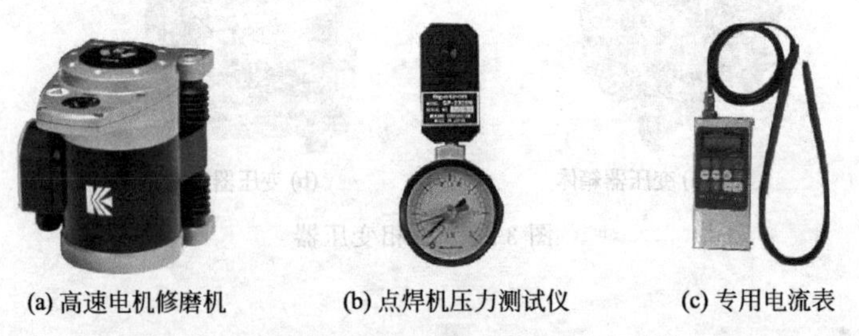

(a) 高速电机修磨机　(b) 点焊机压力测试仪　(c) 专用电流表

图 3-21　辅助设备工具

① 高速电机修磨机　高速电机修磨机用于对焊接生产中磨损的电极进行打磨。当连续进行点焊操作时，电极顶端会被加热，氧化加剧、接触电阻增大，特别是当焊接铝合金以及带镀

层钢板时，容易发生镀层物质的黏着。即便保持焊接电流不变，随着顶端面积的增大，电流密度也会随之降低，造成焊接不良。因此需要在焊接过程中定期打磨电极顶端，除去电极表面的污垢，同时还需要对顶端部进行整形，使顶端的形状与初始时的形状保持一致。

② 点焊机压力测试仪　点焊机压力测试仪用于焊钳的压力校正。在电阻焊接中为了保证焊接质量，电极加压力是一个重要的因素，需要对其进行定期测量。电极加压力测试仪分为三种：音叉式加压力仪、油压式加压力仪、负载传感器式加压力仪。压力测试仪 SP-236N 为模拟型油压式加压力测量仪。

③ 焊机专用电流表　专用电流表用于设备的维护、测试焊接时二次短路电流。在电阻焊接中，焊接电流的测量对于焊接条件的设定以及焊接质量的管理起到重要的作用。由于焊接电流是短时间、高电流导通的方式，因此使用通常市场上销售的电流计是无法测量的。需要使用焊机专用焊接电流表。在测量电流时，有使用环形线圈，在焊机的二次线路侧缠绕环形线圈，利用此线圈测量出磁力线的时间变化，并对此时间变化进行积分计算求取电流值。

3.1.2　工业机器人点焊工作站的工作过程

(1) 系统启动

① 设备启动前，打开冷却水、焊机电源。

② 机器人控制柜主电源开关合闸，等待机器人启动完毕。

③ 在“示教模式”下选择机器人焊接程序，然后将模式开关转至“远程模式”。

④ 若系统没有报警，启动完毕。

(2) 生产准备

① 选择要焊接的产品。

② 将产品安装在焊接台上。

(3) 开始生产

按下启动按钮，机器人开始按照预先编制的程序与设置的焊接参数进行焊接作业。当机器人焊接完毕，回到作业原点后，更换材料，开始下一个循环。

3.2　工业机器人点焊工作站的设计

3.2.1　点焊工业机器人的选择

(1) 点焊机器人的基本功能

① 动作平稳、定位精度高　相对弧焊机器人而言，点焊对所用的机器人要求不高。因为点焊只需点位控制，焊钳在点与点之间的移动轨迹没有严格要求，这也是机器人最早只能用于点焊的原因。点焊用机器人不仅要有足够的负载能力，而且在点与点之间移位时速度要快捷，动作要平稳，定位要准确，以减少移位的时间，提高工作效率。

② 移动速度快、负载能力强和动作范围大　点焊机器人需要的负载能力取决于所用的焊钳形式。针对用于变压器分离的焊钳，30～45kg 负载的机器人即可。但是，这种焊钳一方面由于二次电缆线长，电能损耗大，也不利于机器人将焊钳伸入工件内部焊接；另一方面电缆线随机器人运动而不停摆动，电缆的损坏较快。因此，目前逐渐采用一体式焊钳，这种焊钳连同变压器质量在 70kg 左右。

考虑到机器人要有足够的负载能力，能以较大的加速度将焊钳送到空间位置进行焊接，一般都选用100.165kg负载的重型机器人。为了适应连续点焊时焊钳短距离快速移位的要求，新的重型机器人增加了可在0.3s内完成50mm位移的功能，这对电机的性能、微机的运算速度和算法都提出更高的要求。

因此，点焊机器人应具有性能稳定、动作范围大、运动速度快和负荷能力强等特点，焊接质量应明显优于人工焊接，能够大大提高点焊作业的生产率。

③ 具有与外部设备通信的接口　点焊机器人具有与外部设备通信的接口，它可以通过这一接口接受上一级主控与管理计算机的控制命令进行工作。因此，在主控计算机的控制下，可以由多台点焊机器人构成一个柔性点焊焊接生产系统。

(2) 点焊机器人的选择依据

① 必须使点焊机器人实际可达到的工作空间大于焊接所需的工作空间。焊接所需的工作空间由焊点位置及焊点数量确定。

② 点焊速度与生产线速度必须匹配。首先由生产线速度及待焊点数确定单点工作时间，而机器人的单点焊接时间（含加压、通电、维持、移位等）必须小于此值，即点焊速度应大于或等于生产线的生产速度。

③ 应选内存容量大，示教功能全，控制精度高的点焊机器人。

④ 机器人要有足够的负载能力。点焊机器人需要有多大的负载能力，取决于所用的焊钳形式。对于与变压器分离的焊钳，30～45kg负载的机器人就足够了；对于一体式焊钳，这种焊钳连同变压器质量在70kg左右。

⑤ 点焊机器人应具有与焊机通信的接口。如果组成由多台点焊机器人构成的柔性点焊焊接生产系统，点焊机器人还应具有网络通信接口。

⑥ 需采用多台机器人时，应研究是否采用多种型号，并与多点焊机及简易直角坐标机器人并用等问题。当机器人间隔较小时，应注意动作顺序的安排，可通过机器人群控或相互间联锁作用避免干涉。

(3) 点焊机器人简介

① ES165D机器人结构　点焊工业机器人很多，现以安川ES165D机器人为例介绍之。包括安川ES165D机器人本体、DX100控制柜以及示教器。安川ES165D机器人本体如图3-22所示。

ES165D机器人为点焊机器人，由驱动器、传动机构、机械手臂、关节以及内部传感器等组成。它的任务是精确地保证机械手末端执行器（焊钳）所要求的位置、姿态和运动轨迹。焊钳与机器人手臂可直接通过法兰连接。

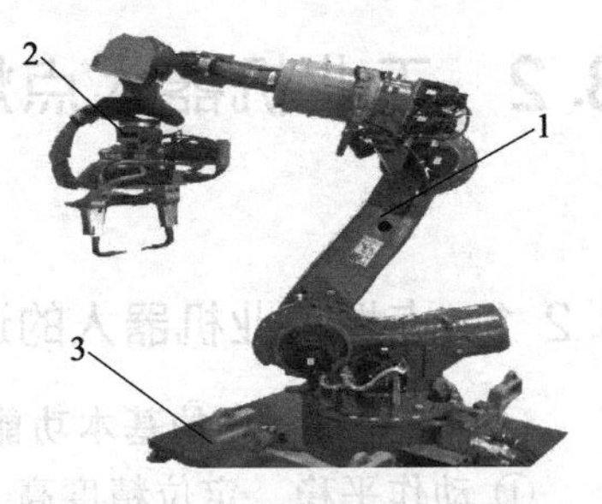

图3-22　安川ES165D机器人本体及焊钳

1—机器人本体；2—伺服机器人焊钳；3—机器人安装底板

② ES165D机器人的特点

a. 点焊只需点位控制，至于焊钳在点与点之间的移动轨迹没有严格要求。

b. ES165D机器人不仅有足够的负载能力，而且在点与点之间移位时速度快捷，动作平稳，定位准确，以减少移位的时间，提高机械臂工作效率。

c. 在机器人基座设有电缆、气管、水管的接入接口，如图3-23所示。焊钳连接的气管、水管、I/O电缆及动力电缆都已经被内置安装于机器人本体的手臂内，通过接口与外部连接。这样机器人在进行点焊生产时，焊钳移动自由，可以灵活地变动姿态，同时可以避免电缆与周边设备的干涉。

d. 在机器人R臂上特别设计机构部位有动力电缆接口、水管接口、气管接口以及电气控制接口。电缆紧凑结构可以使机器人方便地接近夹具和工件，从而极大地降低对夹具结构的设

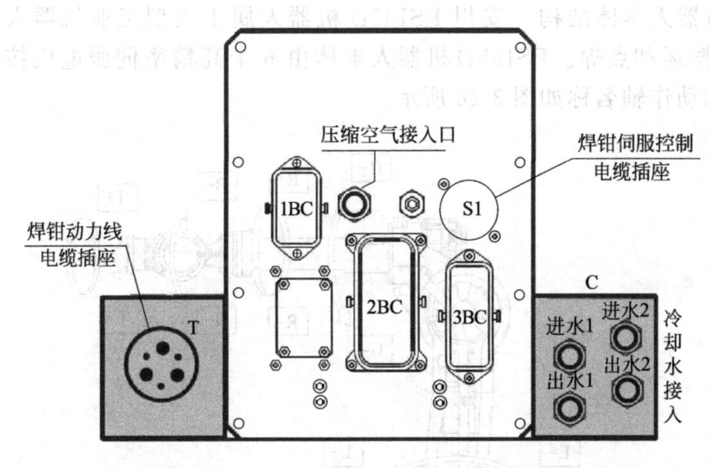

图 3-23　电缆、气管、水管的接入接口

1BC—机器人/焊钳控制信号电缆插座，与 DX100 的 X21 接口连接，控制焊钳伺服电机的运行，包括焊钳的开合与加压；2BC—机器人伺服电机动力电缆插座，与 DX100 的 X11 接口连接，控制机器人各关节伺服电机的运行；3BC—焊钳伺服电机动力电缆插座，与 DX100 的 X22 接口连接，焊钳伺服电机的动力电缆；S1—焊钳变压器控制电缆插座，与 DX100 的用户 I/O 接口连接；T—焊接变压器动力电缆插座，与点焊控制器接口连接；C—冷却水接入口，为焊钳电极、变压器提供冷却水

计要求。图 3-24 所示为 U 臂连接部分接口分布，接口在机器人内部的连接如图 3-25 所示。其中 CN-PW 为外部轴动力用插座；CN-PG 为外部轴信号用插座；CN-WE 为焊接动力电缆插座；CN-SE 为装备用插座；3BC 为供电电缆插座；S1 为装备电缆插座；WES 为焊接动力电缆插座。

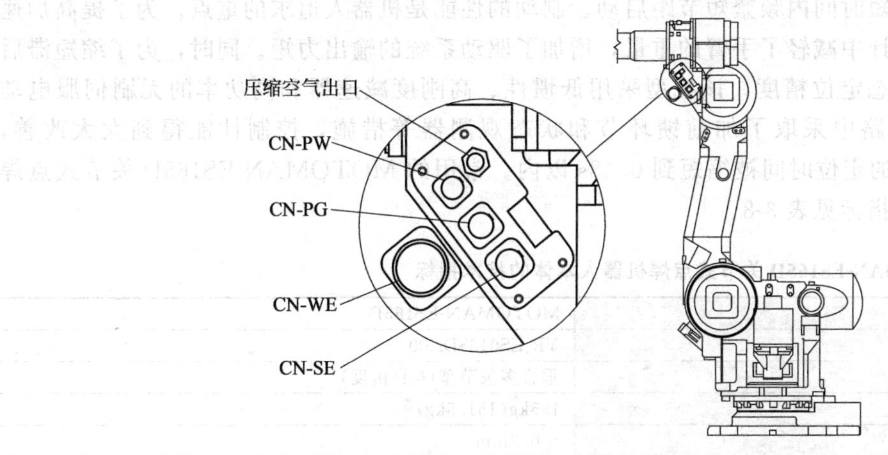

图 3-24　ES165D 机器人 U 臂连接部分接口分布

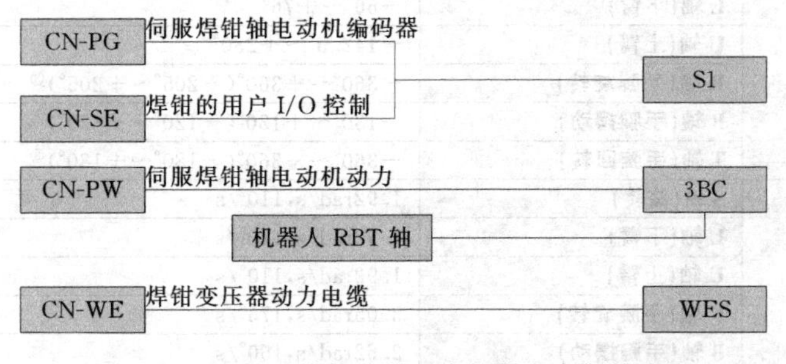

图 3-25　U 臂连接部分接口在机器人内部的连接

③ ES165D机器人本体结构　安川ES165D机器人属于大型工业机器人，负载能力达到165kg，主要用于搬运和点焊。ES165D机器人本体由6个高精密伺服电机按特定关系组合而成，机器人各部和动作轴名称如图3-26所示。

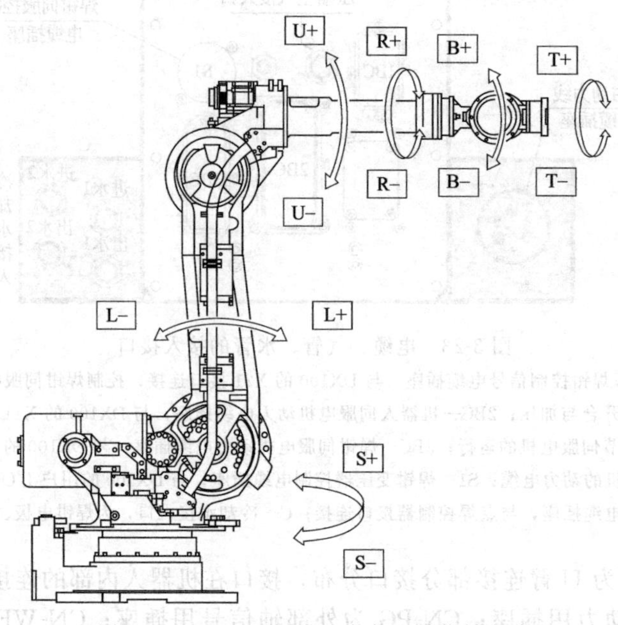

图3-26　ES165D机器人各部和动作轴名称

由于实用中几乎全部用来完成间隔为30～50mm的打点作业，运动中很少能达到最高速度，因此，改善最短时间内频繁短节距启动、制动的性能是机器人追求的重点。为了提高加速度和减速度，在设计中减轻了手臂的重量，增加了驱动系统的输出力矩。同时，为了缩短滞后时间，得到高的静态定位精度，该机型采用低惯性、高刚度减速器和高功率的无刷伺服电动机。由于在控制电路中采取了加前馈环节和状态观测器等措施，控制性能得到大大改善，50mm短距离移动的定位时间被缩短到0.48s以内。常用的MOTOMAN-ES165D关节式点焊机器人本体的技术指标见表3-8。

表3-8　MOTOMAN-ES165D关节式点焊机器人本体的技术指标

名称		MOTOMAN-ES165D
式样		YR-ES0165DA00
构造		垂直多关节型(6自由度)
负载		165kg(151.5kg)③
重复定位精度①		±0.2mm
运动范围	S轴(旋转)	−180°～+180°
	L轴(下臂)	−60°～+76°
	U轴(上臂)	−142.5°～+230°
	R轴(手腕旋转)	−360°～+360°(−205°～+205°)③
	B轴(手腕摆动)	−130°～+130°(−120°～+120°)③
	T轴(手腕回转)	−360°～+360°(−180°～+180°)③
最大速度	S轴(旋转)	1.92rad/s,110°/s
	L轴(下臂)	1.92rad/s,110°/s
	U轴(上臂)	1.92rad/s,110°/s
	R轴(手腕旋转)	3.05rad/s,175°/s
	B轴(手腕摆动)	2.62rad/s,150°/s
	T轴(手腕回转)	4.19rad/s,240°/s

续表

允许力矩($GD^2/4$)	R 轴(手腕旋转)	921N·m(868N·m)③
	B 轴(手腕摆动)	921N·m(868N·m)③
	T 轴(手腕回转)	490N·m
允许惯性矩	R 轴(手腕旋转)	85kg·m^2(83kg·m^2)③
	B 轴(手腕摆动)	85kg·m^2(83kg·m^2)③
	T 轴(手腕翻转)	45kg·m^2
本体质量		1100kg
安装环境	温度	0～+45℃
	湿度	20%～80%RH(无结霜)
	振动	4.9m/s^2 以下
	其他	①远离腐蚀性气体或液体、易燃气体 ②保持环境远离水、油和粉尘 ③远离电气噪声源
电源容量②		5.0kV·A

① 表示符合 JIS B8432 标准。

② 表示因用途、动作模式不同而不同。

③ 表示配有装备电缆时，变成（　）内的值。

注：表中以 SI（国际单位制符号）记录。

点焊机器人控制系统由本体控制部分及焊接控制部分组成。本体控制部分主要是由示教编程器、控制柜和机器人手臂组成的；焊接控制部分除焊钳加压时间及程序转换以外，通过改变主电路晶闸管的导通角而实现焊接电流控制。机器人本体 YR-ES0165DA00 手臂动作范围俯视图如图 3-27 所示。机器人本体 YR-ES0165DA00 手臂动作范围侧视图如图 3-28 所示。

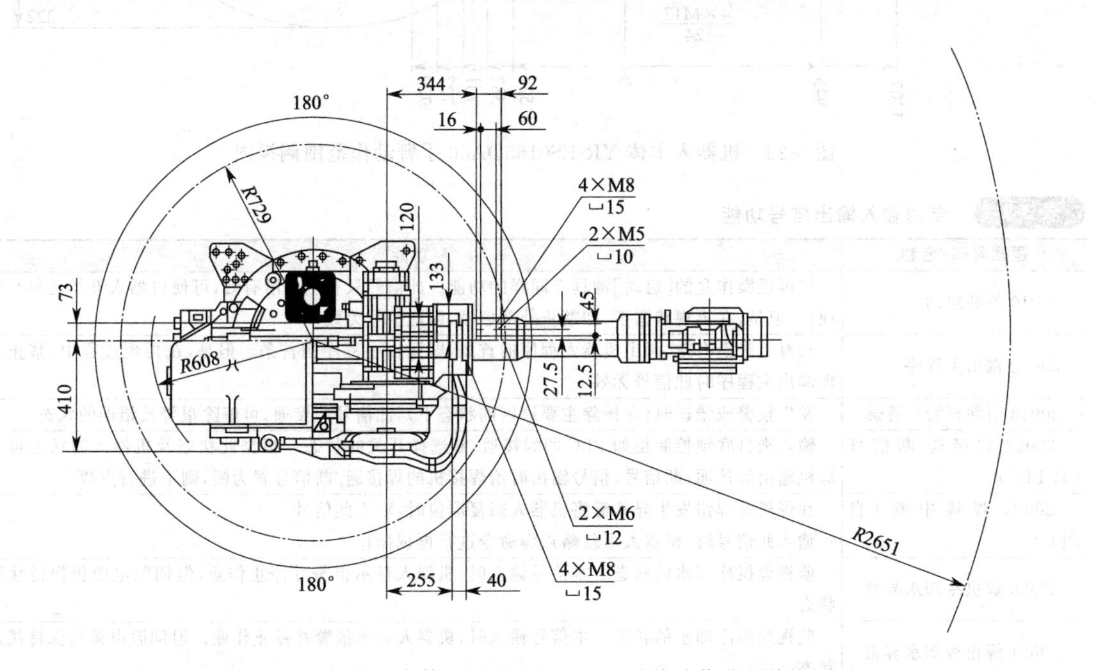

图 3-27　机器人本体 YR-ES0165DA00 手臂动作范围俯视图

④ DX100 控制柜　点焊用 DX100 控制柜除了机器人通用控制功能外，还内置了点焊专用功能。包括点焊用 I/O 接口、点焊控制命令、点焊特性文件设置、伺服焊钳开度设置、伺服焊钳压力设置、电极磨损检测与补偿等，使得点焊机器人的操作与使用非常方便与灵活。

点焊 DX100 控制柜 I/O 接口包括 CN306、CN307、CN308、CN309，其 I/O 信号定义与接线见图 3-29～图 3-32。常用专用输入输出信号功能见表 3-9。

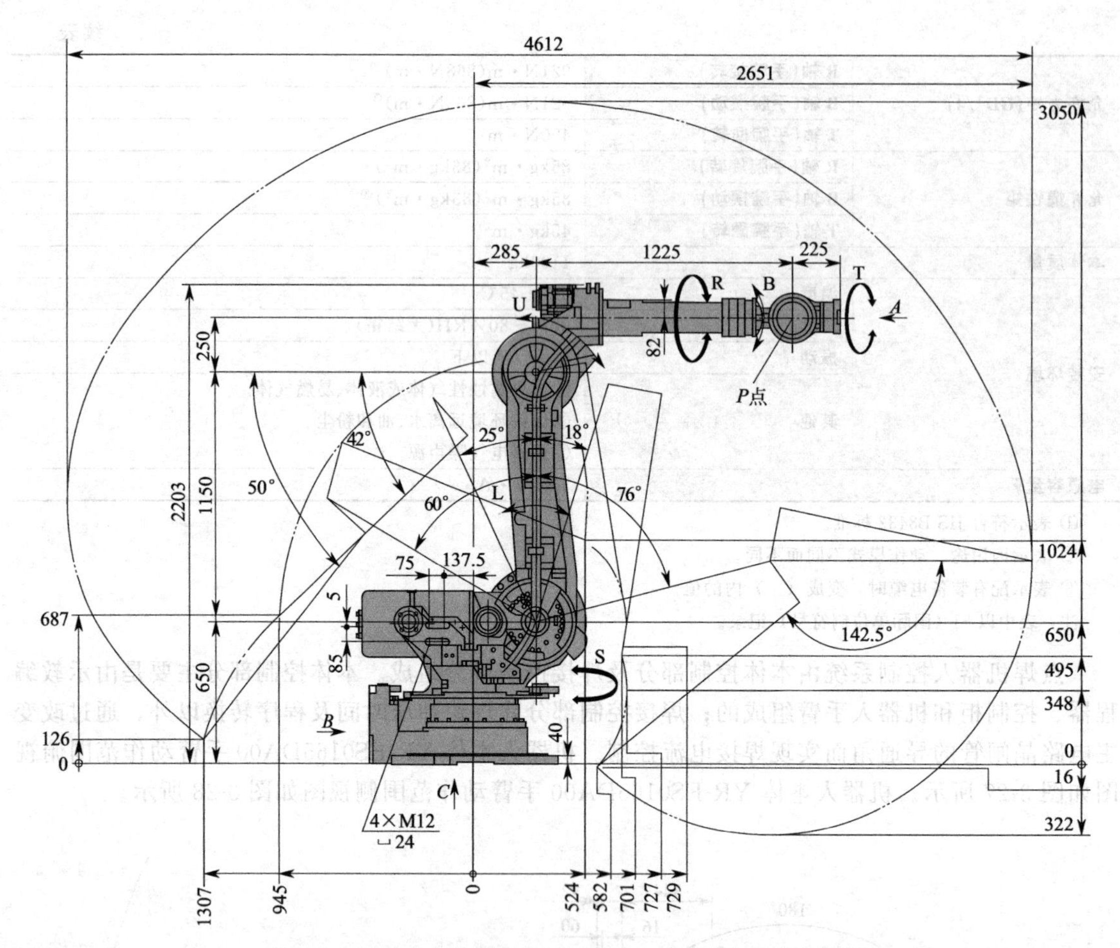

图 3-28 机器人本体 YR-ES0165DA00 手臂动作范围侧视图

表 3-9 专用输入输出信号功能

逻辑号码/名称	功能
20010 外部启动	与再现操作盒的[启动]键具有同样的功能。此信号只有上升沿有效,可使机器人开始运转(再现)。但是,在再现状态下,如禁止外部启动,则此信号无效
20012 调出主程序	只有上升沿有效,调出机器人程序的首条,即调出主程序的首条。但是,在再现过程中,禁止再现调出主程序时此信号无效
20013 清除报警/错误	发生报警或错误时(在排除主要原因的状态下),此信号一接通,可解除报警及错误的状态
20022 焊接通/断信号(自 PLC)	输入来自联锁控制柜如 PLC 的焊接通/断选择开关的状态。根据此状态及机器人的状态可给焊机输出焊接通/断信号,信号输出时给焊接机的焊接通/断信号置为断,则不进行点焊
20023 焊接中断(自 PLC)	在焊机及焊钳发生异常需将机器人归复原位时,输入此信号 输入此信号时,机器人可忽略点焊命令进行再现操作
20050 焊机冷却水异常	监视焊机冷却水的状态。本信号输入时,机器人显示报警并停止作业,但伺服电源仍保持接通状态
20051 焊钳冷却水异常	监视焊钳冷却水的状态。本信号输入时,机器人显示报警并停止作业。但伺服电源仍保持接通状态
20052 变压器过热	将焊钳变压器的异常信号直接传送给机器人控制器。此信号为常闭输入信号(NC),信号切断时则报警。伺服电源仍保持接通状态
20053 气压低	气压低,此信号接通并报警 伺服电源仍保持接通状态
30057 电极更换要求	设定电极更换时的打点次数和实际打点次数不同时显示
30022 作业原点	当前的控制点在作业原点立方体区域时,此信号接通。依此可以判断出机器人是否在可以启动的位置上

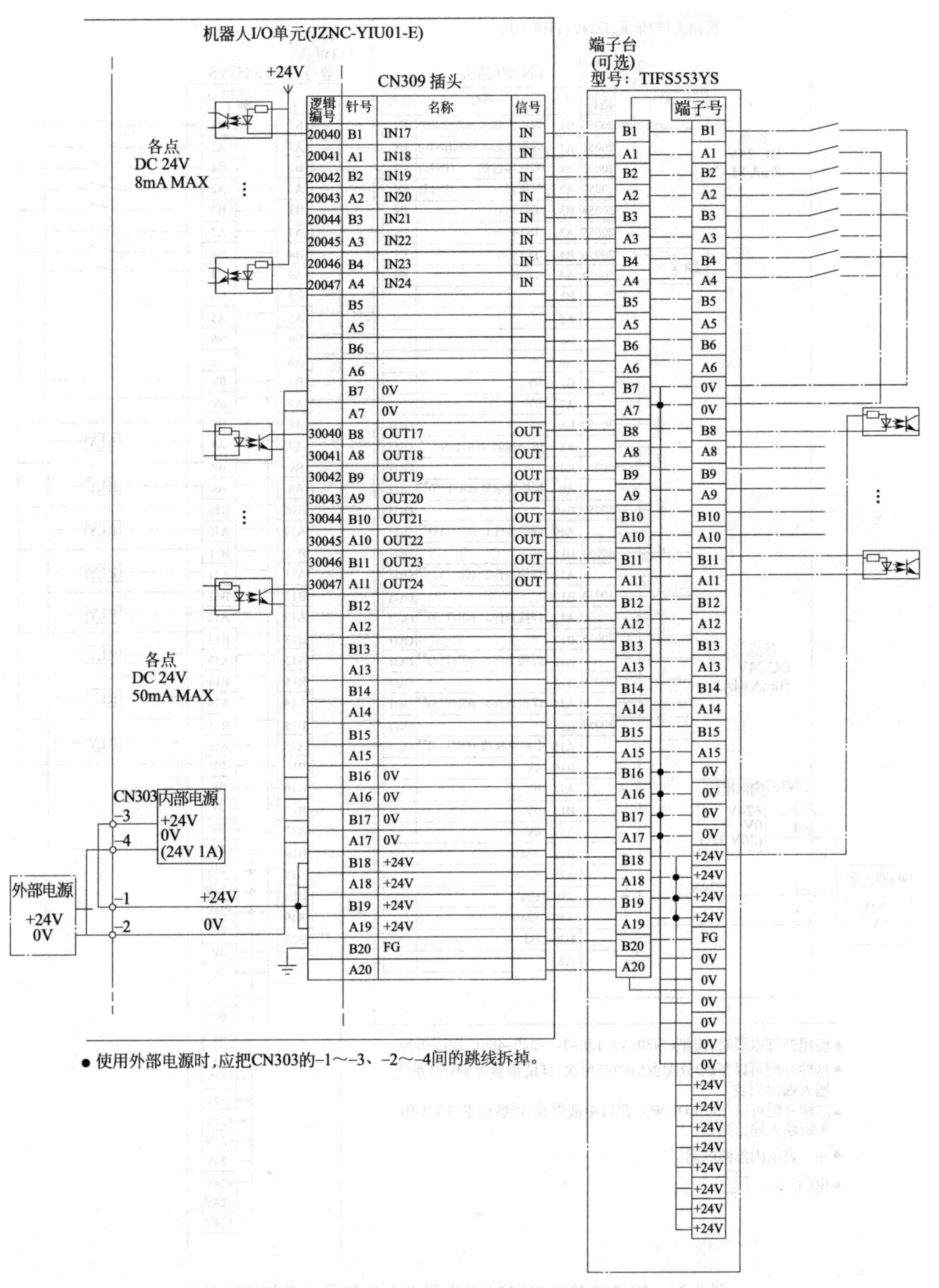

图 3-29　CN306 接口 DX100 点焊用途 I/O 信号定义与接线图

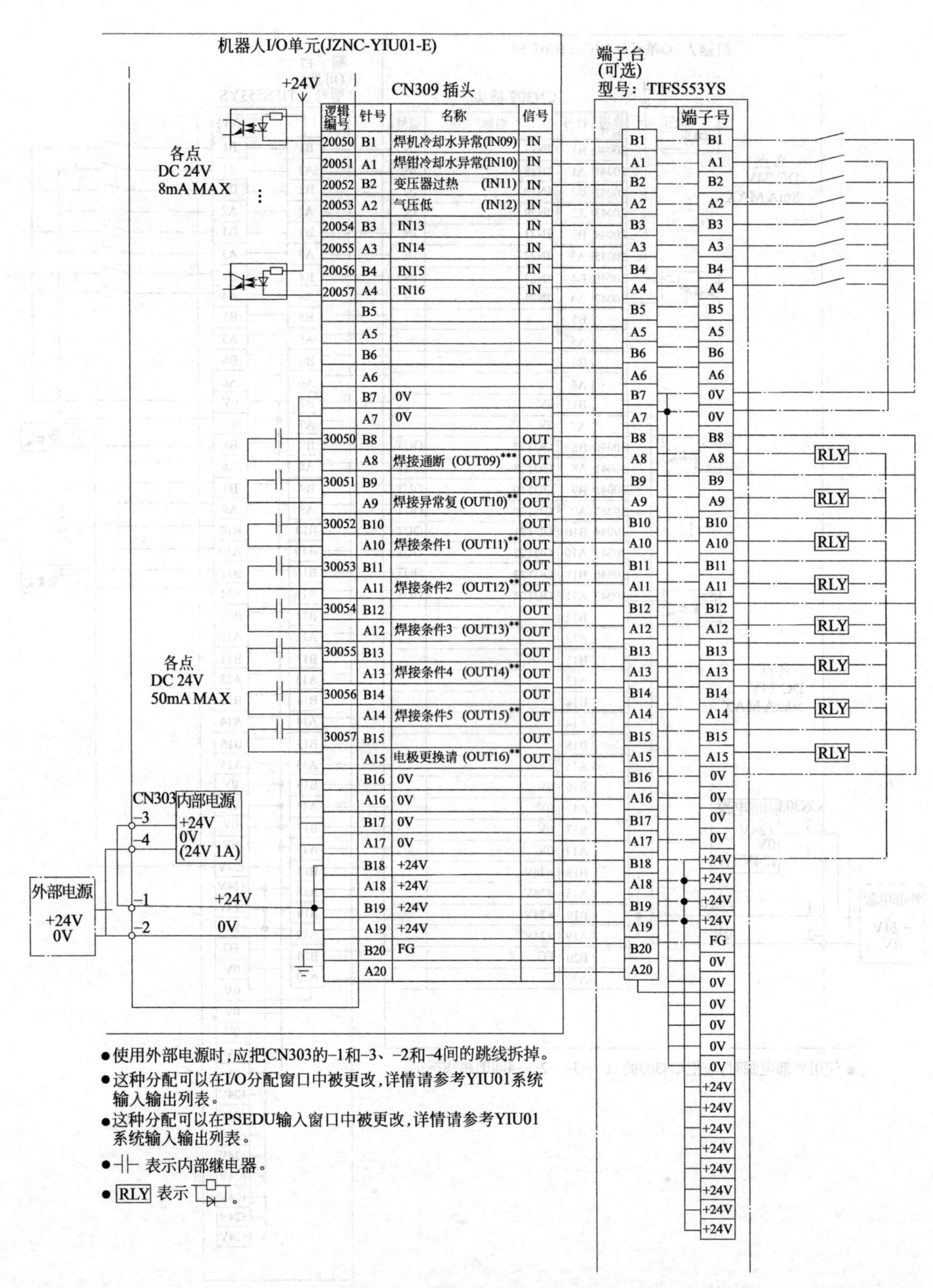

- 使用外部电源时，应把CN303的-1和-3、-2和-4间的跳线拆掉。
- 这种分配可以在I/O分配窗口中被更改，详情请参考YIU01系统输入输出列表。
- 这种分配可以在PSEDU输入窗口中被更改，详情请参考YIU01系统输入输出列表。
- ┤├ 表示内部继电器。
- RLY 表示 。

图 3-30　CN307 接口 DX100 点焊用途 I/O 信号定义与接线图

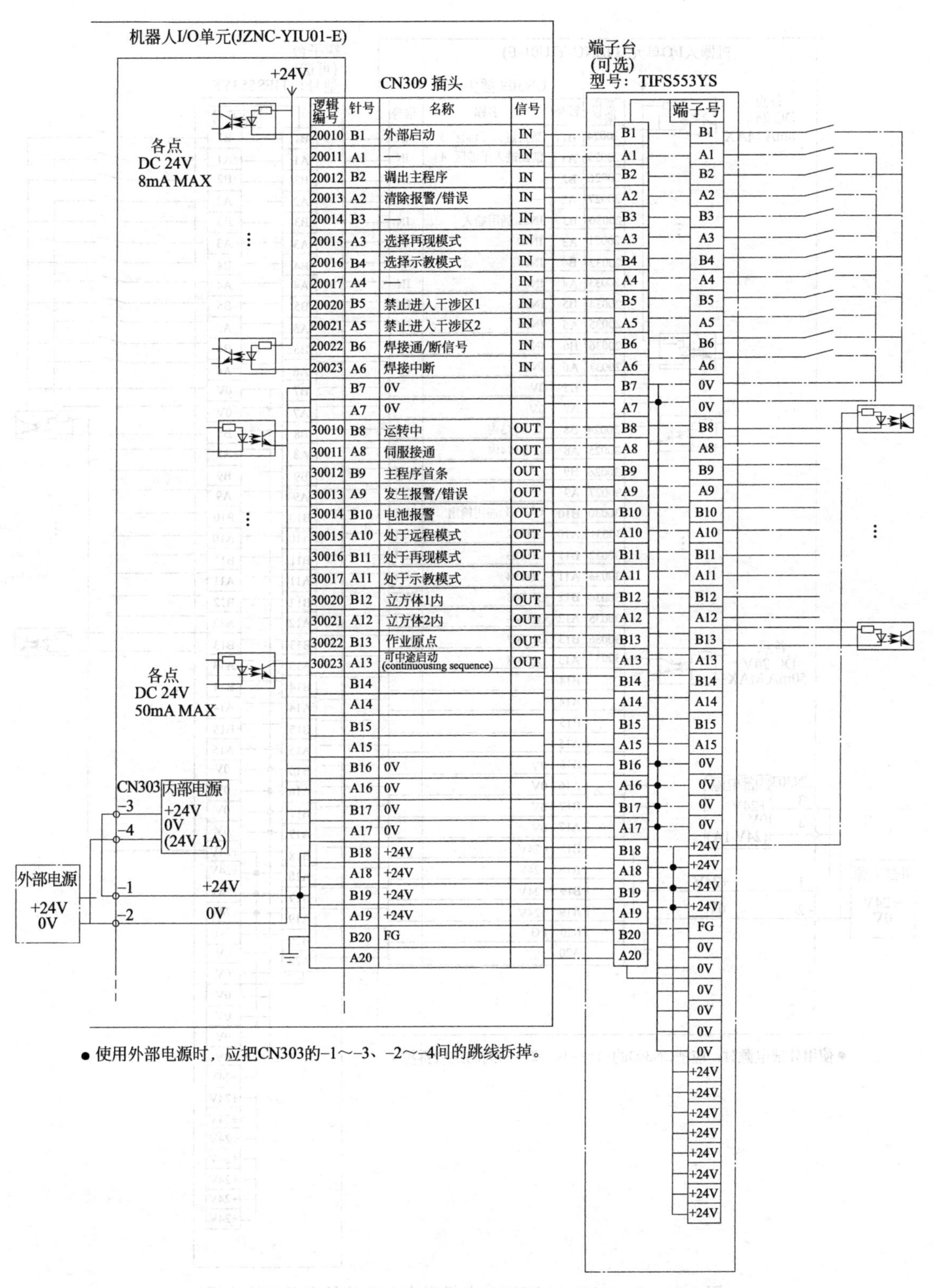

- 使用外部电源时，应把CN303的-1～-3、-2～-4间的跳线拆掉。

图 3-31　CN308 接口 DX100 点焊用途 I/O 信号定义与接线图

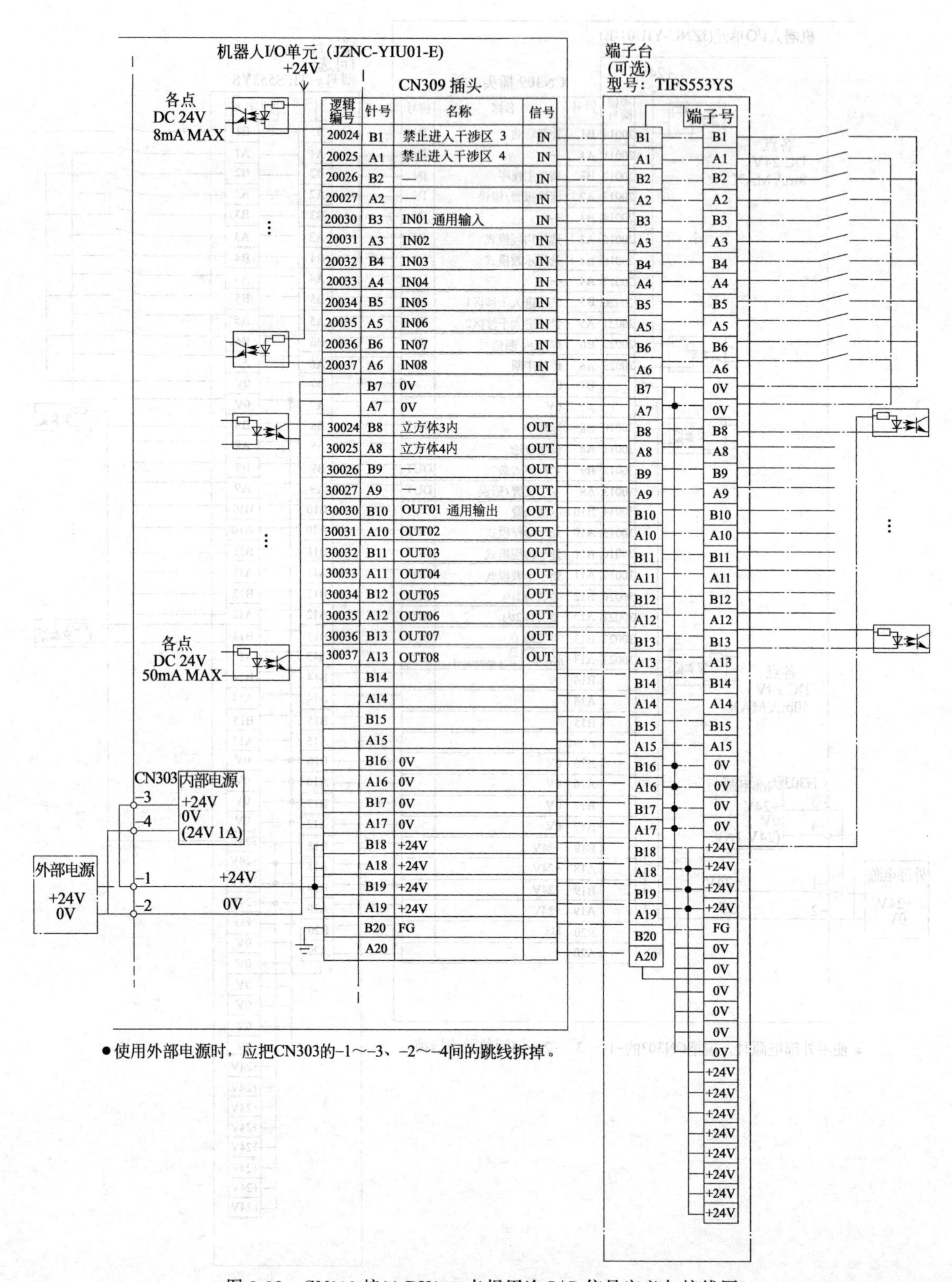

图 3-32　CN309 接口 DX100 点焊用途 I/O 信号定义与接线图

3.2.2 机器人点焊钳

点焊钳作为机器人的执行工具，对机器人的使用有很大的约束力，若选型不合理，将直接影响机器人的操作效率和接近性，同时对机器人运行中的安全有很大威胁。点焊机器人焊钳必须从生产需求和操作特点出发，结构上应满足生产和操作要求。由于机器人操作与传统人工操作有很多不同之处，所以两者有很大差异，其特点对比见表 3-10。

表 3-10 人工操作点焊钳与机器人点焊钳的特点对比

人工操作点焊钳	机器人点焊钳
对点焊钳自重的要求不太严格	点焊钳装在机器人上，每台机器人有额定负载。因此对点焊钳自重的要求严格
随意性强，靠人的智能处理各类问题	严格按程序运行，设有处理工件与样件位置不同等问题的能力，因此焊钳必须具备自动补偿功能，实现自动跟踪工作
不需要考虑焊钳与人之间相对位置问题	机器人在移动、转动、到位、回位的运行过程中，为防止与工件碰撞或与其他装置干涉，点焊钳在随其运行中必须处于固定位置，因此点焊钳要设计限位机构
焊钳的动作靠人控制，不需考虑信号	机器人点焊钳按程序操作，每次动作结束需发出指令。因此，点焊钳需通以信号

(1) 点焊钳的分类

① 按点焊钳的结构形式可以分为 C 型焊钳和 X 型焊钳，如图 3-33 所示。

② 按点焊钳的行程可以分为单行程和双行程。

③ 按加压的驱动方式可以分为气动焊钳和电动焊钳。

④ 按点焊钳变压器的种类可分为工频焊钳和中频焊钳。

⑤ 按点焊钳的加压力大小可以分为轻型焊钳和重型焊钳，一般将电极加压在 450kg 以上的点焊钳称为重型焊钳，450kg 以下的点焊钳称为轻型焊钳。

综上所述，点焊钳的分类如图 3-34 所示。

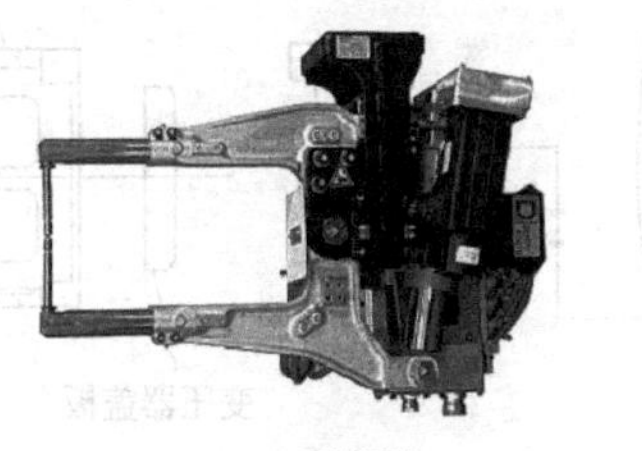

(a) X型焊钳

(b) C型焊钳

图 3-33 X 型气动焊钳和 C 型气动焊钳实物

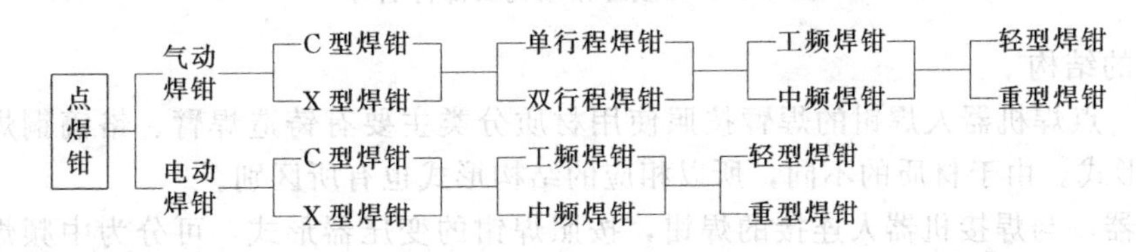

图 3-34 点焊钳的分类

(2) 点焊钳的结构及部件名称

① C 型焊钳 根据焊接工位的不同，C 型焊钳主要用于点焊垂直及近似于垂直倾斜位置的焊缝，C 型焊钳的结构及部件名称如图 3-35 所示。

② X 型焊钳 X 型焊钳主要用于点焊水平及近似于水平倾斜位置的点焊，X 型焊钳结构及部件名称如图 3-36 所示。

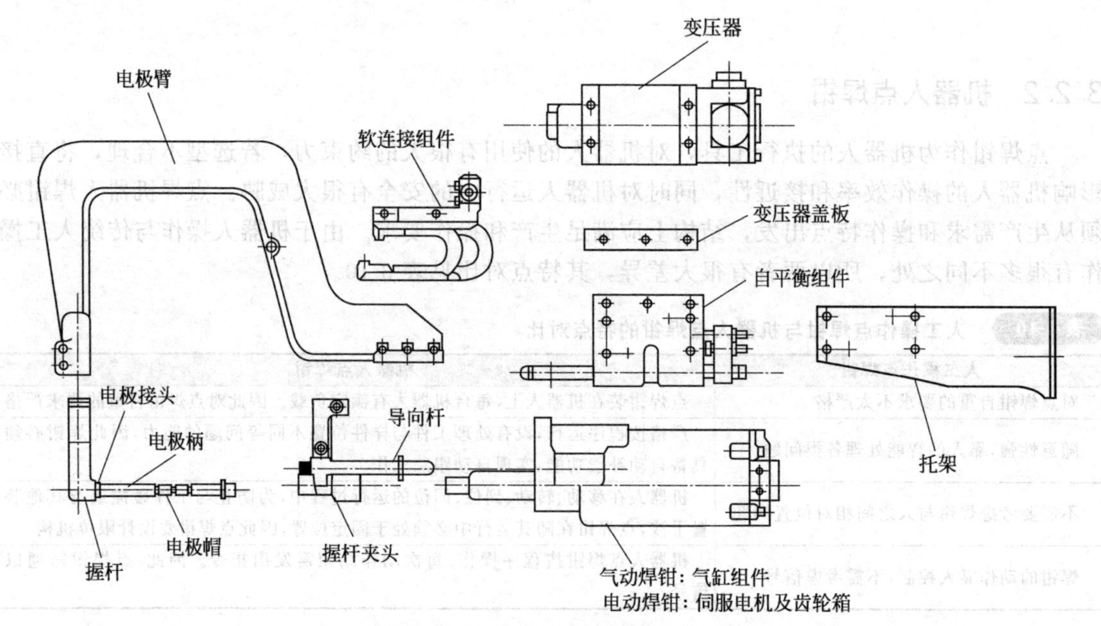

图 3-35　C 型焊钳结构及部件名称

点焊钳的一般结构形式，在实际应用中，需要根据打点位置的特殊性，对点焊钳钳体做特殊的设计，只有这样才能确保点焊钳到达焊点位置。

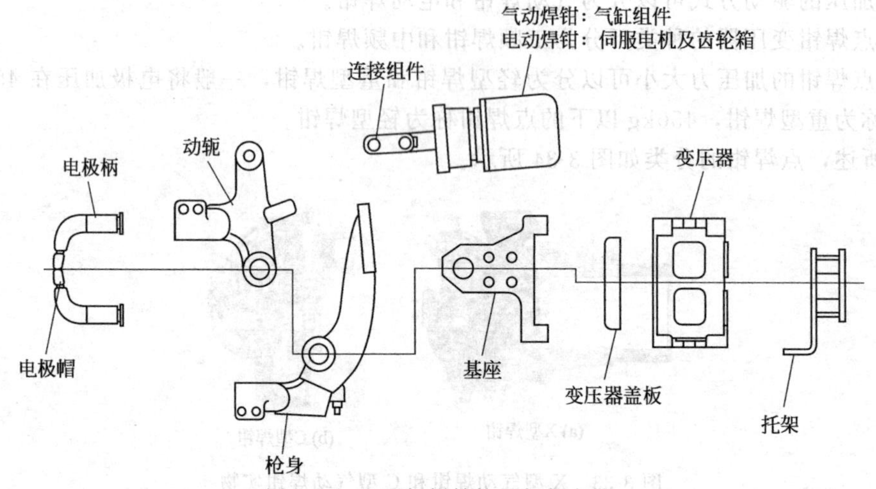

图 3-36　X 型焊钳结构及部件名称

③ 焊钳的结构

a. 焊臂。点焊机器人焊钳的焊臂按照使用材质分类主要有铸造焊臂、铬镐铜焊臂和铝合金焊臂三种形式。由于材质的不同，所以相应的结构形式也有所区别。

b. 变压器。与焊接机器人连接的焊钳，按照焊钳的变压器形式，可分为中频焊钳和工频焊钳。中频焊钳是利用逆变技术将工频电转化为 1000Hz 的中频电。这两种焊钳最主要的区别就是变压器本身，焊钳的机械结构原理完全相同。

c. 电极臂。按电极臂驱动形式的不同，可分为“气动”和“电机伺服驱动”。

(3) 点焊钳的技术参数

① C 型气动焊钳的技术参数

a. C 型气动焊钳结构示意图如图 3-37 所示。

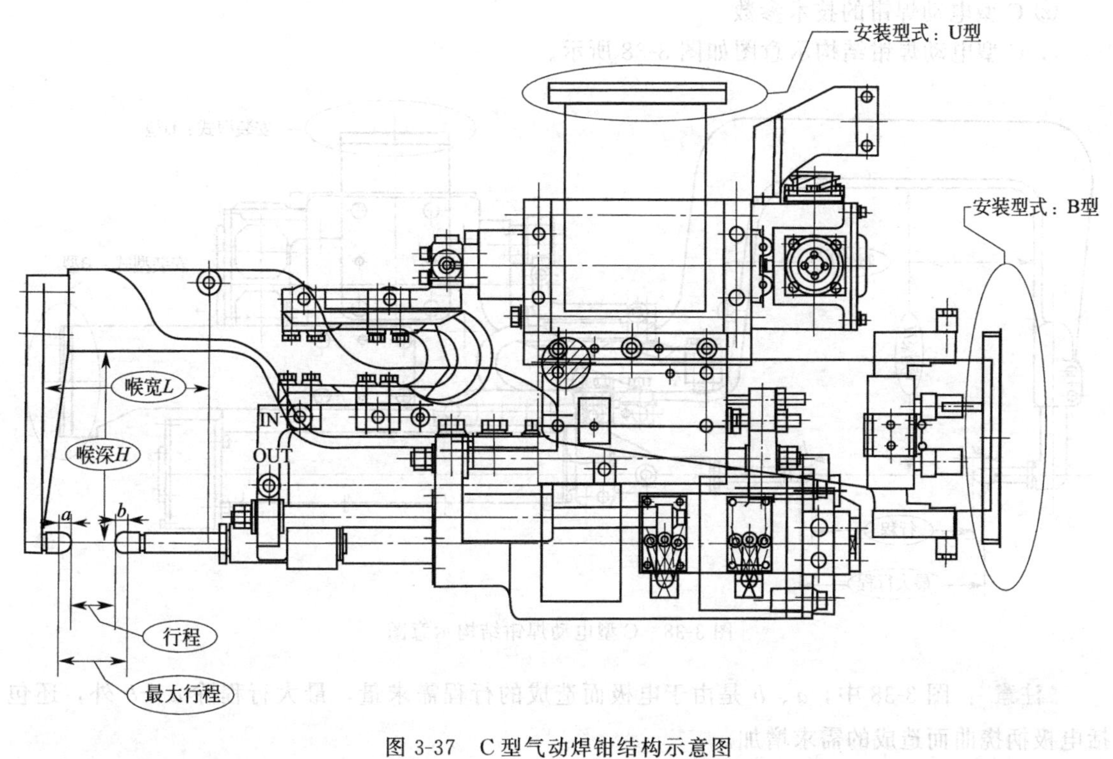

图 3-37　C 型气动焊钳结构示意图

注意：图 3-37 中，a、b 是由于电极而造成的行程需求量，最大行程除 $a+b$ 外，还包括电极柄挠曲而造成的需求增加。

b. C 型气动焊钳选型参数见表 3-11。

表 3-11　C 型气动焊钳选型参数

<table>
<tr><th colspan="2">基本技术参数</th><th>内容</th><td rowspan="2">MOTOMAN-ES165D，MOTOMAN-ES200D，MOTOMAN-ES165RD，MOTOMAN-ES200RD 机器人本体</td></tr>
<tr><td colspan="2">焊钳类型</td><td>C 型气动焊钳</td></tr>
<tr><td rowspan="5">焊钳本体</td><td>喉深 H/mm</td><td></td><td rowspan="12">适用的焊钳法兰有两种：
螺孔6×M10 带绝缘套
销孔 6×φ9H7
φ92
螺孔6×M10 带绝缘套
销孔 6×φ10H7
φ125</td></tr>
<tr><td>喉宽 L/mm</td><td></td></tr>
<tr><td>行程/mm</td><td></td></tr>
<tr><td>最大行程/mm</td><td></td></tr>
<tr><td>最大加压力/kgf</td><td></td></tr>
<tr><td rowspan="3">变压器</td><td>类型(工频或中频)</td><td></td></tr>
<tr><td>容量/kV・A</td><td></td></tr>
<tr><td>最大电流</td><td></td></tr>
<tr><td colspan="2">焊钳的行程类型</td><td>□单行程
□双行程</td></tr>
<tr><td colspan="2">※注：如果采用双行程焊钳，小开口行程/mm</td><td></td></tr>
<tr><td colspan="2">焊钳在机器人上的安装形式</td><td></td></tr>
</table>

② C 型电动焊钳的技术参数

a. C 型电动焊钳结构示意图如图 3-38 所示。

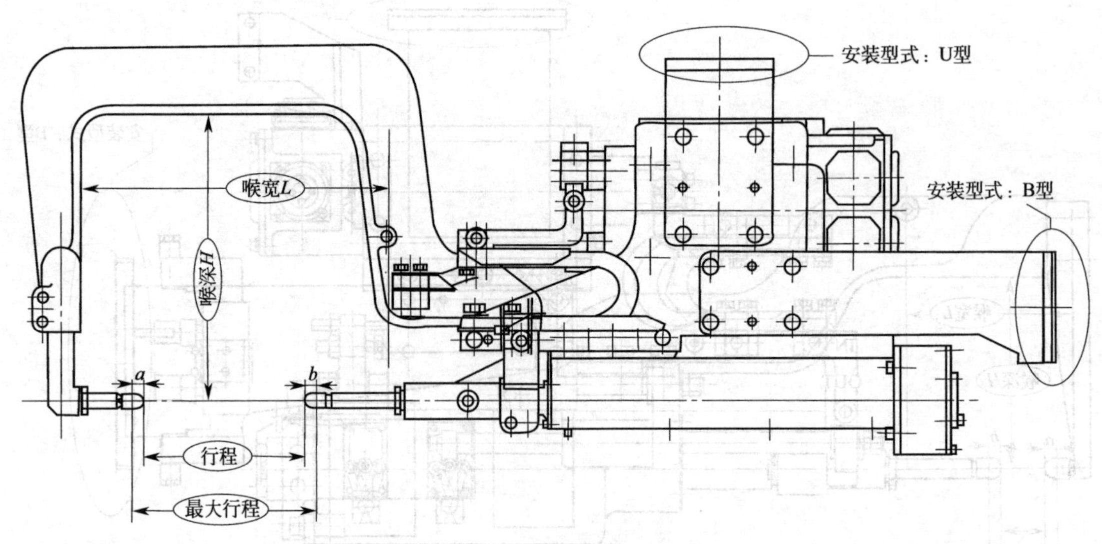

图 3-38　C 型电动焊钳结构示意图

注意：图 3-38 中，a、b 是由于电极而造成的行程需求量，最大行程除 $a+b$ 外，还包括电极柄挠曲而造成的需求增加。

b. C 型电动焊钳选型参数见表 3-12。

表 3-12　C 型电动焊钳选型参数

基本技术参数		内容	
焊钳类型		C 型伺服焊钳	MOTOMAN-ES165D，MOTOMAN-ES200D，MOTOMAN-ES165RD，MOTOMAN-ES200RD 机器人本体
焊钳本体	喉深 H/mm		
	喉宽 L/mm		
	行程/mm		
	最大行程/mm		
	最大加压力/kgf		
变压器	类型(工频或中频)		
	容量/kV·A		
	最大电流		
伺服电动机型号			
焊钳在机器人上的安装形式			适用的焊钳法兰有两种： 螺孔6×M10 带绝缘套；销孔 6×ϕ9H7；ϕ92 螺孔6×M10 带绝缘套；销孔 6×ϕ10H7；ϕ125

③ X 型气动焊钳的技术参数

a. X 型气动焊钳结构示意图如图 3-39 所示。

注意：图 3-39 中，a、b 是由于电极而造成的行程需求量，最大行程除 $a+b$ 外，还包

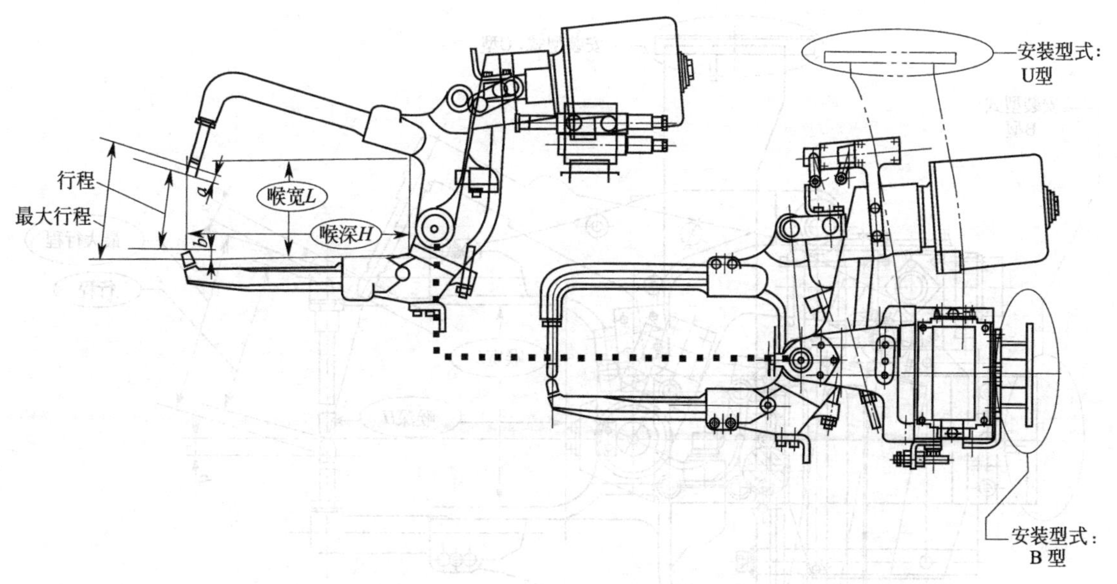

图 3-39　X 型气动焊钳结构示意图

括电极柄挠曲而造成的需求增加。

b. X 型气动焊钳选型参数见表 3-13。

表 3-13　X 型气动焊钳选型参数

<table>
<tr><th colspan="2">基本技术参数</th><th>内容</th><td rowspan="13">MOTOMAN-ES165D，MOTOMAN-ES200D，MOTOMAN-ES165RD，MOTOMAN-ES200RD 机器人本体
适用的焊钳法兰有两种：
螺孔6×M10 带绝缘套
销孔 6×ϕ9H7
ϕ92
螺孔6×M10 带绝缘套
销孔 6×ϕ10H7
ϕ125</td></tr>
<tr><td colspan="2">焊钳类型</td><td>X 型气动焊钳</td></tr>
<tr><td rowspan="5">焊钳本体</td><td>喉深 H/mm</td><td></td></tr>
<tr><td>喉宽 L/mm</td><td></td></tr>
<tr><td>行程/mm</td><td></td></tr>
<tr><td>最大行程/mm</td><td></td></tr>
<tr><td>最大加压力/kgf</td><td></td></tr>
<tr><td rowspan="3">变压器</td><td>类型(工频或中频)</td><td></td></tr>
<tr><td>容量/kV・A</td><td></td></tr>
<tr><td>最大电流</td><td></td></tr>
<tr><td colspan="2">焊钳的行程类型</td><td>□单行程
□双行程</td></tr>
<tr><td colspan="2">※注：如果采用双行程焊钳，小开口行程/mm</td><td></td></tr>
<tr><td colspan="2">焊钳在机器人上的安装形式</td><td></td></tr>
</table>

④ X 型电动焊钳的技术参数

a. X 型电动焊钳结构示意图如图 3-40 所示。

注意：图 3-40 中，a、b 是由于电极而造成的行程需求量，最大行程除 $a+b$ 外，还包括电极柄挠曲而造成的需求增加。

b. X 型电动焊钳选型参数见表 3-14。

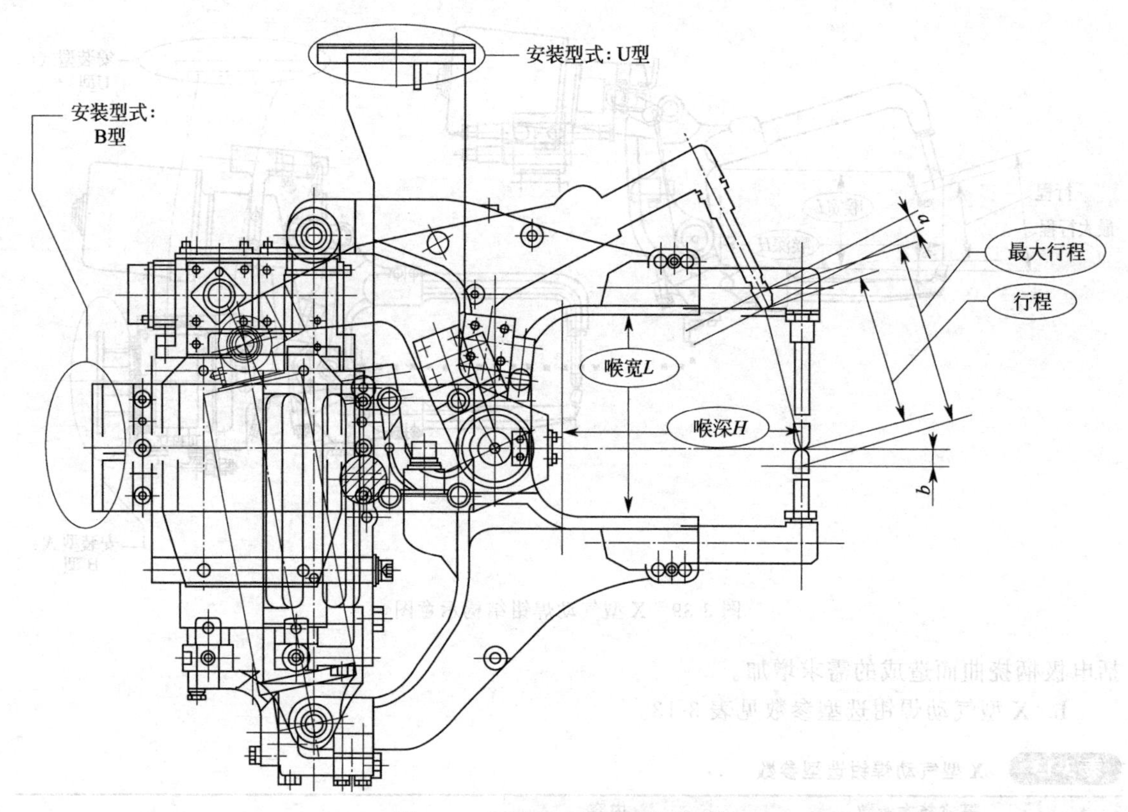

图 3-40　X 型电动焊钳结构示意图

表 3-14　X 型电动焊钳选型参数

基本技术参数		内容	
焊钳类型		X 型伺服焊钳	MOTOMAN-ES165D，MOTOMAN-ES200D，MOTOMAN-ES165RD，MOTOMAN-ES200RD 机器人本体
焊钳本体	喉深 H/mm		
	喉宽 L/mm		
	行程/mm		
	最大行程/mm		
	最大加压力/kgf		
变压器	类型(工频或中频)		
	容量/kV·A		
	最大电流		
伺服电动机型号			
焊钳在机器人上的安装形式			适用的焊钳法兰有两种： 螺孔6×M10 带绝缘套；销孔 6×ϕ9H7；ϕ92 螺孔6×M10 带绝缘套；销孔 6×ϕ10H7；ϕ125

⑤ 伺服焊钳　伺服焊钳是指用伺服电动机驱动的点焊钳，是利用伺服电动机替代压缩空气作为动力源的一种新型焊钳。焊钳的张开和闭合由伺服电动机驱动，脉冲码盘反馈。伺服焊

钳的主要功能是其张开度可以根据实际需要任意选定并预置，而且电极间的压紧力也可以无级调节，能进一步提高焊点质量的、性能较高的机器人焊钳，伺服点焊钳具有如下优点。

a. 提高工件的表面质量。伺服焊钳由于采用的是伺服电机，电极的动作速度在接触到工件前，可由高速准确调整到低速。这样就可以形成电极对工件软接触，减轻电极冲击所造成的压痕，从而也减轻了后续工件表面修磨处理量，提高了工件的表面质量。而且，利用伺服控制技术可以对焊接参数进行数字化控制管理，可以保证提供最合适的焊接参数数据，确保焊接质量。

b. 提高生产效率。伺服焊钳的加压、开放动作由机器人来自动控制，每个焊点的焊接周期可大幅度降低。机器人在点与点之间的移动过程中，焊钳就开始闭合，在焊完一点后，焊钳一边张开，机器人一边位移，不必等机器人到位后焊钳才闭合或焊钳完全张开后机器人再移动。与气动焊钳相比，伺服焊钳的动作路径可以控制到最短化，缩短生产节拍，在最短的焊接循环时间建立一致性的电极间压力。由于在焊接循环中省去了预压时间，该焊钳比气动加压快 5 倍，提高了生产率。

c. 改善工作环境。焊钳闭合加压时，不仅压力大小可以调节，而且在闭合时两电极是轻轻闭合，电极对工件是软接触，对工件无冲击，减少了撞击变形，平稳接触工件无噪声，更不会出现在使用气动加压焊钳时的排气噪声。因此，该焊钳清洁、安静，改善了操作环境。

伺服焊钳的基本构成如图 3-41 所示。伺服焊钳的构成部件及名称见表 3-15。

图 3-41　伺服焊钳的基本构成

表 3-15　伺服焊钳的构成部件及名称

功能部位		零件	
一次侧	二次侧	序号	名称
加压驱动部分	转矩发生机构	(1)	伺服电机
	加压力转换机构	(2)	齿状传动带
		(3)	带轮
		(4)	滚珠螺杆
		(5)	活塞杆
		(6)	前侧直动轴承
		(7)	后侧直动轴承

续表

功能部位		零件	
一次侧	二次侧	序号	名称
二次供电部分	电流输出部分	(8)	焊接变压器
	供电接口	(9)	软连接
		(10)	端子
机器人安装部分		(11)	焊钳托架
冷却水回水部分		(12)	水冷分水器
	位置反馈部分	(13)	绝对编码器

一般与机器人配套使用的点焊钳伺服电动机，作为机器人的第 7 轴，其动作由机器人控制柜直接控制。针对点焊过程的四个阶段，即预压、焊接、保持和休止，伺服焊钳点焊编程操作的 5 个阶段如图 3-42 所示。

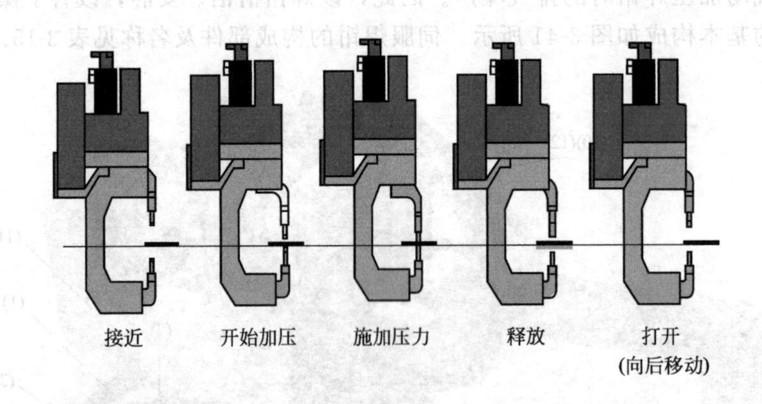

图 3-42　伺服焊钳点焊编程操作的 5 个阶段

(4) 点焊钳的选型

无论是手工悬挂点焊钳还是机器人点焊钳，在订货式样上都有其特别的要求，它必须与点焊工件所要求的焊接规范相适应，其基本原则如下。

① 根据工件和材质板厚，确定焊钳电极的最大短路电流和最大加压力。

② 根据工件的形状和焊点在工件上的位置，确定焊钳钳体的喉深、喉宽、电极握杆、最大行程、工作行程等。

③ 根据工件上所有焊点的位置分布情况，确定选择焊钳的类型。通常有四种焊钳比较普遍，即 C 型单行程焊钳、C 型双行程焊钳、X 型单行程焊钳和 X 型双行程焊钳。

在满足以上条件的情况下，尽可能地减小焊钳的质量。对悬挂点焊来说，可以减轻操作人员的劳动强度；对机器人点焊而言，可以选择低负载的机器人，并可提高生产效率。根据工件的位置尺寸和焊接位置，选择大开焊钳和小开焊钳，如图 3-43 所示。

根据工艺要求选择单行程气动焊钳和双行程气动焊钳，如图 3-44 所示。

焊钳的通电面积＝喉深×喉宽，该面积越大，焊接时产生的电感越强，电流输出越困难。这时，通常要使用较大功率的变压器，或采用逆变变压器进行电流输出。根据电极磨损情况选择焊钳尺寸，如图 3-45 所示。

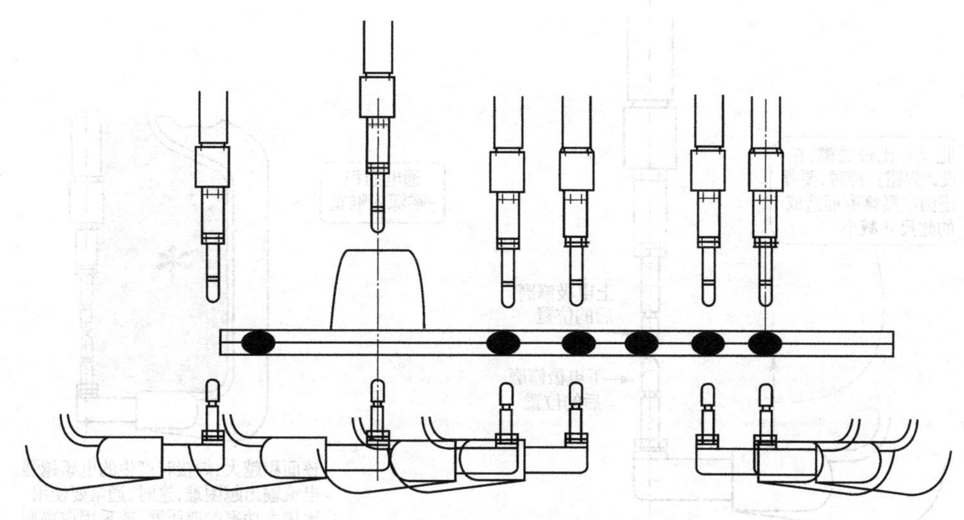

图 3-43　小开→大开→小开切换的示意图

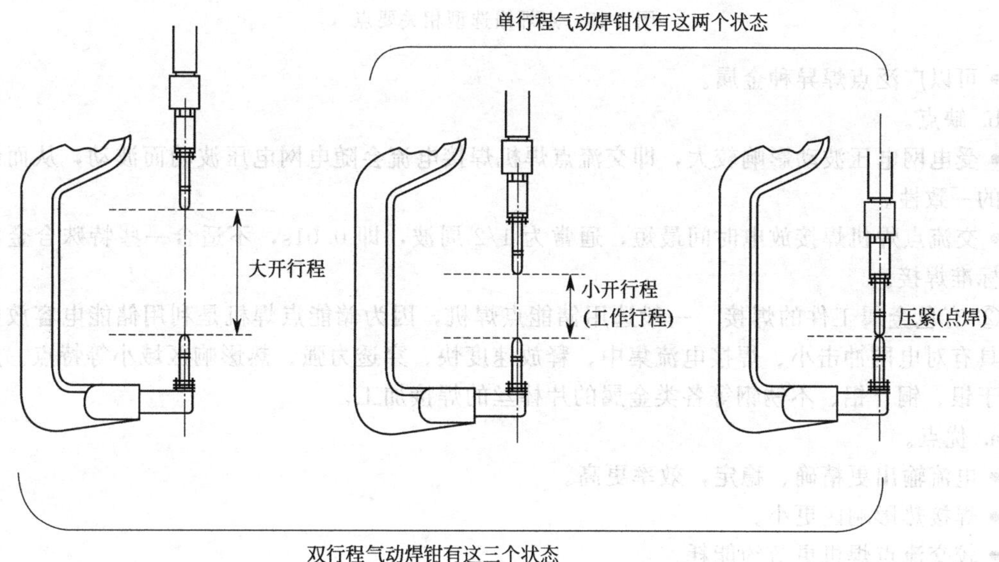

图 3-44　单行程气动焊钳和双行程气动焊钳

3.2.3　点焊控制器的选择

(1) 按焊接材料选择

① 黑色金属工件的焊接　一般选用交流点焊机。因为交流点焊机是采用交流电放电焊接，特别适合电阻值较大的材料，同时交流点焊机可通过运用单脉冲、多脉冲信号、周波、时间、电压、电流、程序各项控制方法，对被焊工件实施单点、双点连续、自动控制、人为控制焊接。适用于钨、钼、铁、镍、不锈钢等多种金属的片、棒、丝料的焊接。

a. 优点。

- 综合效益较好，性价比较高。
- 焊接条件范围大。
- 焊接回路小型轻量化。

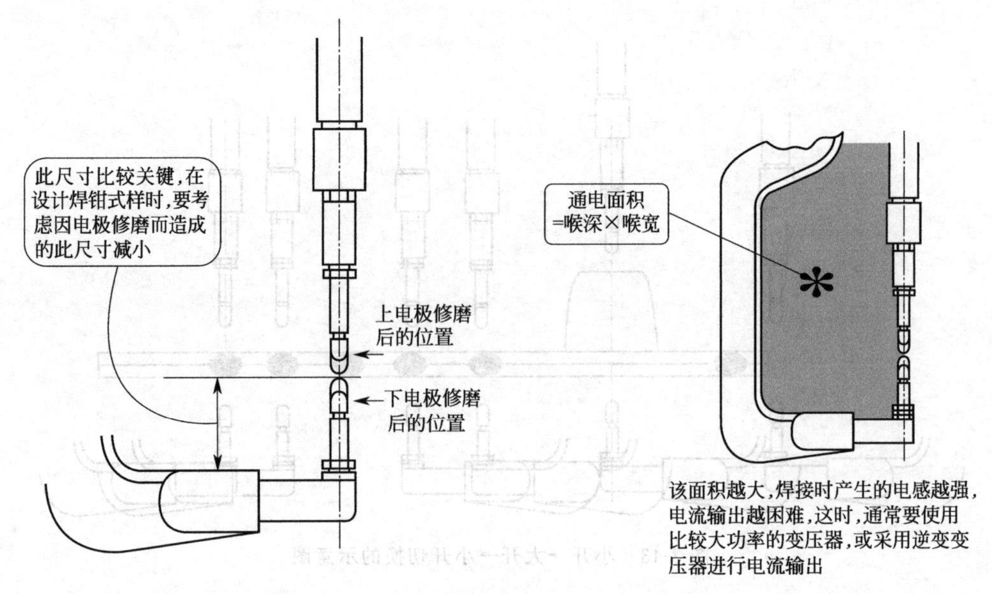

图 3-45 点焊钳选型相关要点

• 可以广泛点焊异种金属。

b. 缺点。

• 受电网电压波动影响较大，即交流点焊机焊接电流会随电网电压波动而波动，从而影响焊接的一致性。

• 交流点焊机焊接放电时间最短，通常为 1/2 周波，即 0.01s，不适合一些特殊合金材料的高标准焊接。

② 有色金属工件的焊接　一般选用储能点焊机，因为储能点焊机是利用储能电容放电焊接，具有对电网冲击小、焊接电流集中、释放速度快、穿透力强、热影响区域小等特点。广泛适合于银、铜、铝、不锈钢等各类金属的片棒丝的焊接加工。

a. 优点。

• 电流输出更精确、稳定，效率更高。

• 焊接热影响区更小。

• 较交流点焊机更节约能耗。

b. 缺点。

• 设备造价较高。

• 储能点焊机焊接放电时间受储能量和焊接变压器影响，设备定型后，放电时间不可调整。

• 储能点焊机的放电电容经过长期使用会自动衰减，需要更换。

③ 特殊材料　需要高精度、高标准焊接的特殊合金材料可选择中频逆变点焊机。

(2) 按焊机的技术参数选择

① 电源额定电压、电网频率、一次电流、焊接电流、短路电流、连续焊接电流和额定功率。

② 最大、最小及额定电极压力或顶锻压力、夹紧力。

③ 额定最大、最小臂伸和臂间开度。

④ 短路时的最大功率及最大允许功率，额定级数下的短路功率因数。

⑤ 冷却水及压缩空气耗量。

⑥ 适用的焊件材料、厚度或断面尺寸。

⑦ 额定负载持续率。

⑧ 焊机重量、焊机生产率、可靠性指标、寿命及噪声等。

(3) 具体点焊机器人电阻焊接控制装置简介

点焊机器人电阻焊接控制装置很多，现以 IWC5-10136C 为例介绍之。IWC5-10136C 电阻焊接控制装置为逆变式焊接电源，采用微电脑控制，具备高性能和高稳定性的特点，可以按照指定的直流电流进行定电流控制，具有步增机能以及各种监控及异常检测机能。IWC5 焊接电源的技术参数见表 3-16。

表 3-16　IWC5-10136C 电阻焊接控制装置技术参数

额定电压及周波数	额定电压	三相 AC380V、400V、415V、440V、480(1±15%)V
	焊接电源周波数	50Hz/60Hz(自动切换)
	控制电源	在控制器内部从焊接电源引出
	消耗功率	约 80V·A(无动作时)
冷却条件	本体	强制式空气冷却
	IGBT 单元	水冷式，给水侧温度 30℃以下 冷却水量 5L/min 以上 冷却水压 300kPa 以下 电阻率 5000Ω·cm 以上
控制主电路	IGBT	集电极-发射极间电压 1200V 集电极电流 400A
适用焊接变压器	逆变式直流变压器	
控制方式	IGBT 采用桥式 PWM 逆变控制	
	逆变周波数	700～1800Hz (从 700Hz、1000Hz、1200Hz、1500Hz、1800Hz 中选择一种进行控制)
焊接电流控制方式	额定电流控制	一次电流循环反馈方式控制 设定精度：±3%或 300A 以内 重复精度：在焊接电源电压及负荷变动±10%以内时，±2%或 300A 以内，上升及下降周期除外
存储数据的保存	数据保存电源	超电容或锂电池(选配件)
	程序数据保存期限	半永久
	监控数据保存期限	电源切断后保存 15 天以上，加装锂电池时保存 10 年
	异常历史数据保存期限	电源切断后保存 15 天以上，加装锂电池时保存 10 年
	数据写擦次数	闪存 10 万次
控制范围	一次电流控制范围	50～400A(根据使用率的情况有限制)
	二次电流控制范围	2.0～25.5kA
	焊接变压器卷数比	4.0～200.0
	加压力控制范围	100～800kPa(使用加压力控制选配件时)
使用率		400A，10%以下

3.3　工业机器人点焊工作站的安装

3.3.1　点焊机器人的安装

(1) 安装的注意事项

点焊机器人系统一般由点焊机器人、点焊钳、点焊控制箱、气/水管路、电极修磨机及各类线缆等构成。

点焊机器人系统具有管线繁多的特点，特别是机器人与点焊钳间的连接上，包括点焊钳控制电缆、点焊钳电源电缆、水气管等。而机器人在生产线上的工作空间相对比较狭小，管线的处理、排布在实际生产过程中，直接影响到机器人的运动速度和示教的质量，也会给设备的生产维护留下很多隐患。

机器人的安装对其功能的发挥十分重要，底座的固定和地基应能够承受机器人加减速运动时的动载荷以及机器人和夹具的静态重量。

另外，机器人的安装面不平整时，有可能发生机器人变形，其性能受影响。机器人安装面的平面度应确保在0.5mm以下。

应按照急停时机器人最大动载荷和加减速时的最大力矩对机器人地基进行设计和施工。

① 急停时机器人最大动载荷见表3-17。

表3-17 急停时机器人量大动载荷

机器人型号 / 回转转矩	ESl65D	ES200D	ESl65RD	ES200RD
水平面回转时最大转矩(S轴动作方向)	32000N·m (3265kgf·m)	32000N·m (3265kgf·m)	32000N·m (3265kgf·m)	32000N·m (3265kgf·m)
垂直面回转时最大转矩(LU轴动作方向)	78500N·m (8000 kgf·m)	78500N·m (8000kgf·m)	78500N·m (8000kgf·m)	78500 N·m (8000kgf·m)

② 加减速时最大力矩见表3-18。

表3-18 加减速时最大转矩

机器人型号 / 回转转矩	ESl65D	ES200D	ESl65RD	ES200RD
水平面回转时最大转矩(S轴动作方向)	9400N·m (960kgf·m)	9400N·m (960kgf·m)	9410N·m (960kgf·m)	9000N·m (918kgf·m)
垂直面回转时最大转矩(LU轴动作方向)	23900N·m (2434kgf·m)	27150N·m (2771kgf·m)	14650N·m (1495kgf·m)	26150N·m (2664kgf·m)

(2) 安装的场所和环境

机器人安装现场必须满足以下环境条件。

① 周围温度：0～45℃。

② 湿度：20%～80%RH，不结露。

③ 灰尘、粉尘、油烟、水等较少的场所。

④ 不存在易燃、易腐蚀液体及气体的场所。

⑤ 不受大的冲击、振动的场所（$4.9m/s^2$）。

⑥ 远离大的电气噪声源。

⑦ 安装面的平面度0.5mm以下。

(3) 机器人本体和底座的安装

首先，在地面上固定底板，底板需要有足够的强度。推荐底板厚度应为50mm以上的钢板，选用M20以上的地脚螺栓固定。

把机器人的底座固定在底板上，机器人的底座上共有8个安装孔。用M20的六角头螺栓(推荐长度为80mm）紧密固定，应确保内六角头螺栓和地脚螺栓在工作中不发生松动。机器人底座的固定示意图如图3-46所示。

固定底板和机器人本体的步骤如下。

① 使用地脚螺栓完成件 1 与地基连接。

② 利用水平仪调整件 2 的调平螺栓。件 2 调平后，在件 1 与件 2 之间加入垫板填实后，沿件 1 与件 2 的结合缝断续焊接，焊缝长 100mm、间隔 50mm、焊脚 12mm。

③ 机器人的本体安装。按图 3-46 中规格要求，将螺栓穿过机器人底部的定位孔与底座（件 2）锁紧。

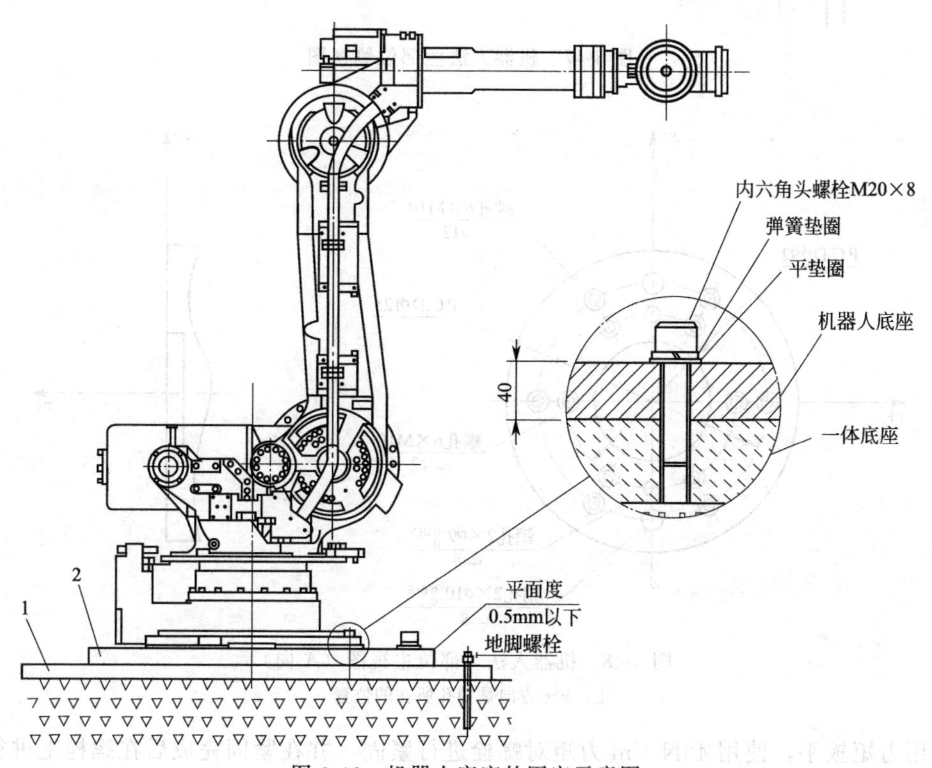

图 3-46　机器人底座的固定示意图

1—机器人安装底座的基板；2—机器人安装底座/底板

3.3.2　焊钳的安装

(1) 点焊钳的类别及型号

① 检查焊钳的标志　以日本小原焊钳为例，“SRTC-×××”是指一体化 C 型电动焊钳；“SRTX-×××”是指一体化 X 型电动焊钳。

② 与设计人员确认系统的焊钳型号　在安装焊钳之前，务必向设计人员确认在该工位的机器人所配备的焊钳型号，设计人员有义务对安装人员进行说明，并进行安装指导。

③ 确定焊钳相对于机器人法兰的安装方向　为了确保离线程序导入时，机器人能正常运行程序，且节约调试工期，焊钳的正确安装非常必要。设计人员应该在焊钳 2D 图的法兰上标出机器人原始工具坐标的 x 向、y 向、z 向，或从离线编程软件中截图说明焊钳在机器人法兰上的安装位置关系。机器人法兰部位侧视图如图 3-47 所示，机器人法兰部位主视图（A 向）如图 3-48 所示。

(2) 焊钳在法兰上的安装方法

① 准备焊钳安装使用的绝缘套管、绝缘垫、绝缘销及绝缘板。使用 12.9 级的安全螺栓。用 6 条 M10×40 的螺栓进行安装。

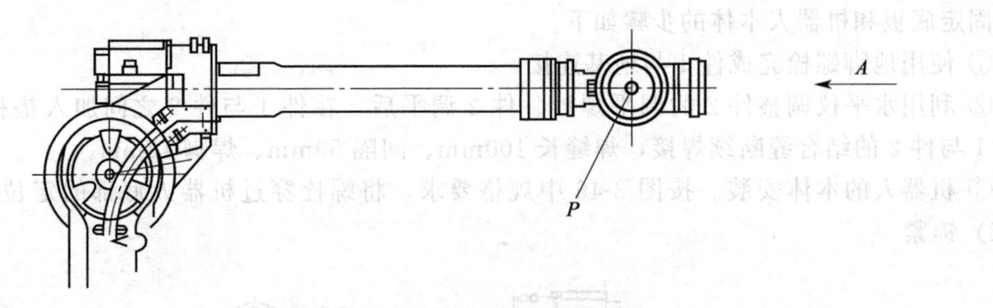

图 3-47　机器人法兰部位侧视图

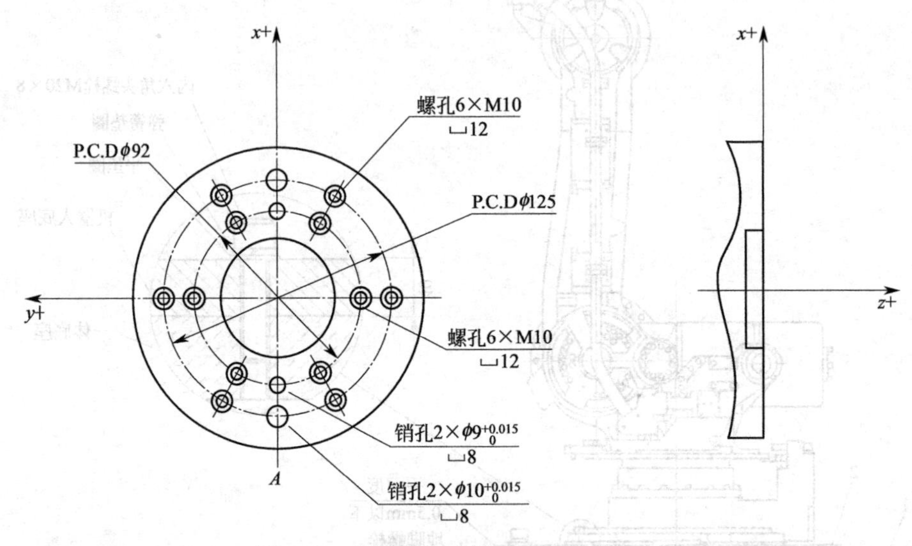

图 3-48　机器人法兰部位主视图（A 向）

注：x±方向是销孔所在的位置。

② 用力矩扳手，使用 48N·m 力矩对螺栓进行紧固，并在紧固完成后在螺栓上进行标记。

③ 焊钳安装完成后的状态。

(3) 焊钳管线的连接

① 伺服电动机电缆的连接　包括伺服电动机的供电电缆和编码器电缆，插头分别为 MS3108820-15S 和 MS3108820-29S，确保插接器拧紧在电动机的电缆插座上，并做拧紧标识。

注意：伺服电动机电缆插头的外壳为弯头，如果插接器安装后发现插头朝向不利于焊钳的电缆梳理，应调整插头的朝向。

② 焊钳焊接动力电缆的连接　电缆插头为 MS3106A36-3S* D190*，确保插接器在焊钳动力电缆插座上拧紧，并做拧紧标识。

③ 焊钳控制 I/O 电缆的连接　电缆插头为 MS3106A22-19S，确保插接器在焊钳 I/O 电缆插座上拧紧，并做拧紧标识。

④ 冷却水的连接　机器人手腕部提供的水管为西 12mm 的难燃性双层 PU 软管，可以直接与焊钳上的快插接头相连接。通常蓝色水管对应进水口，红色对应回水口。

(4) 电缆的梳理

在完成焊钳所有的电缆及水管连接后，要对管线进行捆扎和捆绑处理，必要时安装固定块进行固定，梳理电缆管线应注意以下方面。

① 固定电缆是使电缆尽量远离焊钳电极臂，尤其要避免电缆管线与焊钳的活动部分进行

解除，防止焊钳使用过程中对电缆和管线的摩擦。

② 电缆过长部分要平行绑扎，禁止绑成螺旋状。

③ 电缆梳理时，一定要借助机器人的 R 轴、B 轴、T 轴的操作来进行观察，要确认：电缆的预留长度是否合适；电缆与机器人手臂有无干涉；电缆与焊钳钳体有无干涉；T 轴旋转时，电缆的移动状况。

机器人运行过程中，焊钳的姿态变换会非常频繁且速度很快，电缆的扭曲非常严重，为了保证所有连接的可靠性及安全性，一定要采用以下措施。

① 接头插接器，尤其是焊接变压器动力电缆接头（CN-WE）一定要通过固定板与点焊钳紧固在一起，并且保证电缆有足够的活动余量，确保不会因焊钳的姿态变换时电缆的扭转造成接头的连接松动，否则会引起接头的严重损坏及重大事故发生，如图 3-49 所示。

② 调试人员在示教时，应反复推敲机器人的姿态，力争使焊钳在姿态变换时过渡自然，避免电缆的过分拉伸及扭转。

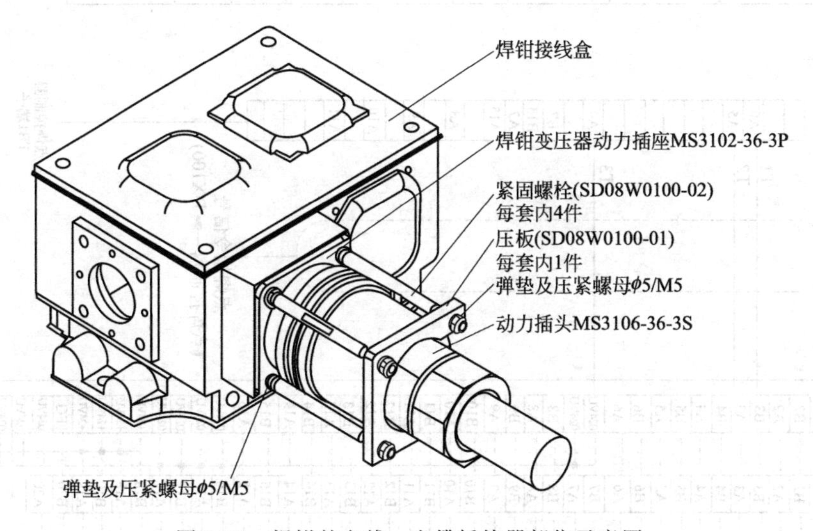

图 3-49　焊钳的电线、电缆插接器部位示意图

3.3.3　点焊机器人通信接口

(1) 机器人输入接线图

点焊机器人信号反馈、点焊控制器及外部控制信号等输入接线，如图 3-50 所示。

(2) 机器人输出接线图

点焊机器人各种指令、电水气等控制信号的输出接线如图 3-51 所示。

(3) 机器人焊钳的连接

在日本安川点焊机器人系列中，应用于点焊用途的机器人主要有 ES165D/ES165RD 和 ES200D/ES200RD，它们专门应用于点焊的主要特点为焊钳连接的气管、水管、I/O 电缆及动力电缆都已经被内置安装于机器人本体的手柄内。因此，机器人在进行点焊生产时，焊钳移动自由，可以灵活地变动姿态，同时可以避免电缆与周边设备的干涉。

① 机器人 U 臂连接部分　机器人 U 臂连接部分如图 3-52 所示。

② 机器人与焊钳的连接　在对点焊机器人手首部分进行管线连接时，确保接头的位置不影响机器人的动作，在机器人动作时电缆充分自由，不会受到挤压、拉伸及摩擦等。水管的连接做到不泄漏、不影响焊钳的加压、不与夹具等周围设备发生摩擦。在管线连接完成后，对裸

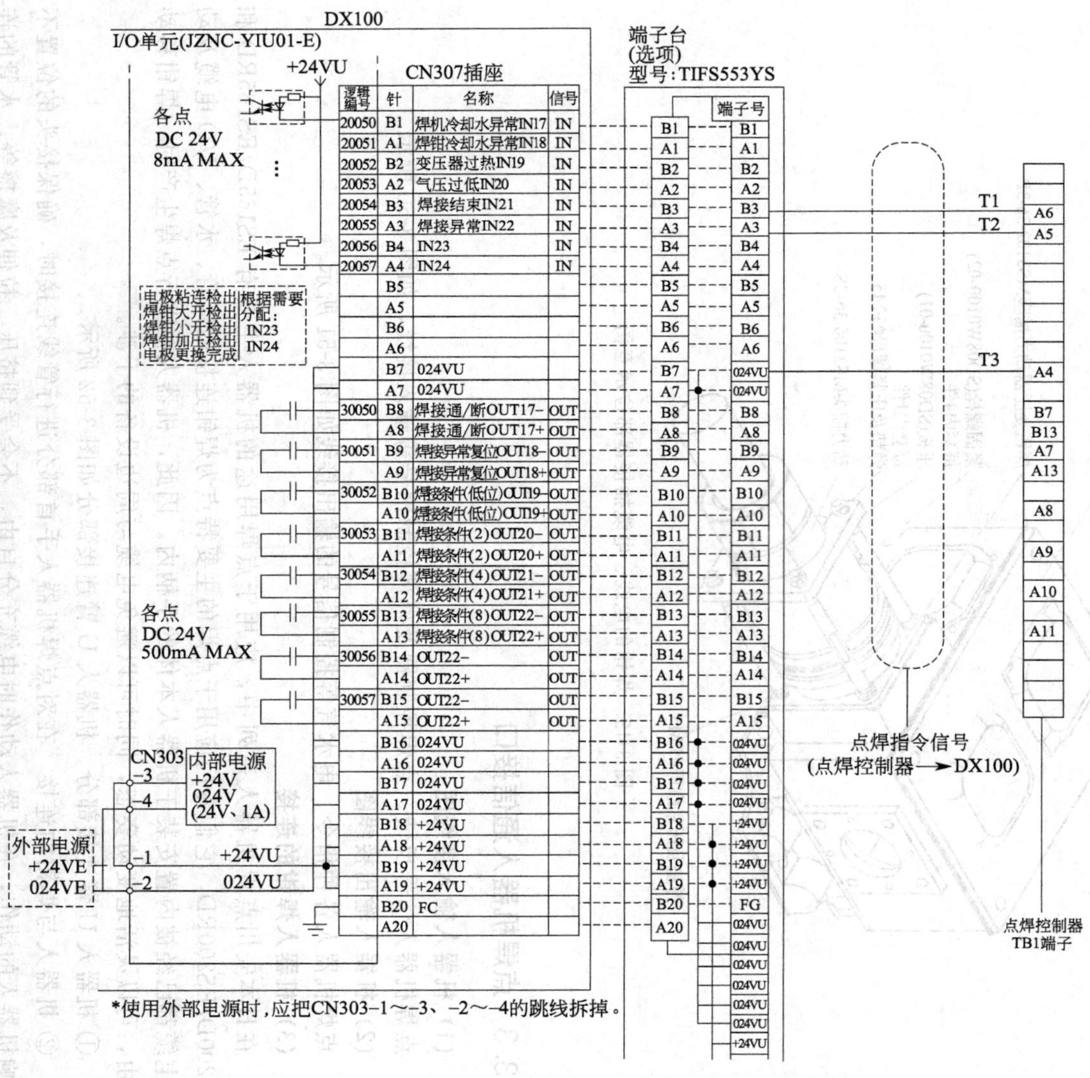

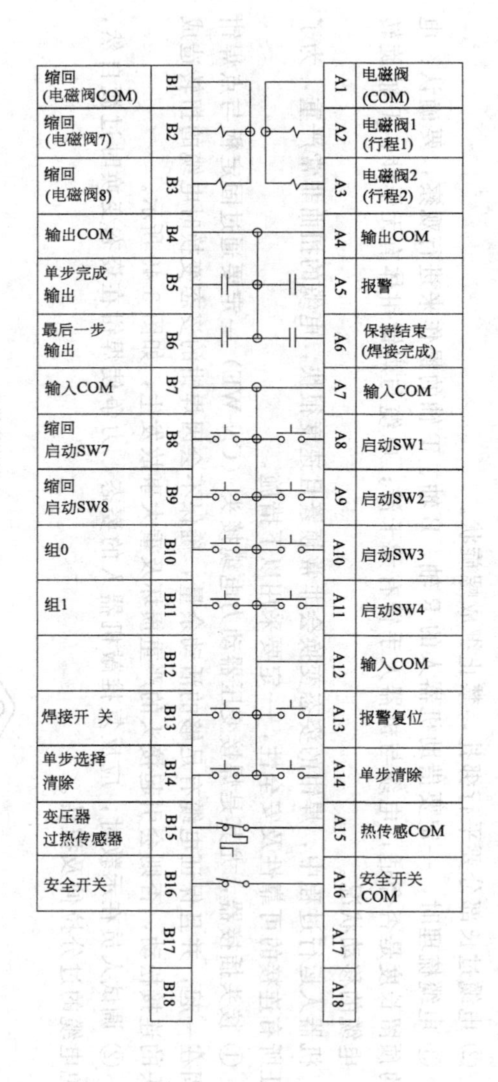

图 3-50 机器人输入接线图

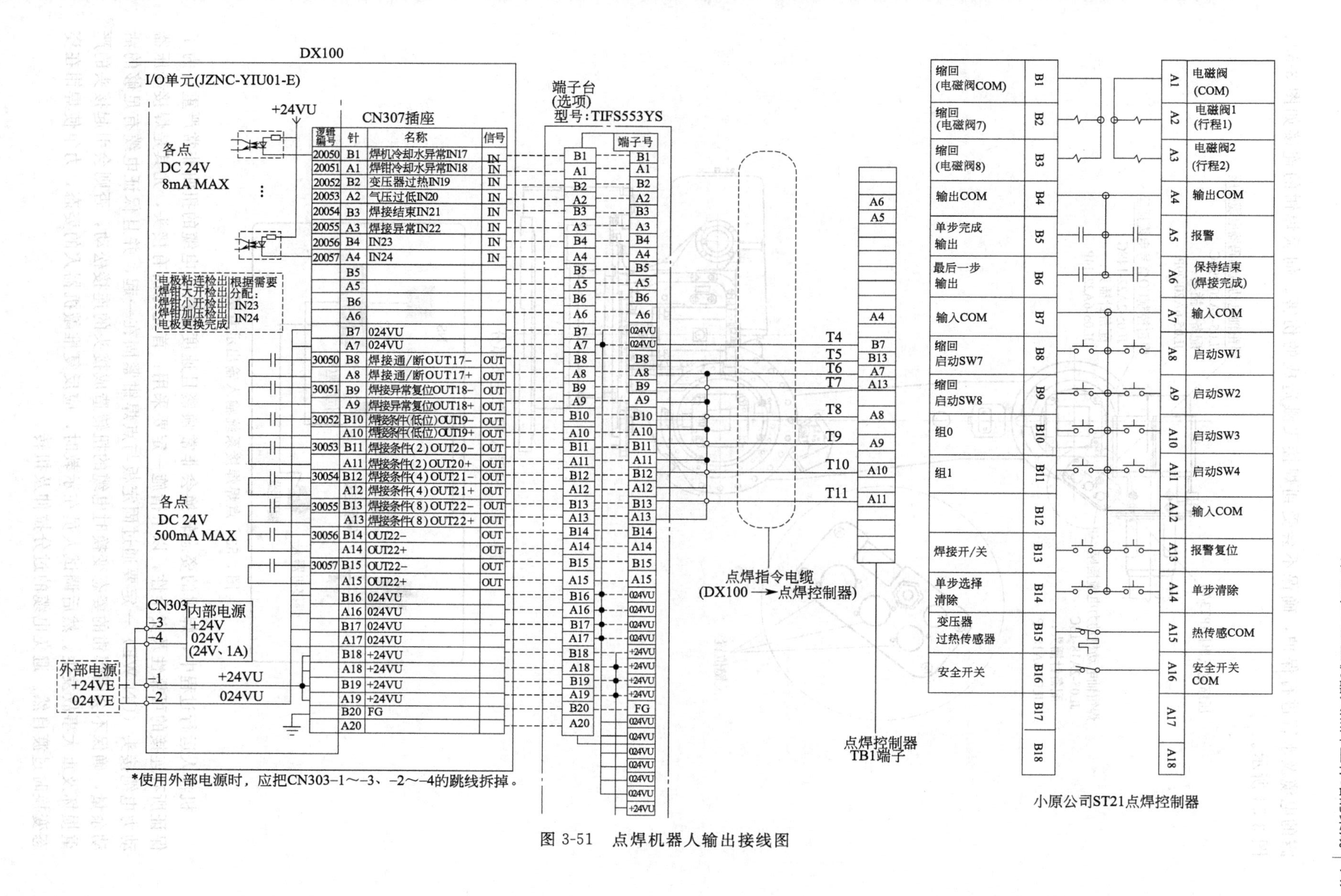

图 3-51　点焊机器人输出接线图

露的电缆及水管进行保护，确保不会受到焊接飞溅造成的伤害。伺服焊钳的连接如图 3-53、图 3-54 所示。

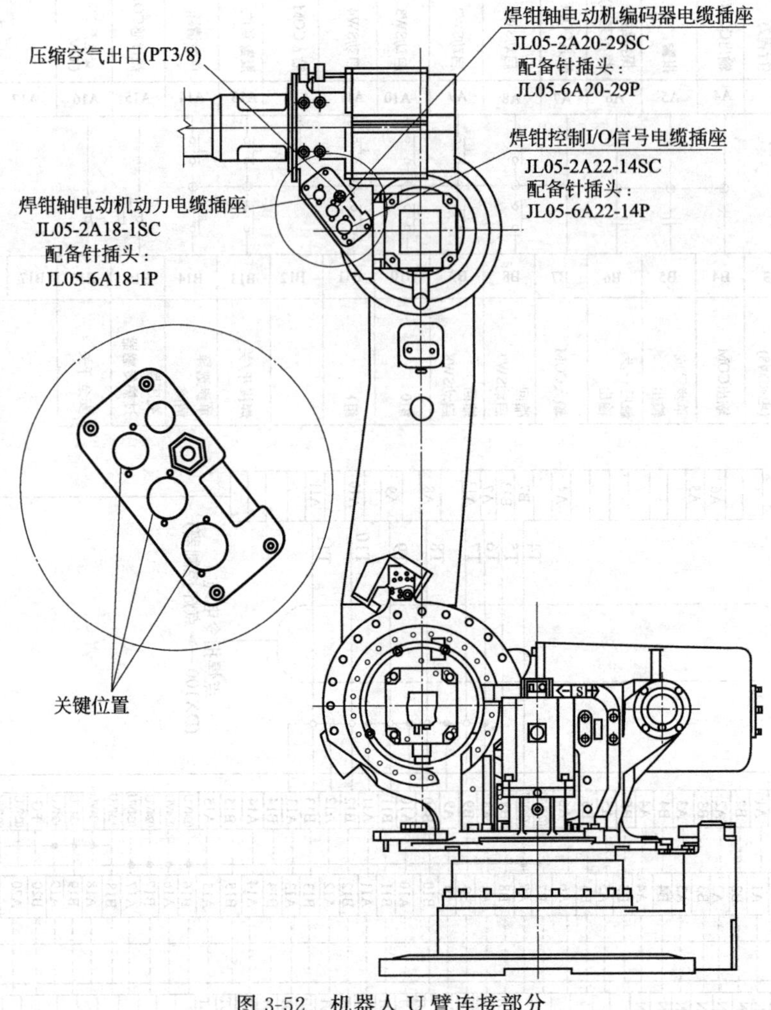

图 3-52　机器人 U 臂连接部分

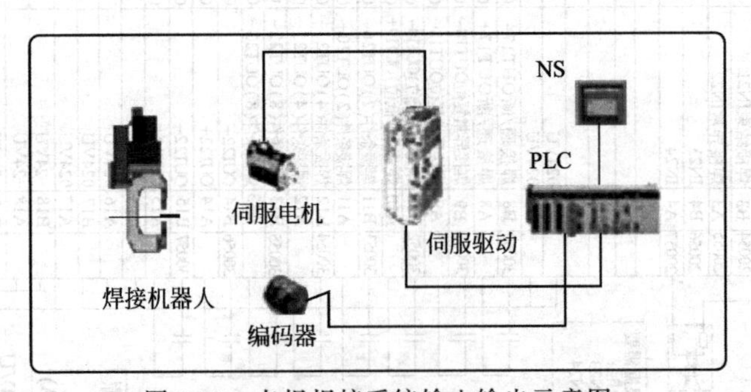

图 3-53　点焊焊接系统输入输出示意图

机器人运行过程中，焊钳的姿态转换会非常频繁且速度很快，电缆的扭曲非常严重，为了保证所有连接的可靠性及安全性，以下措施一定要采用：首先是所有接头，尤其是焊接变压器动力电缆接头（CN-WE）一定要通过固定板与点焊钳紧固在一起，并且保证电缆有足够的活动余量，确保不会因焊钳的姿态变换时电缆的扭转造成接头的连接松动，否则会引起接头的严重损坏及重大事故发生。然后调试人员在示教时，应反复推敲机器人的姿态，力争使焊钳在姿态变换时过渡自然。避免电缆的过分拉伸及扭转。

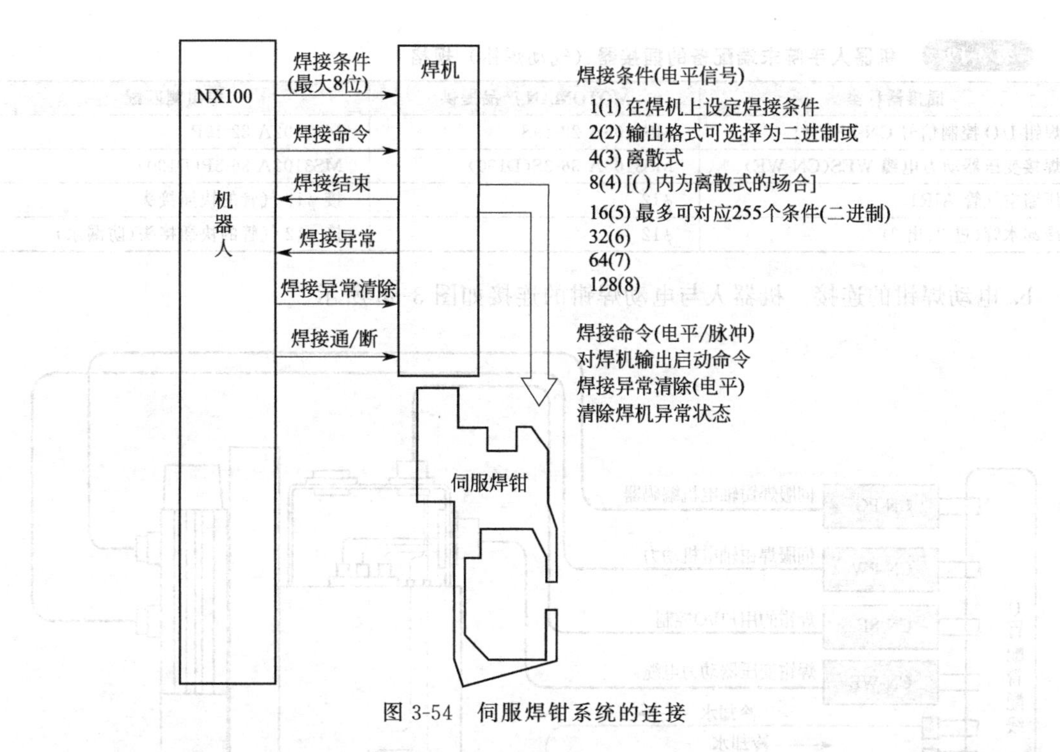

图 3-54 伺服焊钳系统的连接

a. 气动焊钳的连接。机器人与气动焊钳的连接如图 3-55 所示。机器人手腕末端配备的插接器（气动焊钳）规格见表 3-19。

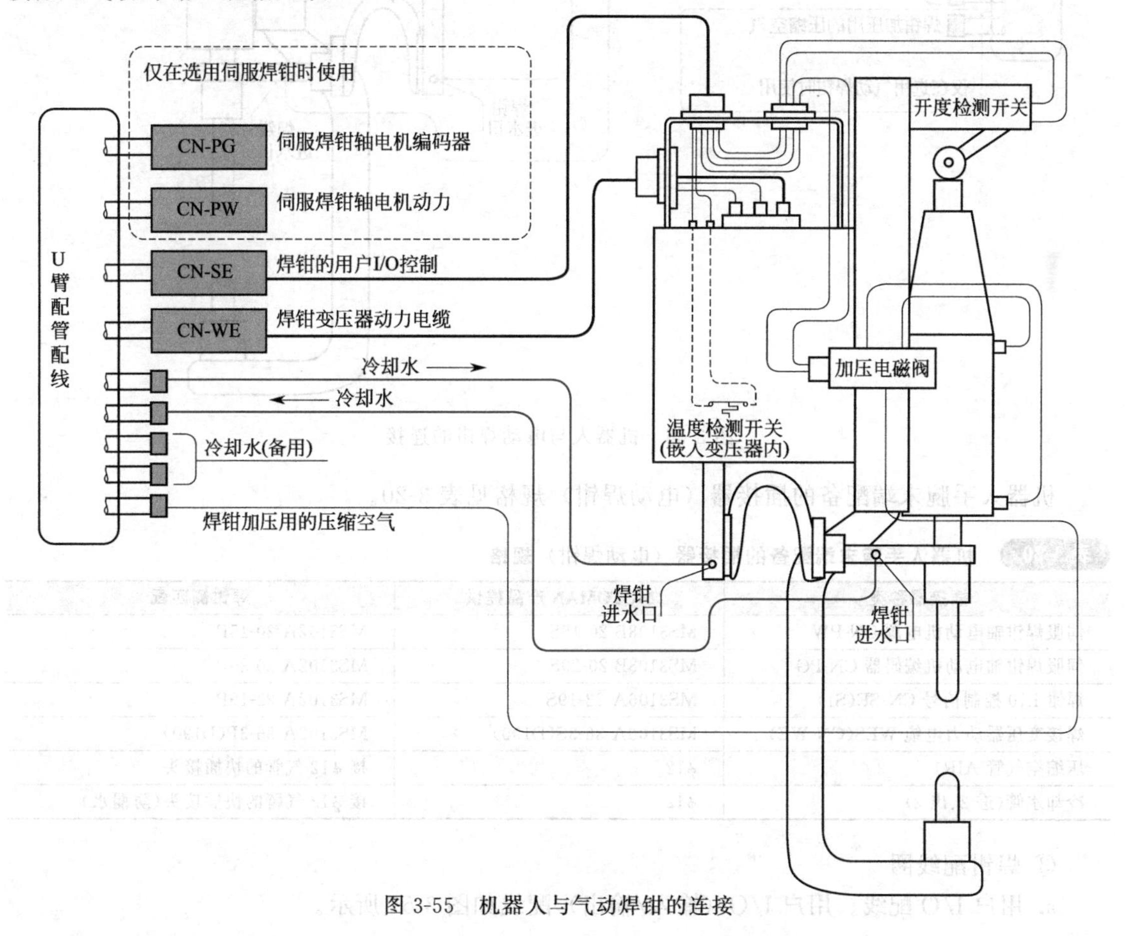

图 3-55 机器人与气动焊钳的连接

表 3-19 机器人手腕末端配备的插接器（气动焊钳）规格

插接器种类	MOTOMAN 产品提供	焊钳侧匹配
焊钳 I/O 控制信号 CN-SE(S1)	MS3106A 22-19S	MS3102A 22-19P
焊接变压器动力电缆 WES(CN-WE)	MS3106A 36-3S(D190)	MS3102A 36-3P(D190)
压缩空气管 AIR1	$\phi12$	接 $\phi12$ 气管的快插接头
冷却水管(进 2、出 2)	$\phi12$	接 $\phi12$ 气管的快插接头(防漏水)

b. 电动焊钳的连接。机器人与电动焊钳的连接如图 3-56 所示。

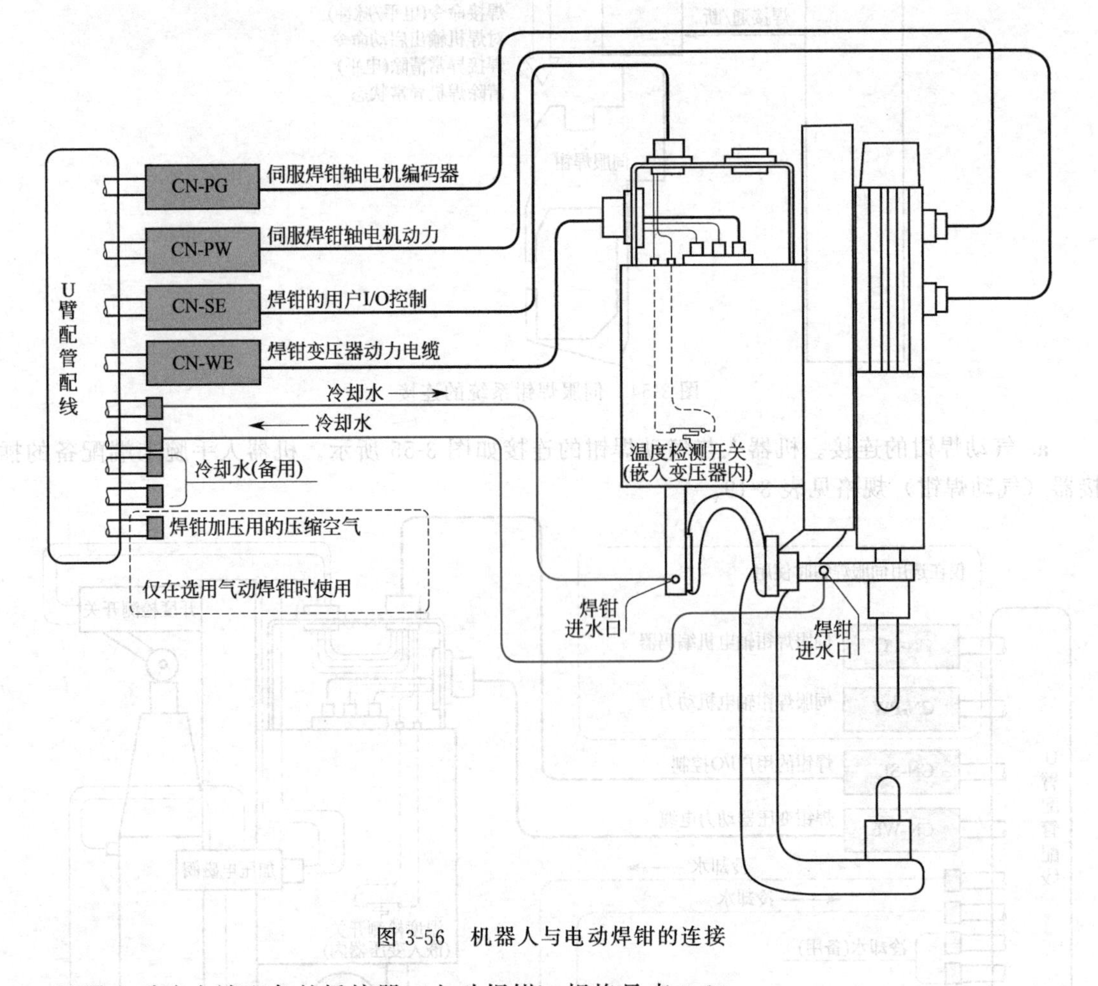

图 3-56 机器人与电动焊钳的连接

机器人手腕末端配备的插接器（电动焊钳）规格见表 3-20。

表 3-20 机器人手腕末端配备的插接器（电动焊钳）规格

插接器种类	MOTOMAN 产品提供	焊钳侧匹配
伺服焊钳轴电动机电源 CN-PW	MS3108B 20-15S	MS3102A 20-15P
伺服焊钳轴电动机编码器 CN-PG	MS3108B 20-29S	MS3102A 20-29P
焊钳 L,0 控制信号 CN-SE(S1)	MS3106A 22-19S	MS3102A 22-19P
焊接变压器动力电缆 WES(CN-WE)	MS3106A 36-3S(D190)	MS3102A 36-3P(D190)
压缩空气管 AIR1	$\phi12$	接 $\phi12$ 气管的快插接头
冷却水管(进 2、出 2)	$\phi12$	接 $\phi12$ 气譬的快插接头(防漏水)

③ 焊钳配线圈

a. 用户 I/O 配线。用户 I/O（输入/输出）配线如图 3-57 所示。

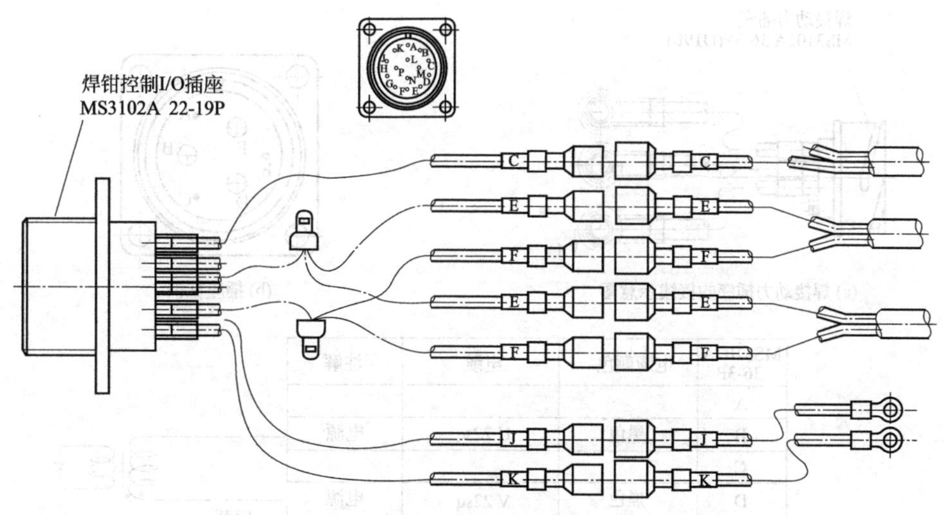

图 3-57　焊钳控制插座用户 I/O（输入/输出）配线

焊钳控制插座 I/O（输入/输出）电缆编号与规格如图 3-58 所示。图 3-58 反映了机器人对气动焊钳动作的控制信号（I/O）的标准分配，在使用电动焊钳时，仅需要接入“J/K”（变压器温度检测）即可。

MS3102A 22-19P	电缆编号	电缆规格/mm²	说明	DC 极性
A	4	1.25	阀(加压)	(−)
B	5	1.25	阀(大开)	(−)
C	6	1.25	阀(小开)	(−)
D	7	1.25	阀(COM)	(+)
E	8	1.25	L.S.(大开)	(+)
F	9	1.25	L.S.(小开)	(+)
G	10	1.25	L.S.(COM)	(−)
H	11			
J	12	1.25	变压器温度检测	
K	13	1.25	变压器温度检测	
L	1			
M	2			
N	3			
P	14			

SOL1 FOR WELD (DC 24V)

第2电磁阀用于焊钳大开 (DC 24V) (双行程焊钳时使用)

L.S.2(双行程焊钳时使用)

L.S.1

MS3102A-22-19P

图 3-58　焊钳控制插座 I/O（输入/输出）电缆编号与规格

b. 焊接动力。焊接动力插座线号及标识如图 3-59 所示。

④ 电动焊钳的电动机　电动焊钳的电动机插座连接如图 3-60 所示。

⑤ 焊钳上的冷却水回路（见图 3-61）　焊钳和焊钳变压器以及焊接用控制装置都需要冷却水冷却，另外，当焊机长时间没进行焊接工的时候，管道残留的水也要排空。对于点焊机器人系统，冷却水的循环水路要按照图 3-62 所示的串联接法。建议配备水流量检测开关。在冷水机上的回水口处安装水流量检测开关，一旦整个水路的循环发生异常（比如：电极帽脱离、水管破裂导致漏水等引起水流量减小）时，向系统控制中枢发出命令，机器人立即停止点焊作业。根据焊钳所要求的水流量选择适用的水流量检测开关。在布置系统水路时，不要将水管置于易受压的位置，不要将水管过分弯曲，以确保水管水路循环正常。

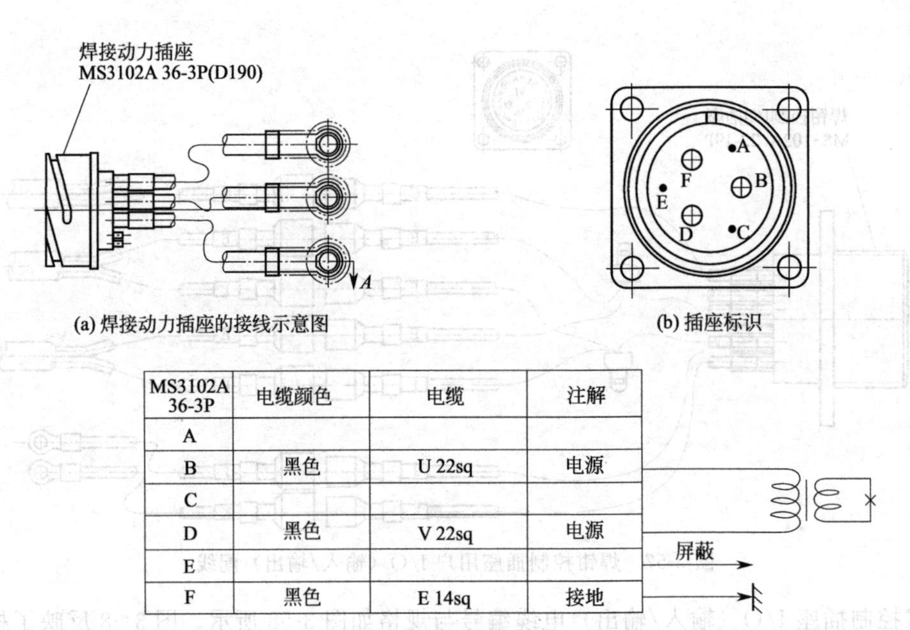

(a) 焊接动力插座的接线示意图

(b) 插座标识

MS3102A 36-3P	电缆颜色	电缆	注解
A			
B	黑色	U 22sq	电源
C			
D	黑色	V 22sq	电源
E			
F	黑色	E 14sq	接地

(c) 焊接动力插座的连接

图 3-59　焊接动力插座线号及标识

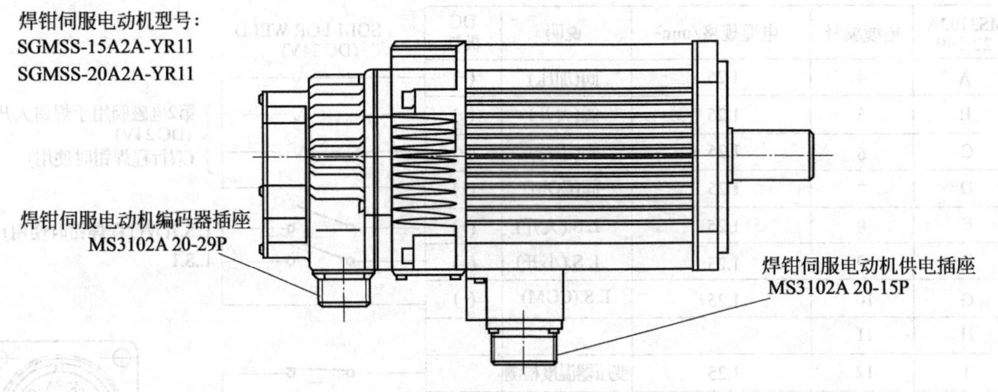

图 3-60　电动焊钳的电动机插座连接

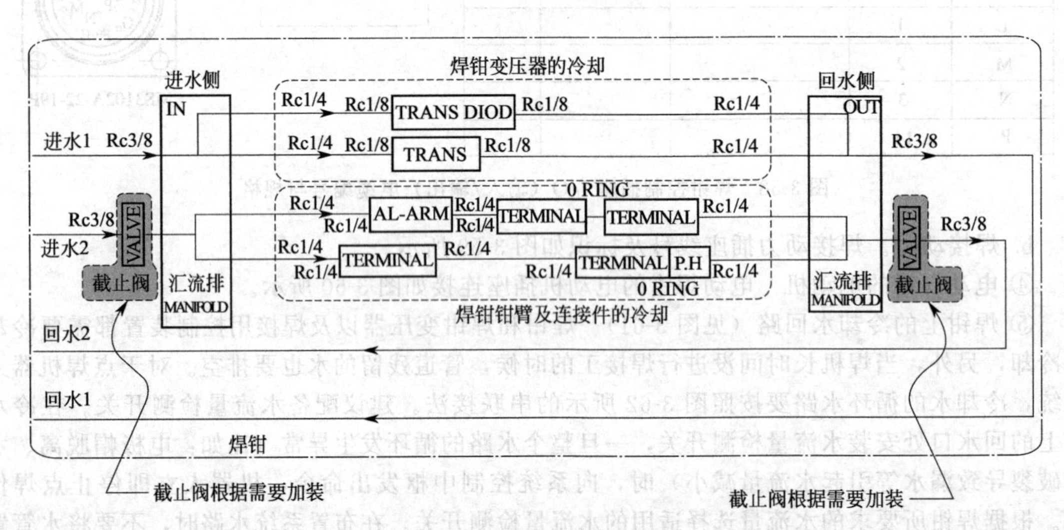

图 3-61　焊钳上的冷却水回路

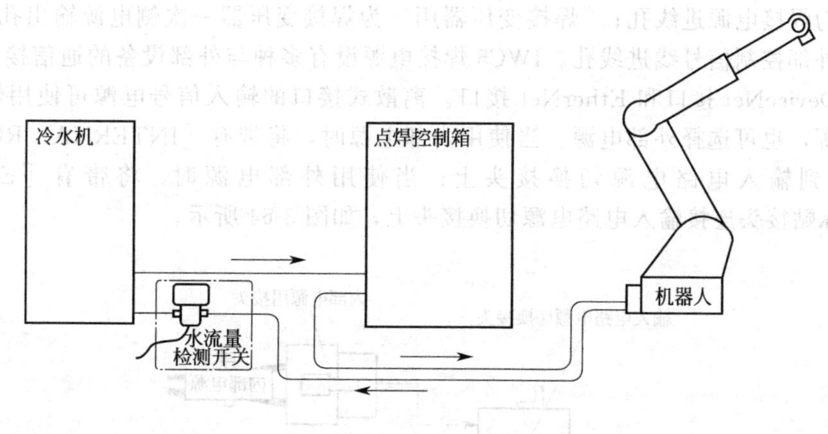

图 3-62　冷却水循环系统

图 3-61 所示是焊钳常规冷却水路配置，为 2-4-2 配置，一般用于大型焊钳，还有 1-4-1 配置方式，可以用于小型焊钳的冷却。一般在焊钳设计图上有冷却水回路图指示，要注意核对。焊钳上配备的截止阀用于电极自动更换时对焊钳钳臂中水路的截止。

3.3.4　点焊控制器的连接

以 IWC5 焊接电源系统的连接为例来介绍。

(1) IWC5 焊接电源的配线

IWC5 焊接电源的配线如图 3-63 所示。

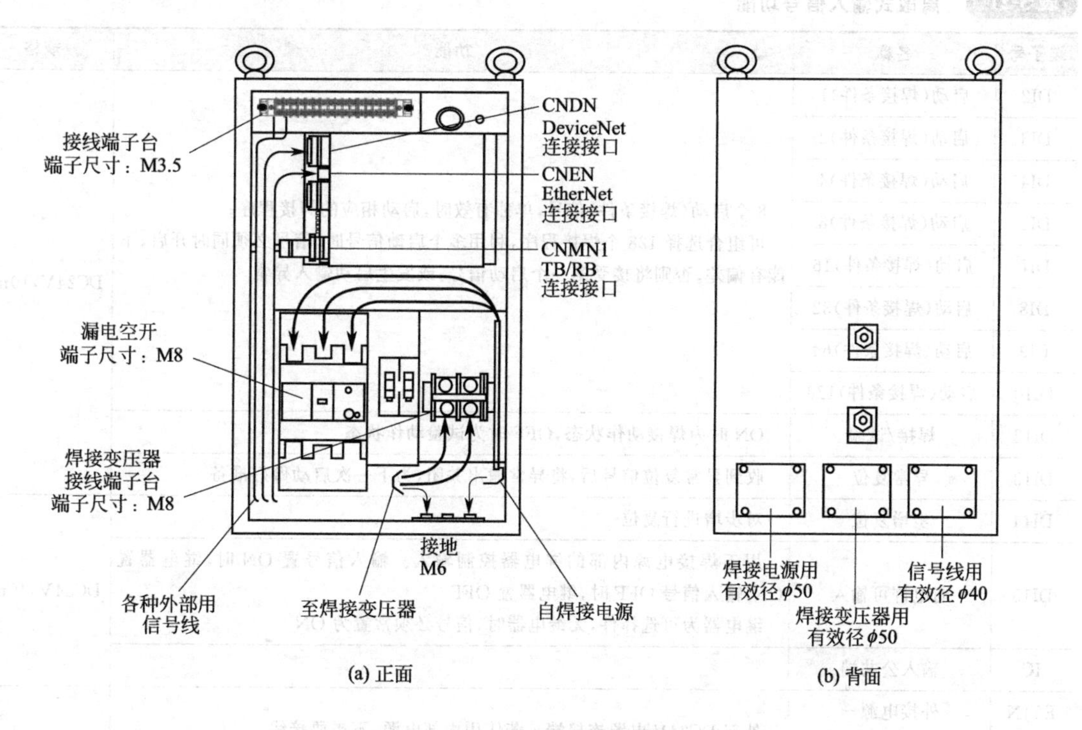

图 3-63　IWC5 焊接电源的配线

在焊接电源的背面设有“焊接电源用”“焊接变压器用”和“信号线用”的配线方孔。“焊接电源用”为焊接电源进线孔；“焊接变压器用”为焊接变压器一次侧电源输出孔；“信号线用”为各种外部控制信号线进线孔。IWC5 焊接电源设有多种与外部设备的通信接口，包括离散式接口、DeviceNet 接口和 EtherNet 接口。离散式接口的输入信号电源可使用焊接电源基板的内部电源，也可选择外部电源。当使用内部电源时，将带有［INTERNAL ROWER］标贴接头连接到输入电路电源切换接头上；当使用外部电源时，将带有［EXTERNAL ROWER］标贴接头连接输入电路电源切换接头上，如图 3-64 所示。

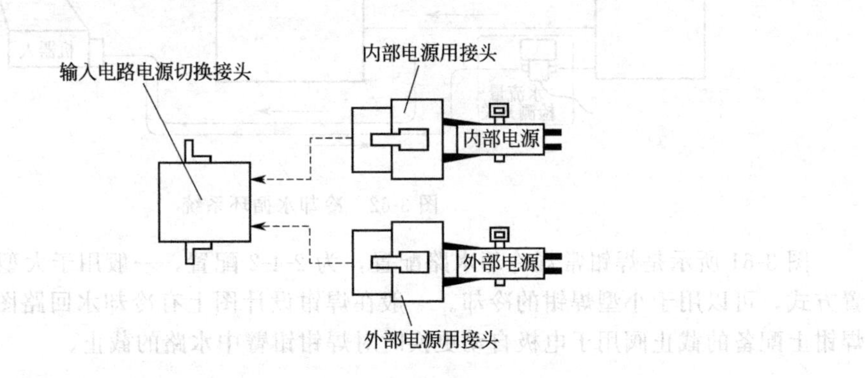

图 3-64　输入信号电源的切换

(2) 离散式输入信号端口的配线

共有 14 点离散式输入信号，各信号端的功能见表 3-21。离散式输入信号接线方式如图 3-65 所示。公共端 IC 与 DC24V 电源的 0V 端等电位。

表 3-21　离散式输入信号功能

端子号	名称	功能	规格
DI2	启动(焊接条件)1	8 个启动(焊接条件)信号，单独有效时，启动相应的焊接程序； 可组合选择 128 个焊接程序，利用多个启动信号时，信号必须同时开启，不能有偏差，否则将接受第一个启动信号，或发生启动输入异常	DC24V，10mA
DI3	启动(焊接条件)2		
DI4	启动(焊接条件)4		
DI5	启动(焊接条件)8		
DI7	启动(焊接条件)16		
DI8	启动(焊接条件)32		
DI9	启动(焊接条件)64		
DI10	启动(焊接条件)128		
DI12	焊接/试验	ON 时为焊接动作状态，OFF 时为试验动作状态	
DI13	异常复位	收到异常复位信号后，将异常输出关闭，为下一次启动做好准备	
DI14	步增复位	对步增进行复位	DC24V，10mA
DI15	通电许可输入	用于焊接电源内部的继电器控制输入。输入信号置 ON 时，继电器置 ON，输入信号 OFF 时，继电器置 OFF 继电器为可选择件，无继电器时，信号必须常置为 ON	
IC	输入公共端		
E24N	外接电源−	外部 DC24V 电源连接端。若使用内部电源，不需要接线	
E24P	外接电源＋		

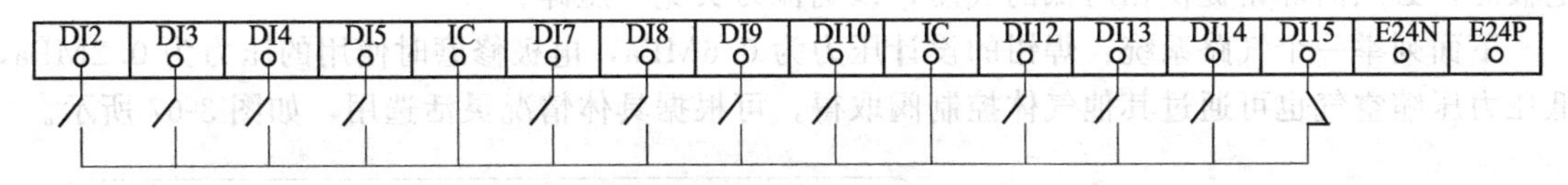

图 3-65　采用内部电源离散式输入信号接线图

(3) 离散式输出信号端口的配线

共有 7 点离散式输入信号，各信号端的功能见表 3-22。离散式输出信号接线方式如图 3-66 所示。

表 3-22　离散式输出信号功能

端子号	名称	功能	规格
DO2	焊接完成	焊接动作完成时处于 ON 状态，启动信号 OFF 时切换到 OFF 状态	最大负荷 DC30V，100mA
DO3	异常	当发生异常时，该信号切换至 ON 状态。当异常复位输入信号 ON 时，该信号输出 OFF	
DO4	报警	当发生报警时，该信号切换至 ON 状态，但对焊接动作无影响	
DO5	准备完成	具备以下条件时，该信号处于 ON 状态，可以开始焊接，以防止试验状态下控制器误识别为正常焊接而进入之后的一次焊接 ①未发生异常 ②焊接/试验输入信号处于 ON 状态 ③连接状态下的编程器处于焊接模式	
DO7	步增完成	步增系列完成时，输出约为 6 个周期的脉冲信号	
DO8	最终步增中	步增系列达到最终步增等级时，输出约为 6 个周期的脉冲信号	
DO9	加压开放	保压时间结束时，切换至 ON 状态，焊接完成信号 OFF 时，切换至 OFF 状态	
DOC	输出公共端		

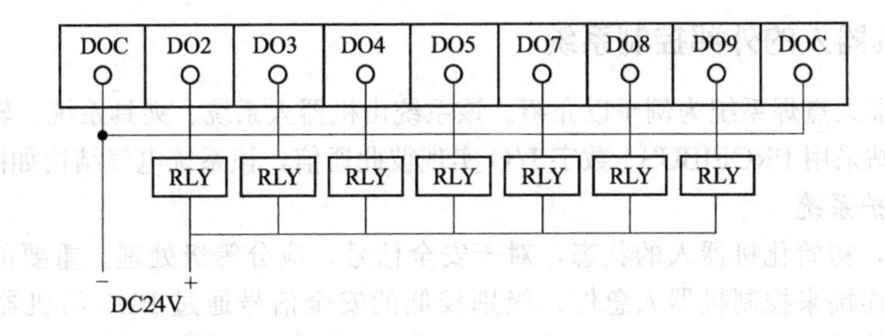

图 3-66　离散式输出信号接线图

3.3.5 点焊机器人系统供气单元

在选用气动点焊钳组成点焊机器人系统时，采用如下两种压缩空气压力的气路设计是必要的。

① 压缩空气的压力决定点焊钳的加压力。为了达到焊钳的正常使用压力，必须保证焊钳的设计气压。所以，在采用气动点焊钳时，为了保证打点焊接的质量，应选用压力检测开关。

② 电极修磨机的刀头所能承受的压力一般低于打点焊接时的压力，约为 0.2MPa。在修磨

电极时，必须向焊钳提供相对低的气压，以确保刀头免于压碎。

下面列举一个气路系统：焊钳的设计压力为 0.6MPa，电极修磨时使用的压力为 0.2MPa，低压力压缩空气也可通过其他气体控制阀取得，可根据具体情况灵活选用，如图 3-67 所示。

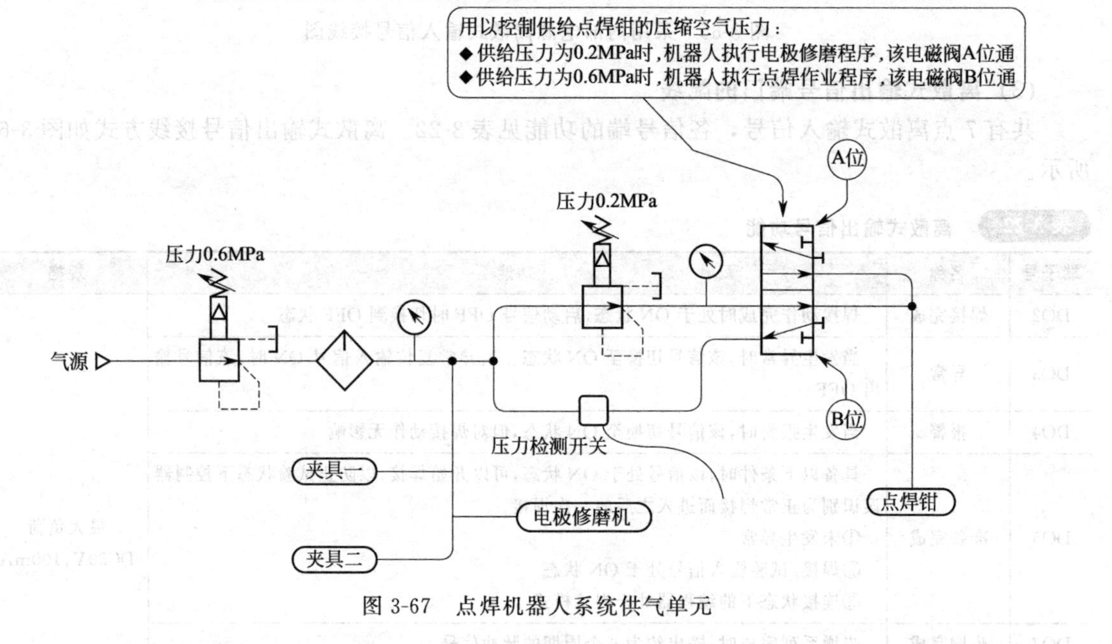

图 3-67 点焊机器人系统供气单元

也可以采用比例阀控制气压，但机器人控制柜必须配备模拟量输出板，以实现对气路压力的调节。

③ 气动焊钳内部配线见图 3-68。

④ 电动焊钳内部配线见图 3-69。

3.3.6 点焊机器人的外部控制系统

以某企业机器人点焊系统为例予以介绍。该系统由机器人系统、夹具系统、转台系统和焊接系统构成，工作站采用 PROFIBUS＋数字 I/O 实现彼此通信，该系统电气结构如图 3-70 所示。

(1) 安全防护系统

系统通电后，初始化机器人的状态，对于安全信号，应分等级处理。重要的安全信号通过与机器人的硬线连接来控制机器人急停；级别较低的安全信号通过 PLC 给机器人发出“外部停止”命令。系统的任务选择是由输送线控制器完成的，输送线控制器通过传感器来确定车型，并通过编码方式向机器人点焊工作站发出相应的工作任务，点焊控制器接受任务，并调用相应的机器人程序进行焊接。焊接过程中，系统检测机器人的工作状态，如机器人发生错误或故障，系统自动停止机器人及焊枪的动作。当机器人在车身不同的部位焊接时，需要不同的焊接参数。控制焊枪动作的焊接控制器中可存储多种焊接规范，每组焊接规范对应一组焊接参数。机器人向 PLC 发出焊接文件信号，PLC 通过焊接控制器向焊枪输出需要的焊接参数。车体焊接完成后，机器人可按设定的方式进行电极修磨。

① 隔离栅栏保护　隔离栅栏保护控制系统如图 3-71 所示。

隔离栅栏的作用是将机器人的工作区域与外界隔离。工作区域入口处设有一个安全门，机器人在自动模式下工作时速度相当快，如果有人打开安全门，试图进入机器人工作区域内，机器人会自行停止工作，以确保人员安全。

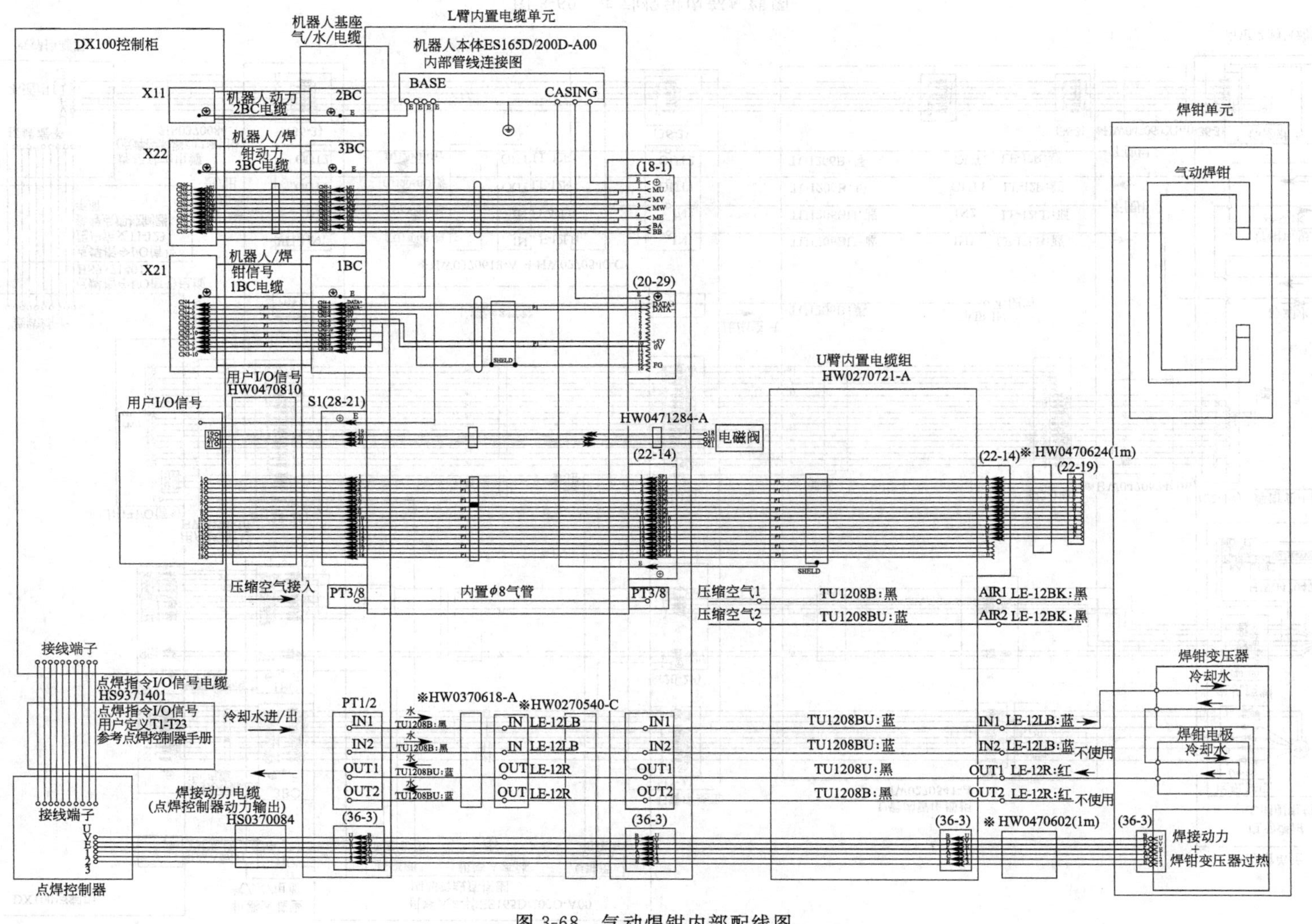

图 3-68　气动焊钳内部配线图

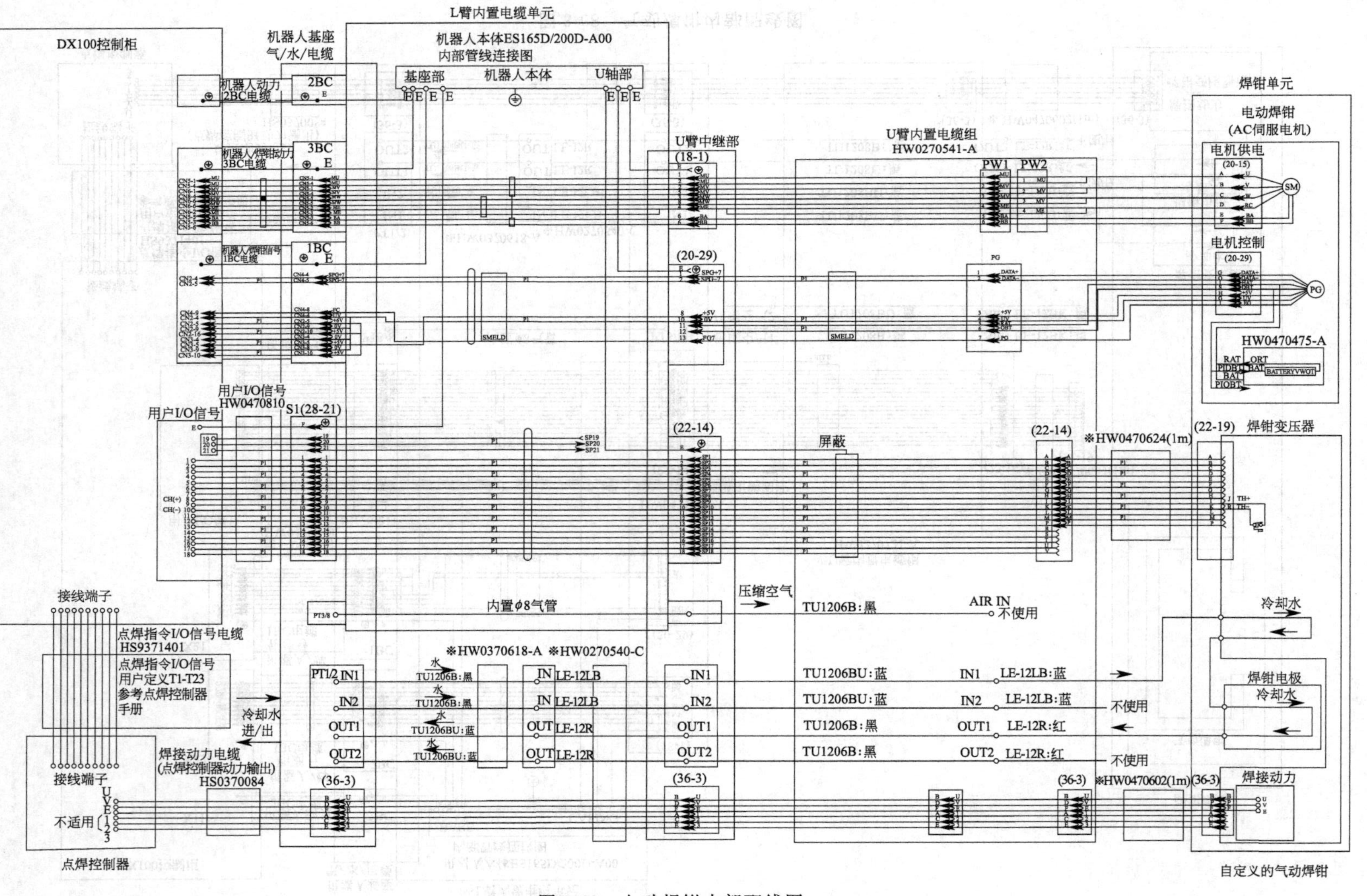

图 3-69　电动焊钳内部配线图

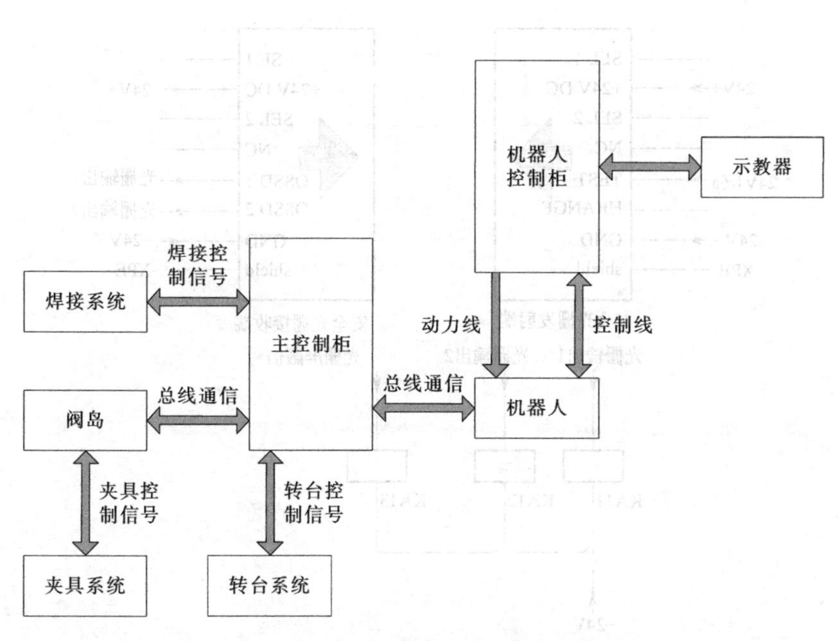

图 3-70　点焊系统电气控制部分结构

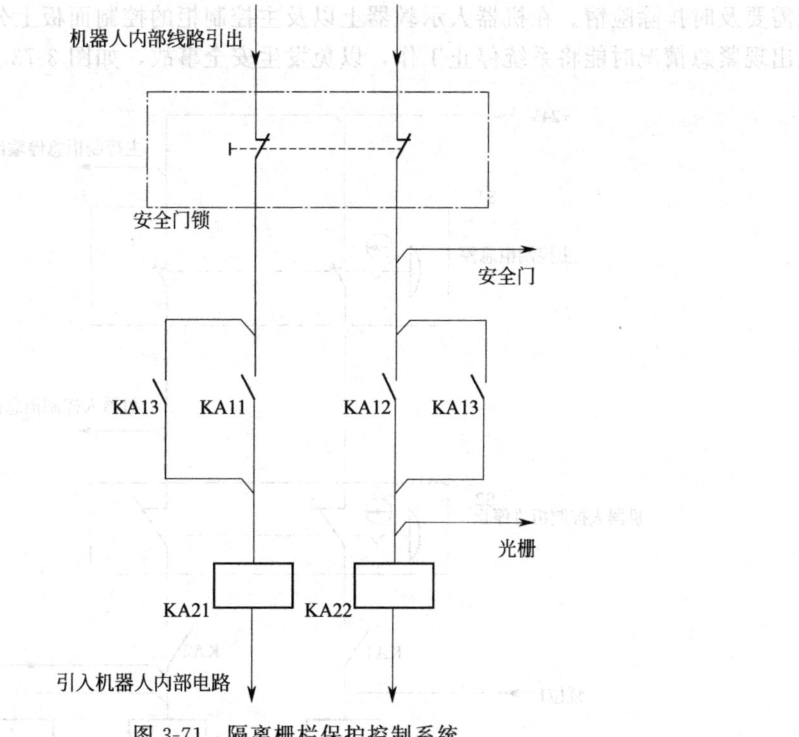

图 3-71　隔离栅栏保护控制系统

② 安全光栅保护　为了确保安全，转台在转动时不允许人员进入机器人工作区域。安全光栅位于装件区两侧，一侧是发射端，一侧是接收端。如果有人在转台工作时试图从装件区进入机器人工作区域必定要穿过安全光栅，这样接收端便接收不到发射端发射的光，从而产生转台停止信号，如图 3-72 所示。

③ 急停电路　在机器人点焊系统的调试运行过程中经常会出现一些突发情况，例如：工人在调试机器人过程中出现机器人动作偏离轨迹而要撞上转台夹具或焊钳电极与板件粘接等，

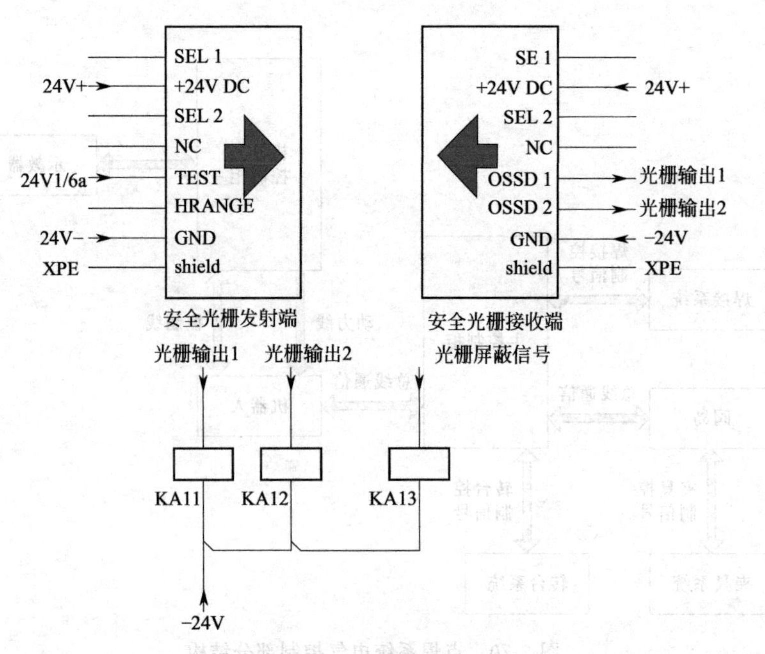

图 3-72　安全光栅保护电路

这就需要及时排除险情。在机器人示教器上以及主控制柜的控制面板上分别设有急停按钮，便于在出现紧急情况时能将系统停止工作，以免发生安全事故，如图 3-73 所示。

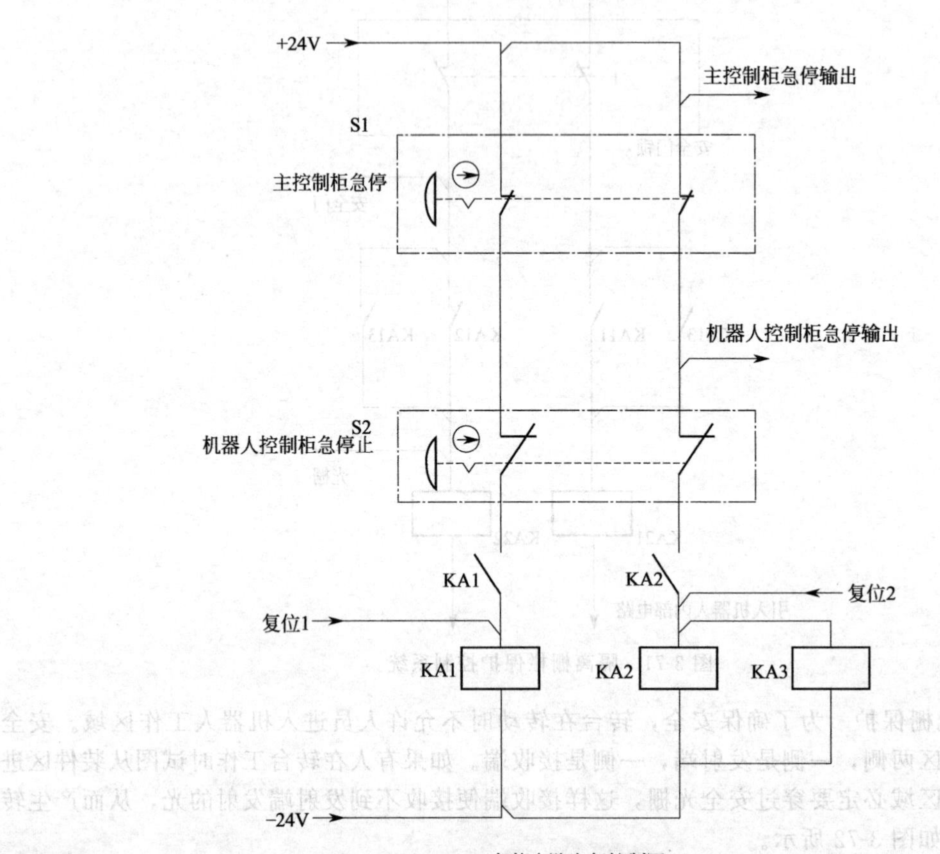

(a) 急停电路电气控制图

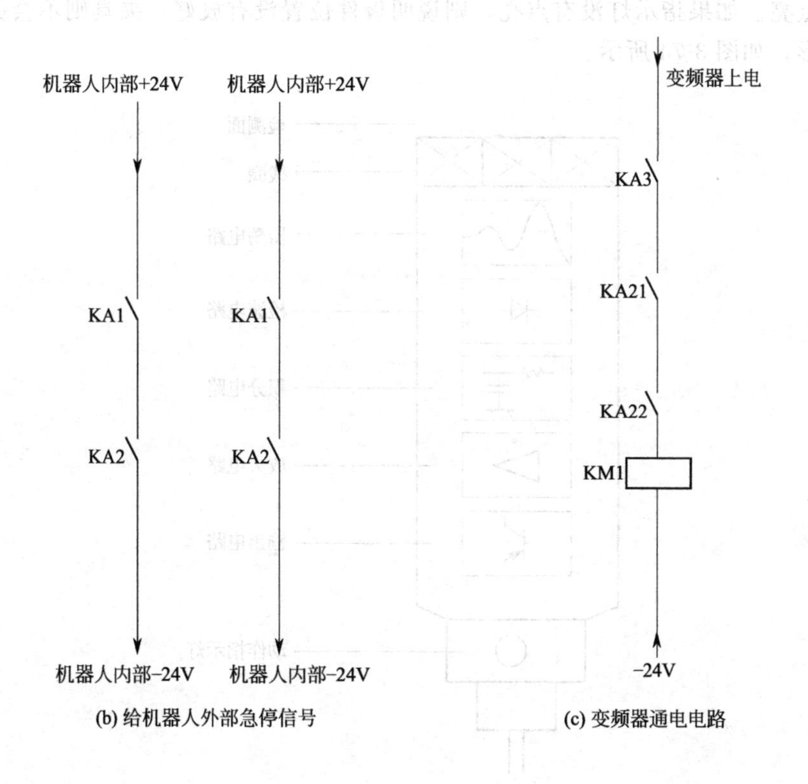

(b) 给机器人外部急停信号　　(c) 变频器通电电路

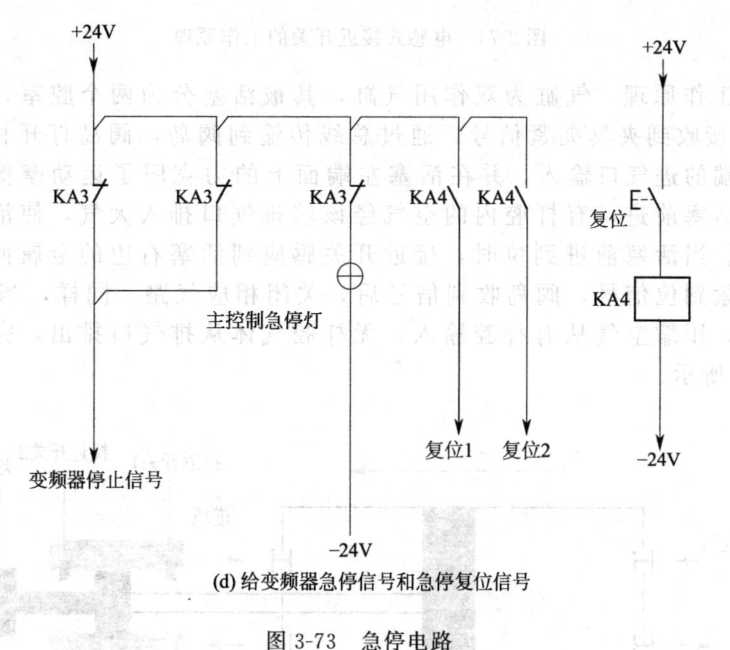

(d) 给变频器急停信号和急停复位信号

图 3-73　急停电路

(2) 夹具系统

夹具系统通常采用的接近开关和气缸的工作原理如下。

① 电感式接近开关的工作原理　电感式接近开关由三大部分组成，即振荡器、开关电路和放大输出电路。振荡器产生一个交变磁场，当金属板件接近这一磁场，并达到感应距离时，在金属板件内产生涡流，从而导致振荡衰减，以至停振。振荡器振荡及停振的变化被后级放大电路处理并转换成开关信号，传输到 PLC，作为夹具关闭的必要条件。此时，接近开关的工

作指示灯会点亮。如果指示灯没有点亮，则说明板件位置没有放好，夹具则不会关闭，否则会将板件压变形，如图 3-74 所示。

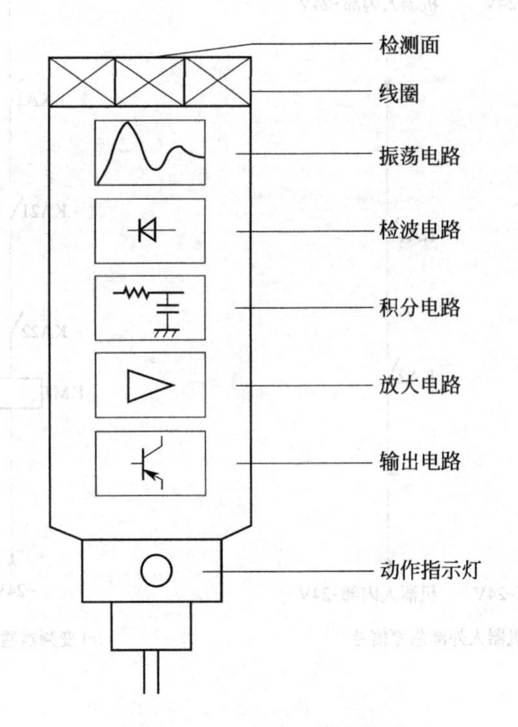

图 3-74 电感式接近开关的工作原理

② 气缸的工作原理 气缸为双作用气缸，其被活塞分为两个腔室，即有杆腔和无杆腔。当 PLC 接收到夹具夹紧信号，通过总线传输到阀岛，阀岛打开相应气路，压缩空气从无杆腔端的进气口输入，并在活塞左端面上的力克服了运动摩擦力、负载等反作用力，推进活塞前进，有杆腔内的空气经该端排气口排入大气，使活塞伸出，从而带动夹具夹紧。当活塞前进到位时，接近开关感应到活塞右边的金属面而接通，向阀岛反馈夹具夹紧到位信号，阀岛收到信号后，关闭相应气路。同样，当 PLC 接收到夹具松开信号时，压缩空气从有杆腔输入，无杆腔气体从排气口排出，完成夹具松开动作，如图 3-75 所示。

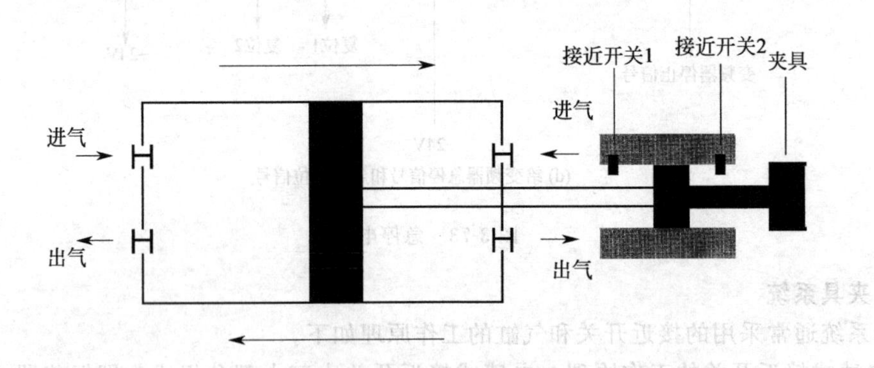

图 3-75 气缸的工作原理

(3) 转台系统

转台电动机是通过变频器来控制的。电动机设有两种转速，即低速和高速。当系统在手动模式时，出于安全考虑，转台转动时电动机始终处于低速状态；而在自动模式下，当转台电动机启动之后就处于高速状态，直到减速位的接近开关感应到信号时，电动机转为低速运动，当停止位接近开关感应到信号，电动机则停止。在这种情况下，低速运动作为转台电动机由高速状态到停止状态的一个过渡过程，如图 3-76 所示。

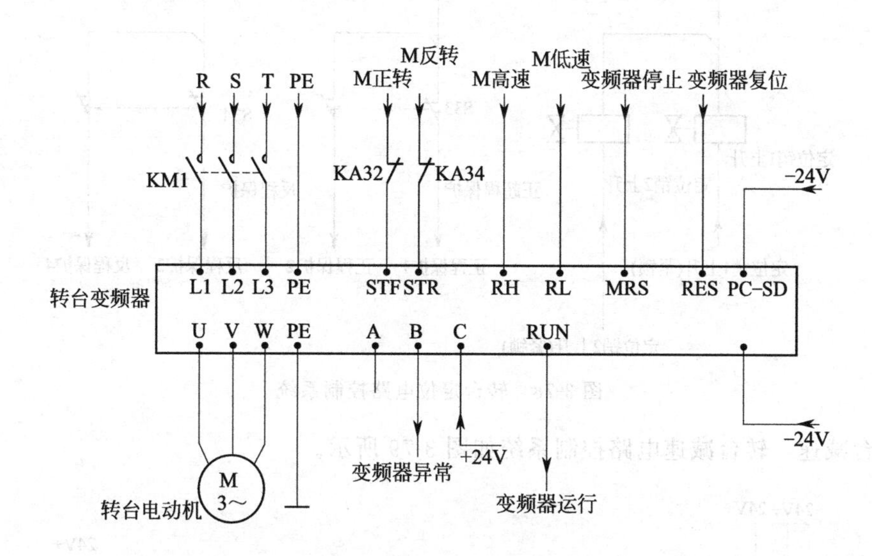

图 3-76　变频器控制转台电动机

阀岛与 ET00 总线通信，如图 3-77 所示。

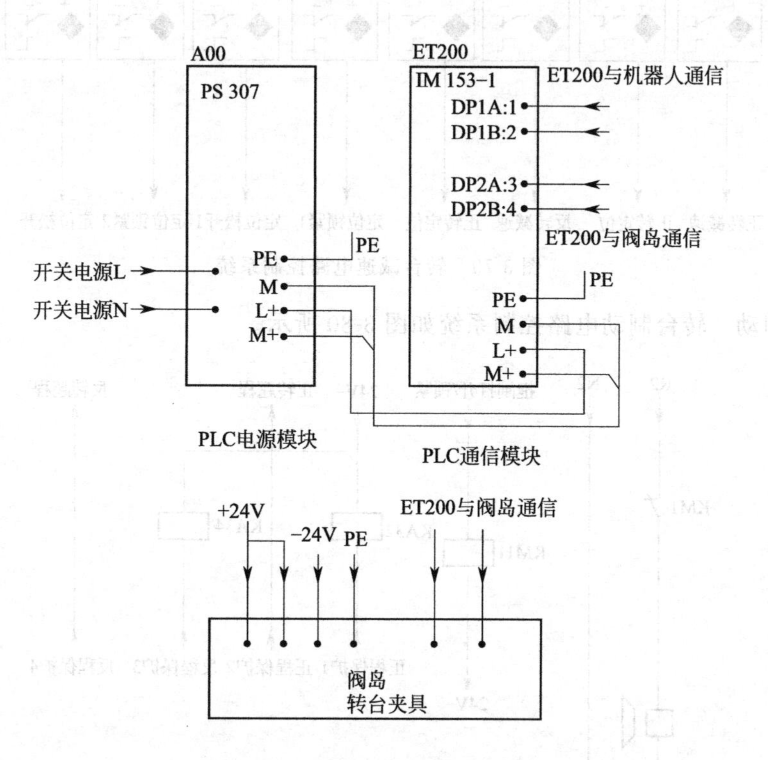

图 3-77　阀岛与 ET200 总线通信

① 转台定位　转台定位电路控制系统如图 3-78 所示。

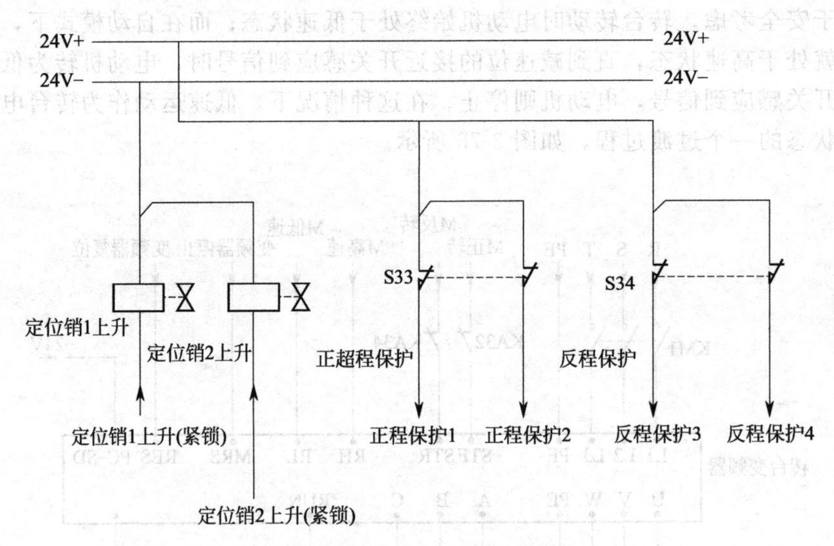

图 3-78 转台定位电路控制系统

② 转台减速 转台减速电路控制系统如图 3-79 所示。

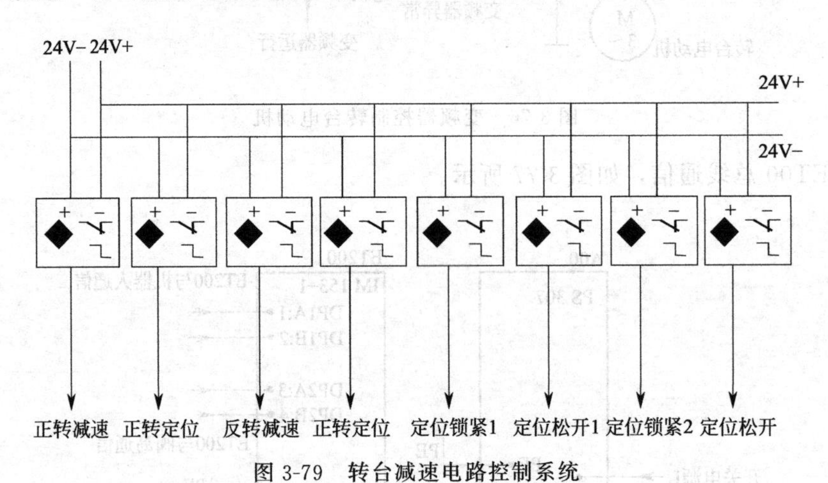

图 3-79 转台减速电路控制系统

③ 转台制动 转台制动电路控制系统如图 3-80 所示。

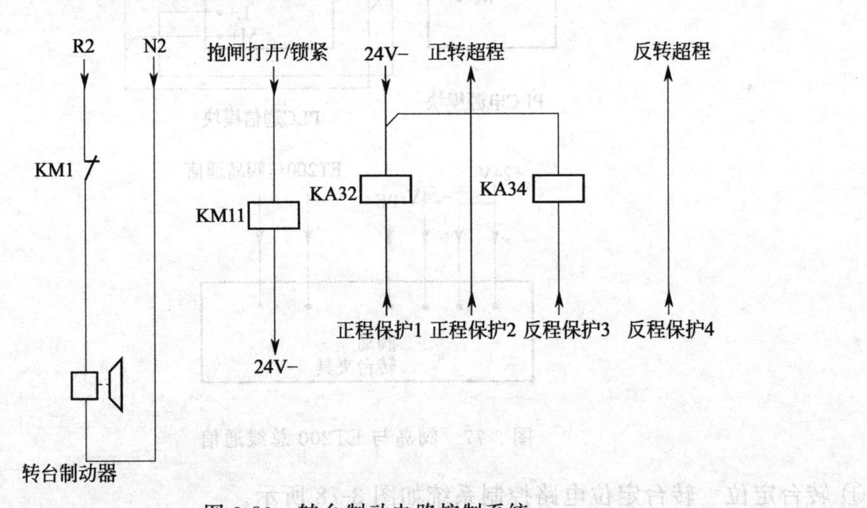

图 3-80 转台制动电路控制系统

(4) 焊接系统

① 焊钳控制电路 气动焊钳通过气缸来实现焊钳的闭合与打开，它有三种动作，即大开、小开和闭合。焊钳动作过程及相应动作功能见表3-23。焊钳控制电路如图3-81所示。

表3-23 焊钳动作过程及相应动作功能

焊钳动作过程	动作的功能
大开—小开	避开障碍之后，到达焊点位置
小开—闭合	开始打点
闭合—小开	打点结束
小开—大开	避开障碍，前往下一焊点位置

② 修磨器控制电路 焊钳在焊接一段时间之后，电极头表面会氧化磨损，需要将其修磨之后才能继续使用。为了实现生产装备的自动化，提高生产节拍，可为点焊机器人配备一台自动电极修磨器，实现电极头工作面氧化磨损后的修锉过程自动化，同时，也避免人员频繁进入生产线带来的安全隐患。修磨器控制电路如图3-82所示。

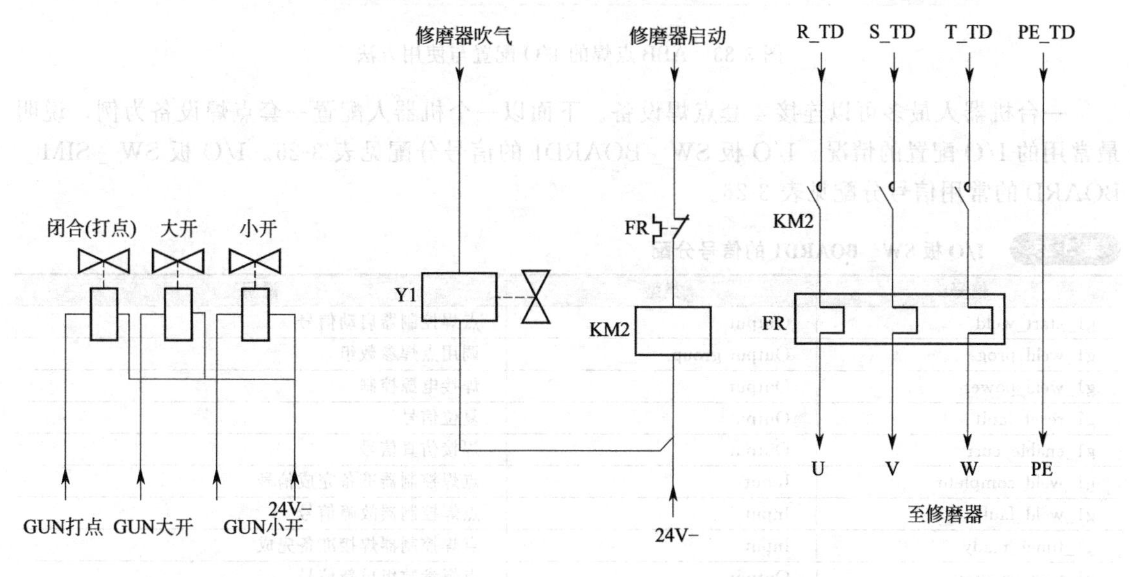

图3-81 焊钳控制电路　　图3-82 修磨器控制电路

3.3.7 参数设置

不同的点焊系统，其参数设置也是不一样的，现以ABB点焊工业机器人为例来介绍其参数设置。

(1) 点焊的I/O配置与使用方法

ABB点焊的I/O配置与使用方法如图3-83所示，其I/O板的功能见表3-24。

表3-24 I/O板功能

I/O板名称	说明
SW_BOARD1	点焊设备1对应基本I/O
SW_BOARD2	点焊设备2对应基本I/O
SW_BOARD3	点焊设备3对应基本I/O
SW_BOARD4	点焊设备4对应基本I/O
SW_SIM_BOARD	机器人内部中间信号

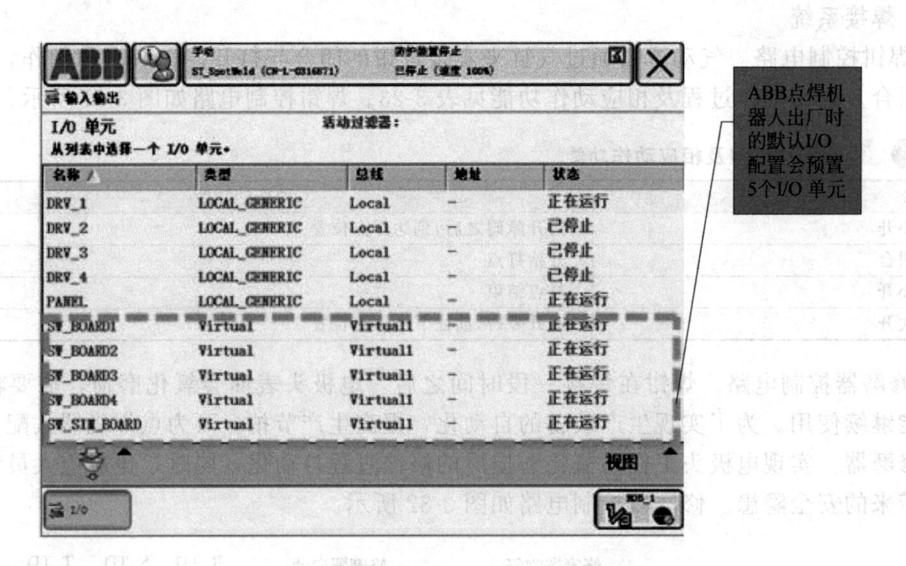

图 3-83 ABB 点焊的 I/O 配置与使用方法

一台机器人最多可以连接 4 套点焊设备。下面以一个机器人配置一套点焊设备为例，说明最常用的 I/O 配置的情况。I/O 板 SW _ BOARD1 的信号分配见表 3-25。I/O 板 SW _ SIM _ BOARD 的常用信号分配见表 3-26。

表 3-25 I/O 板 SW _ BOARD1 的信号分配

信号	类型	说明
g1_start_weld	Output	点焊控制器启动信号
g1_weld_prog	Output group	调用点焊参数组
g1_weld_power	Output	焊接电源控制
g1_reset_fault	Output	复位信号
g1_enable_curr	Output	焊接仿真信号
g1_weld_complete	Input	点焊控制器准备完成信号
g1_weld_fault	Input	点焊控制器故障信号
g1_timer_ready	Input	点焊控制器焊接准备完成
g1_new_program	Output	点焊参数组更新信号
g1_equalize	Output	点焊枪补偿信号
g1_close_gun	Output	点焊枪关闭信号(气动枪)
g1_open_hilift	Output	打开点焊枪到 hilift 的位置(气动枪)
g1_close_bilift	Output	从 hilift 位置关闭点焊枪(气动枪)
g1_gun_open	Input	点焊枪打开到位(气动枪)
g1_hilift_open	Input	点焊枪已打开到 hilift 位置(气动枪)
g1_pressure_ok	Input	点焊枪压力没问题(气动枪)
g1_start_water	Output	打开水冷系统
g1_temp ok	Input	过热报警信号
g1_flowl ok	Input	管道 1 水流信号
g1_flow2_ok	Input	管道 2 水流信号
g1_air_ok	Input	补偿气缸压缩空气信号
g1_weld_contact	Input	焊接接触器状态
g1_equipment_ok	Input	点焊枪状态信号
g1_press_group	Output roup	点焊枪压力输出
g1_process_run	Output	点焊状态信号
g1_rocess_fault	Output	点焊故障信号

表 3-26 I/O 板 SW _ SIM _ BOARD 的常用信号分配

信号	类型	说明
force_complete	Input	点焊压力状态
reweld_proc	Input	再次点焊信号
skip_proc	Input	错误状态应答信号

(2) 点焊的常用数据

在点焊的连续工艺过程中，需要根据材质或工艺的特性来调整点焊过程中的参数，以达到工艺标准的要求。在点焊机器人系统中，用程序数据来控制这些变化的因素。需要设定“点焊设备参数 gundata”“点焊工艺参数 spotdata”和“点焊枪压力参数 forcedata”三个常用参数。

① 点焊设备参数（gundata） 点焊设备参数（gundata）用来定义点焊设备指定的参数，用在点焊指令中。该参数在点焊过程中控制点焊枪达到最佳的状态。每一个“gundata”对应一个点焊设备。当使用伺服点焊枪时，需要设定的点焊设备参数见表 3-27。

表 3-27 点焊设备参数

参数名称	参数注释
gun_name	点焊枪名字
pre_close_time	预关闭时间
pre_equ_time	预补偿时间
weld_counter	已点焊记数
max_nof_welds	最大点焊数
curr_tip_wear	当前点焊枪磨损值
Max_tip_wear	点焊枪磨损值
weld_timeout	点焊完成信号延迟时间

② 点焊工艺参数（spotdata） 点焊工艺参数（spotdata）是用于定义点焊过程中的工艺参数。点焊工艺参数是与点焊指令 SpotL/J 和 spotML/J 配合使用的。当使用伺服点焊枪时，需要设定的点焊工艺参数见表 3-28。

表 3-28 点焊工艺参数

参数名称	参数注释
Prog_no	点焊控制器参数组编号
tip_force	定义点焊枪压力
plate_thickness	定义点焊钢板的厚度
plate_tolerance	钢板厚度的偏差

③ 点焊枪压力参数（forcedata） 点焊枪压力参数（forcedata）用于定义在点焊时的关闭压力。点焊枪压力参数与点焊指令 setForce 配合使用。当使用伺服点焊枪时，需要设定的点焊枪压力参数见表 3-29。

表 3-29 点焊枪压力参数

参数名称	参数注释
tip_force	点焊枪关闭压力
force_time	关闭时间
plate_mickness	定义点焊钢板的厚度
plate_tolerance	钢板厚度的偏差

第4章

工业机器人搬运工作站系统集成

搬运机器人（Transfer robot）是指可以进行自动化搬运作业的工业机器人。最早的搬运机器人出现在1960年的美国，Versatran和Unimate两种机器人首次用于搬运作业。

搬运作业是指用一种设备握持工件，从一个加工位置移到另一个加工位置的过程。如果采用工业机器人来完成这个任务，整个搬运系统则构成了工业机器人搬运工作站。给搬运机器人安装不同类型的末端执行器，可以完成不同形态和状态的工件搬运工作。

目前世界上使用的搬运机器人逾10万台，被广泛应用于机床上下料、冲压机自动化生产线、自动装配流水线、码垛搬运集装箱等的自动搬运。

工业机器人搬运工作站一般具有以下特点。

① 应有物品的传送装置，其形式要根据物品的特点选用或设计。

② 可使物品准确地定位，以便于机器人抓取。

③ 多数情况下，设有物品托板，机动或自动地交换托板。

④ 有些物品在传送过程中还要经过整型，以保证码垛质量。

⑤ 要根据被搬运物品设计专用末端执行器。

⑥ 应选用适合于搬运作业的机器人。

4.1 认识搬运工业机器人

4.1.1 搬运机器人的特点

(1) 紧凑型设计

该设计使机器人的荷重最高，并使其在物料搬运、上下料以及弧焊应用中的工作范围得到最优化。具有同类产品中最高的精确度及加速度，可确保高产量及低废品率，从而提高生产率。

(2) 可靠性与经济性兼顾

结构坚固耐用，例行维护间隔时间长。机器人采用具有良好平衡性的双轴承关节钢臂，第2轴配备扭力撑杆，并装备免维护的齿轮箱和电缆，达到了极高的可靠性。为确保运行的经济性，传动系统采用优化设计，实现了低功耗和高转矩的兼顾。

(3) 具备多种通信方式

具备串口、网络接口、PLC、远程I/O和现场总线接口等多种通信方式，能够方便地实现与小型制造工位及大型工厂自动化系统的集成，为设备集成铺平道路。

(4) 缩短节拍时间

所有工艺管线均内嵌于机器人手臂，大幅降低了因干扰和磨损导致停机的风险。这种集成式设计还能确保运行加速度始终无条件保持最大化，从而显著缩短节拍时间，增强生产可靠性。

(5) 加快编程进度

中空臂技术进一步增强了离线编程的便利性。管线运动可控且易于预测，使编程和模拟能如实预演机器人系统的运行状态，大幅缩短程序调试时间，加快投产进度。编程时间从头至尾最多可节省 90%。

(6) 提高生产能力和利用率

拥有大作业范围，因此一个机器人能够在一个机器人单元或多个单元内对多个站点进行操作。该型机器人除能够进行“基本”物料搬运之外，还能完成增值作业任务，这一点有助于提高机器人的利用率。因此，生产能力和利用率可以同时得到提高，并减少投资。

(7) 降低投资成本

所有管线均采用妥善的紧固和保护措施，不仅减小了运行时的摆幅，还能有效防止焊接飞溅物和切削液的侵蚀，显著延长了使用寿命。其采购和更换成本最多可降低 75%，还可每年减少多达三次的停产检修。

(8) 节省空间

设计紧凑，无松弛管线，占地极小。在物料搬运和上下料作业中，机器人能更加靠近所配套的机械设备。在弧焊应用中，上述设计优势可降低与其他机器人发生干扰的风险，为高密度、高产能作业创造了有利条件。

(9) 高能力和高人员安全标准

在设备管理应用环境下，它可以提供比传统解决方案更为理想的操作。该型机器人可以从顶部和侧面到达机器。此外，顶架安装的机器人能够从机器正面到达机器，以进行维护作业、小规模搬运和快速切换等工作。由于在手动操作机器时机器人不在现场，因此可以提高人员安全性。

(10) 灵活的安装方式

安装方式包括落地安装、斜置安装、壁挂安装、倒置安装以及支架安装，有助于减少占地面积以及增加设备的有效应用，其中壁挂式安装的表现尤为显著。这些特点使工作站的设计更具创意，并且优化了各种工业领域。

4.1.2 搬运机器人的分类

如图 4-1 所示，从结构形式上看，搬运机器人可分为龙门式搬运机器人、悬臂式搬运机器人、侧壁式搬运机器人、摆臂式搬运机器人和关节式搬运机器人 。

龙门式搬运机器人

悬臂式搬运机器人

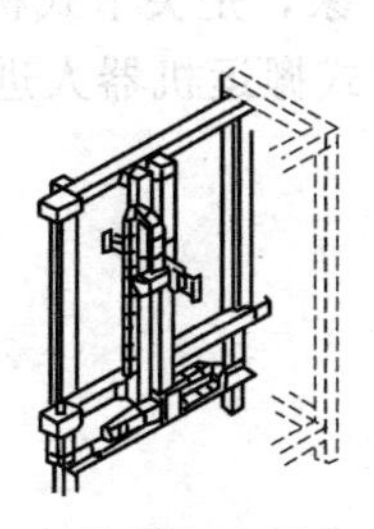

侧壁式搬运机器人

摆臂式搬运机器人

关节式搬运机器人

图 4-1　搬运机器人分类

(1) 龙门式搬运机器人

其坐标系主要由 x 轴、y 轴和 z 轴组成。多采用模块化结构，可依据负载位置、大小等选择对应直线运动单元及组合结构形式（在移动轴上添加旋转轴便可成为四轴或五轴搬运机器人）。其结构形式决定其负载能力。可实现大物料、重吨位搬运，采用直角坐标系，编程方便快捷，广泛运用于生产线转运及机床上下料等大批量生产过程，如图 4-2 所示。

(2) 悬臂式搬运机器人

其坐标系主要由 x 轴、y 轴和 z 轴组成。其也可随不同的应用采取相应的结构形式（在 z 轴的下端添加旋转或摆动就可以延伸成为四或五轴机器人）。此类机器人，多数结构为 z 轴随 y 轴移动，但有时针对特定的场合，y 轴也可在 z 轴下方，方便进入设备内部进行搬运作业。广泛运用于卧式机床、立式机床及特定机床内部和冲压机热处理机床自动上下料，如图 4-3 所示。

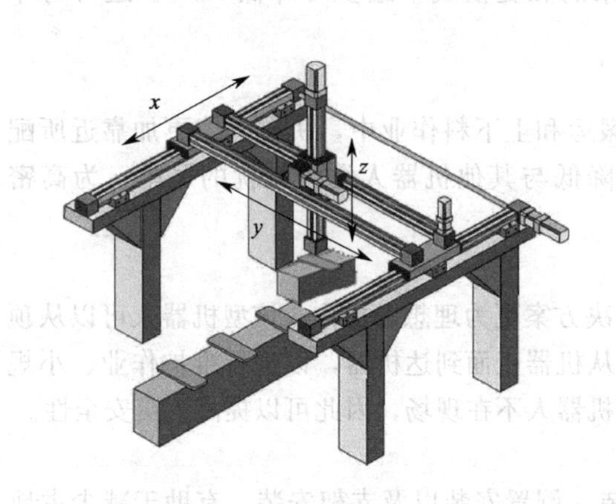

图 4-2 龙门式搬运机器人

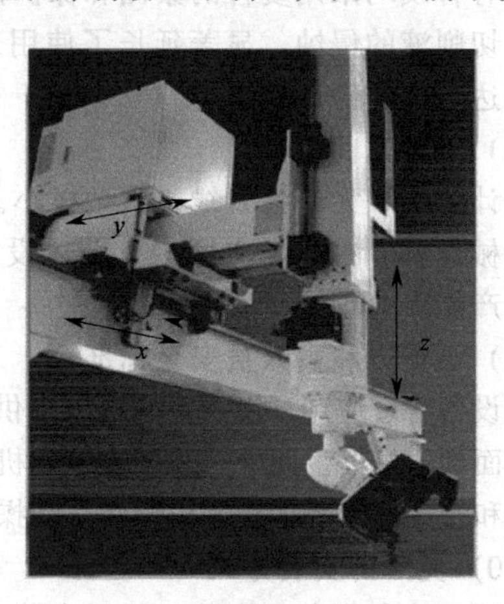

图 4-3 悬臂式搬运机器人

(3) 侧壁式搬运机器人

其坐标系主要由 x 轴、y 轴和 z 轴组成。其也可随不同的应用采取相应的结构形式（在 z 轴的下端添加旋转或摆动就可以延伸成为四或五轴机器人）。专用性强，主要运用于立体库类，如档案自动存取、全自动银行保管箱存取系统等。图 4-4 所示为侧壁式搬运机器人在档案自动存储馆工作。

(4) 摆臂式搬运机器人

其坐标系主要由 x 轴、y 轴和 z 轴组成。z 轴主要是升降，也称为主轴。y 轴的移动主要通过外加滑轨，x 轴末端连接控制器，其绕 x 轴转动，实现 4 轴联动。此类机器人具有较高的强度或稳定性，广泛应用于国内外生产厂家，是关节式机器人的理想替代品，但其负载程度相对于关节式机器人小。图 4-5 所示为摆臂式搬运机器人进行箱体搬运。

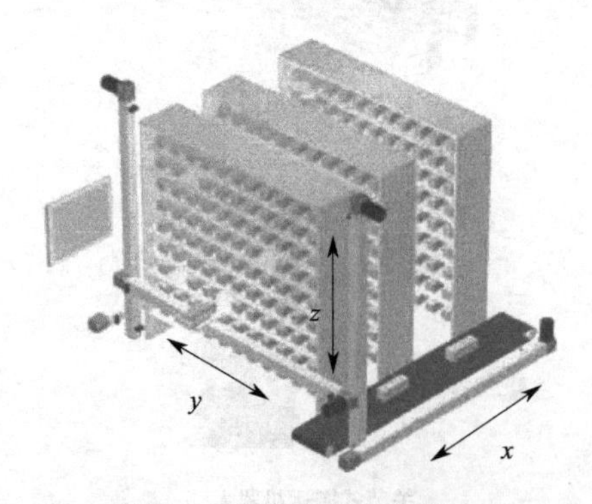

图 4-4 侧壁式搬运机器人

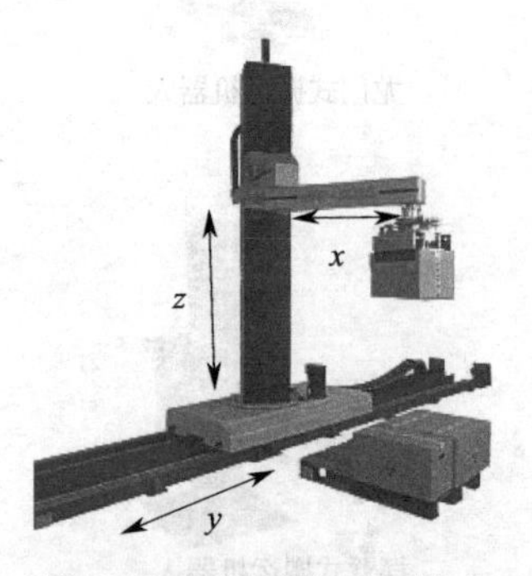

图 4-5 摆臂式搬运机器人

(5) 关节式搬运机器人

关节式搬运机器人是当今工业产业中常见的机型之一，其拥有 5～6 个轴，行为动作类似于人的手臂，具有结构紧凑、占地空间小、相对工作空间大、自由度高等特点，适合于几乎任何轨迹或角度的工作。采用标准关节机器人配合供料装置，就可以组成一个自动化加工单元。一个机器人可以服务于多种类型加工设备的上下料，从而节省自动化的成本。由于采用关节机器人单元，自动化单元的设计制造周期短、柔性大，产品换型转换方便，甚至可以实现较大变化的产品形状的换型要求。有的关节型机器人可以内置视觉系统，对于一些特殊的产品，还可以通过增加视觉识别装置对工件的放置位置、相位、正反面等进行自动识别和判断，并根据结果进行相应的动作，实现智能化的自动化生产，同时可以让机器人在装卡工件之余，进行工件的清洗、吹干、检验和去毛刺等作业，大大提高了机器人的利用率。关节机器人可以落地安装、天吊安装或者安装在轨道上服务更多的加工设备。例如 FANUCR-1000iA、R-2000iB 等机器人可用于冲压薄板材的搬运，而 ABB IRB140、IRB6660 等多用于热锻机床之间的搬运，图 4-6 所示为关节式机器人进行钣金件搬运作业。

图 4-6 关节式搬运机器

4.1.3 搬运机器人技术的发展

搬运机器人技术是机器人技术、搬运技术和传感技术的融合，目前搬运机器人已广泛应用于实际生产，发挥其强大和优越的特性。经过研发人员不断的努力，搬运机器人技术取得了长足进步，可实现柔性化、无人化、一体化搬运工作，集高效生产、稳定运行、节约空间等优势于一体，展现出搬运机器人强大的功能，现从机器人、传感技术及应用日益广泛的 AGV 搬运车等方面介绍搬运机器人技术的新进展。

(1) 机器人系统

搬运机器人的出现为全球经济发展带了巨大动力，使得整个制造业逐渐向“柔性化、无人化”方向发展，目前机器人技术已日趋完善，逐渐实现规模化与产业化，未来将朝着标准化、轻巧化、智能化方向发展。在此背景下，搬运机器人公司如何针对不同类型客户进行定制产品的研发和创新，成为搬运行业新的研究课题。

① 操作机　日本 FANUC 机器人公司推出万能机器人 FANUC R-2000iB（见图 4-7）。在搬运应用方面，FANUC R-2000iB 拥有无可比拟的优越性能。通过对垂直多关节结构进行几乎完美的最优化设计，使得 R-2000iB 在保持最大动作范围和最大可搬运质量的同时，大幅度减轻自身重量，实现紧凑机身设计，具有紧凑的手腕结构、狭小的后部干涉区域、可高密度布置机构等特点；又如瑞士 ABB 机器人公司推出的最快速升级版 IRB 6660-100/3.3（见图 4-8）。可解决坯件体积大、重量大、搬运距离长等压力机上下料面临的难题，且比同类产品速度提高 15%，缩短生产节拍，视为目前市场上能够处理大坯件最快速的压力机上下料机器人。

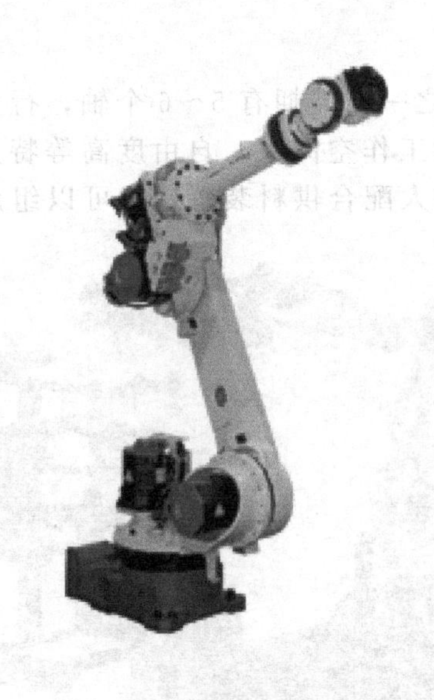

图 4-7　FANUC R-2000iB

图 4-8　ABB IRB 6660-100/3.3

② 控制器　机器人单机操作有时难以满足大型构件或散堆件的搬运，为此，国外一些著名的机器人公司推出的机器人控制器都可实现同时对几台机器人和几个外部轴的协同控制，如FANUC公司推出的机器人控制柜R-30iA，可实现散堆工件搬运（见图4-9），大幅度提高CPU的处理能力，并且增加了新的软件功能，可实现机器人的智能化与网络化，具有高速动作性能、内置视觉功能、散堆工件取出功能、故障诊断功能等优点。

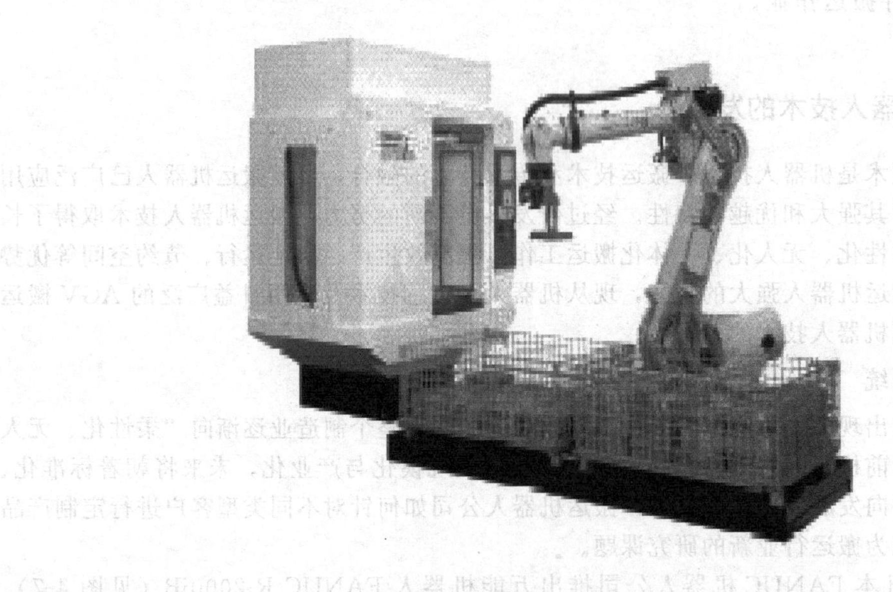

图 4-9　散堆工件拾取和搬运

③ 示教器　一般来讲，一个机器人单元包括一台机器人和一个带有示教器的控制单元手持设备，能够远程监控机器人（它收集信号并提供信息的智能显示）。传统的点对点模式，由于受线缆方式的局限，导致费用昂贵并且示教器只能用于单台机器人。COMAU公司的无线示教器WiTP（见图4-10）与机器人控制单元之间采用了该公司的专利技术“配对-解配对”安全连接程序，多个控制器可由一个示教器控制。同时，它可与其他Wi-Fi资源实现数据传送与接收，有效范围达100m，且各系统间无干扰。

(2) 传感技术

随着制造生产的繁重化和人口红利的逐渐消失，已逼迫众多企业向无人化、自动化、柔性化转型，追求生产产品的高精度和质量的优越性。传感技术应用到搬运机器人中，极大地拓宽了搬运机器人的应用范围，提高了生产效率，保证了产品质量的稳定性和可追溯性。

图 4-11 所示为带有视觉系统和立体传感器的搬运系统。

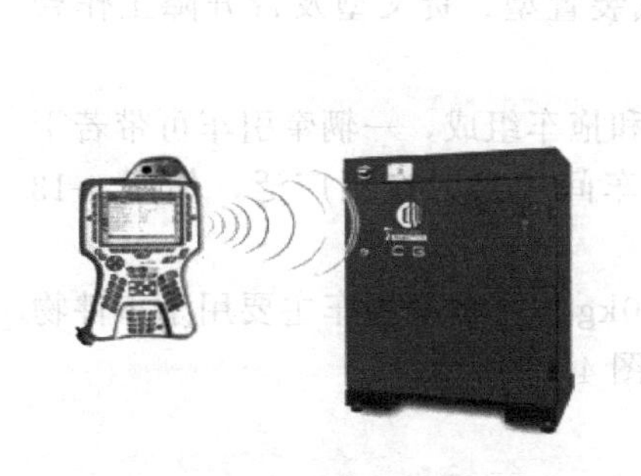

图 4-10　COMAU 无线示教器 WiTP

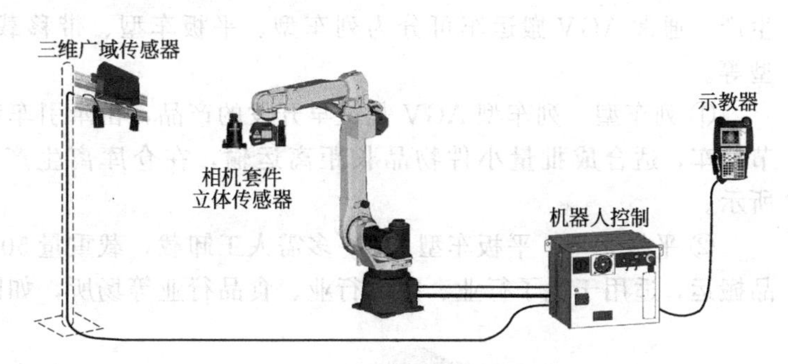

图 4-11　搬运机器人视觉传感系统

搬运机器人传感系统的工作流程是：视觉系统采集被测目标的相关数据，控制柜内置相应系统进行图像处理和数据分析，转换成相应的数据量，传给搬运机器人，机器人以接收到的数据为依据，进行相应作业。通过携带立体传感器，机器人可搬运杂乱无章的部件，可简化排列工序，如图 4-12 所示。

图 4-12　小型工件的散堆拾取

带有传感器的搬运机器人生产节拍稳定，产品质量高、周期明确，生产安排易控制。机器人与传感系统的使用，降低了人工对产品质量和稳定性的影响，保证了产品的一致性。

(3) AGV 搬运车

AGV 搬运车是一种无人搬运车（Automated Guided Vehicle），是指装备有电磁或光学等自动导引装置，能够沿规定的导引路径行驶，具有安全保护以及各种移载功能的运输车，工业应用中无需驾驶员的搬运车，通常可通过电脑程序或电磁轨道信息控制其移动，属于轮式移动搬运机器人范畴。广泛应用于汽车底盘安装、汽车零部件装配、烟草、电力、医药、化工等的生产物料运输、柔性装配线、加工线，具有行动快捷，工作效率高，结构简单，有效摆脱场地、道路、空间限制等优势，充分体现出其自动性和柔性，可实现高效、经济、灵活的无人化生产。通常 AGV 搬运车可分为列车型、平板车型、带移载装置型、货叉型及带升降工作台型等。

① 列车型　列车型 AGV 是最早开发的产品，由牵引车和拖车组成，一辆牵引车可带若干节拖车，适合成批量小件物品长距离运输，在仓库离生产车间较远时应用广泛，如图 4-13 所示。

② 平板车型　平板车型 AGV 多需人工卸载，载重量 500kg 以下的轻型车主要用于小件物品搬运，适用于电子行业、家电行业、食品行业等场所，如图 4-14 所示。

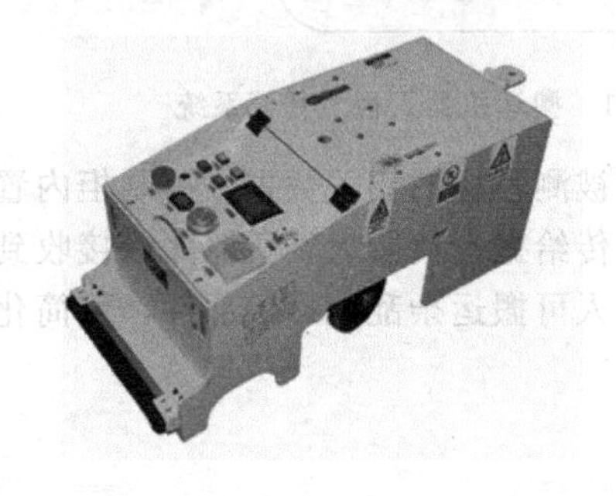

图 4-13　列车型 AGV

图 4-14　平板车型 AGV

③ 带移载装置型　带移载装置型 AGV 车装有输送带或辊子输送机等类型移载装置，通常和地面板式输送机或辊子机配合使用，以实现无人化自动搬运作业，如图 4-15 所示。

④ 货叉型　货叉型 AGV 类似于人工驾驶的叉车起重机，本身具有自动装卸载能力，主要用于物料自动搬运作业以及在组装线上做组装移动工作台使用，如图 4-16 所示。

⑤ 带升降工作台型　带升降工作台型 AGV 主要应用于机器制造业和汽车制造业的组装作业，因带有升降工作台，可使操作者在最佳高度下作业，提高工作质量和效率，如图 4-17 所示。

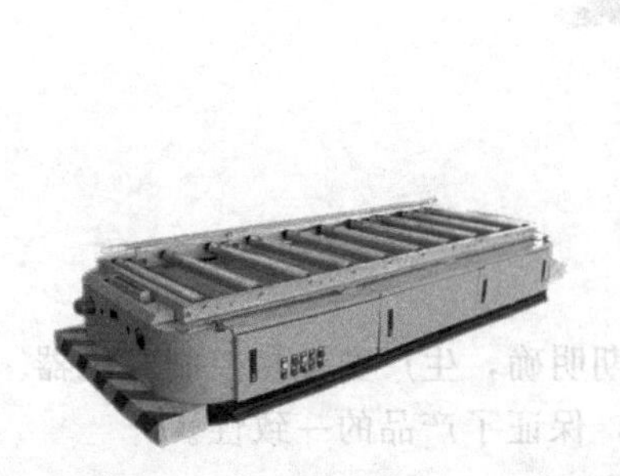

图 4-15　带移载装置型 AGV

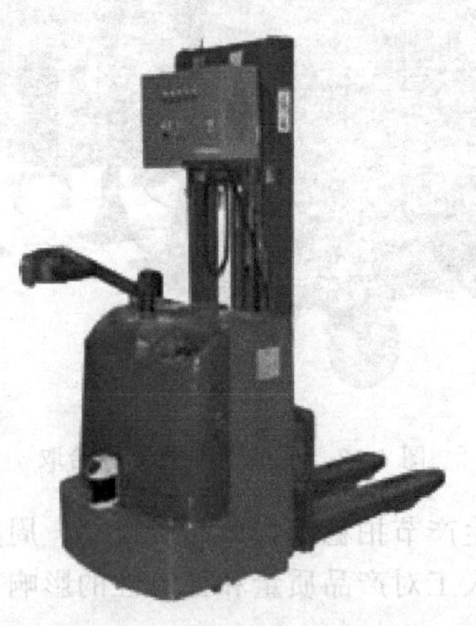

图 4-16　货叉型 AGV

图 4-17　带升降工作台型 AGV

4.2 认识机器人的手部机构

人类的手是最灵活的肢体部分，能完成各种各样的动作和任务。同样，机器人的手部是完成抓握工件或执行特定作业的重要部件，也需要有多种结构。

机器人的手部也叫做末端执行器，它是装在机器人腕部上，直接抓握工件或执行作业的部件。人的手有两种定义：一种是医学上把包括上臂、腕部在内的整体叫做手；另一种是把手掌和手指部分叫做手。机器人的手部接近于后一种定义。

机器人的手部是最重要的执行机构，从功能和形态上看，它可分为工业机器人的手部和仿人机器人的手部。目前，前者应用较多，也比较成熟。工业机器人的手部是用来握持工件或工具的部件。由于被握持工件的形状、尺寸、重量、材质及表面状态的不同，手部结构是多种多样的。大部分的手部结构都是根据特定的工件要求而专门设计的。

4.2.1 机器人手部的特点和性质

(1) 机器人手部的特点

① 手部与腕部相连处可拆卸　手部与腕部有机械接口，也可能有电、气、液接头。工业机器人作业对象不同时，可以方便地拆卸和更换手部。

② 手部是机器人末端执行器　它可以像人手那样具有手指，也可以不具备手指；可以是类人的手爪，也可以是进行专业作业的工具，比如装在机器人腕部上的喷漆枪、焊接工具等。

③ 手部的通用性比较差　机器人手部通常是专用的装置，例如，一种手爪往往只能抓握一种或几种在形状、尺寸、重量等方面相近似的工件；一种工具只能执行一种作业任务。

(2) 机器人手部的性质

机器人手部是一个独立的部件。假如把腕部归属于手臂，那么机器人机械系统的三大件就是机身、手臂和手部。

手部对于整个工业机器人来说是完成作业好坏以及作业柔性好坏的关键部件之一，具有复杂感知能力的智能化手爪的出现增加了工业机器人作业的灵活性和可靠性。目前有一种弹钢琴的表演机器人的手部已经与人手十分相近，具有多个多关节手指，一个手有二十余个自由度，每个自由度独立驱动。目前工业机器人手部的自由度还比较少，把具备足够驱动力量的多个驱动源和关节安装在紧凑的手部内部是十分困难的。

4.2.2 传动机构

传动机构是向手指传递运动和动力，以实现夹紧和松开动作的机构。该机构根据手指开合的动作特点，可分为回转型和平移型，回转型又分为单支点回转和多支点回转。根据手爪夹紧是摆动还是平动，回转型还可分为摆动回转型和平动回转型。

(1) 回转型传动机构

夹钳式手部中用得较多的是回转型手部，其手指就是一对杠杆，一般再与斜楔、滑槽、连杆、齿轮、蜗轮蜗杆或螺杆等机构组成复合式杠杆传动机构，用以改变传动比和运动方向。

图 4-18(a)所示为单作用斜楔式回转型手部结构简图。斜楔向下运动，克服弹簧拉力，使杠杆手指装着滚子的一端向外撑开，从而夹紧工件；斜楔向上运动，则在弹簧拉力作用下使手指松开。手指与斜楔通过滚子接触，可以减少摩擦力，提高机械效率。有时为了简化，也可让

手指与斜楔直接接触，如图 4-18(b)所示。

图 4-19 所示为滑槽式杠杆回转型手部简图。杠杆形手指 4 的一端装有 V 形指 5，另一端则开有长滑槽。驱动杆 1 上的圆柱销 2 套在滑槽内，当驱动连杆同圆柱销一起做往复运动时，即可拨动两个手指各绕其支点（铰销 3）做相对回转运动，从而实现手指的夹紧与松开动作。

图 4-20 所示为双支点连杆式手部的简图。驱动杆 2 末端与连杆 4 由铰销 3 铰接，当驱动杆 2 做直线往复运动时，则通过连杆推动两杆手指各绕支点做回转运动，从而使得手指松开或闭合。

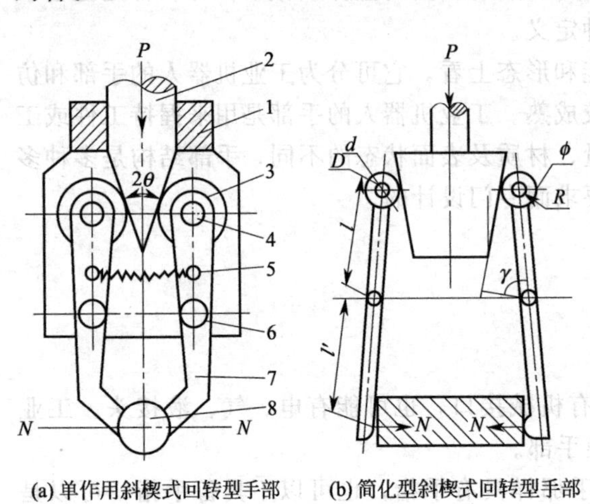

图 4-18 斜楔杠杆式手部

1—壳体；2—斜楔驱动杆；3—滚子；4—圆柱销；5—拉簧；6—铰销；7—手指；8—工件

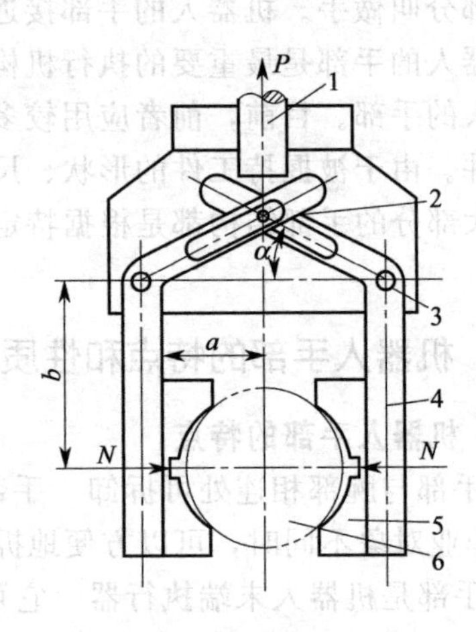

图 4-19 滑槽式杠杆回转型手部

1—驱动杆；2—圆柱销；3—铰销；4—手指；5—V 形指；6—工件

图 4-21 所示为齿轮齿条直接传动的齿轮杠杆式手部的结构。驱动杆 2 末端制成双面齿条，与扇齿轮 4 相啮合，而扇齿轮 4 与手指 5 固连在一起，可绕支点回转。驱动力推动齿条做直线往复运动，即可带动扇齿轮回转，从而使手指松开或闭合。

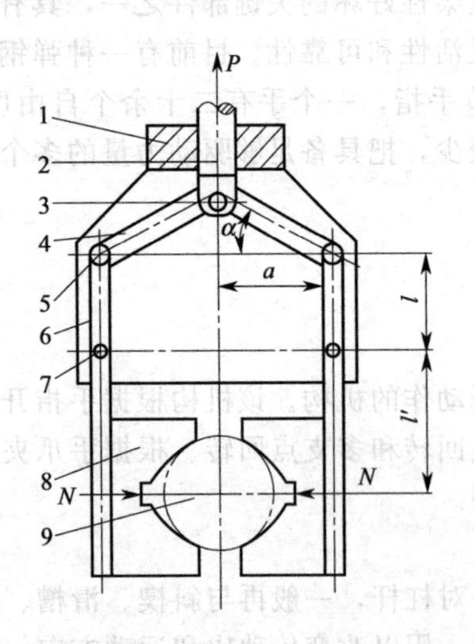

图 4-20 双支点连杆式手部

1—壳体；2—驱动杆；3—铰销；4—连杆；5，7—圆柱销；6—手指；8—V 形指；9—工件

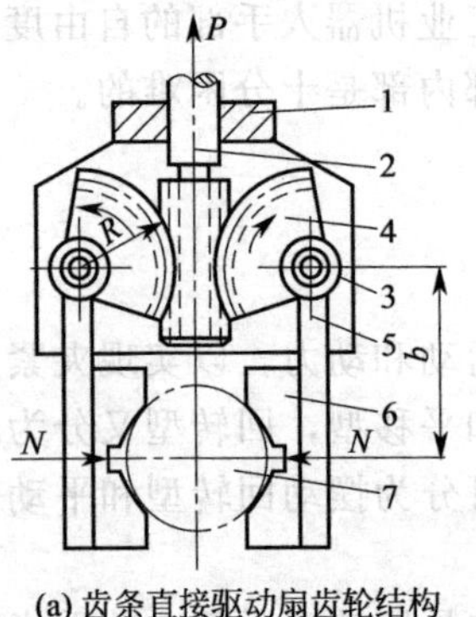
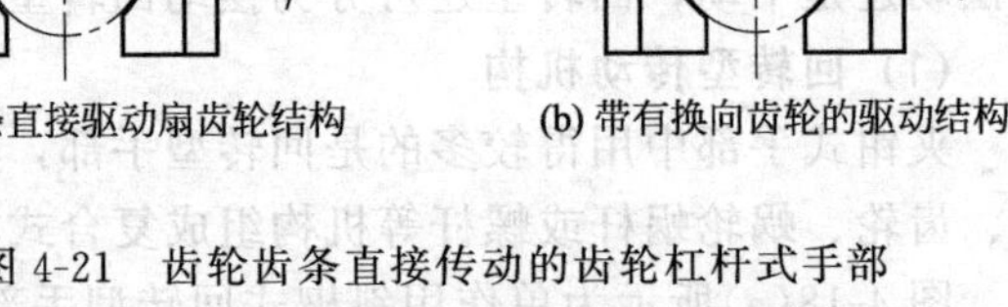

图 4-21 齿轮齿条直接传动的齿轮杠杆式手部

1—壳体；2—驱动杆；3—中间齿轮；4—扇齿轮；5—手指；6—V 形指；7—工件

(2) 平移型传动机构

平移型传动机构是指平移型夹钳式手部，它是通过手指的指面做直线往复运动或平面移动来实现张开或闭合动作的，常用于夹持具有平行平面的工件，如冰箱等。其结构较复杂，不如回转型手部应用广泛。平移型传动机构根据其结构，大致可分为平面平行移动机构和直线往复移动机构两种。

① 直线往复移动机构　实现直线往复移动的机构有很多，常用的斜楔传动、齿条传动、螺旋传动均可应用于手部结构，如图 4-22 所示。图 4-22(a)所示为斜楔平移机构，图 4-22(b)所示为连杆杠杆平移机构，图 4-22(c)所示为螺旋斜楔平移机构。它们既可是双指型的，也可是三指（或多指）型的；既可自动定心，也可非自动定心。

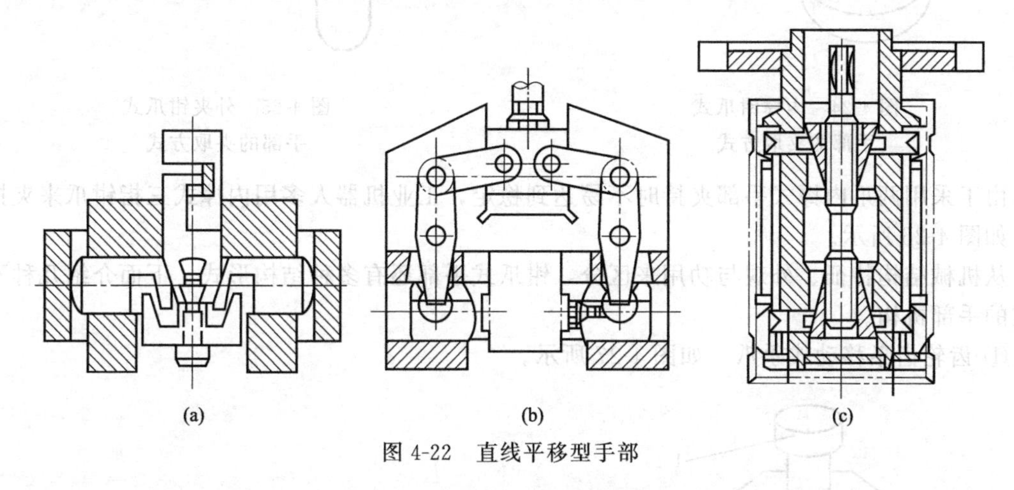

图 4-22　直线平移型手部

② 平面平行移动机构　图 4-23 所示为几种平面平行平移型夹钳式手部的简图。图 4-23(a)所示的是采用齿条齿轮传动的手部；图 4-23(b)所示的是采用蜗杆传动的手部；图 4-23(c)所示的是采用连杆斜滑槽传动的手部。它们的共同点是：都采用平行四边形的铰链机构-双曲柄铰链四连杆机构，以实现手指平移。其差别在于分别采用齿条齿轮、蜗杆蜗轮、连杆斜滑槽的传动方法。

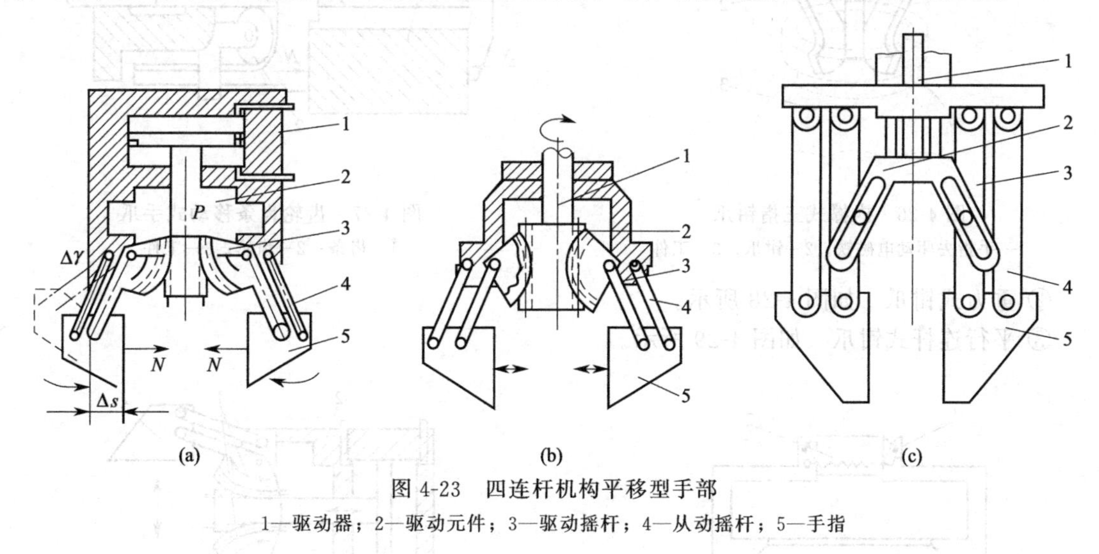

图 4-23　四连杆机构平移型手部

1—驱动器；2—驱动元件；3—驱动摇杆；4—从动摇杆；5—手指

4.2.3　手部结构

(1) 机械钳爪式手部结构

机械钳爪式手部按夹取的方式，可分为内撑式和外夹式两种，分别如图 4-24 与图 4-25 所示。两者的区别在于夹持工件的部位不同，手爪动作的方向相反。

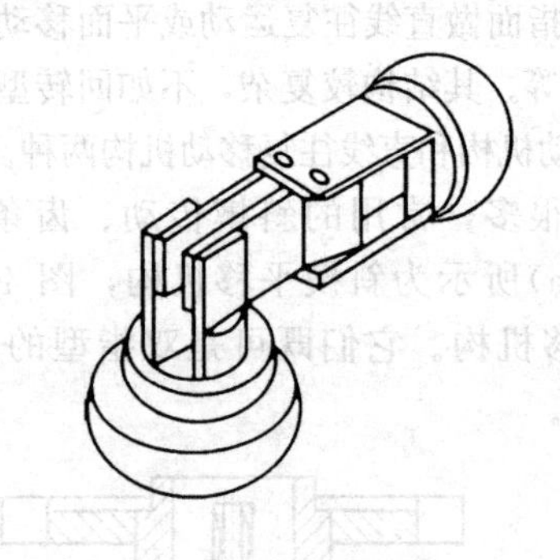

图 4-24　内撑钳爪式手部的夹取方式

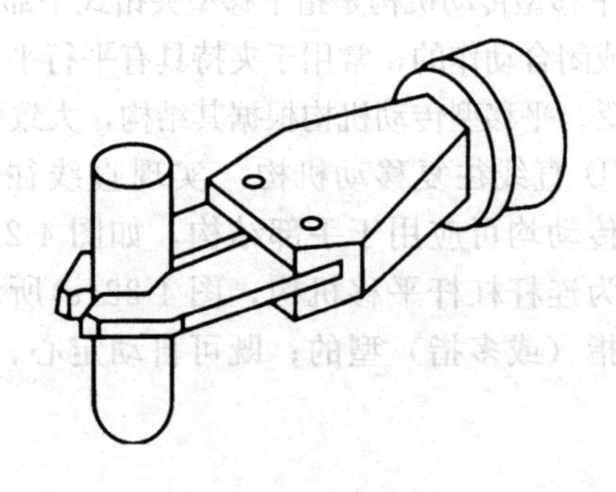

图 4-25　外夹钳爪式手部的夹取方式

由于采用两爪内撑式手部夹持时不易达到稳定，工业机器人多用内撑式三指钳爪来夹持工件，如图 4-26 所示。

从机械结构特征、外观与功用来区分，钳爪式手部还有多种结构形式，下面介绍几种不同形式的手部机构。

① 齿轮齿条移动式手爪　如图 4-27 所示。

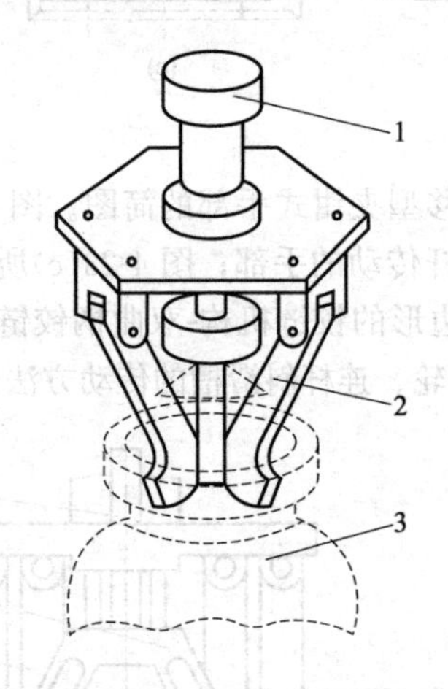

图 4-26　内撑式三指钳爪

1—手指去驱动电磁铁；2—钳爪；3—工件

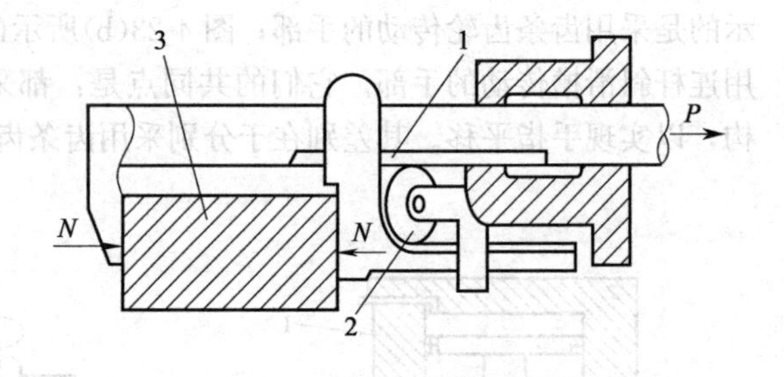

图 4-27　齿轮齿条移动式手爪

1—齿条；2—齿轮；3—工件

② 重力式钳爪　如图 4-28 所示。

③ 平行连杆式钳爪　如图 4-29 所示。

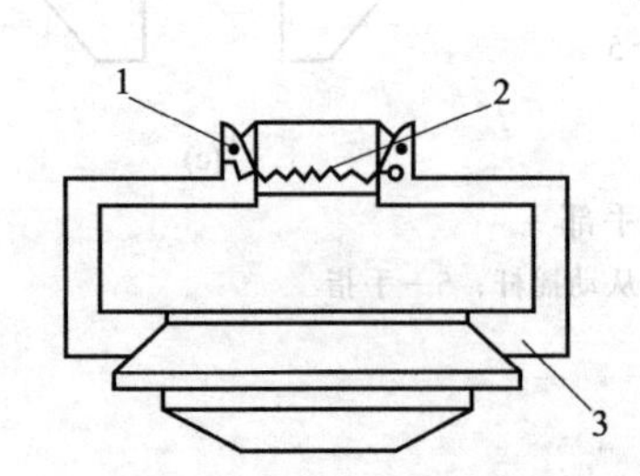

图 4-28　重力式钳爪

1—销；2—弹簧；3—钳爪

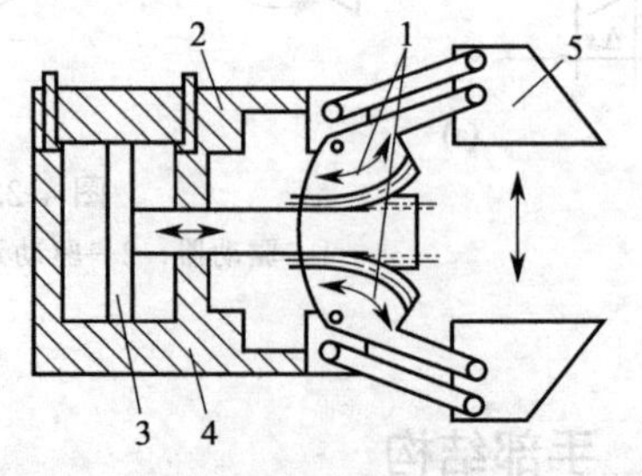

图 4-29　平行连杆式钳爪

1—扇形齿轮；2—齿条；3—活塞；4—气（油）缸；5—钳爪

④ 拨杆杠杆式钳爪　如图 4-30 所示。

⑤ 自动调整式钳爪　如图 4-31 所示。自动调整式钳爪的调整范围在 0～10mm 之内，适用于抓取多种规格的工件，当更换产品时，可更换 V 形钳口。

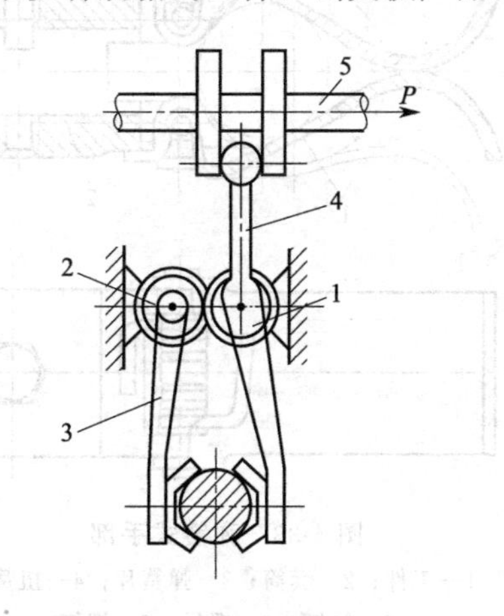

图 4-30　拨杆杠杆式钳爪

1—齿轮 1；2—齿轮 2；3—钳爪；4—拨杆；5—驱动杆

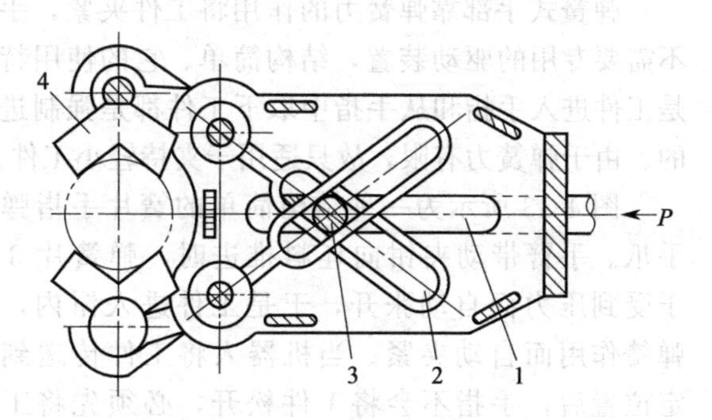

图 4-31　自动调整式钳爪

1—推杆；2—滑槽；3—轴销；4—V 形钳爪

(2) 钩托式手部

钩托式手部主要特征是不靠夹紧力来夹持工件，而是利用手指对工件钩、托、捧等动作来托持工件。应用钩托方式可降低驱动力的要求，简化手部结构，甚至可以省略手部驱动装置。它适用于在水平面内和垂直面内做低速移动的搬运工作，尤其对大型笨重的工件或结构粗大而质量较轻且易变形的工件更为有利。钩托式手部可分为无驱动装置型和有驱动装置型。

① 无驱动装置型　无驱动装置型的钩托式手部，手指动作通过传动机构，借助臂部的运动来实现，手部无单独的驱动装置。图 4-32(a)为一种无驱动型，手部在臂的带动下向下移动，当手部下降到一定位置时，齿条 1 下端碰到撞块，臂部继续下移，齿条便带动齿轮 2 旋转，手指 3 即进入工件钩托部位。手指托持工件时，销 4 在弹簧力作用下插入齿条缺口，保持手指的钩托状态并可使手臂携带工件离开原始位置。在完成钩托任务后，由电磁铁将销向外拔出，手指又呈自由状态，可继续下一个工作循环程序。

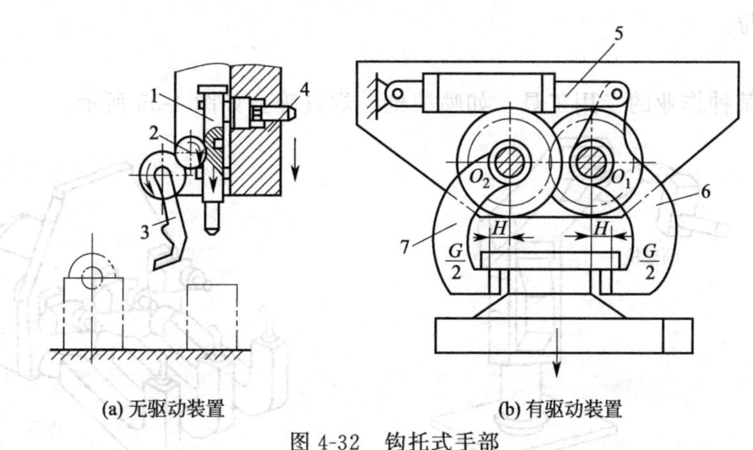

(a) 无驱动装置　　(b) 有驱动装置

图 4-32　钩托式手部

1—齿条；2—齿轮；3—手指；4—销；5—液压缸；6,7—杠杆手指

② 有驱动装置型　图 4-32(b)为一种有驱动装置型的钩托式手部。其工作原理是：依靠机构

内力来平衡工件重力，从而保持托持状态。驱动液压缸 5 以较小的力驱动杠杆手指 6 和 7 回转，使手指闭合至托持工件的位置。手指与工件的接触点均在其回转支点 O_1、O_2 的外侧，因此，在手指托持工件后，工件本身的重量不会使手指自行松脱。

(3) 弹簧式手部

弹簧式手部靠弹簧力的作用将工件夹紧，手部不需要专用的驱动装置，结构简单。它的使用特点是工件进入手指和从手指中取下工件都是强制进行的。由于弹簧力有限，故只适用于夹持轻小工件。

图 4-33 所示为一种结构简单的簧片手指弹性手爪。手臂带动夹钳向坯料推进时，弹簧片 3 由于受到压力而自动张开，于是工件进入钳内，受弹簧作用而自动夹紧。当机器人将工件传送到指定位置后，手指不会将工件松开，必须先将工件固定，手部后退，强迫手指撑开后留下工件。这种手部只适用于定心精度要求不高的场合。

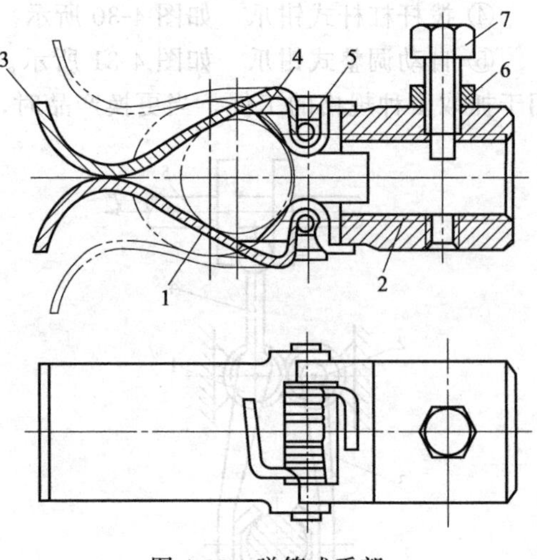

图 4-33 弹簧式手部

1—工件；2—套筒；3—弹簧片；4—扭簧；5—销钉；6—螺母；7—螺钉

4.2.4 按手部的用途分类

机器人手部按其用途划分，可以分为手爪和工具两类。

(1) 手爪

手爪具有一定的通用性，它的主要功能是：抓住工件，握持工件，释放工件。

抓住：在给定的目标位置和期望姿态上抓住工件，工件在手爪内必须具有可靠的定位，保持工件与手爪之间准确的相对位姿，并保证机器人后续作业的准确性。

握持：确保工件在搬运过程中或零件在装配过程中定义了的位置和姿态的准确性。

释放：在指定点上除去手爪和工件之间的约束关系。

如图 4-34 所示，手爪在夹持圆柱工件时，尽管夹紧力足够大，在工件和手爪接触面上有足够的摩擦力来支承工件重量，但是，从运动学观点来看，其约束条件不够，不能保证工件在手爪上的准确定位。

(2) 工具

工具是进行某种作业的专用工具，如喷漆枪、焊具等，如图 4-35 所示。

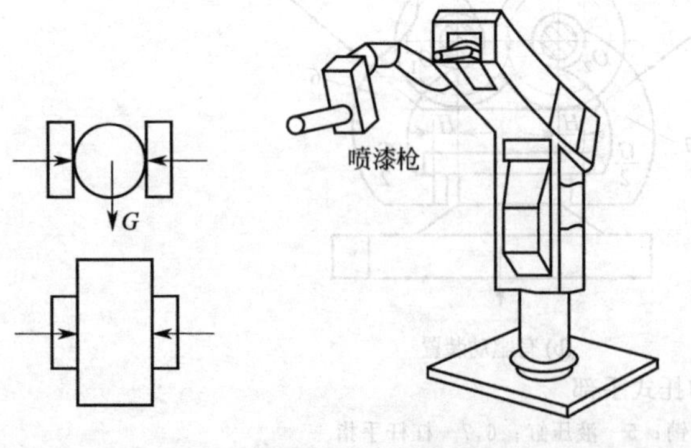

图 4-34 平面钳爪夹持圆柱工件

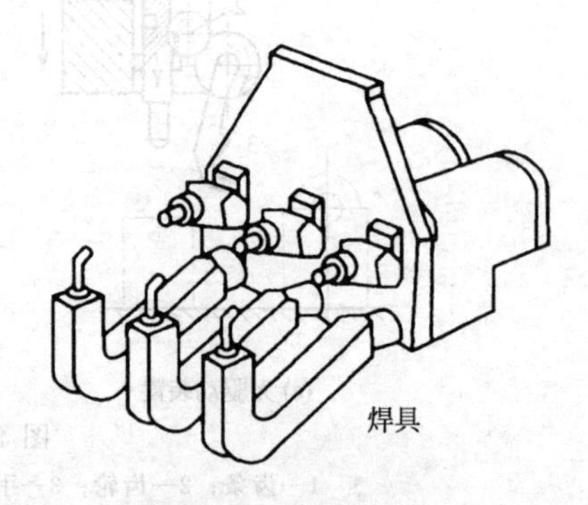

图 4-35 专用工具

4.2.5 按手部的抓握原理分类

手部按其抓握原理可分为夹持类手部和吸附类手部两类。

(1) 夹持类手部

夹持类手部通常又叫做机械手爪，有靠摩擦力夹持和吊钩承重两种，前者是有指手爪，后者是无指手爪。产生夹紧力的驱动源可以有气动、液动、电动和电磁四种。

夹持类手部除常用的夹钳式外，还有钩托式和弹簧式。此类手部按其手指夹持工件时的运动方式不同，又可分为手指回转型和指面平移型。

夹钳式手部：夹钳式是工业机器人最常用的一种手部形式。夹钳式一般由手指、驱动装置、传动机构、支架等组成，如图 4-36 所示。

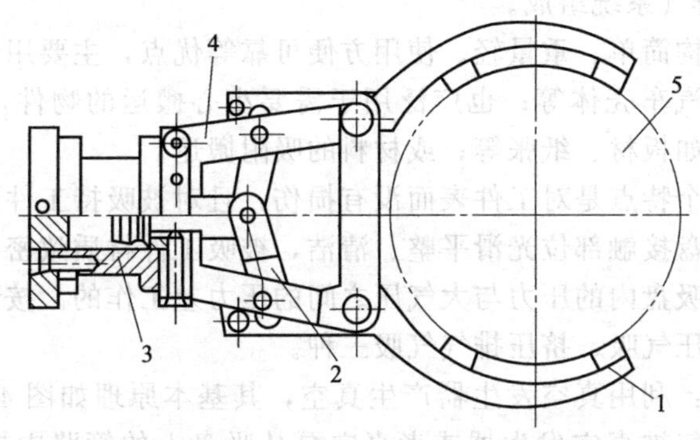

图 4-36 夹钳式手部的组成

1—手指；2—传动机构；3—驱动装置；4—支架；5—工件

a. 手指或爪钳。手指是直接与工件接触的构件。手部松开和夹紧工件，就是通过手指的张开和闭合来实现的。一般情况下，机器人的手部只有两个手指，少数有三个或多个手指。它们的结构形式常取决于被夹持工件的形状和特性。指端的形状分为 V 形指、平面指、尖指和特形指，如图 4-37 所示。

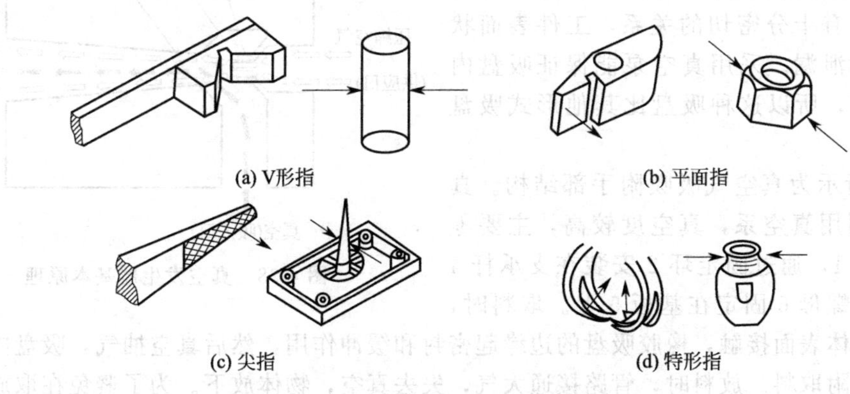

(a) V形指　(b) 平面指　(c) 尖指　(d) 特形指

图 4-37 夹钳式手部的手指

根据工件形状、大小及被夹持部位材质的软硬、表面性质等的不同，手指的指面有光滑指面、齿型指面和柔性指面三种形式。对于夹钳式手部，其手指材料可选用一般碳素钢和合金结构钢。为使手指经久耐用，指面可镶嵌硬质合金；高温作业的手指，可选用耐热钢；在腐蚀性气体环境下工作的手指，可镀铬或进行搪瓷处理，也可选用耐腐蚀的玻璃钢或聚四氟乙烯。

b. 驱动。夹钳式手部通常采用气动、液动、电动和电磁来驱动手指的开合。

气动手爪目前得到广泛的应用，这是因为气动手爪有许多突出的优点：结构简单，成本低，容易维修，而且开合迅速，重量轻。其缺点是空气介质的可压缩性使爪钳位置控制比较复杂。液压驱动手爪成本稍高一些。电动手爪的优点是手指开合电动机的控制与机器人控制可以共用一个系统，但是夹紧力比气动手爪、液压手爪小，开合时间比它们长。电磁手爪控制信号简单，但是电磁夹紧力与爪钳行程有关，因此，只用在开合距离小的场合。

(2) 机器人的吸附式手部

吸附式手部靠吸附力取料。根据吸附力的不同有气吸附和磁吸附两种。吸附式手部适用于大平面（单面接触无法抓取）、易碎（玻璃、磁盘）、微小（不易抓取）的物体，因此适用面也较大。

① 气吸式手部　气吸式手部是工业机器人常用的一种吸持工件的装置。它由吸盘（一个或几个）、吸盘架及进排气系统组成。

气吸式手部具有结构简单、重量轻、使用方便可靠等优点，主要用于搬运体积大，重量轻的零件，如冰箱壳体、汽车壳体等；也广泛用于需要小心搬运的物件，如显像管、平板玻璃等；以及非金属材料，如板材、纸张等；或材料的吸附搬运。

气吸式手部的另一个特点是对工件表面没有损伤，且对被吸持工件预定的位置精度要求不高；但要求工件上与吸盘接触部位光滑平整、清洁，被吸工件材质致密，没有透气空隙。

气吸式手部是利用吸盘内的压力与大气压之间的压力差工作的。按形成压力差的方法，可分为真空气吸、气流负压气吸、挤压排气气吸三种。

真空气吸吸附手部：利用真空发生器产生真空，其基本原理如图 4-38 所示。当吸盘压到被吸物后，吸盘内的空气被真空发生器或者真空泵从吸盘上的管路中抽走，使吸盘内形成真空；而吸盘外的大气压力把吸盘紧紧地压在被吸物上，使之几乎形成一个整体，可以共同运动。真空发生器利用压缩空气产生真空（负压），从喷嘴中放出（喷射）压缩空气。真空发生部分是没有活动部的单纯结构，所以使用寿命较长。

图 4-39 所示为产生负压的真空吸盘控制系统。吸盘吸力在理论上决定于吸盘与工件表面的接触面积和吸盘内、外压差，但实际上其与工件表面状态有十分密切的关系，工件表面状态影响负压的泄漏。采用真空泵能保证吸盘内持续产生负压，所以这种吸盘比其他形式吸盘的吸力大。

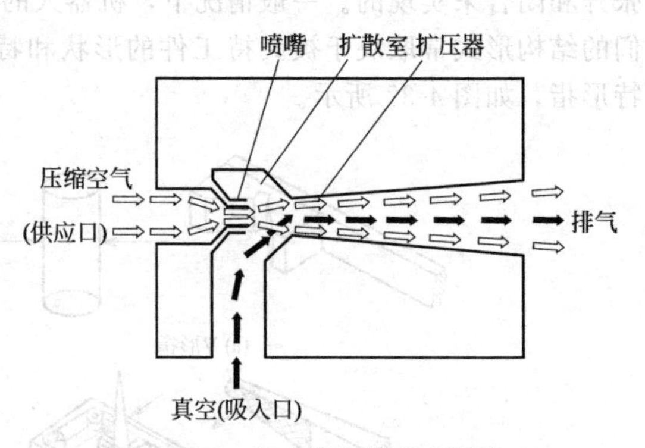

图 4-38　真空发生器基本原理

图 4-40 所示为真空气吸吸附手部结构。真空的产生是利用真空系，真空度较高，主要零件为橡胶吸盘 1，通过固定环 2 安装在支承杆 4 上；支承杆由螺母 6 固定在基板 5 上。取料时，橡胶吸盘与物体表面接触，橡胶吸盘的边缘起密封和缓冲作用，然后真空抽气，吸盘内腔形成真空，进行吸附取料。放料时，管路接通大气，失去真空，物体放下。为了避免在取放料时产生撞击，有的还在支承杆上配有弹簧缓冲；为了更好地适应物体吸附面的倾斜状况，有的在橡胶吸盘背面设计有球铰链。真空吸盘按结构可分为普通型与特殊型两大类。

a. 普通型。普通型吸盘一般用来吸附表面光滑平整的工件，如玻璃、瓷砖、钢板等。吸盘的材料有丁腈橡胶、硅橡胶、聚氨酯、氟橡胶等。要根据工作环境对吸盘耐油、耐水、耐腐、耐热、耐寒等性能的要求，选择合适的材料。普通吸盘橡胶部分的形状一般为碗状，但异形的也可使用，这要视工件的形状而定。吸盘的形状可为长方形、圆形和圆弧形等。

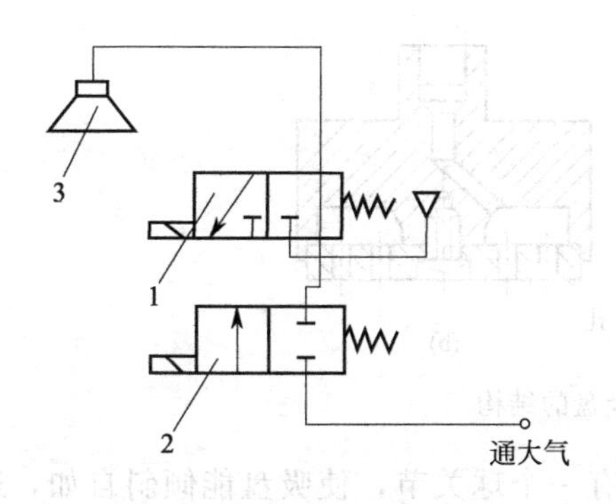

图4-39　真空吸盘控制系统

1，2—电磁阀；3—吸盘

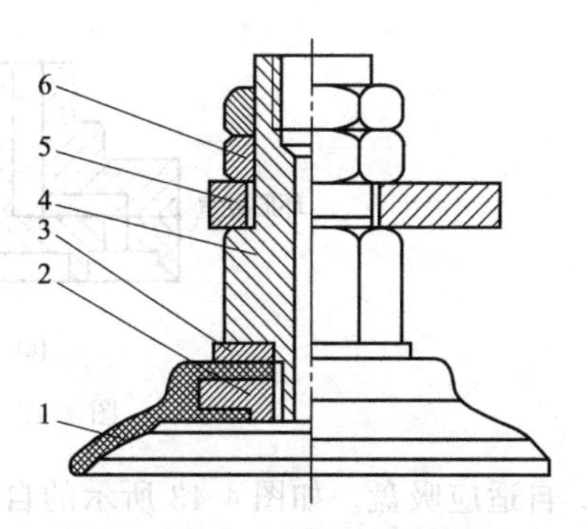

图4-40　真空气吸吸附手部

1—橡胶吸盘；2—固定环；3—垫片；4—支承杆；5—基板；6—螺母

常用的几种普通型吸盘的结构如图4-41所示。图4-41(a)所示为普通型直进气吸盘，靠头部的螺纹可直接与真空发生器的吸气口相连，使吸盘与真空发生器成为一体，结构非常紧凑。图4-41(b)所示为普通型侧向进气吸盘，其中弹簧用来缓冲吸盘部件的运动惯性，可减小对工件的撞击力。图4-41(c)所示为带支撑楔的吸盘，这种吸盘结构稳定，变形量小，并能在竖直吸吊物体时产生更大的摩擦力。图4-41(d)所示为采用金属骨架，由橡胶压制而成的碟盘形大直径吸盘，吸盘作用面采用双重密封结构面，大径面为轻吮吸启动面，小径面为吸牢有效作用面。柔软的轻吮吸启动使得吸着动作特别轻柔，不伤工件，且易于吸附。图4-41(e)所示为波纹型吸盘，其可利用波纹的变形来补偿高度的变化，往往用于吸附工件高度变化的场合。图4-41(f)所示为球铰式吸盘，吸盘可自由转动，以适应工件吸附表面的倾斜，转动范围可达30°～50°，吸盘体上的抽吸孔通过贯穿球节的孔，与安装在球节端部的吸盘相通。

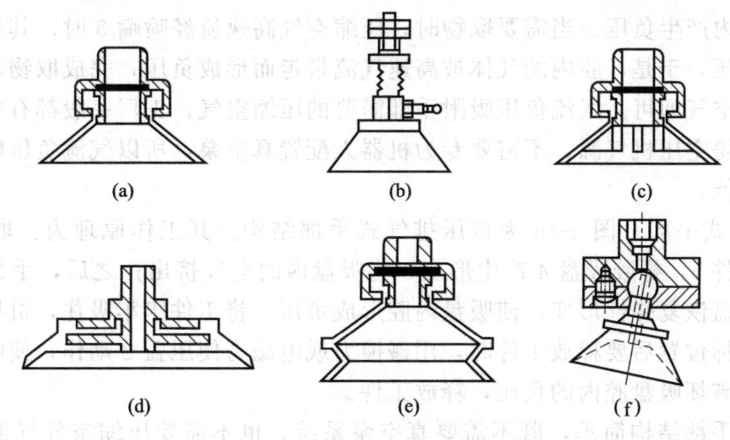

图4-41　几种普通型吸盘的结构

b. 特殊型。特殊型吸盘是为了满足特殊应用场合而专门设计的，图4-42所示为两种特殊型吸盘的结构。图4-42(a)所示为吸附有孔工件的吸盘。当工件表面有孔时，普遍型吸盘不能形成密封容腔，工作的可靠性得不到保证。吸附有孔工件吸盘的环形腔室为真空吸附腔，与抽吸口相通，工件上的孔与真空吸附区靠吸盘中的环形区隔开。为了获得良好的密封性，所用的吸盘材料具有一定的柔性，以利于吸附表面的贴合。图4-42(b)所示为可挠性轻型工件的吸盘。对于可挠性轻型工件，如纸、聚乙烯薄膜等，采用普通吸盘时，由于吸盘接触面积大，易使这类轻、软、薄工件沿吸盘边缘皱折，出现许多狭小缝隙，降低真空腔的密封性。而采用该结构形式的吸盘，可很好地解决工件起皱问题。其材料可选用铜或铝。

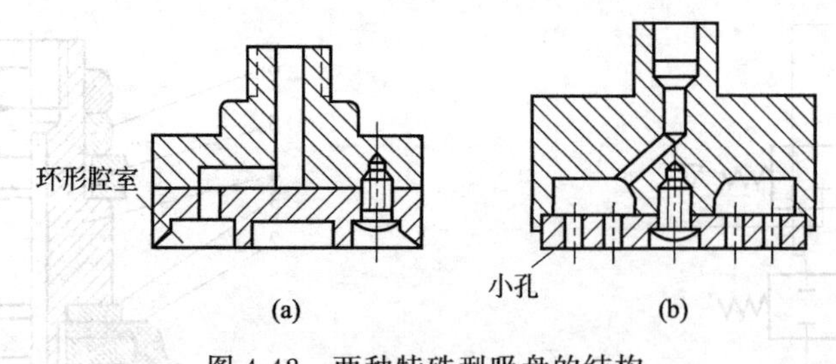

图 4-42　两种特殊型吸盘的结构

c. 自适应吸盘。如图 4-43 所示的自适应吸盘具有一个球关节，使吸盘能倾斜自如，适应工件表面倾角的变化，这种自适应吸盘在实际应用中获得了良好的效果。

d. 异形吸盘。图 4-44 为异形吸盘中的一种。通常吸盘只能吸附一般的平整工件，而该异形吸盘可用来吸附鸡蛋、锥颈瓶等物件，扩大了真空吸盘在工业机器人上的应用。

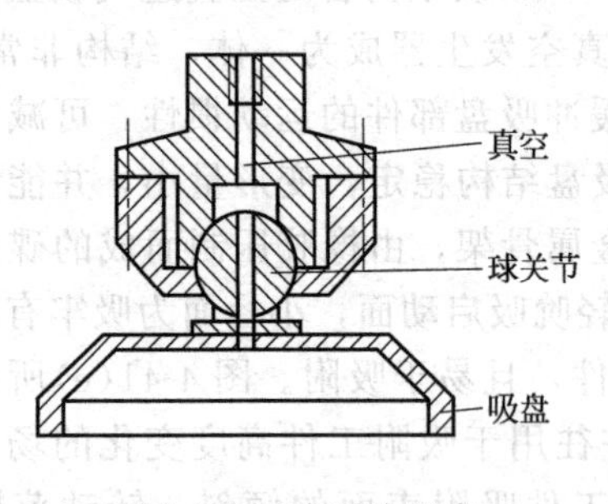

图 4-43　自适应吸盘

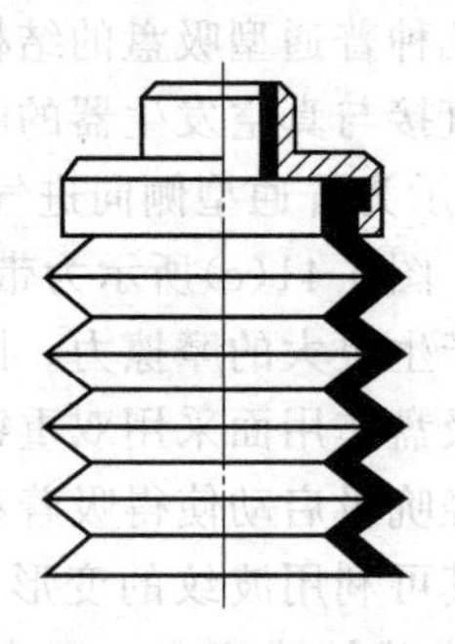
图 4-44　异形吸盘

② 气流负压吸附手部　图 4-45 为气流负压吸附手部，压缩空气进入喷嘴后，利用伯努利效应使橡胶皮腕内产生负压。当需要取物时，压缩空气高速流经喷嘴 5 时，其出口处的气压低于吸盘腔内的气压，于是，腔内的气体被高速气流带走而形成负压，完成取物动作。当需要释放时，切断压缩空气即可。气流负压吸附手部需要的压缩空气，工厂一般都有空压机站或空压机，比较容易获得空压机气源，不需要专为机器人配置真空泵，所以气流负压吸盘在工厂内使用方便，成本较低。

③ 挤压排气式手部　图 4-46 为挤压排气式手部结构。其工作原理为：取料时手部先向下，吸盘压向工件 5，橡胶吸盘 4 产生形变，将吸盘内的空气挤出；之后，手部向上提升，压力去除，橡胶吸盘恢复弹性形变，使吸盘内腔形成负压，将工件牢牢吸住，机械手即可进行工件搬运。到达目标位置后要释放工件时，用碰撞力或电磁力使压盖 2 动作，使吸盘腔与大气连通而失去负压，破坏吸盘腔内的负压，释放工件。

挤压排气式手部结构简单，既不需要真空泵系统，也不需要压缩空气气源，比较经济方便。但要防止漏气，不宜长期停顿，可靠性比真空吸盘和气流负压吸盘差。挤气负压吸盘的吸力计算是在假设吸盘与工件表面气密性良好的情况下进行的，利用热力学定律和静力平衡公式计算内腔最大负压和最大极限吸力。对市场供应的三种型号耐油橡胶吸盘进行吸力理论计算及实测的结果表明，理论计算误差主要由假定工件表面为理想状况所造成。实验表明，在工件表面清洁度、平滑度较好的情况下，牢固吸附时间可达到 30s，能满足一般工业机器人工作循环时间的要求。

④ 磁吸式手部　磁吸式手部是利用永久磁铁或电磁铁通电后产生的磁力来吸附材料工件的，应用较广。磁吸式手部不会破坏被吸件表面质量。

a. 磁吸式手部的特点。磁吸式手部比气吸式手部优越的方面是：有较大的单位面积吸力，对工件表面粗糙度及通孔、沟槽等无特殊要求。磁吸式手部的不足之处是：被吸工件存在剩磁，吸附头上常吸附磁性屑（如铁屑等），影响正常工作。因此对那些不允许有剩磁的零件要禁止使用，如钟表零件及仪表零件，不能选用磁力吸盘，可用真空吸盘。电磁吸盘只能吸住铁磁材料制成的工件，如钢铁等黑色金属工件，吸不住有色金属和非金属材料的工件。对钢、铁等材料制品，温度超过 723℃就会失去磁性，故在高温下无法使用磁吸式手部。磁力吸盘要求工件表面清洁、平整、干燥，以保证可靠的吸附。

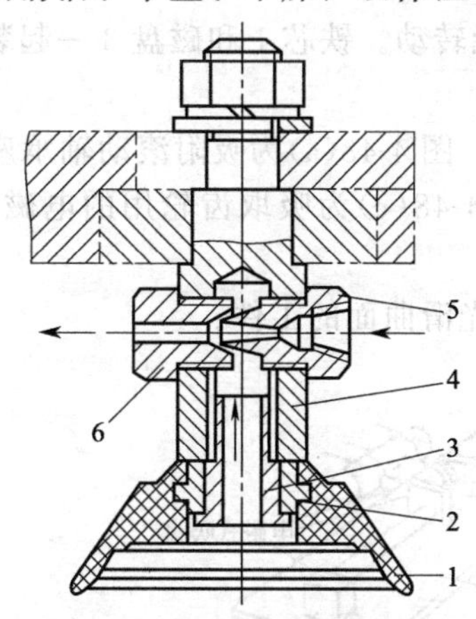

图 4-45　气流负压吸附手部

1—橡胶吸盘；2—心套；3—通气螺钉；4—支承杆；5—喷嘴；6—喷嘴套

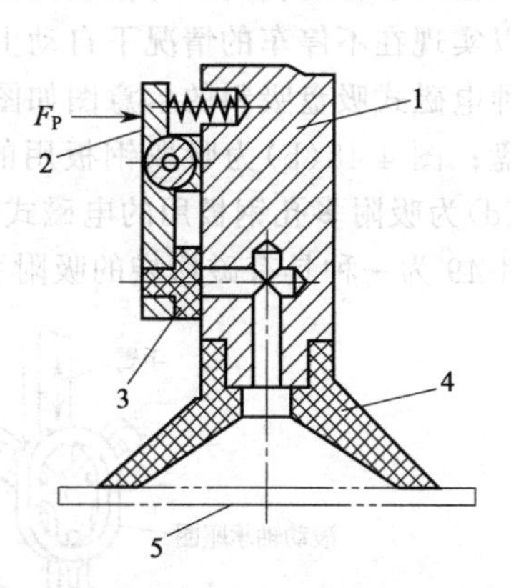

图 4-46　挤压排气式手部

1—吸盘架；2—压盖；3—密封垫；4—橡胶吸盘；5—工件

b. 磁吸式手部的原理。磁吸式手部按磁力来源可分为永久磁铁手部和电磁铁手部。电磁铁手部由于供电不同又可分为交流电磁铁和直流电磁铁手部。

磁吸附式取料手是利用电磁铁通电后产生的电磁吸力取料，因此只能对铁磁物体起作用，但是对某些不允许有剩磁的零件禁止使用，所以磁吸附式取料手的使用有一定的局限性。盘状磁吸附式取料手的结构图如图 4-47 所示。铁芯 1 和磁盘 3 之间用黄铜焊料焊接并构成隔磁

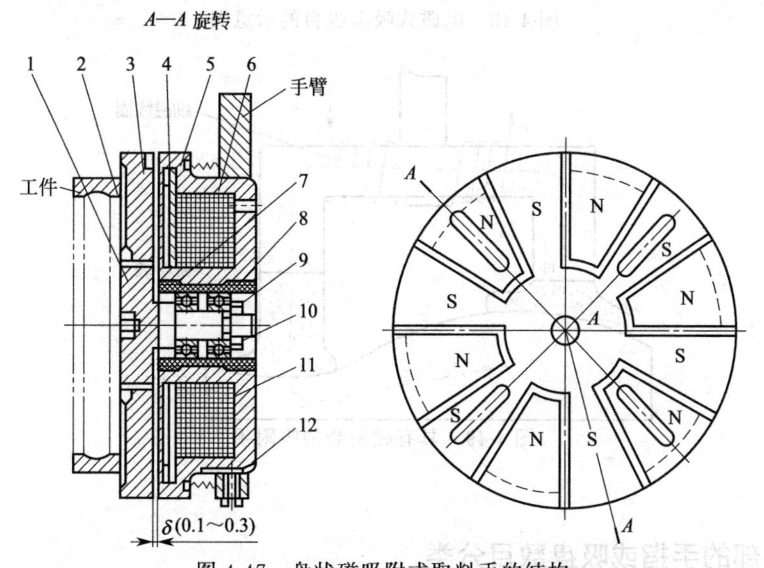

图 4-47　盘状磁吸附式取料手的结构

1—铁芯；2—隔磁环；3—磁盘；4—卡环；5—盖；6—壳体；7，8—挡圈；9—螺母；10—轴承；11—线圈；12—螺钉

环 2，既焊为一体，又将铁芯和磁盘分隔，这样使铁芯 1 成为内磁极，磁盘 3 成为外磁极。其磁路由壳体 6 的外圈，经磁盘 3、工件和铁芯，再到壳体内圈形成闭合回路，以此吸附工件。铁芯、磁盘和壳体均采用 8～10 号低碳钢制成，可减少剩磁，并在断电时不吸或少吸铁屑。盖 5 为用黄铜或铝板制成的隔磁材料，用以压住线圈 11，以防止工作过程中线圈的活动。挡圈 7、8 用以调整铁芯和壳体的轴向间隙，即磁路气隙 δ。在保证铁芯正常转动的情况下，气隙越大，电磁吸力就会显著地减小，因此，一般取 $\delta=0.1\sim0.3\text{mm}$。

在机器人手臂的孔内，可做轴向微量的移动，但不能转动。铁芯 1 和磁盘 3 一起装在轴承上，用以实现在不停车的情况下自动上、下料。

几种电磁式吸盘吸料的示意图如图 4-48 所示。其中，图 4-48(a)为吸附滚动轴承座圈的电磁式吸盘；图 4-48(b)为吸取钢板用的电磁式吸盘；图 4-48(c)为吸取齿轮用的电磁式吸盘；图 4-48(d)为吸附多孔钢板用的电磁式吸盘。

图 4-49 为一种具有磁粉袋的吸附手，用于吸附具有光滑曲面的工件。

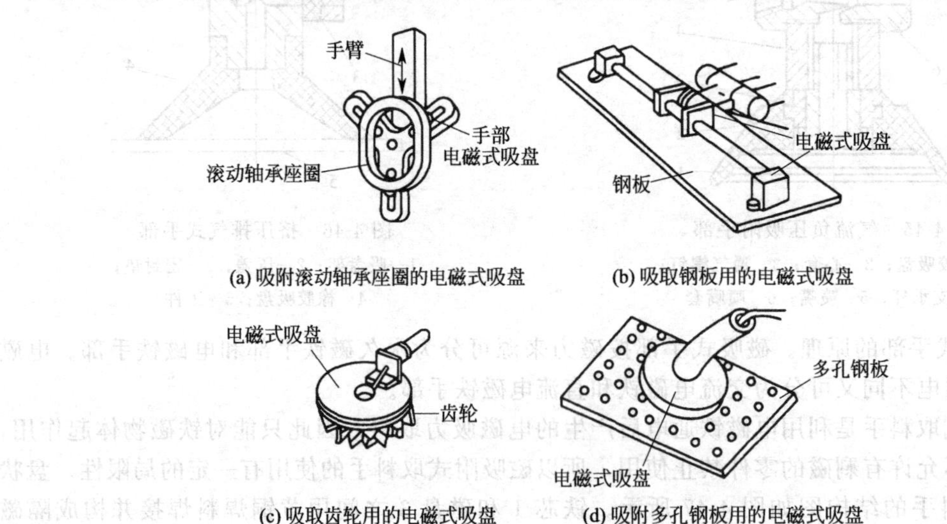

图 4-48 电磁式吸盘吸料的示意图

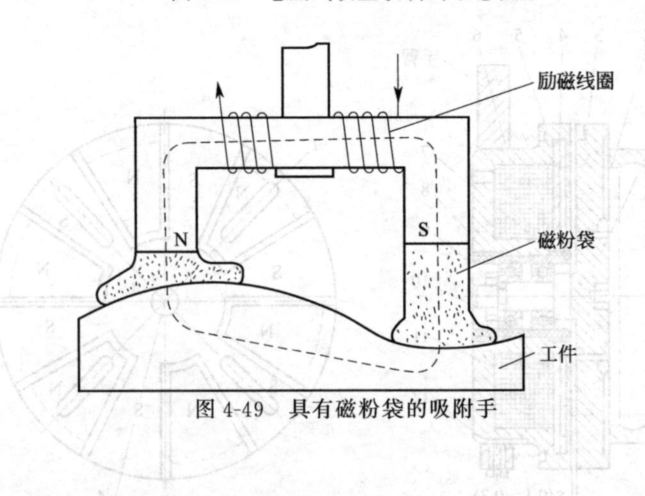

图 4-49 具有磁粉袋的吸附手

4.2.6 按手部的手指或吸盘数目分类

按手指数目可分为二指手爪及多指手爪。按手指关节可分为单关节手指手爪及多关节手指手爪。吸盘式手爪按吸盘数目可分为单吸盘式手爪及多吸盘式手爪。

图 4-50 所示为一种三指手爪的外形图，每个手指是独立驱动的。这种三指手爪与二指手

爪相比可以抓取类似立方体、圆柱体及球体等形状的物体。图 4-51 所示为一种多关节柔性手指手爪，它的每个手指具有若干个被动式关节，每个关节不是独立驱动的。在拉紧夹紧钢丝绳后，柔性手指环抱住物体，因此这种柔性手指手爪对物体形状有一定适应性。但是，这种柔性手指并不同于各个关节独立驱动的多关节手指。

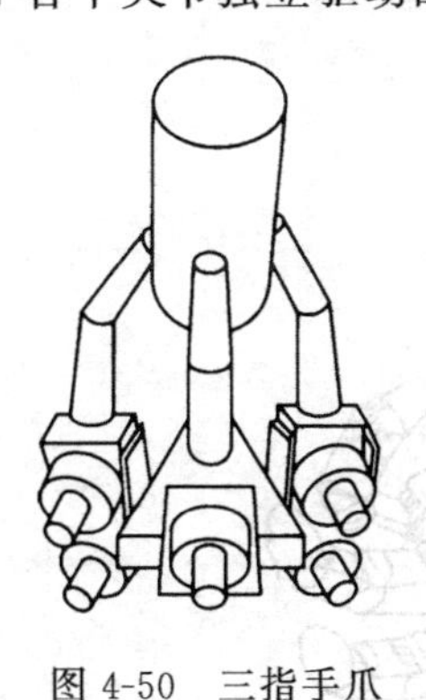

图 4-50　三指手爪

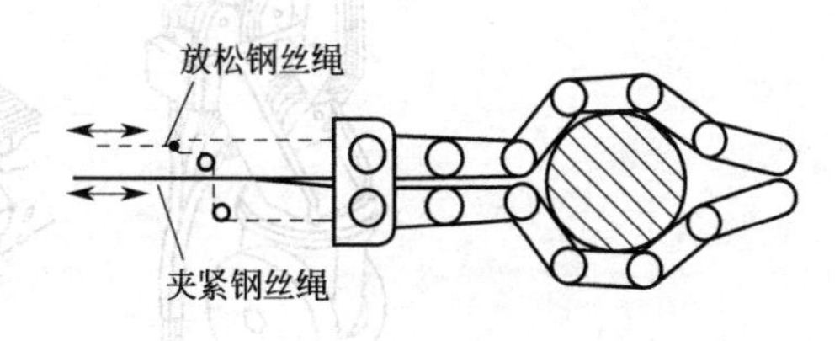

图 4-51　多关节柔性手指手爪

4.2.7　按手部的智能化分类

按手部的智能化划分，可以分为普通式手爪和智能化手爪两类。普通式手爪不具备传感器。智能化手爪具备一种或多种传感器，如力传感器、触觉传感器及滑觉传感器等，手爪与传感器集成成为智能化手爪。

4.2.8　仿人手机器人手部

目前，大部分工业机器人的手部只有两个手指，而且手指上一般没有关节。因此取料不能适应物体外形的变化，不能使物体表面承受比较均匀的夹持力，因此无法满足对复杂形状、不同材质的物体实施夹持和操作。

为了提高机器人手部和腕部的操作能力、灵活性和快速反应能力，使机器人能像人手一样进行各种复杂的作业，如装配作业、维修作业、设备操作等，就必须有一个运动灵活、动作多样的灵巧手，即仿人手机器人手部。

(1) 柔性手

柔性手可对不同外形物体实施抓取，并使物体表面受力比较均匀。

图 4-52 所示为多关节柔性手，图 4-52(a)为其外观结构，每个手指由多个关节串接而成。图 4-52(b)为其手指传动原理，手指传动部分由牵引钢丝绳及摩擦滚轮组成，每个手指由两根钢丝绳牵引，一侧为握紧，一侧为放松。这样的结构可抓取凹凸外形，并使物体受力较为均匀。

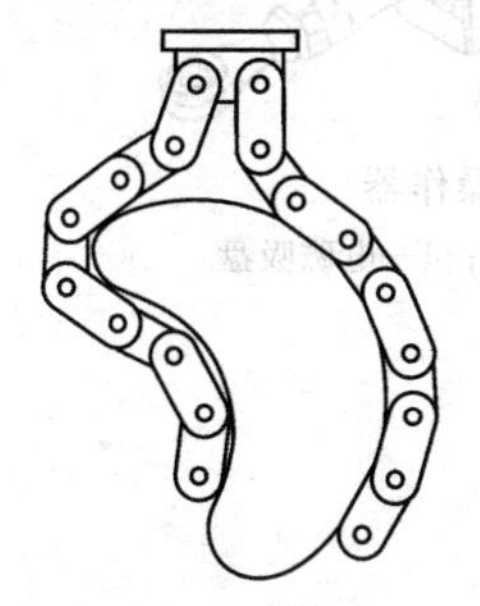

(a) 柔性手外观结构

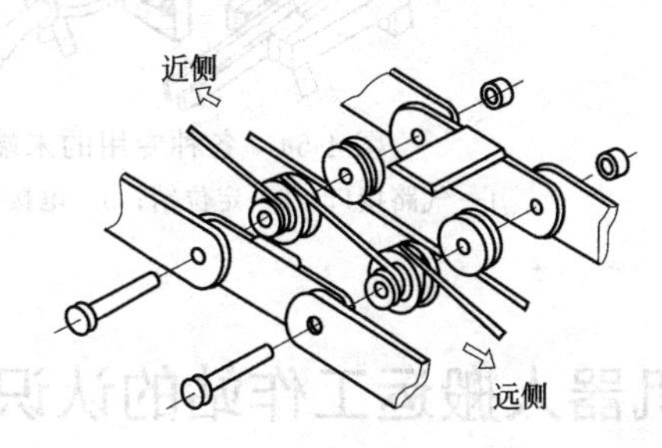

(b) 手指传动原理

图 4-52　多关节柔性手

(2) 多指灵活手

机器人手部和腕部最完美的形式是模仿人手的多指灵活手。多指灵活手由多个手指组成，每一个手指有三个回转关节，每一个关节自由度都是独立控制的，这样各种复杂动作都能模仿，图 4-53 所示是三指灵活手和四指灵活手。

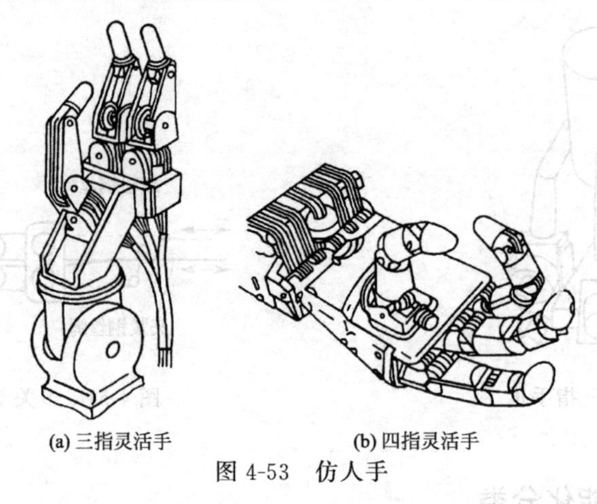

(a) 三指灵活手　　(b) 四指灵活手

图 4-53　仿人手

4.2.9 专用末端操作器

机器人是一种通用性很强的自动化设备，可根据作业要求，再配上各种专用的末端操作器后，就能完成各种动作。例如：在通用机器人上安装焊枪，就成为一台焊接机器人；安装拧螺母机，则成为一台装配机器人。目前，许多由专用电动、气动工具改型而成的操作器（包括拧螺母机、焊枪、电磨头、电铣头、抛光头、激光切割机等，如图 4-54 所示）形成一整套系列供用户选用，使机器人能胜任各种工作。

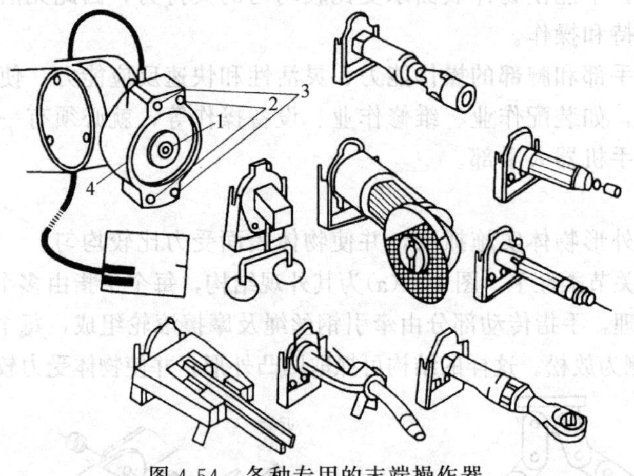

图 4-54　各种专用的末端操作器

1—气路接口；2—定位销；3—电接头；4—电磁吸盘

4.3 工业机器人搬运工作站的认识

工业机器人搬运工作站的任务是由机器人完成工件的搬运，就是将输送线输送过来的工件搬运到平面仓库中，并进行码垛。

4.3.1　搬运机器人的周边设备与工位布局

用机器人完成一项搬运工作，除需要搬运机器人（机器人和搬运设备）以外，还需要一些辅助周边设备。同时，为了节约生产空间，合理的机器人工位布局尤为重要。

(1) 周边设备

目前，常见的搬运机器人辅助装置有增加移动范围的滑移平台、合适的搬运系统装置和安全保护装置等，下面做简单介绍。

① 滑移平台　对于某些搬运场合，由于搬运空间大，搬运机器人的末端工具无法到达指定的搬运位置或姿态，此时可通过外部轴的办法来增加机器人的自由度。其中增加滑移平台是搬运机器人增加自由度最常用的方法，其可安装在地面上或龙门框架上，如图 4-55 所示。

(a) 地面安装

(b) 龙门架安装

图 4-55　滑移平台安装方式

② 搬运系统　搬运系统主要包括真空发生装置、气体发生装置、液压发生装置等，均为标准件。一般的真空发生装置和气体发生装置均可满足吸盘和气动夹钳所需动力，企业常用空气控压站对整个车间提供压缩空气和抽真空；液压发生装置的动力元件（电动机、液压泵等）布置在搬运机器人周围，执行元件（液压缸）与夹钳一体，需安装在搬运机器人末端法兰上，与气动夹钳相类似。

(2) 工位布局

由搬运机器人组成的加工单元或柔性化生产，可完全代替人工实现物料自动搬运，因此搬运机器人工作站布局是否合理将直接影响搬运速率和生产节拍。根据车间场地面积，在有利于提高生产节拍的前提下，搬运机器人工作站可采用 L 形、环状、“品”字、“一”字等布局。

① L 形布局　将搬运机器人安装在龙门架上，使其行走在机床上方，可大幅度节约地面资源，如图 4-56 所示。

图 4-56　L 形布局

② 环状布局　环状布局又称“岛式加工单元”，如图 4-57 所示。以关节式搬运机器人为中心，机床围绕其周围形成环状，进行工件搬运加工，可提高生产效率、节约空间，适合小空间厂房作业。

图 4-57　环状布局

③“一”字布局　如图 4-58 所示，直角桁架机器人通常要求设备成一字排列，对厂房高度、长度具有一定要求，因其工作运动方式为直线编程，故很难满足对放置位置、相位等有特别要求工件的上下料作业需要。

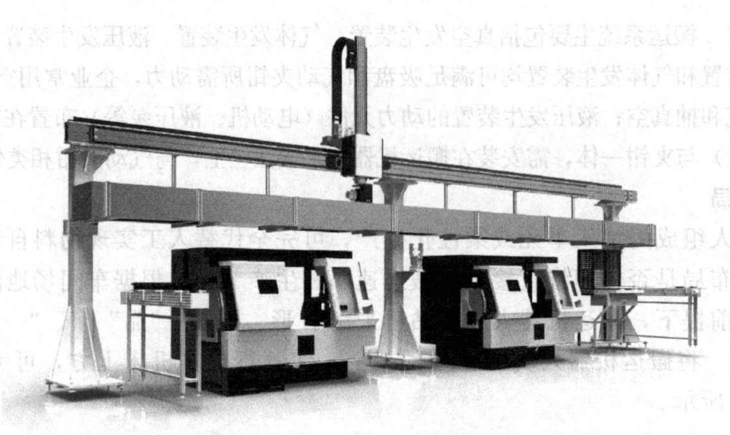

图 4-58　“一”字排列布局

4.3.2　平面仓储搬运工作站的组成

工业机器人搬运工作站由工业机器人系统、PLC 控制柜、机器人安装底座、输送线系统、平面仓库、操作按钮盒等组成。整体布置如图 4-59 所示。

(1) 搬运机器人及控制柜

安川 MH6 机器人是通用型工业机器人，既可以用于弧焊，又可以用于搬运。搬运工作站选用安川 MH6 机器人，完成工件的搬运工作。

MH6 机器人系统包括 MH6 机器人本体、DX100 控制柜以及示教编程器。DX100 控制柜通过供电电缆和编码器电缆与机器人连接。

DX100 控制柜集成了机器人的控制系统，是整个机器人系统的神经中枢。它由计算机硬

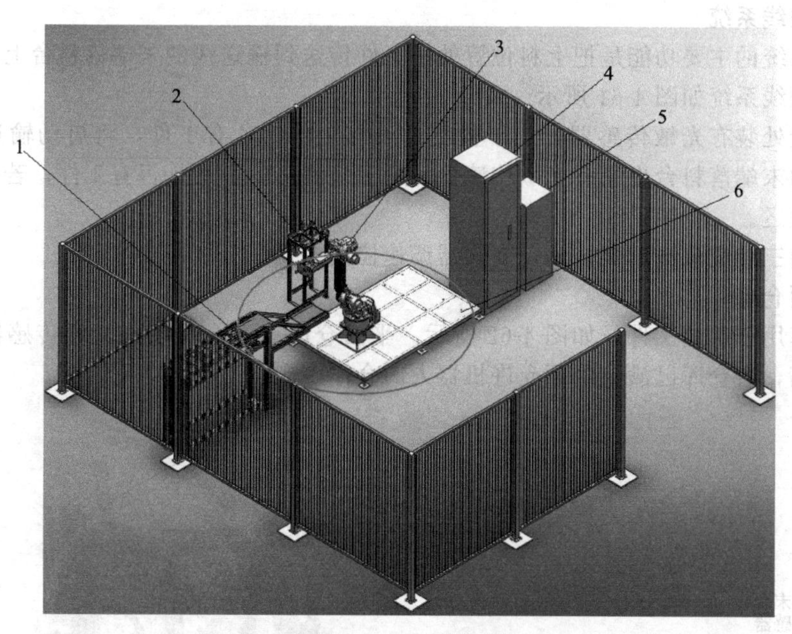

图 4-59　机器人搬运工作站整体布置图
1—输送线；2—平面仓库；3—机器人本体；4—PLC 控制柜；
5—机器人控制柜；6—机器人安装底座

件、软件和一些专用电路构成，其软件包括控制器系统软件、机器人专用语言、机器人运动学及动力学软件、机器人控制软件、机器人自诊断及保护软件等。控制器负责处理机器人工作过程中的全部信息和控制其全部动作。

机器人示教编程器是操作者与机器人间的主要交流界面。操作者通过示教编程器对机器人进行各种操作、示教、编制程序，并可直接移动机器人。机器人的各种信息、状态通过示教编程器显示给操作者。此外，还可通过示教编程器对机器人进行各种设置。

由于搬运的工件是平面板材，所以采用真空吸盘来夹持工件。故在安川 MH6 机器人本体上安装了电磁阀组、真空发生器、真空吸盘等装置。MH6 机器人本体及末端执行器如图 4-60 所示。

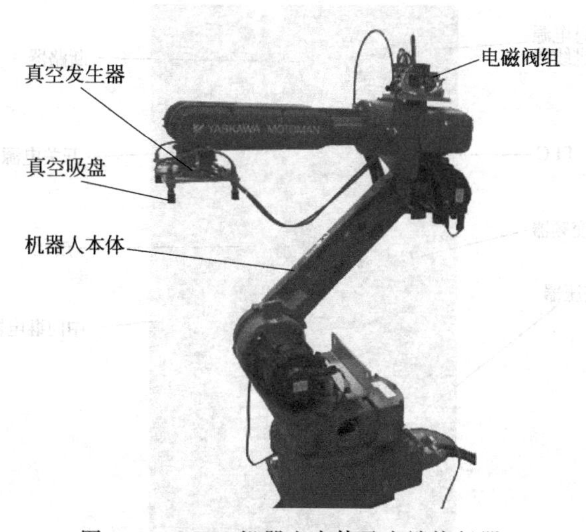

图 4-60　MH6 机器人本体及末端执行器

(2) 输送线系统

输送线系统的主要功能是把上料位置处的工件传送到输送线的末端落料台上，以便于机器人搬运。输送线系统如图 4-61 所示。

上料位置处装有光敏传感器，用于检测是否有工件，若有工件，将启动输送线，输送工件。输送线的末端落料台也装有光敏传感器，用于检测落料台上是否有工件，若有工件，将启动机器人来搬运。

输送线由三相交流电动机拖动，变频器调速控制。

(3) 平面仓库

平面仓库用于存储工件，如图 4-62 所示。平面仓库有一个反射式光纤传感器，用于检测仓库是否已满，若仓库已满，将不允许机器人向仓库中搬运工件。

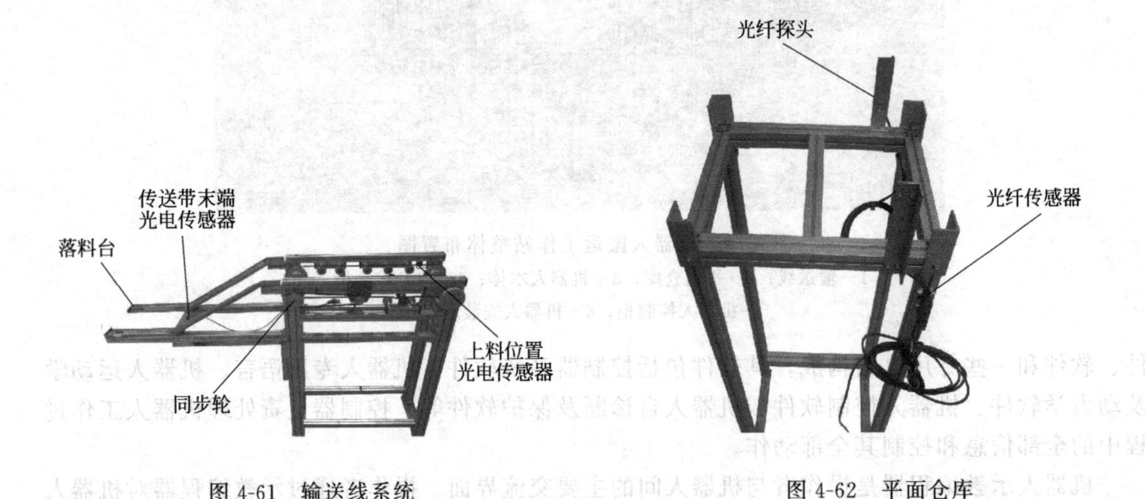

图 4-61 输送线系统　　图 4-62 平面仓库

(4) PLC 控制柜

PLC 控制柜用来安装断路器、PLC、变频器、中间继电器和变压器等元器件，其中 PLC 是机器人搬运工作站的控制核心。搬运机器人的启动与停止、输送线的运行等，均由 PLC 实现。PLC 控制柜内部图如图 4-63 所示。

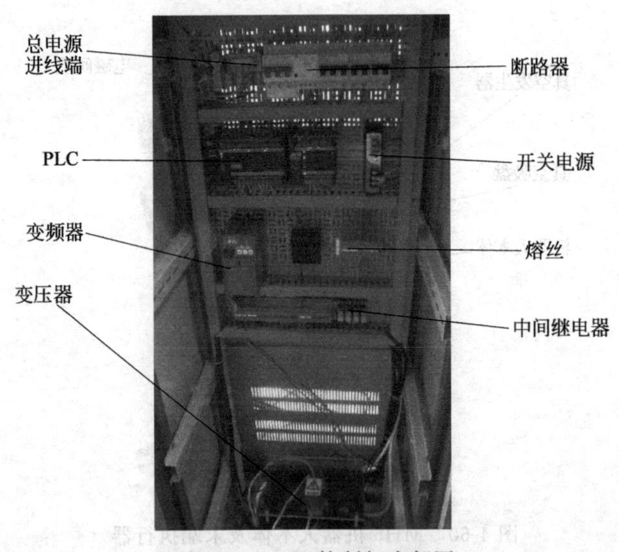

图 4-63 PLC 控制柜内部图

4.3.3 立体仓储搬运工作站的组成

图 4-64 所示为立体仓储搬运工作站，其参数如表 4-1 所示。

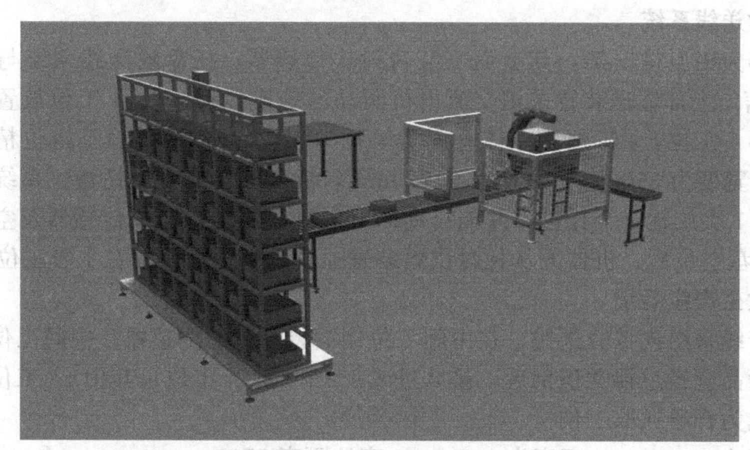

图 4-64　立体仓储搬运工作站

表 4-1　立式仓储搬运工作站的主要技术参数

项目	参数	数值
电源规格		AC380V/50Hz/5kW
气源规格	进气管	ϕ12mm；0.5～0.8MPa
环境温度		−5～+45℃
相对湿度		≤96%
系统整体	场地尺寸(长×宽)/mm	5000×4000
码垛机——立库系统	仓位数	20 个
	仓位容积(长×高×深)/mm	365×200×395
	仓位承重	>5kg
	x 轴行程	2260mm
	y 轴行程	400mm
	z 轴行程	1400mm
	x 轴移动速度(最大)	227mm/s
	y 轴移动速度(最大)	380mm/s
	z 轴移动速度(最大)	352mm/s
托盘生产线	输送速度(最大)	354mm/s
食品生产线	输送速度(最大)	254mm/s
安全防护网	外形尺寸(长×宽×高)/mm	3000×3000×1300

(1) 立体仓库

立体仓库用铝合金组装而成。仓库总长约 2700mm，高度约 1500mm，共有 5 层 4 列 20 个仓位，最下层仓位距地面高度约 300mm。仓位入口尺寸长为 400mm，高为 770mm，仓位深度为 400mm。每个仓位内都有定位装置，保证托盘在货架内准确就位。

(2) 码垛机

码垛机在轨道上运行，采用双直线导轨和直线轴承导向。码垛机沿轨道运行（x 轴）距离为 2260mm，货叉水平运行（y 轴）距离为 400mm，货叉垂直运行（z 轴）距离为 1400mm。y 轴方向的运动采用步进电机驱动。x、z 轴方向配有伺服控制系统，定位精度高。机器具有较高的安全防护要求，x 轴、z 轴驱动电机均带有刹车装置，保证机器断电后立即停车，同时 x 轴和 y 轴运动都带有防撞装置。

基础底板由型材和钢板组成，码垛机和货架都直接安装在底板上，码垛机、货架和底板组成了一个相对独立的整体。底板用 8 个避震脚支撑在地面上。

(3) 托盘输送线系统

该单元下部为铝型材框架，其上面安装对射式传感器，托盘输送线系统与立体仓库控制 PLC 之间的通信。上部输送装置采用交流电机驱动的倍速传动，1、4 工位放置光电式接近开关（最前方为第 1 工位，4 工位为立体仓库货叉托举工位），传动平稳且定位精度高。输送带总长 1500mm，宽度为 366mm，离地面高 770mm，最多可容纳 4 个托盘。系统侧面还有 1 个托盘供料装置，1 次放置 4 个托盘，并能自动向上供料，并装有定位传感器及空置检测。等托盘移动，1 号托盘空位后，机器人从托盘供料装置抓取 1 个托盘放置在 1 号工位。

(4) 食品盒生产线系统

食品盒生产线采用皮带输送线，在中间工位侧面装有对射传感器，中间工位上部安装有视觉识别系统。食品盒经过视觉识别后，排队进入 1、2、3、4 工位，其中 1# 工位为机器人优先抓取工位，其他为普通抓取工位。

输送带长度为 1000mm，宽度为 100mm，离地面高 770mm。

(5) 多关节机器人

多关节机器人有 6 个自由度，最大负荷 5kg，臂展 1.44m。机器人第六轴安装有气动真空吸盘的工作爪。PLC 通过通信方式控制机器人抓取食品生产线的物料放置在托盘盒中规定的格子内。

(6) 安全围栏

安全围栏（带安全光栅，如图 4-65 所示）：系统安全围栏材料选用 3030 工业型铝材，上层为软质遮弧光板，下层选用镀锌钢板，中立柱采用 3060 工业性铝材，拐角及门洞采用 6060 工业型铝材。正面设置常开式门，门口设有安全光栅。

4.3.4 常见搬运工作站简介

(1) 在加工中心上散装工件的搬运工作站

散装工件是指没有排序的待加工的工件，如图 4-66 所示。因此，机器人抓手在取件过程中会遇到很多困难。具有内置视觉感测功能的机器人，散装工件取出时，不需要工件排序装置，可以减少加工场地和设备投入。

图 4-65 安全围栏

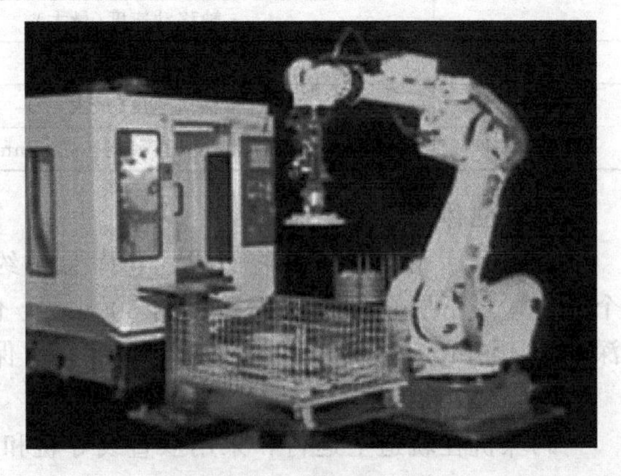

图 4-66 在加工中心上散装工件的搬运工作站

(2) 板材折弯的搬运工作站

如图 4-67 所示，板材折弯的搬运工作站组成如下。

① 以 PC 为基础的机器人控制系统。

② 真空吸持器、气动工作吸盘。

③ 货盘架。

④ 上下料输送装置。

⑤ 控制系统监测。

⑥ 控制器。

⑦ 电器柜。

⑧ 安全围栏及安全门。

(3) 冲压件搬运工作站

如图 4-68 所示，冲压加工是借助于常规或专用冲压设备的动力，使板料在模具里直接受到变形力并进行变形，从而获得一定形状、尺寸和性能的产品零件的生产技术。生产中为满足冲压零件形状、尺寸、精度、批量、原材料性能等方面的要求，采用多种多样的冲压加工方法。

图 4-67　板材折弯的搬运工作站

图 4-68　冲压件搬运机器人

因此，冲压加工的节拍快、加工尺寸范围较大、冲压件的形状较复杂，所以工人的劳动强度大，并且容易发生工伤。

机器人的周边设备有以下几种。

① 机器人行走导轨。

② 真空吸盘。

③ 工件输送装置。

④ 供料仓。

⑤ 系统总控制柜。

⑥ 安全围栏。

⑦ 安全门开关。

4.4 工业机器人搬运工作站的连接与参数设置

搬运机器人是一个完整系统。以关节式搬运机器人为例，其工作站主要由操作机、控制系统、搬运系统（气体发生装置、真空发生装置和手爪等）和安全保护装置组成，如图 4-69 所示。

4.4.1 搬运工作站工作任务

不同的搬运工作站，其工作任务是有异的。下面以图 4-59 所示搬运工作站为例，介绍其任务。

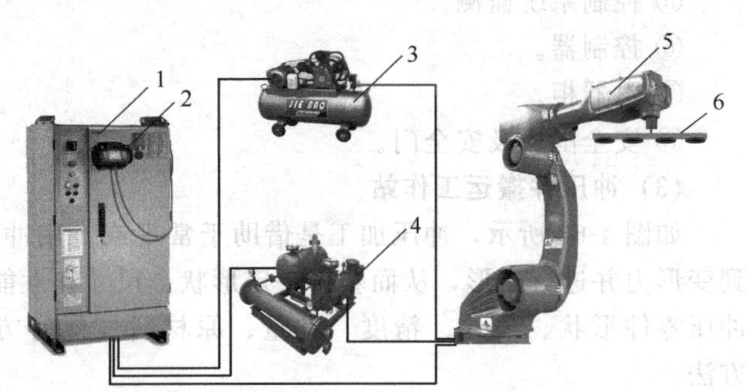

图 4-69 搬运机器人系统组成

1—机器人控制柜；2—示教器；3—气体发生装置；4—真空发生装置；5—操作机；6—端拾器（手爪）

(1) 通电前

设备通电前，系统处于初始状态，即输送线上料位置处及落料台上无工件、平面仓库里无工件；机器人选择远程模式、机器人在作业原点、无机器人报警错误、无机器人电池报警。

(2) 按启动按钮后

按启动按钮，系统运行，机器人启动。

① 当输送线上料检测传感器检测到工件时启动变频器，将工件传送到落料台上，工件到达落料台时，变频器停止运行，并通知机器人搬运。

② 机器人收到命令后，将工件搬运到平面仓库，搬运完成后机器人回到作业原点，等待下次的搬运请求。

③ 当平面仓库码垛了 7 个工件，机器人停止搬运，输送线停止输送。清空仓库后，按复位按钮，系统继续运行。

(3) 运行中

① 在搬运过程中，若按暂停按钮，机器人暂停运行；按复位按钮，机器人继续运行。

② 在运行过程中，急停按钮一旦动作，系统立即停止；急停按钮恢复后，按复位按钮进行复位，选择示教器为“示教模式”，通过操作示教器使机器人回到作业原点。只有使系统恢复到初始状态，按启动按钮，系统才可重新启动。

4.4.2 外围电路的连接

(1) 2 次连接信号的连接

如图 4-70 所示，对于 2 次专业连接，应同时连接 ON/OFF 开关（接点）；2 个信号的 ON/OFF 时间不一致时，就会发生报警。

(2) 外部轴超程的连接

标准配置（无外部轴）的机器人，由于不使用外部轴超程信号，出厂时用跳线连接（见图 4-71）。

机器人轴以外的外部轴需要超程输入信号时，按下述方法进行连接。为了安全起见，外部

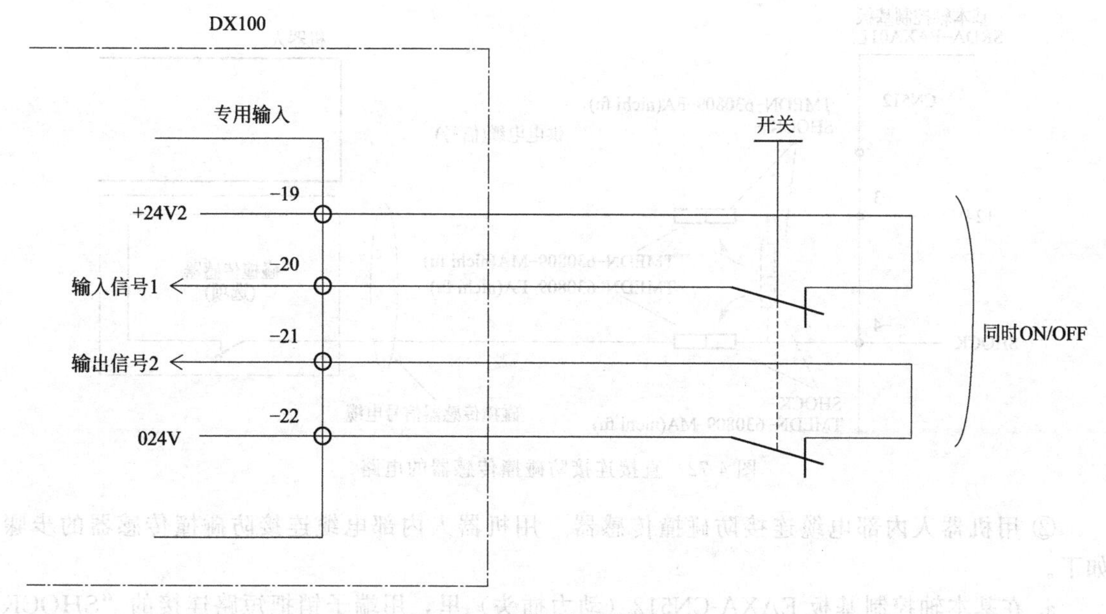

图 4-70　2 次连接信号的连接

轴超程信号的输入使用安全双回路。连接外部轴超程信号，需两个输入信号同时接通或切断。如仅有一个信号接通，则会发生报警。

① 拆去机械安全单元 JZRCR-YSU01-1E 的 CN211-5 至 -6 之间以及 CN211-7 与 -8 间的跳线。

② 外部轴超程信号的配线如图 4-71 所示，机械安全单元 JZRCR-YSU01-1E 的 CN211-5 和 CN211-6 以及 CN211-7 与 CN211-8 进行连接。

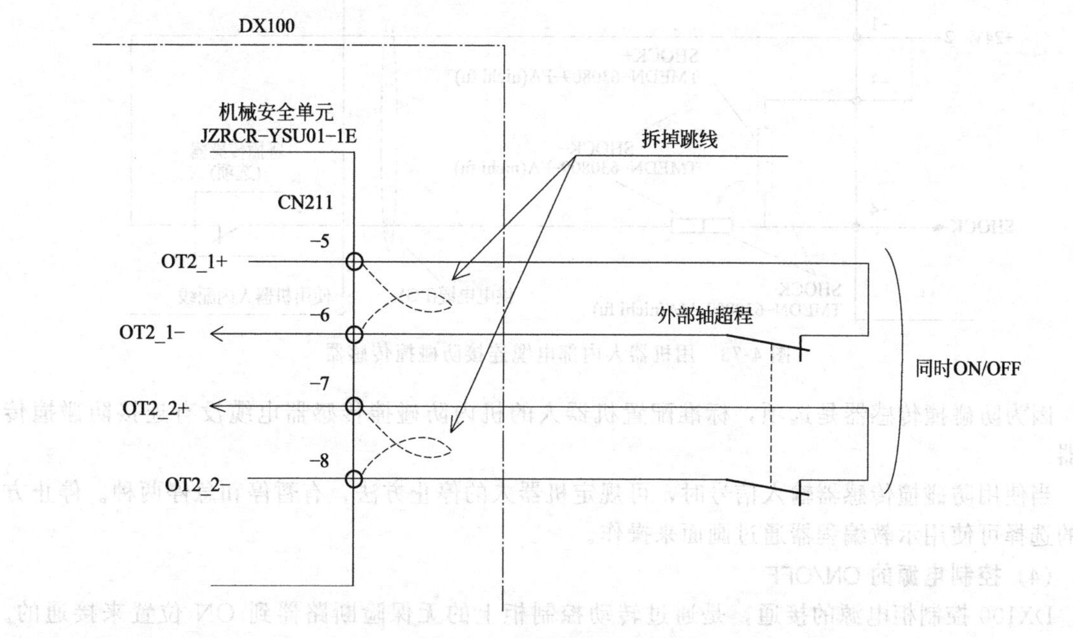

图 4-71　外部轴超程的连接

(3) 防碰撞传感器的连接

① 直接连接　直接连接防碰撞传感器的电路如图 4-72 所示。

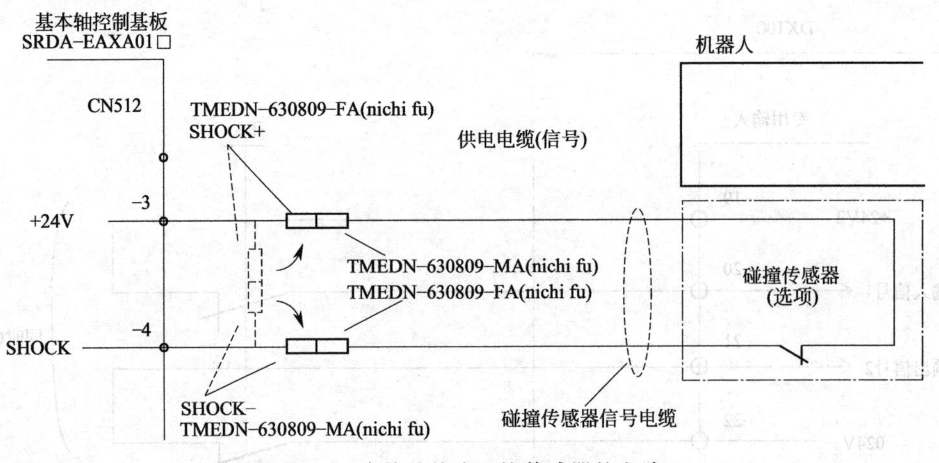

图 4-72 直接连接防碰撞传感器的电路

② 用机器人内部电缆连接防碰撞传感器 用机器人内部电缆连接防碰撞传感器的步骤如下。

a. 在基本轴控制基板 EAXA-CN512（动力插头）里，用端子销把短路连接的“SHOCK－”和“SHOCK＋”销子拆开。

b. 把分开的 SHOCK（－）插头和机器人机内防碰撞传感器信号线的 SHOCK（－）连接。

用机器人内部电缆连接防碰撞传感器的电路如图 4-73 所示。

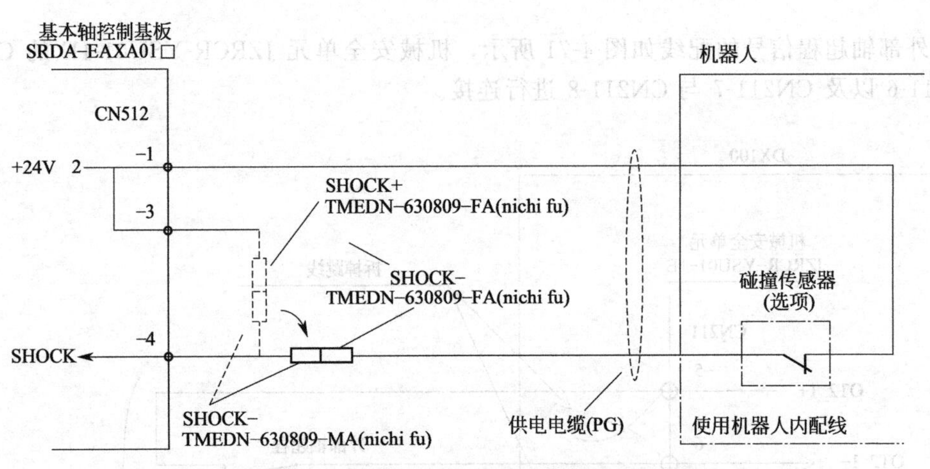

图 4-73 用机器人内部电缆连接防碰撞传感器

因为防碰撞传感器是选项，标准配置机器人的机内防碰撞传感器电缆没有连接防碰撞传感器。

当使用防碰撞传感器输入信号时，可规定机器人的停止方法，有暂停和急停两种。停止方法的选择可使用示教编程器通过画面来操作。

(4) 控制电源的 ON/OFF

DX100 控制柜电源的接通，是通过转动控制柜上的无保险断路器到 ON 位置来接通的。如控制柜不位于工作场地内，可把控制柜的无保险断路器置于 ON 后，通过外部设备来接通和切断控制电源。如图 4-74 所示，它是通过给控制柜控制电源的 CN152 连接外部开关来执行的（出厂时 CN152-1 和 CN152-2 短接）。

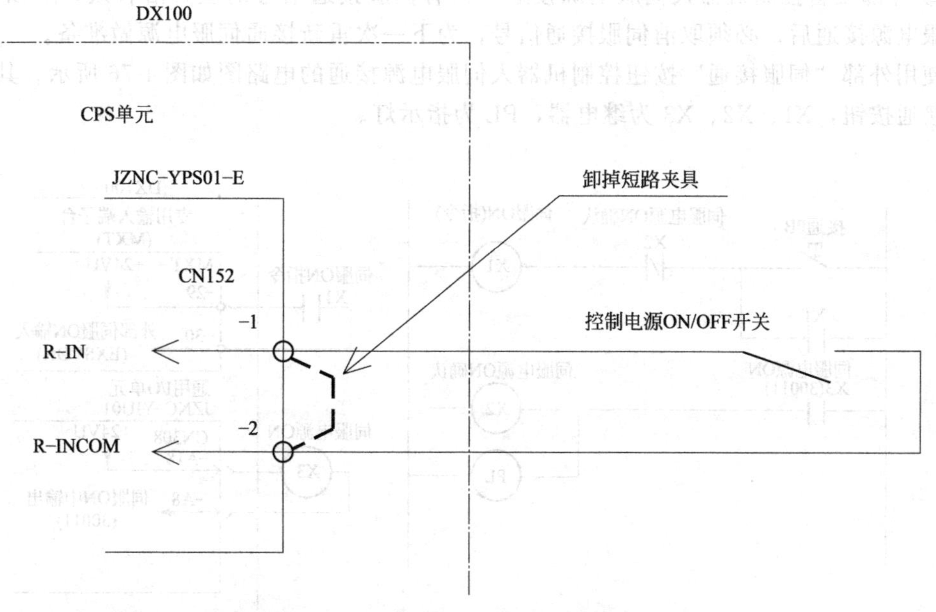

图 4-74　控制电源 ON/OFF 连接图

(5) 安川机器人的远程控制

当外部操作设备作为系统来控制机器人运行时，需要将示教器的模式选择开关旋转到“REMOTE”，即远程模式，然后利用 DX100 I/O 单元中的专用输入/输出信号对机器人进行控制。

① 外部设备控制机器人信号时序　外部设备启动、停止机器人时，在信号的时序上有一定的要求，如图 4-75 所示。

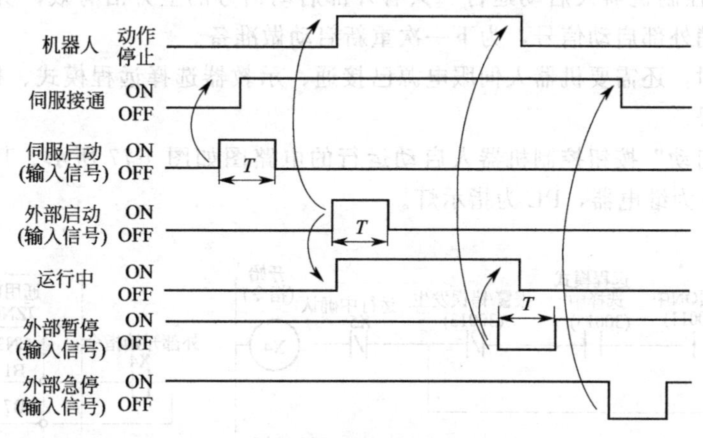

图 4-75　外部设备控制机器人信号时序

图 4-75 中输入信号为上升沿有效，但 T 要保持在 100ms 以上。

当“伺服启动”信号闭合并保持在 100ms 以上时，机器人伺服电源接通；在伺服电源已接通的前提下，当“外部启动”信号闭合并保持在 100ms 以上时，机器人运行。

当机器人在运行状态下，“外部暂停”打开并保持在 100ms 以上时，机器人运行停止，但伺服依然保持接通。

当机器人在伺服接通或运行状态下，“外部急停”打开时，机器人运行停止，同时伺服断电。

② 外部设备控制机器人伺服电源接通　只有伺服接通信号的上升沿有效，所以，在机器人伺服电源接通后，必须取消伺服接通信号，为下一次重新接通伺服电源做准备。

使用外部“伺服接通”按钮控制机器人伺服电源接通的电路图如图 4-76 所示。其中 PB 为伺服接通按钮，X1、X2、X3 为继电器，PL 为指示灯。

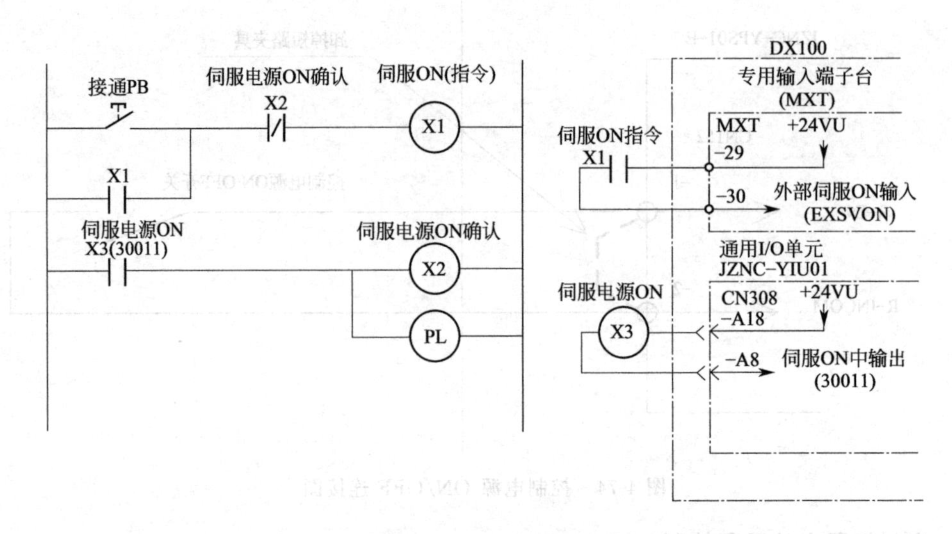

图 4-76　使用外部“伺服接通”按钮控制机器人伺服电源接通电路图

伺服电源接通过程：按下 PB，X1 得电自锁，专用输入端子台 MXT 的外部伺服 ON 输入端子 EXSVON 接通，机器人伺服电源接通，其反馈信号从通用 I/O 单元 CN308 的 A8 端输出，继电器 X3 得电，X3 的常开触点闭合，继电器 X2 得电，其常闭触点断开，继电器 X1 断电，机器人伺服电源接通过程结束。

③ 外部设备控制机器人启动运行　只有外部启动信号的上升沿有效，所以在机器人启动运行后，必须取消外部启动信号，为下一次重新启动做准备。

启动机器人时，还需要机器人伺服电源已接通、示教器选择远程模式、机器人无报警/错误发生等联锁信号。

使用外部“启动”按钮控制机器人启动运行的电路图如图 4-77 所示。其中 PB 为启动按钮，X4、X5、X6 为继电器，PL 为指示灯。

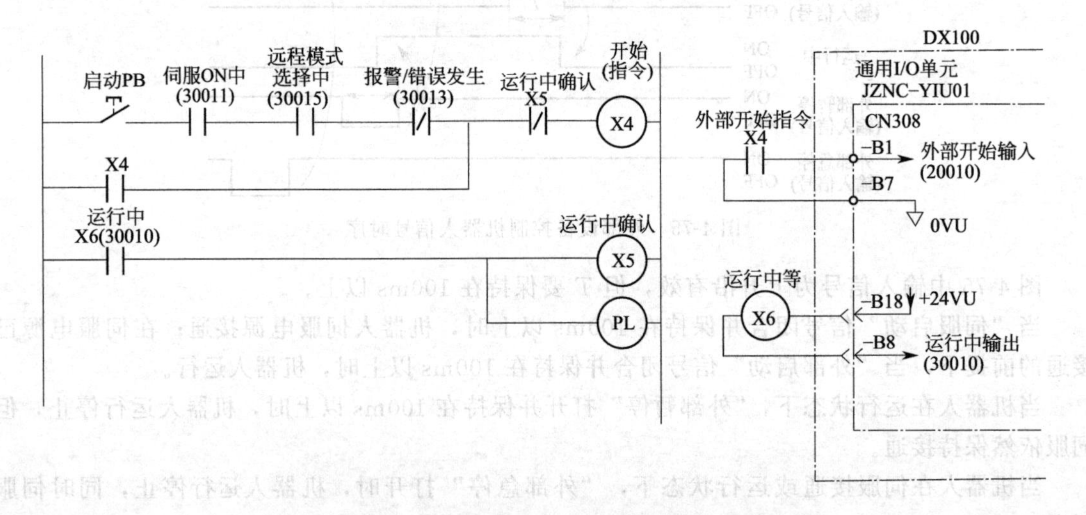

图 4-77　使用外部“启动”按钮控制机器人启动电路图

机器人启动过程：在机器人伺服电源已接通、示教器选择远程模式、机器人无报警/错误发生前提下，按下 PB，X4 得电自锁，通用 I/O 单元 CN308 的 B1“外部启动”端接通，机器人启动，其反馈信号“运行中”从通用 I/O 单元 CN308 的 B8 端输出，继电器 X6 得电，X6 的常开触点闭合，继电器 X5 得电，其常闭触点断开，继电器 X4 断电，机器人启动过程结束。

④ 外部设备控制机器人急停　机器人专用输入端子台（MXT）的 EXESP 信号端用于连接外部设备的急停开关，当急停开关断开时，机器人伺服电源被切断，并停止执行程序。当急停信号输入时，伺服电源不能被接通。当急停信号输入时，不能进行启动和轴操作。

外部急停电路图如图 4-78 所示。

在使用外部急停功能时，务必拆下 MXT 的跳线，如不拆下跳线，即使有外部急停信号输入，也不起作用，并且因此还可能造成设备损坏或人身伤害。

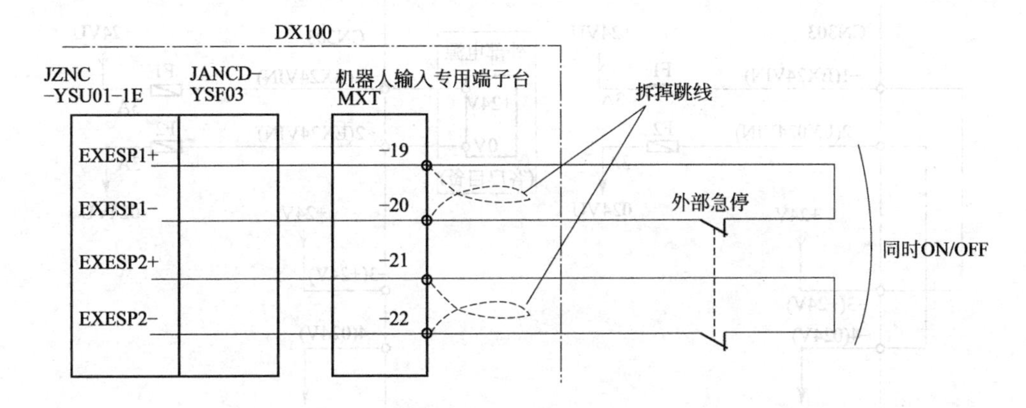

图 4-78　外部急停电路图

⑤ 外部设备控制机器人暂停　机器人专用输入端子台（MXT）的 EXHOLD 信号端用于连接外部设备的暂停开关，当暂停开关断开时，机器人停止执行程序，但伺服电源仍保持接通。外部暂停电路图如图 4-79 所示。

在使用外部暂停功能时，务必拆下 MXT 的跳线，如不拆下跳线，即使输入信号，外部暂停信号也不起作用，并且因此还可能造成设备损坏或人身伤害。

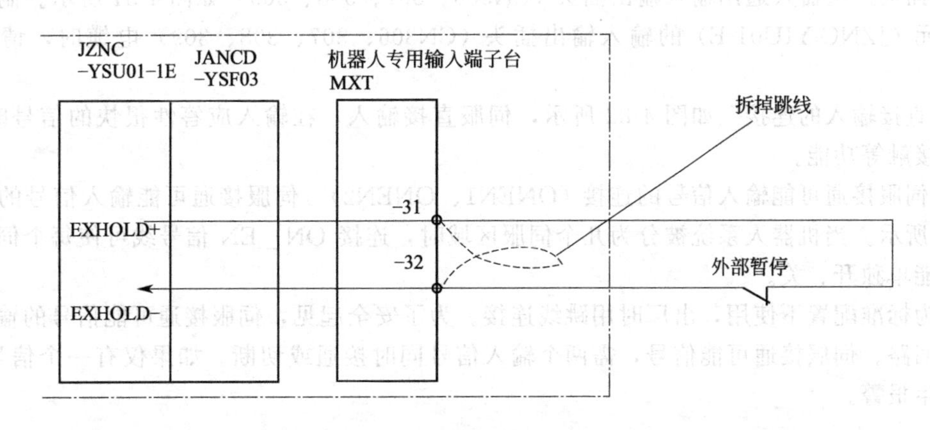

图 4-79　外部暂停电路图

⑥ I/O 使用外部电源的接线　在标准配置中，I/O 电源由内部电源给定。约 1.5A 的 DC24V 的内部电源可供输入/输出使用。使用中若超出 1.5A 电流时，应使用 24V 的外部电

源，并保持内部回路与外部回路的绝缘。为了避免电力噪声带来的问题，应将外部电源安装在DX100的外面。

在使用内部电源（CN303中-1～-3、-2～-4短接的状态）时，不要把外部电源线与CN303中-3、CN303中-4相连。如果外部电源与内部电源混流，则I/O单元可能会发生故障。

若使用外部电源，按照以下的顺序进行连接。

a. 拆下连接机器人I/O单元CN303的-1至-3和-2至-4之间的配线。

b. 把外部电源+24V接到I/O单元CN303的-1上，0V连接到CN303的-2上。

I/O使用内、外部电源的接线如图4-80所示。

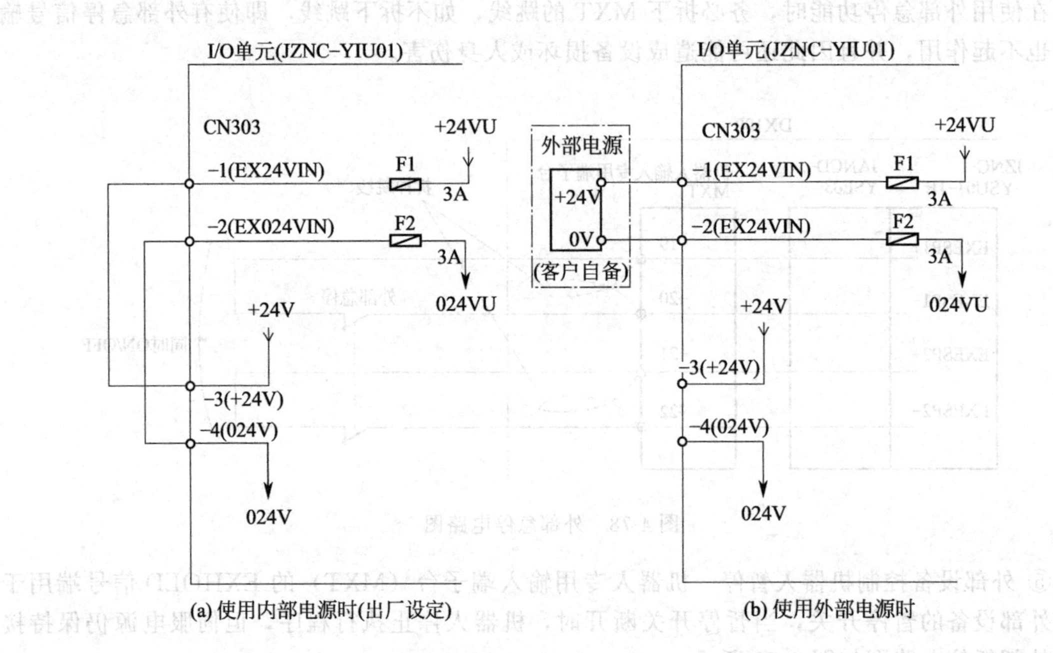

图4-80 I/O使用内、外部电源的接线图

(6) 伺服的连接

① 插头 机器人通用输入输出插头（CN306、307、308、309）如图4-81所示。制作连接I/O单元（JZNC-YIU01-E）的输入输出插头（CN306、307、308、309）电缆时，请参考图4-81。

② 直接输入的连接 如图4-82所示，伺服直接输入，在输入应答性很快的信号时使用，如用在接触等功能。

③ 伺服接通可能输入信号的连接（ONEN1、ONEN2） 伺服接通可能输入信号的连接如图4-83所示。当机器人系统被分为几个伺服区域时，连接ON _ EN信号线可使每个伺服区域的电源能单独开、关。

因为标准配置不使用，出厂时用跳线连接。为了安全起见，伺服接通可能信号的输入使用安全双回路。伺服接通可能信号，需两个输入信号同时接通或切断。如果仅有一个信号接通，则会发生报警。

4.4.3 搬运工作站硬件系统

搬运工作站硬件系统以PLC为核心，控制变频器、机器人的运行。

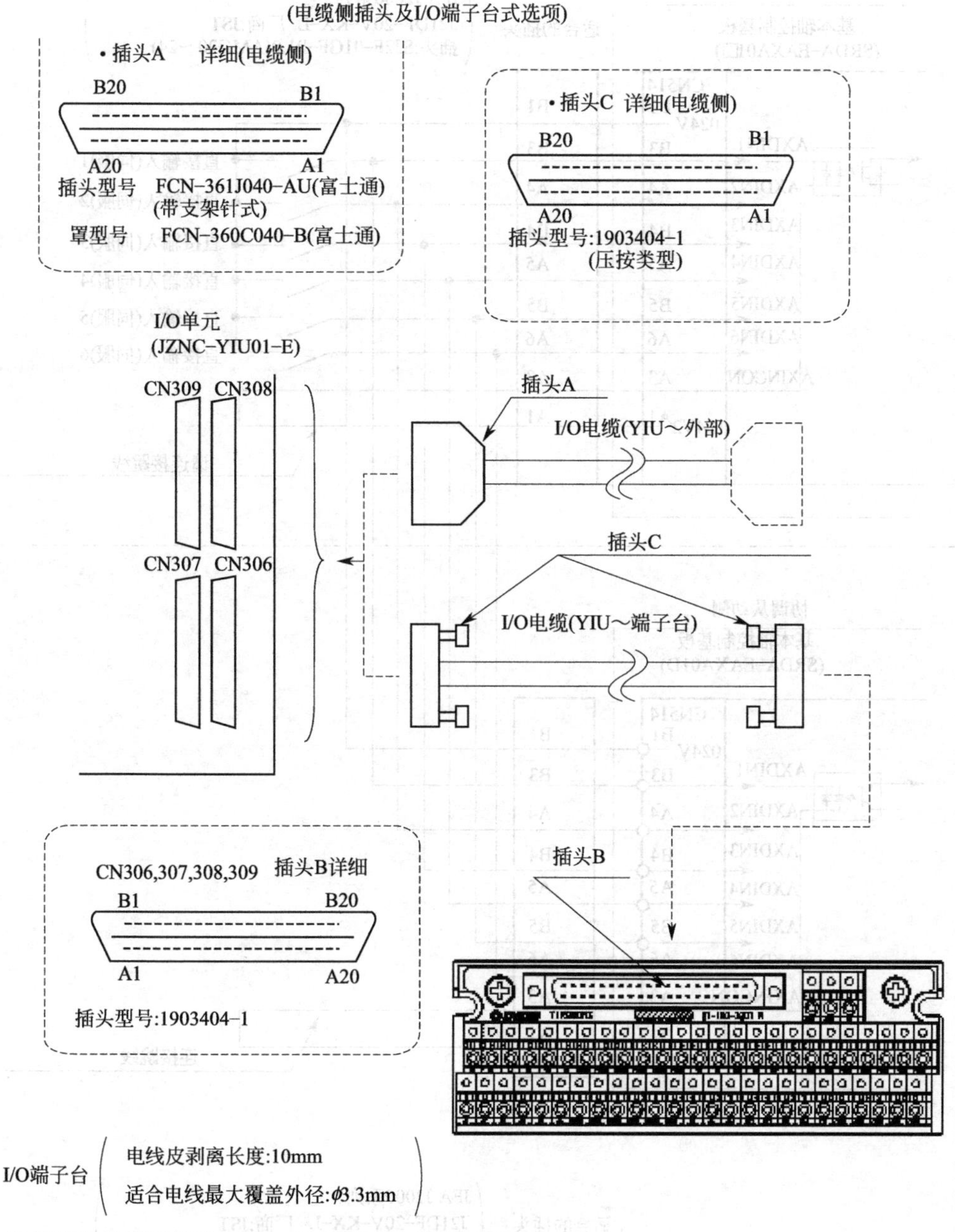

图 4-81　机器人通用输入输出插头

(1) 接口配置

PLC 选用 OMRON CPlL-M40DR. D 型，机器人本体选用安川 MH6 型，机器人控制器选用 DXl00。根据控制要求，机器人与 PLC 的 I/O 接口分配见表 4-2。

CN308 是机器人的专用 I/O 接口，每个接口的功能是固定的，如 CN308 的 B1 输入

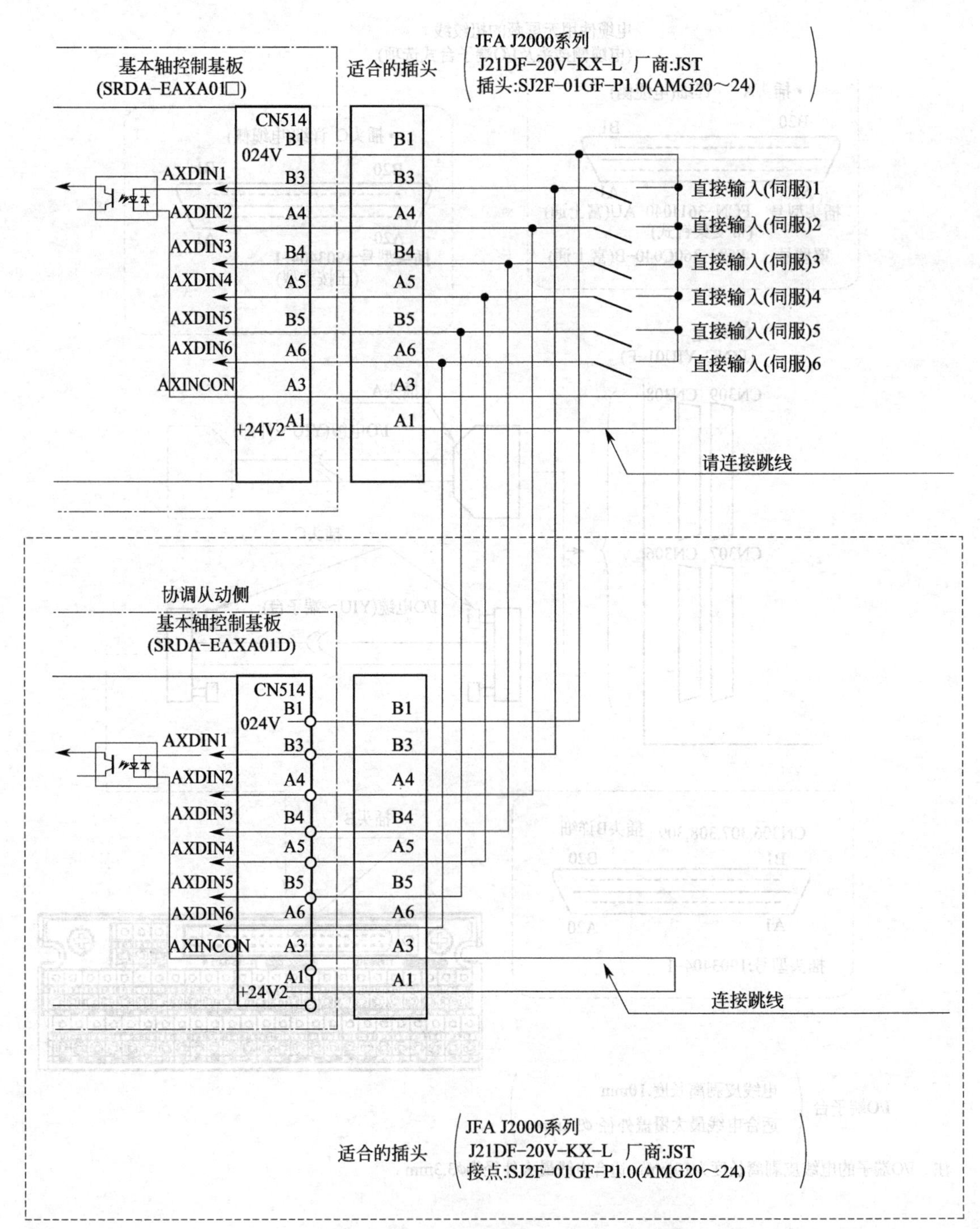

图 4-82 直接输入（伺服）1-5 的连接

接口，其功能为“机器人启动”，当 B1 口为高电平时，机器人启动运行，开始执行机器人程序。

CN306 是机器人的通用 I/O 接口，每个接口的功能由用户定义，如将 CN306 的 B1 输入接口（IN9）定义为“机器人搬运开始”，当 B1 口为高电平时，机器人开始搬运

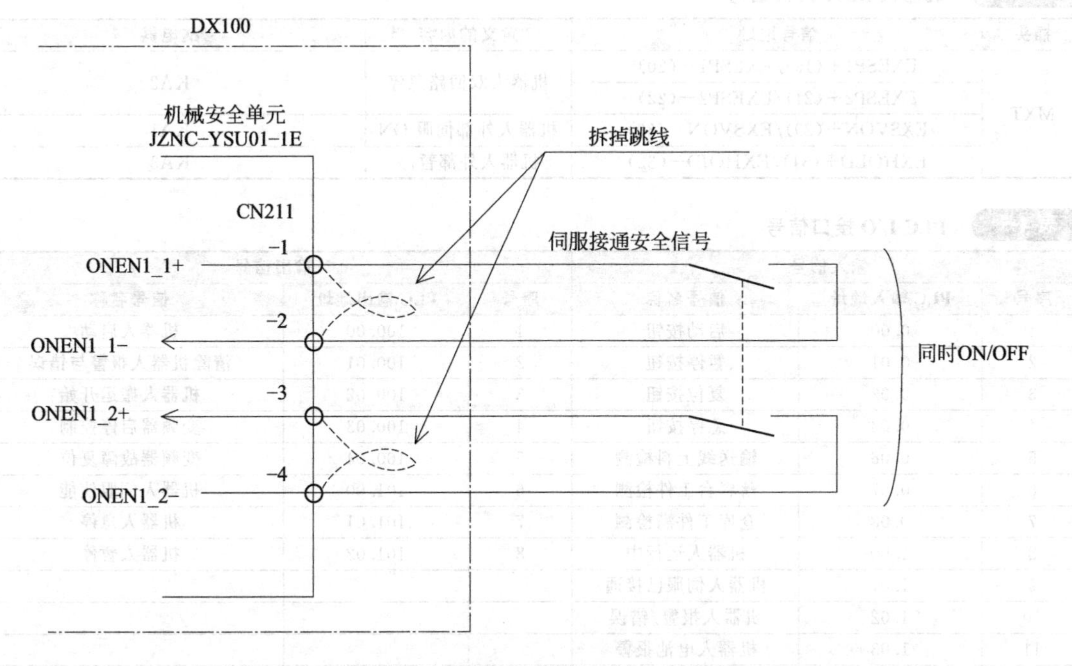

图 4-83　伺服接通可能输入信号的连接

工件。

表 4-2　机器人与 PLC 的 I/O 接口信号

插头		信号地址	定义的内容	与 PLC 的连接地址
CN308	IN	B1	机器人启动	100.00
		A2	清除机器人报警和错误	101.01
	OUT	B8	机器人运行中	1.00
		A8	机器人伺服已接通	1.01
		A9	机器人报警和错误	1.02
		B10	机器人电池报警	1.03
		A10	机器人已选择远程模式	1.04
		B13	机器人在作业原点	1.05
CN306	IN	B1 IN＃(9)	机器人搬运开始	100.02
	OUT	B8OUT＃(9)	机器人搬运完成	1.06

CN307 也是机器人的通用 I/O 接口，每个接口的功能由用户定义，如将 CN307 的 B8、A8 输出接口（OUT17）定义为吸盘 1、2 吸紧功能，当机器人程序使 OUTl7 输出为 1 时，YV1 得电，吸盘 1、2 吸紧。CN307 的接口功能定义见表 4-3。

表 4-3　机器人 I/O 接口信号

插头	信号地址	定义的内容	负载
CN307	A8(OUT17＋)/B8(OUT17－)	吸盘 1、2 吸紧	YVl
	A9(OUT18＋)/B9(OUT18－)	吸盘 1、2 松开	YV2
	A10(OUT19＋)/B10(OUT19－)	吸盘 3、4 吸紧	YV3
	A11(OUT20＋)/B11(OUT20－)	吸盘 3、4 松开	YV4

MXT 是机器人的专用输入接口，每个接口的功能是固定的。如 EXSVON 为机器人外部伺服 ON 功能，当 29、30 间接通时，机器人伺服电源接通。搬运工作站所使用的 MXT 接口见表 4-4，PLC I/O 地址分配见表 4-5。

表 4-4 机器人 MXT 接口信号

插头	信号地址	定义的内容	继电器
MXT	EXESP1+(19)/EXESP1-(20)	机器人双回路急停	KA2
	EXESP2+(21)/EXESP2-(22)		
	EXSVON+(29)/EXSVON-(30)	机器人外部伺服 ON	KA1
	EXHOLD+(31)/EXHOID-(32)	机器人外部暂停	KA3

表 4-5 PLC I/O 接口信号

输入信号			输出信号		
序号	PLC 输入地址	信号名称	序号	PLC 输出地址	信号名称
1	0.00	启动按钮	1	100.00	机器人启动
2	0.01	暂停按钮	2	100.01	清除机器人报警与错误
3	0.02	复位按钮	3	100.02	机器人搬运开始
4	0.03	急停按钮	4	100.03	变频器启停控制
5	0.06	输送线上料检测	5	100.04	变频器故障复位
6	0.07	落料台工件检测	6	101.00	机器人伺服使能
7	0.08	仓库工件满检测	7	101.01	机器人急停
8	1.00	机器人运行中	8	101.02	机器人暂停
9	1.01	机器人伺服已接通			
10	1.02	机器人报警/错误			
11	1.03	机器人电池报警			
12	1.04	机器人选择远程模式			
13	1.05	机器人在作业原点			
14	1.06	机器人搬运完成			

(2) 硬件电路

① PLC 开关量输入信号电路如图 4-84 所示。由于传感器为 NPN 电极开路型，且机器人的输出接口为漏型输出，故 PLC 的输入采用漏型接法，即 COM 端接+24V。输入信号包括控制按钮和检测用传感器。

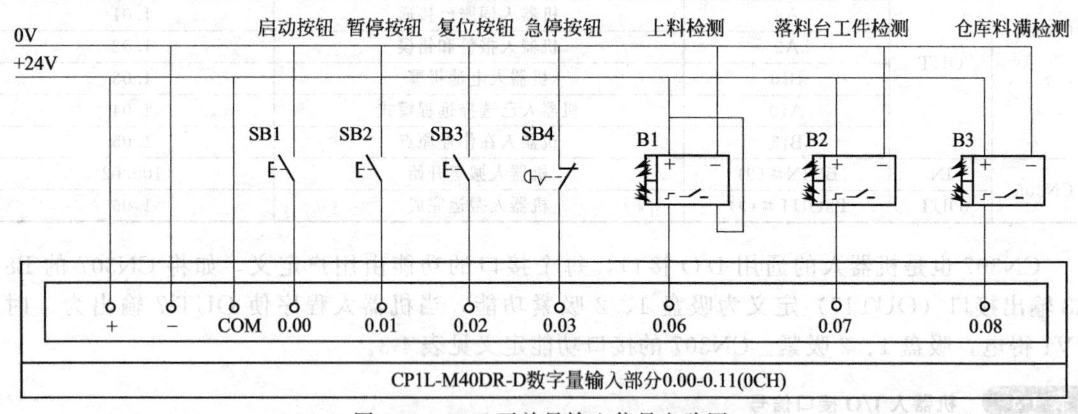

图 4-84 PLC 开关量输入信号电路图

② 机器人输出与 PLC 输入接口电路如图 4-85 所示。CN303 的 1、2 端接外部 DC24V 电源，PLC 输入信号包括"机器人运行中""机器人搬运完成"等机器人的反馈信号。

③ 机器人输入与 PLC 输出接口电路如图 4-86 所示。由于机器人的输入接口为漏型输入，PLC 的输出采用漏型接法。PLC 输出信号包括"机器人启动""机器人搬运开始"等控制机器人运行、停止的信号。

④ 机器人专用输入 MXT 接口电路如图 4-87 所示。继电器 KA2 双回路控制机器人急停、KA1 控制机器人伺服使能、KA3 控制机器人暂停。

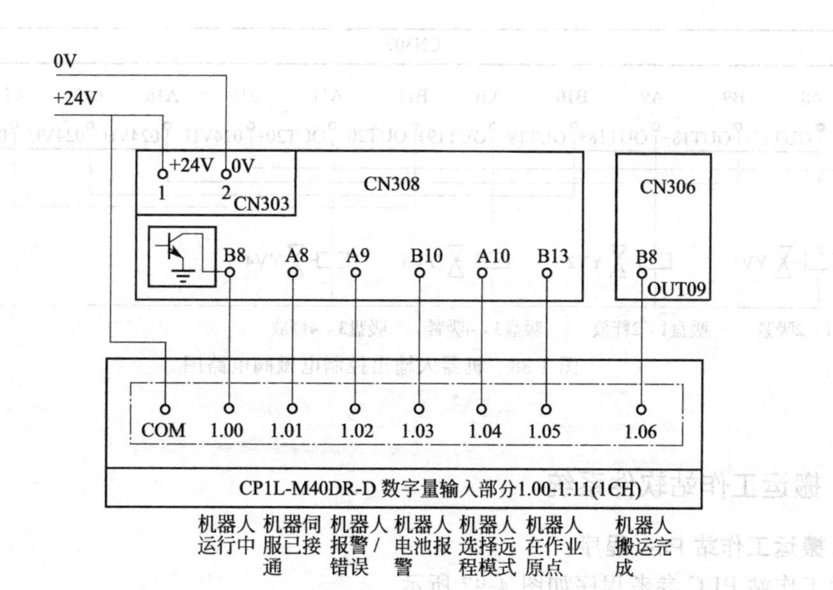

图 4-85　机器人输出与 PLC 输入接口电路图

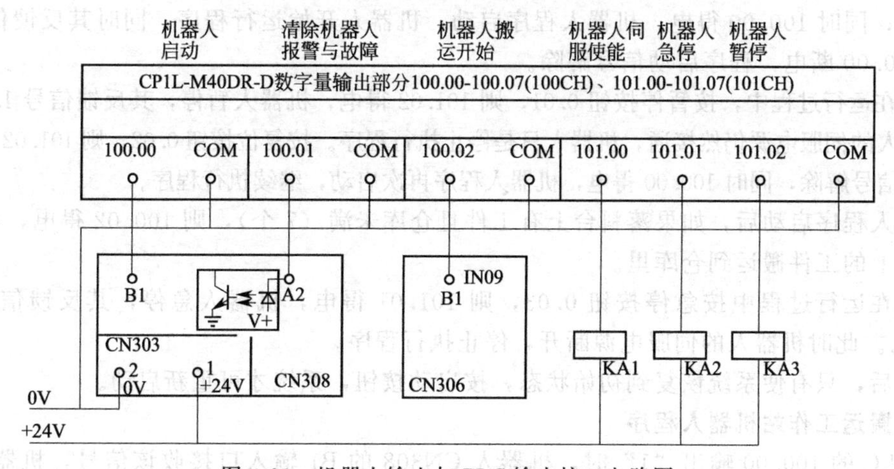

图 4-86　机器人输入与 PLC 输出接口电路图

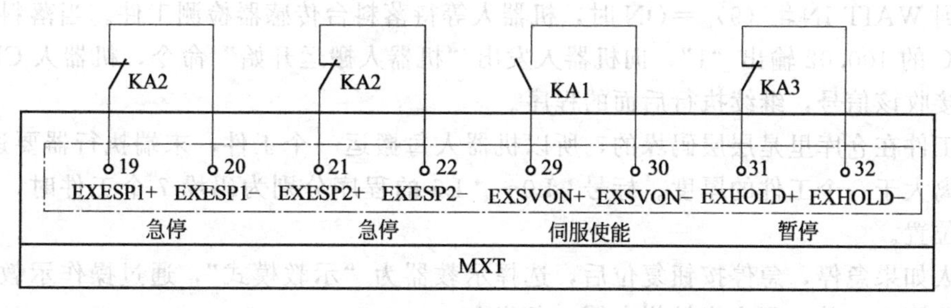

图 4-87　机器人专用输入 MXT 接口电路图

⑤ 机器人输出控制电磁阀电路图如图 4-88 所示。通过 CN307 接口控制电磁阀 YV1～YV4，用于抓取或释放工件。

(3) I/O 单元的连接

I/O 单元的连接如图 4-89～图 4-92 所示。

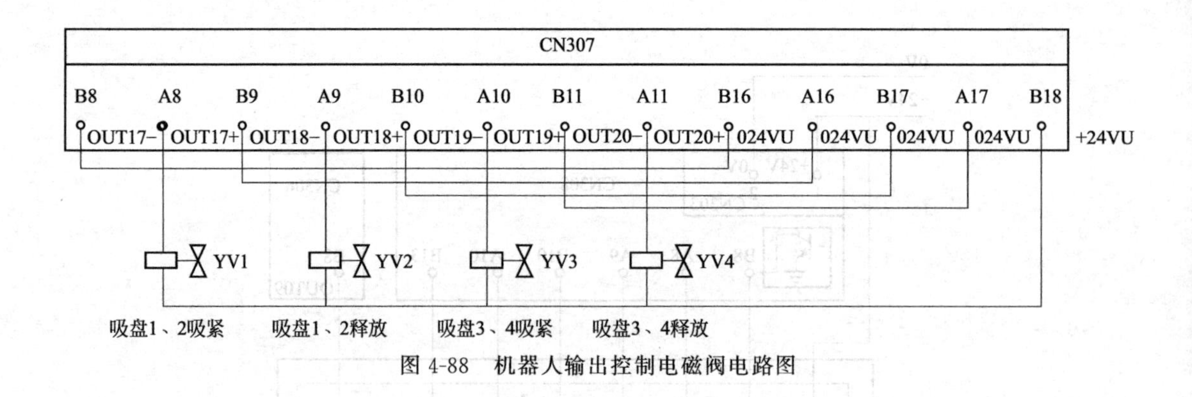

图 4-88 机器人输出控制电磁阀电路图

4.4.4 搬运工作站软件系统

(1) 搬运工作站 PLC 程序

搬运工作站 PLC 参考程序如图 4-93 所示。

只有在所有的初始条件都满足时，W0.00 得电，按下启动按钮 0.00，101.00 得电，机器人伺服电源接通；如果使能成功，机器人使能已接通反馈信号 1.01 得电，101.00 断电，使能信号解除；同时 100.00 得电，机器人程序启动，机器人开始运行程序，同时其反馈信号 1.00 得电，100.00 断电，程序启动信号解除。

如果在运行过程中，按暂停按钮 0.01，则 101.02 得电，机器人暂停，其反馈信号 1.00 断电。此时机器人的伺服电源仍然接通，机器人只是停止执行程序。按复位按钮 0.02，则 101.02 断电，机器人暂停信号解除，同时 100.00 得电，机器人程序再次启动，继续执行程序。

机器人程序启动后，如果落料台上有工件且仓库未满（7 个），则 100.02 得电，机器人将把落料台上的工件搬运到仓库里。

如果在运行过程中按急停按钮 0.03，则 101.01 得电，机器人急停，其反馈信号 1.00、1.01 断电。此时机器人的伺服电源断开，停止执行程序。

急停后，只有使系统恢复到初始状态，按启动按钮，系统才可重新启动。

(2) 搬运工作站机器人程序

当 PLC 的 100.00 输出“1”时，机器人 CN308 的 B1 输入口接收该信号，机器人启动，开始执行程序。

执行到 WAIT IN# （9）＝ON 时，机器人等待落料台传感器检测工件。当落料台上有工件时，PLC 的 100.02 输出“1”，向机器人发出“机器人搬运开始”命令，机器人 CN306 的 9 号输出口接收该信号，继续执行后面的程序。

由于工件在仓库里是层层码垛的，所以机器人每搬运一个工件，末端执行器要逐渐抬高，抬高的距离大于一个工件的厚度。标号 * L0～ * L6 的程序分别为码垛 7 个工件时，末端执行器不同的位置。

机器人如果急停，急停按钮复位后，选择示教器为“示教模式”，通过操作示教器使机器人回到作业原点，并将程序指针指向第一条指令。

(3) 参数设置

不同系统的工业机器人其参数设置是有异的，现以 ABB 参数设置为例介绍之。

① 标准 I/O 板配置　ABB 标准 I/O 板挂在 DeviceNet 总线上面，常用型号有 DSQC651（8 个数字输入，8 个数字输出，2 个模拟输出）和 DSOC652（16 个数字输入，16 个数字输出）。在系统中配置标准 I/O 板，至少需要设置四项参数，见表 4-6。表 4-7 是某搬运工作站的具体信号配置。

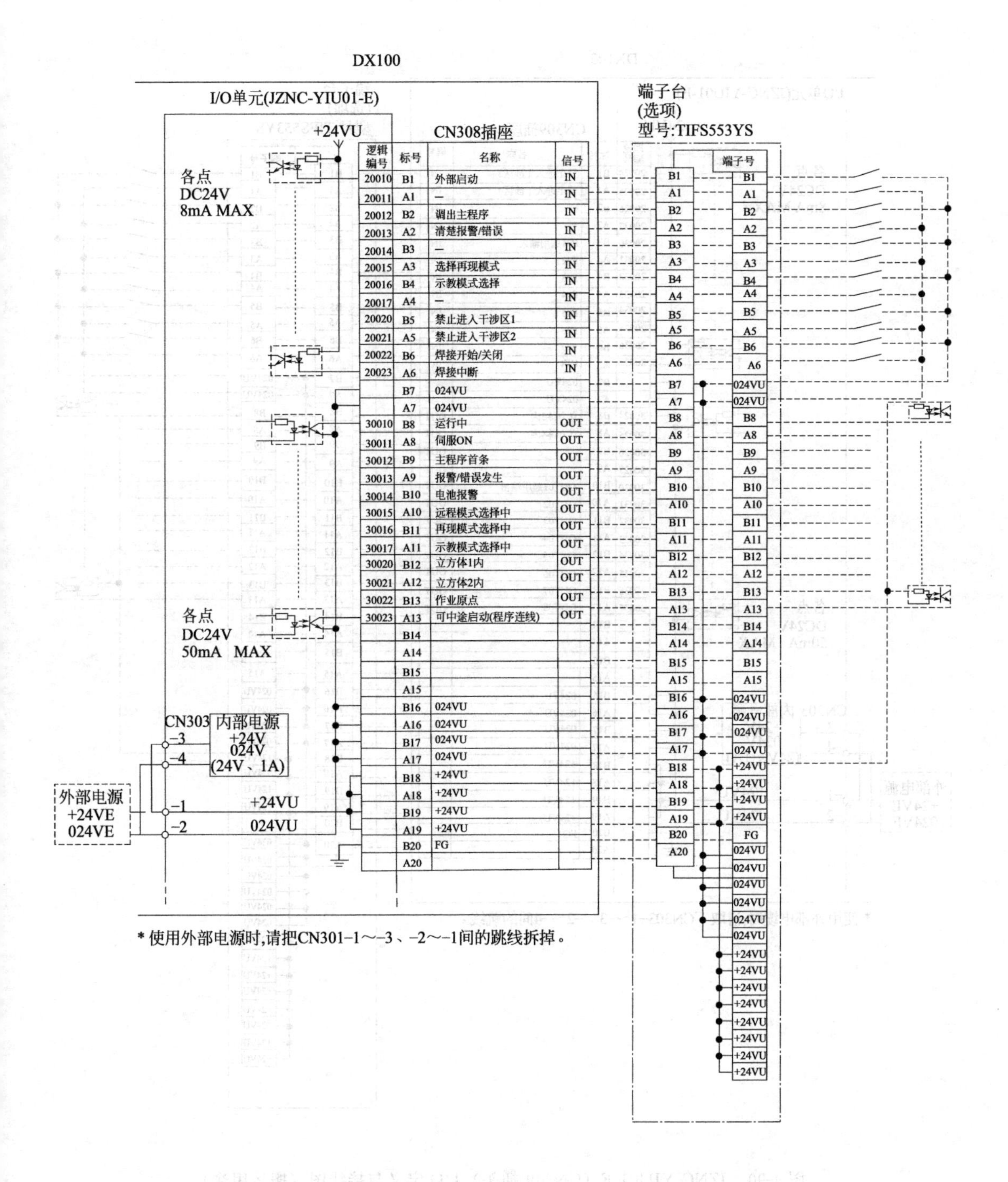

图 4-89　JZNC-YIU01-E（CN308 插头）I/O 定义与接线图（搬运用途）

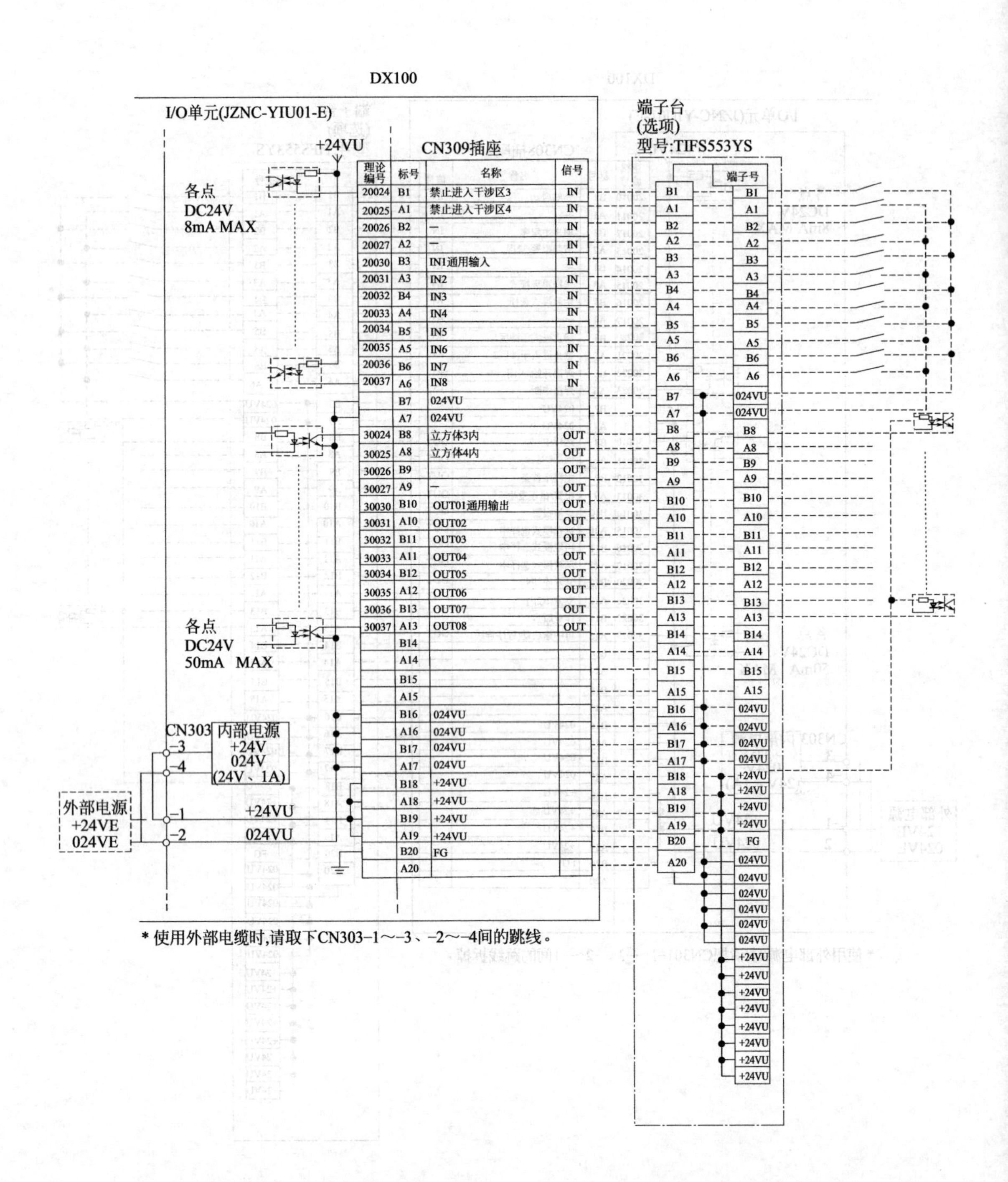

* 使用外部电缆时,请取下CN303-1～-3、-2～-4间的跳线。

图 4-90 JZNC-YIU01-E（CN309 插头）I/O 定义与接线图（搬运用途）

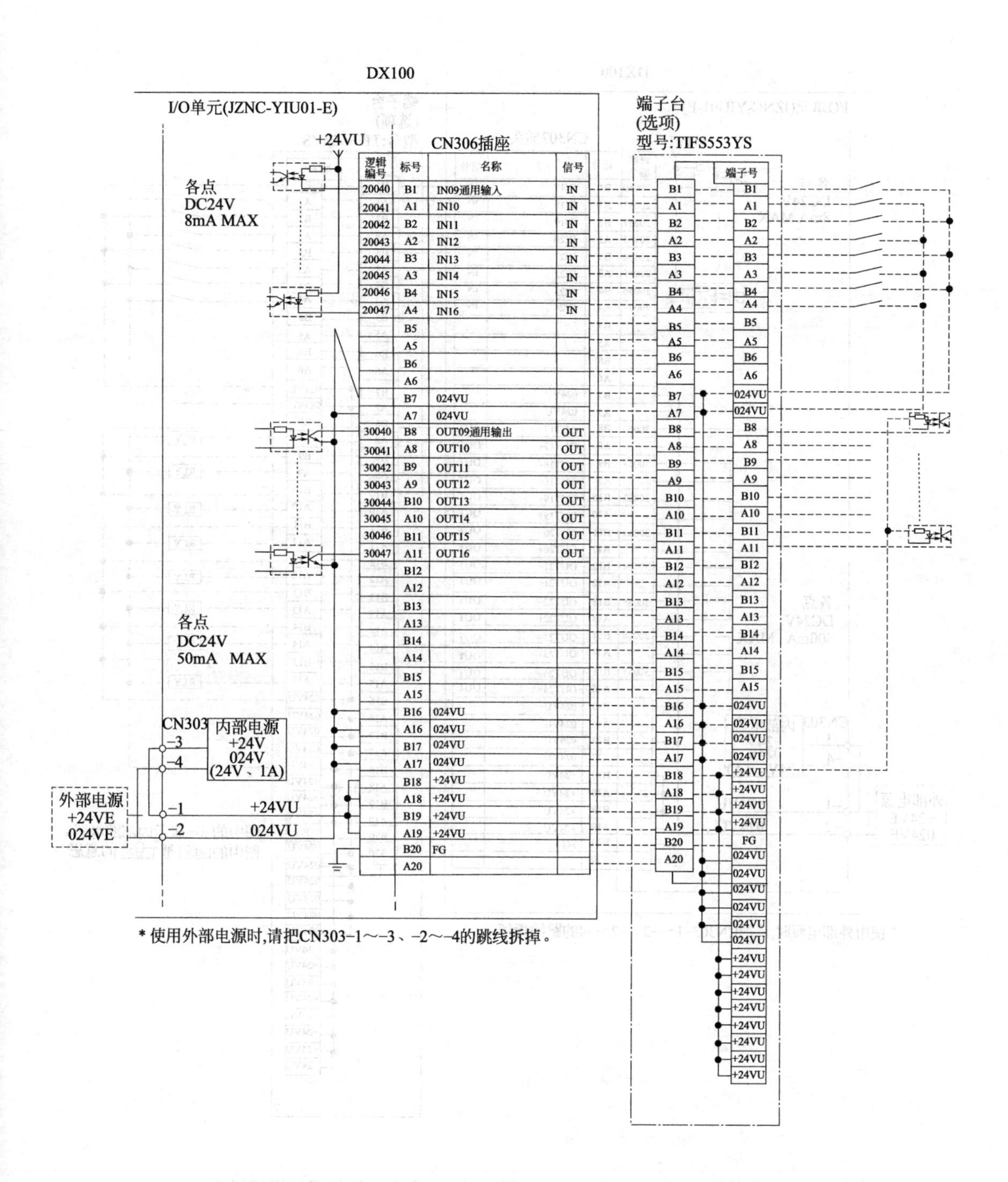

图 4-91　JZNC-YIU01-E（CN306 插头）I/O 定义与接线图（搬用用途）

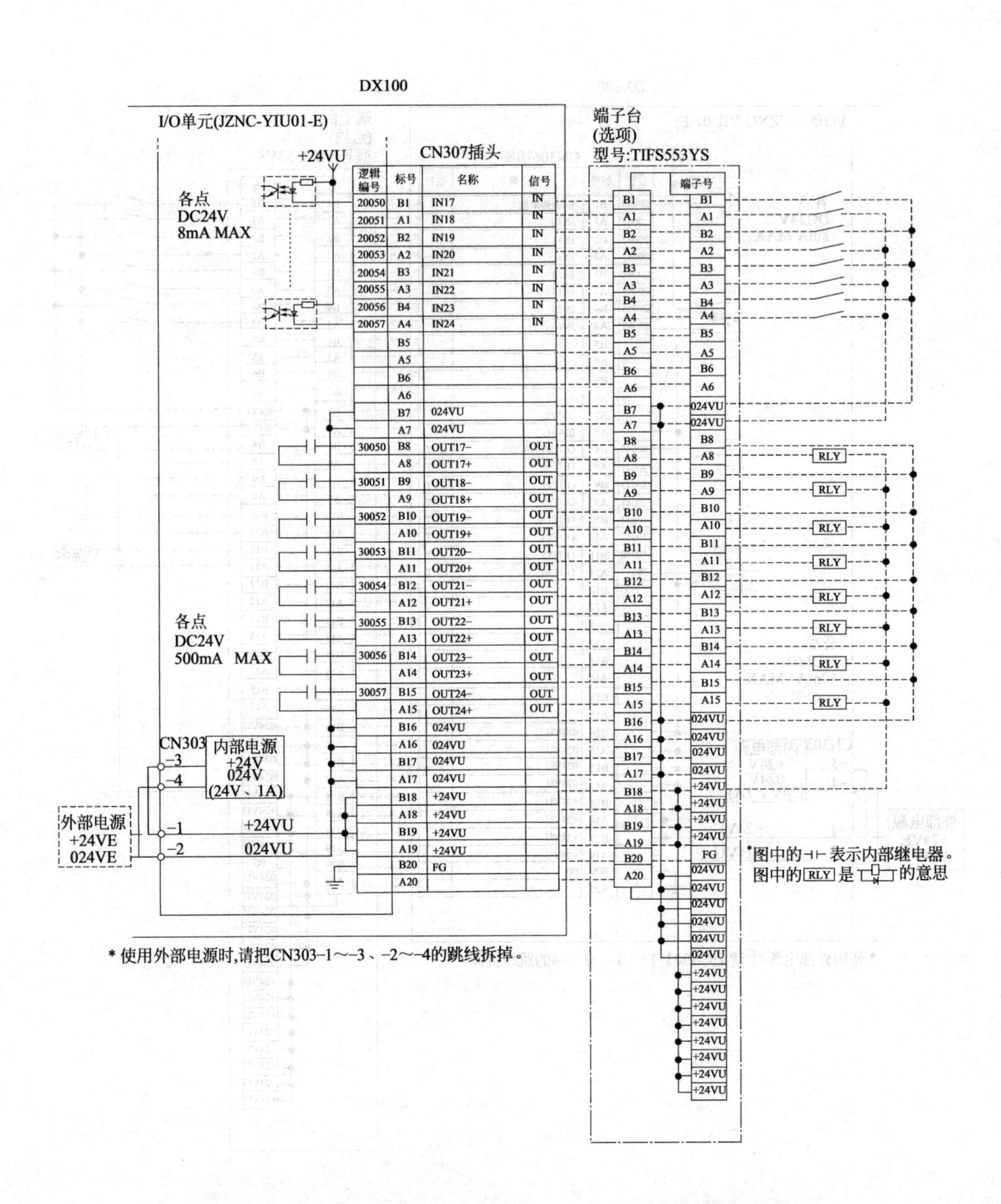

图 4-92 JZNC-YIU01-E（CN307 插头）I/O 定义、接线图（搬运用途）

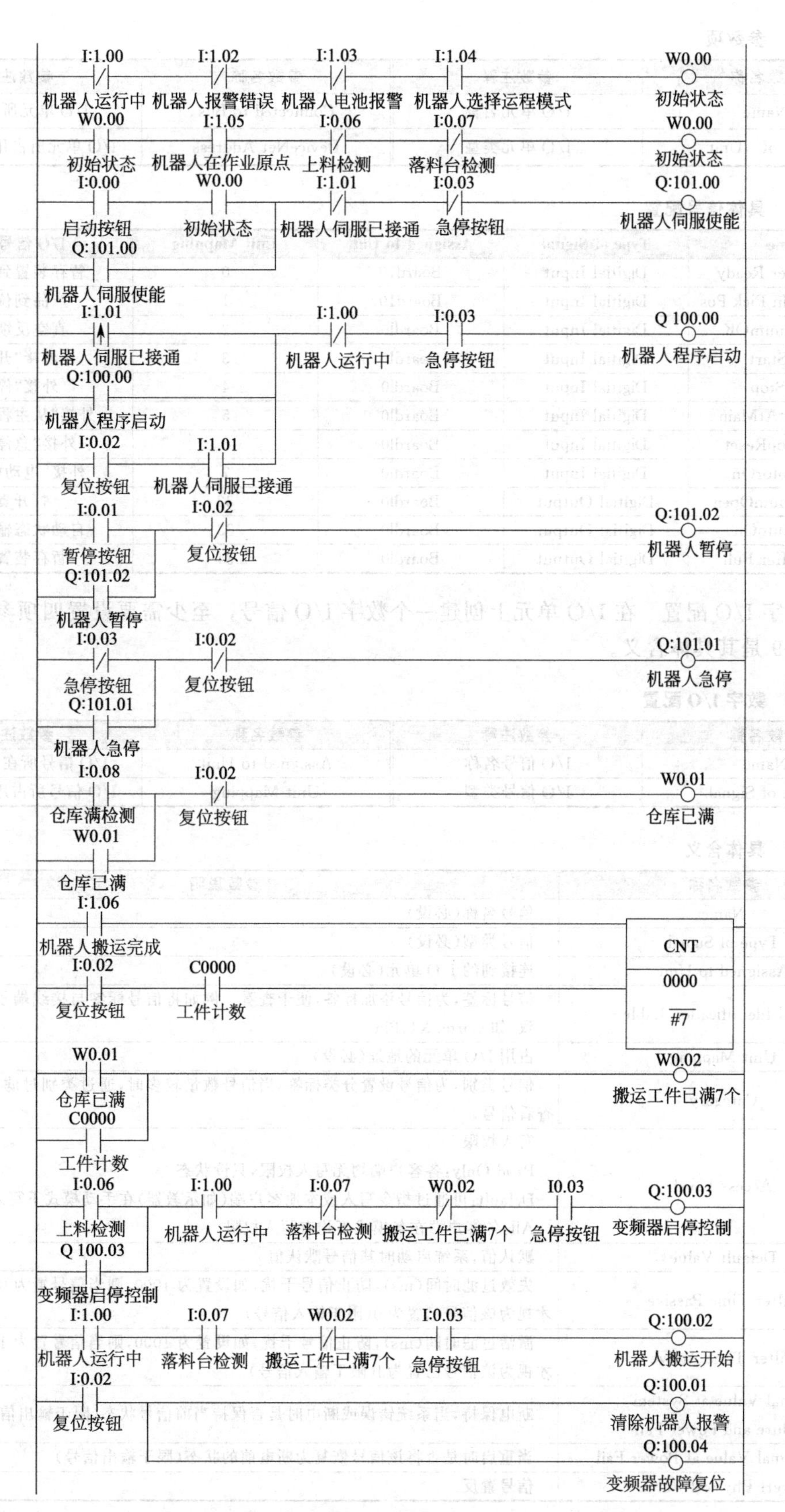

图 4-93 搬运工作站 PLC 参考程序

表 4-6 参数项

参数名称	参数注释	参数名称	参数注释
Name	I/O 单元名称	Connected to Bus	I/O 单元所在总线
Type of Unit	I/O 单元类型	DeviceNet Address	I/O 单元所占用总线地址

表 4-7 具体信号配置

Name	Type of Signal	Assigned to Unit	Unit Mapping	I/O 信号注解
di00_Buffer Ready	Digitial Input	Board10	0	暂存装置到位信号
di01_Panel In Pick Pos	Digitial Input	Board10	1	产品到位信号
di02_VacuumOK	Digitial Input	Boardl0	2	真空反馈信号
di03_Start	Digitial Input	Boardl0	3	外接“开始”
di04_Stop	Digitial Input	Boardl0	4	外接“停止”
di05_StartAtMain	Digitial Input	Boardl0	5	外接“从主程序开始”
di06_EstopReset	Digitial Input	Boardl0	6	外接“急停复位”
di07_MotorOn	Digitial Input	Boardl0	7	外接“电动机上电”
d032_VacuumOpen	Digitial Output	Boardl0	32	打开真空
d033_AutoOn	Digitial Output	Boardl0	33	自动状态输出信号
d034_Buffer Full	Digitial Output	Boardl0	34	暂存装置满载

② 数字 I/O 配置 在 I/O 单元上创建一个数字 I/O 信号，至少需要设置四项参数，见表 4-8。表 4-9 是其具体含义。

表 4-8 数字 I/O 配置

参数名称	参数注释	参数名称	参数注释
Name	I/O 信号名称	Assigned to Unit	I/O 信号所在 I/O 单元
Type of Signal	I/O 信号类型	Unit Mapping	I/O 信号所占用单元地址

表 4-9 具体含义

参数名称	参数说明
Name	信号名称(必设)
Type of Signal	信号类型(必设)
Assigned to Unit	连接到的 I/O 单元(必设)
Signal Identification Lable	信号标签，为信号添加标签，便于查看。例如将信号标签与接线端子上标签设为一致，如 Corm. X4、Pin 1
Unit Mapping	占用 I/O 单元的地址(必设)
Category	信号类别，为信号设置分类标签，当信号数量较多时，通过类别过滤，便于分类别查看信号
Access Level	写入权限 Read Only：各客户端均无写入权限，只读状态 Default：可通过指令写入或本地客户端(如示教器)在手动模式下写入 All：各客户端在各模式下均有写入权限
Default Value	默认值，系统启动时其信号默认值
Filter Time Passive	失效过滤时间(ms)，防止信号干扰，如设置为 1000，则当信号置为 0，持续 1s 后，才视为该信号已置为 0(限于输入信号)
Filter Time Active	激活过滤时间(ms)，防止信号干扰，如设置为 1000，则当信号置为 1，持续 1s 后，才视为该信号已置为 l(限于输入信号)
Signal Value at System Failure and Power Fail	断电保持，当系统错误或断电时是否保持当前信号状态(限于输出信号)
Store Signal Value at Power Fail	当重启时是否将该信号恢复为断电前的状态(限于输出信号)
Invert Physical Value	信号置反

③ 系统 I/O 配置 系统输入：将数字输入信号与机器人系统的控制信号关联起来，就可

以通过输入信号对系统进行控制（例如，电动机上电、程序启动等）。

系统输出：机器人系统的状态信号也可以与数字输出信号关联起来，将系统的状态输出给外围设备作控制之用（例如，系统运行模式、程序执行错误等）。

系统 I/O 配置如表 4-10 所示，具体配置如表 4-11、表 4-12 所示。

表 4-10 系统 I/O 配置

Name	Signal Nam	Action/Status	Argument1	注释
System Input	di03_Start	Start	Continuous	程序启动
System Input	di04_Stop	Stop	无	程序停止
System Input	di05_StartAtMain	Start Main	Continuous	从主程序启动
System Input	di06_EstopReset	Reset Estop	无	急停状态恢复
System Input	di07_MotorOn	Motor On	无	电动机上电
System Output	d033_AutoOn	Auto On	无	自动状态输出

表 4-11 系统输入

系统输入	说明	系统输入	说明
Motor On	电动机上电	Soft Stop	软停止
Motor On and Start	电动机上电并启动运行	Stop at End of Cycle	在循环结束后停止
Motor Off	电动机下电	Stop at end of Instruction	在指令运行结束后停止
Load and Start	加载程序并启动运行	Reset Execution Error Signal	报警复位
Interrupt	中断触发	Reset Emergency Stop	急停复位
Start	启动运行	System Restart	重启系统
Start at Main	从主程序启动运行	Load	加载程序文件,适用后,之前适用Load加载的程序文件将被清除
Stop	暂停		
Quick Stop	快速停止	Backup	系统备份

表 4-12 系统输出

系统输出	说明	系统输出	说明
Auto On	自动运行状态	Emergency Stop	紧急停止
Backup Error	备份错误报警	Execution Error	运行错误报警
Backup in Progress	系统备份进行中状态,当备份结束或错误时信号复位	Mechanical Unit Active	激活机械单元
		Mechanical Unit Not Moving	机械单元没有运行
Cycle On	程序运行状态	Motor Off	电动机下电

第 5 章

工业机器人码垛工作站系统集成

码垛机器人是经历了人工码垛、码垛机码垛两个阶段而出现的自动化码垛作业智能化设备，如图 5-1 所示。码垛机器人的出现，不仅可改善劳动环境，而且对减轻劳动强度，保证人身安全，降低能耗，减少辅助设备资源，提高劳动生产率等方面具有重要意义。码垛机器人可使运输工业加快码垛效率，提升物流速度，获得整齐统一的物垛，减少物料破损与浪费。因此，码垛机器人将逐步取代传统码垛机以实现生产制造“新自动化、新无人化”，码垛行业亦因码垛机器人出现而步入“新起点”。相比传统的码垛设备，码垛机器人系统的优势主要体现在以下几个方面。

图 5-1　工业机器人码垛工作站

① 运行平稳、定位精准。根据不同的码垛形式可以选用不同的抓手方式，使瓶、箱提升和降落运动准确平稳。

② 按照人体骨骼学原理设计制作，占地面积小，作业半径大，具有很强的灵活性。

③ 适应不同尺寸和形状的包装物，通过调整抓手或夹具轻易实现切换，满足柔性生产的需要。

④ 结构简单，操作简便。操作者无需具备专业的编程知识就可以进行参数、程序选定修改等工作。

⑤ 零部件的故障率极低，库存零部件需求少。机器人每 20000h 维护一次，平均故障间隔时间长达 70000h。

展望未来，机器人技术的应用领域还将不断扩大，这是与制造领域出现的多品种小批量生产的发展趋势相适应的。机器人系统以其柔性的工作能力、占地面积小、能同时处理多种包装物和码多个料垛的高生产效率，越来越受到广大生产商的青睐。

5.1 认识码垛工业机器人

5.1.1 码垛机器人的适用范围

码垛机器人是能将不同外形尺寸的包装货物，整齐、自动地码（或拆）在托盘上的机器人，所以也称为托盘码垛机器人。为充分利用托盘的面积和保证码堆物料的稳定性，机器人具有物料码垛顺序、排列设定器。通过自动更换工具，码垛机器人可以适应不同的产品，并能够在恶劣环境下工作。

码垛机器人对各种形状的产品（箱、罐、包或板材类等）均可作业，还能根据用户要求进行拆垛作业。

5.1.2 码垛机器人的特点

码垛机器人作为新的智能化码垛装备，具有作业高效、码垛稳定等优点，可解放工人的繁重体力劳动，已在各个行业的包装物流线中发挥重大作用。归纳起来，码垛机器人主要优点有以下几点。

① 占地面积小，动作范围大，减少厂源浪费。

② 能耗低，降低运行成本。

③ 提高生产效率，解放繁重体力劳动，实现“无人”或“少人”码垛。

④ 改善工人劳作条件，摆脱有毒、有害环境。

⑤ 柔性高、适应性强，可实现不同物料码垛。

⑥ 定位准确，稳定性高。

5.1.3 码垛机器人的分类

码垛机器人同样为工业机器人当中一员，其结构形式和其他类型机器人相似（尤其是搬运机器人），码垛机器人与搬运机器人在本体结构上没有过多区别，通常可认为码垛机器人本体比搬运机器人大，在实际生产中，码垛机器人多为四轴且多数带有辅助连杆，连杆主要起增加力矩和平衡的作用，码垛机器人多不能进行横向或纵向移动，安装在物流线末端，故常见的码垛机器人结构多为关节式码垛机器人、摆臂式码垛机器人和龙门式码垛机器人，如图 5-2 所示。

关节式码垛机器人常见本体多为四轴，亦有五、六轴码垛机器人，但在实际包装码垛物流线中，五、六轴码垛机器人相对较少。码垛主要在物流线末端进行，码垛机器人安装在底座（或固定座）上，其位置的高低由生产线高度、托盘高度及码垛层数共同决定，多数情况下，码垛精度的要求没有机床上下料搬运精度高，为节约成本、降低投入资金、提高效益，四轴码垛机器人足以满足日常码垛要求。图 5-3 所示为 KUKA、FANUC、ABB、YASKAWA 四巨头相应的码垛机器人本体结构。

操作机瑞典 ABB 机器人公司推出全球最快码垛机器人 IRB-460（见图 5-4）。在码垛应用方面，IRB-460 拥有目前各种机器人无法超越的码垛速度，其操作节拍可达 2190 次/h，运行速度比常规机器人提升 15%，作业覆盖范围达到 2.4m，占地面积比一般码垛机器人节省

20%；德国 KUKA 公司推出的精细化堆垛机器人 KR 180-2 PA Arctic，可在－30℃条件下以180kg 的全负荷进行工作，且无防护罩和额外加热装置，创造了码垛机器人在寒冷条件下的极限，如图 5-5 所示。

(a) 关节式码垛机器人

(b) 龙门式码垛机器人

(c) 摆臂式码垛机器人

(d)

图 5-2 码垛机器人分类

(a) KUKA KR 700 PA

(b) FANUC M-410iB

(c) ABB IRB 660

(d) YASKAWA MPL80

图 5-3 四巨头码垛机器人本体

控制器机器人本体在结构上不断进行优化的同时，控制器同样也在进行着变革，以逐步适应高速扩展的生产要求。ABB 公司新出品的 IRC5 控制器，如图 5-6 所示，不仅继承了前几代控制器在运动控制、柔性、通用性、安全性、可靠性的优势，而且在模块化、用户界面、多机器人控制等方面取得了全新性突破。IRC5 控制器只通过一个接入点就可与整个工作站的机器人通信，大幅度降低成本，若增加机器人数量，只需额外增加一个驱动模块。在 IRC5 控制器中融合了业界控制机器人及外围设备最先进操作系统，最具特色的 Robotware OS 是目前市场上最强的操作系统。KUKA 机器人公司出品的 KR C4 控制器具有高效、安全、灵活和智能化等优点，使其在机器人行业保持着较高的领导地位，将安全控制、机器人控制、运动控制、逻辑控制及工艺控制集中在一个开放高效的数据标准构架中，具有高性能、可升级和灵活性等特点，如图 5-7 所示。

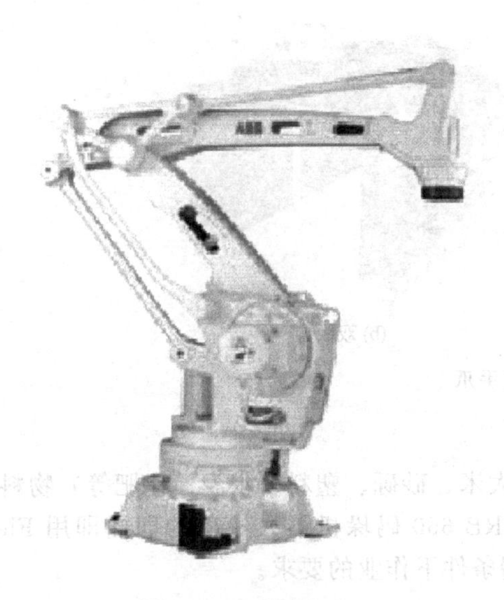

图 5-4　ABB IRB-460

图 5-5　KR 180-2PA ARCTIC

图 5-6　ABB IRC5

图 5-7　KUKA KRC4

5.1.4　码垛机器人的末端执行器

码垛机器人的末端执行器是夹持物品移动的一种装置，其原理结构与搬运机器人类似，常见形式有吸附式、夹板式、抓取式、组合式。

(1) 夹板式

夹板式手爪是码垛过程中最常用的一类手爪，常见的夹板式手爪有单板式和双板式，如图 5-8 所示。手爪主要用于整箱或规则盒码垛，可用于各行各业，夹板式手爪夹持力度比吸附式手爪大，可一次码一箱（盒）或多箱（盒），并且两侧板光滑，不会损伤码垛产品外观质量。单板式与双板式的侧板一般都会有可旋转爪钩，需单独机构控制，工作状态下，爪钩与侧板成 90°，起到撑托物件，防止在高速运动中物料脱落的作用。

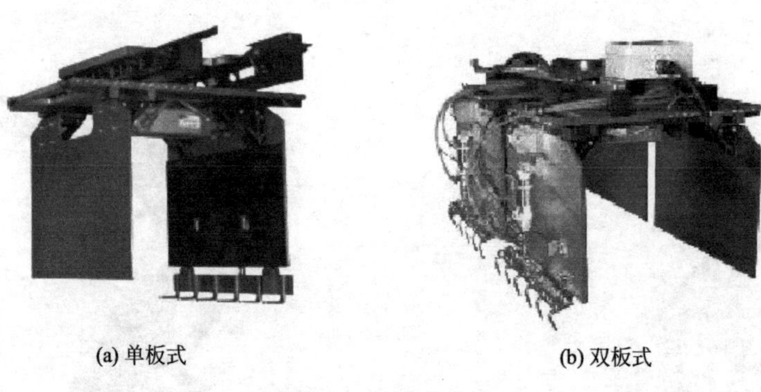
(a) 单板式　　(b) 双板式

图 5-8　夹板式手爪

(2) 抓取式

抓取式手爪可灵活适应不同形状和内含物（如大米、砂砾、塑料、水泥、化肥等）物料袋的码垛。图 5-9 所示为 ABB 公司配套 IRB 460 和 IRB 660 码垛机器人专用的即插即用 FlexGripper 抓取式手爪，采用不锈钢制作，可胜任极端条件下作业的要求。

(3) 组合式

组合式是通过组合以获得各单组手爪优势的一种手爪，灵活性较大，各单组手爪之间既可单独使用又可配合使用，可同时满足多个工位的码垛，图 5-10 所示为 ABB 公司配套 IRB 460 和 IRB 660 码垛机器人专用的即插即用 FlexGripper 组合式手爪。

码垛机器人手爪的动作需由单独外力进行驱动，同搬运机器人一样，需要连接相应外部信号控制装置及传感系统，以控制码垛机器人手爪实时的动作状态及力的大小，其手爪驱动方式多为气动和液压驱动。通常在保证相同夹紧力情况下，气动比液压负载轻、卫生、成本低、易获取，故实际码垛中，以压缩空气为驱动力的居多。

图 5-9　抓取式手爪

图 5-10　组合式手爪

5.2 码垛机器人系统

5.2.1 码垛机器人工作站系统组成

码垛机器人同搬运机器人一样，需要相应的辅助设备组成一个柔性化系统，才能进行码垛作业。以关节式为例，常见的码垛机器人主要由操作机、控制系统、码垛系统（气体发生装置、液压发生装置）和安全保护装置组成，如图 5-11 所示。操作者可通过示教器和操作面板进行码垛机器人运动位置和动作程序的示教，设定运动速度、码垛参数等。

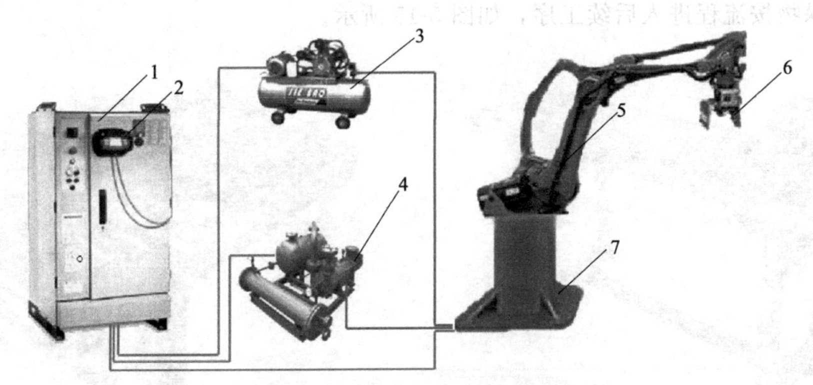

图 5-11　码垛机器人系统组成

1—机器人控制柜；2—示教器；3—气体发生装置；4—真空发生装置；
5—操作机；6—夹板式手爪；7—底座

5.2.2　码垛机器人的周边设备与工位布局

码垛机器人工作站是一种集成化系统，可与生产系统相连接，形成一个完整的集成化包装码垛生产线。码垛机器人完成一项码垛工作，除需要码垛机器人（机器人和码垛设备）外，还需要一些辅助周边设备。同时，为节约生产空间，合理的机器人工位布局尤为重要。

(1) 周边设备

目前，常见的码垛机器人辅助装置有金属检测机、重量复检机、自动剔除机、倒袋机、整形机、待码输送机、传送带、码垛系统等装置。

① 金属检测机　对于有些码垛场合，像食品、医药、化妆品、纺织品的码垛，为防止在生产制造过程中混入金属等异物，需要金属检测机进行流水线检测，如图 5-12 所示。

② 重量复检机　重量复检机在自动化码垛流水作业中起重要作用，其可以检测出前工序是否漏装、多装，以及对合格品、欠重品、超重品进行统计，进而控制产品质量，如图 5-13 所示。

图 5-12　金属检测机

图 5-13　重量复检机

③ 自动剔除机　自动剔除机是安装在金属检测机和重量复检机之后，主要用于剔除含金属异物及重量不合格的产品，如图 5-14 所示。

④ 倒袋机　倒袋机是将输送过来的袋装码垛物按照预定程序进行输送、倒袋、转位等操作，以使码垛物按流程进入后续工序，如图 5-15 所示。

图 5-14　自动剔除机

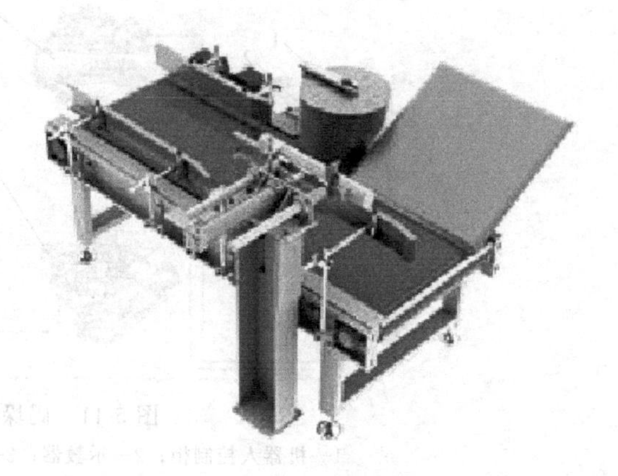

图 5-15　倒袋机

⑤ 整形机　主要针对袋装码垛物的外形整形，经整形机整形后，袋装码垛物内可能存在的积聚物会均匀分散，使外形整齐，之后进入后续工序，如图 5-16 所示。

⑥ 待码输送机　待码输送机是码垛机器人生产线的专用输送设备，码垛货物聚集于此，便于码垛机器人末端执行器抓取，可提高码垛机器人的灵活性，如图 5-17 所示。

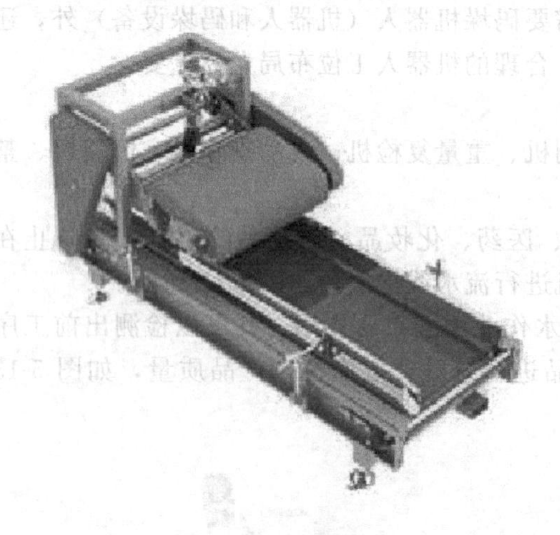

图 5-16　整形机

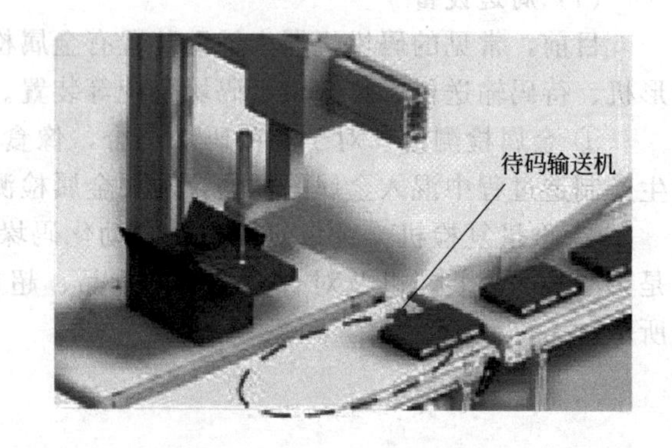

图 5-17　待码输送机

⑦ 传送带　传送带是自动化码垛生产线上必不可少的一个环节，针对不同的厂源条件，可选择不同的形式，如图 5-18 所示。

(a) 组合式传送带

(b) 转弯式传送带

图 5-18　传送带

（2）工位布局

码垛机器人工作站的布局是以提高生产效率、节约场地、实现最佳物流码垛为目的，在实际生产中，常见的码垛工作站布局主要有全面式码垛和集中式码垛两种。

① 全面式码垛　码垛机器人安装在生产线末端，可针对一条或两条生产线，具有较小的输送线成本与占地面积、较大的灵活性和增加生产量等优点，如图 5-19 所示。

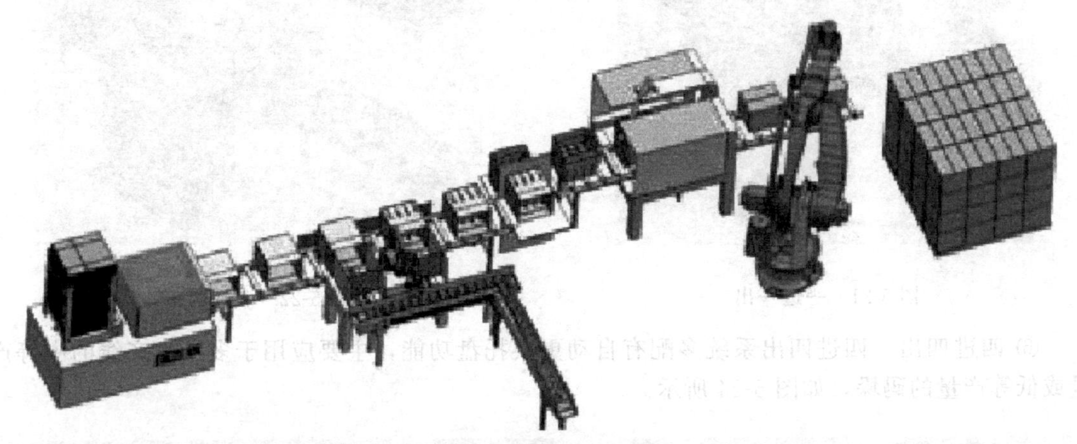

图 5-19　全面式码垛

② 集中式码垛　码垛机器人被集中安装在某一区域，可将所有生产线集中在一起，具有较高的输送线成本，节省生产区域资源，节约人员维护成本，一人便可全部操纵，如图 5-20 所示。

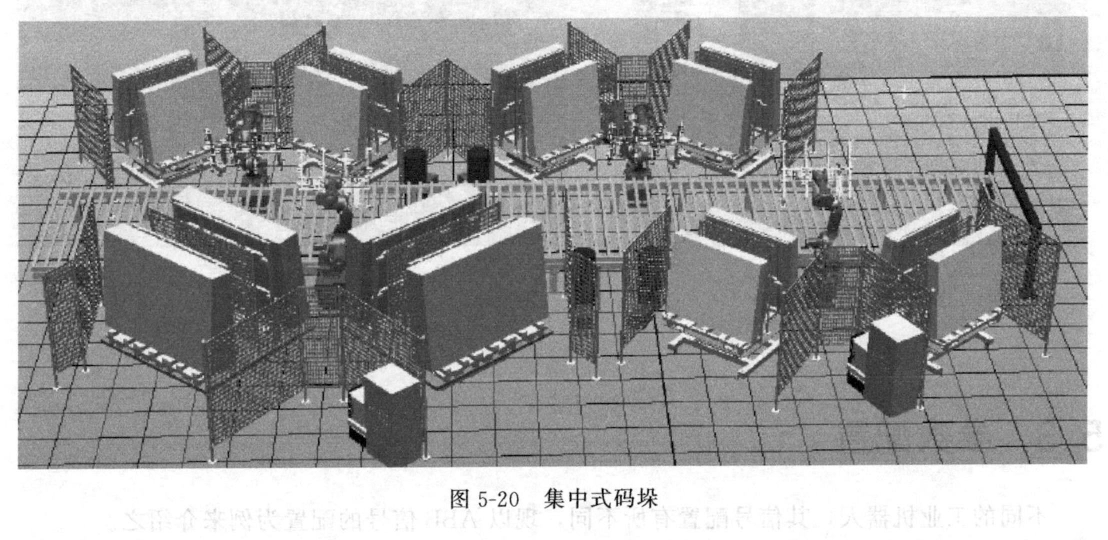

图 5-20　集中式码垛

在实际生产码垛中，按码垛进出情况常规划有一进一出、一进两出、两进两出和四进四出等形式。

③ 一进一出　一进一出常出现在厂源相对较小、码垛线生产比较繁忙的情况，此类型码垛速度较快，托盘分布在机器人左侧或右侧，缺点是需人工换托盘，浪费时间，如图 5-21 所示。

④ 一进两出　在一进一出的基础上添加输出托盘，一侧满盘信号输入，机器人不会停止等待，直接码垛另一侧，码垛效率明显提高，如图 5-22 所示。

⑤ 两进两出　两进两出是两条输送链输入，两条码垛输出，多数两进两出系统无需人工干预，码垛机器人自动定位摆放托盘，是目前应用最多的一种码垛形式，也是性价比最高的一

种规划形式，如图 5-23 所示。

图 5-21　一进一出

图 5-22　一进两出

⑥ 四进四出　四进四出系统多配有自动更换托盘功能，主要应用于多条生产线的中等产量或低等产量的码垛，如图 5-24 所示。

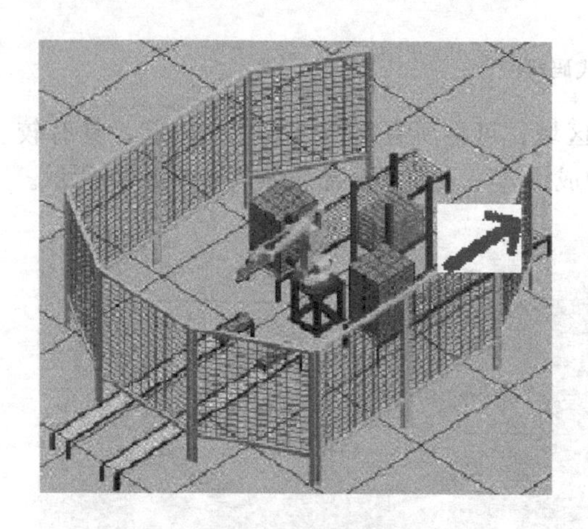

图 5-23　两进两出

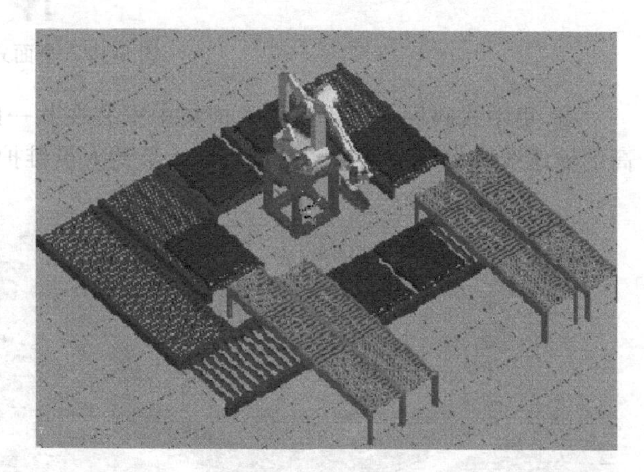

图 5-24　四进四出

5.3　参数配置

不同的工业机器人，其信号配置有所不同，现以 ABB 信号的配置为例来介绍之。

5.3.1　配置 I/O 信号

ABB I/O 信号的配置如表 5-1 所示。

表 5-1　I/O 信号参数配置

Name	Type of Signal	Assigned to Unit	Unit Mapping	I/O 信号注释
di00_BoxInPos_L	Digital Input	Board10	0	左侧输入线产品到位信号
di01_BoxInPos_R	Digital Input	Board10	1	右侧输入线产品到位信号
di02_PalletInPos_L	Digital Input	Board10	2	左侧码盘到位信号

续表

Name	Type of Signal	Assigned to Unit	Unit Mapping	I/O 信号注释
di03_PalletInPos_R	Digital Input	Board10	3	右侧码盘到位信号
do00_ClampAct	Digital Output	Board10	0	控制夹板
do01_Hook Act	Digital Output	Board10	1	控制钩爪
do02_PalletFull_L	Digital Output	Board10	2	左侧码盘满载信号
do03_PalletFull_R	Digital Output	Board10	3	右侧码盘满载信号
di07_MotorOn	Digital Input	Board10	7	电动机上电(系统输入)
di08_Start	Digital Input	Board10	8	程序开始执行(系统输入)
di09_Stop	Digital Input	Board10	9	程序停止执行(系统输入)
di10_StartAtMain	Digital Input	Board10	10	从主程序开始执行(系统输入)
di11_EstopReset	Digital Input	Board10	11	急停复位(系统输入)
do05_AutoOn	Digital Output	Board10	5	电动机上电状态(系统输出)
do06_Estop	Digital Output	Board10	6	急停状态(系统输出)
do07_CyclcOn	Digital Output	Board10	7	程序正在运行(系统输出)
do08_Error	Digital Output	Board10	8	程序报错(系统输出)

5.3.2　系统输入/输出

系统输入/输出参数配置见表 5-2。

表 5-2　系统输入/输出参数配置

Type	Signal name	Action/Status	Argument	注释
System Input	di07_MotorOn	Motors On	无	电动机上电
System Input	di08_Start	Start	Continuous	程序开始执行
System Input	di09_Stop	Stop	无	程序停止执行
System Input	dil0_StartatMain	Start at Main	Continuous	从主程序开始执行
System Input	dil1_EstopReset	Reset Emergency Stop	无	急停复位
System Output	do05_AutoOn	Auto On	无	电动机上电状态
System Output	do06_Estop	Emergency Stop	无	急停状态
System Output	do07_CyclcOn	Cycle On	无	程序正在运行
System Output	do08_Error	Execution error	T_ROB1	程序报错

第6章 工业机器人CNC机床上下料与自动生产线工作站的集成

6.1 认识工业机器人CNC机床上下料工作站

6.1.1 工业机器人与数控加工的集成

工业机器人与数控加工的集成主要集中在两个方面：一是工业机器人与数控机床集成成工作站；二是工业机器人具有加工能力，也就是机械加工工业机器人。

(1) 工业机器人与数控机床集成工作站

工业机器人与数控机床的集成主要应用在柔性制造单元（FMC）或柔性制造系统中（FMS），图6-1中，加工中心上的工件，由机器人来装卸，加工完毕的工件与毛坯放在传送带上。当然，也有不用传送带的，如图6-2所示。其他形式如图6-3所示。

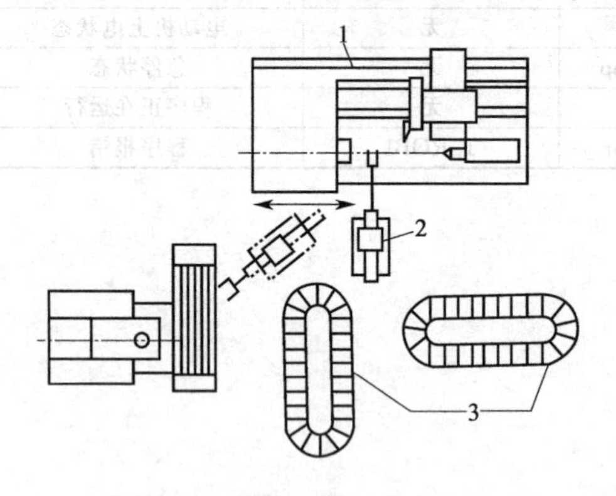

图6-1 带有机器人的FMC

1—车削中心；2—机器人；3—物料传送装置

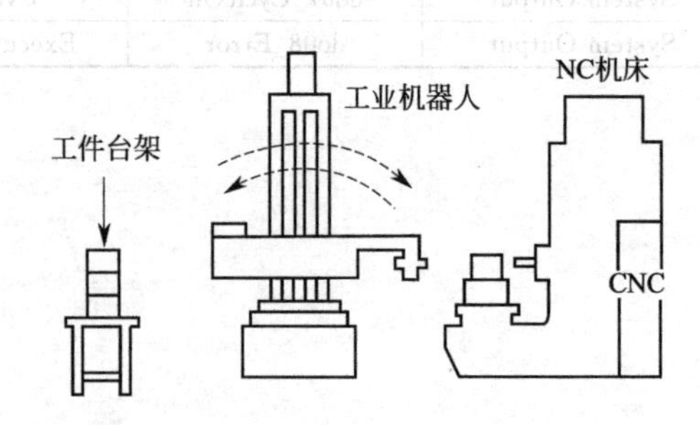

图6-2 以铣削为主的带有机器人的FMC

所用到的工业机器人一般为上下料机器人，其编程较为简单，只要示教编程后再现就可以了。但工业机器人与数控机床各有独立的控制系统，机器人与数控机床、传送带之间都要进行数据通信。

(2) 机械加工工业机器人

这类机器人具有加工能力，本身具有加工工具，比如刀具等，刀具的运动是由工业机器人的控制系统控制的。主要用于切割（见图6-4）、去毛刺（见图6-5）、抛光与雕刻等轻型加工。这样的加工比较复杂，一般采用离线编程来完成。这类工业机器人有的已经具有了加工中心的某些特性，如刀库等。图 6-6 所示的雕刻工业机器人的刀库如图 6-7 所示。这类工业机器人的机械加工能力是远远低于数控机床的，因为刚度、强度等都没有数控机床好。

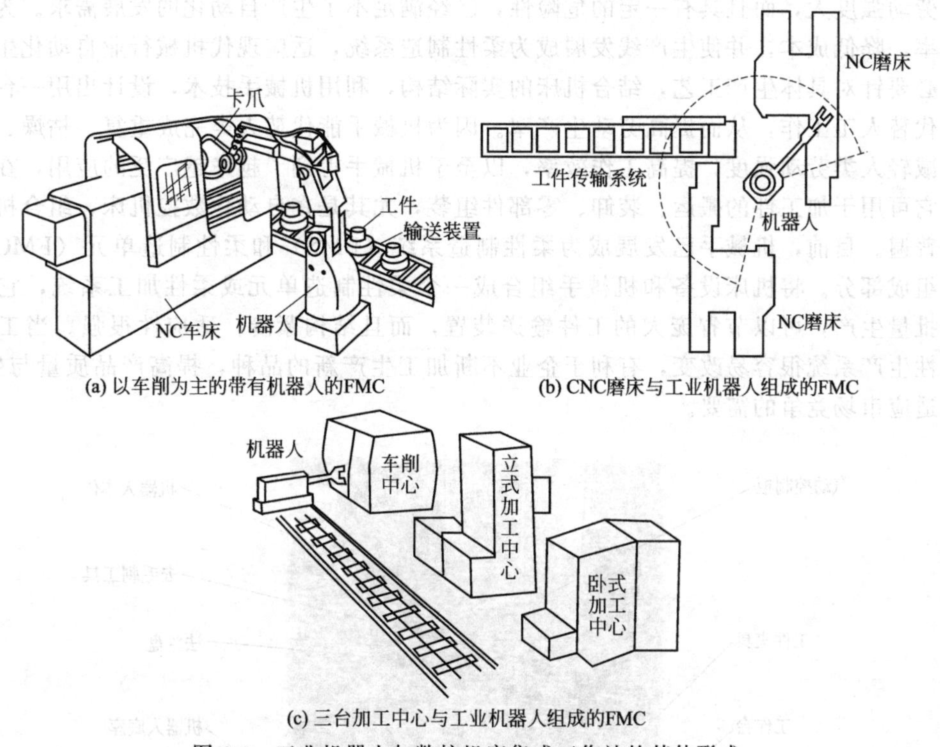

(a) 以车削为主的带有机器人的FMC　(b) CNC磨床与工业机器人组成的FMC

(c) 三台加工中心与工业机器人组成的FMC

图 6-3　工业机器人与数控机床集成工作站的其他形式

图 6-4　激光切割机器人工作站

6.1.2　工业机器人在机床上下料领域的应用

由于生产力水平的提高与科学技术的日益进步，工业机器人得到了更为广泛的应用，正向着高速度、高精度、轻质、重载、高灵活性和高可靠性的方向发展。在工业生产中，机器人已经广泛应用于涂、焊、拆装、码垛、搬运、包装等作业。与此同时，数控机床在机械制造领域的应用也日益广泛。数控机床自从 20 世纪 50 年代问世以来，发展迅速，在发达国家的机床业总产值中已占大部分，其应用范围已从小批量生产扩展到大批量生产的领域。现在，部分发达国家，例如日本、美国、西班牙等国家，已经在数控机床数控系统的控制下，实现了零件加工过程的柔性自动化。我国大多数工厂的生产线上，数控机床装卸工件仍由人工完成，其生产效率低、劳动强度大，而且具有一定的危险性，已经满足不了生产自动化的发展需求。为了提高工作效率，降低成本，并使生产线发展成为柔性制造系统，适应现代机械行业自动化生产的要求，有必要针对具体生产工艺，结合机床的实际结构，利用机械手技术，设计出用一台上下料机械手代替人工工作，从而提高劳动生产率。因为机械手能代替人类完成重复、枯燥、危险的工作，减轻人类劳动强度，提高工作效率，以至于机械手得到了越来越广泛的应用，在机械行业中，它可用于加工件的搬运、装卸、零部件组装，尤其是在自动化数控机床、组合机床上使用更为普遍。目前，机械手已发展成为柔性制造系统（FMS）和柔性制造单元（FMC）中一个重要组成部分。将机床设备和机械手组合成一个柔性制造单元或柔性加工系统，它适应于中、小批量生产，可以节省庞大的工件输送装置，而且结构紧凑，适应性很强。当工件变更时，柔性生产系统很容易改变，有利于企业不断加工生产新的品种，提高产品质量与生产率，更好地适应市场竞争的需要。

图 6-5　去毛刺机器人工作站

图 6-6　雕刻工业机器人

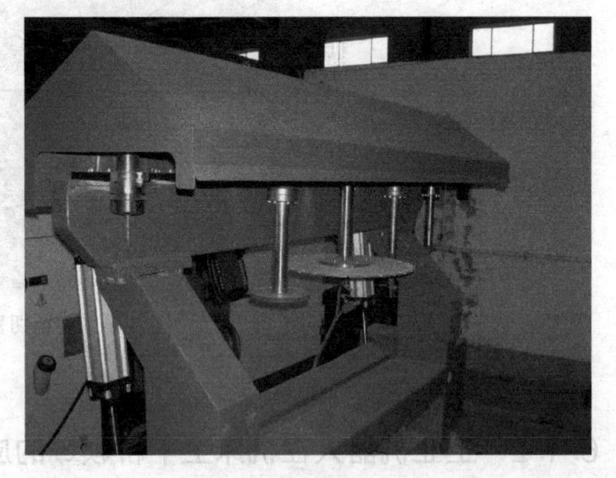

图 6-7　雕刻工业机器人的刀库

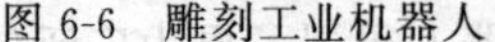

6.1.3 上下料系统类型

对于特别复杂的零件，往往需要多个工序的加工，甚至还要增加一些检测、清洗、试漏、压装和去毛刺等辅助工序，还有可能和锻造、齿轮加工、旋压、热处理和磨削等工序的设备连接起来，就需要组成一个完成复杂零件全部加工内容的自动化生产线。

因为自动化生产线会有不同种类的设备，所以通过桁架式的机械手、关节机器人和自动物流等自动化方式组合起来，从而实现从毛坯进去一直到成品工件出来的全自动化加工。

(1) 桁架式机械手

对于一些结构简单的零部件加工，通常的加工都不超过两个工序就可以全部完成的自动化加工单元，这个单元就采用一个桁架式的机械手配合几台机床和一个到两个料仓组成，如图 6-8 所示。

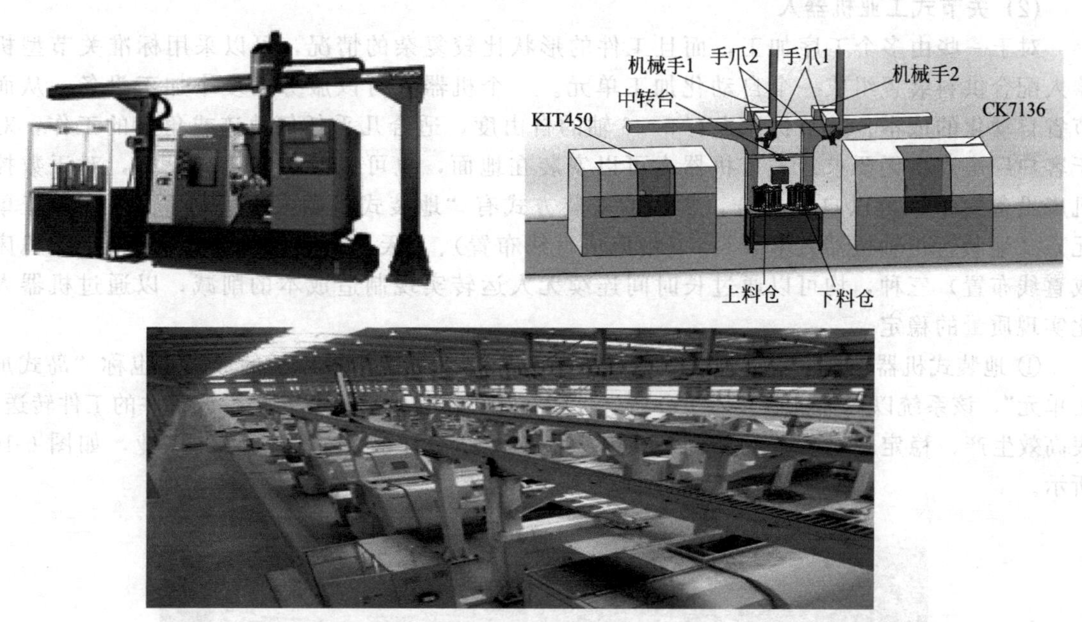

图 6-8　桁架式机械手工作示意图

桁架式机器人由多维直线导轨搭建而成，如图 6-9 所示。直线导轨由精制铝型材、齿形带、直线滑动导轨和伺服电动机等组成。作为运动框架和载体的精制铝型材，其截面形状通过有限元分析法来优化设计，生产中的精益求精确保其强度和直线度。采用轴承光杠和直线滑动导轨作为运动导轨。运动传动机构采用齿形带、齿条或滚珠丝杠。

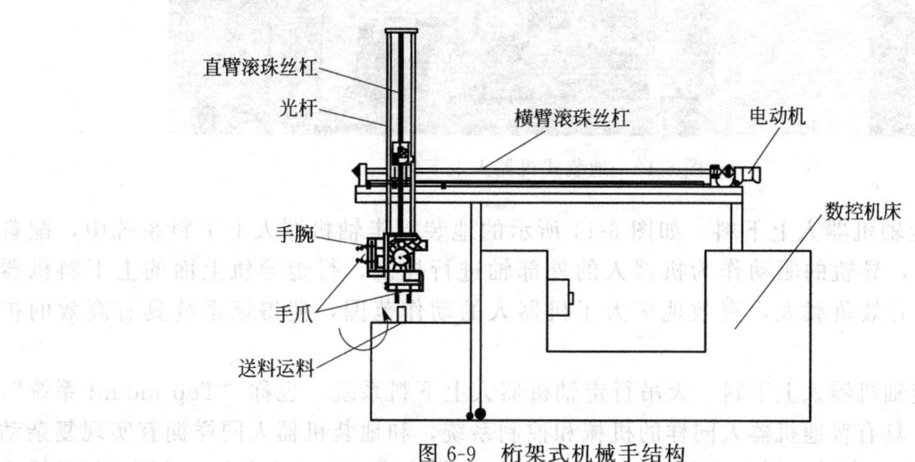

图 6-9　桁架式机械手结构

桁架式机器人的空间运动是用三个相互垂直的直线运动来实现的。由于直线运动易于实现全闭环的位置控制，所以，桁架式机器人有可能达到很高的位置精度（微米级）。但是，这种桁架式机器人的运动空间相对机器人的结构尺寸来讲，是比较小的。因此，为了实现一定的运动空间，桁架式机器人的结构尺寸要比其他类型的机器人的结构尺寸大得多。桁架式机器人的工作空间为一空间长方体。

桁架式机器人机械手主要由 3 个大部件和 4 个电动机组成：①手部，采用丝杆螺母结构，通过电动机带动实现手爪的张合；②腕部，采用一个步进电动机带动蜗轮蜗杆实现手部回转 90°～180°；③臂部，采用滚珠丝杠，电动机带动丝杆使螺母在横臂上移动来实现手臂平动，带动丝杆螺母使丝杆在直臂上移动实现手臂升降。

(2) 关节式工业机器人

对于一些由多个工序加工，而且工件的形状比较复杂的情况，可以采用标准关节型机器人配合供料装置组成一个自动化加工单元。一个机器人可以服务于多个加工设备，从而节省自动化的成本。关节机器人有 5～6 轴的自由度，适合几乎任何轨迹或角度的工作，对于客户厂房高度无要求。关节机器人可以安装在地面，也可以安装在机床上方，对于数控机床设备的布局可以自由组合，常用的安装方式有“地装式机器人上下料”（岛式加工单元）、“地装行走轴机器人上下料”（机床成直线布置）、“天吊行走轴机器人上下料”（机床成直线布置）三种，均可以通过长时间连续无人运转实现制造成本的削减，以通过机器人化实现质量的稳定。

① 地装式机器人上下料　地装式机器人上下料是一种应用最广泛的形式，也称“岛式加工单元”，该系统以六轴机器人为中心岛，机床在其周围作环状布置，进行设备件的工件转送。集高效生产、稳定运行、节约空间等优势于一体，适合于狭窄空间场合的作业，如图 6-10 所示。

图 6-10　地装式机器人上下料

② 地装行走轴机器人上下料　如图 6-11 所示的地装行走轴机器人上下料系统中，配备了一套地装导轨，导轨的驱动作为机器人的外部轴进行控制，行走导轨上面的上下料机器人运行速度快，有效负载大，有效地扩大了机器人的动作范围，使得该系统具有高效的扩展性。

③ 天吊行走轴机器人上下料　天吊行走轴机器人上下料系统，也称“Top mount 系统”，如图 6-12 所示，具有普通机器人同样的机械和控制系统，和地装机器人同样拥有实现复杂动作的可能。区别于地装式，其行走轴在机床上方，拥有节约地面空间的优点，且可以轻松适应机床在导轨两侧布置的方案，缩短导轨的长度。和专机相比，不需要非常高的车间空间，方便行车的安装和运行。可以实现单手抓取 2 个工件的功能，节约生产时间。

图 6-11　地装行走轴机器人上下料

图 6-12　天吊行走轴机器人上下料系统

6.1.4　工业机器人上下料工作站的组成

典型的工业机器人数控机床上下料工作站系统如图 6-13 所示。主要的组成部分包括工业机器人、数控机床、工件或夹具抓取手爪、周边设备及系统控制器等。为了适应工业机器人自

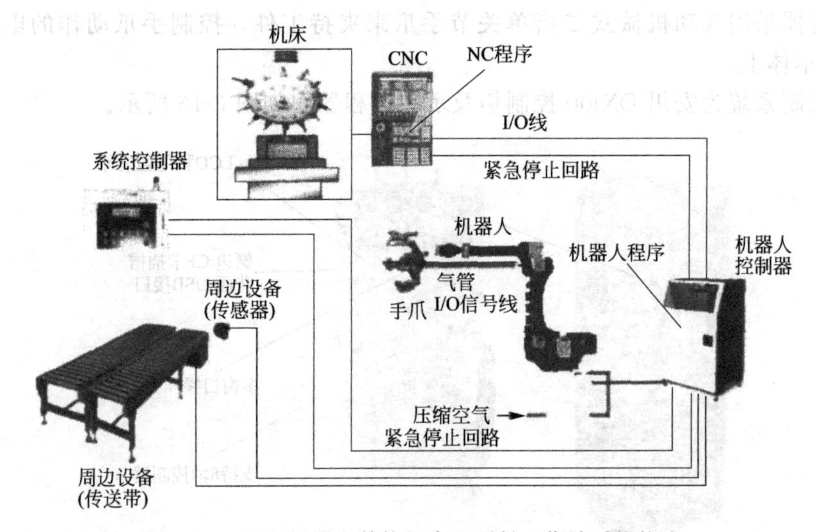

图 6-13　工业机器人数控机床上下料工作站系统构成

动上下料，需要对数控机床进行一定的改造，包括门的自动开关、工件的自动夹紧等。工业机器人与数控机床之间的通信方式根据各系统的不同，也有所区别。对于信号较少的系统，可以直接使用I/O信号线进行连接，至少要包括门控信号、装夹信号、加工完成信号等。对于信号较多的系统，可以使用现场总线、工业以太网等方式进行通信。

系统控制器在数控机床上下料系统中也经常使用。随着企业自动化程度的提高，数控机床及工业机器人作为自动生产线的一个环节，需要和上位系统进行有效的连接。系统控制器主要负责各个部件动作的协调管理、各个子系统之间的连接、传感信号的处理、运动系统的驱动等。

(1) 数控机床

数控机床如图6-14所示。数控机床的任务是对工件进行加工，而工件的上下料则由上下料机器人完成。

(2) 上下料机器人及控制柜

数控机床加工的工件为圆柱体，质量≤1kg，机器人动作范围≤1300mm，故机床上下料机器人选用的是安川MH6机器人，如图6-15所示。

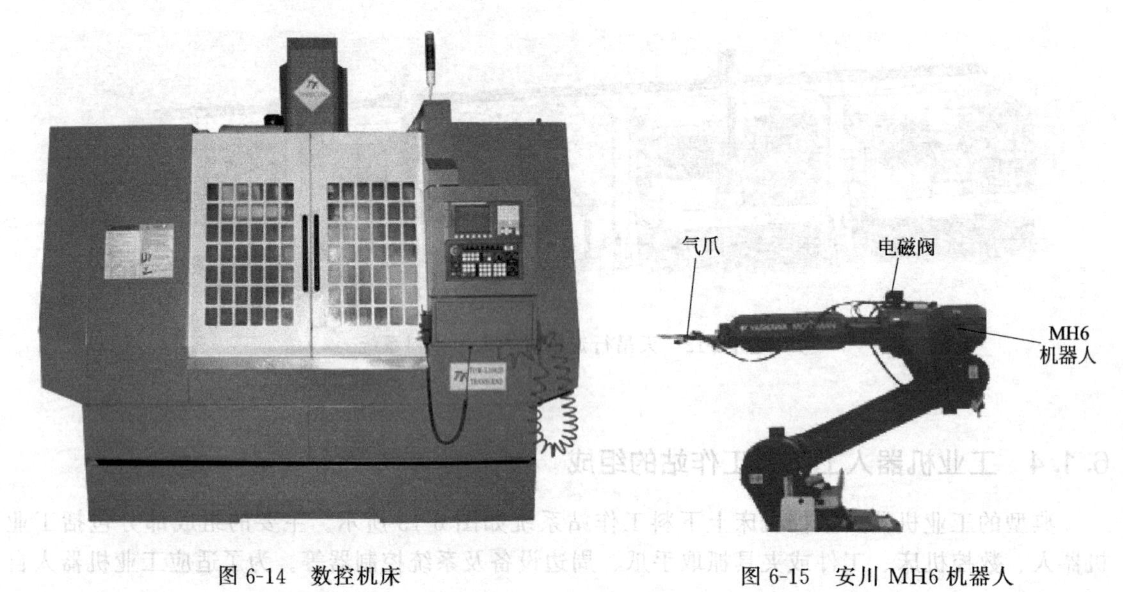

图6-14 数控机床　　　　图6-15 安川MH6机器人

末端执行器采用气动机械式二指单关节手爪来夹持工件，控制手爪动作的电磁阀安装在MH6机器人本体上。

机器人控制系统为安川DXl00控制柜及示教编程器，如图6-16所示。

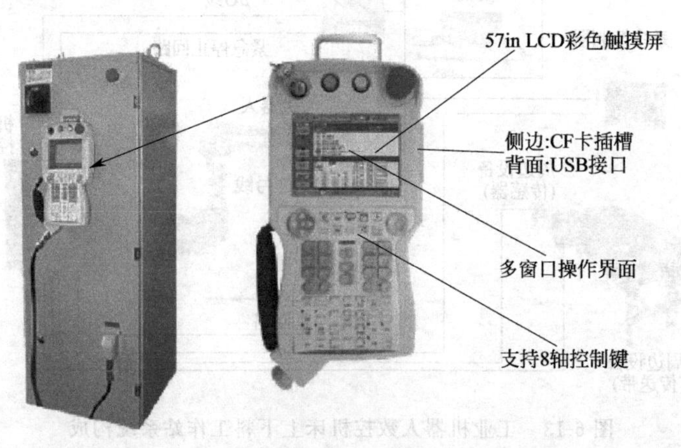

图6-16 安川DX100控制柜及示教编程器

(3) PLC 控制柜

PLC 控制柜用来安装断路器、PLC、开关电源、中间继电器和变压器等元器件。PLC 为 OMRON 公司生产的 NJ301-1100 控制器，上下料机器人的启动与停止、输送线的运行等均由其控制。PLC 控制柜内部如图 6-17 所示。

(4) 上下料输送线

上下料输送线的功能是：将载有待加工工件的托盘输送到上料工位，机器人将工件搬运至数控机床进行加工，再将加工完成的工件搬运到托盘上，由输送线将加工完成的工件输送到装配工作站进行装配。上下料输送线如图 6-18 所示。

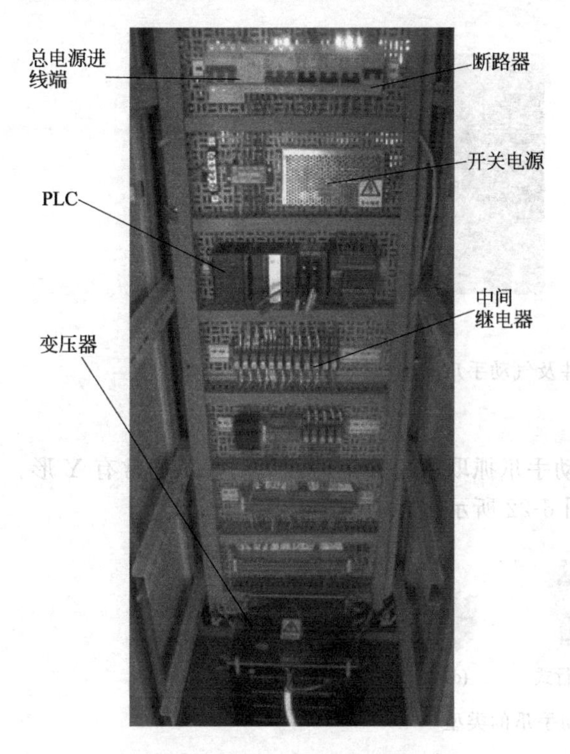

图 6-17　PLC 控制柜内部

图 6-18　上下料输送线

(5) 工件立体仓库

工件立体仓库用于存放待加工工件，立体仓库分两层四列，共 8 个存储单元，编号分别为 1～8，每个存储单元配置一个光敏传感器，用于检测工件的有无。工件立体仓库如图 6-19 所示。工件立体仓库的 8 个存储单元，编号分别为 1～8，其排列顺序如图 6-20 所示。

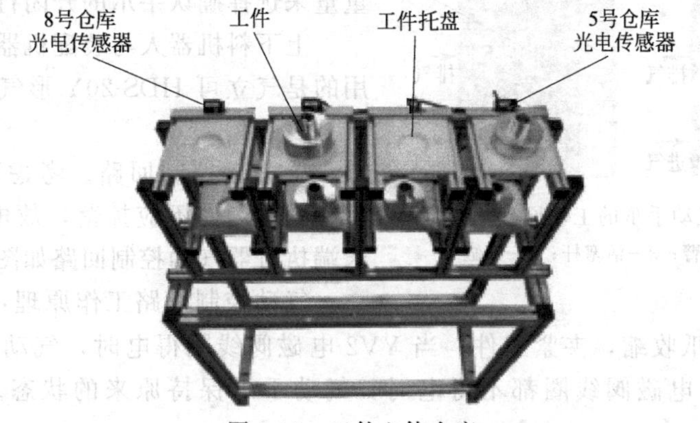

图 6-19　工件立体仓库

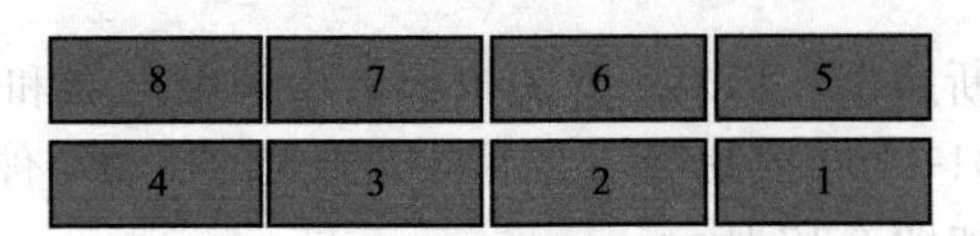

图 6-20　工件立体仓库的编号

(6) 末端执行器

工业机器人末端执行器采用气动机械式二指单关节手爪，工件及气动手爪如图 6-21 所示。

(a) 工件

(b) 气爪

图 6-21　工件及气动手爪

① 气动手爪

a. 气动手爪的工作原理。利用压缩空气驱动手爪抓取、松开工件。气动手爪通常有 Y 形、180°、平行式、大口径式和三爪式等类型，如图 6-22 所示。

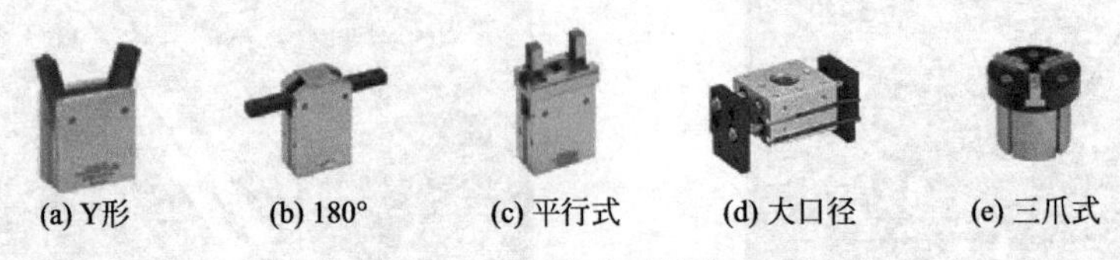

(a) Y形　(b) 180°　(c) 平行式　(d) 大口径　(e) 三爪式

图 6-22　气动手爪的类型

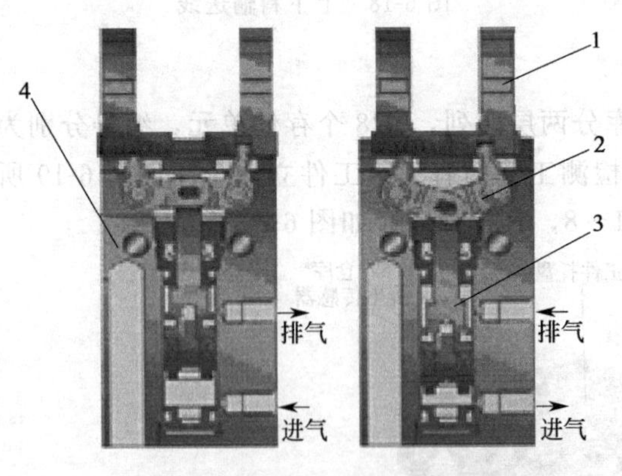

图 6-23　气动手爪的工作原理

1—爪钳；2—转臂；3—活塞杆；4—气缸

气动手爪的工作原理如图 6-23 所示。气缸 4 中压缩空气推动活塞杆 3 使转臂 2 运动，带动爪钳 1 平行地快速开合。

b. 气动手爪的选择。选择气动手爪要考虑夹取对象的形状与重量，根据夹取对象的形状和重量来选择确认手爪的开闭行程和把持力。

上下料机器人与装配机器人的末端执行器选用的是气立可 HDS-20Y 形气动手爪，其技术参数见表 6-1。

c. 气动控制回路。考虑到失电安全，失电后夹紧的工件不应掉落，故电磁阀采用双电控。末端执行器气动控制回路如图 6-24 所示。

气动控制回路工作原理：当 YV1 电磁阀线圈得电时，气动手爪收缩，夹紧工件；当 YV2 电磁阀线圈得电时，气动手爪松开，释放工件；当 YV1、YV2 电磁阀线圈都不得电时，气动手爪保持原来的状态。电磁阀不能同时得电。

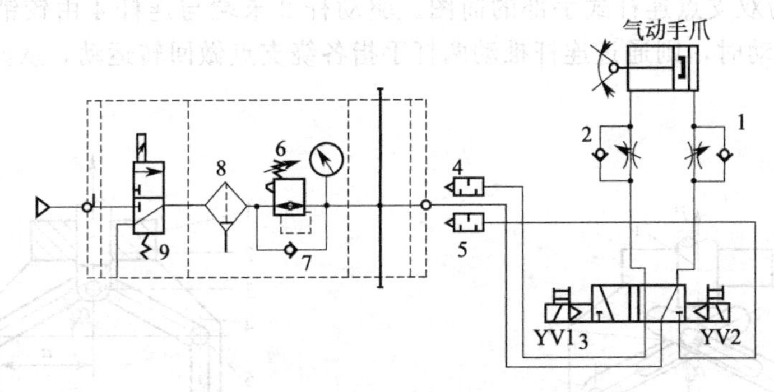

图 6-24　末端执行器气动控制回路

1，2—单向节流阀；3—二位五通电磁换向阀；4，5—膨胀干涉吸收型消声器；6—先导型减压阀；7—单向阀；8—空气过滤器；9—二位三通电磁换向阀

表 6-1　HDS-20Y 形气动手爪技术参数

动作形式		复动式
缸径		20mm
开闭角度		−10°～+30°
把持力	开	2.3kgf(23N)
	闭	3.5kgf(34N)
使用压力范围		1.5～7.0kgf/cm²(150～700kPa)

② 回转型传动机构　夹钳式手部中用得较多的是回转型手部，其手指就是一对杠杆，一般与斜楔、滑槽、连杆、齿轮、蜗轮蜗杆或螺杆等机构组成复合式杠杆传动机构，用以改变传动比和运动方向等。

图 6-25(a) 所示为单作用斜楔式回转型手部结构简图。斜楔向下运动，克服弹簧拉力，使杠杆手指装着滚子的一端向外撑开，从而夹紧工件；斜楔向上运动，则在弹簧拉力作用下使手指松开。手指与斜楔通过滚子接触，可以减少摩擦力，提高机械效率。有时为了简化，也可让手指与斜楔直接接触，如图 6-25(b) 所示。

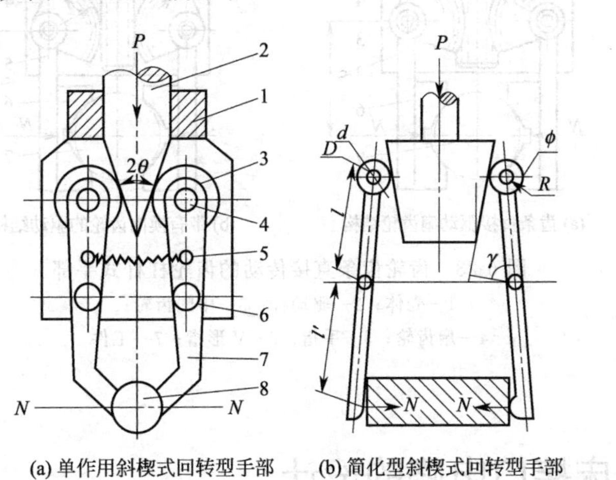

(a) 单作用斜楔式回转型手部　(b) 简化型斜楔式回转型手部

图 6-25　斜楔杠杆式手部

1—壳体；2—斜楔驱动杆；3—滚子；4—圆柱销；5—拉簧；6—铰销；7—手指；8—工件

图 6-26 所示为滑槽式杠杆回转型手部简图。杠杆形手指 4 的一端装有 V 形指 5，另一端则开有长滑槽。驱动杆 1 上的圆柱销 2 套在滑槽内，当驱动连杆同圆柱销一起做往复运动时，即可拨动两个手指各绕其支点（铰销 3）做相对回转运动，从而实现手指的夹紧与松开动作。

图 6-27 所示为双支点连杆式手部的简图。驱动杆 2 末端与连杆 4 由铰销 3 铰接，当驱动杆 2 做直线往复运动时，则通过连杆推动两杆手指各绕支点做回转运动，从而使得手指松开或闭合。

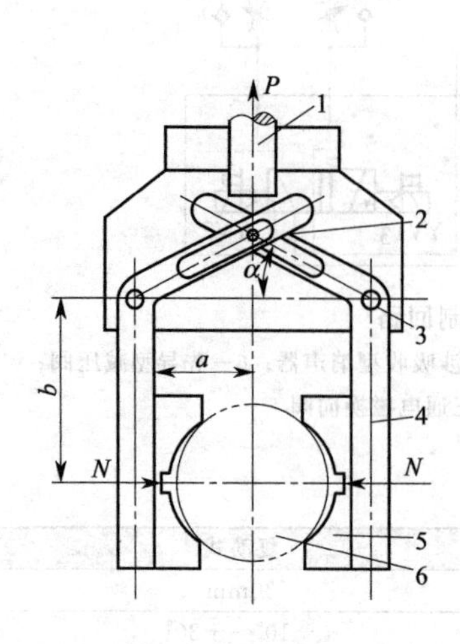

图 6-26　滑槽式杠杆回转型手部

1—驱动杆；2—圆柱销；3—铰销；4—手指；5—V 形指；6—工件

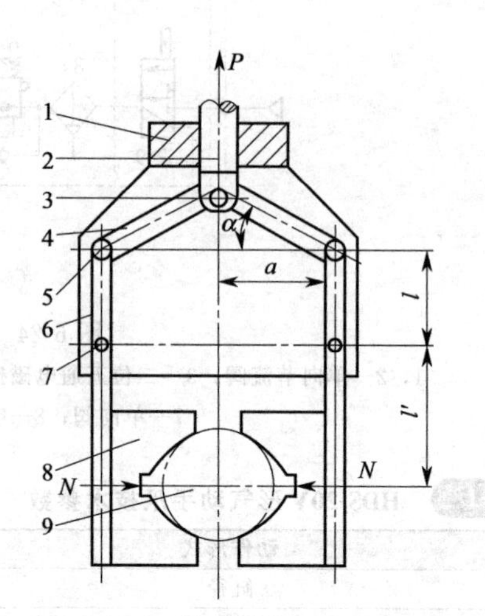

图 6-27　双支点连杆式手部

1—壳体；2—驱动杆；3—铰销；4—连杆；5，7—圆柱销；6—手指；8—V 形指；9—工件

图 6-28 所示为齿轮齿条直接传动的齿轮杠杆式手部的结构。驱动杆 2 末端制成双面齿条，与扇齿轮 4 相啮合，而扇齿轮 4 与手指 5 固连在一起，可绕支点回转。驱动力推动齿条做直线往复运动，即可带动扇齿轮回转，从而使手指松开或闭合。

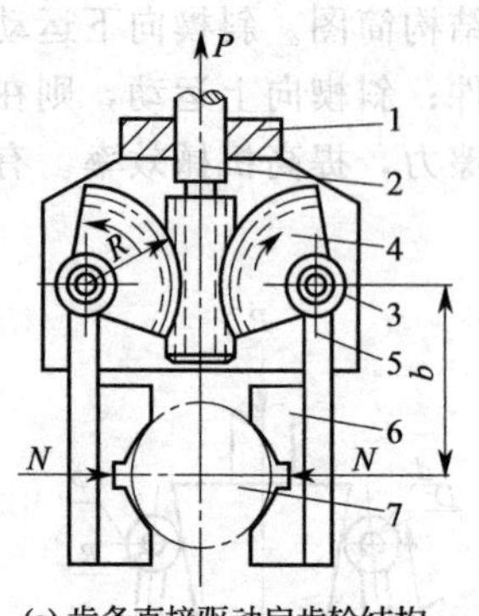

(a) 齿条直接驱动扇齿轮结构

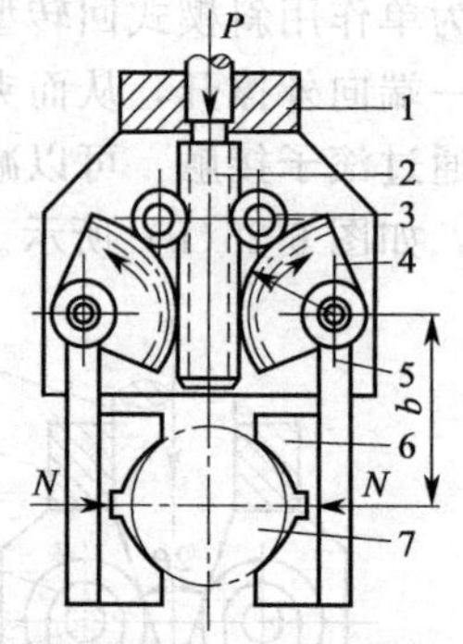

(b) 带有换向齿轮的驱动结构

图 6-28　齿轮齿条直接传动的齿轮杠杆式手部

1—壳体；2—驱动杆；3—中间齿轮；4—扇齿轮；5—手指；6—V 形指；7—工件

6.2　数控机床接口电路的设计

上下料机器人是在数控机床上下料环节取代人工完成工件的自动装卸功能，主要适用对象为大批量、重复性强或是工件重量较大以及工作环境具有高温、粉尘等恶劣条件情况，具有定位精确、生产质量稳定、减少机床及刀具损耗、工作节拍可调、运行平稳可靠、维修方便等特点。

6.2.1 数控机床的组成

数控机床一般由计算机数控系统和机床本体两部分组成，其中计算机数控系统是由输入/输出设备、计算机数控装置（CNC 装置）、可编程控制器、主轴驱动系统和进给伺服驱动系统等组成的一个整体系统，如图 6-29 所示。

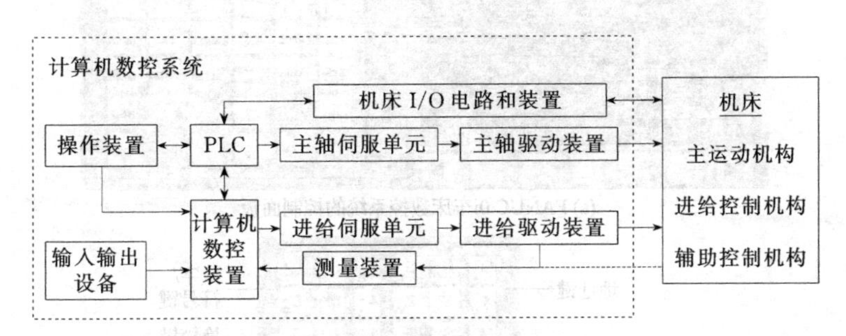

图 6-29　数控机床的组成

(1) 输入/输出装置

数控机床在进行加工前，必须接收由操作人员输入的零件加工程序（根据加工工艺、切削参数、辅助动作以及数控机床所规定的代码和格式编写的程序，简称为零件程序。现代数控机床上该程序通常以文本格式存放），然后才能根据输入的零件程序进行加工控制，从而加工出所需的零件。此外，数控机床中常用的零件程序有时也需要在系统外备份或保存。

因此数控机床中必须具备必要的交互装置，即输入/输出装置来完成零件程序的输入/输出过程。

零件程序一般存放于便于与数控装置交互的一种控制介质上，早期的数控机床常用穿孔纸带、磁带等控制介质，现代数控机床常用移动硬盘、Flash（U 盘）、CF 卡（见图 6-30）及其他半导体存储器等控制介质。此外，现代数控机床可以不用控制介质，直接由操作人员通过手动数据输入（Manual Data Input，简称 MDI）键盘输入零件程序；或采用通信方式进行零件程序的输入/输出。目前数控机床常采用通信的方式有：串行通信（RS232、RS422、RS485 等）；自动控制专用接口和规范，如 DNC（Direct Numerical Control）方式，MAP（Manufacturing Automation Protocol）协议等；网络通信（internet，intranet，LAN 等）及无线通信[无线接收装置（无线 AP）、智能终端] 等。

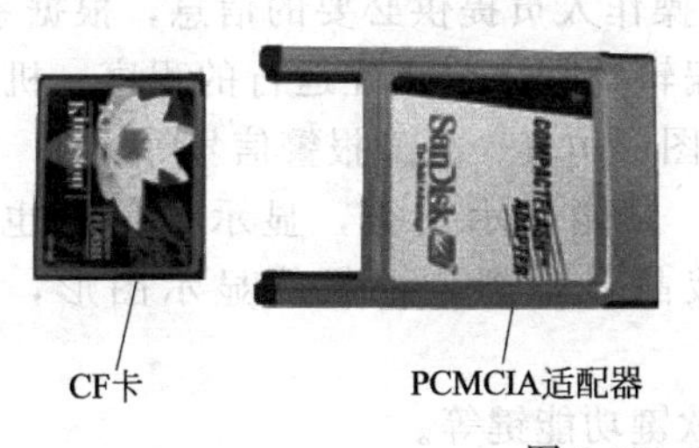

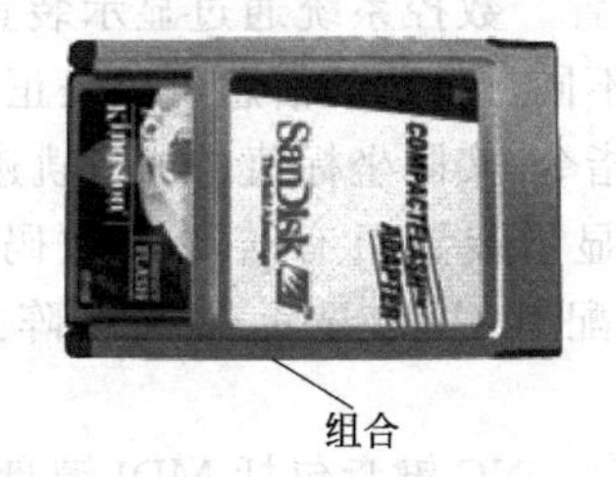

图 6-30　CF 卡

(2) 操作装置

操作装置是操作人员与数控机床（系统）进行交互的工具，一方面，操作人员可以通过它对数控机床（系统）进行操作、编程、调试或对机床参数进行设定和修改；另一方面，操作人员也可以通过它了解或查询数控机床（系统）的运行状态，它是数控机床特有的一个输入输出部件。操作装置主要由显示装置、NC 键盘（功能类似于计算机键盘的按键阵列）、机床控制面板（Machine Control Panel，简称 MCP）、状态灯、手持单元等部分组成，图 6-31 为 FANUC 系统的操作装置，其他数控系统的操作装置布局与之相比大同小异。

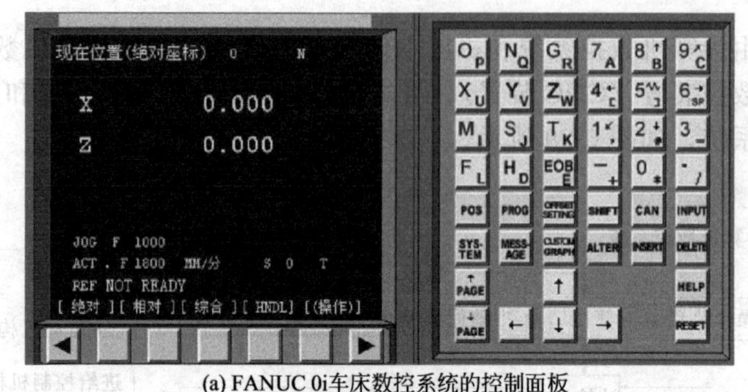

(a) FANUC 0i车床数控系统的控制面板

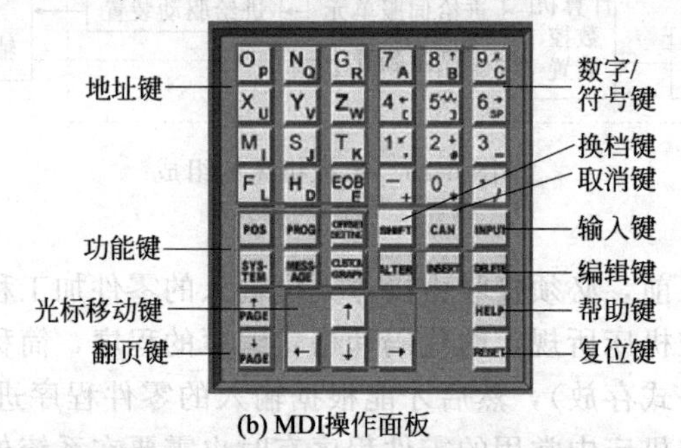

(b) MDI操作面板

(c) 机床控制面板

图 6-31　FANUC 系统操作装置

① 显示装置　数控系统通过显示装置为操作人员提供必要的信息，根据系统所处的状态和操作命令的不同，显示的信息可以是正在编辑的程序、正在运行的程序、机床的加工状态、机床坐标轴的指令/实际坐标值、加工轨迹的图形仿真、故障报警信号等。

较简单的显示装置只有若干个数码管，只能显示字符，显示的信息也很有限；较高级的系统一般配有 CRT 显示器或点阵式液晶显示器，一般能显示图形，显示的信息较丰富。

② NC 键盘　NC 键盘包括 MDI 键盘及软键功能键等。

MDI 键盘一般具有标准化的字母、数字和符号（有的通过上档键实现），主要用于零件程序的编辑、参数输入、MDI 操作及系统管理等。

功能键一般用于系统的菜单操作，如图 6-31 所示。

③ 机床控制面板 MCP　机床控制面板集中了系统的所有按钮（故可称为按钮站），这些按钮用于直接控制机床的动作或加工过程，如启动、暂停零件程序的运行，手动进给坐标轴，调整进给速度等，如图 6-31 所示。

④ 手持单元　手持单元不是操作装置的必需件，有些数控系统为方便用户配有手持单元用于手摇方式增量进给坐标轴。

手持单元一般由手摇脉冲发生器 MPG、坐标轴选择开关等组成，图 6-32 所示为手持单元的常见形式。

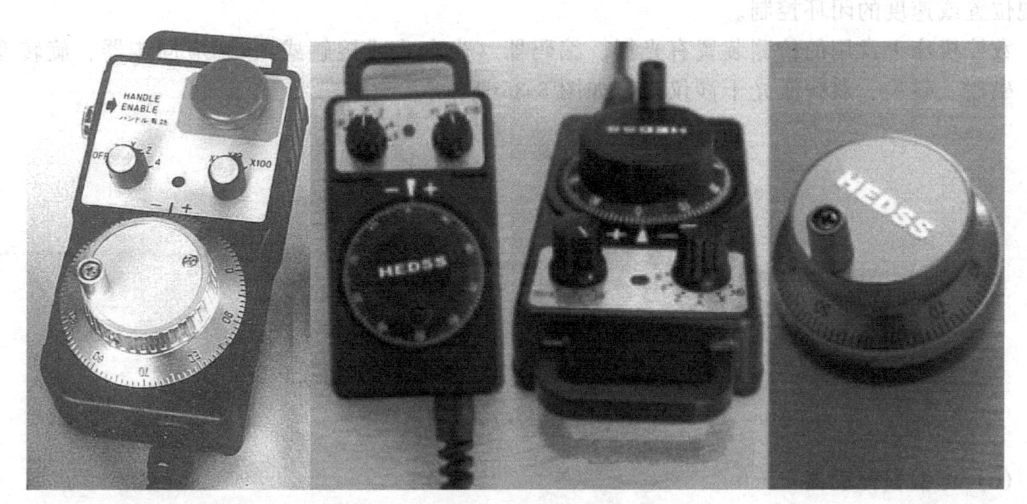

图 6-32　MPG 手持单元的常见形式

(3) 计算机数控装置（CNC 装置或 CNC 单元）

计算机数控（CNC）装置是计算机数控系统的核心，如图 6-33 所示。其主要作用是：根据输入的零件程序和操作指令进行相应的处理（如运动轨迹处理、机床输入输出处理等），然后输出控制命令到相应的执行部件（伺服单元、驱动装置和 PLC 等），控制其动作，加工出需要的零件。所有这些工作是由 CNC 装置内的系统程序（亦称控制程序）进行合理的组织，在 CNC 装置硬件的协调配合下，有条不紊地进行的。

(4) 伺服机构

伺服机构是数控机床的执行机构，由驱动和执行两大部分组成，如图 6-34 所示。它接受数控装置的指令信息，并按指令信息的要求控制执行部件的进给速度、方向和位移。目前数控机床的伺服机构中，常用的位移执行机构有功率步进电机、直流伺服电动机、交流伺服电动机和直线电动机。

图 6-33　计算机数控装置

(a) 伺服电动机　(b) 驱动装置

图 6-34　伺服机构

(5) 检测装置

检测装置（也称反馈装置）对数控机床运动部件的位置及速度进行检测，通常安装在机床的工作台、丝杠或驱动电动机转轴上，相当于普通机床的刻度盘和人的眼睛，它把机床工作台的实际位移或速度转变成电信号反馈给 CNC 装置或伺服驱动系统，与指令信号进行比较，以实现位置或速度的闭环控制。

数控机床上常用的检测装置有光栅、编码器（光电式或接触式）、感应同步器、旋转变压器、磁栅、磁尺、双频激光干涉仪等，如图 6-35 所示。

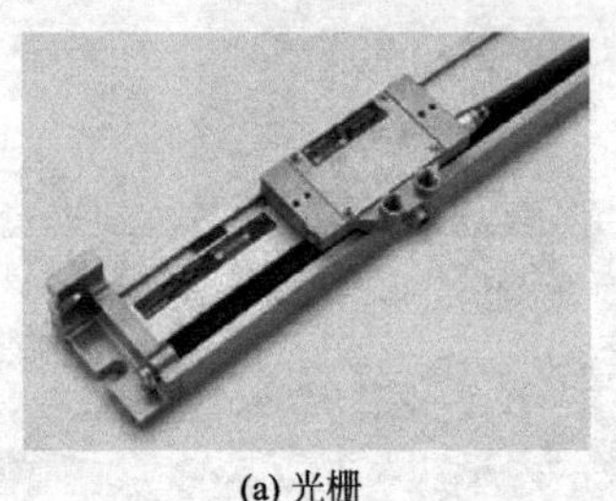
(a) 光栅

(b) 光电编码器

图 6-35 检测装置

(6) 可编程控制器

可编程控制器（Programmable Controller，PC）是一种以微处理器为基础的通用型自动控制装置，如图 6-36 所示，专为在工业环境下应用而设计的。在数控机床中，PLC 主要完成与逻辑运算有关的一些顺序动作的 I/O 控制，它和实现 I/O 控制的执行部件——机床 I/O 电路和装置（由继电器、电磁阀、行程开关、接触器等组成的逻辑电路）一起，共同完成以下任务。

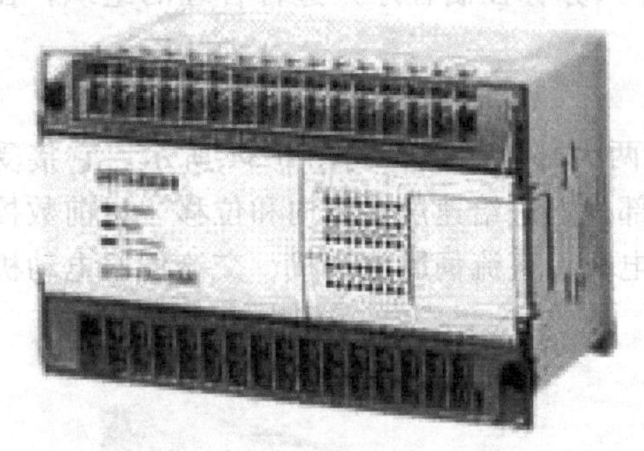
图 6-36 可编程控制器（PLC）

① 接受 CNC 装置的控制代码 M（辅助功能）、S（主轴功能）、T（刀具功能）等顺序动作信息，对其进行译码，转换成对应的控制信号。一方面，它控制主轴单元实现主轴转速控制；另一方面，它控制辅助装置完成机床相应的开关动作，如卡盘夹紧松开（工件的装夹）、刀具的自动更换、切削液（冷却液）的开关、机械手取送刀、主轴正反转和停止、准停等动作。

② 接受机床控制面板（循环启动、进给保持、手动进给等）和机床侧（行程开关、压力开关、温控开关等）的 I/O 信号，一部分信号直接控制机床的动作，另一部分信号送往 CNC 装置，经其处理后，输出指令控制 CNC 系统的工作状态和机床的动作。用于数控机床的 PLC 一般分为两类：内装型（集成型）PLC 和通用型（独立型）PLC。

(7) 数控机床和数控铣床的机械结构

① 数控车床的机械结构　图 6-37 为典型数控车床的机械结构，包括主轴传动机构、进给传动机构、刀架、床身、辅助装置（刀具自动交换机构、润滑与切削液装置、排屑、过载限位）等部分。

a. 底座。底座是整台机床的主体，支撑着机台的所有重量（见图 6-38）。

b. 鞍座。鞍座下面连接着底座，上面连接滑板，用于实现 X 轴移动等功能（见图 6-39）。

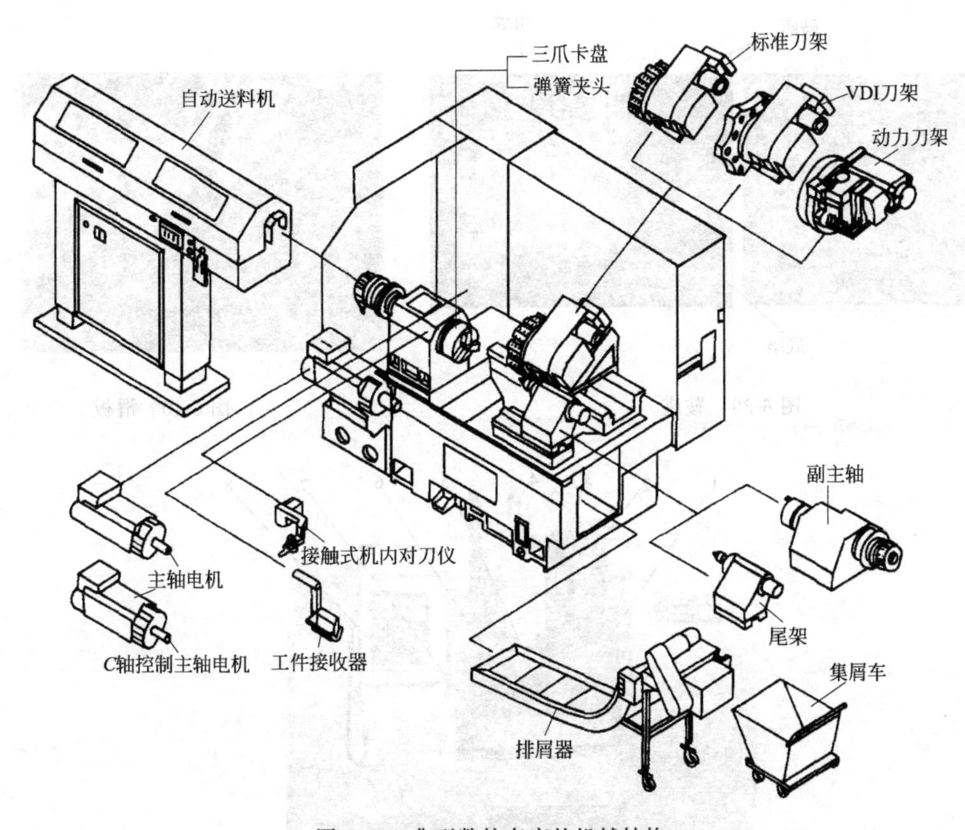

图 6-37　典型数控车床的机械结构

图 6-38　底座

c. 滑板。滑板用于连接刀塔和鞍座（见图 6-40）。

② 数控铣床/加工中心的机械结构　如图 6-41 所示，加工中心由基础部件（主要由床身、立柱和工作台等大件组成，如图 6-42 所示）、数控装置、刀库和换刀装置、辅助装置等几部分构成。从外观上看，数控铣床与加工中心相比，就是少了刀库和换刀装置。

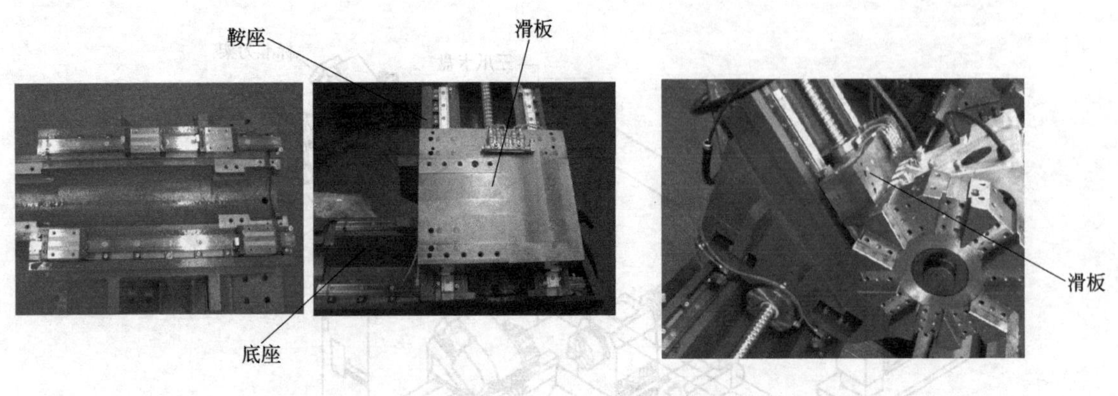

图 6-39 鞍座

图 6-40 滑板

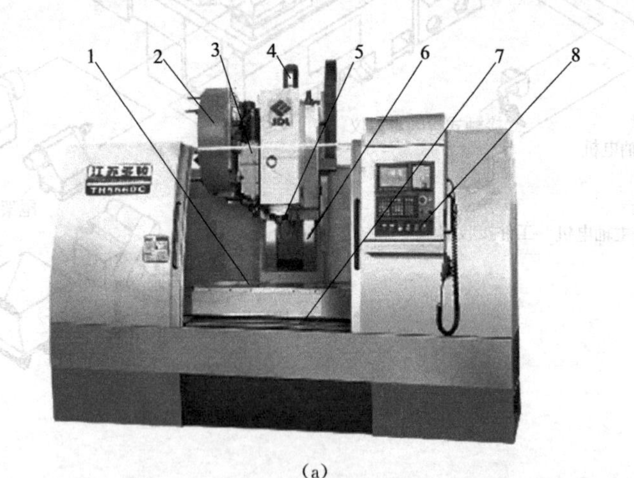

(a)

1—工作台；2—刀库；3—换刀装置；4—伺服电动机；
5—主轴；6—导轨；7—床身；8—数控系统

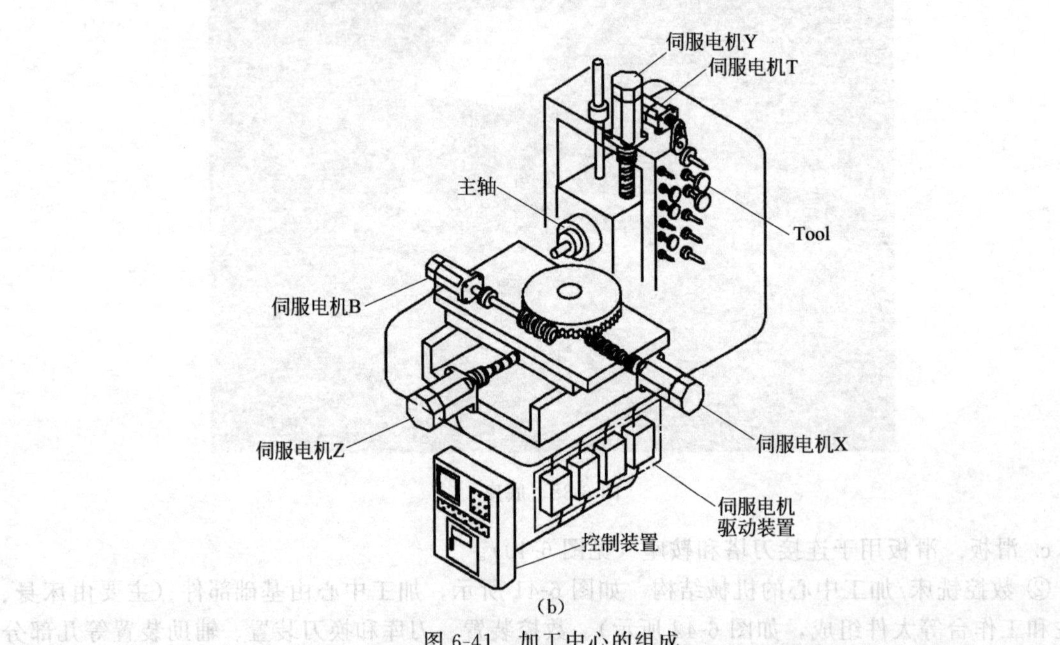

(b)

图 6-41 加工中心的组成

6.2.2 数控机床用 PLC

PLC 也是一种计算机控制系统，其实质是一种工业控制用的专用计算机，也是由硬件系统和软件系统两大部分组成。PLC 不同于通用计算机的是：它专为工业现场控制开发，具有更多、功能强大的 I/O 接口和面向现场工程技术人员的编程语言。PLC 控制系统示意图如图 6-43 所示。

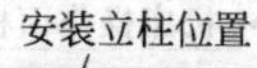

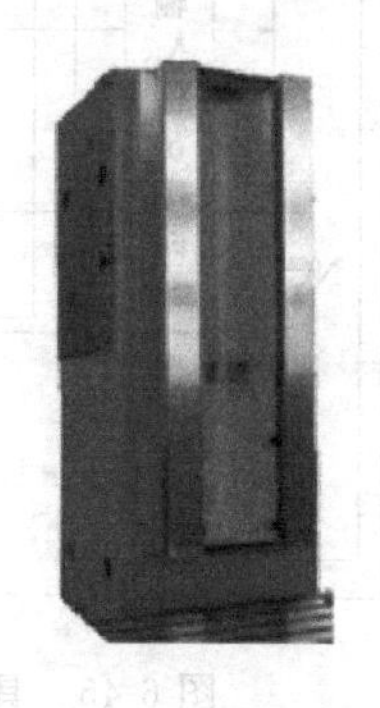

图 6-42　基础部件

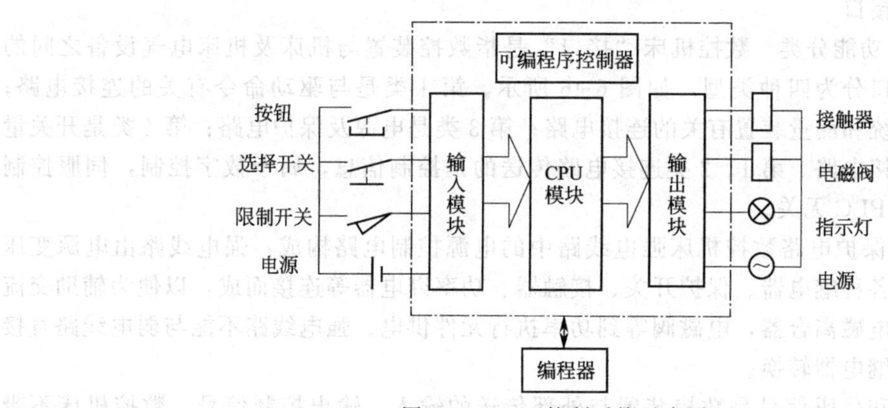

图 6-43　PLC 控制系统示意图

数控机床用 PLC 可分为两类：一类是专为实现数控机床顺序控制而设计制造的“内装型”(Built-in Type) PLC，如图 6-44 所示。另一类是输入/输出信号接口技术规范、输入输出点数、程序存储容量以及运算和控制功能等均能满足数控机床控制要求的“独立型”(Stand-alone Type) PLC，如图 6-45 所示。

(1) 数控机床 PLC 的功能

① 机床操作面板控制将机床控制面板上的控制信号直接输入 PLC，以控制数控机床的运行。

② 机床外部开关量输入信号控制将机床侧的开关信号输入 PLC，经过逻辑运算后，输出给控制对象。这些开关量包括控制开关、行程开关、接近开关、压力开关、流量开关和温控开关等。

③ 输出信号控制 PLC 输出的信号经强电控制部分的继电器、接触器，通过机床侧的液压或气动电磁阀，对刀架、机械手、分度装置和回转工作台等装置进行控制，另外，还对冷却泵电动机、润滑

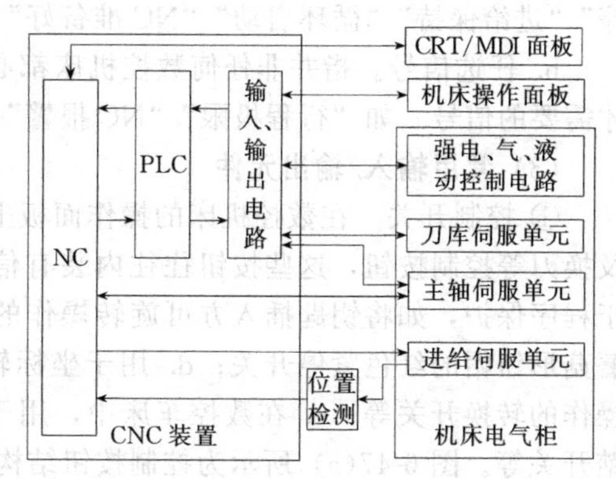

图 6-44　具有内装型 PLC 的 CNC 机床系统框图

泵电动机等动力装置进行控制。

④ 伺服控制对主轴和伺服进给驱动装置的使能条件进行逻辑判断，确保伺服装置安全工作。

⑤ 故障诊断处理 PLC 收集强电部分、机床侧和伺服驱动装置的反馈信号，检测出故障后，将报警标志区的相应报警标志位置位，数控系统根据被置位的标志位显示报警号和报警信息，以便于故障诊断。

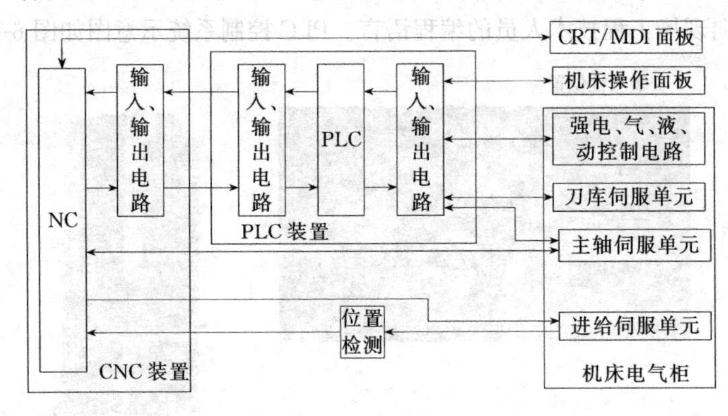

图 6-45 具有独立型 PLC 的 CNC 机床系统框图

(2) 数控机床接口

① 接口定义及功能分类　数控机床“接口”是指数控装置与机床及机床电气设备之间的电气连接部分。接口分为四种类型，如图 6-46 所示。第 1 类是与驱动命令有关的连接电路；第 2 类是与测量系统和测量装置有关的连接电路；第 3 类是电源及保护电路；第 4 类是开关量信号和代码信号连接电路。第 1、2 类连接电路传送的是控制信息，属于数字控制，伺服控制及检测信号处理和 PLC 无关。

第 3 类电源及保护电路数控机床强电线路中的电源控制电路构成：强电线路由电源变压器、控制变压器、各种继电器、保护开关、接触器、功率继电器等连接而成，以便为辅助交流电动机、电磁铁、电磁离合器，电磁阀等到功率执行元件供电。强电线路不能与弱电线路直接连接，必须经中间继电器转换。

第 4 类开关量和代码信号是数控装置与外部传送的输入、输出控制信号。数控机床不带 PLC 时，这些信号直接在 NC 侧和 MT 侧之间传送。当数控机床带有 PLC 时，这些信号除少数高速信号外，均需通过 PLC。

② 数控机床第 4 类接口信号分类　第 4 类信号根据其功能的必要性分为两类。

a. 必须信号。这类信号是用来保护人生安全和设备安全，或者是为了操作而设。如“急停”“进给保持”“循环启动”“NC 准备好”等。

b. 任选信号。指并非任何数控机床都必须有，而是在特定的数控装置和机床配置条件下才需要的信号。如“行程极限”“NC 报警”“程序停止”“复位”“M、S、T 信号”等。

(3) 常用输入/输出元件

① 控制开关　在数控机床的操作面板上，常见的控制开关有：a. 用于主轴、冷却、润滑及换刀等控制按钮，这些按钮往往内装有信号灯，一般绿色用于启动，红色用于停止；b. 用于程序保护，如将钥匙插入方可旋转操作的按钮式可锁开关；c. 用于紧急停止，如装有突出蘑菇形钮帽的红色紧停开关；d. 用于坐标轴选择、工作方式选择、倍率选择等，如手动旋转操作的转换开关等；e. 在数控车床中，用于控制卡盘夹紧、放松，尾架顶尖前进、后退的脚踏开关等。图 6-47(a) 所示为控制按钮结构示意图，图 6-47(b) 所示为控制开关图形符号。

在图 6-47(a) 中，常态（未受外力）时，在复位弹簧 2 的作用下，静触点 3 与桥式动触点 4 闭合，习惯上称为常闭（动断）触点；静触点 5 与桥式动触点 4 分断，称之为常开（动合）触点。

② 行程开关　行程开关又称限位开关，它将机械位移转变为电信号，以控制机械运动。按结构可分为直动式、滚动式和微动式。

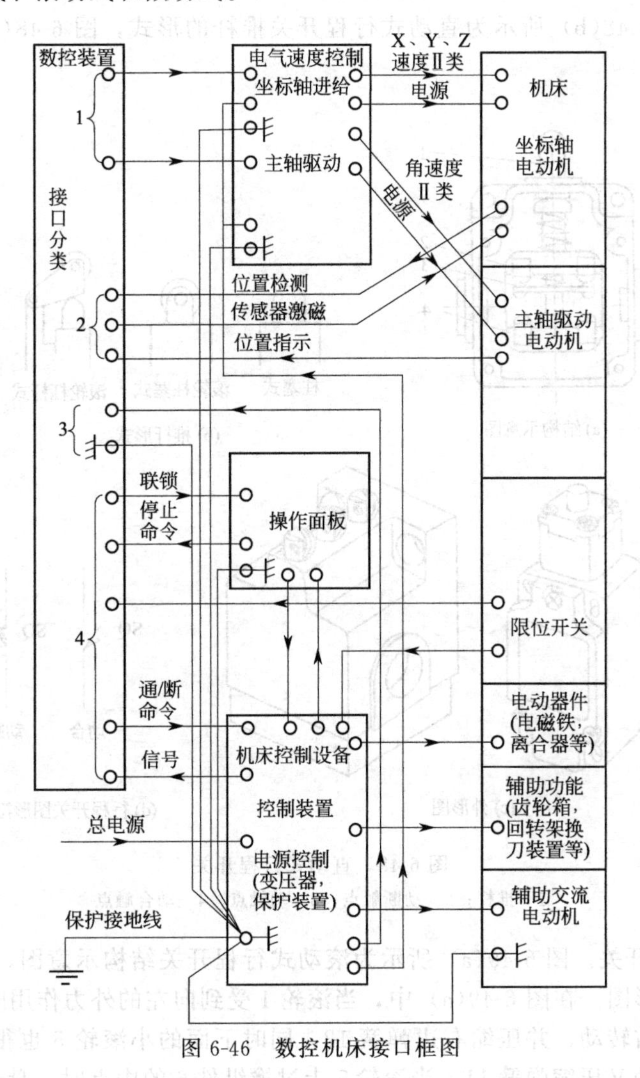

图 6-46　数控机床接口框图

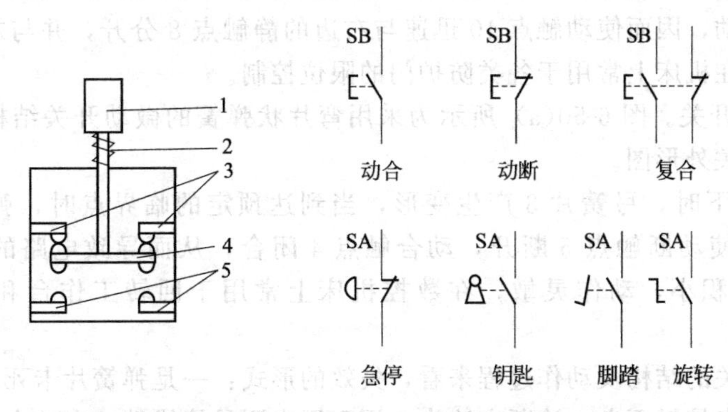

图 6-47　控制开关

1—按钮帽；2—复位弹簧；3—动断触点；4—桥式动触点；5—动合触点

a. 直动式行程开关。图 6-48(a) 所示为直动式行程开关结构示意图，其动作过程与控制按钮类似，只是用运动部件上的撞块来碰撞行程开关使之推开，触点的分合速度取决于撞块移动的速度。这类行程开关在机床上主要用于坐标轴的限位、减速或执行机构，如液压缸、气缸塞的行程控制。图 6-48(b) 所示为直动式行程开关推杆的形式，图 6-48(c) 所示为柱塞式行程开关外形图。

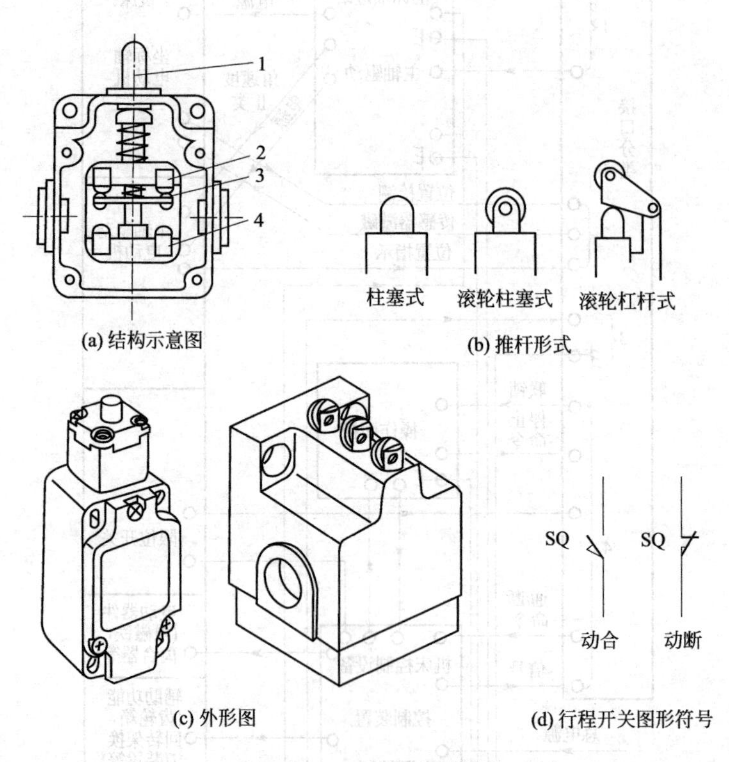

图 6-48 直动式行程开关

1—推杆；2—动断触点；3—动触点；4—动合触点

b. 滚动式行程开关。图 6-49(a) 所示为滚动式行程开关结构示意图，图 6-49(b) 所示为滚动式行程开关外形图。在图 6-49(a) 中，当滚轮 1 受到向左的外力作用时，上转臂 2 向左下方转动、推杆 4 向右转动，并压缩右边弹簧 12，同时下面的小滚轮 5 也很快沿着擒纵件 6 向右转动，小滚轮滚动又压缩弹簧 11，当滚轮 5 走过擒纵件 6 的中点时，盘形弹簧 3 和弹簧 7 都使擒纵件 6 迅速转动，因而使动触点 10 迅速与右边的静触点 8 分开，并与左边的静触点 9 闭合。这类行程开关在机床上常用于各类防护门的限位控制。

c. 微动式行程开关。图 6-50(a) 所示为采用弯片状弹簧的微动开关结构示意图，图 6-50(b) 所示为微动开关外形图。

当推杆 2 被压下时，弓簧片 3 产生变形，当到达预定的临界点时，弹簧片连同动触点 1 产生瞬时跳跃，使动断触点 5 断开，动合触点 4 闭合，从而导致电路的接通、分断或转换。微动开关的体积小，动作灵敏，在数控机床上常用于回转工作台和托盘交换等装置控制。

从以上各个开关的结构及动作过程来看，失效的形式：一是弹簧片卡死，造成触点不能闭合或断开；二是触点接触不良。诊断方法为：用万用表测量接线端，在动合、动断状态下，观察是否断路或短路。另外，要注意的是与行程开关相接触的撞块，如图 6-51 所示。如果撞块设定的位置由于松动而发生偏移，就可能使行程开关的触点无动作或误动作，因此撞块的检查和调整是行程开关维护很重要的一个方面。

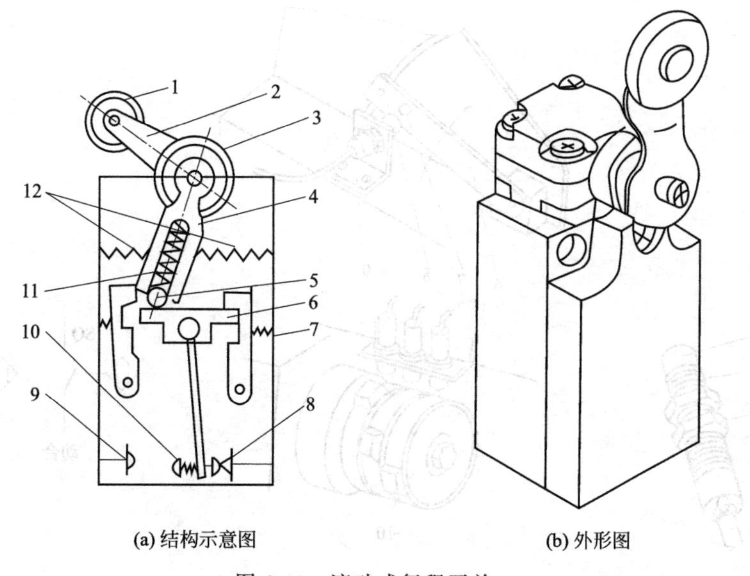

(a) 结构示意图　　(b) 外形图

图 6-49　滚动式行程开关

1—滚轮；2—上转臂；3—盘形弹簧；4—推杆；5—滚轮；6—擒纵件；
7，12—弹簧；8—动断触点；9—动合触点；10—动触点；11—压缩弹簧

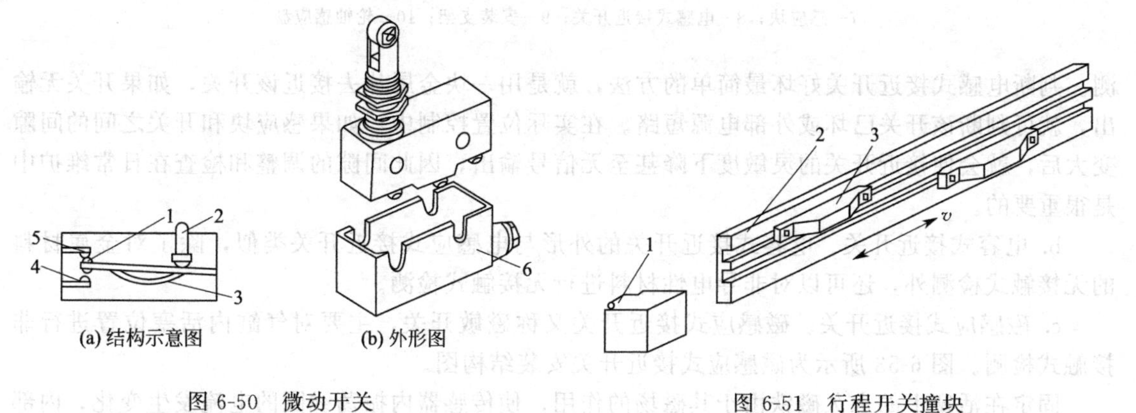

(a) 结构示意图　　(b) 外形图

图 6-50　微动开关

1—动触点；2—推杆；3—弓簧片；
4—动合触点；5—动断触点；6—外形盒

图 6-51　行程开关撞块

1—行程开关；2—槽板；3—撞块

③ 接近开关　这是一种在一定的距离（几毫米至十几毫米）内检测有无物件的传感器。它给出的是高电平或低电平的开关信号，有的还具有较大的负载能力，可直接驱动断电器工作。接近开关具有灵敏度高、频率响应快、重复定位精度高、工作稳定可靠、使用寿命长等优点。许多接近开关将检测头与测量转换电路及信号处理电路做在一个壳体内，壳体上多带有螺纹，以便安装和调整距离，同时在外部有指示灯，以指示传感器的通断状态。常用的接近开关有电感式、电容式、磁感应式、光电式、霍尔式等。

a. 电感式接近开关。图 6-52(a) 所示为电感式接近开关的外形图，图 6-52(b) 所示为电感式接近开关位置检测示意图，图 6-52(c) 所示为接近开关图形符号。

电感式接近开关内部大多由一个高频振荡器和一个整形放大器组成。振荡器振荡后，在开关的感应面上产生交变磁场，当金属物体接近感应面时，金属体产生涡流，吸收了振荡器的能量，使振荡减弱以致停振。振荡和停振两种不同的状态，由整形放大器转换成开关信号，从而达到检测位置的目的。在数控机床中，电感式接近开关常用于刀库、机械手及工作台的位置检

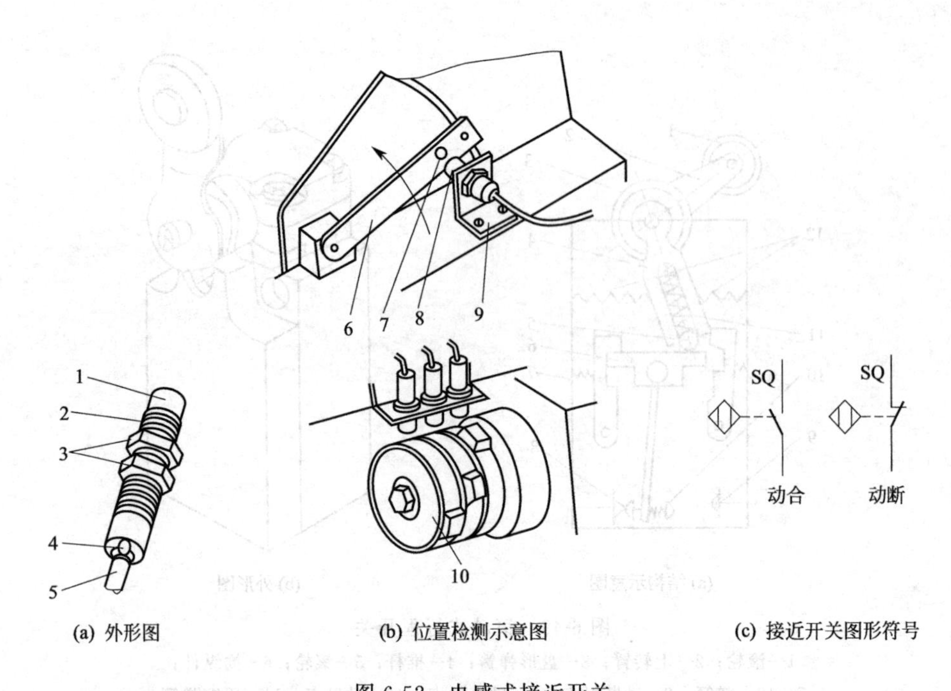

(a) 外形图　　(b) 位置检测示意图　　(c) 接近开关图形符号

图 6-52　电感式接近开关

1—检测头；2—螺纹；3—螺母；4—指示灯；5—信号输出及电源电缆；6—运动部件；7—感应块；8—电感式接近开关；9—安装支架；10—轮轴感应盘

测。判断电感式接近开关好坏最简单的方法，就是用一块金属片去接近该开关，如果开关无输出，就可判断该开关已坏或外部电源短路。在实际位置控制中，如果感应块和开关之间的间隙变大后，就会使接近开关的灵敏度下降甚至无信号输出，因此间隙的调整和检查在日常维护中是很重要的。

b. 电容式接近开关。电容式接近开关的外形与电感应式接近开关类似，除了对金属材料的无接触式检测外，还可以对非导电性材料进行无接触式检测。

c. 磁感应式接近开关。磁感应式接近开关又称磁敏开关，主要对气缸内活塞位置进行非接触式检测。图 6-53 所示为磁感应式接近开关安装结构图。

固定在活塞上的永久磁铁由于其磁场的作用，使传感器内振荡线圈的电流发生变化，内部放大器将电流转换成输出开关信号，根据气缸形式的不同，磁感应式接近开关有绑带式安装、支架式安装等类型。

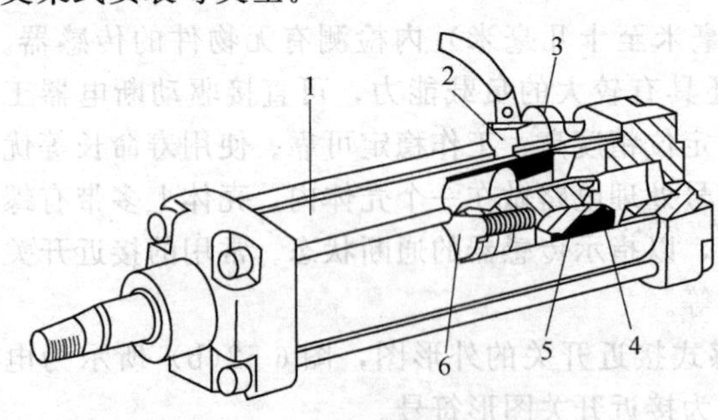

图 6-53　磁感应式接近开关

1—气缸；2—磁感应式接近开关；3—安装支架；4—活塞；5—磁性环；6—活塞杆

d. 光电式接近开关。图 6-54(a) 所示的光电式接近开关是一种遮断型的光电开关，又称光电续器。当被测物 4 从发光二极管 1 和光敏元件 3 中间槽通过时，红外光 2 被遮断，接收器接收不到红外线，从而产生一个电脉冲信号。有些遮断型的光电式接近开关，其发射器和接收器做成第 2 个独立的器件，如图 6-54(b) 所示。这种开关除了方形外观外，还有圆柱形的螺纹安装形式。

图 6-54(c) 所示为反射型光电开关。当被测物 4 通过光电开关时，发射器 1 发射的红外光 2 通过被测物上的黑白标记反射到光敏元件 3 上，从而产生一个电脉冲信号。

在数控机床中，光电式接近开关常用于刀架的刀位检测和柔性制造系统中物料传送的位置控制等。

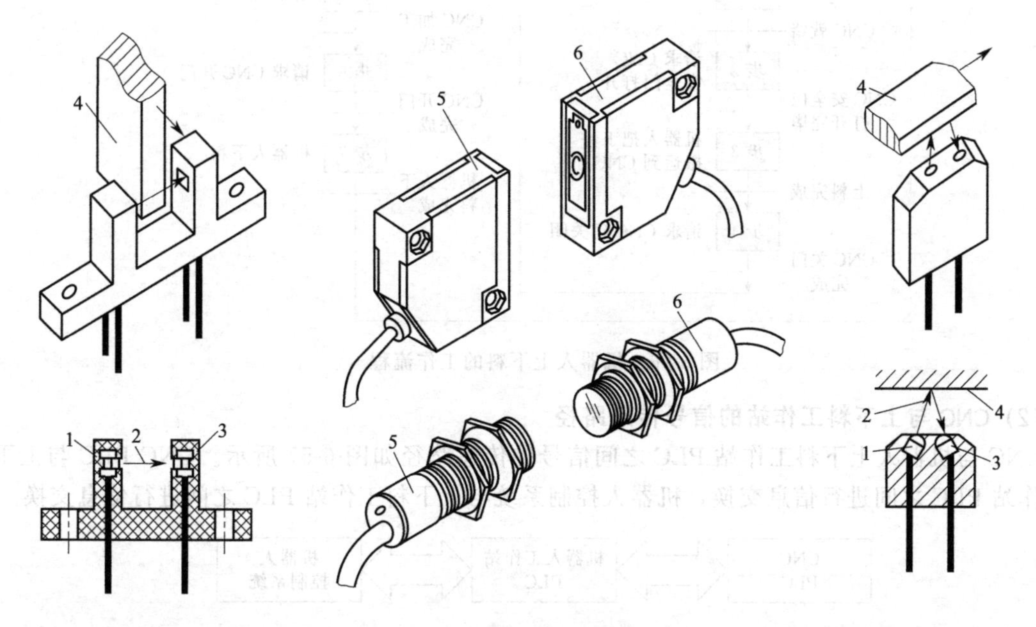

(a) 光电断续器外形及结构　(b) 遮断型光电开关外形　(c) 反射型光电开关外形及结构

图 6-54　光电式接近开关

1—光电二极管；2—红外光；3—光敏元件；4—被测物；5—发射器；6—接收器

e. 霍尔式接近开关。霍尔式接近开关是将霍尔元件、稳压电器、放大器、施密特触发器和 OC 门等电路做在同一个芯片上的集成电路（见图 6-55），因此，有时称霍尔式接近开关为霍尔集成电路，典型的有 UGM3020 等。

当外加磁场强度超过规定的工作点时，OC 门由高电阻态变为导电状态，输出低电平；当外加磁场强度低于释放点时，OC 门重新变为高阻态，输出高电平。

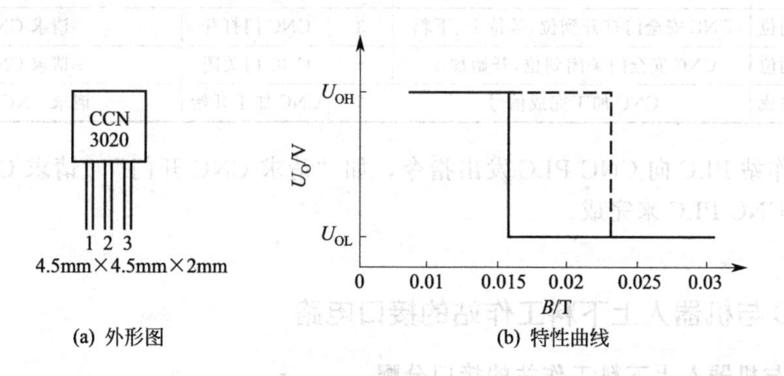

(a) 外形图　(b) 特性曲线

图 6-55　霍尔式接近开关

6.2.3　CNC 与机器人上下料工作站的通信

机器人上、下料时，需要与 CNC 进行信息交换、互相配合，才能有条不紊地工作。

(1) 机器人上下料的工作流程

机器人上下料的工作流程如图 6-56 所示。

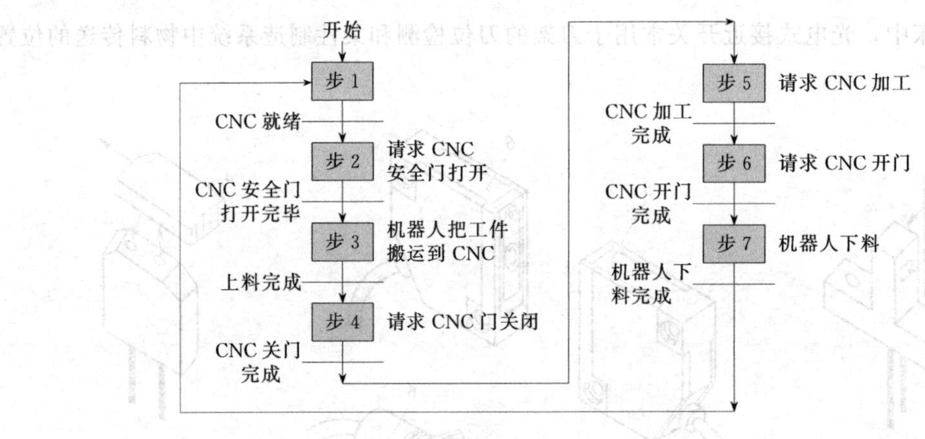

图 6-56 机器人上下料的工作流程

(2) CNC 与上下料工作站的信号传递路径

CNC 与机器人上下料工作站 PLC 之间信号的传递路径如图 6-57 所示。CNC PLC 与上下料工作站 PLC 之间进行信息交换，机器人控制系统与上下料工作站 PLC 之间进行信息交换。

图 6-57 CNC 与机器人上下料工作站之间信号的传递路径

(3) CNC 与上下料工作站的接口信号

CNC 与机器人上下料工作站的接口信号见表 6-2。

表 6-2 CNC 与机器人上下料工作站的接口信号

CNC PLC 输出信号→上下料工作站 PLC 输入信号			CNC PLC 输入信号→上下料工作站 PLC 输出信号		
序号	名称	功能	序号	名称	功能
1	CNC 就绪	CNC 准备工作就绪，等待上料、加工	1	CNC 急停	系统故障时急停 CNC
2	CNC 报警	CNC 出现故障报警，停止工作	2	CNC 复位	CNC 故障报警后，复位 CNC
3	CNC 门开到位	CNC 安全门打开到位，等待上、下料	3	CNC 门打开	请求 CNC 开门
4	CNC 门关到位	CNC 安全门关闭到位，开始加工	4	CNC 门关闭	请求 CNC 关门
5	CNC 加工完成	CNC 加工完成信号	5	CNC 加工开始	请求 CNC 开始加工

上下料工作站 PLC 向 CNC PLC 发出指令，如"请求 CNC 开门""请求 CNC 关门"等，指令的执行由 CNC PLC 来完成。

6.2.4 CNC 与机器人上下料工作站的接口电路

(1) CNC 与机器人上下料工作站的接口分配

机器人上下料工作站 PLC 的配置见表 6-3。

表 6-3 机器人上下料工作站 PLC 的配置

名称	型号	名称	型号
CPU	NJ301-1100	输出模块	CJ1W-OD231
数字量输入模块	CJ1W-ID231		

CNC 与机器人上下料工作站的接口分配见表 6-4。

表 6-4　CNC 与机器人上下料工作站的接口分配

序号	CNC PLC 地址		NJ PLC 地址		信号名称(变量名)
1	输出	A2	输入	CH2-In02	CNC 就绪
2		A3		CH2-In03	CNC 报警
3		A4		CH2-In04	CNC 门开到位
4		B1		CH2-In05	CNC 门关到位
5		B2		CH2-In06	CNC 加工完成
6	输入	C1	输出	CH2-Out01	CNC 急停
7		C2		CH2-Out02	CNC 复位
8		C3		CH2-Out03	CNC 门打开
9		C4		CH2-Out04	CNC 门关闭
10		Dl		CH2-Out05	CNC 加工开始

(2) CNC 与机器人上下料工作站的接口电路

① CNC 输出与 NJ 输入接线图　CNC PLC 的输出接口为源型输出，而 NJ PLC 的输入接口必须接为漏型，所以 CNC PLC 的输出信号通过中间继电器进行过渡。CNC 输出与 NJ 输入接线图如图 6-58 所示。

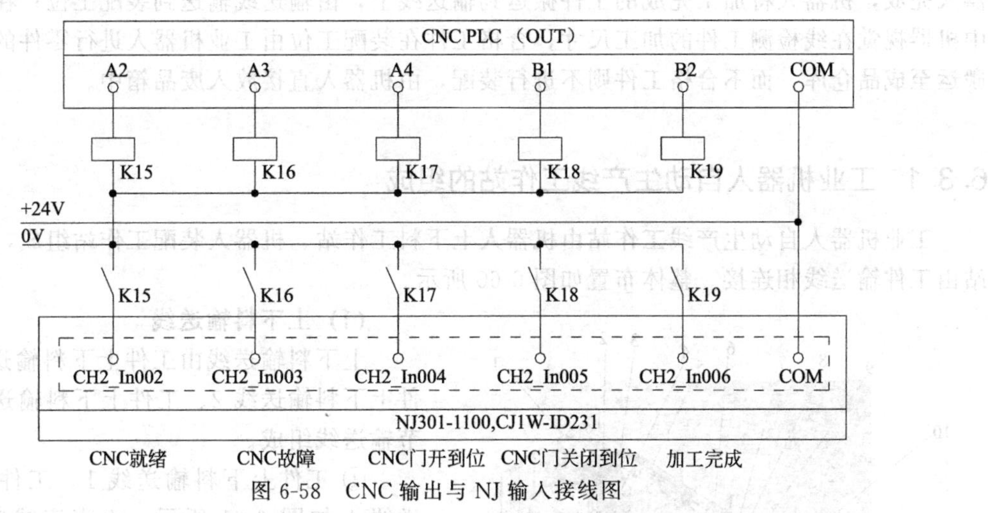

图 6-58　CNC 输出与 NJ 输入接线图

② CNC 输入与 NJ 输出接线图　CNC 输入与 NJ 输出接线图如图 6-59 所示。

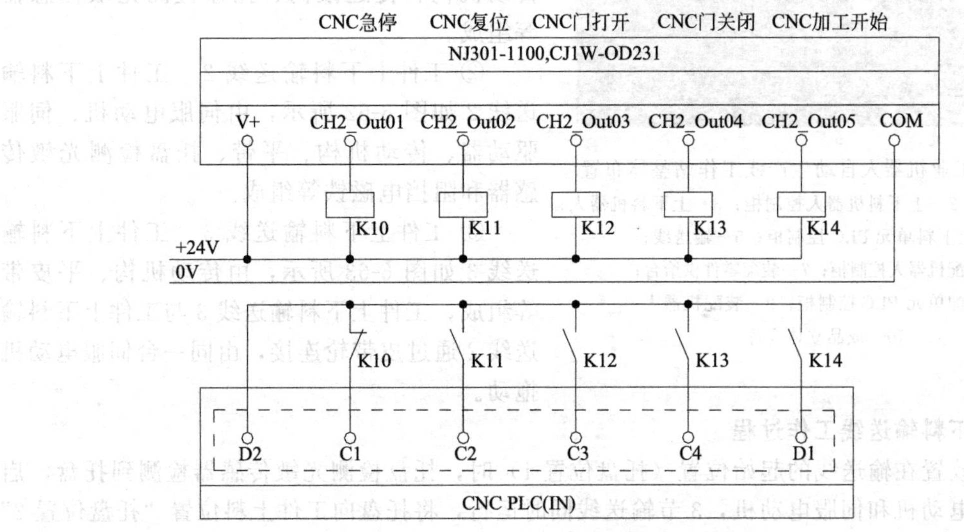

图 6-59　CNC 输入与 NJ 输出接线图

6.3 工业机器人自动生产线系统集成

自动生产线是由工件传送系统和控制系统将一组自动机床和辅助设备按照工艺顺序连接起来，自动完成产品全部或部分制造过程的生产系统，简称自动线。

自动生产线是在无人干预的情况下按规定的程序或指令自动进行操作或控制的过程，其目标是“稳、准、快”。采用自动生产线不仅可以把人从繁重的体力劳动、部分脑力劳动以及恶劣、危险的工作环境中解放出来，而且能扩展人的器官功能，极大地提高劳动生产率，增强人类认识世界和改造世界的能力。

在机床切削加工中过程自动化不仅与机床本身有关，而且还与连接机床的前后生产装置有关。工业机器人能够适合所有的操作工序，能完成诸如传送、质量检验、剔除有缺陷的工件、机床上下料、更换刀具、加工操作、工件装配和堆垛等任务。

工业机器人自动生产线工作站的任务是：数控机床进行工件加工，工件的上下料由工业机器人完成，机器人将加工完成的工件搬运到输送线上，由输送线输送到装配工位；在输送过程中机器视觉在线检测工件的加工尺寸，合格工件在装配工位由工业机器人进行零件的装配，并搬运至成品仓库，而不合格工件则不进行装配，由机器人直接放入废品箱中。

6.3.1 工业机器人自动生产线工作站的组成

工业机器人自动生产线工作站由机器人上下料工作站、机器人装配工作站组成，两个工作站由工件输送线相连接。整体布置如图 6-60 所示。

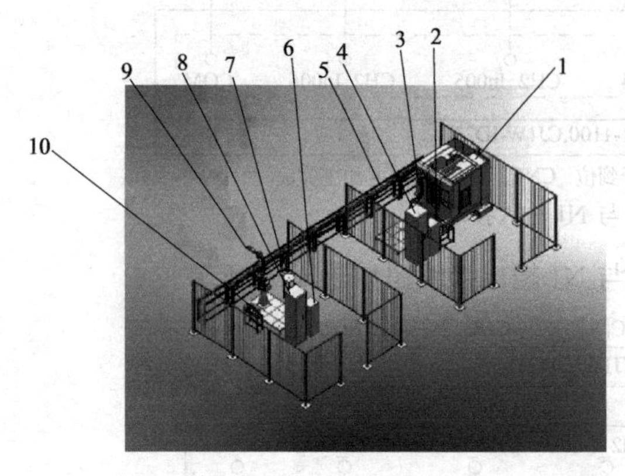

图 6-60 工业机器人自动生产线工作站整体布置
1—数控机床；2—上下料机器人控制柜；3—上下料机器人；4—上下料单元 PLC 控制柜；5—输送线；6—装配机器人控制柜；7—装配零件供给台；8—装配单元 PLC 控制柜；9—装配机器人；10—成品立体仓库

(1) 上下料输送线

上下料输送线由工件上下料输送线 1、工件上下料输送线 2、工件上下料输送线 3 等 3 节输送线组成。

① 工件上下料输送线 1　工件上下料输送线 1 如图 6-61 所示，由直流减速电动机、传动机构、传送滚筒、托盘检测光敏传感器等组成。

② 工件上下料输送线 2　工件上下料输送线 2 如图 6-62 所示，由伺服电动机、伺服驱动器、传动机构、平带、托盘检测光敏传感器和阻挡电磁铁等组成。

③ 工件上下料输送线 3　工件上下料输送线 3 如图 6-63 所示，由传动机构、平皮带等组成，工件上下料输送线 3 与工件上下料输送线 2 通过皮带轮连接，由同一台伺服电动机拖动。

(2) 上下料输送线工作过程

当托盘放置在输送线的起始位置（托盘位置 1）时，托盘检测光敏传感器检测到托盘，启动直流减速电动机和伺服电动机，3 节输送线同时运行，将托盘向工件上料位置“托盘位置 2”处输送。

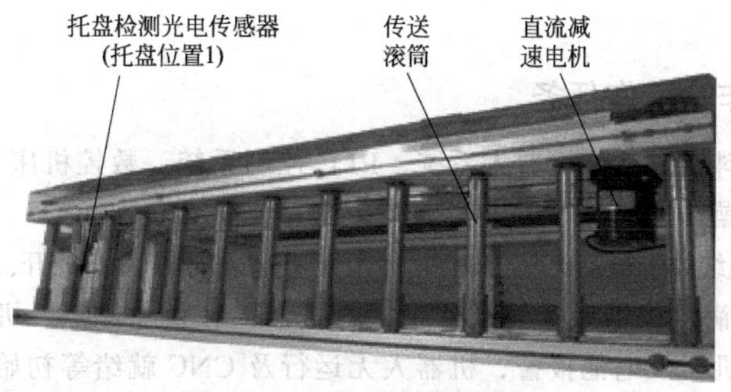

图 6-61　工件上下料输送线 1

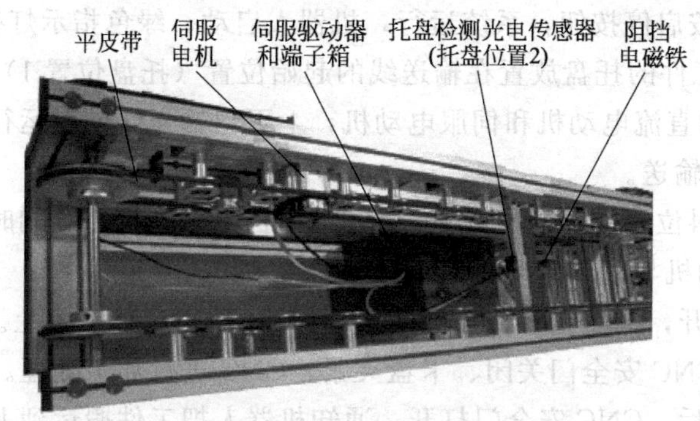

图 6-62　工件上下料输送线 2

当托盘达到上料位置（托盘位置 2）时，被阻挡电磁铁挡住，同时托盘检测光敏传感器检测到托盘，直流电动机与伺服电动机停止。等待机器人将托盘上的工件搬运至数控机床进行加工，再将加工完成的工件搬运到托盘上。

当机器人将加工完成的工件搬运到托盘上后，电磁铁得电，挡铁缩回，伺服电动机启动，工件上下料输送线 2 和工件上下料输送线 3 运行，将装有工件的托盘向装配工作站输送。

上下料输送线工作流程如图 6-64 所示。

图 6-63　工件上下料输送线 3

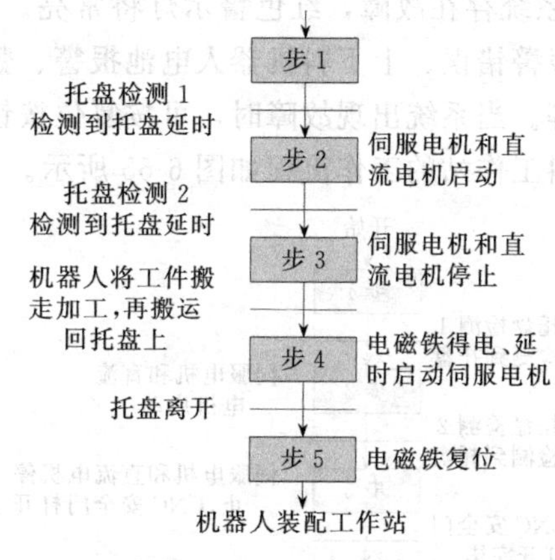

图 6-64　上下料输送线工作流程

6.3.2　上下料工作站的工作过程

① 当载有待加工工件的托盘输送到上料位置后，机器人将工件搬运到数控机床的加工台上。

② 数控机床进行加工。

③ 加工完成，机器人将工件搬运到输送线上料位置的托盘上。

④ 上料输送线将载有已加工工件的托盘向装配工作站输送。

6.3.3 上下料工作站工作任务

工业机器人上下料工作站由机器人系统、PLC控制系统、数控机床（CNC）、上下料输送线系统、平面仓库和操作按钮盒等组成。

① 设备上电前，系统处于初始状态，即输送线上无托盘、机器人手爪松开、数控机床卡盘上无工件。

② 设备启动前要满足机器人选择远程模式、机器人在作业原点、机器人伺服已接通、无机器人报警错误、无机器人电池报警、机器人无运行及CNC就绪等初始条件。满足条件时黄灯常亮，否则黄灯熄灭。

③ 设备就绪后，按启停按钮，系统运行，机器人启动，绿色指示灯亮。

a. 将载有待加工工件的托盘放置在输送线的起始位置（托盘位置1）时，托盘检测光敏传感器检测到托盘，启动直流电动机和伺服电动机，上下料输送线同时运行，将托盘向工件上料位置“托盘位置2”处输送。

b. 当托盘达到上料位置（托盘位置2）时，被阻挡电磁铁挡住，同时托盘检测光敏传感器检测到托盘，直流电动机与伺服电动机停止。

c. CNC安全门打开，机器人将托盘上的工件搬运到CNC加工台上。

d. 搬运完成后，CNC安全门关闭、卡盘夹紧，CNC进行加工处理。

e. CNC加工完成后，CNC安全门打开，通知机器人把工件搬运到上料位置的托盘上。

f. 搬运完成，上料位置（托盘位置2）的阻挡电磁铁得电，挡铁缩回，伺服电动机启动，工件上下料输送线2和工件上下料输送线3运行，将装有工件的托盘向装配工作站输送。

④ 在运行过程中，再次按启停按钮，系统将本次上下料加工过程完成后停止。

⑤ 在运行过程中，按暂停按钮，机器人暂停，按复位按钮，机器人再次运行。

⑥ 在运行过程中，急停按钮一旦动作，系统立即停止。急停按钮复位后，还须按复位按钮进行复位。按复位按钮不能使机器人自动回到工作原点，机器人必须通过示教器手动复位到工作原点。

⑦ 若系统存在故障，红色警示灯将常亮。系统故障包含：上下料传送带伺服故障、上下料机器人报警错误、上下料机器人电池报警、数控系统报警、数控门开关超时报警、上下料工作站急停等。当系统出现故障时，可按复位按钮进行复位。

上下料工作站的工作流程如图6-65所示。

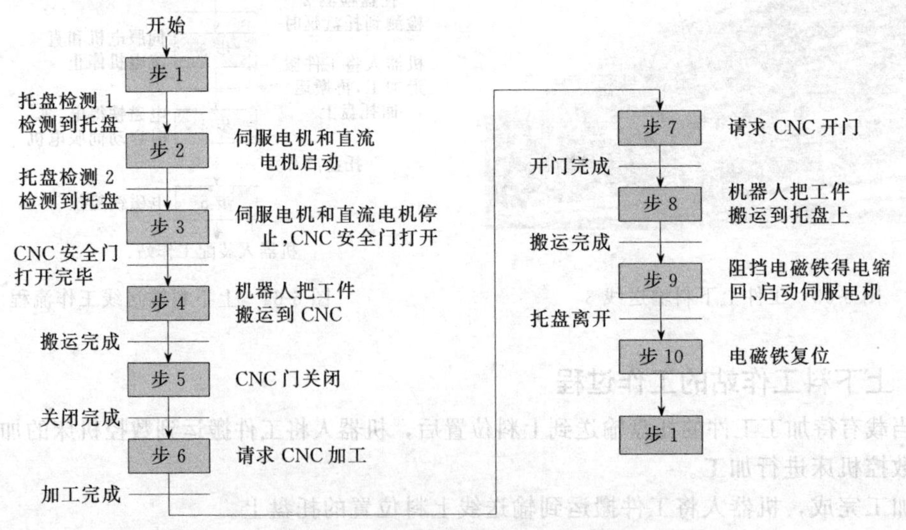

图6-65 上下料工作站的工作流程

6.3.4　上下料工作站硬件系统

(1) 系统配置

上下料工作站系统配置见表 6-5。

表 6-5　上下料工作站系统配置

名称	型号	数量	说明
六关节机器人本体	MOTOMAN HM6	1	上下料机器人与控制系统
机器人控制器	DX100	1	
PLC CPU 模块	NJ301-1100	1	上下料工作站系统控制用 PLC
数字量 32 点输入单元	CJ1W-ID231	1	PLC 扩展单元
数字量 32 点输出单元	CJ1W-OD231	1	
伺服驱动器	R88D-KN08H-ECT-Z	1	输送线 2、3 的驱动系统
伺服电动机	R88M-K75030H-S2-Z	1	
直流电动机	DC24V,75W	1	输送线 1 的驱动电动机
光敏传感器	E3Z-LS637. DC24V	2	输送线托盘检测
电磁铁	TAU-0837,DC24V	1	阻挡输送线上托盘
电磁阀	4V120-M5,DC24V	2	机器人手爪夹紧、松开控制
磁性开关	CS-15T	1	机器人手爪夹紧检测
启停按钮	LA42P-10/G	1	工作站启动与停止
复位按钮	LA42P-10/Y	1	故障复位
暂停按钮	LA42P-10/R	1	机器人暂停
急停按钮	LA42J-11/R	1	系统急停
警示灯	XVGB3T. DC24V	1	红、黄、绿灯各一只

(2) 系统框图

机器人上下料工作站以 NJ PLC 为控制核心，现场设备启动、复位按钮、传感器、继电器、电磁阀等为 NJ PLC 的输入/输出设备；CNC 系统与 NJ PLC 之间通过接点传送信息；机器人与 NJ PLC 之间通过机器人接口传送信息；NJ PLC 通过 EtherCAT 总线控制伺服系统运行。系统框图如图 6-66 所示。

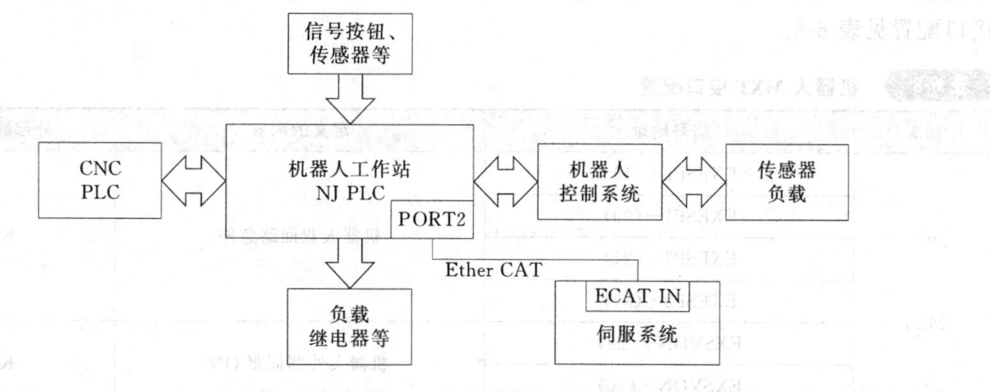

图 6-66　机器人上下料工作站系统框图

(3) 接口配置

① 机器人与 NJ PLC 接口配置　机器人控制器 DX100 与 NJ PLC 的 I/O 接口配置见表 6-6。

表 6-6 机器人与 NJ PLC 的 I/O 接口配置

机器人 DX100				NJ PLC 地址
插头		信号地址	定义的内容	
CN308	IN	B1	机器人程序启动	CH1_OUT00
		A2	机器人清除报警和故障	CH1_OUT01
	OUT	B8	机器人运行中	CH2_In08
		A8	机器人伺服已接通	CH2_In09
		A9	机器人报警错误	CH2_In10
		B10	机器人电池报警	CH2_In11
		A10	机器人选择远程模式	CH2_In12
		B13	机器人在作业原点	CH2_In13
CN306	IN	B1 IN#(9)	机器人搬运开始	CH1_OUT02
	OUT	B8 OUT#(9)	机器人搬运完成	CH2_In14

CN308 是机器人的专用 I/O 接口，每个接口的功能是固定的，如 CN308 的 B1 输入接口，其功能为“机器人程序启动”，当 B1 口为高电平时，机器人启动运行，开始执行机器人程序。

CN306 是机器人的通用 I/O 接口，每个接口的功能由用户定义，如将 CN306 的 B1 输入接口（IN9）定义为“机器人搬运开始”，当 B1 口为高电平时，机器人开始搬运工件（具体参见机器人程序）。

CN307 也是机器人的通用 I/O 接口，每个接口的功能由用户定义，如将 CN307 的 B8、A8 输出接口（OUT17）定义为“机器人手爪夹紧”功能，当机器人程序使 OUT17 输出为 1 时，YV1 得电，吸紧工件。CN307 的接口功能配置见表 6-7。

表 6-7 机器人 I/O 接口配置

插头	信号地址	定义的内容	外接设备
CN307	B1(IN17)	机器人手爪夹紧检测	手爪夹紧检测性开关
	B8(OUT17－)A8(OUT17＋)	机器人手爪夹紧	夹紧电磁阀 YV1
	B9(OUT18－)A9(OUT18＋)	机器人手爪松开	松开电磁阀 YV2

MXT 是机器人的专用输入接口，每个接口的功能是固定的。如 EXSVON 为“机器人外部伺服 ON”功能，当 29、30 间接通时，机器人伺服电源接通。上下料工作站所使用的 MXT 接口配置见表 6-8。

表 6-8 机器人 MXT 接口配置

插头	信号地址	定义的内容	外部继电器
MXT	EXESP1＋(19)	机器人双回路急停	K5
	EXESP1－(20)		
	EXESP2＋(21)		
	EXESP2－(22)		
	EXSVON＋(29)	机器人外部伺服 ON	K1
	EXSVON－(30)		
	EXHOLD＋(31)	机器人外部暂停	K4
	EXHOLD－(32)		

② CNC 与 NJ PLC 接口配置　CNC 与 NJ PLC 的 I/O 接口配置见表 6-9。

表 6-9　CNC 与 NJ PLC 的接口配置

序号	CNC PLC 地址		M PLC 地址		信号名称(变量名)
1	OUT	A2	IN	CH2_In02	CNC 就绪
2		A3		CH2_In03	CNC 报警
3		A4		CH2_In04	CNC 门开到位
4		B1		CH2_In05	CNC 门关到位
5		B2		CH2_In06	CNC 加工完成
6	IN	C1	OUT	CH2_Out01	CNC 急停
7		C2		CH2_Out02	CNC 复位
8		C3		CH2_Out03	CNC 门打开
9		C4		CH2_Out04	CNC 门关闭
10		D1		CH2_Out05	CNC 加工开始

③ NJ PLC I/O 地址分配及变量定义　NJ PLC I/O 地址分配及变量定义见表 6-10。

表 6-10　NJ PLC I/O 地址分配及变量定义

输入信号			输出信号		
序号	PLC 输入地址	变量名	序号	PLC 输出地址	变量名
1	CH1_In01	启停按钮	1	CH1_Out00	机器人程序启动
2	CH1_In02	复位按钮	2	CH1_Out01	机器人清除报警和故障
3	CHl1_In03	急停按钮	3	CH1_Out02	机器人搬运开始
4	CH1_In04	暂停按钮	4	CH1_Out03	机器人伺服使能
5	CH1_In05	托盘检测 1	5	CH1_Out04	警示灯红
6	CH1_In06	托盘检测 2	6	CH1_Out05	警示灯黄
7	CH2_In02	CNC 就绪	7	CH1_Out06	警示灯绿
8	CH2_In03	CNC 报警	8	CH1_Out07	直流电动机启停
9	CH2_In04	CNC 门开到位	9	CH1_Out08	电磁铁
10	CH2_In05	CNC 门关闭到位	10	CH1_Out10	机器人暂停
11	CH2_In06	CNC 加工完成	11	CH1_Out11	机器人急停
12	CH2_In08	机器人运行中	12	CH2_Out01	CNC 急停
13	CH2_In09	机器人伺服已接通	13	CH2_Out02	CNC 复位
14	CH2_In10	机器人报警错误	14	CH2_Out03	CNC 门打开
15	CH2_In11	机器人电池报警	15	CH2_Out04	CNC 门关闭
16	CH2_In12	机器人选择远程模式	16	CH2_Out05	CNC 加工开始
17	CH2_In13	机器人在作业原点	17		
18	CH2_In14	机器人搬运完成	18		

(4) 硬件电路

① PLC 开关量信号输入电路如图 6-67 所示。由于传感器为 NPN 集电极开路型，且机器人的输出接口为漏型输出，故 PLC 的输入采用漏型接法，即 COM 端接＋24V。PLC 输入信号包括控制按钮、托盘检测用传感器等。

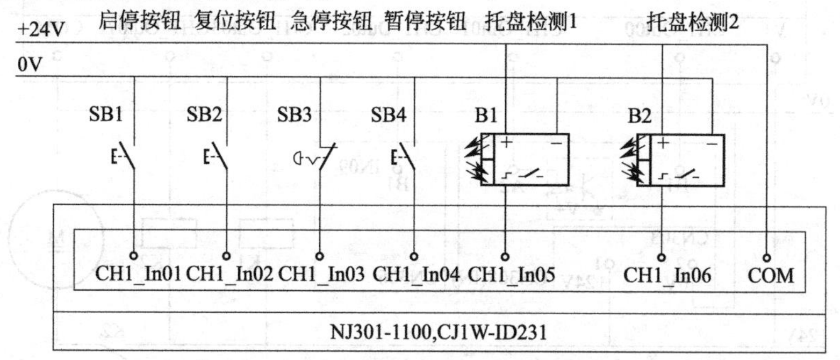

图 6-67　PLC 开关量信号输入电路

② PLC开关量信号输出电路如图6-68所示。由于机器人的输入接口为漏型输入，PLC的输出采用漏型接法。PLC输出包括电磁铁、机器人暂停等。

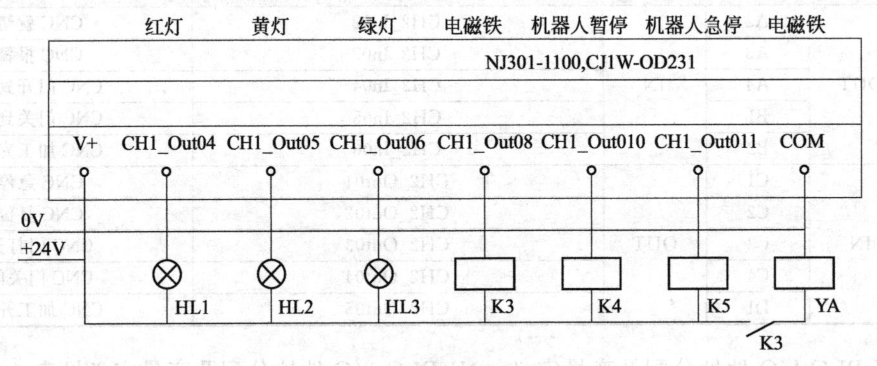

图6-68 PLC开关量信号输出电路

③ 机器人输出与PLC输入接口电路如图6-69所示。CN303为机器人外接电源接口，其1、2端接外部DC24V电源。PLC输入信号包括“机器人运行中”“机器人搬运完成”等机器人反馈信号。

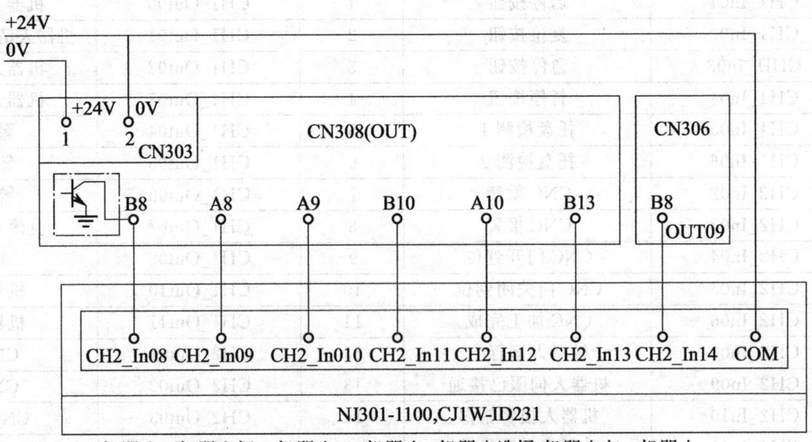

图6-69 机器人输出与PLC输入接口电路

④ 机器人输入与PLC输出接口电路如图6-70所示。PLC输出信号包括“机器人程序启动”“机器人搬运开始”等控制机器人运行、停止的信号。K2控制上下料输送线1的拖动直流电动机。

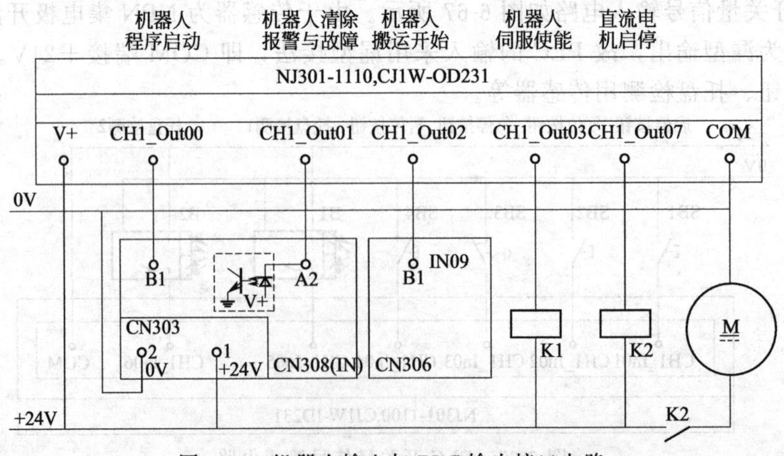

图6-70 机器人输入与PLC输出接口电路

⑤ 机器人专用输入接口 MXT 电路如图 6-71 所示。继电器 K5 双回路控制机器人急停、K1 控制机器人伺服使能、K4 控制机器人暂停。

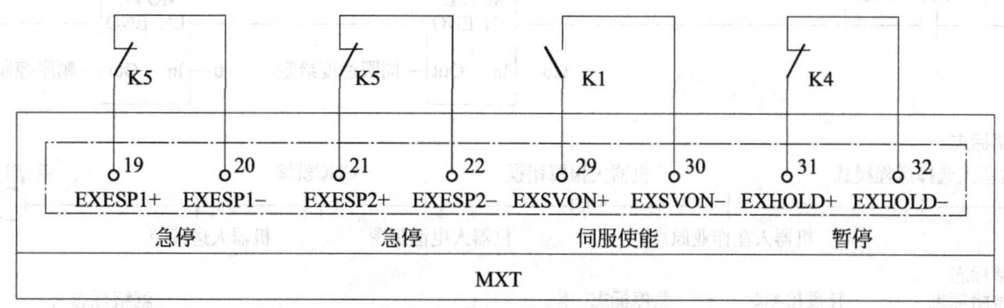

图 6-71　机器人专用输入接口 MXT 电路

⑥ 机器人输出控制手爪电路如图 6-72 所示。机器人通过 CN307 接口的 A8、A9 控制电磁阀 YV1、YV2，抓取或释放工件。SQ 为检测手爪夹紧磁性开关。

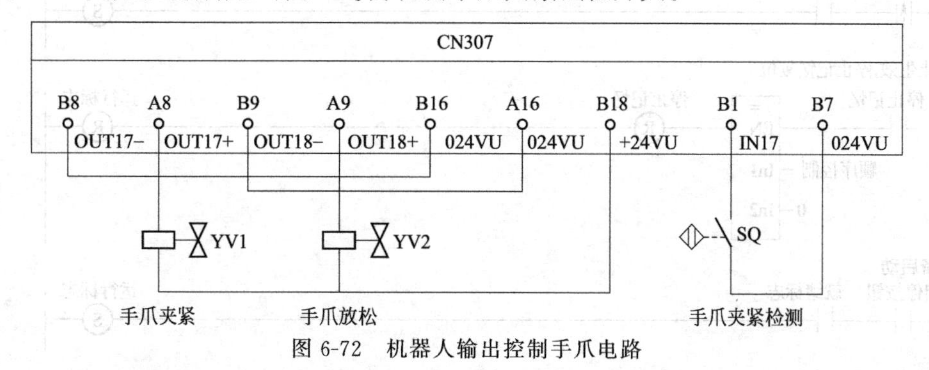

图 6-72　机器人输出控制手爪电路

⑦ CNC 与 PLC 的接口电路如图 6-58、图 6-59所示。

⑧ 伺服系统电路图如图 6-73 所示。

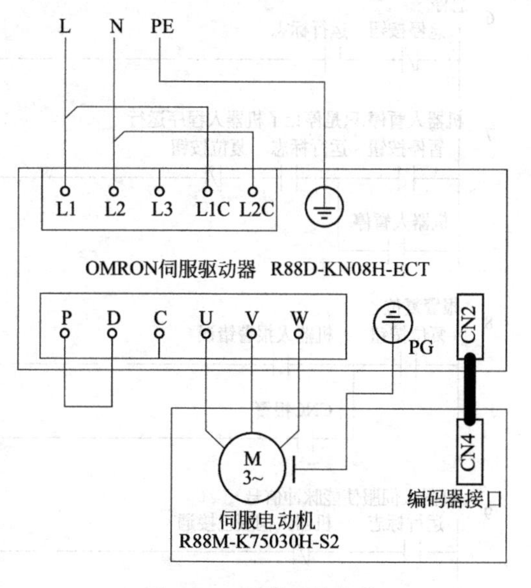

图 6-73　伺服系统电路

6.3.5　上下料工作站软件系统

(1) 上下料工作站 PLC 程序

上下料工作站 PLC 参考程序如图 6-74 所示。

只有在所有的初始条件都满足时，“就绪标志”得电。按下“启停按钮”，“运行标志”得电，机器人伺服电源接通；如果使能成功，机器人程序启动，机器人开始运行程序。

如果在运行过程中按“暂停按钮”，机器人暂停。此时机器人的伺服电源仍然接通，机器人只是停止执行程序。按“复位按钮”，机器人暂停信号解除，机器人程序再次启动，继续执行程序。

在“运行标志”得电时，工作站进入“顺序控制”，按照系统要求，进行 CNC 上下料。如果在运行过程中按“启停按钮”，“停止记忆”得电，工作站将当前的上下料“顺序控制”执行完成后，停止运行，“运行标志”复位。

当“急停”发生时，机器人、CNC 急停，工作站停止。急停后，只有使系统恢复到初始状态，系统才可重新启动。

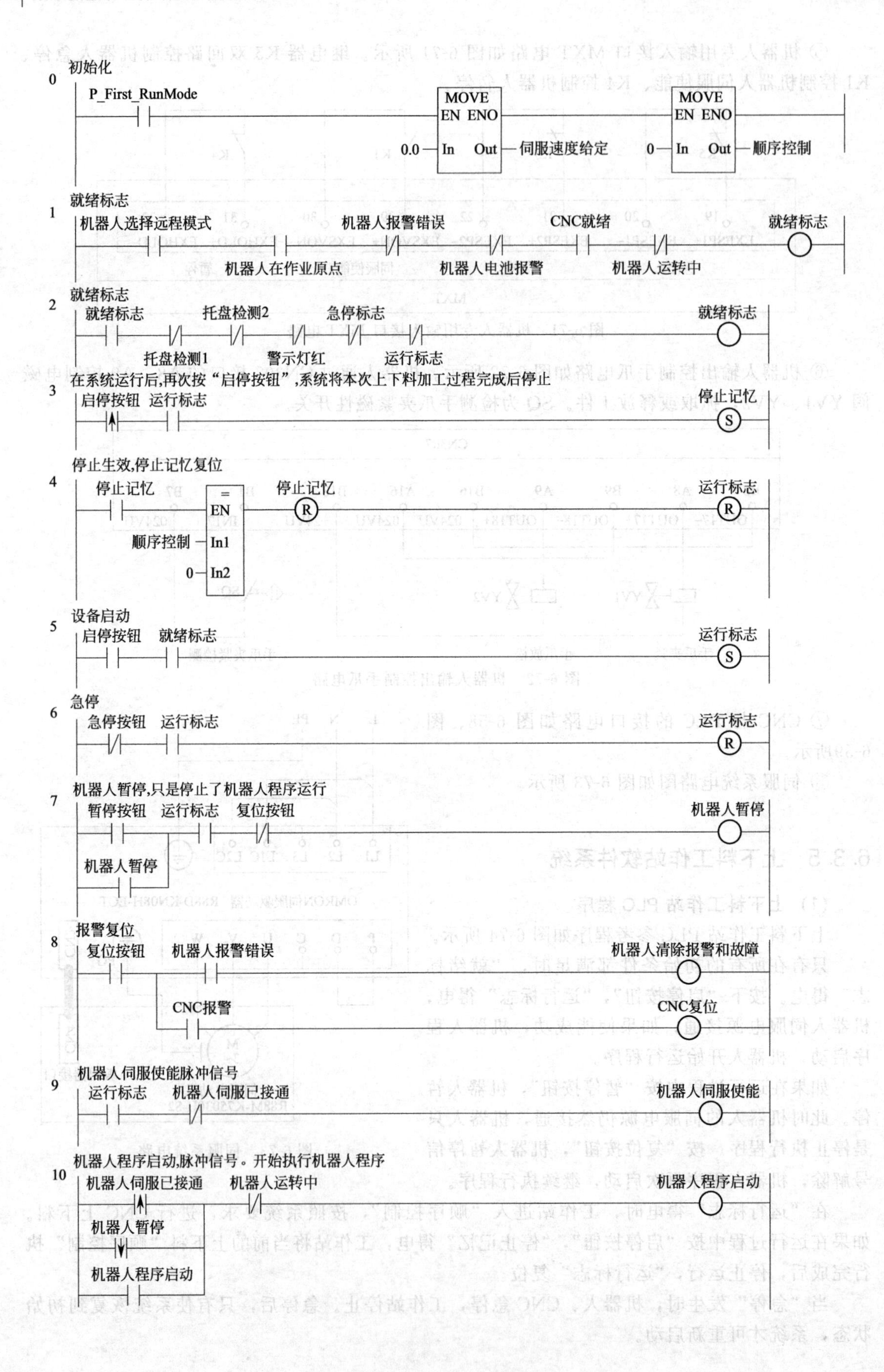

0 初始化
P_First_RunMode
MOVE EN ENO 0.0 In Out 伺服速度给定
MOVE EN ENO 0 In Out 顺序控制
1 就绪标志
机器人选择远程模式
机器人在作业原点
机器人报警错误
机器人电池报警
CNC就绪
机器人运转中
就绪标志
2 就绪标志
就绪标志
托盘检测1
托盘检测2
警示灯红
急停标志
运行标志
就绪标志
3 在系统运行后,再次按"启停按钮",系统将本次上下料加工过程完成后停止
启停按钮 运行标志
停止记忆 S
4 停止生效,停止记忆复位
停止记忆
= EN In1 In2
顺序控制
0
停止记忆 R
运行标志 R
5 设备启动
启停按钮 就绪标志
运行标志 S
6 急停
急停按钮 运行标志
运行标志 R
7 机器人暂停,只是停止了机器人程序运行
暂停按钮 运行标志 复位按钮
机器人暂停
机器人暂停
8 报警复位
复位按钮 机器人报警错误
机器人清除报警和故障
CNC报警
CNC复位
9 机器人伺服使能脉冲信号
运行标志 机器人伺服已接通
机器人伺服使能
10 机器人程序启动,脉冲信号。开始执行机器人程序
机器人伺服已接通 机器人运转中
机器人暂停
机器人程序启动
机器人程序启动

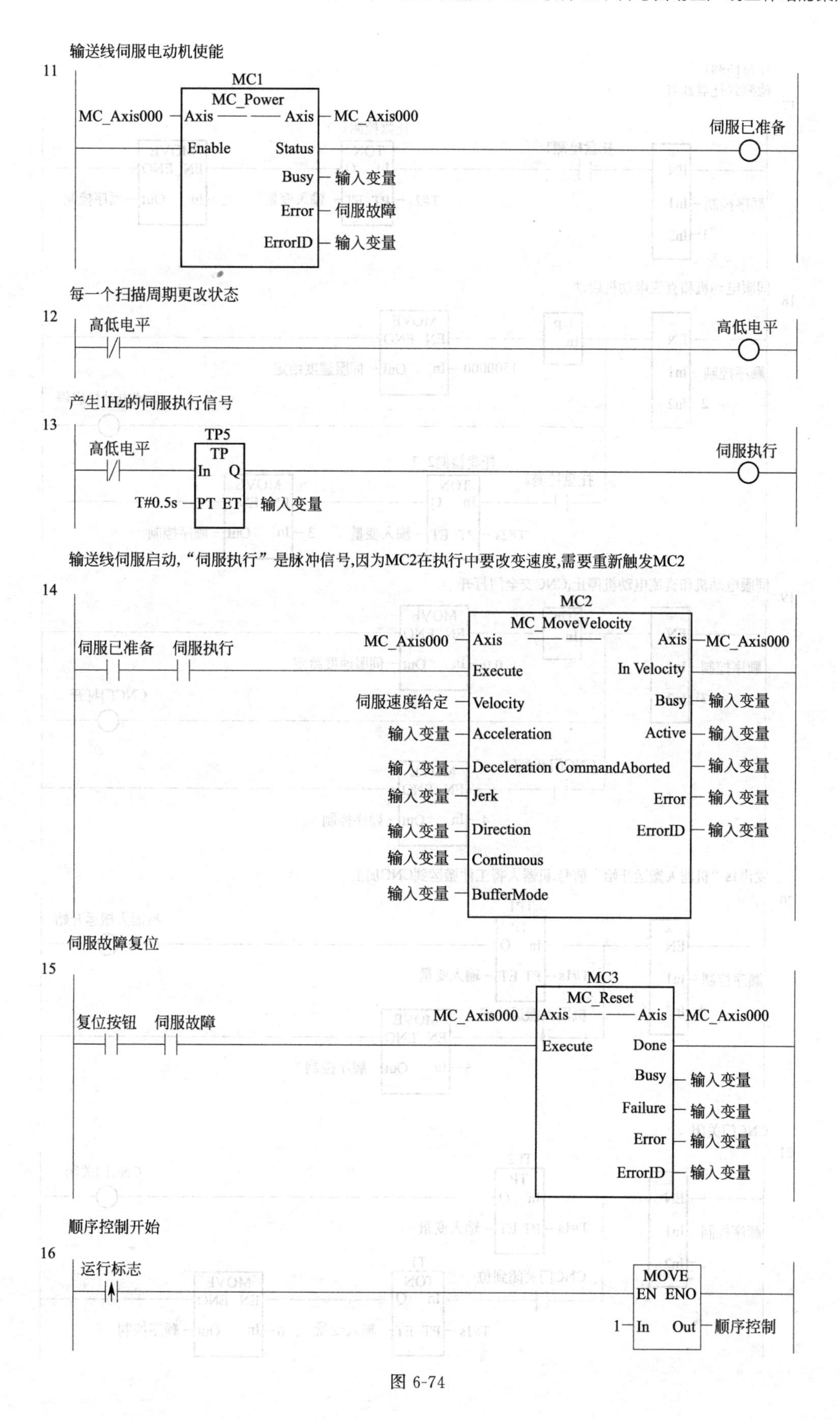
输送线伺服电动机使能
11
MC1
MC_Power
MC_Axis000
Axis
Axis
MC_Axis000
伺服已准备
Enable
Status
Busy
输入变量
Error
伺服故障
ErrorID
输入变量
每一个扫描周期更改状态
12
高低电平
高低电平
产生1Hz的伺服执行信号
13
TP5
TP
高低电平
In
Q
伺服执行
T#0.5s
PT
ET
输入变量
输送线伺服启动,“伺服执行”是脉冲信号,因为MC2在执行中要改变速度,需要重新触发MC2
14
MC2
MC_MoveVelocity
MC_Axis000
Axis
Axis
MC_Axis000
伺服已准备
伺服执行
Execute
In Velocity
伺服速度给定
Velocity
Busy
输入变量
输入变量
Acceleration
Active
输入变量
输入变量
Deceleration
CommandAborted
输入变量
输入变量
Jerk
Error
输入变量
输入变量
Direction
ErrorID
输入变量
输入变量
Continuous
输入变量
BufferMode
伺服故障复位
15
MC3
MC_Reset
MC_Axis000
Axis
Axis
MC_Axis000
复位按钮
伺服故障
Execute
Done
Busy
输入变量
Failure
输入变量
Error
输入变量
ErrorID
输入变量
顺序控制开始
16
运行标志
MOVE
EN
ENO
1
In
Out
顺序控制

图 6-74

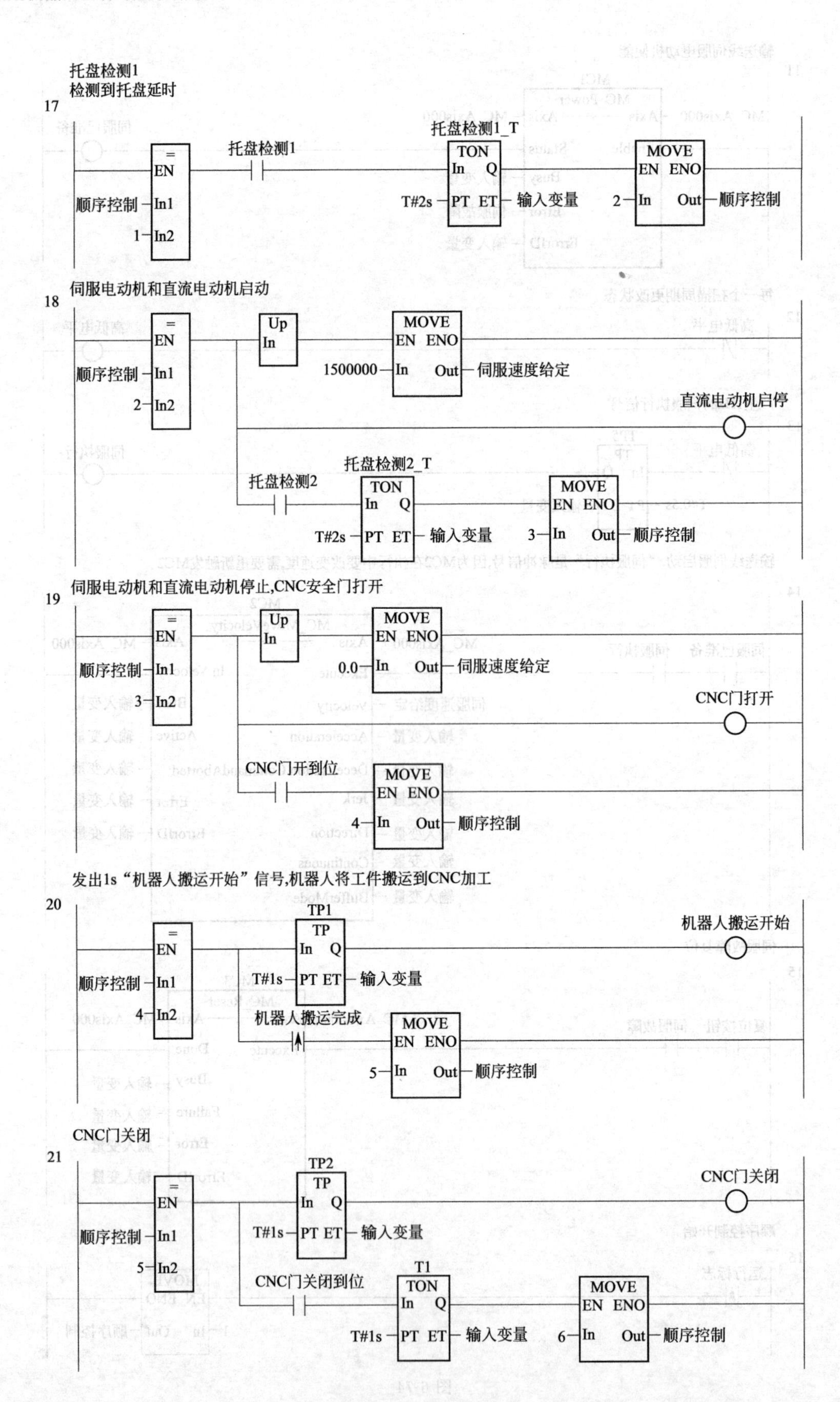

托盘检测1
检测到托盘延时
17
=
EN
顺序控制
In1
1
In2
托盘检测1
托盘检测1_T
TON
In Q
T#2s
PT ET
输入变量
MOVE
EN ENO
2
In Out
顺序控制
伺服电动机和直流电动机启动
18
=
EN
顺序控制
In1
2
In2
Up
In
MOVE
EN ENO
1500000
In Out
伺服速度给定
直流电动机启停
托盘检测2_T
托盘检测2
TON
In Q
T#2s
PT ET
输入变量
MOVE
EN ENO
3
In Out
顺序控制
伺服电动机和直流电动机停止,CNC安全门打开
19
=
EN
顺序控制
In1
3
In2
Up
In
MOVE
EN ENO
0.0
In Out
伺服速度给定
CNC门打开
CNC门开到位
MOVE
EN ENO
4
In Out
顺序控制
发出1s“机器人搬运开始”信号,机器人将工件搬运到CNC加工
20
=
EN
顺序控制
In1
4
In2
TP1
TP
In Q
T#1s
PT ET
输入变量
机器人搬运开始
机器人搬运完成
MOVE
EN ENO
5
In Out
顺序控制
CNC门关闭
21
=
EN
顺序控制
In1
5
In2
TP2
TP
In Q
T#1s
PT ET
输入变量
CNC门关闭
CNC门关闭到位
T1
TON
In Q
T#1s
PT ET
输入变量
MOVE
EN ENO
6
In Out
顺序控制

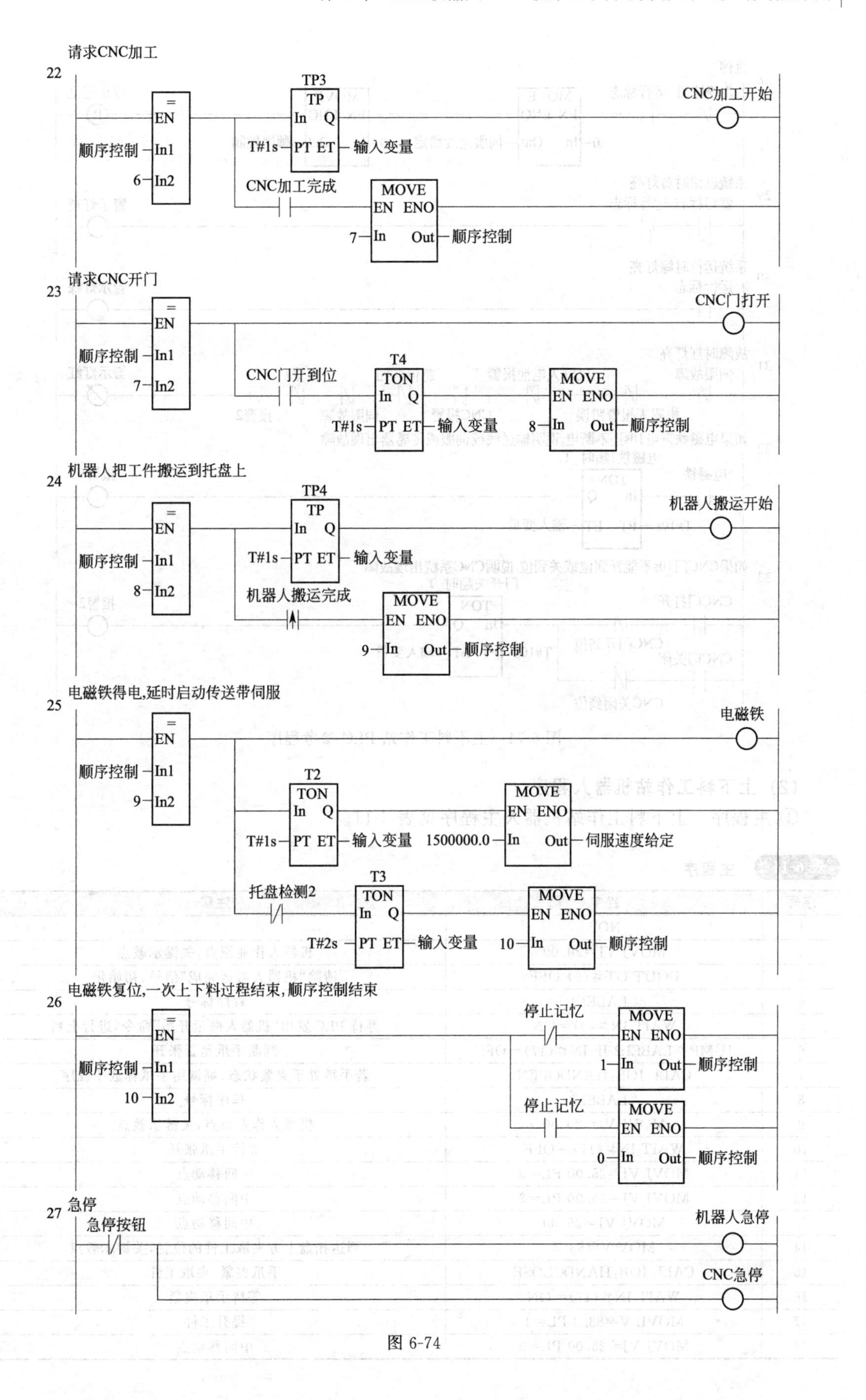
请求CNC加工
22
TP3
TP
EN
In Q
CNC加工开始
顺序控制
In1
T#1s
PT ET
输入变量
6
In2
CNC加工完成
MOVE
EN ENO
7
In
Out
顺序控制
请求CNC开门
23
CNC门打开
T4
CNC门开到位
TON
MOVE
T#1s
输入变量
8
机器人把工件搬运到托盘上
24
TP4
机器人搬运开始
机器人搬运完成
9
电磁铁得电,延时启动传送带伺服
25
电磁铁
T2
TON
MOVE
1500000.0
伺服速度给定
托盘检测2
T3
T#2s
10
电磁铁复位,一次上下料过程结束,顺序控制结束
26
停止记忆
1
0
急停
27
急停按钮
机器人急停
CNC急停

图 6-74

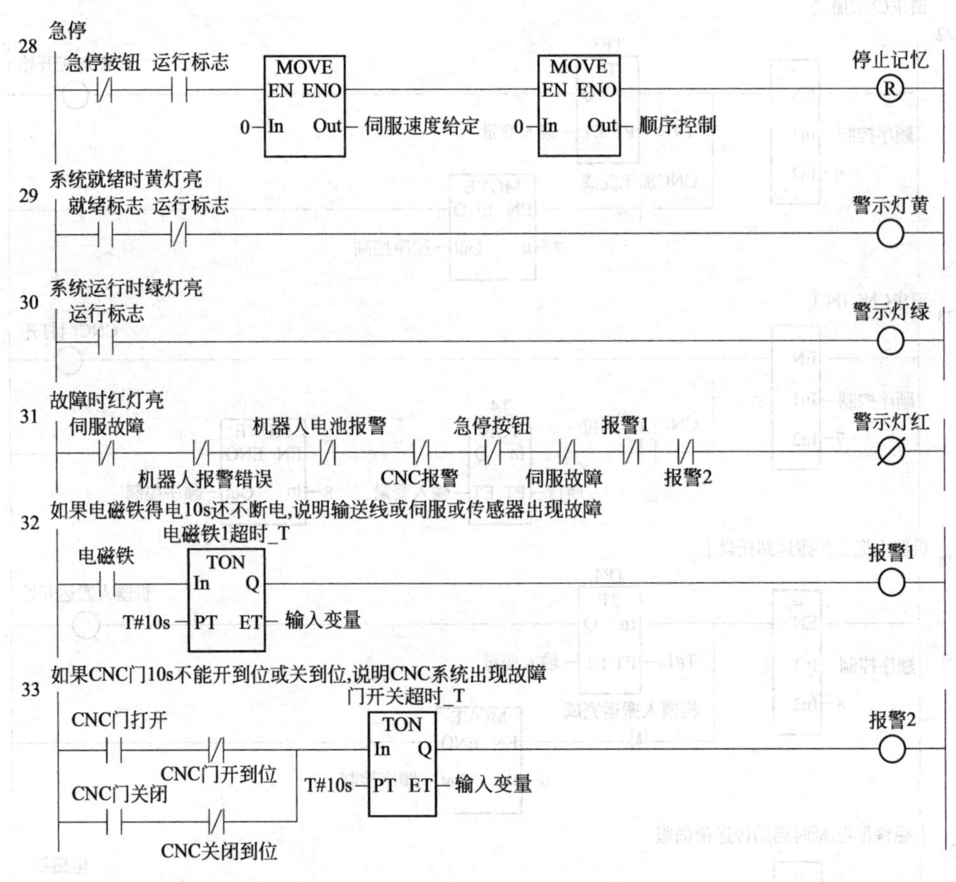

图 6-74　上不料工作站 PLC 参考程序

(2) 上下料工作站机器人程序

① 主程序　上下料工作站机器人主程序见表 6-11。

表 6-11　主程序

序号	程序	注释
1	NOP	
2	MOVJ VJ=20.00	机器人作业原点,关键示教点
3	DOUT OT#(9) OFF	清除"机器人搬运完成"信号;初始化
4	*LABEL1	程序标号
5	WAIT IN#(9)=ON	等待 PLC 发出"机器人搬运开始"命令,进行上料
6	JUMP *LABEL2 IF IN#(17)=OFF	判断手爪是否张开
7	CALL JOB:HANDOPEN	若手爪处于夹紧状态,则调用手爪释放子程序
8	*LABEL2	程序标号
9	MOVJ VJ=20.00	机器人作业原点,关键示教点
10	WAIT IN#(17)=OFF	等待手爪张开
11	MOVJ VJ=25.00 PL=3	中间移动点
12	MOVJ VJ=25.00 PL=3	中间移动点
13	MOVJ VJ=25.00	中间移动点
14	MOV V=83.3	到达托盘上方夹取工件的位置,关键示教点
15	CALL JOB:HANDCLOSE	手爪夹紧,夹取工件
16	WAIT IN#(17)=ON	等待手爪夹紧
17	MOVL V=83.3 PL=1	提升工件
18	MOVJ VJ=25.00 PL=3	中间移动点

续表

序号	程序	注释
19	MOVJ VJ=25.00 PL=3	中间移动点
20	MOVJ VJ=25.00	中间移动点
21	MOVL V=83.3	到达数控机床卡盘上方释放工件的位置，关键示教点
22	CALL JOB:HANDOPEN	手爪张开，释放工件
23	WAIT IN#(17)=OFF	等待手爪释放
24	MOVJ VJ=25.00	退出 CNC，回到等待位置
25	PULSE OT#(9) T=1.00	向 PLC 发出 1s"机器人搬运完成"信号，上料完成
26	WAIT IN#(9)=ON	等待 PLC 发出"机器人搬运开始"命令，进行下料
27	MOVJ VJ=25.00 PL=1	中间移动点
28	MOVJ VJ=25.00 PL=1	中间移动点
29	MOVL V=166.7	到达数控机床卡盘上方夹取工件的位置，关键示教点
30	CALL JOB:HANDCLOSE	手爪夹紧，夹取工件
31	WAIT IN#(17)=ON	等待手爪夹紧
32	MOVL V=83.3 PL=1	提升工件
33	MOVJ VJ=25.00 PL=1	中间移动点
34	MOVJ VJ=25.00 PL=1	中间移动点
35	MOVJ VJ=25.00	中间移动点
36	MOVL V=83.3	到达托盘上方释放工件位置，关键示教点
37	CALL JOB:HANDOPEN	手爪张开，释放工件
38	WAIT IN#(17)=OFF	等待手爪释放
39	MOVL V=166.7 PL=1	中间移动点
40	MOVL V=416.7 PL=2	中间移动点
41	PULSE OT#(9) T=1.00	向 PLC 发出 1s"机器人搬运完成"信号，下料完成
42	MOVJ VJ=25.00 PL=3	中间移动点
43	MOVJ VJ=25.00	返回工作原点
44	JUMP * LABEL1	跳转到开始的位置
45	END	

② 工件夹紧子程序　工件夹紧子程序"HANDCLOSE"见表 6-12。

表 6-12　工件夹紧子程序

序号	程序	注释	序号	程序	注释
1	NOP		5	WAIT IN#(17)=ON	等待夹紧完成
2	TIMER T=0.50	延时 0.5s	6	TIMER T=0.20	延时 0.2s
3	DOUT OT#(18) OFF	机器人手爪松开	7	END	
4	PULSE OT#(17) T=1.00	机器人手爪夹紧			

③ 工件释放子程序　工件释放子程序"HANDCLOSE"见表 6-13。

表 6-13　工件释放子程序

序号	程序	注释	序号	程序	注释
1	NOP		5	WAIT IN#(17)=OFF	等待松开完成
2	TIMER T=0.50	延时 0.5s	6	TIMER T=0.20	延时 0.2s
3	DOUT OT#(17) OFF	机器人手爪夹紧	7	END	
4	PULSE OT#(18) T=1.00	机器人手爪松开			

6.3.6 工业机器人自动生产线的安装

① 机器人抓具。机器人抓具通常是双抓具，一个负责取毛坯，另一个负责取成品，以提

高机器人工作效率，如图 6-75 所示。

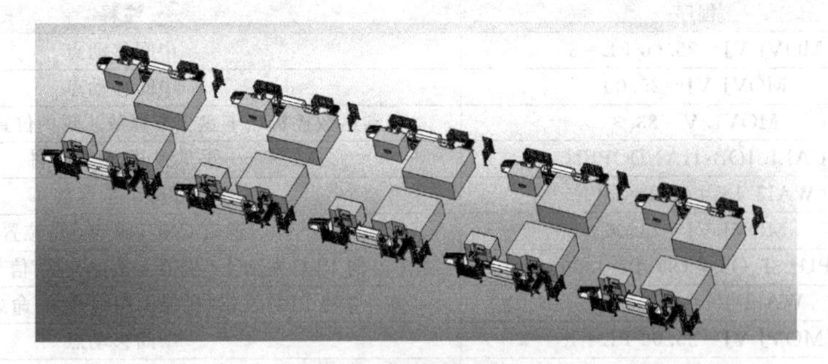

(a) 工业机器人自动生产线

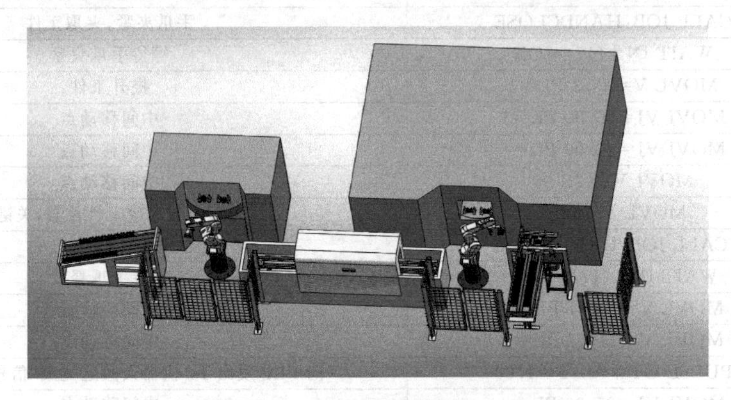

(b) 机器人抓具装卸零件

(c) 放下零件

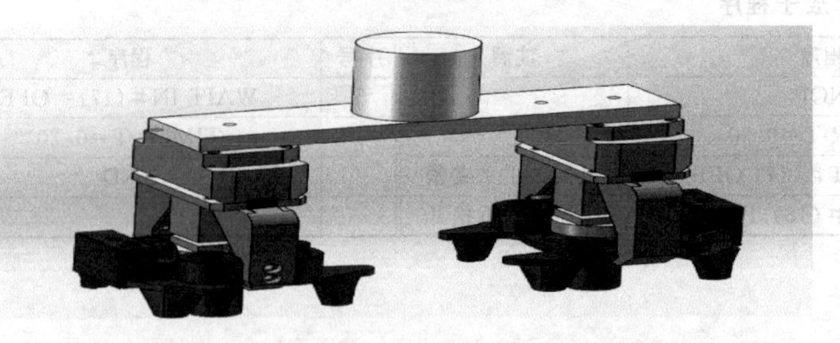

(d) 抓取零件

图 6-75　机器人抓具

② 机器人底座或第七轴见图 6-76。

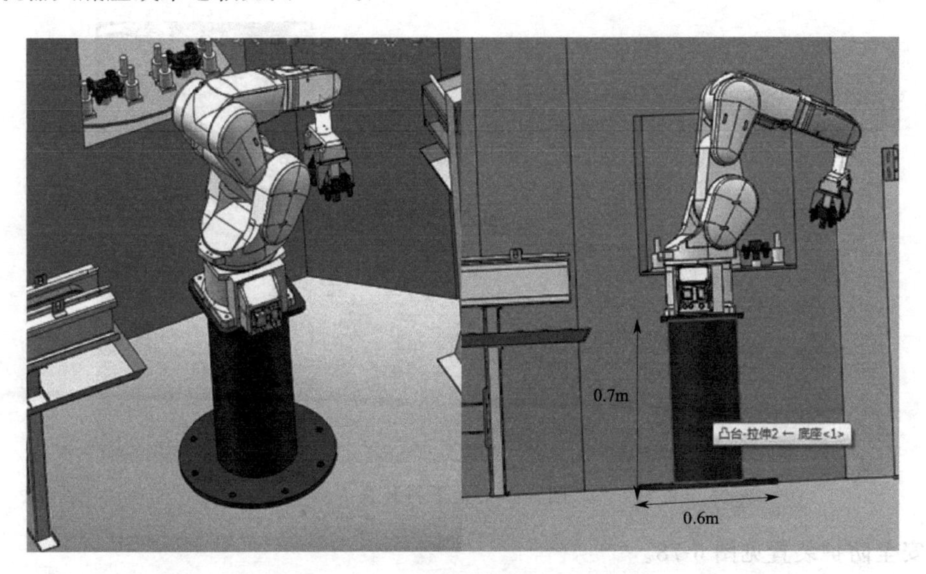

(a) 安装图样

(b) 安装完成图

图 6-76　机器人底座或第七轴

③ 上下料装置见图 6-77。

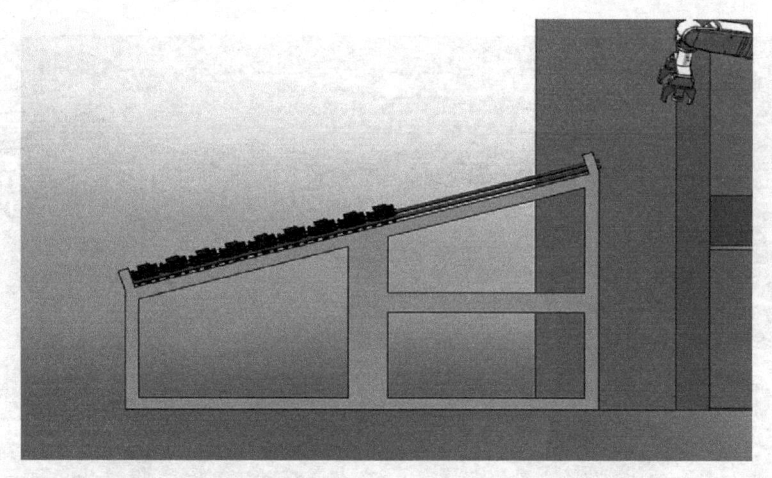

图 6-77　上下料装置

④ 安全防护装置见图 6-78。

(a) 安全围栏

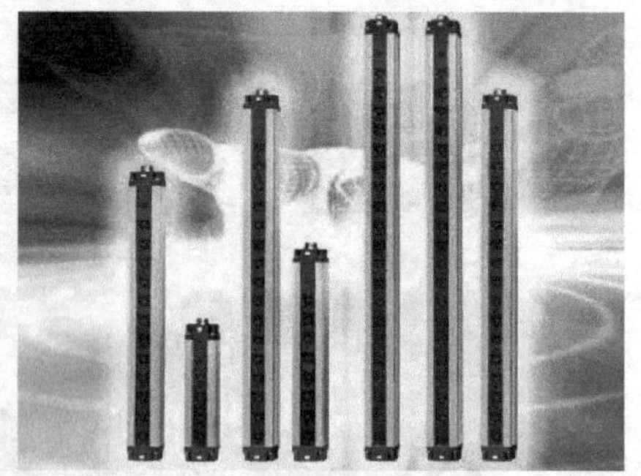

(b) 安全光栅

图 6-78　安全防护装置

⑤ 气动门改造见图 6-79。

图 6-79　气动门改造

6.3.7　工业机器人自动生产线的注意事项

(1) 缠屑

缠屑问题：如果缠屑不处理，将会导致装夹位置不准确、上下料困难等问题。面对此类问题，我们首先要提出让客户改良工艺或车削刀具，要有效断屑；除此之外，还需增加吹气装置，每个工作节拍内吹气一次，减少铁屑堆积，如图 6-80 所示。

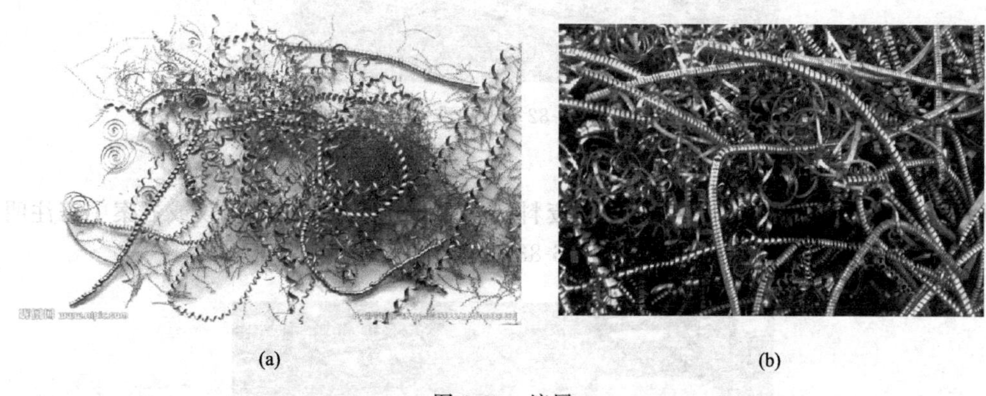

(a)　　(b)

图 6-80　缠屑

(2) 装夹定位

装夹定位问题：机床的定位主要靠定位销。一般情况下，定位销会比定位孔小一些，不会发生工件难以装入现象；但遇到间隙配合特别小的时候，首先我们要亲自操作一下，看工件与定位销之间的配合，再结合机器人精度，做一个预判，以防后期机器人工作站调试时无法装夹到位，如图 6-81 所示。

图 6-81　装夹定位

(3) 装夹到位

装夹到位问题：有部分工件，在卡盘内部有一个硬限位，工件在装夹时，必须紧靠硬限位，加工出的零件才算合格，遇此类情况，建议选用特制气缸，含推紧压板，可以有效达到目的。

(4) 主轴准停

主轴准停问题：有的工件在装夹时认方向，主轴需有主轴定向功能，才可以实现机器人上下料，如图 6-82 所示。

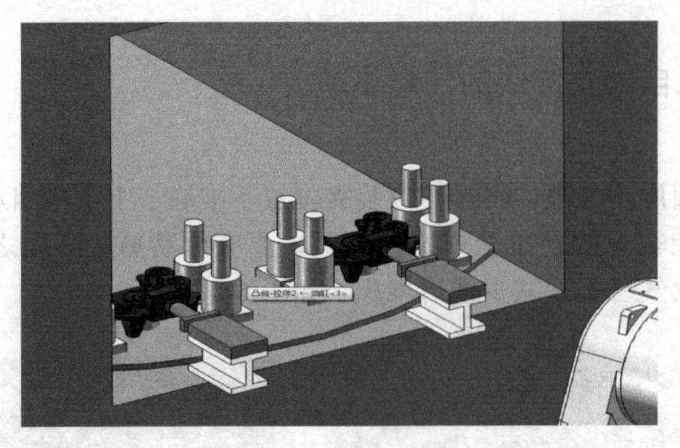

图 6-82　主轴准停

(5) 铁屑堆积

铁屑堆积问题：有部分数控车床不含废料回收系统，此时在技术协议或方案中需注明，要客户根据实际情况，定期清理铁屑，如图 6-83 所示。

图 6-83　铁屑堆积

(6) 断刀问题

断刀问题：这是车床上下料中最头痛的问题，如机床自带断刀检测，那一切都没问题；如没有断刀检测，那只有通过定时抽检来判断此现象，如断刀现象频繁，那么建议研究该项目的可行性。

(7) 节拍的控制

节拍的控制问题：机床和机器人的节拍基本需要保持同步，以保障高效性，如图 6-84 所示。

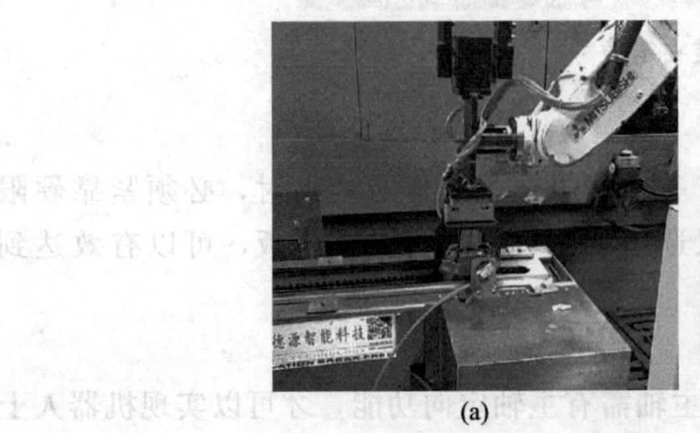

(a)

(b)

图 6-84　节拍的控制

第7章 喷涂工业机器人工作站的集成

7.1 认识喷涂机器人

计算机控制的喷涂机器人早在1975年就投入使用，它可以避免人体的健康受到危害，提高经济效益（如节省油漆）和喷涂质量。由于具有可编程能力，所以喷涂机器人能适应于各种应用场合。例如，在汽车工业上，可利用喷涂机器人对下车架和前灯区域、轮孔、窗口、下承板、发动机部件、门面以及后备厢等部分进行喷漆。由于能够代替人在危险和恶劣环境下进行喷涂作业，所以喷涂机器人得到了日益广泛的应用。

由于喷涂工序中雾状漆料对人体有危害，喷涂环境中照明、通风等条件很差，而且不易从根本上改进，因此在这个领域中大量使用了喷涂机器人。使用喷涂机器人不仅可以改善劳动条件，而且还可以提高产品的产量和质量、降低成本。

杜尔公司的第二代涂装机器人 EcoRP E32/33 的首次亮相是在2005年9月，此后不久，该机器人就在正式生产中显示了它非凡的实力。德国乌尔姆（Ulm）市的艾瓦客车作为首位客户购买了两台 EcoRP E33 型机器人，用于改造后的中涂线巴士汽车涂装，该涂装设备于2006年1月启用，取得了不错的效果。与此同时，还有其他项目分别在美国、墨西哥、西班牙、英国和韩国等地进行。在墨西哥的戴姆勒克莱斯勒汽车公司，两个面漆涂装机站在改造前总共需要20只雾化器，而在改造后只需8台 EcoRP E33 机器人。单纯从雾化器数量的减少看，就已经节省了可观的油漆和能源；而且该机器人布置在1.9m高的轨道上，有利于皮卡车厢的涂装生产，同时还提高了该涂装区域（对新车型）的适应性，如图7-1所示。

图7-1 汽车涂装线

7.1.1 喷涂机器人的一般要求与特点

(1) 喷涂机器人的环境要求

① 工作环境包含易爆的喷涂剂蒸气。

② 沿轨迹高速运动，途经各点均为作业点。

③ 多数的被喷涂件都搭载在传送带上，边移动、边喷涂。

(2) 喷涂机器人的技术要求

① 机器人的运动链要有足够的灵活性，以适应喷枪对工件表面的不同姿态要求，多关节型为最常用，它有5～6个自由度。

② 要求速度均匀，特别是在轨迹拐角处误差要小，以避免喷涂层不均。

③ 控制方式通常以手把手示教方式为多见，因此要求在其整个工作空间内示教时省力，要考虑重力平衡问题。

④ 可能需要轨迹跟踪装置。

⑤ 一般均用连续轨迹控制方式。

⑥ 要有防爆要求。

(3) 涂装机器人的特点

① 最大限度提高涂料的利用率、降低涂装过程中的VOC（有害挥发性有机物）排放量。

② 显著提高喷枪的运动速度，缩短生产节拍，效率显著高于传统的机械涂装。

③ 柔性强，能够适应多品种、小批量的涂装任务。

④ 能够精确保证涂装工艺的一致性，获得较高质量的涂装产品。

⑤ 与高速旋杯经典涂装站相比，可以减少30%～40%的喷枪数量，降低系统故障率和维护成本。

(4) 涂装机器人的应用特点

① 能够通过示教器方便地设定流量、雾化气压、喷幅气压以及静电量等涂装参数。

② 具有供漆系统，能够方便地进行换色、混色，确保高质量、高精度的工艺调节。

③ 具有多种安装方式，如落地、倒置、角度安装和壁挂。

④ 能够与转台、滑台、输送链等一系列的工艺辅助设备轻松集成。

⑤ 结构紧凑，减少密闭涂装室（简称喷房）尺寸，降低通风要求。

7.1.2 涂装机器人的分类

(1) 按球型手腕与非球型手腕分类

目前，国内外的涂装机器人从结构上大多数仍采取与通用工业机器人相似的5或6自由度串联关节式机器人，在其末端加装自动喷枪。按照手腕结构划分，涂装机器人应用中较为普遍的主要有两种：球型手腕涂装机器人和非球型手腕涂装机器人，如图7-2所示。

① 球型手腕涂装机器人　球型手腕涂装机器人与通用工业机器人手腕结构类似，手腕三个关节轴线相交于一点，即目前绝大多数商用机器人所采用的Bendix手腕，如图7-3所示。该手腕结构能够保证机器人运动学逆解具有解析解，便于离线编程的控制，但是由于其腕部第二关节不能实现360°周转，故工作空间相对较小。采用球型手腕的涂装机器人多为紧凑型结构，其工作半径多在0.7～1.2m，多用于小型工件的涂装。

② 非球型手腕涂装机器人　非球型手腕涂装机器人，其手腕的3个轴线并非如球型手腕机器人一样相交于一点，而是相交于两点。非球型手腕机器人相对于球型手腕机器人来说更适

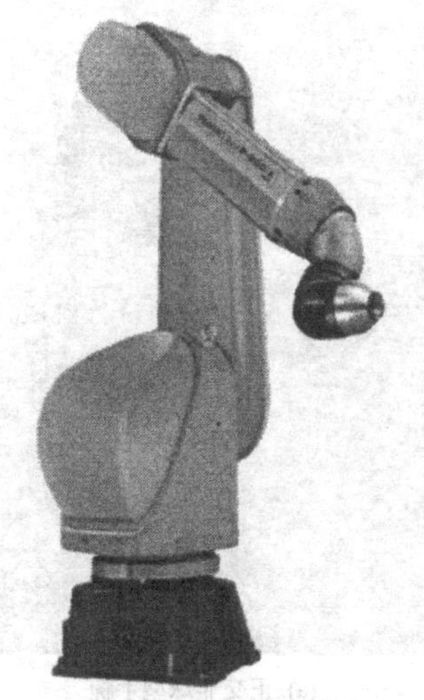
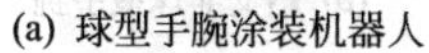

(a) 球型手腕涂装机器人　　(b) 非球型手腕涂装机器人

图 7-2　涂装机器人分类

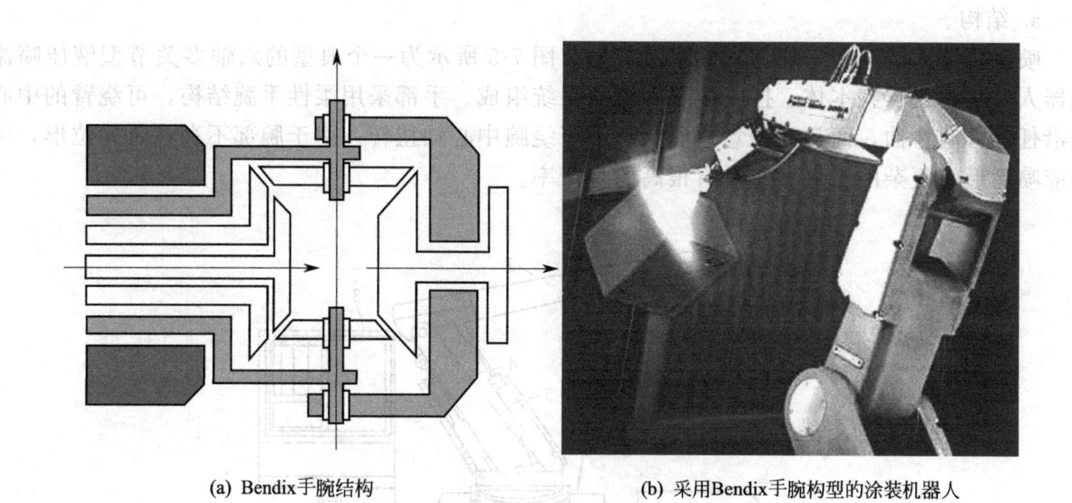

(a) Bendix手腕结构　　(b) 采用Bendix手腕构型的涂装机器人

图 7-3　Bendix 手腕结构及涂装机器人

合于涂装作业。该型涂装机器人每个腕关节转动角度都能达到 360°以上，手腕灵活性强，机器人工作空间较大，特别适用复杂曲面及狭小空间内的涂装作业，但由于非球型手腕运动学逆解没有解析解，增大了机器人控制的难度，难以实现离线编程控制。

非球型手腕涂装机器人根据相邻轴线的位置关系又可分为正交非球型手腕和斜交非球型手腕两种形式，如图 7-4 所示。图 7-4(a) 所示 Comau SMART-3 S 型机器人所采用的即为正交非球型手腕，其相邻轴线夹角为 90°；而 FANUC P-250iA 型机器人的手腕相邻两轴线不垂直，而是呈一定的角度，即斜交非球型手腕，如图 7-4(b) 所示。

现今应用的涂装机器人中很少采用正交非球型手腕，主要是其在结构上相邻腕关节彼此垂直，容易造成从手腕中穿过的管路出现较大的弯折、堵塞甚至折断管路。相反，斜交非球型手腕若做成中空的，各管线从中穿过，直接连接到末端高转速旋杯喷枪上，在作业过程中内部管线较为柔顺，故被各大厂商采用。

(2) 按液压与电动分类

① 液压喷漆机器人

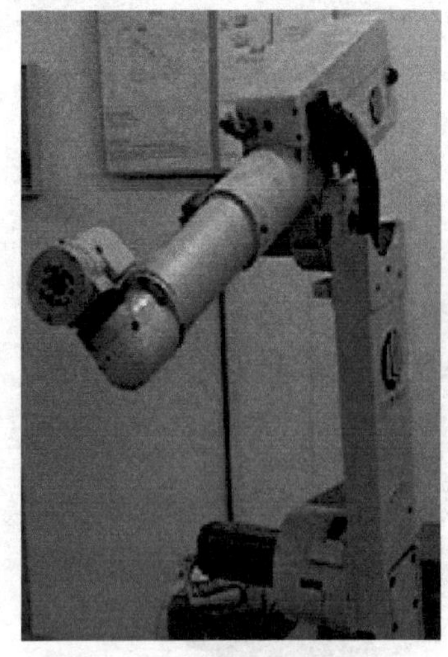

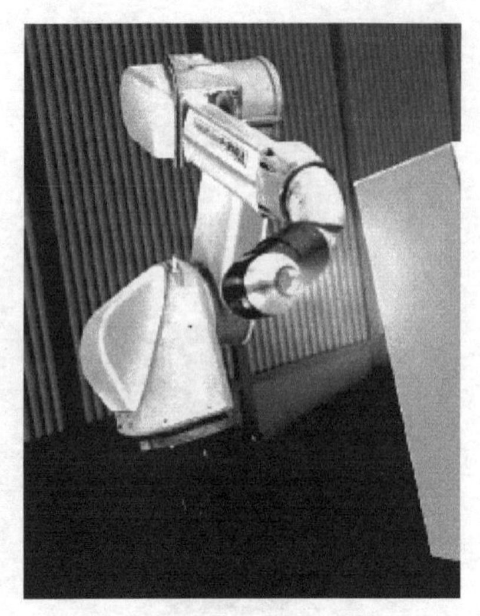

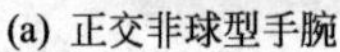

(a) 正交非球型手腕　　(b) 斜交非球型手腕

图 7-4　非球型手腕涂装机器人

a. 结构。

喷涂机器人的结构一般为六轴多关节型，图 7-5 所示为一个典型的六轴多关节型液压喷涂机器人。它由机器人本体、控制装置和液压系统组成。手部采用柔性手腕结构，可绕臂的中心轴沿任意方向弯曲，而且在任意弯曲状态下可绕腕中心轴扭转。由于腕部不存在奇异位形，所以能喷涂形态复杂的工件，并具有很高的生产率。

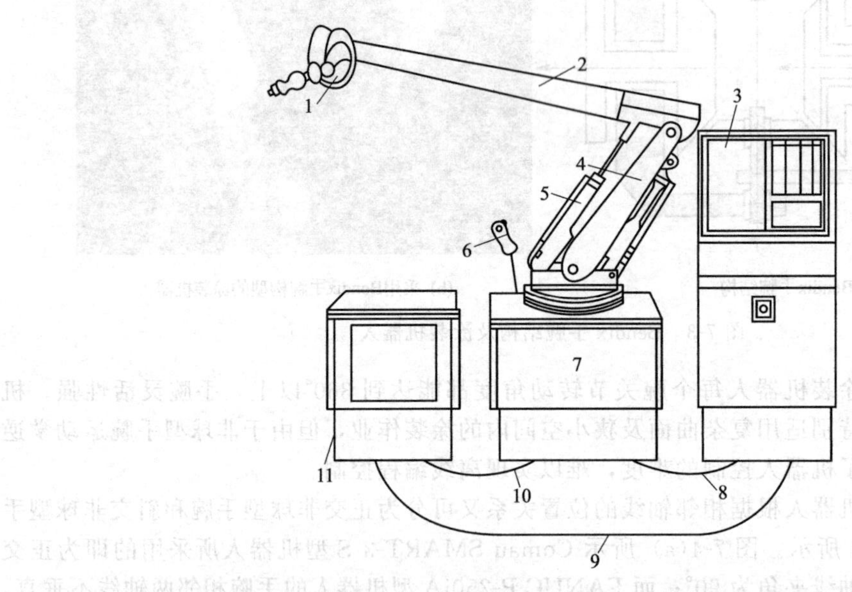

图 7-5　六轴多关节型液压喷涂机器人系统

1—操作机；2—水平臂；3—控制装置；4—垂直臂；5—液压缸；6—示教手把；7—底座；
8—主电缆；9—电缆；10—软管；11—油泵

b. 伺服控制技术。众所周知，多关节型机器人运动时，随手臂位姿的改变，其惯性矩的变化很大，因此伺服系统很难得到高速运动下的最佳增益，液压喷漆机器人当然也不例外，再加上液压伺服阀死区的影响，使它的轨迹精度有所下降。

c. 限速措施。用遥控操作进行示教和修正时，需要操作者靠近机器人作业，为了安全起见，不但应在软件上采取限速措施，而且在硬件方面也应加装限速液压回路。具体地，可以在伺服阀和油缸间设置一个速度切换阀，遥控操作时，切换阀限制压力油的流量，把臂的速度控制在 0.3m/s 以下。

d. 防爆技术。喷漆机器人主机和操作板必须满足本质防爆安全规定。这些规定归根结底就是要求机器人在可能发生强烈爆炸的危险环境也能安全工作。在日本是由产业安全技术协会负责认定安全事宜的，在美国是 FMR（Factory Mutual Research）负责安全认定事宜。要想进入国际市场，必须经过这两个机构的认可。为了满足认定标准，在技术上可采取两种措施：一是增设稳压屏蔽电路，把电路的能量降到规定值以内；二是适当增加液压系统的机械强度。

② 电动喷漆机器人　喷漆机器人之所以一直采取液压驱动方式，主要是从它必须在充满可燃性溶剂蒸气环境中安全工作着想的。近年来，由于交流伺服电机的应用和高速伺服技术的进步，在喷漆机器人中采用电驱动已经成为可能。现阶段，电动喷漆机器人多采用耐压或内压防爆结构，限定在 1 类危险环境（在通常条件下有生成危险气体介质之虞）和 2 类危险环境（在异常条件下有生成危险气体介质之虞）下使用。

电动喷漆机器人采用所谓内压防塌方式，这是指往电气箱中人为地注入高压气体（比易爆危险气体介质的压力高）的做法。在此基础上，如再采用无火花交流电机和无刷旋转变压器，则可组成安全性更好的防爆系统。为了保证绝对安全，电气箱内装有监视压力状态的压力传感器，一旦压力降到设定值以下，它便立即感知并切断电源，停止机器人工作。

喷漆系统由图 7-6 所示的两台电动喷漆机器人及其周边设备组成。喷漆动作在静止状态示教，再现时，机器人可根据传送带的信号实时地进行坐标变换，一边跟踪被喷漆工件，一边完成喷漆作业。由于机器人具有与传送带同步的功能，因此，当传送带的速度发生变化时，喷枪相对工件的速度仍能保持不变，即使传送带停下来，也可以正常地继续喷漆作业，直至完工，所以，涂层质量能够得到良好的控制。

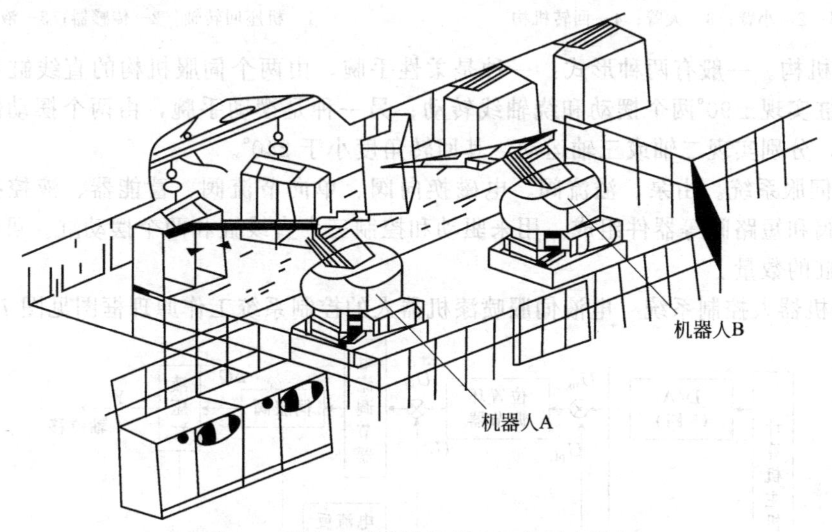

图 7-6　两台电动喷漆机器人及其周边设备

7.1.3　喷涂机器人的结构

(1) 传统喷涂机器人

① 喷涂机器人的结构　喷涂机器人本体的机械结构主要参数列于表 7-1。

表 7-1 喷涂机器人机械机构参数

结构形式	大多为关节机器人，少量为直角坐标型及圆柱坐标型，近几年门式机器人有所发展
轴数	以 5～6 轴为多，少量为 1、2、3、4、7、9 轴
负载	以 50N 左右居多，范围为 10～5000N
速度	一般为 1～2m/s，最高达 40m/s
重复度	一般为±2mm，最高达 0.025mm
驱动方式	以电液伺服驱动为多，少量气动和步进电动机驱动，当前主要采用 AC 伺服驱动

电液伺服驱动机器人的构成见图 7-7。其中回转机构、大臂、小臂和腕部每个轴均由电液伺服控制，并带有独立油源，以实现机器人的驱动。

a. 回转机构。主要由回转支座和伺服机构组成。

b. 大臂机构。主要由立臂、伺服机构、直线液压缸和平衡机构组成。

c. 小臂机构。主要由横臂、伺服机构、直线液压缸和平衡机构组成。小臂平衡机构结构示意图见图 7-8。

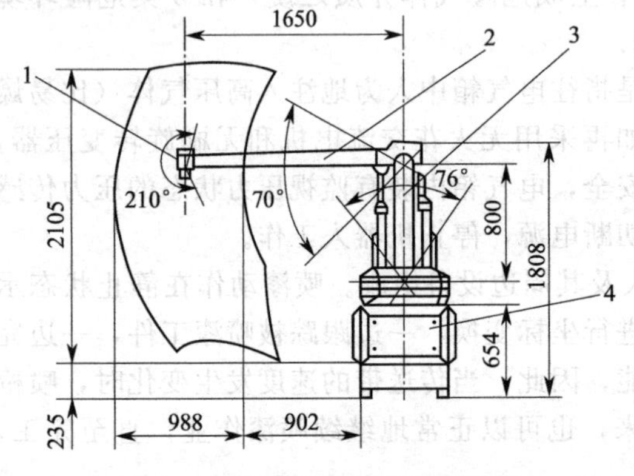

图 7-7 电液伺服驱动机器人构成

1—腕部；2—小臂；3—大臂；4—回转机构

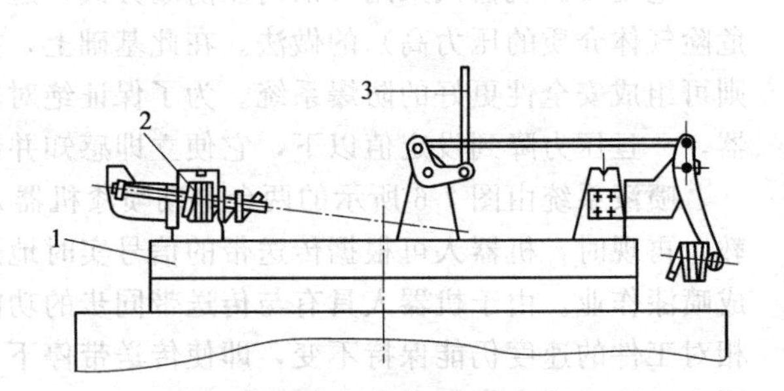

图 7-8 小臂平衡机构示意图

1—机座回转轴；2—传感器；3—液压缸

d. 腕部机构。一般有两种形式：一种是柔性手腕，由两个伺服机构的直线缸和一个伺服机构的摆动缸实现±90°两个摆动和绕轴线转动；另一种是摆动手腕，由两个摆动缸或者三个摆动缸组成，分别实现二轴或三轴运动，其回转角度小于 240°。

e. 电液伺服系统。由泵、溢流阀、电磁换向阀、单向节流阀、蓄能器、液控换向阀、滤油器、伺服阀和短路阀等器件组成。用来驱动和控制三个直线缸和两个摆动缸。可根据需要增减控制液压缸的数量。

② 喷涂机器人控制系统　电液伺服喷漆机器人的控制系统工作原理框图见图 7-9。

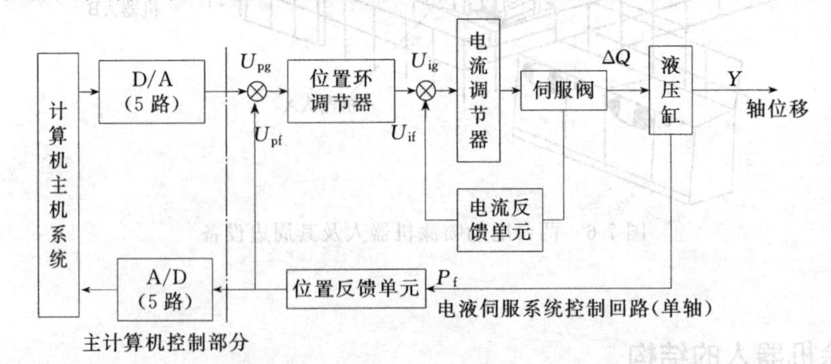

图 7-9 电液伺服喷漆机器人的控制系统工作原理框图

U_{pf}—位置环反馈电压；U_{pg}—位置给定电压；U_{ig}—电流环给定电压；

U_{if}—电流反馈电压；P_f 位置反馈；ΔQ—液压油流量

电液伺服喷漆机器人的控制系统构成框图见图 7-10。它具有实时多任务调度、实时控制函数插补计算、汉字菜单提示、故障检测、工件识别、多机通信、报警、人机对话等功能，是多 CPU 两级主从式计算机控制系统。采用准 16 位微处理器，STD 总线控制技术，模块化软件、硬件结构，采用 CP（连续）和 PTP（点位）两种示教方式，具有 CP 再现功能。

交流伺服电动喷漆机器人控制系统总体由主计算机、操作面板、手持示教盒、磁盘存储、接口控制、伺服系统、外设控制和电源系统等构成。系统具有二级 CPU 系统、中断控制、示教盒示教、隔离和安全保护等功能。

喷涂（包括涂胶、密封）机器人产品控制系统参数的统计情况列于表 7-2。

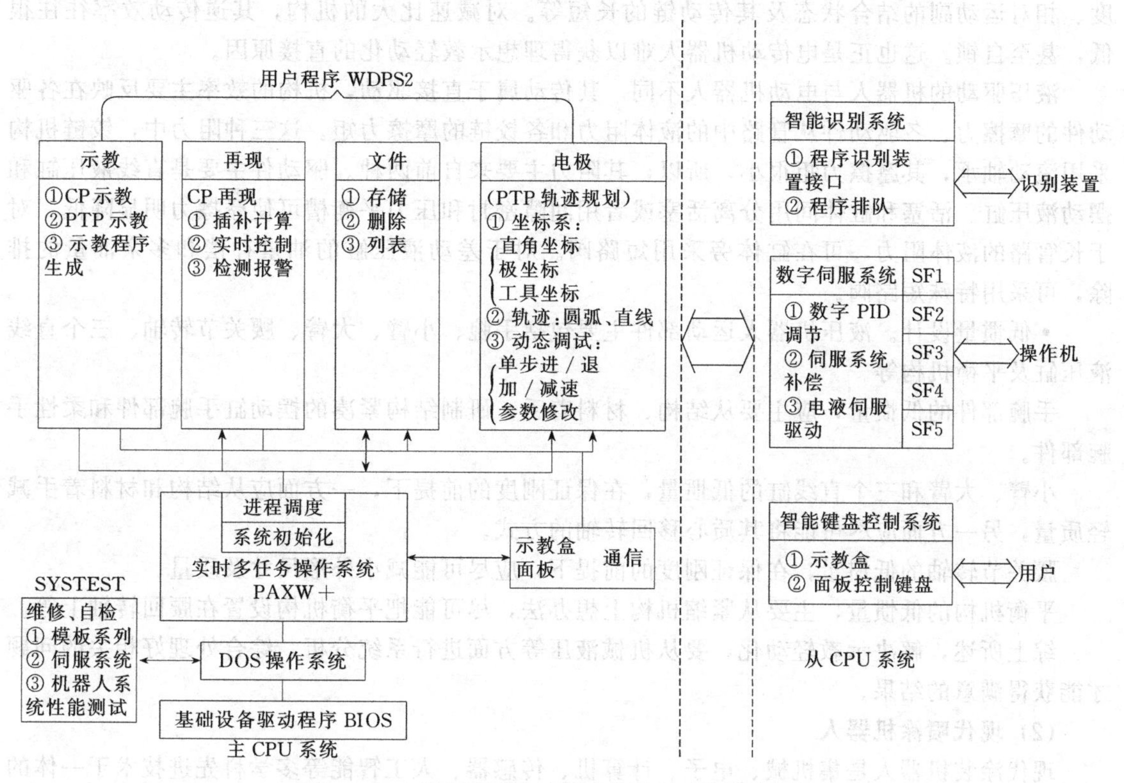

图 7-10　电液伺服喷涂机器人的控制系统构成框图

喷涂机器人采用的内部传感元件主要有旋转变压器、光电码盘和电位器等，已开始采用视觉和接近觉的外部传感元件。

表 7-2　喷涂机器人控制系统参数

控制器	PLC、PF-Karel、STD 总线
示教系统	手把手引导、示教盒、离线
接口	RS232 为多，其他有 RS422、模拟、MAP、Parallel、IEEE 等
编程	用户菜单、控制台，离线编成
语言	CROCUS、ARLA、C、PARL、DARL、PASCAL、机器代码，最近发展有直接英语、用户制定等

③ 直接示教轻动化　示教轻动化在连续导引示教喷涂机器人中有特别的重要性，可使机器人获得平滑、准确和匀速的运动轨迹，既可以满足工艺要求，又可保证机器人可靠的进行工作。

a. 示教轻动化的概念。示教轻动化是指手动牵引机器人末端示教时，机器人机构逆传动的实际效率及省力程度。它是以人手牵引机器人末端，引导机器人运动的牵引力的大小来描述的。

b. 影响示教轻动化的因素及解决途径。对于机器人来说，影响示教轻动化的因素，可归纳为两类：一是逆传动的效率；二是机构的轻量化。由此可知实现示教轻动化的途径有：减小各运动部件的质量和惯量；设计出理想的平衡机构；解决机器人机构逆传动效率。

减小部件的质量及降低惯量是设计紧凑合理平衡机构的基础。

• 平衡机构。大负载机器人多采用气缸平衡，小负载机器人则多采用弹簧机构平衡，个别机型也有采用伺服气缸来平衡负载力矩的。一些机器人又采用全方位平衡技术，以达到最佳平衡效果。

• 逆传动的效率。在普通机械传动中，机械传动效率取决于各运动副的材料、表面粗糙度、相对运动副的结合状态及其传动链的长短等。对减速比大的机构，其逆传动效率往往很低，甚至自锁。这也正是电传动机器人难以获得理想示教轻动化的直接原因。

液压驱动的机器人与电动机器人不同。其传动属于直接驱动，机构的效率主要反映在各驱动件的摩擦力、各驱动件从管路中的液体阻力和各铰链的摩擦力矩。这三种阻力中，铰链机构采用滚动轴承，其摩擦力矩很小，所以，其阻力主要来自前两种。驱动件主要是直线液压缸和摆动液压缸。活塞和缸体间用分离活塞或者用间隙密封和压力平衡槽可使摩擦力明显降低。对于长管路的液体阻力，可在缸体旁采用短路阀。对于差动液压缸的油量补偿和多余油量的排除，可采用特殊短路阀。

• 低惯量设计。液压机器人运动部件主要包括手腕、小臂、大臂、腰关节转轴、三个直线液压缸及平衡机构等。

手腕部件的低惯量，应主要从结构、材料着手，研制结构紧凑的摆动缸手腕部件和柔性手腕部件。

小臂、大臂和三个直线缸的低惯量，在保证刚度的前提下，一方面应从结构和材料着手减轻质量，另一方面应尽可能将其质心移回转轴的方式。

腰关节转轴的低惯量，在保证刚度的前提下，应尽可能减小外形尺寸及质量。

平衡机构的低惯量，主要从紧缩机构上想办法，尽可能把平衡机构设置在腰回转轴上等。

综上所述，解决示教轻动化，要从机械液压等方面进行系统分析，综合处理好相关的问题才能获得满意的结果。

(2) 现代喷涂机器人

现代涂装机器人是集机械、电子、计算机、传感器、人工智能等多学科先进技术于一体的现代制造业重要的自动化装备，在涂装生产过程中已经得到了广泛的应用，柔性化、节省投资和能耗、高度集成化成为研发新一代机器人关注的重点，以下将从机器人及涂装设备两方面介绍涂装机器人技术的新进展。

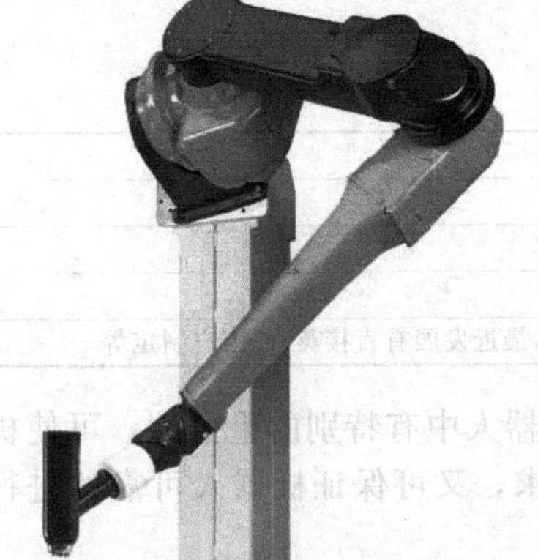

图 7-11 ABB Flex Painter IRB5500 涂装机器人

① 机器人系统 涂装机器人早已不是人们简单理解的一种产品或技术工具，其已带来制造业在涂装生产模式、理念、技术多个层面的深层次变革，各大机器人厂商也针对不同的工业应用推出深度定制的最新型涂装机器人。

a. 操作机。瑞士 ABB 机器人公司推出的为汽车工业量身定制的最新型涂装机器人——Flex Painter IRB5500（见图 7-11），它在涂装范围、涂装效率、集成性和综合性价比等方面具有较为突出的优势。IRB5500 型涂装机器人凭借其独特的设计和结构，依托 QuickMove 和 TrueMove 功能，可以实现高加速度的运动和灵活精准快速的涂装作业。其中，QuickMove 功能可以确保机器人能够快速从静止加速到设定速度，最大加速度可达 $24m/s^2$，而 TrueMove 功能则可以确保机器人在不同速度下，运动轨迹与编程设计轨迹保持一致，如图 7-12 所示。

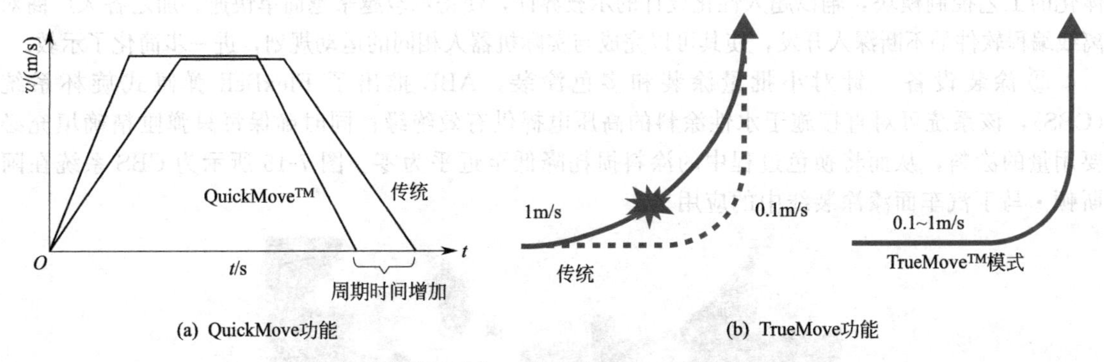

(a) QuickMove功能　　(b) TrueMove功能

图 7-12　TrueMove 和 QuickMove 功能示意图

b. 控制器。在环保意识日益增强的今天，为了营造环保效果好的“绿色工厂”，同时也为了降低运营成本，ABB 公司推出了融合集成过程系统（IPS）技术、连续涂装 StayOn 功能和无堆积 NoPatch 功能，为涂装车间应用量身定制的新一代涂装机器人控制系统——IRC5P。ABB 独有的 IPS 技术可实现高速度和高精度的闭环过程控制，最大限度消除了过喷现象，显著提高了涂装品质。连续涂装 StayOn 功能如图 7-13 所示，它在涂装作业过程中采取一致的涂装条件连续完成作业，不需要通过频繁开关来减少涂料的消耗，同时能保证高的涂装质量。无堆积 NoPatch 功能配合 IRB5500 机器人可以平行于纵向和横向车身表面自如移动手臂，可以一次涂装无需重叠拼接（见图 7-14）。这些技术的应用可显著节省循环时间和涂装材料。

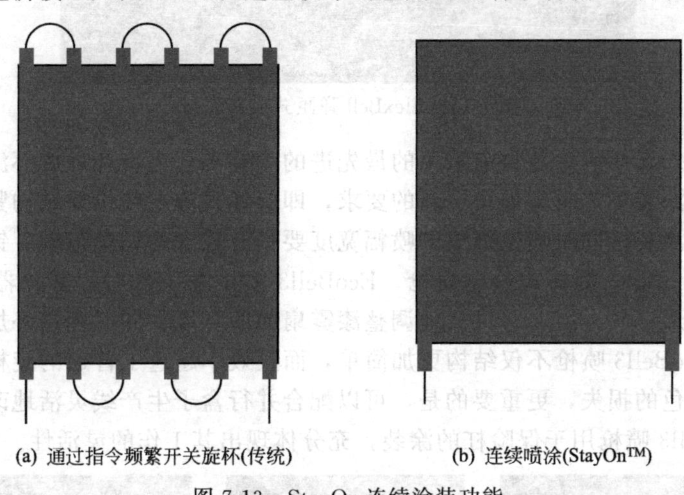

(a) 通过指令频繁开关旋杯(传统)　　(b) 连续喷涂(StayOn™)

图 7-13　StayOn 连续涂装功能

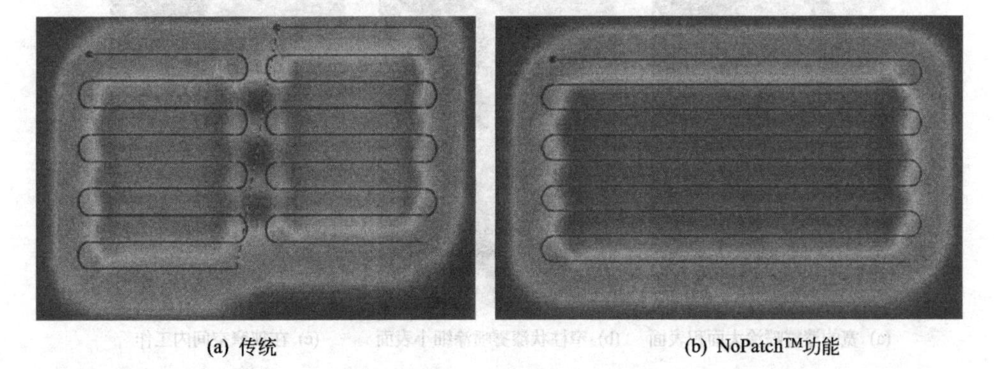

(a) 传统　　(b) NoPatch™功能

图 7-14　NoPatch 无堆积涂装功能

c. 示教器。示教器作为人机交互的桥梁，其新型产品不仅具有防爆功能，而且多集成了一体化的工艺控制模块，辅以超人性化设计的示教界面，使得示教越来越简单快速。加之各大厂商对离线编程软件的不断深入开发，使其可以完成与实际机器人相同的运动规划，进一步简化了示教。

② 涂装设备　针对小批量涂装和多色涂装，ABB 推出了 FlexBell 弹匣式旋杯系统（CBS），该系统可对直接施于水性涂料的高压电提供有效绝缘；同时确保每只弹匣精确填充必要用量的涂料，从而将换色过程中的涂料损耗降低至近乎为零。图 7-15 所示为 CBS 系统在阿斯顿·马丁汽车面漆涂装线中的应用。

图 7-15　FlexBell 弹匣式旋杯系统

对于汽车车身外表面的涂装目前采用的最先进的涂装工艺为旋杯加旋杯涂装，但当车身内表面采用旋杯静电涂装工艺时却提出了新的要求，即旋杯式静电喷枪要结构紧凑，以保证对内表面边角部位进行涂装，同时喷枪形成的喷幅宽度要具有较大的调整范围。针对这一课题，杜尔公司开发出了 EcoBell3 旋杯式静电喷枪。EcoBell3 喷枪在工作时，雾化器在旋杯周围形成两种相互独立的成形空气，能非常灵活地调整漆雾扇面的宽度，同时利用外加电方案将喷枪尺寸进一步缩小。EcoBell3 喷枪不仅结构更加简单，而且效率超过了普通的旋杯式静电喷枪，也明显减少了涂料换色的损失，更重要的是，可以配合并行盒子生产线灵活地改变生产能力。图 7-16 所示为 EcoBell3 喷枪用于保险杠的涂装，充分体现出其工作的灵活性。

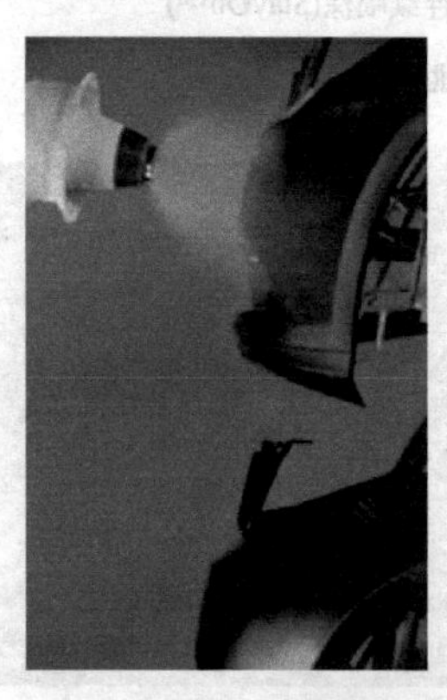

(a) 宽的漆雾喷涂大面积表面

(b) 窄柱状漆雾喷涂细小表面

(c) 在狭窄空间内工作

图 7-16　EcoBell3 旋杯式静电喷枪用于保险杠的涂装

7.2 涂装机器人工作站的集成

7.2.1 涂装机器人工作站的组成

典型的涂装机器人工作站主要由操作机、机器人控制系统、供漆系统、自动喷枪/旋杯、喷房、防爆吹扫系统等组成，如图 7-17 所示。

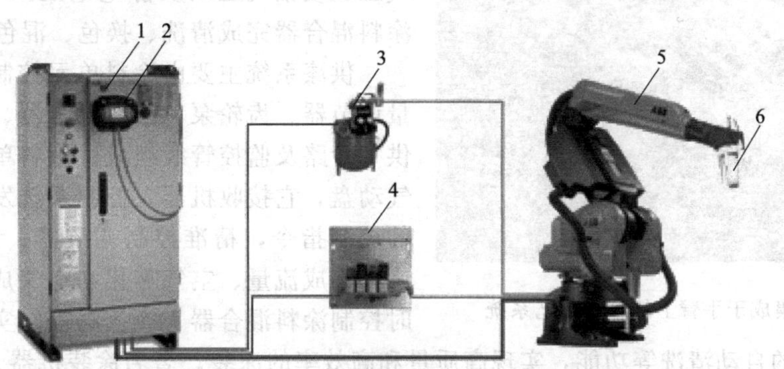

图 7-17 涂装机器人系统组成

1—机器人控制柜；2—示教器；3—供漆系统；4—防爆吹扫系统；5—操作机；6—自动喷枪/旋杯

涂装机器人与普通工业机器人相比，操作机在结构方面的差别除了球型手腕与非球型手腕外，主要是防爆、油漆及空气管路和喷枪的布置所导致的差异，归纳起来主要特点如下。

① 一般手臂工作范围宽大，进行涂装作业时可以灵活避障。

② 手腕一般有 2～3 个自由度，轻巧快速，适合内部、狭窄的空间及复杂工件的涂装。

③ 较先进的涂装机器人采用中空手臂和柔性中空手腕，如图 7-18 所示。采用中空手臂和柔性中空手腕使得软管、线缆可内置，从而避免软管与工件间发生干涉，减少管道黏着薄雾、飞沫，最大限度降低灰尘粘到工件的可能性，缩短生产节拍。

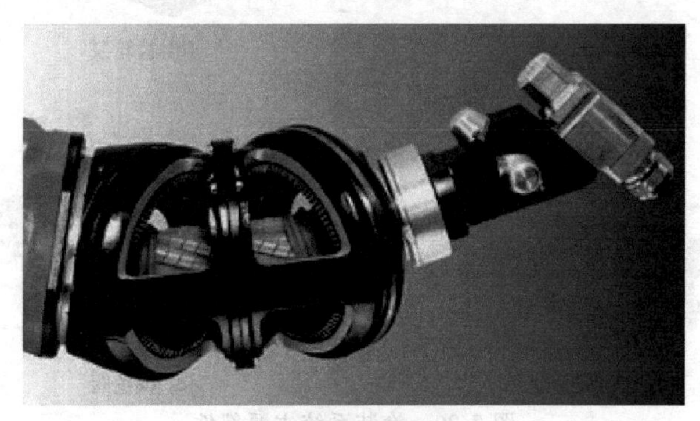

(a) 柔性中空手腕

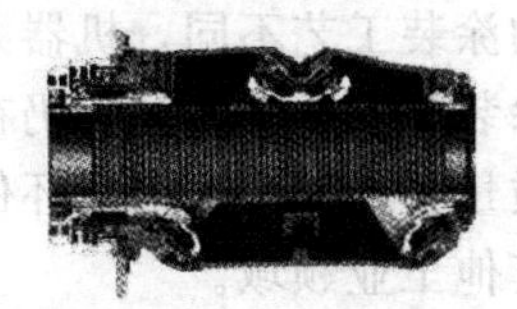

(b) 柔性中空手腕内部结构

图 7-18 柔性中空手腕及其结构

④ 一般在水平手臂搭载涂装工艺系统，从而缩短清洗、换色时间，提高生产效率，节约涂料及清洗液，如图 7-19 所示。

图 7-19　集成于手臂上的涂装工艺系统

涂装机器人控制系统主要完成本体和涂装工艺控制。本体控制在控制原理、功能及组成上与通用工业机器人基本相同；涂装工艺的控制则是对供漆系统的控制，即负责对涂料单元控制盘、喷枪/旋杯单元进行控制，发出喷枪/旋杯开关指令，自动控制和调整涂装的参数（如流量、雾化气压、喷幅气压以及静电电压），控制换色阀及涂料混合器完成清洗、换色、混色作业。

供漆系统主要由涂料单元控制盘、气源、流量调节器、齿轮泵、涂料混合器、换色阀、供漆供气管路及监控管线组成。涂料单元控制盘简称气动盘，它接收机器人控制系统发出的涂装工艺的控制指令，精准控制调节器、齿轮泵、喷枪/旋杯完成流量、空气雾化和空气成型的调整；同时控制涂料混合器、换色阀等以实现自动化的颜色切换和指定的自动清洗等功能，实现高质量和高效率的涂装。著名涂装机器人生产商 ABB、FANUC 等均有其自主生产的成熟供漆系统模块配套，图 7-20 所示为 ABB 生产的采用模块化设计、可实现闭环控制的流量调节器、齿轮泵、涂料混合器及换色阀模块。

(a) 流量调节器　(b) 齿轮泵

(c) 涂料混合器　(d) 换色阀

图 7-20　涂装系统主要部件

对于涂装机器人，根据所采用的涂装工艺不同，机器人“手持”的喷枪及配备的涂装系统也存在差异。传统涂装工艺中空气涂装与高压无气涂装仍在广泛使用，但近年来静电涂装，特别是旋杯式静电涂装工艺凭借其高质量、高效率、节能环保等优点已成为现代汽车车身涂装的主要手段之一，并且被广泛应用于其他工业领域。

(1) 空气涂装

所谓空气涂装，就是利用压缩空气的气流，流过喷枪喷嘴孔形成负压，在负压的作用下涂料从吸管吸入，经过喷嘴喷出，通过压缩空气对涂料进行吹散，以达到均匀雾化的效果。空气涂装一般用于家具、3C产品外壳，汽车等产品的涂装，图7-21所示是较为常见的自动空气喷枪。

(a) 日本明治FA100H-P　(b) 美国DEVILBISS T-AGHV　(c) 德国PILOT WA500

图7-21　自动空气喷枪

(2) 高压无气涂装

高压无气涂装是一种较先进的涂装方法，其采用增压泵将涂料增至6～30MPa的高压，通过很细的喷孔喷出，使涂料形成扇形雾状，具有较高的涂料传递效率和生产效率，表面质量明显优于空气涂装。

(3) 静电涂装

静电涂装一般是以接地的被涂物为阳极，接电源负高压的雾化涂料为阴极，使得涂料雾化颗粒上带电荷，通过静电作用，吸附在工件表面。通常应用于金属表面或导电性良好且结构复杂的表面，或是球面、圆柱面等的涂装，其中高速旋杯式静电喷枪已成为应用最广的工业涂装设备，如图7-22所示。它在工作时利用旋杯的高速（一般为30000～60000r/min）旋转运动产生离心作用，将涂料在旋杯内表面伸展成为薄膜，并通过巨大的加速度使其向旋杯边缘运动，在离心力及强电场的双重作用下，涂料破碎为极细的且带电的雾滴，向极性相反的被涂工件运动，沉积于被涂工件表面，形成均匀、平整、光滑、丰满的涂膜，其工作原理如图7-23所示。

(a) ABB溶剂性涂料高速旋杯式静电喷枪

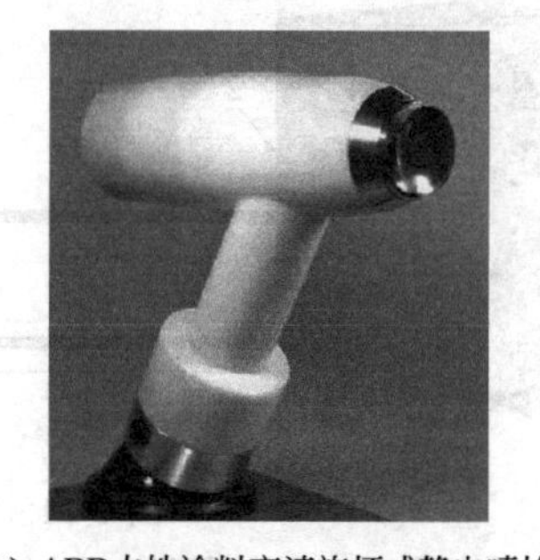

(b) ABB水性涂料高速旋杯式静电喷枪

图7-22　高速旋杯式静电喷枪

在进行涂装作业时，为了获得高质量的涂膜，除对机器人动作的柔性和精度、供漆系统及自动喷枪/旋杯的精准控制有所要求外，对涂装环境的最佳状态也提出了一定要求，如无尘、恒温、恒湿、工作环境内恒定的供风及对有害挥发性有机物含量的控制等，喷房由此应运而生。一般来说，喷房由涂装作业的工作室、收集有害挥发性有机物的废气舱、排气扇以及可将废气排放到建筑外的排气管等组成。

涂装机器人多在封闭的喷房内涂装工件的内外表面，由于涂装的薄雾是易燃易爆的，如果机器人的某个部件产生火花或温度过高，就会引起大火甚至爆炸，所以防爆吹扫系统对于涂装机器人是极其重要的一部分。防爆吹扫系统主要由危险区域之外的吹扫单元、操作机内部的吹

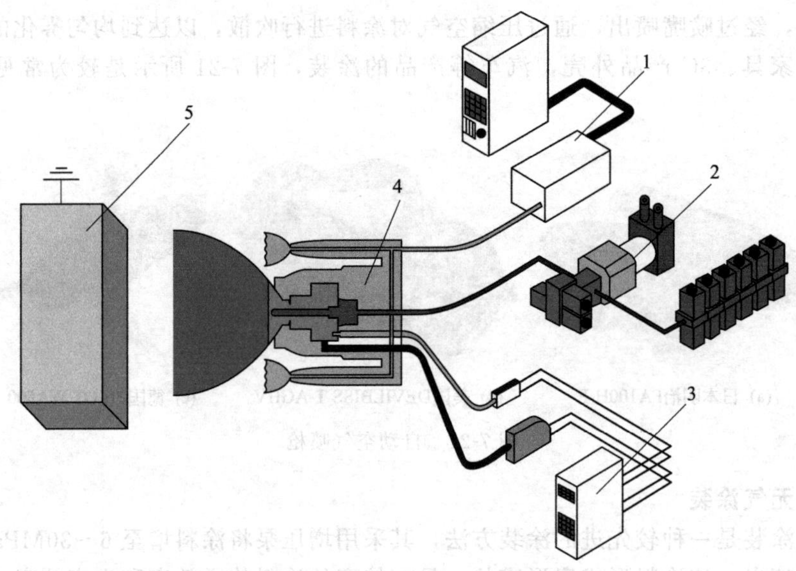

图 7-23　高速旋杯式静电喷枪工作原理

1—供气系统；2—供漆系统；3—高压静电发生系统；4—旋杯；5—工件

扫传感器、控制柜内的吹扫控制单元三部分组成。其防爆工作原理如图 7-24 所示，吹扫单元通过柔性软管向包含有电气元件的操作机内部施加压力，阻止爆燃性气体进入操作机内；同时由吹扫控制单元监视操作机内压、喷房气压，当异常状况发生时，立即切断操作机伺服电源。

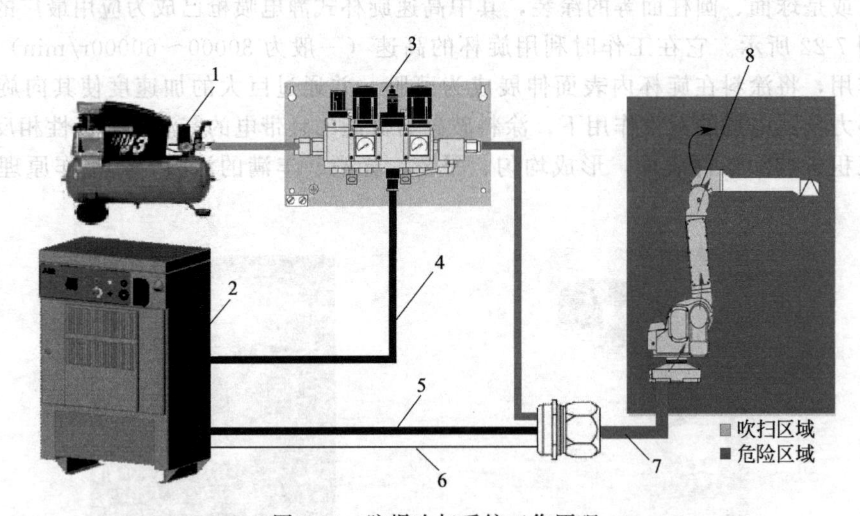

图 7-24　防爆吹扫系统工作原理

1—空气接口；2—控制柜；3—吹扫单元；4—吹扫单元控制电缆；5—操作机控制电缆；6—吹扫传感器控制电缆；7—软管；8—吹扫传感器

综上所述，涂装机器人主要包括机器人和自动涂装设备两部分。机器人由防爆机器人本体及完成涂装工艺控制的控制柜组成。而自动涂装设备主要由供漆系统及自动喷枪/旋杯组成。

7.2.2　涂装机器人的周边设备

完整的涂装机器人生产线及柔性涂装单元除了上文所提及的机器人和自动涂装设备两部分外，还包括一些周边辅助设备。同时，为了保证生产空间、能源和原料的高效利用，灵活性高、结构紧凑的涂装车间布局显得非常重要。

目前，常见的涂装机器人辅助装置有机器人行走单元、工件传送（旋转）单元、空气过滤系统、输调漆系统、喷枪清理装置、涂装生产线控制盘等。

(1) 机器人行走单元与工件传送（旋转）单元

主要包括完成工件的传送及旋转动作的伺服转台、伺服穿梭机及输送系统，以及完成机器人上下左右滑移的行走单元，但是涂装机器人所配备的行走单元与工件传送和旋转单元的防爆性能有着较高的要求。一般来说配备行走单元和工件传送与旋转单元的涂装机器人生产线及柔性涂装单元的工作方式有三种：动/静模式、流动模式及跟踪模式。

① 动/静模式　在动/静模式下，工件先由伺服穿梭机或输送系统传送到涂装室中，由伺服转台完成工件旋转，之后由涂装机器人单体或者配备行走单元的机器人对其完成涂装作业。在涂装过程中工件可以是静止地做独立运动，也可与机器人做协调运动，如图 7-25 所示。

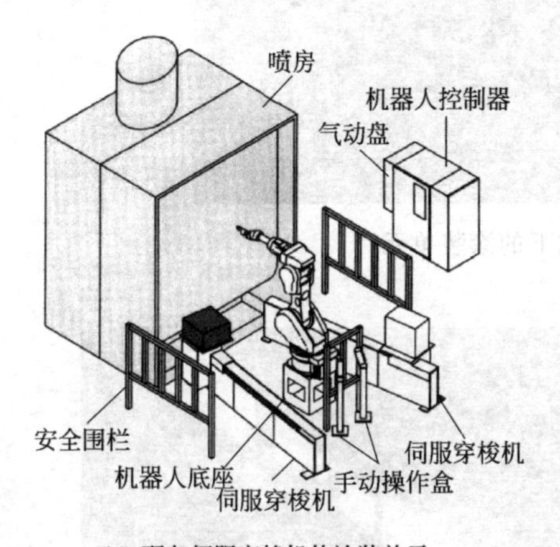

(a) 配备伺服穿梭机的涂装单元

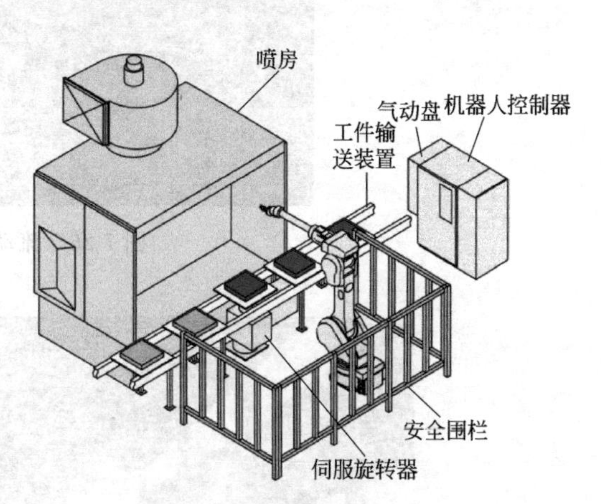

(b) 配备输送系统的涂装单元

(c) 配备行走单元的涂装单元

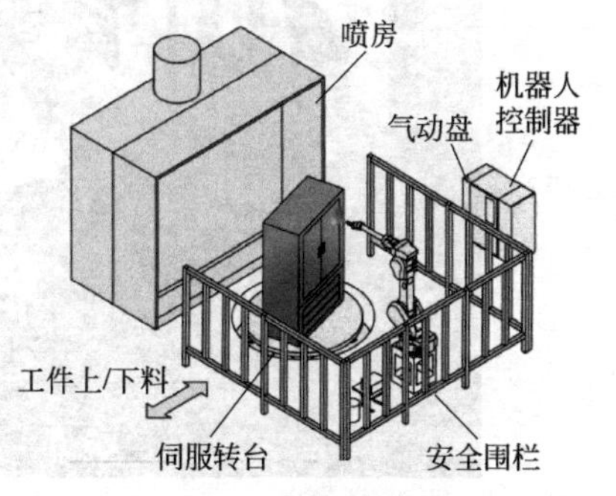

(d) 机器人与伺服转台协调运动的涂装单元

图 7-25　动/静模式下的涂装单元

② 流动模式　在流动模式下，工件由输送链承载匀速通过涂装室，由固定不动的涂装机器人对工件完成涂装作业，如图 7-26 所示。

③ 跟踪模式　在跟踪模式下，工件由输送链承载匀速通过涂装室，机器人不仅要跟踪随输送链运动的涂装物，而且要根据涂装面而改变喷枪的方向和角度，如图 7-27 所示。

(2) 空气过滤系统

在涂装作业过程中，当大于或者等于 10μm 的粉尘混入漆层时，用肉眼就可以明显看到由粉尘造成的瑕点。为了保证涂装作业的表面质量，涂装线所处的环境及空气涂装所使用的压缩空气应尽可能保持清洁，这是由空气过滤系统使用大量空气过滤器对空气质量进行处理以及保持涂装车间正压来实现的。喷房内的空气纯净度要求最高，一般来说要求经过三道过滤。

图 7-26　流动模式下的涂装单元

图 7-27　跟踪模式下的涂装机器人生产线

(3) 输调漆系统

涂装机器人生产线一般由多个涂装机器人单元协同作业，这时需要有稳定、可靠的涂料及溶剂的供应，而输调漆系统则是保证这一问题的重要装置。一般来说，输调漆系统由以下几部分组成：油漆和溶剂混合的调漆系统、为涂装机器人提供油漆和溶剂的输送系统，液压泵系统、油漆温度控制系统、溶剂回收系统、辅助输调漆设备及输调漆管网等，如图 7-28 所示。

(4) 喷枪清理装置

涂装机器人的设备利用率高达 90%～95%，在进行涂装作业中，难免发生污物堵塞喷枪气路，同时，在对不同工件进行涂装时，也需要进行换色作业，此时需要对喷枪进行清理。自动化的喷枪清洗装置能够快速、干净、安全地完成喷枪的清洗和颜色更换，彻底清除喷枪通道内及喷枪上飞溅的涂料残渣，同时对喷枪完成干燥，减少喷枪清理所耗用的时间、溶剂及空

图 7-28　艾森曼公司设计制造的输调漆系统

气，如图 7-29 所示。喷枪清洗装置在对喷枪清理时，一般经过四个步骤：空气自动冲洗、自动清洗、自动溶剂冲洗、自动通风排气。

(5) 涂装生产线控制盘

对于采用两套或者两套以上涂装机器人单元同时工作的涂装作业系统，一般需配置生产线控制盘对生产线进行监控和管理。图 7-30 所示为川崎公司的 KOSMOS 涂装生产线控制盘界面，其功能如下所述。

① 生产线监控功能。通过管理界面可以监控整个涂装作业系统的状态，例如工件类型、颜色、涂装机器人和周边装置的操作、涂装条件、系统故障信息等。

② 可以方便设置和更改涂装条件和涂料单元的控制盘，即对涂料流量、雾化气压、喷幅（调扇幅）气压、静电电压进行设置，并可设置颜色切换的时序图、喷枪清洗及各类工件类型和颜色的程序编号。

③ 可以管理统计生产线各类生产数据，包括：产量统计、故障统计、涂料消耗率等。

图 7-29　Uni-ram UG4000 自动喷枪清理机

7.2.3　参数设置

不同品牌的工业机器人，其参数设置是有异的，现以 ABB 为例来介绍之。

在此工作站中，配置 1 个 DSQC652 通信板卡（数字量 16 进 16 出），需要在 unit 中设置此 I/O 单元的相关参数，配置见表 7-3 和表 7-4。

表 7-3　Unit 单元参数

Name	Type of Unit	Connected to Bus	Device Net Address
Board10	D652	DeviceNet1	10

在此工作站中，需要配置 1 个数字输出信号 do Glue，用于控制涂胶枪动作；1 个数字输入信号 di Glue start，用于涂胶启动信号。

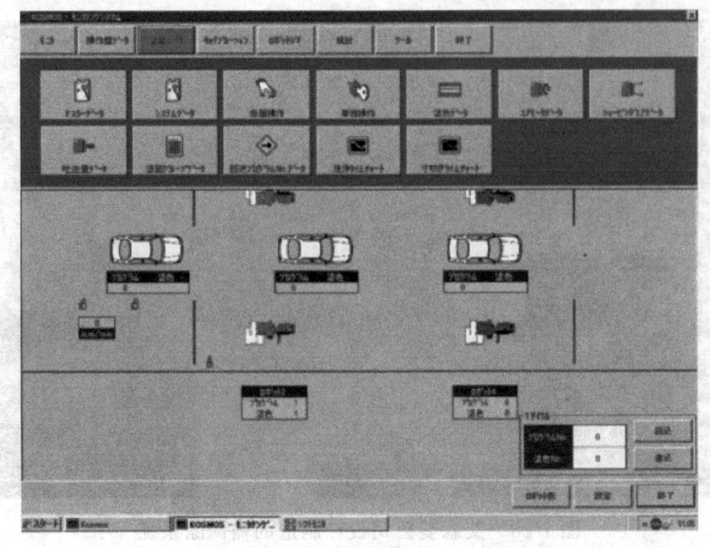

图 7-30　KOSMOS 涂装生产线控制盘

表 7-4　I/O 信号参数

Name	Type of Signal	Assigned to Unit	Unit Mapping
do Glue	Digital Output	Board10	0
Di Glue Start	Digital Input	Board10	0

虚拟示教器打开以后，首先将界面语言改选为中文，然后依次单击“ABB 菜单”→“控制面板”→“配置”，进入“I/O 主题”，配置 I/O 信号。

在此工作站中，配置 1 个 DSQC652 通信板卡（数字量 16 进 16 出），则需要在 unit 中设置此 I/O 单元的相关参数，配置见表 7-5 和表 7-6。

表 7-5　Unit 单元参数

Name	Type of Unit	Connected to Bus	Device Net Address
Board10	D652	Device Net1	10

在此工作站中，需要配置如下信号。

数字输出信号 doGlue，用于控制胶枪涂胶。

数字输入信号 diGlueStartA，A 工位涂胶启动信号。

数字输入信号 diGluestartB，B 工位涂胶启动信号。

表 7-6　I/O 信号参数

Name	Type of Signal	Assigned to Unit	Unit Mapping
do Glue	Digital Output	Board10	0
diGlue　StartA	Digital Input	Board10	0
diGlue StartB	Digital Input	Board10	1

7.3　涂装工业机器人站的布局与自动喷涂线的形式

7.3.1　涂装工业机器人站的布局

涂装机器人具有涂装质量稳定，涂料利用率高，可以连续大批量生产等优点，涂装机器人工作站或生产线的布局是否合理直接影响到企业的产能及能源和原料利用率。对于由涂装机器人与周边设备组成的涂装机器人工作站的工位布局形式，与之前介绍的焊接机器人工作站的布局形式相仿，常见由工作台或工件传送（旋转）单元配合涂装机器人构成并排、A 型、H 型与转台型双工位工作站。对于汽车及机械制造等行业，往往需要结构紧凑灵活、自动化程度高的涂装生产线，涂装生产线在形式上一般有两种，即线型布局和并行盒子布局，如图 7-31 所示。

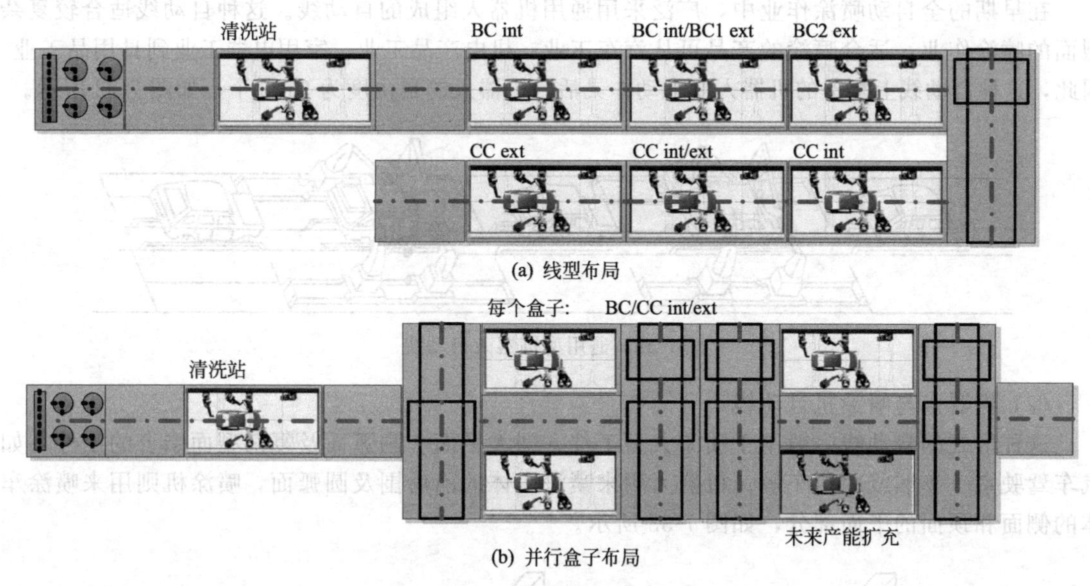

图 7-31　涂装机器人生产线布局

图 7-31(a) 所示的采取线型布局的涂装生产线在进行涂装作业时，产品依次通过各工作站完成清洗、中涂、底漆、清漆和烘干等工序，负责不同工序的各工作站间采用停走运行方式。对于图 7-31(b) 所示的并行盒子布局，在进行涂装作业时，产品进入清洗站完成清洗作业，接着为其外表面进行中涂，之后被分送到不同的盒子中完成内部和表面的底漆和清漆涂装，不同盒子间可同时以不同周期时间运行，同时日后如需扩充生产能力，可以轻易地整合新的盒子到现有的生产线中。对于线型布局和并行盒子布局的生产线，其特点与适用范围对比见表 7-7。

表 7-7　线型布局与并行盒子布局生产线比较

比较项目	线型布局生产线	并行盒子布局生产线
涂装产品范围	单一	满足多产品要求
对生产节拍变化适应性	要求尽可能稳定	可适应各异的生产节拍
同等生产力的系统长度	长	远远短于线型布局
同等生产力需要机器人的数量	多	较少
设计建造难易程度	简单	相对较为复杂
生产线运行能耗	高	低
作业期间换色时涂料的损失量	多	较少
未来生产能力扩充难易度	较为困难	灵活简单

综上所述，在涂装生产线的设计过程中，不仅要考虑产品范围以及额定生产能力，还需要考虑所需涂装产品的类型、各产品的生产批量及涂装工作量等因素。对于产品单一、生产节拍稳定、生产工艺中有特殊工序的可采取线性布局。当产品类型及尺寸、工艺流程、产品批量各异时，灵活的并行盒子布局的生产线则是比较合适的选择。同时采取并行盒子布局不仅可以减少投资，而且可以降低后续运行成本，但在建造并行盒子布局的生产线时，需要额外承担产品处理方式及中转区域设备等的投资。

7.3.2 机器人自动喷涂线形式

机器人自动喷涂线有多种形式，这里主要介绍以下几种。

(1) 通用型机器人自动线

在早期的全自动喷涂作业中，广泛采用通用机器人组成的自动线。这种自动线适合较复杂型面的喷涂作业，适合喷涂的产品可从汽车工业、机电产品工业、家用电器工业到日用品工业。因此，这种自动线上配备的机器人要求动作灵活，机器人的自由度为5～6个，如图7-32所示。

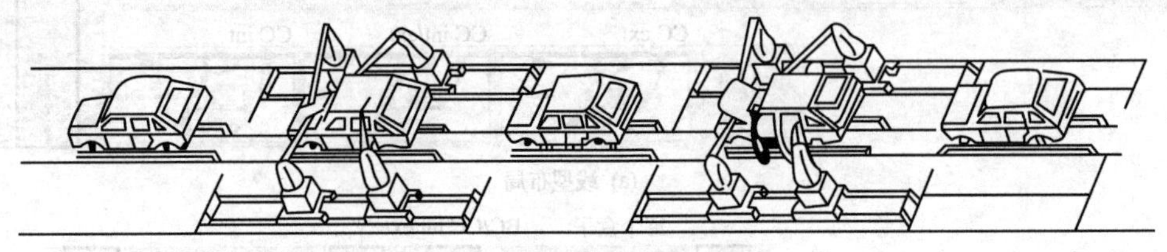

图7-32　通用型机器人自动线

(2) 机器人与喷涂机自动线

这种形式的自动线一般用于喷涂大型工件，即大平面、圆弧面及复杂型面结合的工件，如汽车驾驶室、车厢或面包车等。机器人用来喷涂车体的前后围及圆弧面，喷涂机则用来喷涂车体的侧面和顶面的平面部分，如图7-33所示。

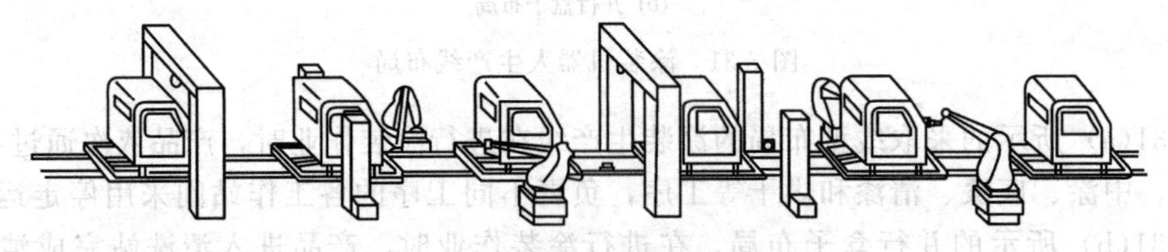

图7-33　机器人与喷涂机自动线

(3) 仿形机器人自动线

仿形机器人是一种根据喷涂对象形状特点进行简化的通用型机器人，使其完成专门作业，一般有机械仿形和伺服仿形机器人两种。这种机器人适合箱体零件的喷涂作业。由于仿形作用，喷具的运动轨迹与被喷零件的形状相一致，在最佳条件下喷涂，因而喷涂质量亦最高。这种自动线的另外一个特点是工作可靠，但不适合型面较复杂零件的喷涂。仿形机器人自动线如图7-34所示。

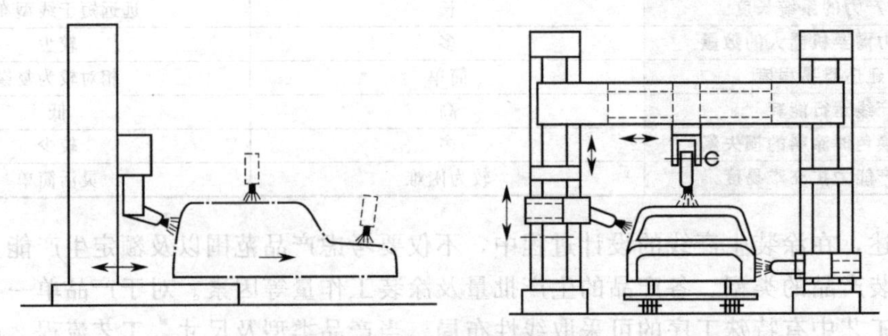

图7-34　仿形机器人自动线

(4) 组合式自动线

图7-35是典型的组合式喷涂自动线。车体的外表面采用仿形机器人喷涂，车体内喷涂采

用通用型机器人，并完成开门、开盖、关门、关盖等辅助工作。

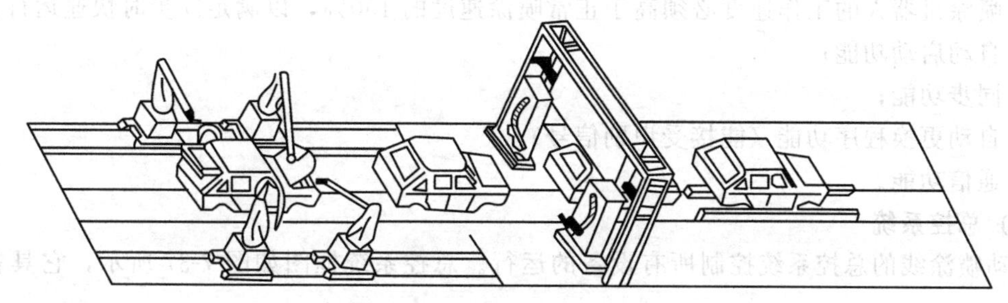

图 7-35　组合式自动线

7.3.3　机器人自动喷涂线的结构和系统功能

机器人自动喷涂线的结构是根据喷涂对象的产品种类、生产方式、输送形式、生产纲领及油漆种类等工艺参数确定，并根据其生产规模、生产工艺和自动化程度设置系统功能，如图 7-36所示。

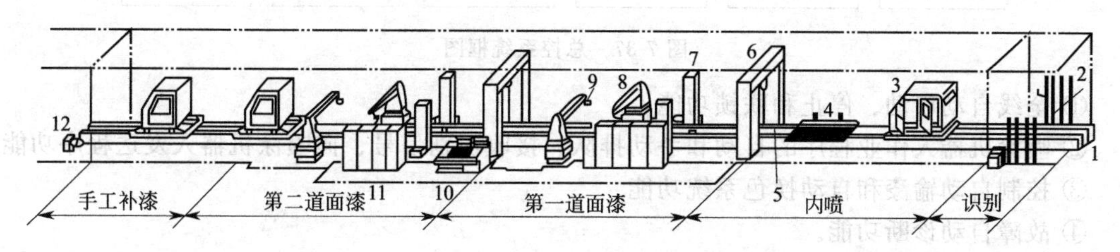

图 7-36　机器人自动线的结构

1—输送链；2—识别器；3—喷涂对象；4—运输车；5—启动装置；6—顶喷机；7—侧喷机；8—喷涂机器人；9—喷枪；10—控制台；11—控制柜；12—同步器

(1) 自动识别系统

自动识别系统是自动线尤其是多品种混流生产线必须具备的基本单元。它根据不同零件的形状特点进行识别，一般采用多个红外线光电开关，按能产生区别零件形状特点的信号而布置安装位置。当自动线上被喷涂零件通过识别站时，将识别出的零件型号进行编组排队，并通过通信送给总控系统。

(2) 同步系统

同步系统一般用于连续运行的通过式生产线上，使机器人、喷涂机工作速度与输送链的速度之间建立同步协调关系，防止因速度快慢差异造成的设备与工件相撞。同步系统自动检测输送链速度，并向机器人和总控制台发送脉冲信号，机器人根据链速信号确定在线程序的执行速度，使机器人的移动位置与链上零件位置同步对应。

(3) 工件到位自动检测

当输送链上的被喷涂零件移动到达喷涂机器人的工作范围时，喷涂机器人必须开始作业。喷涂机器人开始作业的启动信号由工件到位自动检测装置给出，此信号启动喷涂机器人的喷涂程序。如果没有工件进入喷涂作业区，喷涂机器人则处于等待状态。启动信号的另一作用是作为总控系统对工件排队中减去一个工件的触发信号。工件到位自动检测装置一般采用红外光电开关或行程开关产生启动信号。

(4) 机器人与自动喷涂机

在自动喷涂线上采用的喷涂机器人和自动喷涂机除应具备基本工作参数和功能外，另外还应具备：

① 喷涂机器人的工作速度必须高于正常喷涂速度的150%，以满足同步时快速运行；

② 自动启动功能；

③ 同步功能；

④ 自动更换程序功能（能接受识别信号）；

⑤ 通信功能。

(5) 总控系统

自动喷涂线的总控系统控制所有设备的运行。总控系统框图如图 7-37 所示，它具备以下功能。

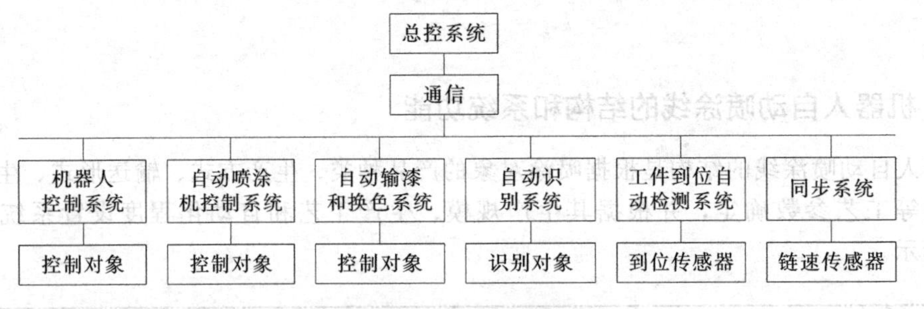

图 7-37 总控系统框图

① 全线自动启动、停止和联锁功能。

② 喷涂机器人作业程序的自动和手动排队、接收识别信号、向喷涂机器人发送程序功能。

③ 控制自动输漆和自动换色系统功能。

④ 故障自动诊断功能。

⑤ 实时工况显示功能。

⑥ 单机离线（因故障）和联线功能。

⑦ 生产管理功能（自动统计产品、报表、打印）。

(6) 自动输漆和换色系统

为保证自动喷涂线的喷涂质量，涂料输送系统必须采用自动搅拌和主管循环，使输送到各工位喷具上的涂料黏度保持一致。对于多色种喷涂作业，喷具采用自动换色系统。这种系统包括自动清洗和吹干功能。换色器一般安装在离喷具较近的位置，这样，减少换色的时间，满足时间节拍要求，同时，清洗时浪费涂料也较少。自动换色系统由机器人控制，对于被喷零件的色种指令，则由总控系统给出。

(7) 自动输送链

自动喷涂线上输送零件的自动输送链有悬挂链和地面链两种。悬挂链分普通悬挂链和推杆式悬挂链。地面链的种类有很多，有台车输送链、链条输送链、滚子输送链等。目前，汽车涂装广泛采用滑橇式地面链，这种链运行平稳、可靠性好，适合全自动和高光泽度的喷涂线使用。输送链的选择取决于生产规模、零件形状、重量和涂装工艺要求。悬挂链输送零件时，挂具或轨道上有可能掉异物，故一般用于表面喷涂质量要求不高和工件底面喷涂的自动线。而对大型且表面喷涂质量要求较高的零件，都采用地面链。

7.3.4 典型机器人自动喷涂线简介

喷涂机器人的应用范围越来越广泛，除了在汽车、家用电器和仪表壳体的喷涂作业中大量采用机器人工作外，在涂胶、铸型涂料、耐火饰面材料、陶瓷制品釉料、粉状涂料等作业中也已开展应用，现已在高层建筑墙壁的喷涂、船舶保护层的涂覆和炼焦炉内水泥喷射等作业中开展了应用研究工作。机器人喷涂作业的自动化程度越来越高，以汽车为例，已由车体外表面多机自动喷涂发展到多机内表面的成线自动喷涂。

图 7-38 是第二汽车制造厂东风汽车系列驾驶室多品种混流机器人系统喷涂线。它由 4 台 PJ-1B、2 台 PJ-1A 喷漆机器人、2 台 PM-111 顶喷机、1 台工件识别装置、1 台同步器、多台启动装置和总控制台等组成，并具有联锁保护、故障报警和自动记录喷涂工件数量等装置。由 1 台工业 PC（微型计算机）为主构成的总控台，通过通信系统对 6 台机器人、2 台顶喷机及相关终端进行群控，实现面漆喷涂自动作业。此喷涂线已应用数年，获得明显的经济效益。

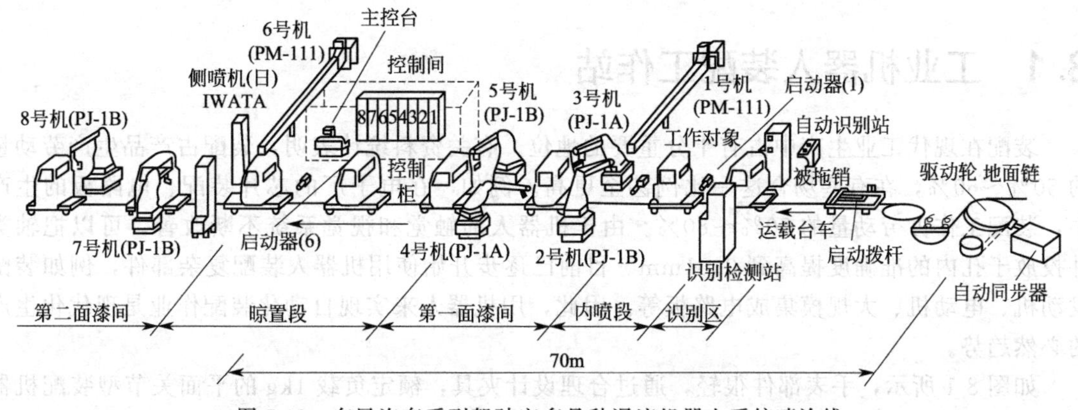

图 7-38　东风汽车系列驾驶室多品种混流机器人系统喷涂线

ABB 集团挪威 TRALLFA 机器人公司已开发出新的自动喷涂系统，具有自动喷涂所需要柔性和集成的喷涂线——TRACS。其中有较大模块式喷涂系统，包括近 100 台机器人采用特殊示教方式，将示教程序应用到实际喷漆中，使车体喷涂具有柔性，能够喷涂车体内外表面，获得了相当令人满意的喷涂质量。其编程方式用手动 CP 和 PTP 示教、动力伺服控制示教，结合编程，可实现最佳循环时间和连续喷涂手把手示教所不能实现的复杂型面。该线具有下列特点。

① 包括模块在内的每一个完整单元采用全集成化控制系统。

② 能喷车体所有部分，外部用专用设备，内部用机器人，具有柔性系统。

③ 有开启发动机罩、车门和后备厢盖的操作机，该操作机能跟踪输送链并与之同步。有的开门操作机具有光学传感系统的适应性手爪，以适应多工位开门的需要。

④ 所有机器人及开门操作机都装在移动的小车上。

⑤ 全线的控制功能，包括能控制多种机器人（开门机），机器人和开门机与输送链的同步，启动喷枪、换色、安全操作和人机通信等。

第 8 章

工业机器人典型工作站简介

8.1 工业机器人装配工作站

装配在现代工业生产中占有十分重要的地位。有关资料统计表明，装配占产品生产劳动量的 50%～60%，在有些场合这一比例甚至更高。例如，在电子厂的芯片装配、电路板的生产中，装配工作占劳动量的 70%～80%。由于机器人的触觉和视觉系统不断改善，可以把轴类件投放于孔内的准确度提高到 0.01mm。目前已逐步开始使用机器人装配复杂部件，例如装配发动机、电动机、大规模集成电路板等。因此，用机器人来实现自动化装配作业是现代化生产的必然趋势。

如图 8-1 所示，手表部件很轻，通过合理设计夹具，额定负载 1kg 的平面关节型装配机器人为主要装配机器人。其高精度、高速度及低抖动的特性，确保实现机芯机械部件的装配，如装螺钉、加机油、焊接晶体，并可进行质量检测。装配机器人与第三方相机也可以很容易地完成通信。操作界面简单，便于现场维护人员学习、操作。

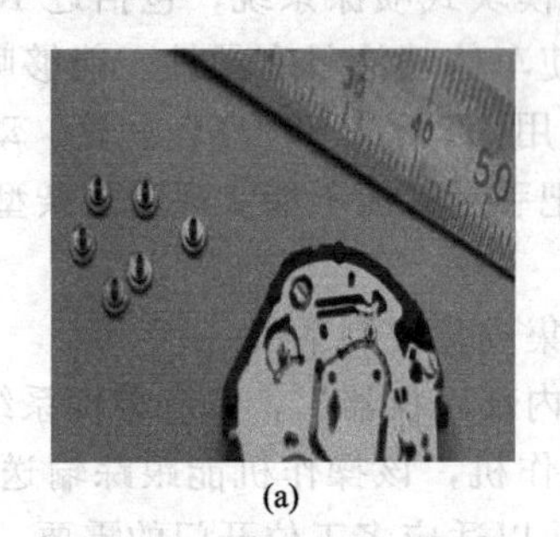

(a)

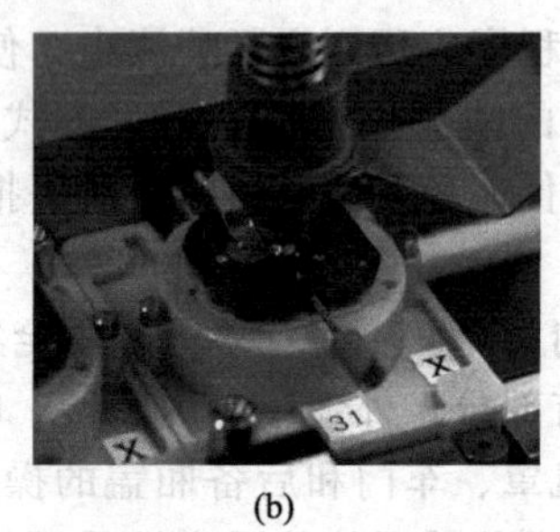

(b)

图 8-1 手表的装配

8.1.1 装配机器人简介

对装配操作统计的结果表明，其中大多数为抓住零件从上方插入或连接的工作。水平多关节机器人就是专门为此而研制的一种成本较低的机器人。它有 4 个自由度：两个回转关节，上下移动以及手腕的转动，其中上下移动由安装在水平臂的前端的移动机构来实现。手爪安装在手部前端，负责抓握对象物的任务，为了适应抓取形状各异的工件，机器人上配备各种可换手。

带有传感器的装配机器人可以更好地顺应对对象物进行柔软的操作。装配机器人经常使用的传感器有视觉传感器、触觉传感器、接近觉传感器和力传感器等。视觉传感器主要用于零件或工件的位置补偿，零件的判别、确认等。触觉和接近觉传感器一般固定在指端，用来补偿零件或工件的位置误差，防止碰撞等。力传感器一般装在腕部，用来检测腕部受力情况，一般在精密装配或去飞边一类需要力控制的作业中使用。恰当地配置传感器能有效降低机器人的价格，改善它的性能。

机器人进行装配作业时，除机器人主机、手爪、传感器外，零件供给装置和工件搬运装置也至关重要。无论从投资的角度还是从安装占地面积的角度，他们往往比机器人主机所占的比例大。周边设备常由可编程控制器控制，此外，一般还要有台架、安全栏等。

零件供给器的作用是保证机器人能逐个正确地抓取待装配零件，保证装配作业正常进行。目前多采用的零件供给器有给料器和托盘。给料器用振动或回转机构把零件排齐，并逐个送到指定位置，它以输送小零件为主。托盘则是当大零件或易磕碰划伤的零件加工完毕后将其码放在称为“托盘”的容器中运输，托盘能按一定精度要求把零件送到给定位置，然后再由机器人一个一个取出。由于托盘容纳的零件有限，所以托盘装置往往带有托盘自动更换机构。目前机器人利用视觉和触觉传感技术已经达到能够从散堆状态把零件一一分拣出来的水平，这样在零件的供给方式上可能会发生显著的改观。

在机器人装配线上，输送装置承担把工件搬运到各作业地点的任务，输送装置中以传送带居多。通常是作业时传送带停止，即工件处于静止状态。这样，装载工件的托盘容易同步停止。输送装置的技术问题是停止精度、停止时的冲击和减速。

8.1.2 装配机器人的特点

装配机器人是工业生产中用于装配生产线上对零件或部件进行装配的一类工业机器人。作为柔性自动化装配的核心设备，具有精度高、工作稳定、柔顺性好、动作迅速等优点。归纳起来，装配机器人的主要优点如下。

① 操作速度快，加速性能好，缩短工作循环时间。

② 精度高，具有极高的重复定位精度，保证装配精度。

③ 提高生产效率，解放单一繁重体力劳动。

④ 改善工人劳作条件，摆脱有毒、有辐射装配环境。

⑤ 可靠性好、适应性强，稳定性高。

8.1.3 装配机器人结构

装配机器人的结构，主要是保证其有较高的速度（加速度）和较高的定位精度，包括置复性和准确度，同时要考虑装配作业的特点。由于装配作业的种类繁多，特点各不相同，所以，可以是典型工业机器人结构中的任意一种。

从装配作业的统计数字上看，与插装作业相关的作业占装配作业的85%，如销、轴、电子元件脚等插入相应的孔，螺钉拧入螺孔等，以装配作业为主的工业机器人以直角坐标型和关节坐标型为主。在关节坐标型中，又分为空间关节型和平面关节型，见表8-1。

表8-1 装配机器人的结构及参数

坐标形式	平面关节	空间关节	直角坐标
典型结构简图	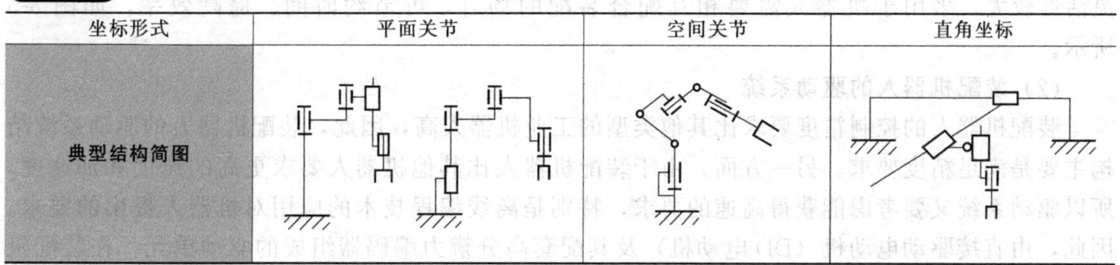		

续表

性能参数及特点	重复精度	高,±(0.01～0.05)mm	中,±(0.05～0.3)mm	高,±(0.005～0.05)mm
	速度	高,2.2～11.3m/s	中,0.5～2.2m/s	低,0.5～1.5m/s
	工作范围	中、小,根据臂长决定	大,相对于臂长	大、中、小,根据臂长
	负载	小、中,10～100N	小、中,(典型50N)	大、中、小,根据结构
	编程控制	简单(运动学逆解简单)	难(运动学逆解复杂)	简单
	机械机构	简单	复杂	简单,中等复杂
	造价	低	高	中,高

SCARA 型结构是英文 Selected Compliance Assenbly Robot Arm 的缩写，意为“可选择柔性装配机器人手臂”，其特点为：采用平面关节型坐标机构。机器人一般为四个自由度，其中两个自由度（手臂 1 和手臂 2，见图 8-2）θ_1、θ_2 的运动构成其平面上的主要运动。垂直方向的运动有两种不同的形式，如图 8-2 所示。SCARA 机器人安装空间小，易与不同应用对象组成自动装配线。其结构在平面运动上有很大的柔顺性，而在其垂直方向又有较大刚性（与一般空间关节型机器人相比），因此，很适合插装作业。由于插装类作业占装配作业很大比例，所以 SCARA 机器人在装配机器人中也占了很大比例。

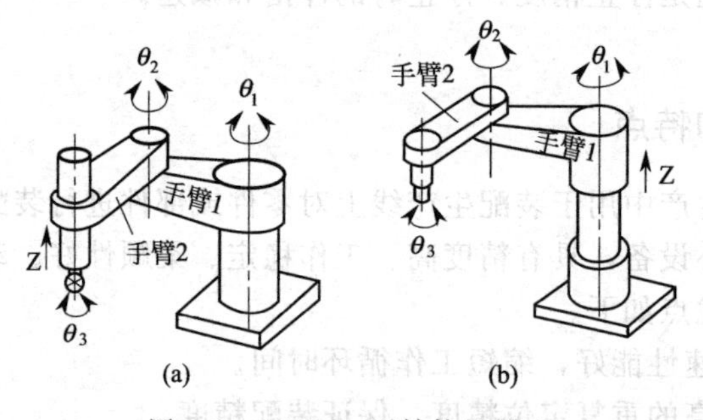

图 8-2　SCARA 型结构机器人

(1) 末端执行装置

装配机器人的末端执行器是夹持工件移动的一种夹具，类似于搬运、码垛机器人的末端执行器，常见的装配执行器有吸附式、夹钳式、专用式和组合式。

① 吸附式　吸附式末端执行器在装配中仅占一小部分，广泛应用于电视、录音机、鼠标等轻小工件的装配场合。

② 夹钳式　夹钳式手爪是装配过程中最常用的一类手爪，多采用气动或伺服电动机驱动，闭环控制配备传感器可实现准确控制手爪启动、停止及其转速，并对外部信号做出准确反映。夹钳式装配手爪具有重量轻、出力大、速度高、惯性小、灵敏度高、转动平滑、力矩稳定等特点，其结构类似于搬运作业夹钳式手爪，但又比搬运作业夹钳式手爪精度高、柔顺性高，如图 8-3 所示。

③ 专用式　专用式手爪是在装配中针对某一类装配场合单独设计的末端执行器，且部分带有磁力，常见的主要是螺钉、螺栓的装配，同样亦多采用气动或伺服电动机驱动，如图 8-4 所示。

④ 组合式　组合式末端执行器在装配作业中是通过组合获得各单组手爪优势的一类手爪，灵活性较大，多用于机器人需要相互配合装配的场合，可节约时间、提高效率，如图 8-5 所示。

(2) 装配机器人的驱动系统

装配机器人的控制精度要求比其他类型的工业机器人高，因此，装配机器人的驱动系统结构主要是满足精度要求。另一方面，由于装配机器人比其他机器人要求更高的速度和加速度，所以驱动系统又要考虑能获得高速的要求，特别是离线编程技术的应用对机器人提出的要求。因此，由直接驱动电动机（DD 电动机）及其配套高分辨力编码器组成的驱动单元，在装配机器人结构中采用得越来越多了。而且，DD驱动系统特别适于SCARA结构。

图 8-3 夹钳式手爪

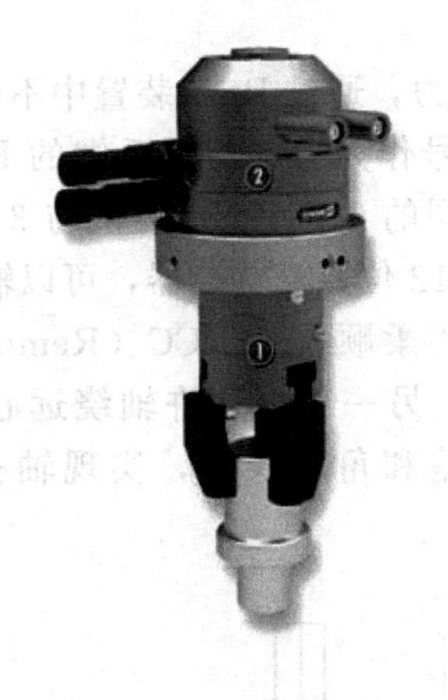

图 8-4 专用式手爪

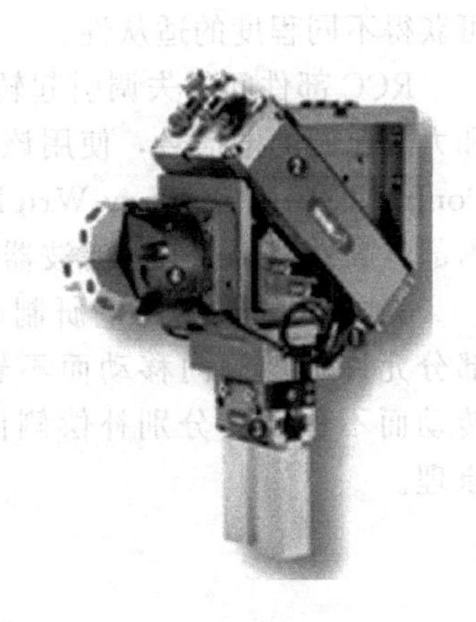

图 8-5 组合式手爪

装配机器人的控制系统特点主要有以下三个。

① 高速实时响应性。在装配机器人作业时，有各种各样的外部信号，要求机器人实时响应，如视觉信号、力觉信号等。

② 较多的外部信号交互通信接口。

③ 与复杂的多种作业相适应的人机对话技术。

与其他机器人相比，装配机器人由于其所对应的作业范围广，作业复杂，所以更需要较强的人机技术软件。

装配机器人都配备了机器人专用语言。这是由于装配机器人的应用范围广，作业对象复杂，机器人生产厂家必须对用户提供易学、易操作的控制、编程方式才行。

(3) 装配机器人的感觉系统

① 位姿传感器

a. 远程中心柔顺（RCC）装置。远程中心柔顺装置不是实际的传感器，在发生错位时起到感知设备的作用，并为机器人提供修正的措施。RCC装置完全是被动的，没有输入和输出信号，也称被动柔顺装置。RCC装置是机器人腕关节和末端执行器之间的辅助装置，使机器人末端执行器在需要的方向上增加局部柔顺性，而不会影响其他方向的精度。

图 8-6 所示为RCC装置的原理，它由两块刚性金属板组成，其中剪切柱在提供横侧向柔顺的同时，将保持轴向的刚度。实际上，一种装置只在横侧向和轴向或者在弯曲和翘起方向提供一定的刚性（或柔性），它必须根据需要来选择。每种装置都有一个给定的中心到中心的距离，此距离决定远程柔顺中心相对柔顺装置中心的位置。因此，如果有多个零件或许多操作，需有多个RCC装置，并要分别选择。

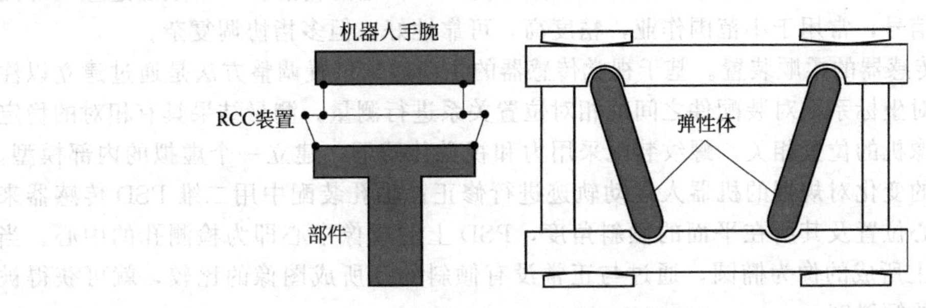

图 8-6 RCC装置的原理

RCC的实质是机械手夹持器具有多个自由度的弹性装置，通过选择和改变弹性体的刚度，可获得不同程度的适从性。

RCC部件间的失调引起转矩和力，通过RCC装置中不同类型的位移传感器可获得跟转矩和力成比例的电信号，使用该电信号作为力或力矩反馈的RCC称IRCC（Instrument Remote Control Centre）。Barry Wright公司的6轴IRCC提供与3个力和3个力矩成比例的电信号，内部有微处理器、低通滤波器以及12位数模转换器，可以输出数字和模拟信号。

美国Draper实验室研制的远心柔顺装置RCC（Remote Center Compliance Device），一部分允许轴做侧向移动而不转动，另一部分允许轴绕远心（通常位于离手爪最远的轴端）转动而不移动，分别补偿侧向误差和角度误差，实现轴孔装配。图8-7所示为RCC工作原理。

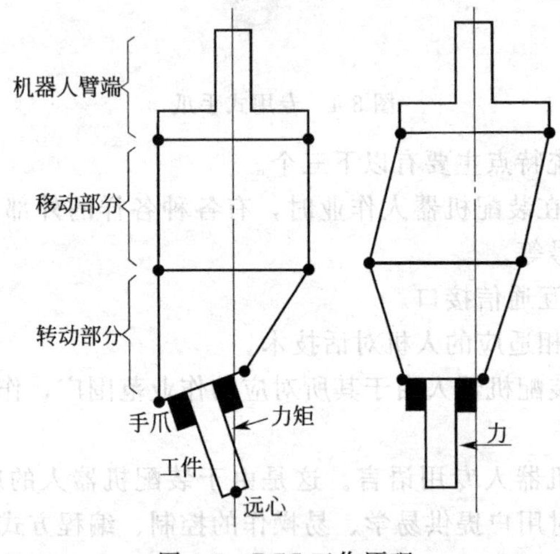

图8-7　RCC工作原理

b. 主动柔顺装置。主动柔顺装置根据传感器反馈的信息对机器人末端执行器或工作台进行调整，补偿装配件间的位置偏差。根据传感方式的不同，主动柔顺装置可分为基于力传感器的柔顺装置、基于视觉传感器的柔顺装置和基于接近度传感器的柔顺装置。

• 基于力传感器的柔顺装置。使用力传感器的柔顺装置的目的：一方面是有效控制力的变化范围；另一方面是通过力传感器反馈信息来感知位置信息，进行位置控制。就安装部位而言，力传感器可分为关节力传感器、腕力传感器和指力传感器。关节力/力矩传感器使用应变片进行力反馈，由于力反馈是直接加在被控制关节上，且所有的硬件用模拟电路实现，避开了复杂计算难题，响应速度快。腕力传感器安装于机器人与末端执行器的连接处，它能够获得机器人实际操作时的大部分的力信息，精度高，可靠性好，使用方便。常用的结构包括十字梁式、轴架式和非径向三梁式，其中十字梁结构应用最为广泛。指力传感器，一般通过应变片测量而产生多维力信号，常用于小范围作业，精度高，可靠性好，但多指协调复杂。

• 基于视觉传感器的柔顺装置。基于视觉传感器的主动适从位置调整方法是通过建立以注视点为中心的相对坐标系，对装配件之间的相对位置关系进行测量，测量结果具有相对的稳定性，其精度与摄像机的位置相关。螺纹装配采用力和视觉传感器，建立一个虚拟的内部模型，该模型根据环境的变化对规划的机器人运动轨迹进行修正；轴孔装配中用二维PSD传感器来实时检测孔的中心位置及其所在平面的倾斜角度，PSD上的成像中心即为检测孔的中心。当孔倾斜时，PSD上所成的像为椭圆，通过与正常没有倾斜的孔所成图像的比较，就可获得被检测孔所在平面的倾斜度。

• 基于接近度传感器的柔顺装置。装配作业需要检测机器人末端执行器与环境的位姿，多采用光电接近度传感器。光电接近度传感器具有测量速度快、抗干扰能力强、测量点小和使用范围广等优点。用一个光电传感器不能同时测量距离和方位的信息，往往需要用两个以上的传感器来完成机器人装配作业的位姿检测。

c. 光纤位姿偏差传感系统。图 8-8 所示为集螺纹孔方向偏差和位置偏差检测于一体的位姿偏差传感系统原理。该系统采用多路单纤传感器，光源发出的光经 1×6 光纤分路器，分成 6 路光信号进入 6 个单纤传感点，单纤传感点同时具有发射和接收功能。传感点为反射式强度调制传感方式，反射光经光纤按一定方式排列，由固体二极管阵列 SSPD 光敏器件接收，最后进入信号处理。3 个检测螺纹孔方向的传感器（1、2、3）分布在螺纹孔边缘圆周（2～3cm）上，传感点 4、5、6 检测螺纹位置，垂直指向螺纹孔倒角锥面，传感点 2、3、5、6 与传感点 1、4 垂直。

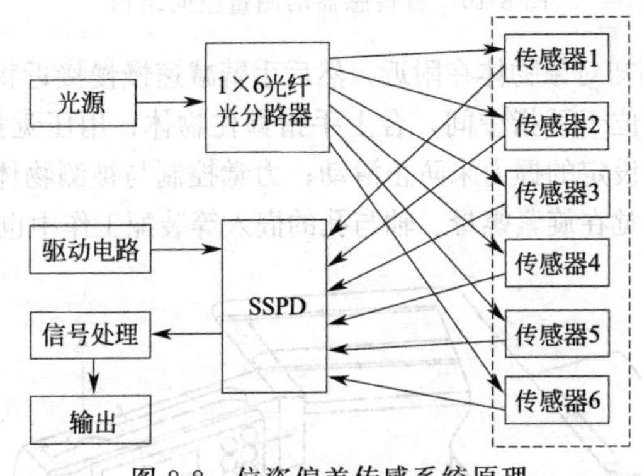

图 8-8　位姿偏差传感系统原理

d. 电涡流位姿检测传感系统。电涡流位姿检测传感系统是通过确定由传感器构成的测量坐标系和测量体坐标系之间的相对坐标变换关系来确定位姿。当测量体安装在机器人末端执行器上时，通过比较测量体的相对位姿参数的变化量，可完成对机器人的重复位姿精度检测。图 8-9 所示为位姿检测传感系统框图。检测信号经过滤波、放大、A/D 变换送入计算机进行数据处理，计算出位姿参数。

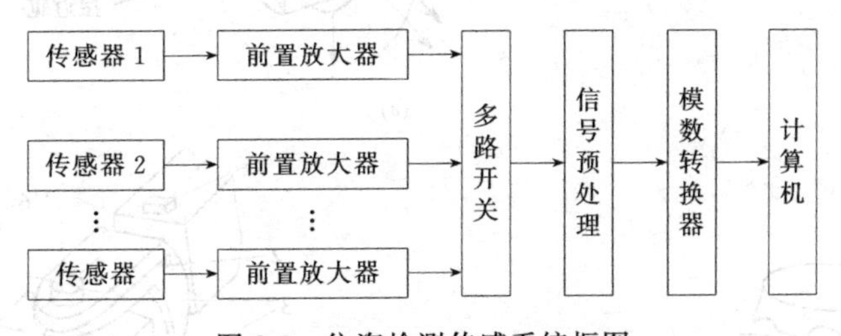

图 8-9　位姿检测传感系统框图

为了能用测量信息计算出相对位姿，由 6 个电涡流传感器组成的特定空间结构来提供位姿和测量数据。传感器的测量空间结构如图 8-10 所示，6 个传感器构成三维测量坐标系，其中传感器 1、2、3 对应测量面 xOy，传感器 4、5 对应测量面 xOz，传感器 6 对应测量面 yOz。每个传感器在坐标系中的位置固定，这 6 个传感器所标定的测量范围就是该测量系统的测量范围。当测量体相对于测量坐标系发生位姿变化时，电涡流传感器的输出信号会随测量距离成比例的变化。

② 接触传感器　机器人触觉可分成接触觉、接近觉、压觉、滑觉和力觉五种，如图8-11 所示。接触觉是通过与对象物体彼此接触而产生的，所以最好使用手指表面高密度分布的触觉传感器阵列，它柔软、易于变形，可增大接触面积，并且有一定的强度，便于抓握。接触觉传感器可检测机器人是否接触目标或环境，用于寻找物体或感知碰撞，触头可装配在机器人的手指上，用来判断工作中各种状况。

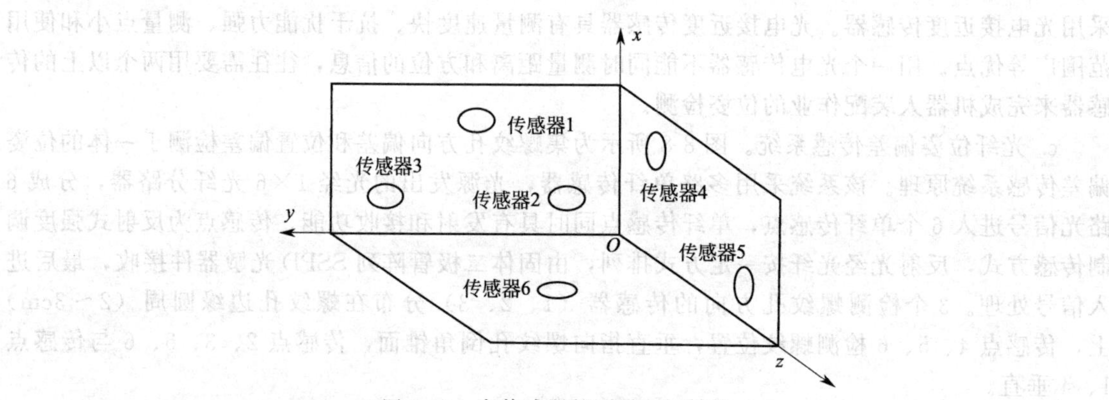

图 8-10　自传感器的测量空间结构

机器人依靠接近觉来感知对象物体在附近，然后手臂减速慢慢接近物体；依靠接触觉可知已接触到物体，控制手臂让物体位于手指中间，合上手指握住物体；用压觉控制握力；如果物体较重，则靠滑觉来检测滑动，修正设定的握力来防止滑动；力觉控制与被测物体自重和转矩相应的力，或举起或移动物体，另外，力觉在旋紧螺母、轴与孔的嵌入等装配工作中也有广泛的应用。

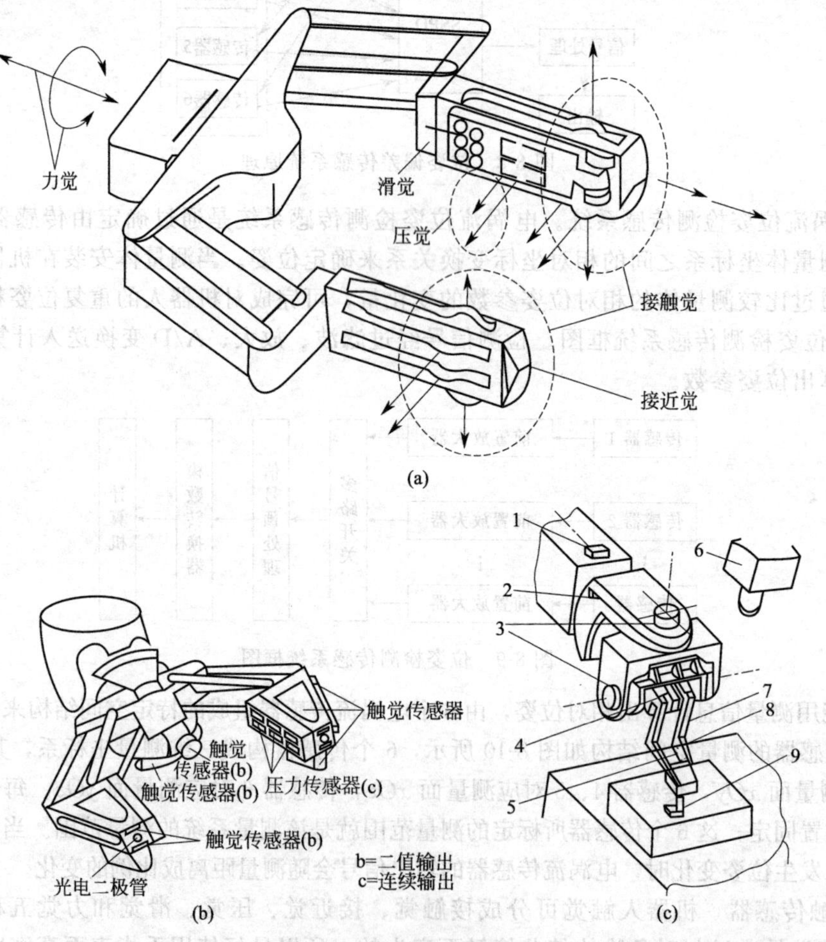

图 8-11　机器人的触觉

1—声波安全传感器；2—安全传感器（拉线形状）；3—位置、速度、加速度传感器；4—超声波测距传感器；5—多方向接触传感器；6—电视摄像头；7—多自由度力传感器；8—握力传感器；9—触头

a. 微动开关。微动开关是一种最简单的接触觉传感器，它主要由弹簧和触头构成。触头

接触外界物体后离开基板，造成信号通路断开或闭合，从而检测到与外界物体的接触。微动开关的触点间距小、动作行程短、按动力小、通断迅速，具有使用方便、结构简单的优点。缺点是易产生机械振荡和触头易氧化，仅有 0 和 1 两个信号。在实际应用中，通常以微动开关和相应的机械装置（探头、探针等）相结合构成一种触觉传感器。

图 8-12 所示的接触觉传感器由微动开关组成，其中图 8-12（a）所示为点式开关，图 8-12（b）所示为棒式开关，图 8-12（c）所示为缓冲器式开关，图 8-12（d）所示为平板式开关，图 8-12（e）所示为环式开关。用途不同，其配置也不同，一般用于探测物体位置、探索路径和安全保护。这类结构属于分散装置结构，单个传感器安装在机械手的敏感位置上。

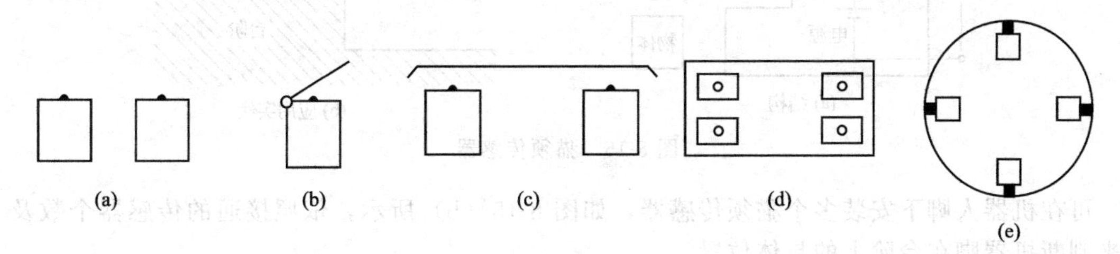

图 8-12　接触式传感器

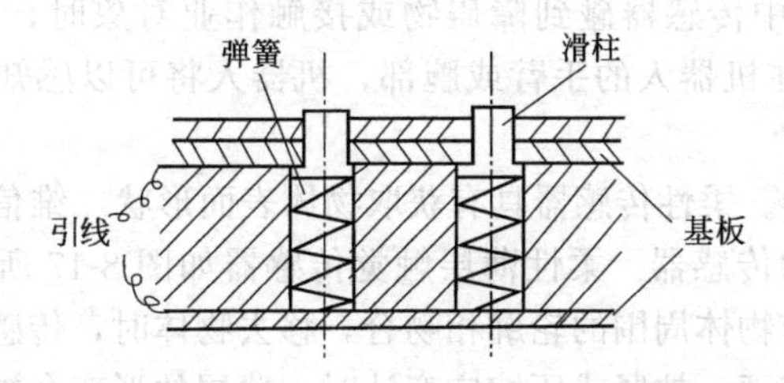

图 8-13　单向性微动开关构成的接触觉传感器结构原理

- 单向性微动开关。图 8-13 是单向性微动开关的结构原理示意图。当开关的滑柱接触到外界物体时，滑柱受压缩移动，导通了电路，便产生输出信号。这种接触觉传感器的优点是结构简单、体积小、成本低、安装布置方便。若用多个这种传感器组成阵列时，还可检测对象物的大致轮廓形状。其缺点是：接触面积限制在平行于滑柱方向的一个很小范围，即是单方向性。不平行的接触和过大的接触力都容易损坏这种传感器。另外，它的相应速度低，灵敏度也差。

- 多向性微动开关。图 8-14 是多向性微动开关的外形图，其工作原理和单向性的相似，但以各种触头取代了单方向移动的滑柱，触头有半圆头式、锥头式和弹簧丝式。其优点是从任何方向触碰触头都能触发开关而输出信号。

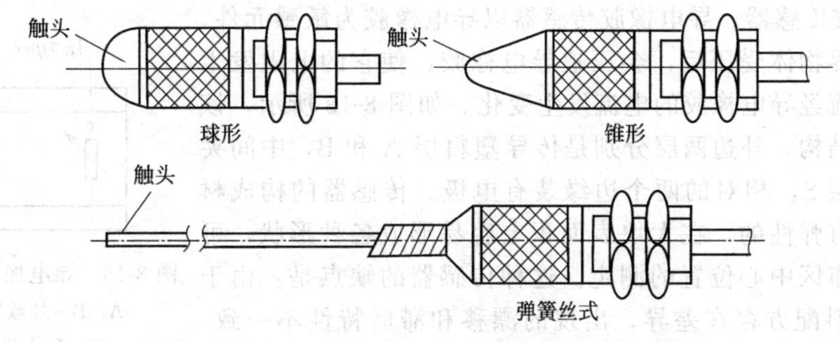

图 8-14　多向性微动开关构成的接触觉传感器

b. 触须式触觉传感器。机械式触觉传感器与昆虫的触须类似，可以安装在移动机器人的四周，用以发现外界环境中的障碍物。图 8-15（a）所示为猫须传感器结构示意图。该传感器的控制杆采用柔软的弹性物质制成，相当于微动开关的触点，当触及物体时接通输出回路，输出电压信号。

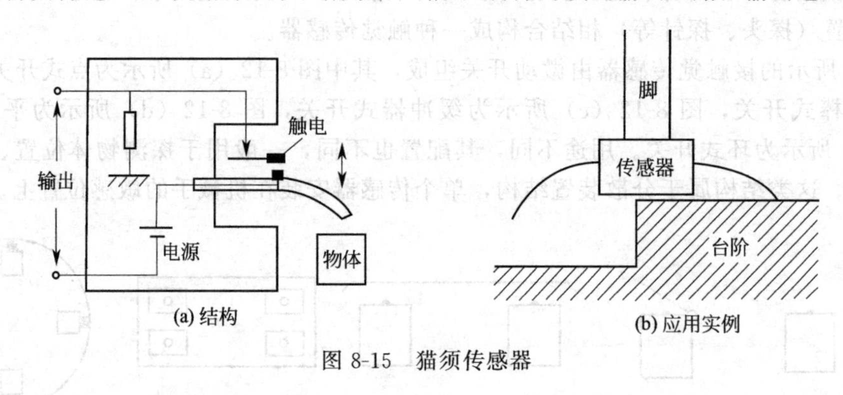

图 8-15　猫须传感器

可在机器人脚下安装多个猫须传感器，如图 8-15（b）所示，依照接通的传感器个数及方位来判断机器脚在台阶上的具体位置。

c. 接触棒触觉传感器。接触棒触觉传感器由一端伸出的接触棒和传感器内部开关组成，如图 8-16 所示。移动过程中传感器碰到障碍物或接触作业对象时，内部开关接通电路，输出信号。将多个传感器安装在机器人的手臂或腕部，机器人将可以感知障碍物和物体。

d. 柔性触觉传感器。

• 柔性薄层触觉传感器。柔性传感器具有获取物体表面形状二维信息的潜在能力，是采用柔性聚氨基甲酸酯泡沫材料的传感器。柔性薄层触觉传感器如图 8-17 所示，泡沫材料用硅橡胶薄层覆盖。这种传感器结构与物体周围的轮廓相吻合，移去物体时，传感器即恢复到最初形状。导电橡胶应变计连到薄层内表面，拉紧或压缩应变计时，薄层的形变会被记录下来。

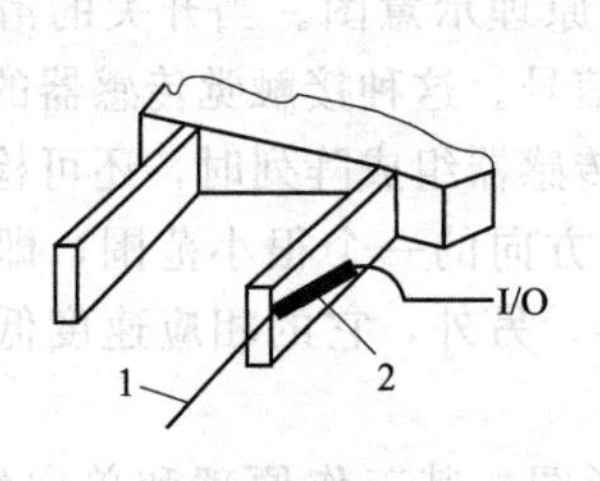

图 8-16　接触棒触觉传感器
1—接触棒；2—内部开关

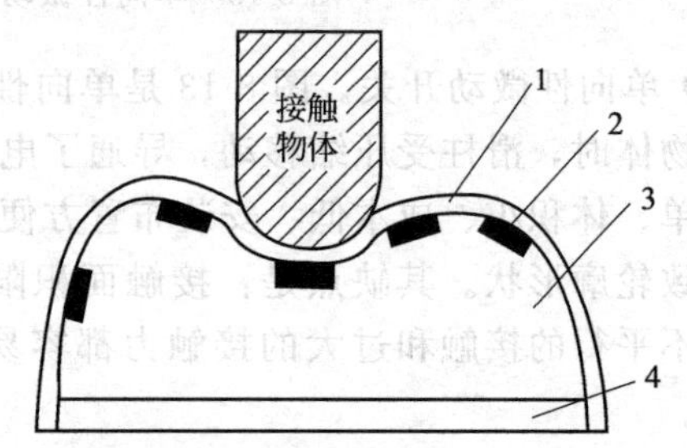

图 8-17　柔性薄层触觉传感器
1—硅橡胶薄层；2—导电橡胶应变计；
3—聚氨基甲酸酯泡沫材料；4—刚性支撑架

• 导电橡胶传感器。导电橡胶传感器以导电橡胶为敏感元件，当触头接触外界物体受压后，会压迫导电橡胶，使它的电阻发生改变，从而使流经导电橡胶的电流发生变化。如图 8-18 所示，该传感器为三层结构，外边两层分别是传导塑料层 A 和 B，中间夹层为导电橡胶层 S，相对的两个边缘装有电极。传感器的构成材料是柔软而富有弹性的，在大块表面积上容易形成各种形状，可以实现触压分布区中心位置的测定。这种传感器的缺点是：由于导电橡胶的材料配方存在差异，出现的漂移和滞后特性不一致，优点是具有柔性。

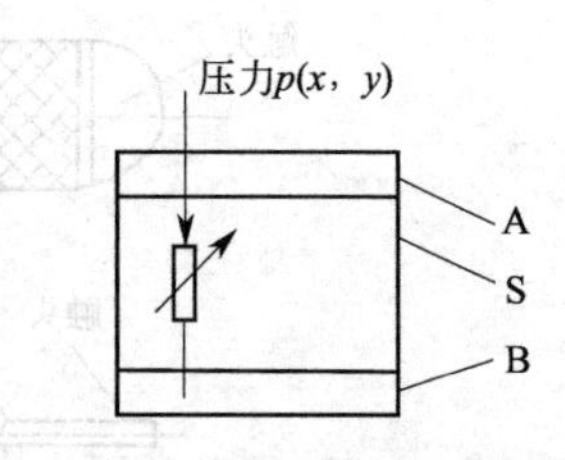

图 8-18　导电橡胶传感器结构
A，B—外敷传导塑料；
S—压力导电橡胶

• 气压式触觉传感器。气压式触觉传感器主要由一个体积可变化的波纹管式密闭容腔、一只内藏于容腔底部的微型压力传感器和压力信号放大电路组成，如图 8-19 所示。其工作原理为：当波纹管密闭容腔的上端盖（头部）与外界物体接触受压后，将产生轴向移动，使密闭容腔体积缩小，内部气体将被压缩，引起压力变化。密闭容腔内压力的变化值，由内藏于底部的压力传感器检出。通过检测容腔内压力的变化，来间接测量波纹管的压缩位移，从而判断传感器与外界物体的接触程度。

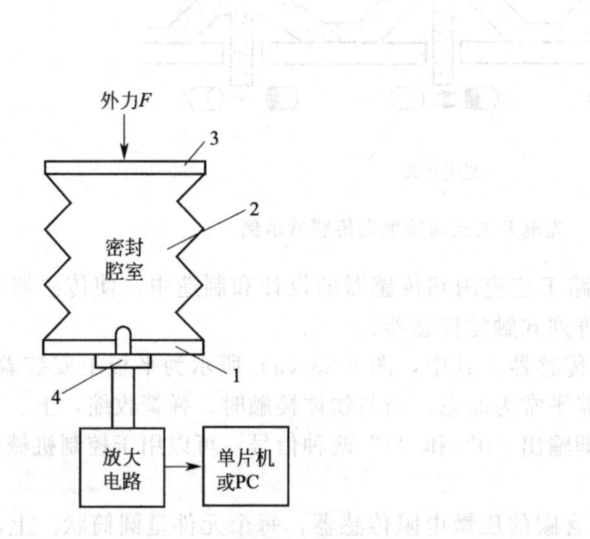

图 8-19　气压式触觉传感器原理

1—下端盖；2—波纹管；3—上端盖；4—压力传感器

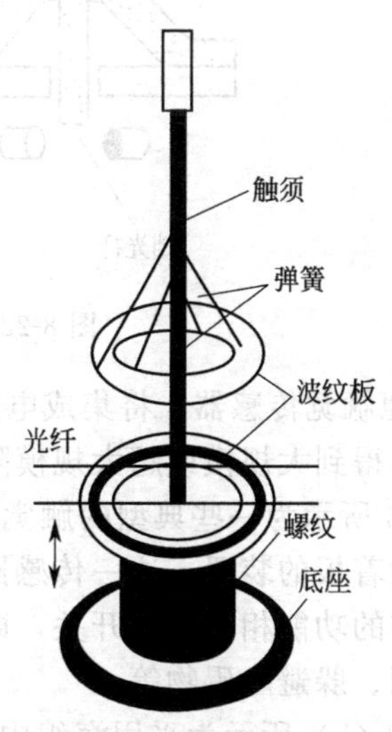

图 8-20　触须式光纤触觉传感器装置

气压式触觉传感器具有结构简单可靠、成本低廉、柔软性和安全高等优点，但由于波纹管在工作过程中存在着微量的横向膨胀，使该类传感器输出信号的线性度受到影响。

e. 光纤传感器。光纤传感器包括一根由光纤构成的光缆和一个可变形的反射表面。光通过光纤束投射到可变形的反射材料上，反射光按相反方向通过光纤束返回。如果反射表面是平的，则通过每条光纤所返回的光的强度是相同的。如果反射表面已变形，则反射的光强度不同。用高速光扫描技术进行处理，即可得到反射表面的受力情况，图 8-20所示为触须式光纤触觉传感器装置。

f. 面接触式传感器。将接触觉阵列的电极或光电开关应用于机器人手爪的前端及内外侧面，或在相当于手掌心的部分装置接触式传感器阵列，则通过识别手爪上接触物体的位置，可使手爪接近物体并且准确地完成把持动作。图 8-21 所示是一种电极反应式面接触觉传感器的使用示例，图 8-22 所示是一种光电开关式面接触觉传感器的使用示例。

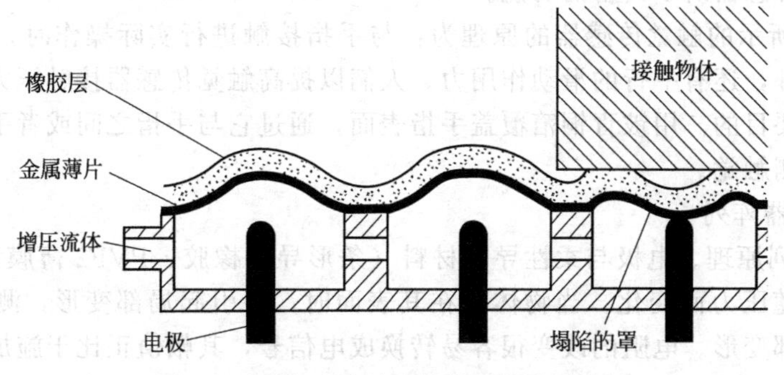

图 8-21　电极反应式面接触觉传感器示例

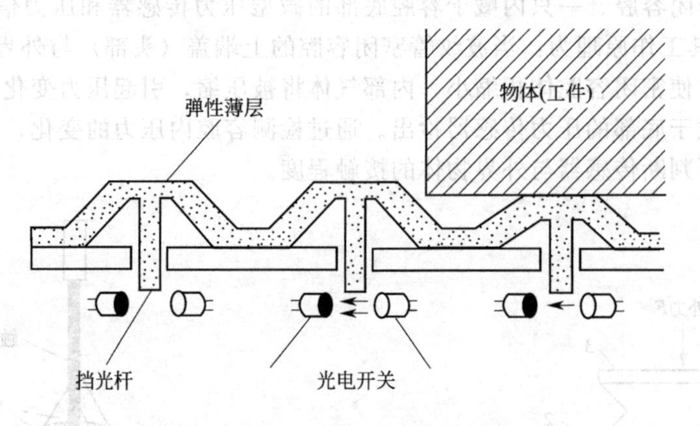

图 8-22 光电开关式面接触觉传感器示例

g. 其他触觉传感器。将集成电路工艺应用到传感器的设计和制造中，使传感器和处理电路一体化，得到大规模或超大规模阵列式触觉传感器。

图 8-23 所示为一些典型的触觉传感器。其中，图 8-23（a）所示为平板上安装着多点通、断传感器附着板的装置。这一传感器平常为通态，当与物体接触时，弹簧收缩，上、下板间电流断开。它的功能相当于一开关，即输出“0”和“1”两种信号，可以用于控制机械手的运动方向和范围、躲避障碍物等。

图 8-23（b）所示为采用海绵中含碳的压敏电阻传感器，每个元件呈圆筒状。上、下有电极，元件周围用海绵包围。其触觉的工作原理是：元件上加压力时，电极间隔缩小，从而使电极间的电阻值发生变化。

图 8-23（c）所示是使用压敏导电橡胶的触觉结构。采用压敏橡胶的触觉，与其他元件相比，其元件可减薄。其中可安装高密度的触觉传感器。另外，因为元件本身有弹性，所以，在实用与封装方面都有许多优点。可是，由于导电橡胶有磁滞与响应迟延，接触电阻的误差也大，因此，要想获得实际的应用，还必须作更大的努力。

图 8-23（d）所示为能进行高密度触觉封装的触觉元件。其工作原理是：在接点与赋有导电性的石墨纸之间留一间隙，加外力时，碳纤维纸与氨基甲酸乙酯泡沫产生如图所示的变形，接点与碳纤维纸之间形成导通状态，触觉的复原力是由富有弹性与绝缘性的海绵体——氨基甲酸乙酯泡沫造成的。这种触觉，以极小的力工作，能进行高密度封装。

图 8-23（e）～（i）所示为采用斯坦福研究所研制的导电橡胶制成的触觉传感器。这种传感器与以往的传感器一样，都是利用两个电极的接触。其中图 8-23（f）的触觉部分，有相当于人的头发的突起，一旦物体与突起接触，它就会变形，夹住绝缘体的上下金属成为导通的结构。这是以往的传感器所不具备的功能。

图 8-23（j）所示的触觉传感器的原理为：与手指接触进行实际操作时，触觉中除与接触面垂直的作用力外，还有平行的滑动作用力。人们以提高触觉传感器接触压力灵敏度作为研制这种传感器的主要目的。用铍青铜箔覆盖手指表面，通过它与手指之间或者手指与绝缘的金属之间的导通来检测触觉。

③ 触觉传感器阵列

a. 接触觉阵列原理。电极与柔性导电材料（条形导电橡胶、PVF2 薄膜）保持电气接触，导电材料的电阻随压力而变化。当物体压在其表面时，将引起局部变形，测出连续的电压变化，就可测量局部变形。电阻的改变很容易转换成电信号，其幅值正比于施加在材料表面上某一点的力，如图 8-24、图 8-25 所示。

b. 触觉传感器阵列的种类。

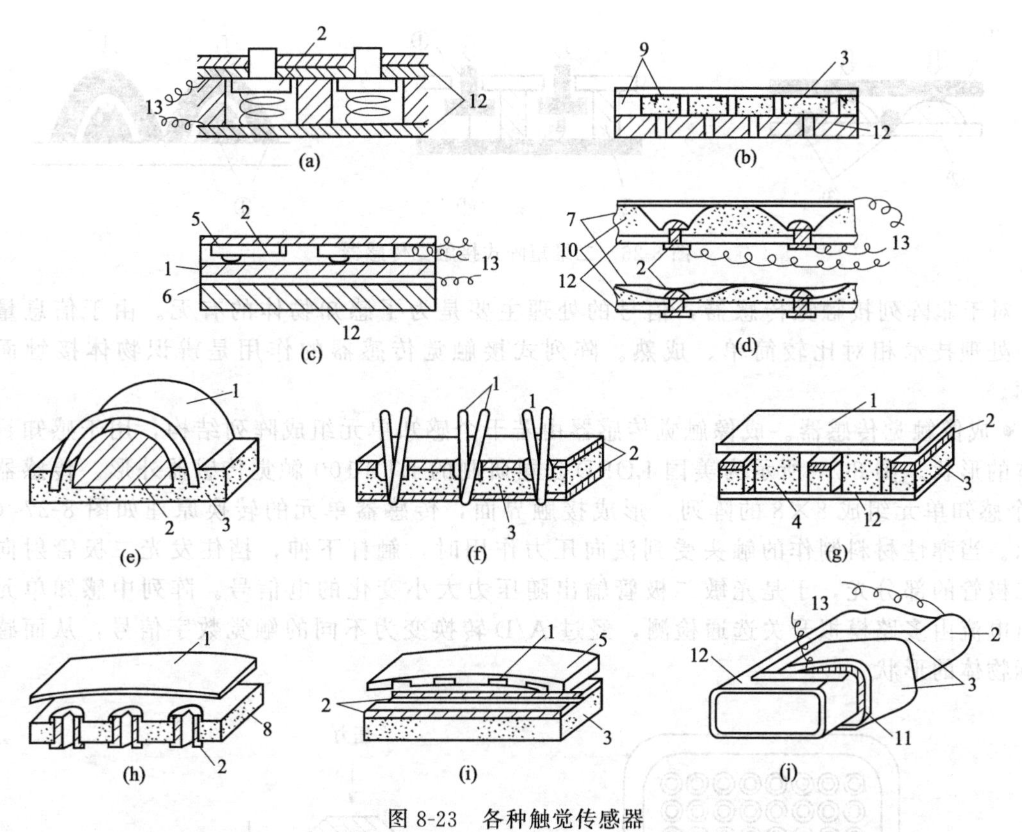

图 8-23　各种触觉传感器

1—导电橡胶；2—金属；3—绝缘体；4—海绵状橡胶；5—橡胶；6—金属箔；7—碳纤维；8—含碳海绵；9—海绵状橡胶；10—氨基甲酸乙酯泡沫；11—铍青铜；12—衬底；13—引线

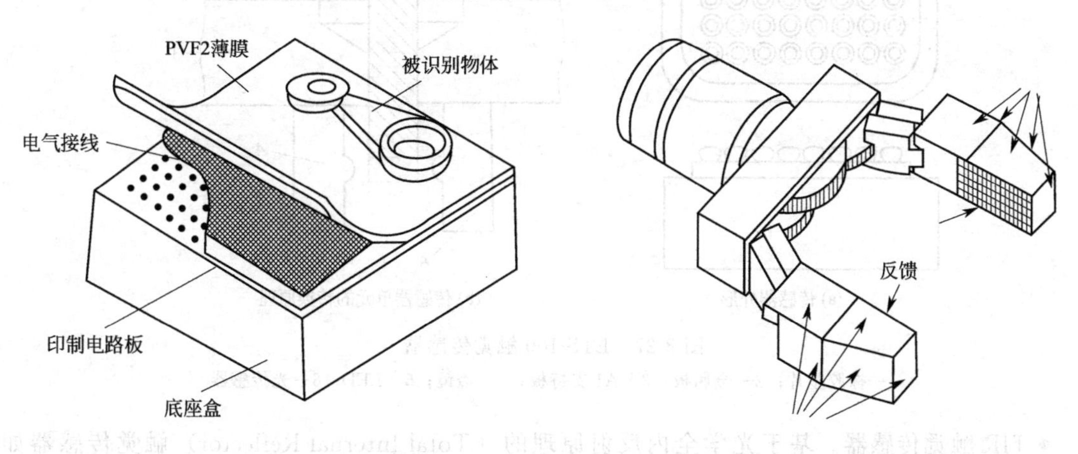

图 8-24　PVF2 阵列式触觉传感器　　图 8-25　装有触觉传感器阵列的手爪

- 弹性式传感器。弹性式传感器由弹性元件、导电触点和绝缘体构成。如采用导电性石墨化碳纤维、氨基甲酸乙酯泡沫、印制电路板和金属触点构成的传感器，碳纤维被压后与金属触点接触，开关导通。

图 8-26 所示为二维矩阵接触觉传感器的配置方法，一般放在机器人手掌的内侧。其中：① 是柔软的电极；② 是柔软的绝缘体；③ 是电极；④ 是电极板。图中柔软导体可以使用导电橡胶、浸含导电涂料的氨基甲酸乙酯泡沫或碳素纤维等材料。

阵列式接触觉传感器可用于测定自身与物体的接触位置、被握物体中心位置和倾斜度，甚至还可以识别物体的大小和形状。

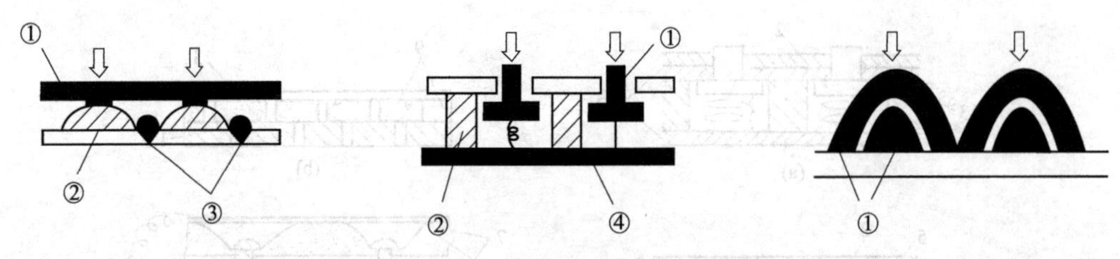

图 8-26　二维矩阵式接触觉传感器

对于非阵列接触觉传感器，信号的处理主要是为了感知物体的有无。由于信息量较少，处理技术相对比较简单、成熟。阵列式接触觉传感器的作用是辨识物体接触面的轮廓。

• 成像触觉传感器。成像触觉传感器由若干个感知单元组成阵列结构，用于感知目标物体的形状。图 8-27 所示为美国 LORD公司研制的 LTS-100 触觉传感器外形。传感器由 64 个感知单元组成 8×8 的阵列，形成接触界面，传感器单元的转换原理如图 8-27（b）所示。当弹性材料制作的触头受到法向压力作用时，触杆下伸，挡住发光二极管射向光敏二极管的部分光，于是光敏二极管输出随压力大小变化的电信号。阵列中感知单元的输出电流由多路模拟开关选通检测，经过 A/D 转换变为不同的触觉数字信号，从而感知目标物体的形状。

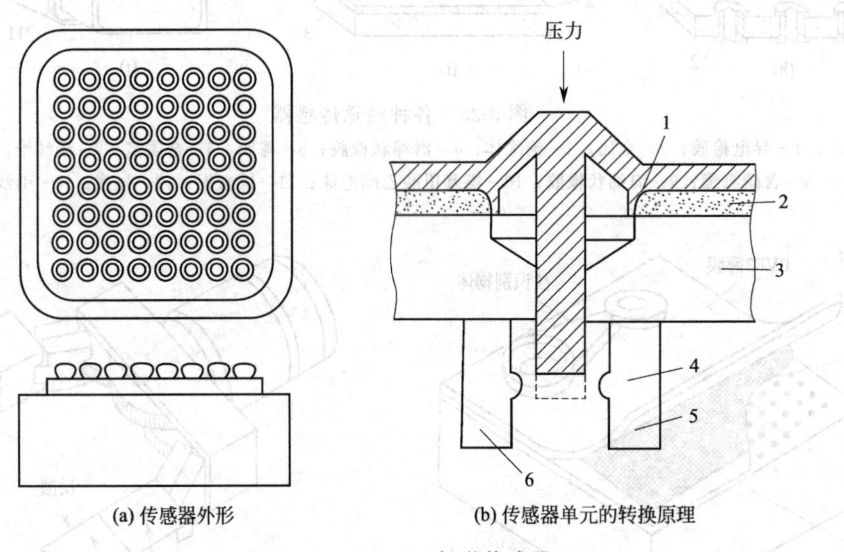

(a) 传感器外形　　(b) 传感器单元的转换原理

图 8-27　LTS-100 触觉传感器

1—橡胶垫片；2—金属板；3—A1 支持板；4—透镜；5—LED；6—光传感器

• TIR 触觉传感器。基于光学全内反射原理的（Total Internal Reflector）触觉传感器如图 8-28 所示。传感器由白色弹性膜、光学玻璃波导板、微型光源、透镜组、CCD 成像装置和控制电路组成。光源发出的光从波导板的侧面垂直入射进波导板，当物体未接触敏感面时，波导板与白色弹性膜之间存在空气间隙，进入波导板的大部分光线在波导板内发生全内反射。当物体接触敏感面时，白色弹性膜被压在波导板上。在两者贴近部位，波导板内的光线从光疏媒质（光学玻璃波导板）射向光密媒质（白色弹性膜），同时波导板表面发生不同程度的变形，有光线从白色弹性膜和波导板贴近部位泄漏出来，在白色弹性膜上产生漫反射。漫反射光经波导板与三棱镜射出来，形成物体触觉图像。触觉图像经自聚焦透镜、传像光缆和显微镜进入 CCD 成像装置。

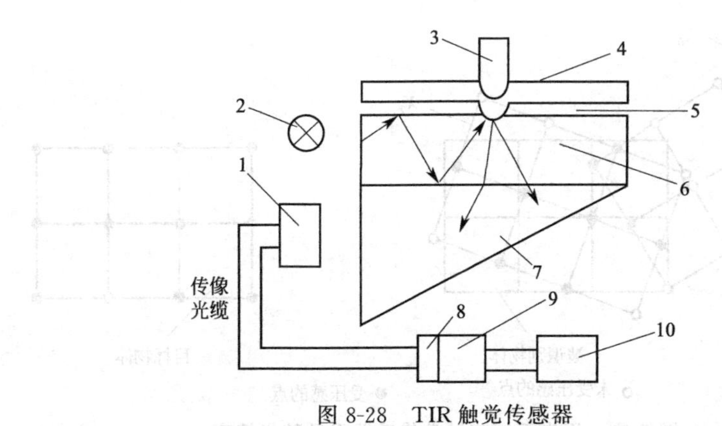

图 8-28 TIR 触觉传感器

1—自聚焦透镜；2—光源；3—物体；4—白色弹性膜；5—空气气隙；
6—光学玻璃波导板；7—三棱镜；8—显微镜；9—CCD 成像装置；10—图像监视器

④ 接触觉应用　图 8-29 所示为一个具有接触搜索识别功能的机器人。图 8-29（a）所示为具有 4 个自由度（2 个移动和 2 个转动）的机器人，由一台计算机控制，各轴运动是由直流电动机闭环驱动的。手部装有压电橡胶接触觉传感器，识别软件具有搜索和识别的功能。

a. 搜索过程。机器人有一扇形截面柱状操作空间，手爪在高度方向进行分层搜索，对每一层可根据预先给定的程序沿一定轨迹进行搜索。如图 8-29（b）所示，搜索过程中，假定在位置①遇到障碍，则手爪上的接触觉传感器就会发出停止前进的指令，使手臂向后缩回一段距离到达位置②。如果已经避开了障碍物，则再前进至位置③，又伸出到位置④处，再运动到位置⑤处与障碍物再次相碰。根据①、⑤的位置计算机就能判断被搜索物体的位置。再按位置⑥、位置⑦的顺序接近就能对搜索的目标物进行抓取，如图 8-29（b）所示。

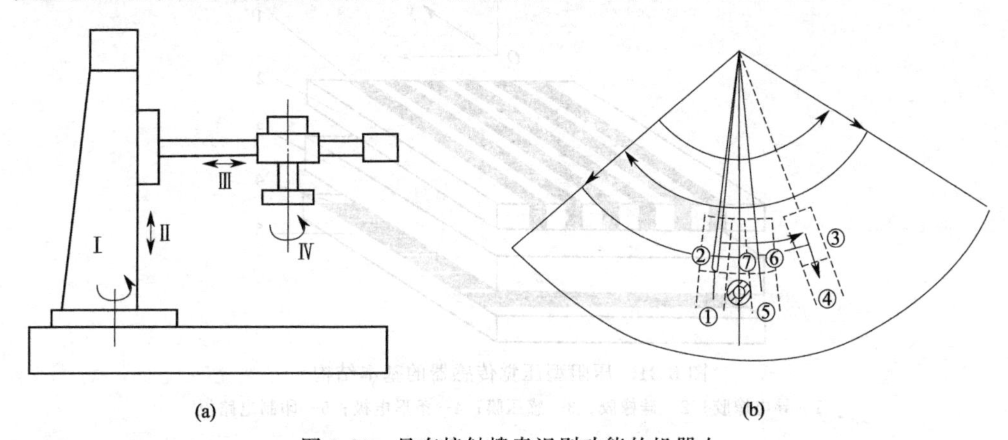

图 8-29 具有接触搜索识别功能的机器人

b. 识别功能。图 8-30 所示为一个配置在机械手上的由 3×4 个触觉元件组成的表面阵列触觉传感器，识别对象为一长方体。假定机械手与搜索对象的已知接触目标模式为 x_n，机械手的每一步搜索得到的接触信息构成了接触模式 x_0，机器人根据每一步搜索，对接触模式 x_1、x_2、x_3……不断计算、估计，调整手的位姿，直到目标模式与接触模式相符合为止。

每一步搜索过程由三部分组成。

- 接触觉信息的获取、量化和对象表面形心位置的估算。
- 对象边缘特征的提取和姿势估算。
- 运动计算及执行运动。

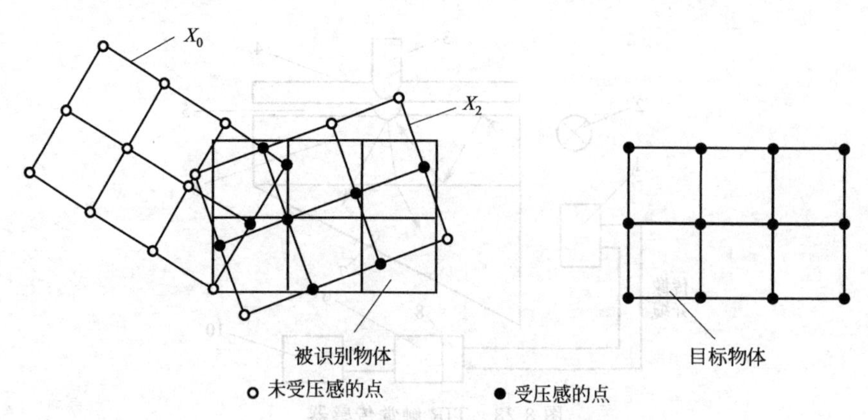

图 8-30　用表面矩阵触觉传感器引导随机搜索

要判定搜索结果是否满足形心对中、姿势符合要求，则还可设置一个目标函数，要求目标函数在某一尺度下最优，用这样的方法可判定对象的存在和位姿情况。

⑤ 机器人的压觉　压觉传感器实际是接触觉传感器的延伸，用来检测机器人手指握持面上承受的压力大小及分布。目前压觉传感器的研究重点在阵列型压觉传感器的制备和输出信号处理上。压觉传感器的类型很多，如压阻型、光电型、压电型、压敏型、压磁型、光纤型等。

a. 机器人单一压觉传感器。

• 压阻型压觉传感器。利用某些材料的内阻随压力变化而变化的压阻效应制成压阻器件，将其密集配置成阵列，即可检测压力的分布，如压敏导电橡胶和塑料等，图 8-31 所示为压阻型压觉传感器的基本结构。

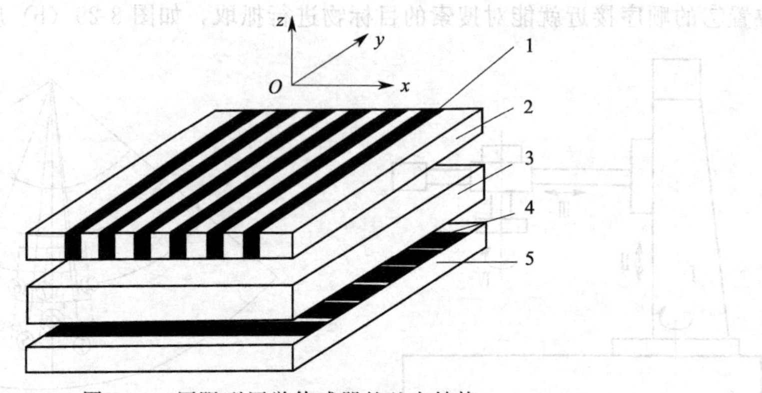

图 8-31　压阻型压觉传感器的基本结构

1—导电橡胶；2—硅橡胶；3—感压膜；4—条形电极；5—印制电路板

•光电型压觉传感器。

图 8-32 所示为光电型阵列压觉传感器的结构示意图。当弹性触头受压时，触杆下伸，发光二极管射向光敏二极管的部分光线被遮挡，于是光敏二极管输出随压力变化而变化的电信号。通过多路模拟开关依次选通阵列中的感知单元，并经 A/D 转换器转换为数字信号，即可感知物体的形状。

• 压电型压觉传感器。利用压电晶体等压电效应器件，可制成类似于人类皮肤的压电薄膜来感知外界压力。其优点是耐腐蚀、频带宽和灵敏度高等，缺点是无直流响应，不能直接检测静态信号。

• 压敏型压觉传感器。利用半导体力敏器件与信号调理电路可构成集成压敏型压觉传感器。其优点是体积小、成本低、便于与计算机连接，缺点是耐压负载差、不柔软。

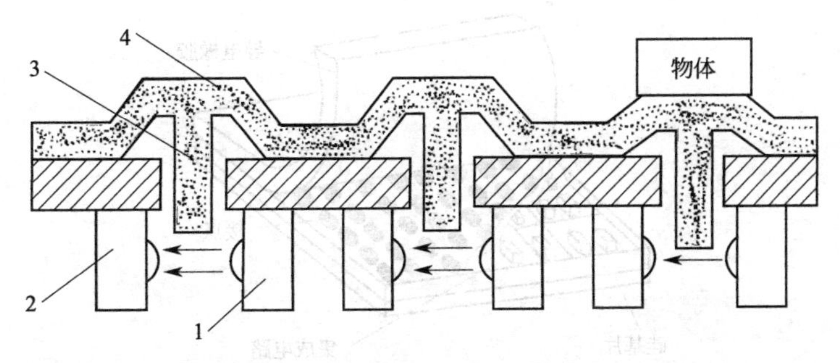

图 8-32 光电型阵列压觉传感器的结构示例

1—发光二极管；2—光敏二极管；3—触杆；4—弹性触头

b. 阵列式压觉传感器。图 8-33 所示为阵列式压觉传感器。图 8-33（a）由条状的导电橡胶排成网状，每个棒上附上一层导体引出，送给扫描电路；图 8-33（b）则由单向导电橡胶和印制电路板组成，电路板上附有条状金属箔，两块板上的金属条方向互相垂直。图 8-33（c）为与阵列式传感器相配的阵列式扫描电路。比较高级的压觉传感器是在阵列式触点上附一层导电橡胶，并在基板上装有集成电路，压力的变化使各接点间的电阻发生变化，信号经过集成电路处理后送出，如图 8-34 所示。

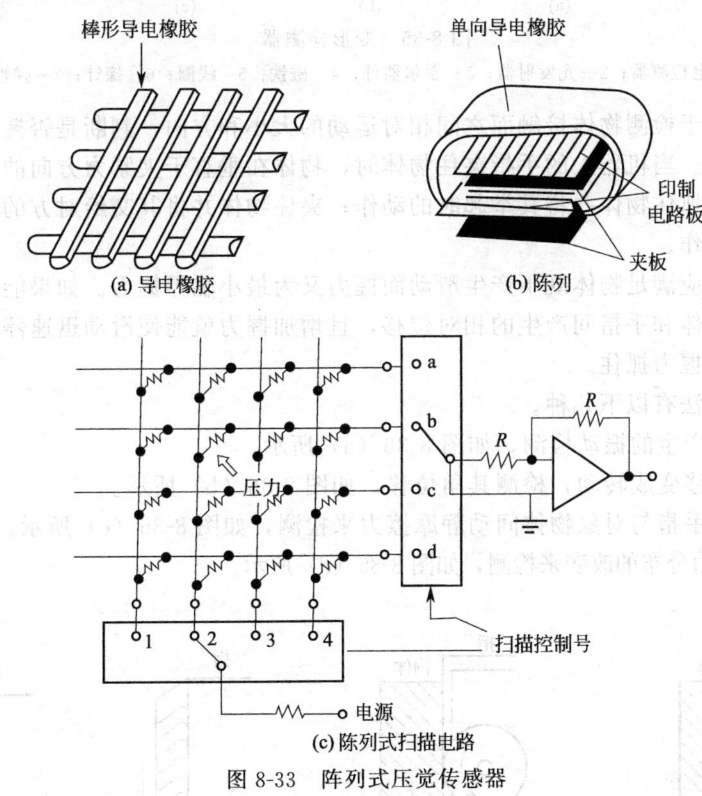

图 8-33 阵列式压觉传感器

图 8-35 所示为变形检测器，用压力使橡胶变形，可用普通橡胶作传感器面，用光学和电磁学等手段检测其变形量，和直接检测压力的方法相比，这种方法可称为间接检测法。

⑥机器人的滑觉 机器人在抓取不知属性的物体时，其自身应能确定最佳握紧力的给定值。当握紧力不够时，要能检测被握紧物体的滑动，利用该检测信号，在不损害物体的前提下，考虑最可靠的夹持方法，实现此功能的传感器称为滑觉传感器。滑觉传感器可以检测垂直于握持方向物体的位移、旋转、由重力引起的变形等，以便修正夹紧力，防止抓取物的滑动。

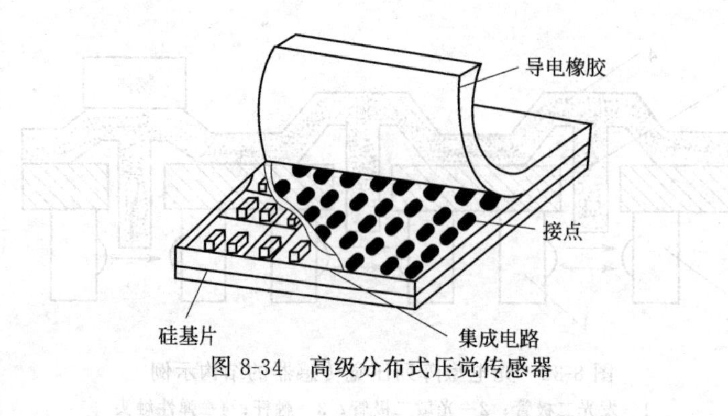

图 8-34 高级分布式压觉传感器

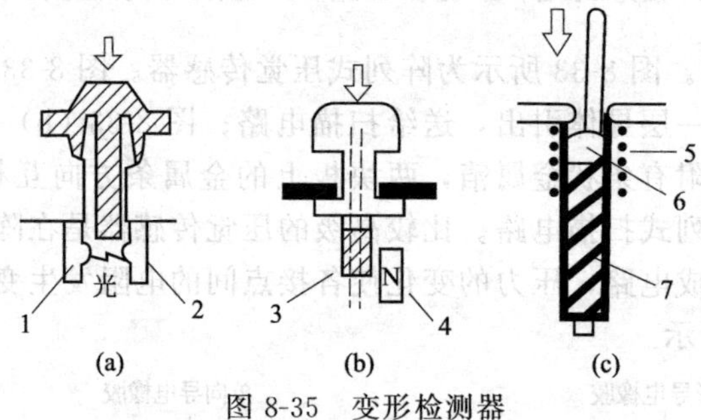

图 8-35 变形检测器

1—光电检测器；2—光发射器；3—霍尔器件；4—磁铁；5—线圈；6—探针；7—弹性体

滑觉传感器主要用于检测物体接触面之间相对运动的大小和方向，判断是否握住物体以及应该用多大的夹紧力等。当机器人的手指夹住物体时，物体在垂直于夹紧力方向的平面内移动，需要进行的操作有：抓住物体并将其举起时的动作；夹住物体并将其交给对方的动作；手臂移动时加速或减速的动作。

机器人的握力应满足物体既不产生滑动而握力又为最小临界握力。如果能在刚开始滑动之后便立即检测出物体和手指间产生的相对位移，且增加握力就能使滑动迅速停止，那么该物体就可用最小的临界握力抓住。

检测滑动的方法有以下几种。

- 根据滑动时产生的振动检测，如图 8-36（a）所示。
- 把滑动的位移变成转动，检测其角位移，如图 8-36（b）所示。
- 根据滑动时手指与对象物体间动静摩擦力来检测，如图 8-36（c）所示。
- 根据手指压力分布的改变来检测，如图 8-36（d）所示。

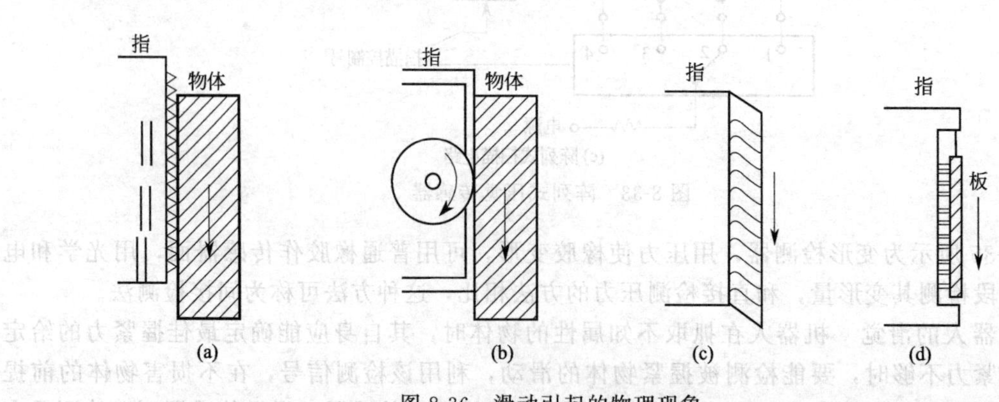

图 8-36 滑动引起的物理现象

a. 测振式滑觉传感器。图 8-37 所示是一种测振式滑觉传感器。传感器尖端用一个直径为 0.05 mm 的钢球接触被握物体，振动通过杠杆传向磁铁，磁铁的振动在线圈中感应交变电流并输出。在传感器中设有橡胶阻尼圈和油阻尼器。滑动信号能清楚地从噪声中被分离出来。但其检测头需直接与对象物接触，在握持类似于圆柱体的对象物时，就必须准确选择握持位置，否则就不能起到检测滑觉的作用，而且其接触为点接触，可能因造成接触压力过大而损坏对象表面。

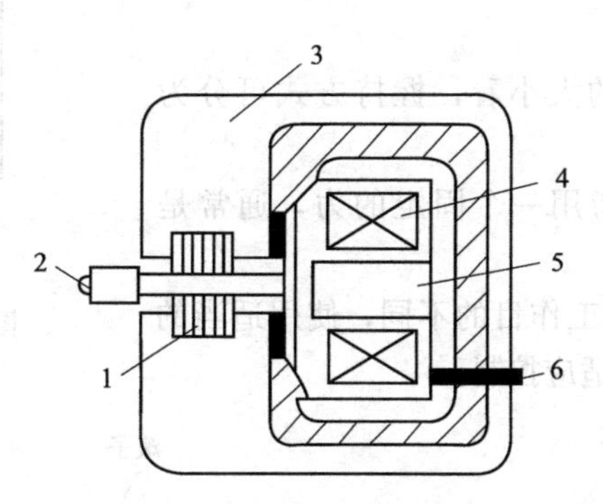

图 8-37　测振式滑觉传感器

1—橡胶圈阻尼；2—钢球；3—油阻尼器；4—线圈；5—磁铁；6—输出

b. 柱型滚轮式滑觉传感器。图 8-38 所示为柱型滚轮式滑觉传感器。小型滚轮安装在机器人手指上［见图 8-38（a）］，其表面稍突出手指表面，使物体的滑动变成转动。滚轮表面贴有高摩擦因数的弹性物质，这种弹性物质一般为橡胶薄膜。用板型弹簧将滚轮固定，可以使滚轮与物体紧密接触，并使滚轮不产生纵向位移。滚轮内部装有发光二极管和光电三极管，通过圆盘形光栅把光信号转变为脉冲信号［见图 8-38（b）］。

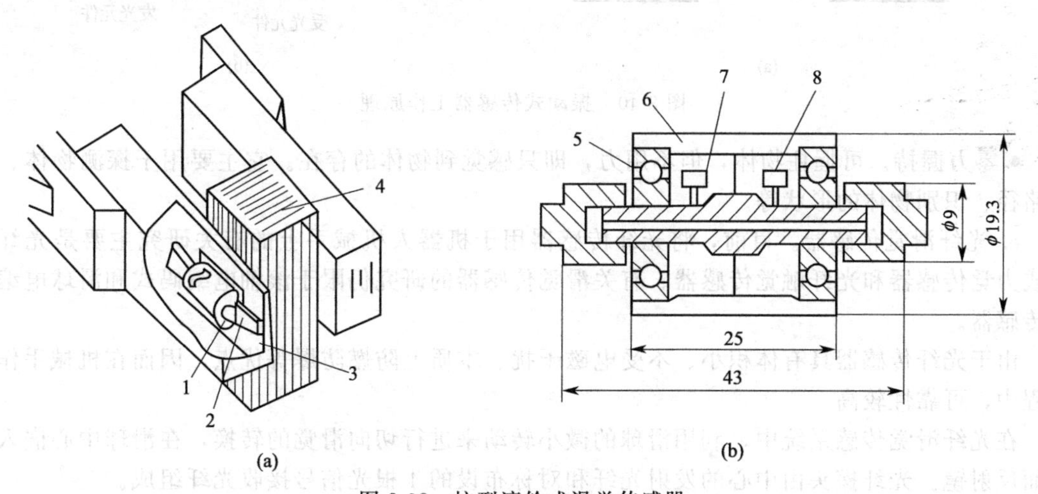

图 8-38　柱型滚轮式滑觉传感器

1—滑轮；2—弹簧；3—夹持器；4—物体；5—滚球；6—橡胶薄膜；7—发光二极管；8—光电三极管

c. 球形滑觉传感器。图 8-39 所示为机器人专用球形滑觉传感器。它主要由金属球和触针组成，金属球表面分成许多个相间排列的导电和绝缘小格。触针头很细，每次只能触及一格。当工件滑动时，金属球也随之转动，在触针上输出脉冲信号。脉冲信号的频率反映了滑移速度，脉冲信号的个数对应滑移的距离。接触器触头面积小于球面上露出的导体面积，它不仅可做得很小，而且提高了检测灵敏度。球与被握物体相接触，无论滑动方向如何，只要球一转动，传感器就会产生脉冲输出。该球体在冲击力作用下不转动，因此抗干扰能力强。

d. 滚轮式传感器。滚轮式传感器只能检测一个方向的滑动。球式传感器用球代替滚轮，可以检测各个方向的滑动。振动式滑觉传感器表面伸出的触针能和物体接触，物体滚动时，触针与物体接触而产生振动，这个振动由压电传感器或磁场线圈结构的微小位移计检测，磁通量振动式传感器和光学式振动式传感器的工作原理分别如图 8-40 (a)、(b) 所示。

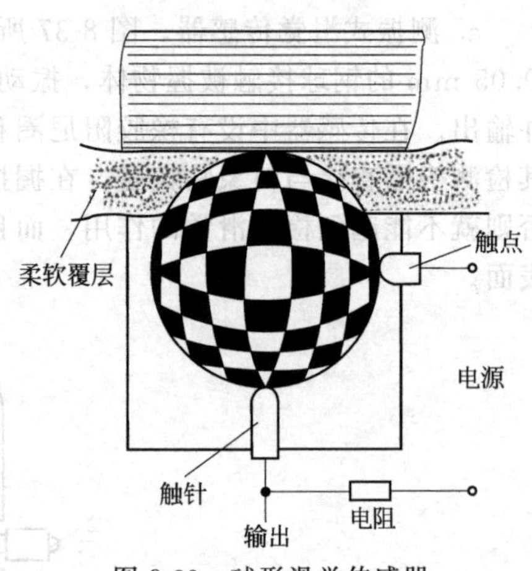

图 8-39　球形滑觉传感器

从机器人对物体施加力的大小看，握持方式可分为以下三类。

• 刚力握持。机器人手指用一个固定的力，通常是用最大可能的力握持物体。

• 柔力握持。根据物体和工作目的不同，使用适当的力握持物体。握力可变或可自适应控制。

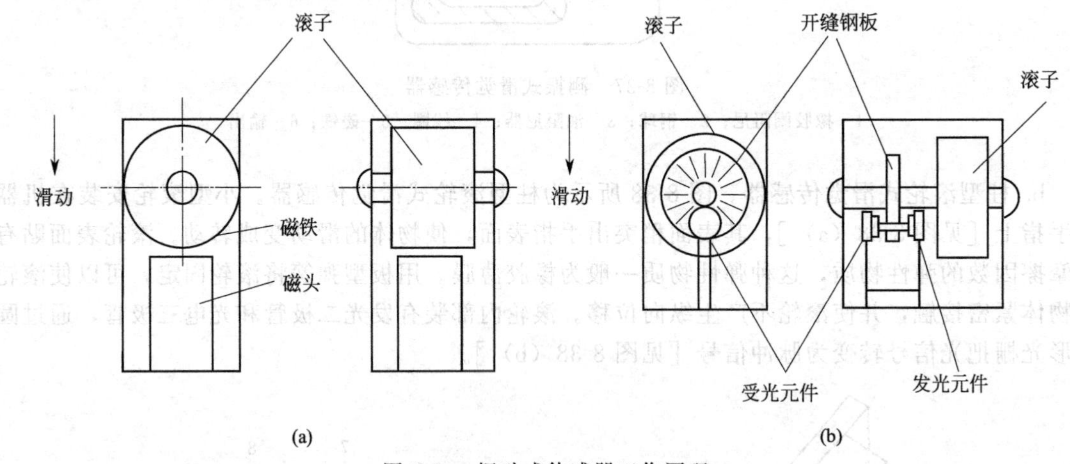

图 8-40　振动式传感器工作原理

• 零力握持。可握住物体，但不用力，即只感觉到物体的存在。它主要用于探测物体、探索路径、识别物体的形状等。

e. 光纤滑觉传感器。目前，将光纤传感器用于机器人机械手上的有关研究主要是光纤压觉或力觉传感器和光纤触觉传感器。有关滑觉传感器的研究仍限于滚轴电编码式和滑球电编码式传感器。

由于光纤传感器具有体积小、不受电磁干扰、本质上防燃防爆等优点，因而在机械手作业过程中，可靠性较高。

在光纤滑觉传感系统中，利用滑球的微小转动来进行切向滑觉的转换，在滑球中心嵌入一平面反射镜。光纤探头由中心的发射光纤和对称布设的 4 根光信号接收光纤组成。

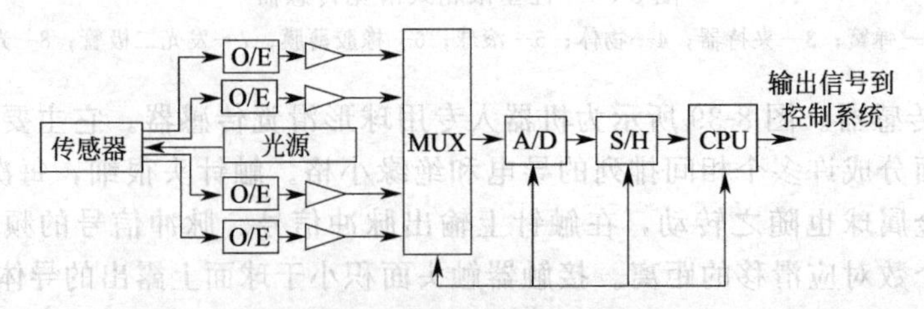

图 8-41　光纤滑觉传感系统框图

来自发射光纤的出射光经平面镜反射后，被发射光纤周围的4根光纤所接收，形成同一光场的4象限光探测，所接收的4象限光信号经前置放大后被送入信号处理系统。当传感器的滑球在有滑动趋势的物体作用下绕球心产生微小转动时，由此引起反射光场发生变化，导致4象限接收光纤所接收到的光信号受到调制，从而实现全方位光纤滑觉检测。系统框图如图8-41所示。

光纤滑觉传感器结构如图8-42所示。传感器壳体中开有一球冠形槽，可使滑球在其中滑动。滑球的一小部分露出并与乳胶膜相接触，滑动物体通过乳胶膜与滑球发生相互作用。滑球中心平面与一个内嵌平面反射镜的刚性圆板固接。该圆板通过8个仪表弹簧与传感器壳体相连，构成了该滑觉传感器的弹性恢复系统。

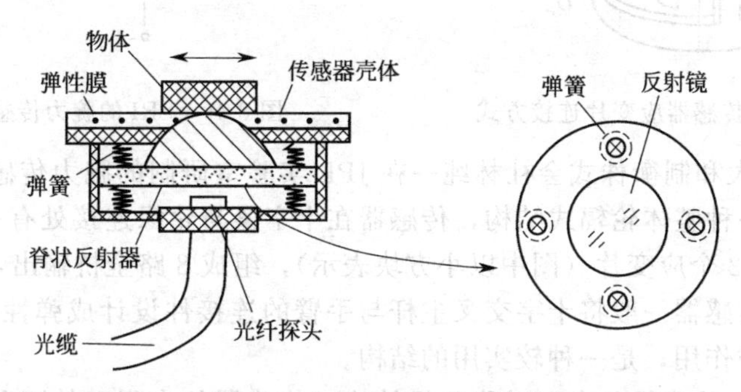

图8-42　光纤滑觉传感器结构

⑦机器人的力觉　通常将机器人的力传感器分为以下三类。

● 装在关节驱动器上的力传感器，称为关节力传感器，它测量驱动器本身的输出力和力矩，用于控制中的力反馈。

● 装在末端执行器和机器人最后一个关节之间的力传感器，称为腕力传感器。腕力传感器能直接测出作用在末端执行器上的各向力和力矩。

● 装在机器人手爪指关节上（或指上）的力传感器，称为指力传感器，用来测量夹持物体时的受力情况。

机器人的这三种力传感器依其不同的用途有不同的特点，关节力传感器用来测量关节的受力（力矩）情况，信息量单一，传感器结构也较简单，是一种专用的力传感器；（手）指力传感器一般测量范围较小，同时受手爪尺寸和重量的限制，指力传感器在结构上要求小巧，也是一种较专用的力传感器；腕力传感器从结构上来说，是一种相对复杂的传感器，它能获得手爪三个方向的受力（力矩），信息量较多，又由于其安装的部位在末端操作器与机器人手臂之间，比较容易形成通用化的产品（系列），因此使用较为广泛。

图8-43　Draper Waston的腕力传感器

图8-43所示为Draper实验室研制的六维腕力传感器的结构。它将一个整体金属环周壁铣成按120°周向分布的三根细梁。其上部圆环上有螺孔与手臂相连，下部圆环上的螺孔与手爪连接，传感器的测量电路置于空心的弹性构架体内。该传感器结构比较简单，灵敏度也较高，但六维力（力矩）的获得需要解耦运算，传感器的抗过载能力较差，较易受损。

图8-44所示是SRI（Stanford Research Institute）研制的六维腕力传感器。它由一只直径为75mm的铝管铣削而成，具有8个窄长的弹性梁，每一个梁的颈部开有小槽，以使颈部只传递力，扭矩作用很小。梁的另一头两侧贴有应变片，若应变片的阻值分别为R_1、R_2，则将其连成图8-45的形式输出，由于R_1、R_2所受应变方向相反，V_{out}输出比使用单个应变

片时大一倍。

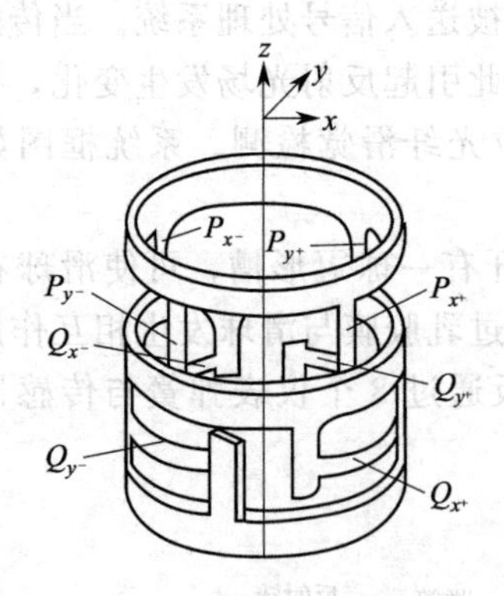

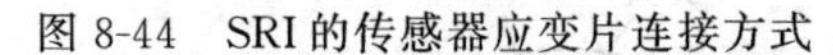
图 8-44　SRI的传感器应变片连接方式

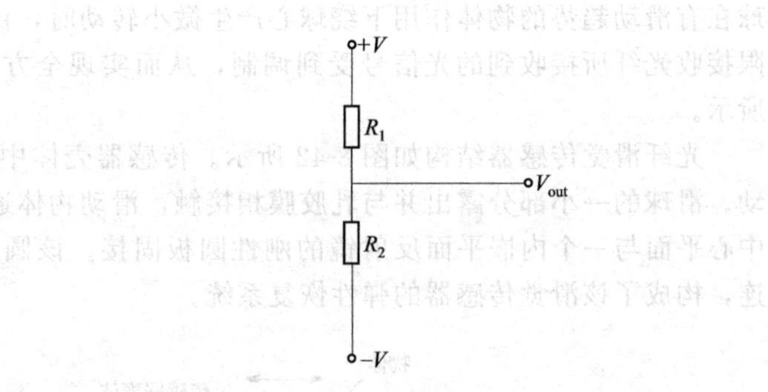

图 8-45　SRI的腕力传感器应变连接电路

图 8-46 是日本大和制衡株式会社林纯一在 JPL 实验室研制的腕力传感器基础上提出的一种改进结构。它是一种整体轮辐式结构，传感器在十字梁与轮缘连接处有一个柔性环节，在 4 根交叉梁上共贴有 32 个应变片（图中以小方块表示），组成 8 路全桥输出，六维力的获得需通过解耦计算。这一传感器一般将十字交叉主杆与手臂的连接件设计成弹性体变形限幅的形式，可有效起到过载保护作用，是一种较实用的结构。

图 8-47 所示是一种非径向中心对称三梁结构，传感器的内圈和外圈分别固定于机器人的手臂和手爪，力沿与内圈相切的 3 根梁进行传递。每根梁的上下、左右各贴一对应变片，这样非径向的 3 根梁共粘贴 6 对应变片，分别组成 6 组半桥，对这 6 组电桥信号进行解耦可得到六维力（力矩）的精确解。这种力觉传感器结构有较好的刚性，最先由卡纳基-梅隆大学提出，在我国，华中科技大学也曾对此结构的传感器进行过研究。

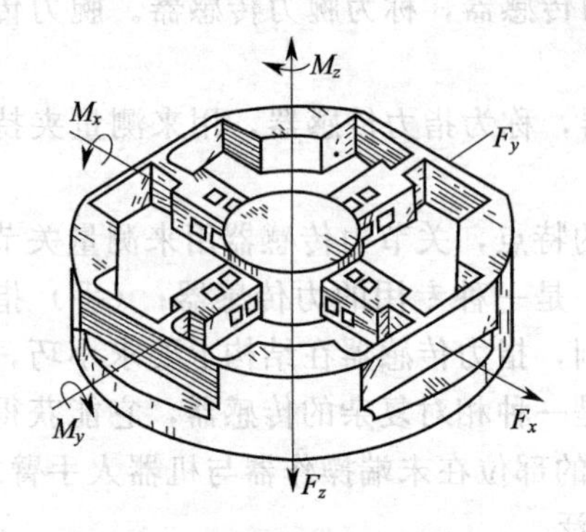

图 8-46　林纯一的腕力传感器

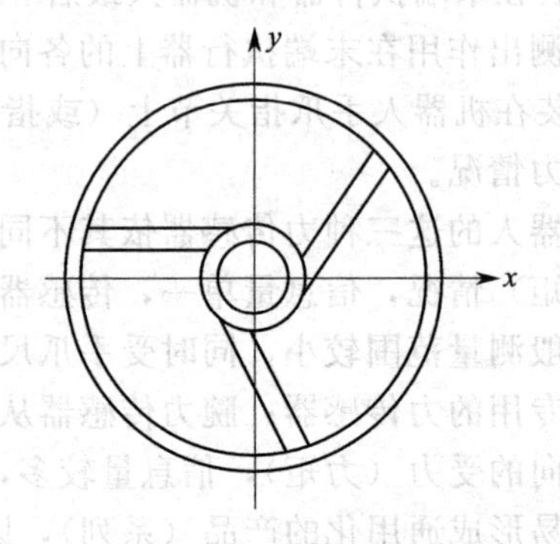

图 8-47　非径向中心对称三梁腕力传感器

a. 分布型传感器。对于力控制机器人，当对来自外界的力进行检测时，根据力的作用部位和作用力的情况，传感器的安装位置和构造会有所不同。

例如当希望检测来自所有方向的接触时，需要用传感器覆盖全部表面。这时，要使用分布型传感器，把许多微小的传感器进行排列，用来检测在广阔的面积内发生的物理量变化，这样组成的传感器称为分布型传感器，如图 8-48 所示。

虽然目前还没有对全部表面进行完全覆盖的分布型传感器，但是已经开发出来能为手指和手掌等重要部位设置的小规模分布型传感器。因为分布型传感器是许多传感器的集合体，所以在输出信号的采集和数据处理中，需要采用特殊信号处理技术。

b. 多维力传感器简介。多维力传感器指的是一种能够同时测量两个方向以上的力及力矩分量的力传感器。在笛卡儿坐标系中，力和力矩可以各自分解为 3 个分量，因此多维力最完整

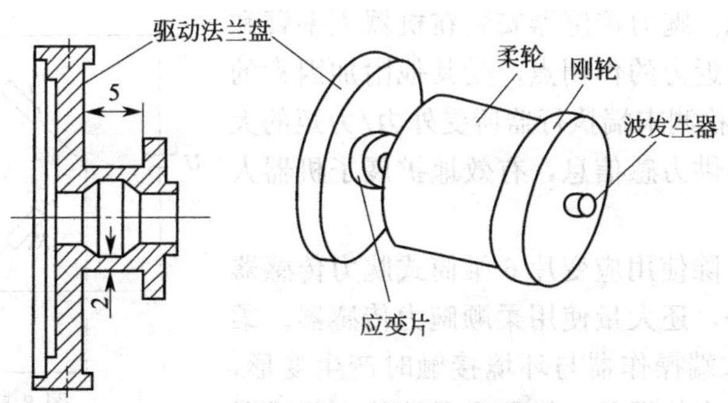

图 8-48　分布型关节力传感器

的形式是六维力-力矩传感器，即能够同时测量 3 个力分量和 3 个力矩分量的传感器。目前广泛使用的多维力传感器就是这种传感器。在某些场合，不需要测量完整的 6 个力和力矩分量，而只需要测量其中某几个分量，因此就有了二、三、四、五维的多维力传感器，其中每一种传感器都可能包含有多种组合形式。

多维力传感器与单轴力传感器比较，除了要解决对所测力分量敏感的单调性和一致性问题外，还要解决因结构加工和工艺误差引起的维间（轴间）干扰问题、动静态标定问题以及矢量运算中的解耦算法和电路实现等。我国已经彻底解决了多维力传感器研究中的科学问题，如弹性体的结构设计、力学性能评估、矢量解耦算法等，也掌握了核心制造技术，具有从宏观机械到微机械的设计加工能力。产品覆盖了从二维到六维的全系列多维传感器，量程范围从几牛顿到几十万牛顿，并获得弹性体结构和矢量解耦电路等方面的多项专利技术。

多维力传感器广泛应用于机器人手指和手爪研究、机器人外科手术研究、指力研究、牙齿研究、力反馈、刹车检测、精密装配、切削、复原研究、整形外科研究、产品测试、触觉反馈和示教学习。行业覆盖了机器人、汽车制造、自动化流水线装配、生物力学、航空航天、轻纺工业等领域。图 8-49 所示为六维力传感器结构。

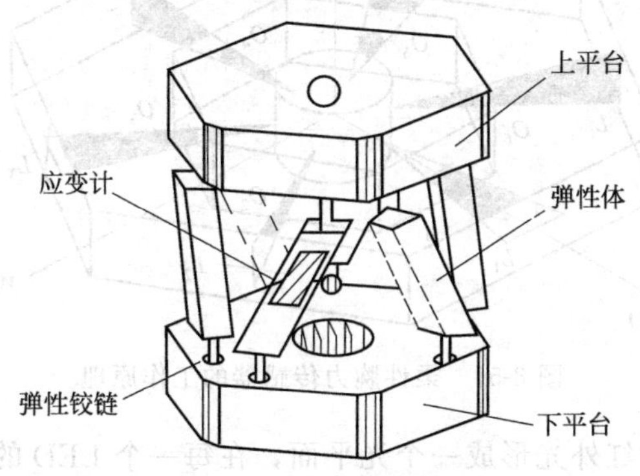

图 8-49　六维力传感器结构

传感器系统中力敏元件的输出是 6 个弹性体连杆的应力。应力的测量方式很多，这里采用电阻应变计的方式测量弹性体上应力的大小。理论研究表明，在弹性体上只受到轴向的拉压作用力，因此只要在每个弹性体连杆上粘贴一片应变计（见图 8-49），然后和其他 3 个固定电阻器正确连接即可组成测量电桥，从而通过电桥的输出电压测量出每个弹性体上的应力大小。整个传感器力敏元件的弹性体连杆有 6 个，因此需要 6 个测量电桥分别对 6 个应变信号进行测量。传感器力敏元件的弹性体连杆机械应变一般都较小，为将这些微小的应变引起的应变计电阻值的微小变化测量出来，并有效提高电压灵敏度，测量电路采用直流电桥的工作方式，其基本形式如图 8-50 所示。

c. 柔性腕力传感器。装配机器人在作业过程中需要与周围环境接触，在接触的过程中往往存在力和速度的不连续问题。腕力传感器安装在机器人手臂和末端执行器之间，更接近力的作用点，受其他附加因素的影响较小，可以准确地检测末端执行器所受外力/力矩的大小和方向，为机器人提供力感信息，有效地扩展了机器人的作业能力。

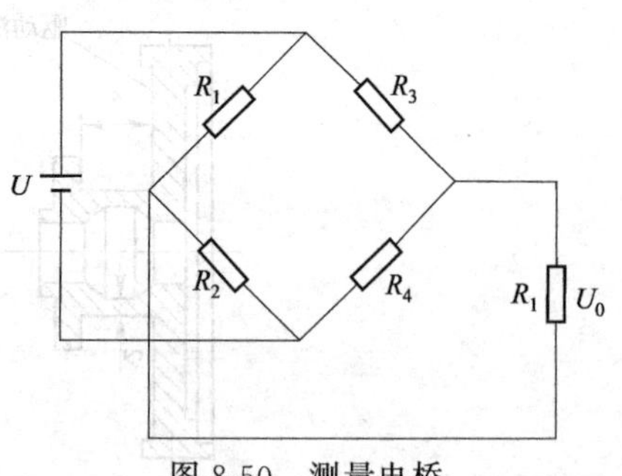

图 8-50 测量电桥

在装配机器人中，除使用应变片 6 维筒式腕力传感器和十字梁腕力传感器外，还大量使用柔顺腕力传感器。柔性手腕能在机器人的末端操作器与环境接触时产生变形，并且能够吸收机器人的定位误差。机器人柔性腕力传感器将柔性手腕与腕力传感器有机地结合在一起，不但可以为机器人提供力/力矩信息，而且本身又是柔顺机构，可以产生被动柔顺，吸收机器人产生的定位误差，保护机器人、末端操作器和作业对象，提高机器人的作业能力。

柔性腕力传感器一般由固定体、移动体和连接二者的弹性体组成。固定体和机器人的手腕连接，移动体和末端执行器相连接，弹性体采用矩形截面的弹簧，其柔顺功能就是由能产生弹性变形的弹簧完成。柔性腕力传感器利用测量弹性体在力/力矩的作用下产生的变形量来计算力/力矩。

柔性腕力传感器的工作原理如图 8-51 所示，柔性腕力传感器的内环相对于外环的位置和姿态的测量采用非接触式测量。传感元件由 6 个均布在内环上的红外发光二极管（LED）和 6 个均布在外环上的线型位置敏感元件（PSD）构成。PSD 通过输出模拟电流信号来反映照射在其敏感面上光点的位置，具有分辨率高、信号检测电路简单、响应速度快等优点。

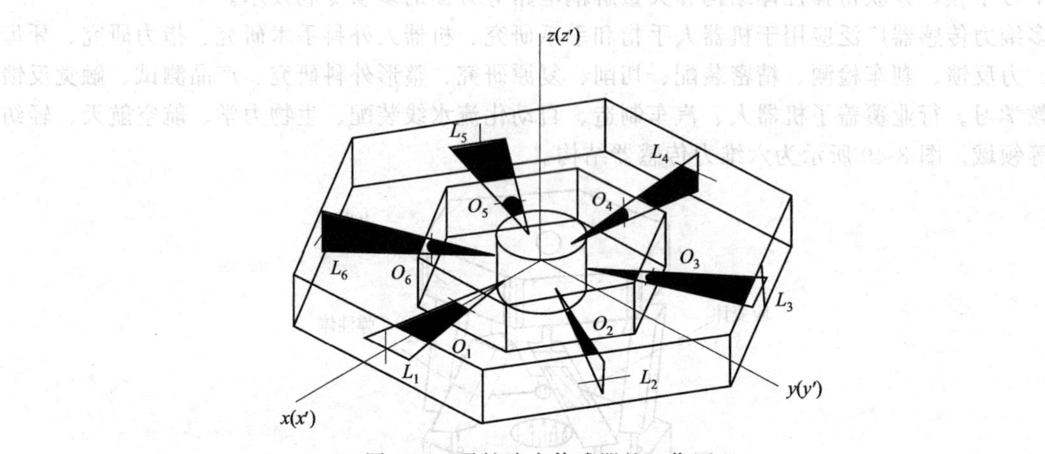

图 8-51 柔性腕力传感器的工作原理

为了保证 LED 发出的红外光形成一个光平面，在每一个 LED 的前方安装了一个狭缝，狭缝按照垂直和水平方式间隔放置，与之对应的线型 PSD 则按照与狭缝相垂直的方式放置。6 个 LED 所发出的红外光通过其前端的狭缝形成 6 个光平面 O_i（$i=1$，2，…，6），与 6 个相应的线型 PSD L_i（$i=1$，2，…，6）形成 6 个交点。当内环相对于外环移动时，6 个交点在 PSD 上的位置发生变化，引起 PSD 的输出变化。根据 PSD 输出信号的变化，可以求得内环相对于外环的位置和姿态。内环的运动将引起连接弹簧的相应变形，考虑到弹簧的作用力与形变的线性关系，可以通过内环相对于外环的位置和姿态关系解算出内环上所受到的力和力矩的大小，从而完成柔性腕力传感器的位姿和力/力矩的同时测量。

⑧ 机器人的接近觉　接近觉传感器是指机器人手接近对象物体的距离几毫米到十几厘米时，就能检测出与对象物体表面的距离、斜度和表面状态的传感器。接近觉一般用非接触式测量元件，如霍尔效应传感器、电磁式接近开关、光学接近传感器和超声波传感器作为感知元件。

接近觉传感器可分为6种：电磁式（感应电流式）、光电式（反射或透射式）、电容式、气压式、超声波式和红外线式，如图8-52所示。

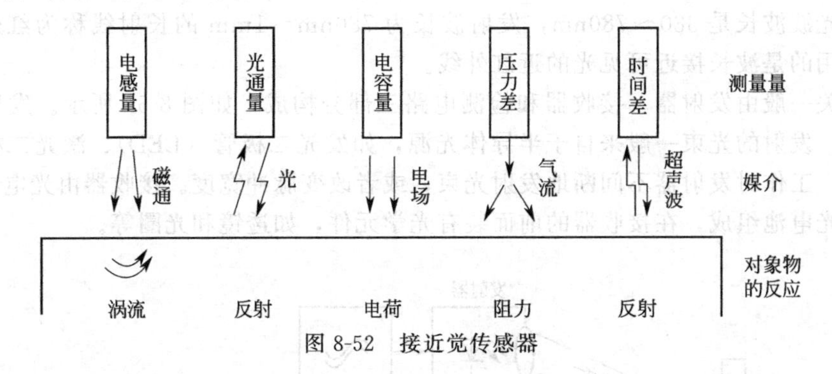

图8-52 接近觉传感器

a. 电磁式接近觉传感器。在一个线圈中通入高频电流，就会产生磁场，这个磁场接近金属物时，会在金属物中产生感应电流，也就是涡流。涡流大小随对象物体表面与线圈的距离而变化，这个变化反过来又影响线圈内磁场强度。磁场强度可用另一组线圈检测出来，也可以根据励磁线圈本身电感的变化或激励电流的变化来检测。图8-53所示为它的原理图。这种传感器的精度比较高，而且可以在高温下使用。由于工业机器人的工作对象大多是金属部件，因此电磁式接近觉传感器应用较广，在焊接机器人中可用它来探测焊缝。

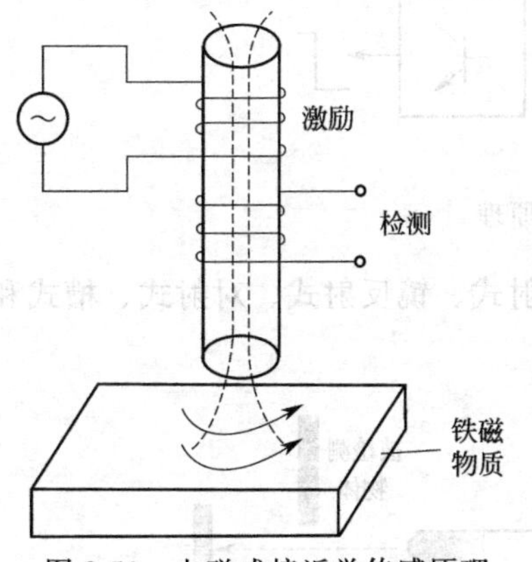

图8-53 电磁式接近觉传感原理

b. 光电式接近觉传感器。光源发出的光经发射透镜射到物体，经物体反射并由接收透镜会聚到光电器件上。若物体不在感知范围内，光电器件无输出。光反射式接近觉传感器由于光的反射量受到对象物体的颜色、表面粗糙度和表面倾角的影响，精度较差，应用范围小。光电式接近觉传感器的应答性好，维修方便，测量精度高，目前应用较多，但其信号处理较复杂，使用环境也受到一定限制（如环境光度偏极或污浊）。光电式接近觉传感原理如图8-54所示。

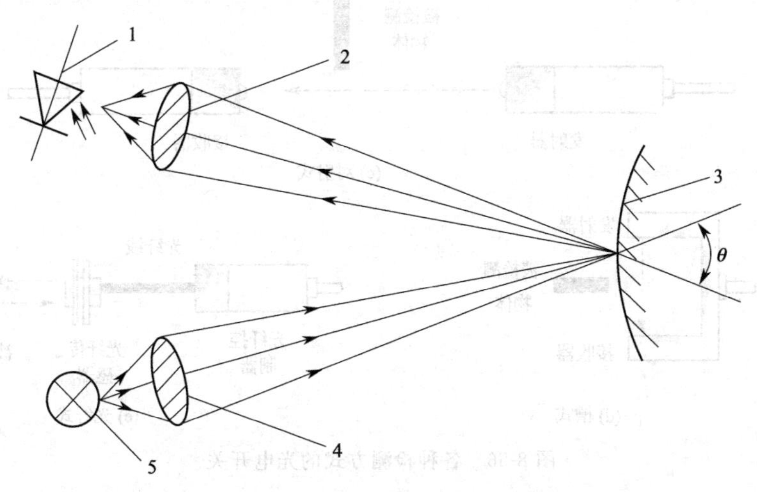

图8-54 光电式接近觉传感原理

1—光电器件；2—接收透镜；3—物体；4—发射透镜；5—光源

光电式接近觉传感器又称为红外线光电接近开关，它可利用被检测物体对红外光束的遮挡或反射，由同步回路选通来检测物体的有无。其检测对象不限于金属材质的物体，而是对所有能遮挡或反射光线的物体均可检测。红外线属于电磁射线，其特性等同于无线电和 X 射线。人眼可见的光波波长是 380～780nm，发射波长为 780nm～1mm 的长射线称为红外线。光电开关一般使用的是波长接近可见光的近红外线。

光电开关一般由发射器、接收器和检测电路三部分构成，如图 8-55 所示。发射器对准目标发射光束，发射的光束一般来自于半导体光源，如发光二极管（LED）、激光二极管及红外发射二极管。工作时发射器不间断地发射光束，或者改变脉冲宽度。接收器由光电二极管、光电三极管、光电池组成，在接收器的前面装有光学元件，如透镜和光圈等。

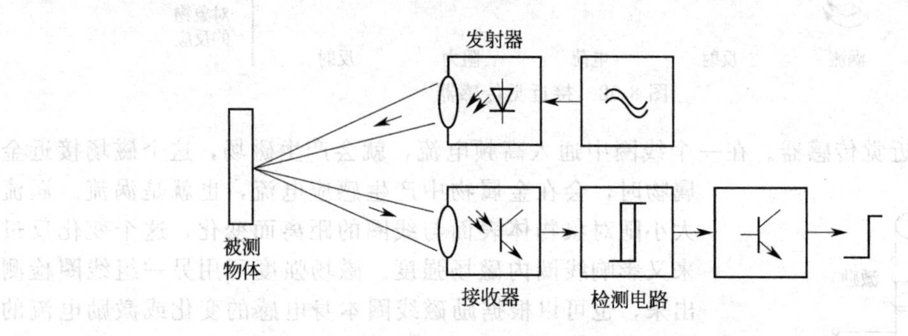

图 8-55 光电传感器的构成及工作原理

根据检测方式的不同，光电式接近觉传感器可分为漫反射式、镜反射式、对射式、槽式和光纤式五种，如图 8-56 所示。

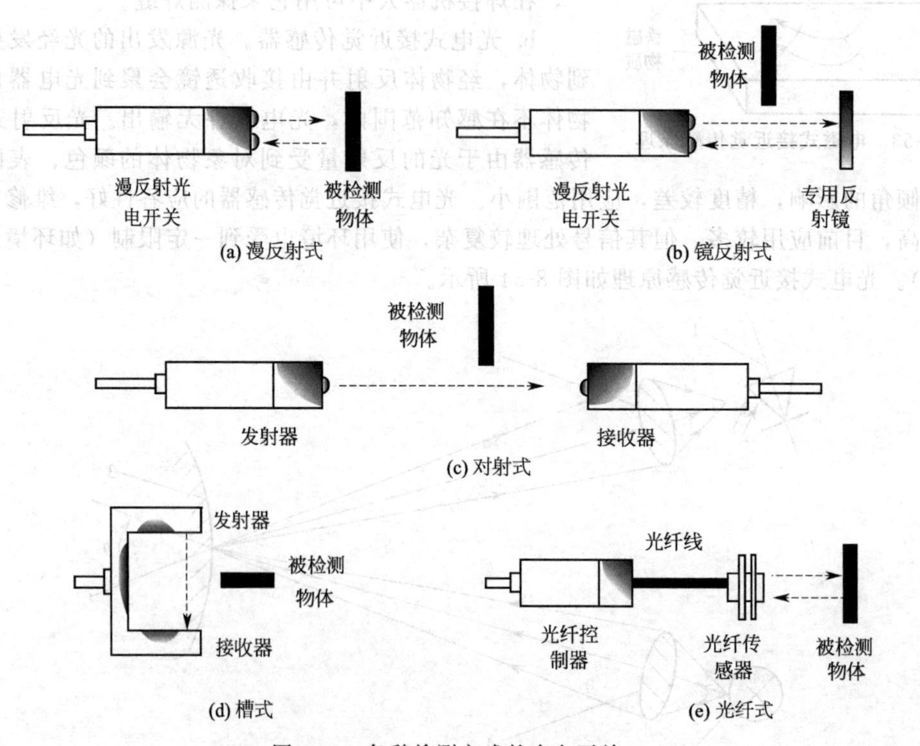

图 8-56 各种检测方式的光电开关

• 漫反射式光电传感器。漫反射光电传感器是一种集发射器和接收器于一体的传感器，当有被检测物体经过时，光电传感器的发射器发射的具有足够能量的光线被反射到接收器上，于是光电传感器就产生了开关信号，如图 8-56（a）所示。当被检测物体的表面光亮或其反射率极高时，漫反射式是首选的检测模式。

● 镜反射式光电传感器。镜反射式光电传感器亦是集发射器与接收器于一体的传感器，光电传感器的发射器发出的光线经过反光镜反射回接收器，当被检测物体经过且完全阻断光线时，光电传感器就产生检测开关信号，如图 8-56（b）所示。

● 对射式光电传感器。对射式光电传感器由在结构上相互分离且光轴相对放置的发射器和接收器组成，发射器发出的光线直接进入接收器。当被检测物体经过发射器和接收器之间且阻断光线时，光电传感器就产生了开关信号，如图 8-56（c）所示。当检测物体不透明时，采用对射式检测模式是最可靠的。

● 槽式光电传感器。槽式光电传感器通常采用标准的 U 字形结构，其发射器和接收器分别位于 U 形槽的两边，并形成一光轴，当被检测物体经过 U 形槽且阻断光轴时，光电传感器就产生开关信号，如图 8-56（d）所示。槽式光电传感器比较安全可靠，适合检测高速变化的透明与半透明物体。

● 光纤式光电传感器。光纤式光电传感器采用塑料或玻璃光纤传感器来引导光线，以实现被检测物体不在相近区域的检测，如图 8-56（e）所示。通常光纤传感器分为对射式和漫反射式两种。

c. 电容式接近觉传感器。电容式接近觉传感器可以检测任何固体和液体材料，外界物体靠近这种传感器会引起其电容量变化，由此反映距离信息。检测电容量变化的方案很多，最简单的方法是，将电容作为振荡电路的一部分，只有在传感器的电容值超过某一阈值时振荡电路才起振，将起振信号转换成电压信号输出，即可反映是否接近外界物体，这种方案可以提供二值化的距离信息。另一种方法是，将电容作为受基准正弦波驱动电路的一部分，电容量的变化会使正弦波发生相移，且两者成正比关系，由此可以检测出传感器与物体之间的距离，图8-57所示为极板电容式接近觉传感器原理。

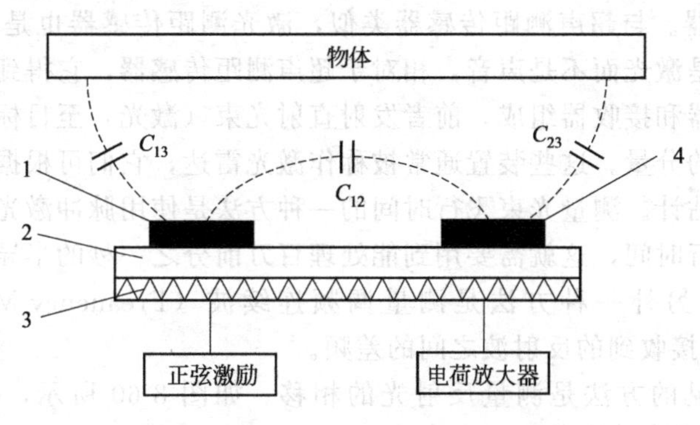

图 8-57　极板电容式接近觉传感器原理

1—极板 1；2—绝缘板；3—接地屏蔽板；4—极板 2

d. 气压式接近觉传感器。气压式接近觉传感器由一根细的喷嘴喷出气流，如果喷嘴靠近物体，则内部压力会发生变化，这一变化可用压力计测量出来。图 8-58（a）所示为其原理，图 8-58（b）所示曲线表示在气压 p 的情况下，压力计的压力与距离 d 之间的关系。它可用于检测非金属物体，尤其适用于测量微小间隙。

e. 超声波式接近觉传感器。超声波是频率为 20 kHz 以上的机械振动波，超声波的方向性较好，可定向传播。超声波式接近觉传感器适用于较远距离和较大物体的测量，与感应式和光电式接近觉传感器不同，这种传感器对物体材料或表面的依赖性较低，在机器人导航和避障中应用广泛。图 8-59 所示为超声波式接近觉传感器的示意图，其核心器件是超声波换能器，材料通常为压电晶体、压电陶瓷或高分子压电材料。树脂用于防止换能器受潮湿或灰尘等环境因素的影响，还可起到声阻抗匹配的作用。

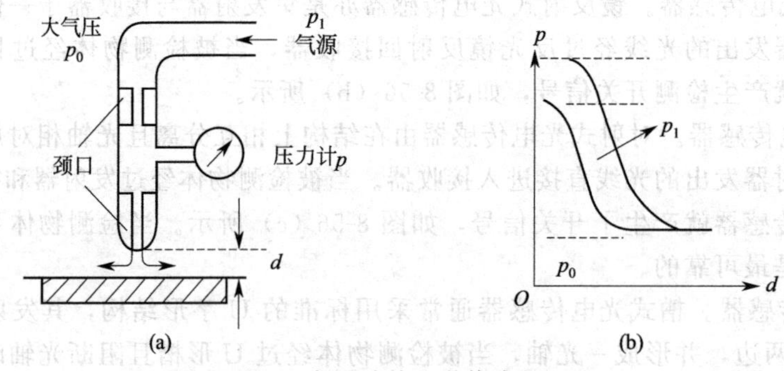

图 8-58　气压式接近觉传感器原理

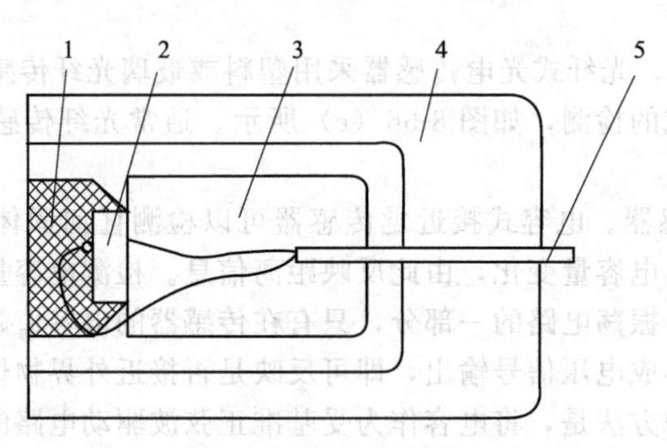

图 8-59　超声波式接近觉传感器示意图

1—树脂；2—换能器；3—吸声材料；4—壳体；5—电缆

f. 激光测距传感器。与超声测距传感器类似，激光测距传感器也是一个测量飞行时间的传感器，由于使用的是激光而不是声音，相对于超声测距传感器，它得到了重大的改进。这种类型的传感器由发射器和接收器组成，前者发射直射光束（激光）至目标，后者能检测与发射光束本质上是同轴光的分量。这些装置通常被称作激光雷达，它们可根据光到达目标然后返回所需的时间产生距离估计。测量光束飞行时间的一种方法是使用脉冲激光，然后正如上面所说的那样，直接测量飞行时间，这就需要用到能处理百万前分之一秒的半导体技术，所以这些电子器件将非常昂贵。另外一种方法是测量调频连续波（Freauency-Modulated Continuous Wave，FMCW）和它接收到的反射波之间的差频。

此外，也是最常见的方法是测量反射光的相移。如图 8-60 所示，德国的 SICK 公司的 LMS 系列产品正是使用这一技术。

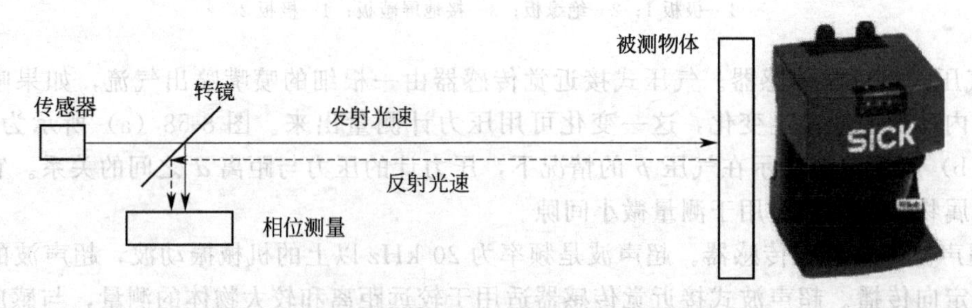

图 8-60　激光测距传感器原理与 SICK 公司的传感器

⑨ 视觉传感系统　配备视觉传感系统的装配机器人可依据需要选择合适的装配零件，并进行粗定位和位置补偿，完成零件平面测量、形状识别等检测，其视觉传感系统原理

如图 8-61 所示。

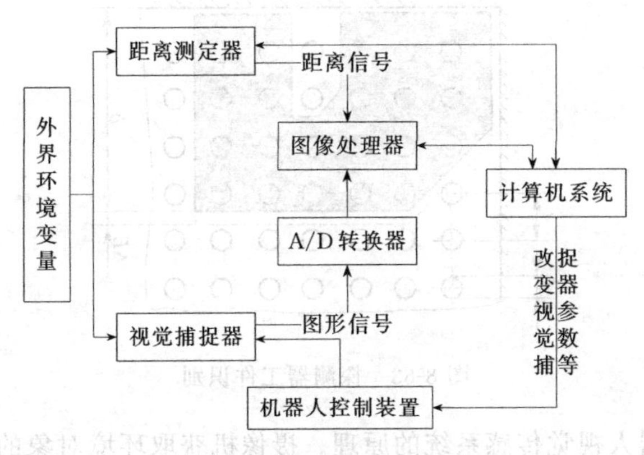

图 8-61　视觉传感系统原理

a. 机械视觉识别。机械视觉识别方法可以测量某一目标相对于一基准点的位置、方向和距离。

机械视觉识别如图 8-62 所示，图 8-62（a）为使用探针矩阵对工件进行粗略识别，图 8-62（b）为使用直线性测量传感器对工件进行边缘轮廓识别，图 8-62（c）为使用点传感技术对工件进行特定形状识别。

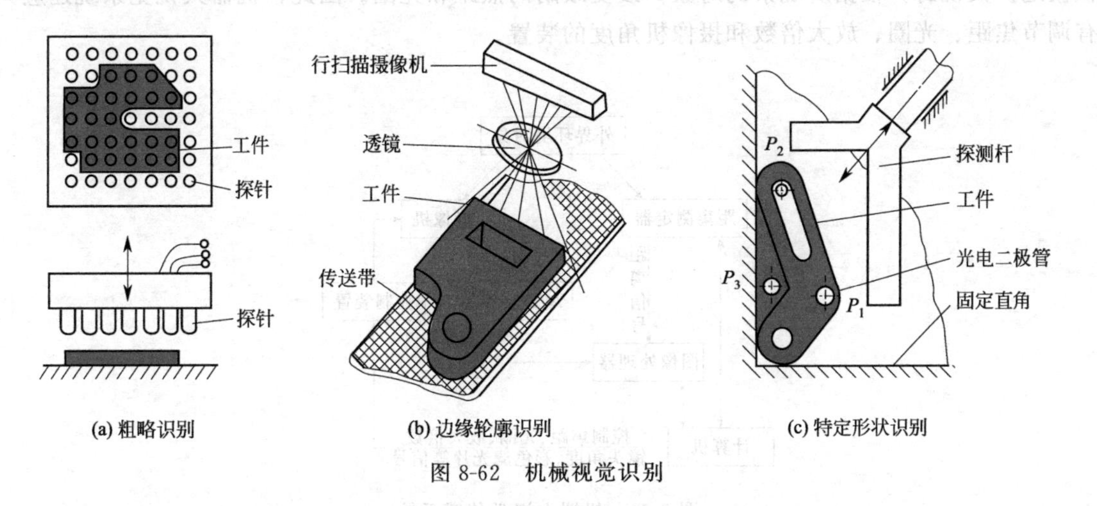

图 8-62　机械视觉识别

当采用接触式（探针）或非接触式探测器识别工件时，存在与网栅的尺寸有关的识别误差。如图 8-63 所示探测器工件识别中，在工件尺寸 b 方向的识别误差为：

$$\Delta E = t\ (1+n)\ -\left(b+\frac{d}{2}\right)$$

式中　b——工件尺寸，mm；

d——光电二极管直径，mm；

n——工件覆盖的网栅节距数；

t——网栅尺寸，mm。

b. 视觉传感系统组成装配过程中，机器人使用视觉传感系统可以解决零件平面测量、字符识别（文字、条码、符号等）、完善性检测、表面检测（裂纹、刻痕、纹理）和三维测量。类似人的视觉系统，机器人的视觉系统是通过图像和距离等传感器来获取环境对象的图像、颜色和距离等信息，然后传递给图像处理器，利用计算机从二维图像中理解和构造出三维世界的真实模型。

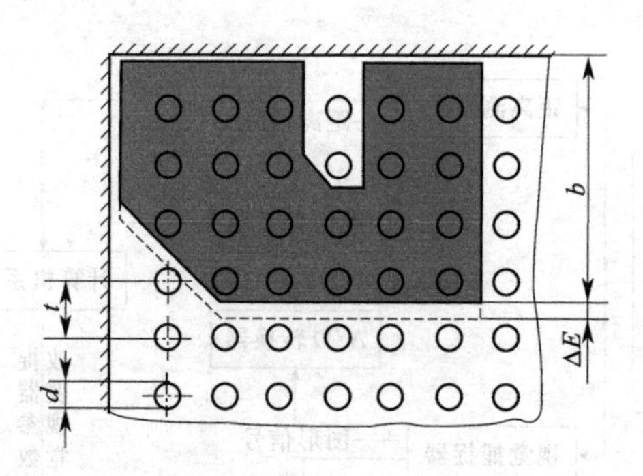

图 8-63 探测器工件识别

图 8-64 所示为机器人视觉传感系统的原理。摄像机获取环境对象的图像，经 A/D 转换器转换成数字量，从而变成数字化图形。通常一幅图像划分为 512×512 或者 256×256，各点亮度用 8 位二进制表示，即可表示 256 个灰度。图像输入以后进行各种处理、识别以及理解，另外通过距离测定器得到距离信息，经过计算机处理得到物体的空间位置和方位；通过彩色滤光片得到颜色信息。上述信息经图像处理器进行处理，提取特征，处理的结果再输出到机器人，以控制它进行动作。另外，作为机器人的眼睛，不但要对所得到的图像进行静止处理，而且要积极地扩大视野，根据所观察的对象，改变眼睛的焦距和光圈。因此，机器人视觉系统还应具有调节焦距、光圈、放大倍数和摄像机角度的装置。

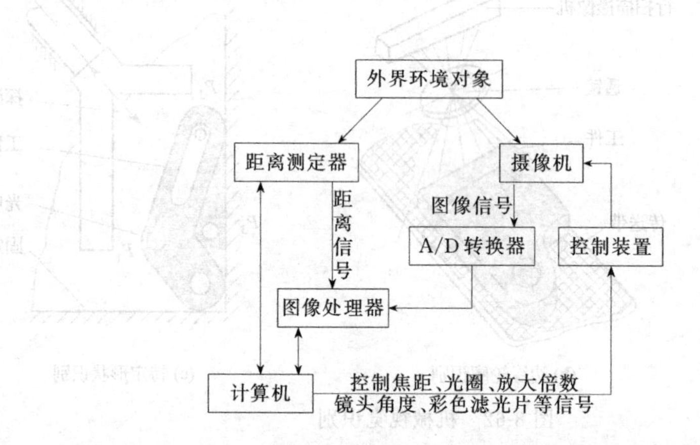

图 8-64 机器人视觉传感系统

c. 图像处理过程视觉系统首先要做的工作是摄入实物对象的图形，即解决摄像机的图像生成模型。包含两个方面的内容：一是摄像机的几何模型，即实物对象从三维景物空间转换到二维图像空间，关键是确定转换的几何关系；二是摄像机的光学模型，即摄像机的图像灰度与景物间的关系。由于图像的灰度是摄像机的光学特性、物体表面的反射特性、照明情况、景物中各物体的分布情况（产生重复反射照明）的综合结果，所以从摄入的图像分解出各因素在此过程中所起的作用是不容易的。

视觉系统要对摄入的图像进行处理和分析。摄像机捕捉到的图像不一定是图像分析程序可用的格式，有些需要进行改善以消除噪声，有些则需要简化，还有的需要增强、修改、分割和滤波等。图像处理指的就是对图像进行改善、简化、增强或者其他变换的程序和技术的总称。图像分析是对一幅捕捉到的并经过处理后的图像进行分析，从中提取图像信息，辨识或提取关于物体或周围环境特征。

d. Consight-I 视觉系统。图 8-65 所示 consight-I 视觉系统，用于美国通用汽车公司的制造装置中，能在噪声环境下利用视觉识别抓取工件。

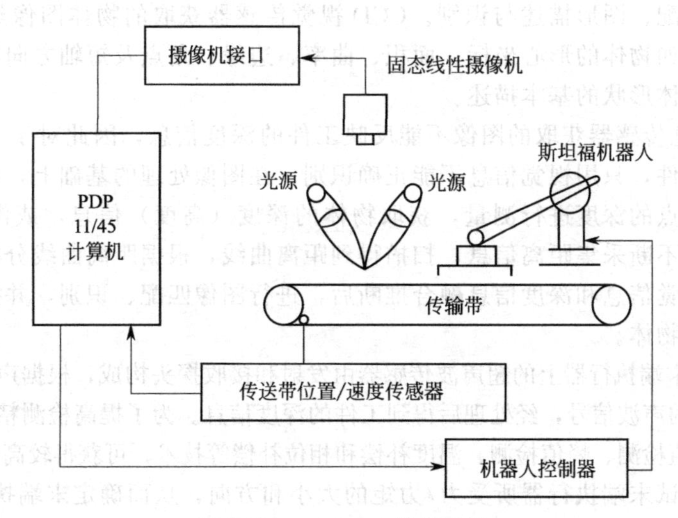

图 8-65　consight-I 视觉系统

该系统为了从零件的外形获得准确、稳定的识别信息，巧妙地设置照明光，从倾斜方向向传送带发送两条窄条缝隙光，用安装在传送带上方的固态线性传感器摄取图像，而且预先把两条缝隙光调整到刚好在传送带上重合的位置。这样，当传送带上没有零件时，缝隙光合成了一条直线，可是当零件随传送带通过时，缝隙光变成两条线，其分开的距离同零件的厚度成正比。由于光线的分离之处正好就是零件的边界，所以利用零件在传感器下通过的时间就可以取出准确的边界信息。主计算机可处理装在机器人工作位置上方的固态线性阵列摄像机所检测的工件，有关传送带速度的数据也送到计算机中处理。当工件从视觉系统位置移动到机器人工作位置时，计算机利用视觉和速度数据确定工件的位置、取向和形状，并把这种信息经接口送到机器人控制器。根据这种信息，工件仍在传送带上移动时，机器人便能成功地接近和拾取工件。

⑩ 装配机器人的多传感器信息融合系统　自动生产线上，被装配的工件初始位置时刻在运动，属于环境不确定的情况。机器人进行工件抓取或装配时，使用力和位置的混合控制是不可行的，而一般可使用位置、力反馈和视觉融合的控制来进行抓取或装配工作。

多传感器信息融合装配系统由末端执行器、CCD 视觉传感器和超声波传感器、柔顺腕力传感器及相应的信号处理单元等构成。CCD 视觉传感器安装在末端执行器上，构成手眼视觉；超声波传感器的接收和发送探头也固定在机器人末端执行器上，由 CCD 视觉传感器获取待识别和抓取物体的二维图像，并引导超声波传感器获取深度信息；柔顺腕力传感器安装于机器人的腕部。多传感器信息融合装配系统结构如图 8-66 所示。

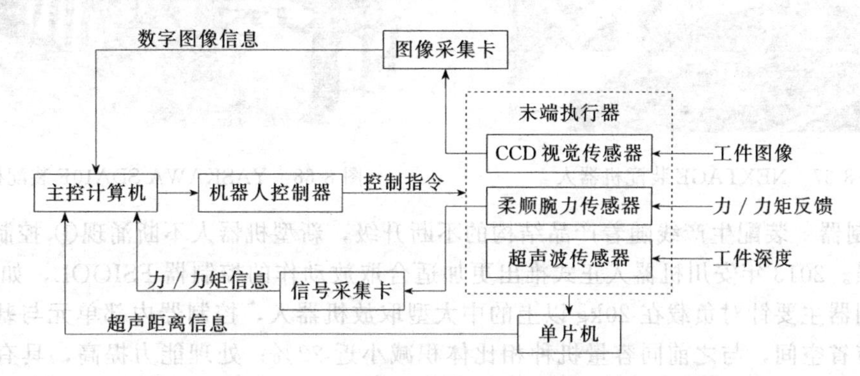

图 8-66　多传感器信息融合装配系统结构

图像处理主要完成对物体外形的准确描述，包括图像边缘提取、周线跟踪、特征点提取、曲线分割及分段匹配、图形描述与识别。CCD视觉传感器获取的物体图像经处理后；可提取对象的某些特征，如物体的形心坐标、面积、曲率、边缘、角点及短轴方向等，根据这些特征信息，可得到对物体形状的基本描述。

由于CCD视觉传感器获取的图像不能反映工件的深度信息，因此对于二维图形相同，仅高度略有差异的工件，只用视觉信息不能正确识别。在图像处理的基础上，由视觉信息引导超声波传感器对待测点的深度进行测量，获取物体的深度（高度）信息，或沿工件的待测面移动，超声波传感器不断采集距离信息，扫描得到距离曲线，根据距离曲线分析出工件的边缘或外形。计算机将视觉信息和深度信息融合推断后，进行图像匹配、识别，并控制机械手以合适的位姿准确地抓取物体。

安装在机器人末端执行器上的超声波传感器由发射和接收探头构成，根据声波反射的原理，检测由待测点反射回的声波信号，经处理后得到工件的深度信息。为了提高检测精度，在接收单元电路中，采用可变阈值检测、峰值检测、温度补偿和相位补偿等技术，可获得较高的检测精度。

腕力传感器测试末端执行器所受力/力矩的大小和方向，从而确定末端执行器的运动方向。

8.1.4 现代装配机器人的组成

(1) 机器人系统

尽管某些场合的装配难以用装配机器人实现“自动化”，但是装配机器人的出现大幅度提升了装配生产线吞吐量，使得整个装配生产线逐渐向“无人化”发展，各大机器人生产厂家不断研发创新，不断推出新机型、多功能的装配机器人。

① 操作机　日本川田工业株式会社推出的NEXTAGE装配机器人，打破机器人定点安装的局限，在底部配有移动导向轮，可适应装配不同结构形式生产线，如图8-67所示。NEXTAGE装配机器人具有15个轴，每个手臂6轴、颈部2轴、腰部1轴，且“头部”类似于人头部，配有2个立体视觉传感器，每只手爪亦配有立体视觉传感器，极大限度地保证装配任务的顺利进行；YAS～WA机器人公司亦推出双臂机器人SDA10F，如图8-68所示。该系列机器人有两个手臂和一个旋转躯干，每个手臂负载10kg并具有7个旋转轴，整体机器人具有15个轴，具有较大灵活性，并配备VGA CCD摄像头，极大地促进了装配准确性。

图8-67　NEXTAGE装配机器人

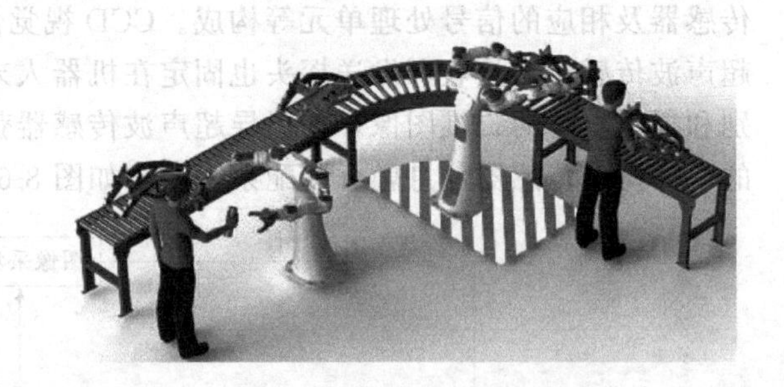

图8-68　YASKAWA SDA10F装配机器人

② 控制器　装配生产线随着产品结构的不断升级，新型机器人不断涌现① 控制器处理能力不断增强。2013年安川机器人正式推出更加适合取放动作的控制器FSIOOL，如图8-69所示。该控制器主要针对负载在20kg以上的中大型取放机器人，控制器内部单元与基板均高密度实装，节省空间，与之前同容量机种相比体积减小近22%；处理能力提高，具有4倍高速生产能力，缩短I/O应答时间。

图 8-69 FS100L 控制器

(2) **传感技术**

作为装配机器人重要组成部分，传感技术也不断改革更新，从自然信源准确获取信息，并对之进行处理（变换）和识别成为各类装配机器人的“眼睛”和“皮肤”。

① 视觉伺服技术 工业机器人在世界制造业中起到越来越重要的作用，为使机器人胜任更复杂的生产制造环境，视觉伺服系统以信息量大、信息完整成为机器人最重要的感知功能。机器人视觉伺服系统是机器人视觉与机器人控制的有机结合，为非线性、强耦合的复杂系统，涉及图像处理、机器人运动学、动力学等多学科知识。现仅对位置视觉伺服系统和图像视觉伺服系统做简单介绍。

a. 位置视觉伺服系统。基于位置的视觉伺服系统，对图像进行处理后，计算出目标相对于摄像机和机器人的位姿，故要求对摄像机、目标和机器人的模型进行校准，校准精度直接影响控制精度，位姿的变化大小会实时转化为关节转动角度，进而控制机器人关节转动，如图 8-70 所示。

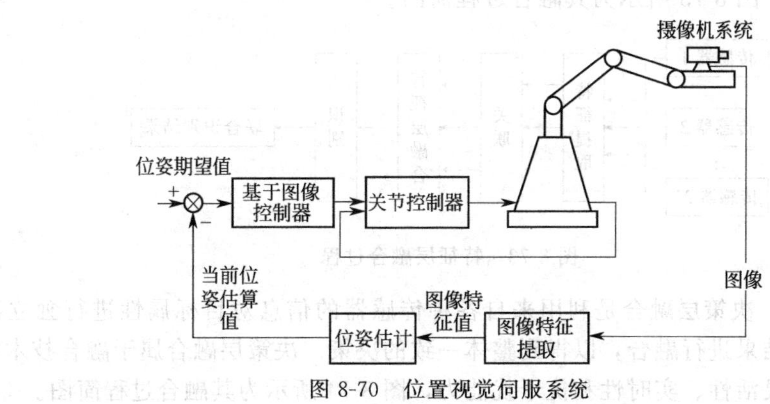

图 8-70 位置视觉伺服系统

b. 图像视觉伺服系统。基于图像视觉伺服系统，控制误差信息主要来自目标图像特征与期望图像特征之间的差异，且采集图像是二维图像，计算图像需三维信息，估算深度是计算机视觉的难点，如图 8-71 所示。

② 多传感器融合技术 多传感器融合技术是将分布在机器人不同位置的多个同类或不同类传感器所提供的信息数据进行综合和分析，消除各传感器之间可能存在的冗余和矛盾，加以互补，降低其不确定性，获得被操作对象的一致性解释与描述，获得比各组成部分信息更充分

的一项实践性较强的应用技术。与单传感系统相比，多传感器融合技术可使机器人独立完成跟踪、目标识别，甚至在某些场合取代人工示教。目前，多传感器融合技术有数据层融合、特征层融合和决策层融合三种方式。

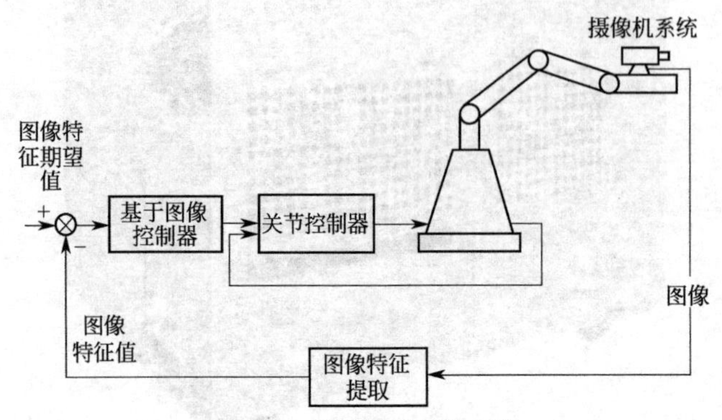

图 8-71　图像视觉伺服系统

a. 数据层融合。数据层融合是对未经太多加工的传感器观测数据进行综合和分析，此层融合是最低层次融合，如通过模糊图像进行图像处理和模式识别，但可以保存较多的现场环境信息，能提供其他融合层次不能提供的细微信息，图 8-72 所示为其融合过程简图。

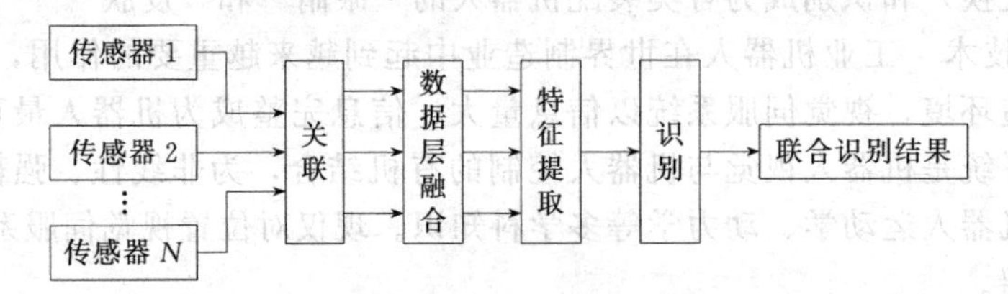

图 8-72　数据层融合过程

b. 特征层融合。特征层融合是将传感器获得的原始数据进行提取的表征量和统计量作为特征信息，并对它们进行分类和综合。特征层融合属于融合技术中的中间层次，主要用于多传感器目标跟踪领域，图 8-73 所示为其融合过程简图。

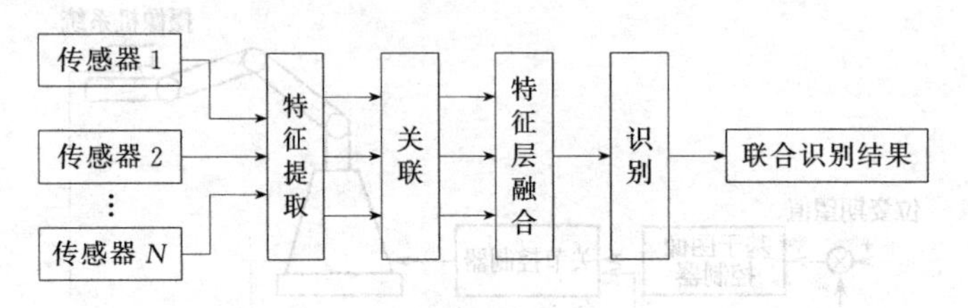

图 8-73　特征层融合过程

c. 决策层融合。决策层融合是利用来自各种传感器的信息对目标属性进行独立决策，并对各自得到的决策结果进行融合，以得到整体一致的决策。决策层融合属于融合技术中的最高层次，具有较高的灵活性、实时性和抗干扰能力，图 8-74 所示为其融合过程简图。

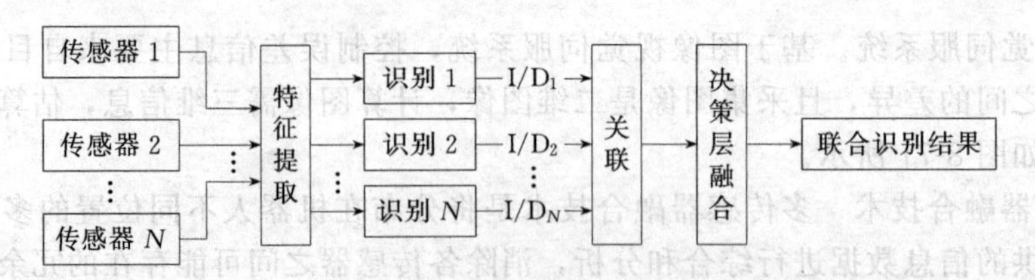

图 8-74　决策层融合过程

8.1.5　装配机器人的分类

装配机器人在不同装配生产线上发挥着强大的装配作用，装配机器人大多由 4～6 轴组成，目前市场上常见的装配机器人，按臂部运动形式可分为直角式装配机器人和关节式装配机器人，关节式装配机器人又可分为水平串联关节式、垂直串联关节式和并联关节式机器人，如图 8-75 所示。

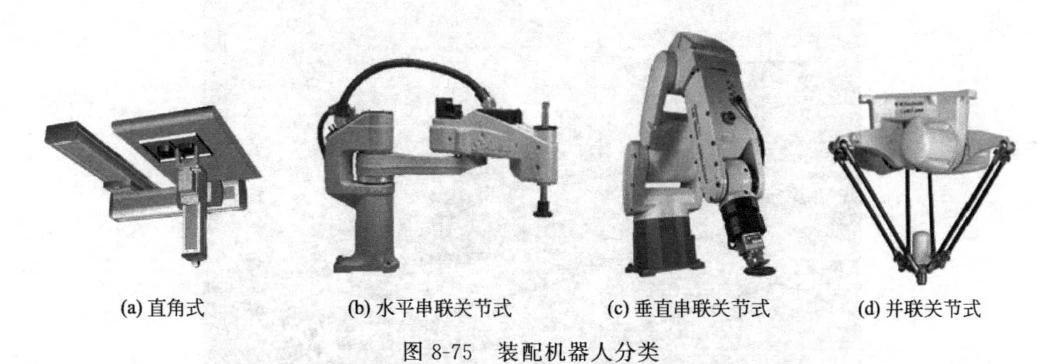

(a) 直角式　(b) 水平串联关节式　(c) 垂直串联关节式　(d) 并联关节式

图 8-75　装配机器人分类

(1) 直角式装配机器人

直角式装配机器人又称单轴机械手，以 *XYZ* 直角坐标系统为基本数学模型，整体结构模块化设计。直角式是目前工业机器人中最简单的一类，具有操作、编程简单等优点，可用于零部件移送、简单插入、旋拧等作业，机构上多装备球形螺钉和伺服电动机，具有速度快、精度高等特点，装配机器人多为龙门式和悬臂式（可参考搬运机器人相应部分）。现已广泛应用于节能灯装配、电子类产品装配和液晶屏装配等场合，如图 8-76 所示。

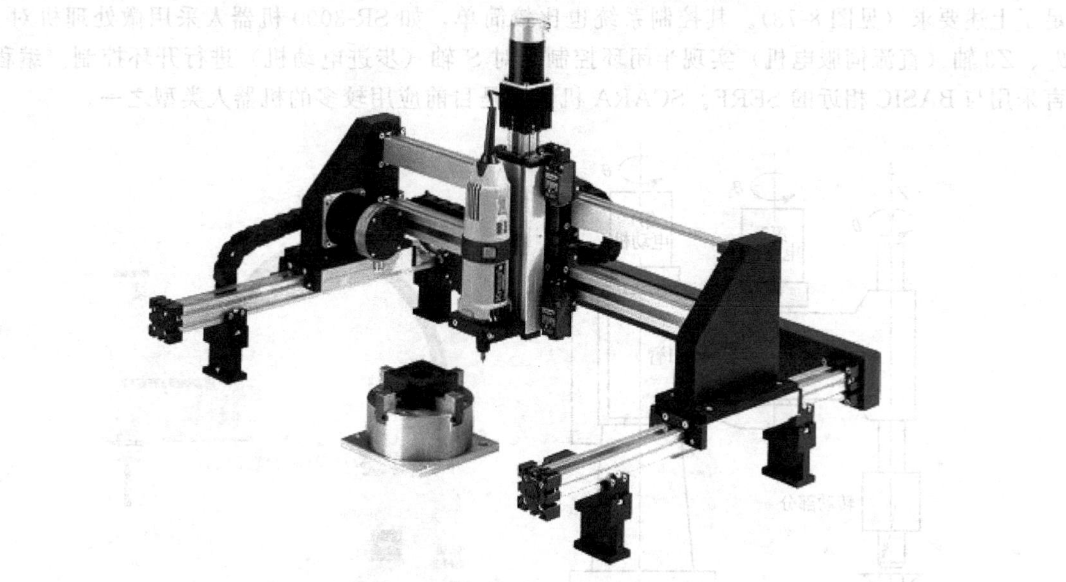

图 8-76　直角式装配机器人装配缸体

(2) 关节式装配机器人

关节式装配机器人是目前装配生产线上应用最广泛的一类机器人，具有结构紧凑、占地空间小、相对工作空间大、自由度高，适合几乎任何轨迹或角度工作，编程自由，动作灵活，易实现自动化生产等特点。

① 水平串联式装配机器人　亦称为平面关节型装配机器人或 SCARA 机器人，是目前装

配生产线上应用数量最多的一类装配机器人，它属于精密型装配机器人，具有速度快、精度高、柔性好等特点，驱动多为交流伺服电动机，保证其较高的重复定位精度，可广泛应用于电子、机械和轻工业等产品的装配，适合工厂柔性化生产需求，如图 8-77 所示。

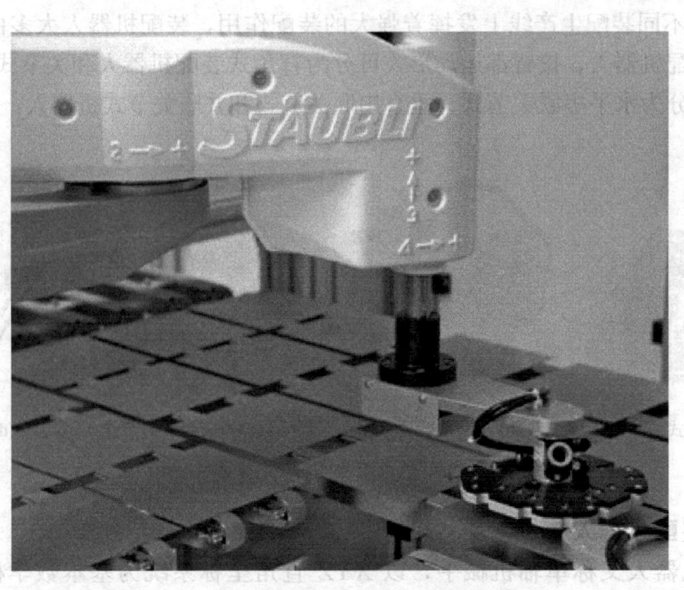

图 8-77 水平串联式装配机器人拾放超薄硅片

大量的装配作业是垂直向下的，它要求手爪的水平（x，y）移动有较大的柔顺性，以补偿位置误差。而垂直（z）移动以及绕水平轴转动则有较大的刚性，以便准确有力地装配。另外，还要求绕 Z 轴转动有较大的柔顺性，以便于键或花键配合。SCARA 机器人的结构特点满足了上述要求（见图 8-78）。其控制系统也比较简单，如 SR-3000 机器人采用微处理机对 θ_1、θ_2、$Z3$ 轴（直流伺服电机）实现半闭环控制，对 S 轴（步进电动机）进行开环控制。编程语言采用与 BASIC 相近的 SERF。SCARA 机器人是目前应用较多的机器人类型之一。

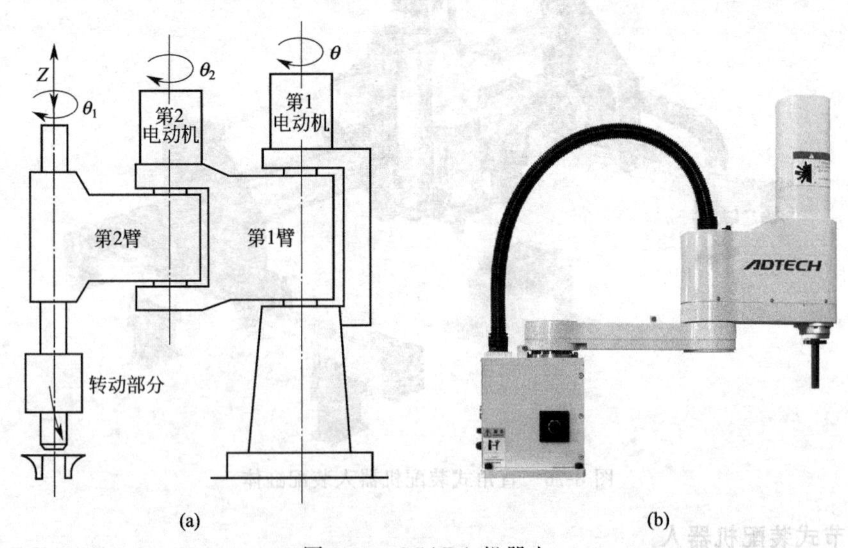

图 8-78 SCARA 机器人

② 垂直串联式装配机器人 垂直串联式装配机器人多为 6 个自由度，可在空间任意位置确定任意位姿，面向对象多为三维空间的任意位置和姿势的作业。图 8-79 所示是采用 FANUC LR Mate200iC 垂直串联式装配机器人进行读卡器的装配作业。

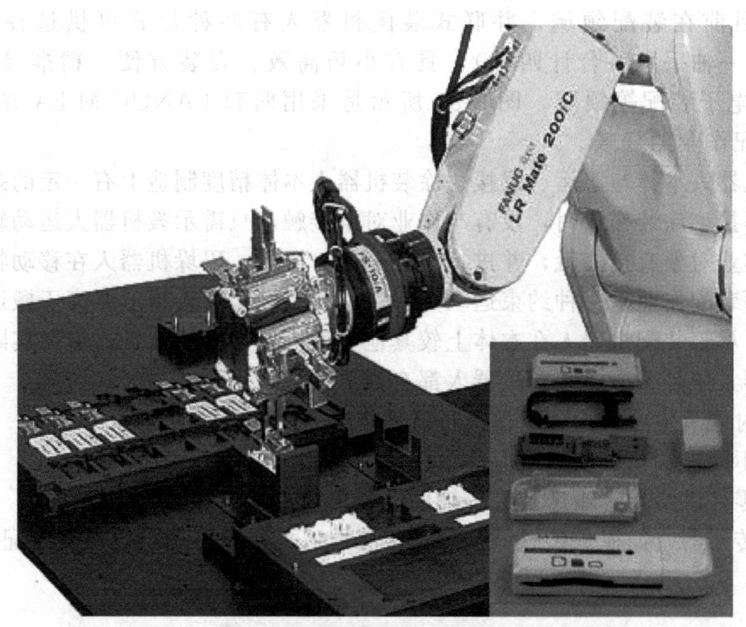

图 8-79　垂直串联式装配机器人组装读卡器

PUMA 机器人是美国 Unimation 公司于 1977 年研制的，PUMA 是一种计算机控制的多关节装配机器人。一般有 5 或 6 个自由度，即腰、肩、肘的回转以及手腕的弯曲、旋转和扭转等功能（见图 8-80）。其控制系统由微型计算机、伺服系统、输入/输出系统和外部设备组成。采用 VALⅡ作为编程语言，例如语句“APPRO PART，50”表示手部运动到 PART 上方 50mm处。PART 的位置可以键入也可示教。VAL 具有连续轨迹运动和矩阵变换的功能。

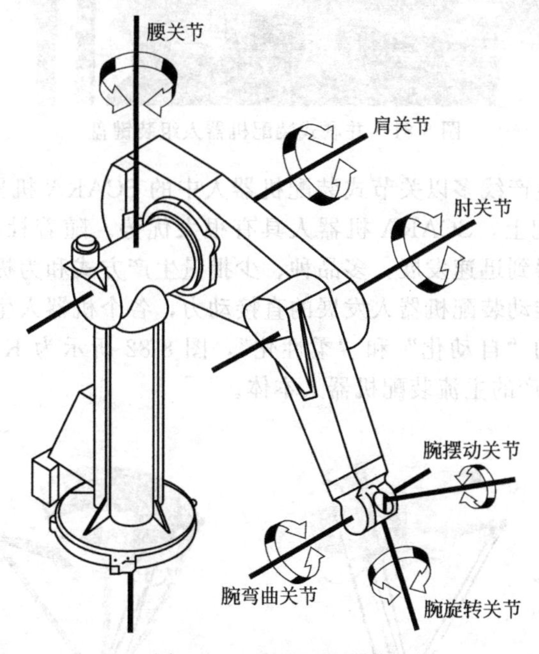

图 8-80　PUMA 机器人

(3) 并联式装配机器人

亦称拳头机器人、蜘蛛机器人或 Delta 机器人，是一种轻型、结构紧凑的高速装配机器人，可安装在任意倾斜角度上，独特的并联机构可实现快速、敏捷动作且减少了非累积定位误差。目前在装配领域，并联式装配机器人有两种形式可供选择，即三轴手腕（合计六轴）和一轴手腕（合计四轴），具有小巧高效、安装方便、精准灵敏等优点，广泛应用于 IT、电子装配等领域。图 8-81 所示是采用两套 FANUC M-liA 并联式装配机器人进行键盘装配作业的场景。

通常装配机器人本体与搬运、焊接、涂装机器人本体精度制造上有一定的差别，原因在于机器人在完成焊接、涂装作业时，没有与作业对象接触，只需示教机器人运动轨迹即可，而装配机器人需与作业对象直接接触，并进行相应动作；搬运、码垛机器人在移动物料时运动轨迹多为开放性，而装配作业是一种约束运动类操作，即装配机器人精度要高于搬运、码垛、焊接和涂装机器人。尽管装配机器人在本体上较其他类型机器人有所区别，但在实际应用中无论是直角式装配机器人还是关节式装配机器人都有如下特性。

① 能够实时调节生产节拍和末端执行器动作状态。

② 可更换不同末端执行器以适应装配任务的变化，方便、快捷。

③ 能够与零件供给器、输送装置等辅助设备集成，实现柔性化生产。

④ 多带有传感器，如视觉传感器、触觉传感器、力传感器等，以保证装配任务的精准性。

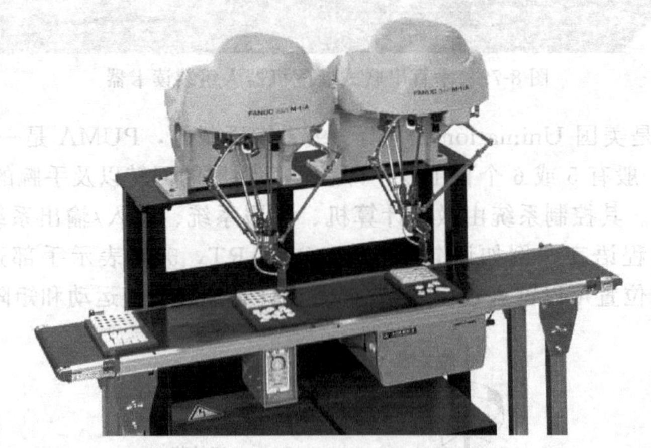

图 8-81　并联式装配机器人组装键盘

目前市场上的装配生产线多以关节式装配机器人中的 SCARA 机器人和并联机器人为主，在小型、精密、垂直装配上，SCARA 机器人具有很大优势。随着社会需求增大和技术的进步，装配机器人行业亦得到迅速发展，多品种、少批量生产方式和为提高产品质量及生产效率的生产工艺需求，成为推动装配机器人发展的直接动力，各个机器人生产厂家也不断推出新机型，以适合装配生产线的“自动化”和“柔性化”，图 8-82 所示为 KUKA、FANUC、ABB、YASKAWA 四巨头所生产的主流装配机器人本体。

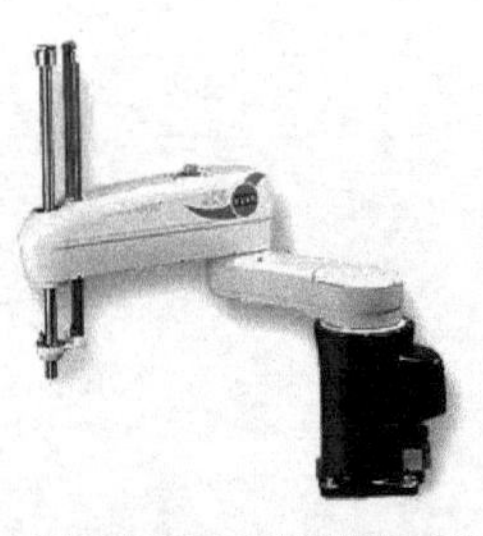

(a) KUKA KR 10 SCARA R600

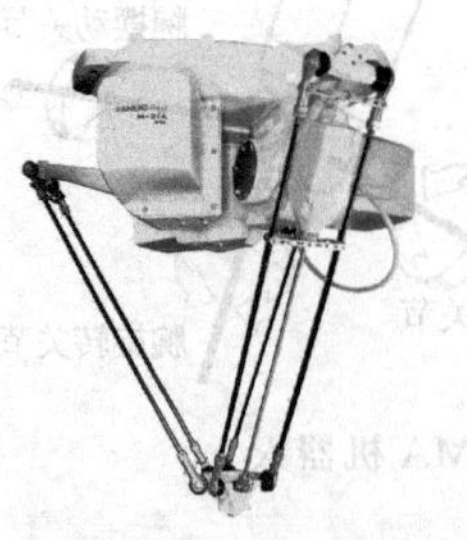

(b) FANUC M-2iA

(c) ABB IRB 360

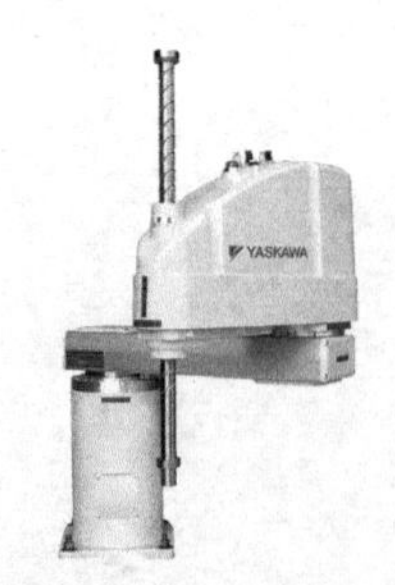

(d) YASKAWA MYS850L

图 8-82　“四巨头”装配机器人本体

8.2 装配机器人工作站的集成

8.2.1 工业机器人装配工作站的组成

装配机器人的装配系统主要由操作机、控制系统、装配系统（手爪、气体发生装置、真空发生装置或电动装置）、传感系统和安全保护装置组成，如图 8-83 所示。操作者可通过示教器和操作面板进行装配机器人运动位置和动作程序的示教，设定运动速度、装配动作及参数等。

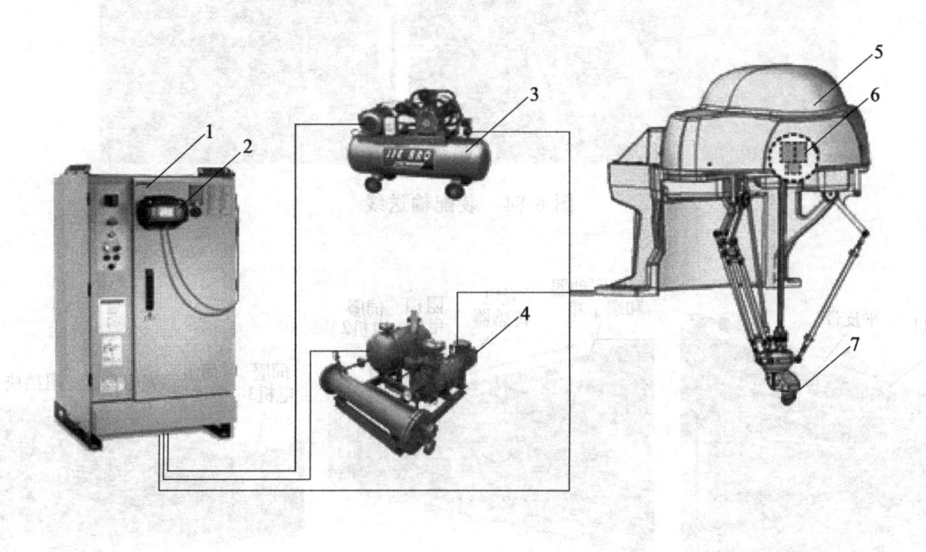

图 8-83　配机器人系统组成

1—机器人控制柜；2—示教器；3—气体发生装置；
4—真空发生装置；5—机器人本体；6—视觉传感器；7—气动手爪

(1) 装配机器人及控制柜

装配机器人的工作任务是对正品进行零件装配，并存储到仓库单元，把废品直接搬运到废品箱。与上下料机器人系统相同，其选用的也是安川 MH6 机器人和 DX100 控制柜。装配机器人所夹取的工件与零件都是圆柱体，所以末端执行器与上下料机器人的末端执行器也相同。

(2) PLC 控制柜

PLC 控制柜用来安装断路器、PLC、开关电源、中间继电器和变压器等元器件，其中 PLC 是机器人装配工作站的控制核心。装配机器人的启动与停止、输送线的运行等均由 PLC 控制。

(3) 装配输送线

装配输送线的功能是将上下料工作站输送过来的工件输送到装配工位，以便机器人进行装配与分拣。装配输送线如图 8-84 所示。

① 装配输送线的组成　装配输送线由 3 节输送线拼接而成，分别由 3 台伺服电动机驱动，如图 8-85 所示。

图 8-84 装配输送线

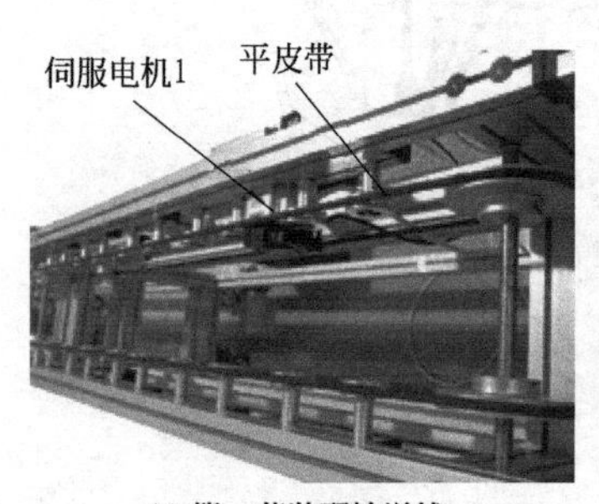

(a) 第一节装配输送线

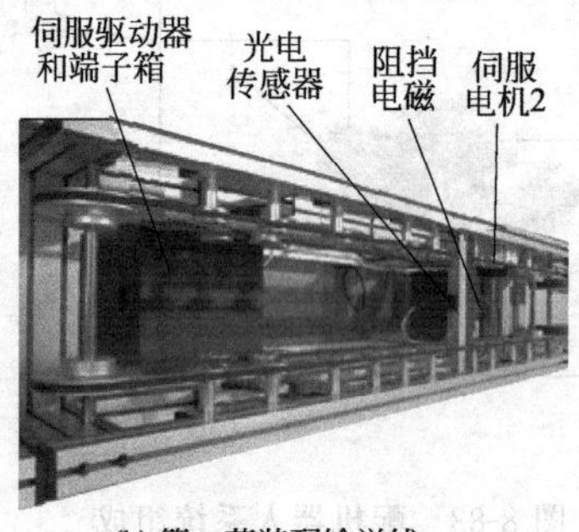

(b) 第二节装配输送线

(c) 第三节装配输送线

图 8-85 装配输送线组成

② 装配输送线工作过程 装配工作站系统启动后，伺服电动机 1、2、3 启动，3 节输送线同时运行，输送装有工件的托盘。在第一节输送线的正上方装有机器视觉系统，托盘上的工件经过视觉检测区域时进行拍照、分析，判断工件的加工尺寸是否符合要求，并把检测的结果通过通信的方式反馈给 PLC，PLC 再将结果反馈给机器人。

当托盘输送到第二节输送线的工件装配处时被电磁铁阻挡定位，光敏传感器检测到托盘，伺服电动机 2 停止。

若工件是正品，则机器人去零件库将零件搬运到托盘处，与工件进行装配。装配完成后，再将装配完成的成品搬运到成品仓库中。

若工件是废品，则机器人直接去托盘处把废品搬运到废品区。

机器人搬运完成后，阻挡电磁铁得电，解除对托盘的阻挡，伺服电动机 2 启动，托盘离开后电磁铁复位。

当空托盘输送到第三节输送线的末端时，被阻挡块阻挡，同时光敏传感器检测到托盘，伺服电动机 3 停止。取走托盘，伺服电动机 3 重新启动。

装配输送线的工作流程如图 8-86 所示。

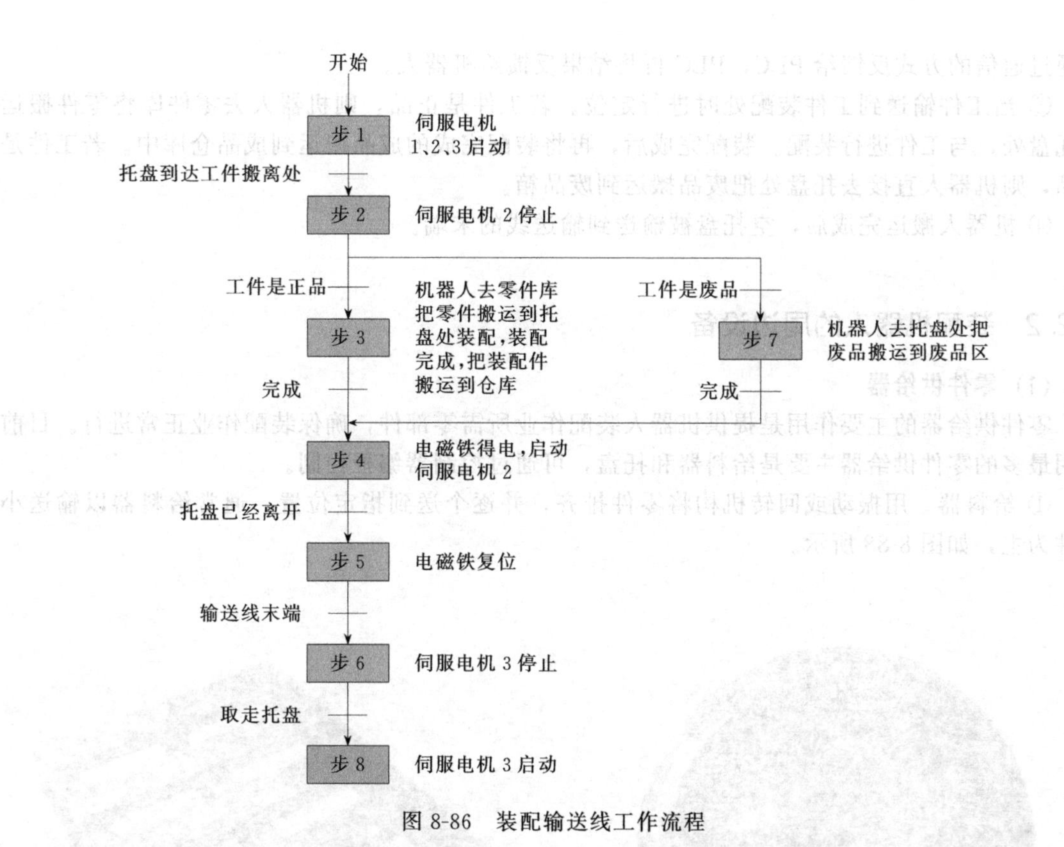

图 8-86　装配输送线工作流程

③ 机器视觉系统　机器视觉系统用于工件尺寸的在线检测，机器人根据检测结果，对工件进行处理。

机器视觉系统选用欧姆龙机器视觉系统，由视觉控制器、彩色相机、镜头、LED 光源、光源电源、相机电缆、24V 开关电源和液晶显示器等组成，如图 8-87 所示。

机器视觉系统安装在第一节装配输送线旁，镜头正对输送线中央，托盘上的工件经过视觉检测区域时进行拍照、分析，判断工件的加工尺寸是否符合要求，并把检测的结果通过通信的方式反馈给 PLC，PLC 再将结果反馈给机器人，由机器人对工件进行处理。

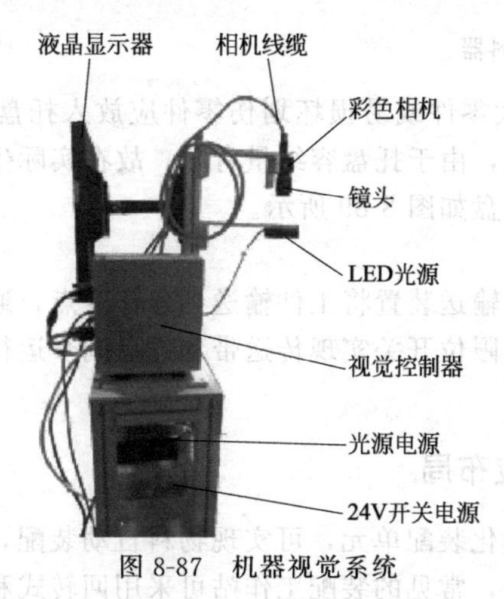

图 8-87　机器视觉系统

(4) 装配工作站的工作过程

① 当上下料输送线将工件输送到装配输送线上时，装配输送线继续将工件向装配工位输送。

② 当工件经过机器视觉检测区域时，机器视觉系统对工件进行拍照检查，并把检测的结

果通过通信的方式反馈给 PLC，PLC 再将结果反馈给机器人。

③ 当工件输送到工件装配处时进行定位。若工件是正品，则机器人去零件库将零件搬运到托盘处，与工件进行装配。装配完成后，再将装配完成的成品搬运到成品仓库中。若工件是废品，则机器人直接去托盘处把废品搬运到废品箱。

④ 机器人搬运完成后，空托盘被输送到输送线的末端。

8.2.2 装配机器人的周边设备

(1) 零件供给器

零件供给器的主要作用是提供机器人装配作业所需零部件，确保装配作业正常进行。目前应用最多的零件供给器主要是给料器和托盘，可通过控制器编程控制。

① 给料器　用振动或回转机构将零件排齐，并逐个送到指定位置，通常给料器以输送小零件为主，如图 8-88 所示。

图 8-88　振动式给料器

图 8-89　托盘

② 托盘　装配结束后，大零件或易损坏划伤零件应放入托盘中进行运输。托盘能按一定精度要求将零件送到指定位置，由于托盘容纳量有限，故在实际生产装配中往往带有托盘自动更换机构，满足生产需求，托盘如图 8-89 所示。

(2) 输送装置

在机器人装配生产线上，输送装置将工件输送到各作业点，通常以传送带为主，零件随传送带一起运动，借助传感器或限位开关实现传送带和托盘同步运行，方便装配。

8.2.3 装配机器人的工位布局

由装配机器人组成的柔性化装配单元，可实现物料自动装配，其合理的工位布局将直接影响到生产效率。在实际生产中，常见的装配工作站可采用回转式和线式布局。

(1) 回转式布局

回转式装配工作站可将装配机器人聚集在一起进行配合装配，也可进行单工位装配，灵活性较大，可针对一条或两条生产线，具有较小的输送线成本，减小占地面积，广泛应用于大、中型装配作业，如图 8-90 所示。

(2) 线式布局

线式装配机器人依附于生产线，排布于生产线的一侧或两侧，具有生产效率高、节省装配资源、节约人员维护，一人便可监视全线装配等优点，广泛应用于小物件装配场合，如图 8-91 所示。

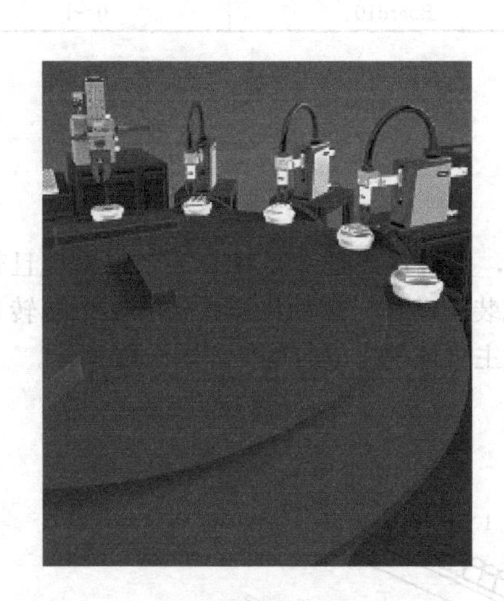

图 8-90　回旋式布局

图 8-91　线式布局

8.2.4　I/O 配置

不同的装配工业机器人其参数设置是有异的，现以 ABB 装配工业机器参数设置为例来介绍之。

在“控制器”菜单中打开虚拟“示教器”，将界面语言改为中文，之后依次单击“ABB 菜单”→“控制面板”→“配置”，进入“I/O 主题”，配置 I/O 信号。在此工作站中，配置有 1 个 DSQC652 通信板卡（数字量 16 进 16 出），则需要在 Unit 中设置此 I/O 单元的相关参数，配置见表 8-2 和表 8-3。

表 8-2　**Unit 单元参数**

Name	Type of Unit	Connected to Bus	Device Net Address
Board10	D652	DeviceNet1	10

在此工作站中，需要配置的 I/O 信号有以下几种。

数字输出信号 do Vacuum On，用于控制吸盘产生真空。

数字输出信号 do Glue On，用于控制胶枪涂胶。

数字输出信号 do Vis I/O On，用于控制虚拟视觉系统启动。

数字输入信号 diProcess Start，工作站启动信号并随机选择车窗框体样式。

数字输入信号 di Vis I/O On Finished，虚拟视觉系统识别并定位完成。

组输入信号 giType，当前随机选择的车窗框体样式编号，取值范围为 1～3。

I/O 信号参数见表 8-3。

表 8-3　**I/O 信号参数**

Name	Type of Signal	Assigned to Unit	Unit Mapping
do Vacuum On	Digital Output	Board10	0

续表

Name	Type of Signal	Assigned to Unit	Unit Mapping
do Glue On	Digital Output	Board10	1
do Vis I/O On	Digital Output	Board10	2
diProcess Start	Digital Input	Board10	2
diVis I/O On Finished	Digital Input	Board10	3
giType	group Input	Board10	0～1

8.2.5 常用装配机器人工作站

(1) 计算机硬盘装配工作站

图 8-92 所示的是两台机器人用于自动装配的情况，主机器人是一台具有 3 个自由度且带有触觉传感器的直角坐标机器人，它抓取零件 1，并完成装配动作，辅助机器人仅有 1 个回转自由度，它抓取零件 2，零件 1 和零件 2 装配完成后，再由主机械手完成与零件 3 的装配工作。

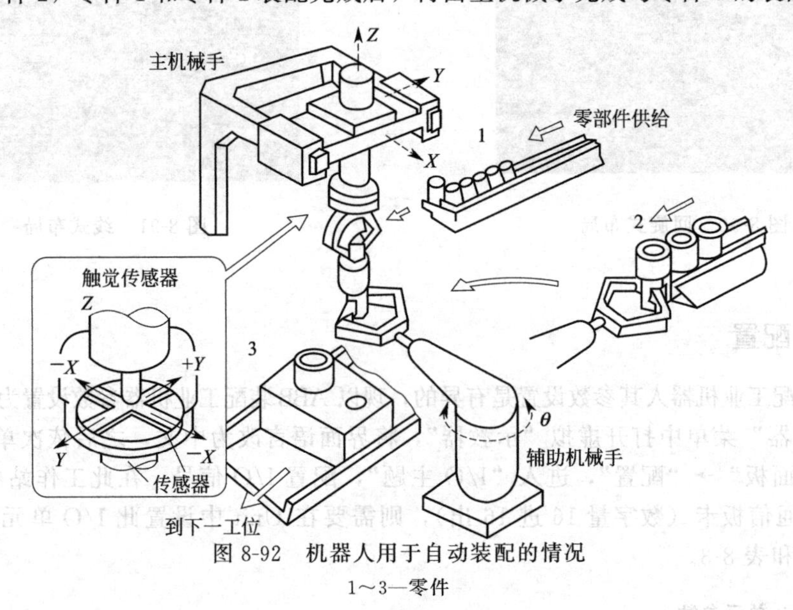

图 8-92 机器人用于自动装配的情况

1～3—零件

随着机器人技术的快速发展，用机器人装配电子印制电路板（PCB）已在电子制造业中获得了广泛的应用。日本日立公司的一条 PCB 装配线，装备了各型机器人共计 56 台。可灵活地对插座、可调电阻、IFI 线圈、DIP-IC 芯片和轴向、径向元件等多种不同品种的电子元器件进行 PCB 插装。各类 PCB 的自动插装率达 85%，插装线的节拍为 6s。该线具有自动卡具调整系统和检测系统，机器人组成的单元式插装工位既可适应工作节拍和精度的要求，又使得装配线的设备利用率高，装配线装配工艺的组织可灵活地适应各种变化的要求。

图 8-93 所示为用机器人来装配计算机硬盘的系统，采用 2 台 SCARA 型装配机器人作为主要装备。它具有 1 条传送线、2 个装配工件供应单元（一个单元供应 $A\sim E$ 五种部件；另一个单元供应螺钉）。传送线上的传送平台是装配作业的基台。一台机器人负责把 $A\sim E$ 五种部件按装配位置互相装好，另一台机器人配有拧螺钉器，专门把螺钉按一定力的要求安装到工件上。全部系统是在超净间安装工作的。

(2) FANUC 公司直流伺服电动机装配线

① 系统简介　图 8-94 所示为日本 FANUC 公司的直流伺服电动机装配工段平面图，该装配工段应用了 4 台 FANUC 机器人进行装配工作。位于工段中央的搬运机器人 FANUC M-1

用于搬运装配部件；3 台装配机器人 FANUC A-0 用于精密装配。M 系列机器人比 A 系列具有更大的负载能力，但动作不如 A 系列快，A 系列的公差也较小（达到±0.05～±0.1 mm）。所有机器人的控制器都集中在工段的后方。

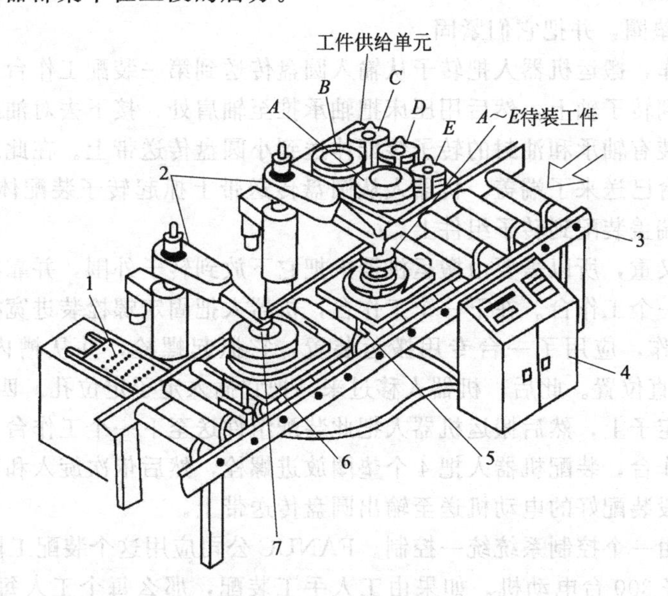

图 8-93　计算机硬盘装配工作站

1—螺钉供给单元；2—装配机器人；3—传送辊道；4—控制器；5—定位器；6—随行夹具；7—拧螺钉器

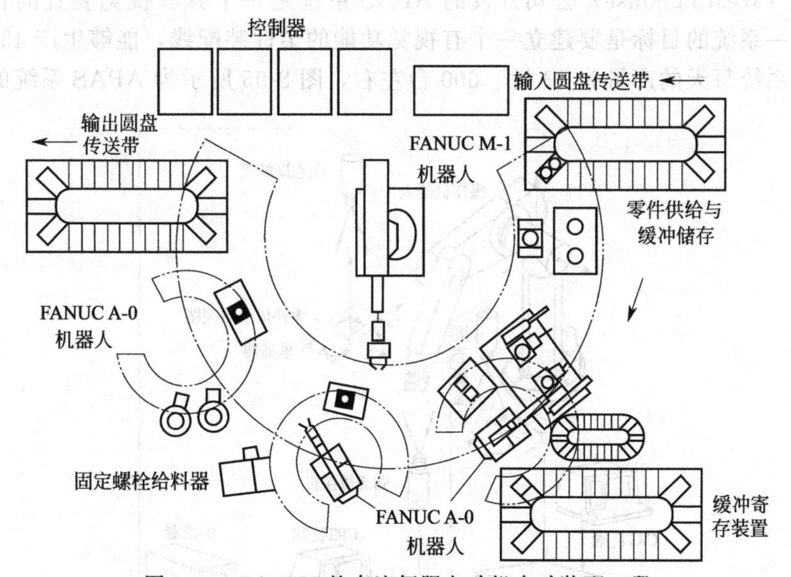

图 8-94　FANUC 的直流伺服电动机自动装配工段

右侧的输入圆盘传送带用于输送上一工段装配好的转子，左侧的输出圆盘传送带用于把装配好的部件送至下一工段。3 台小型装配机器人以搬运机器人为中心沿着半圆排列，并均有辅助设备。靠近第一台装配机器人处有一个小工作台（台上有一台压床）和一个装配工作台（含有另一台压床）；第二台装配机器人周围附有一个固定螺栓给料器；第三台装配机器人附有振动槽给料器，用以供应螺母垫圈。

② 系统操作　本工段装配机器人的操作包括：

a. 把油封和轴承装上转子；

b. 把转子装至法兰盘；

c. 加上端盖；

d. 插入固定螺栓；

e. 装上螺线和垫圈，并把它们紧固。

为完成上述操作，搬运机器人把转子从输入圆盘传送到第一装配工作台。接着，第一台装配机器人把轴承装到转子轴上，然后用压床把轴承推至轴肩处，接下去对油封重复上述相同操作。搬运机器人把装有轴承和油封的转子装配体送到小圆盘传送带上。在此之前，当压床工作时，第二装配工作台已送来了端盖。机器人从圆盘传送带上抓起转子装配体，将它置入端盖；工作台上的压床把端盖装配到转子组件上。

由于定子又大又重，所以需要由搬运机器人把它下放到转子外围，并靠在端盖上，然后再把装配组件送至下一个工作台。在下一个工作台，机器人把固定螺栓装进宽槽内。为使固定螺栓与机器人配合工作，应用了一台专用搬运装置，它抓起螺栓，并从槽内移开，然后旋转90°，使螺栓处于垂直位置。此后，机器人移过来，把它插入定子定位孔。四次重复上述操作，把4个螺栓都装到定子上，然后搬运机器人把此装配组件送至下一个工作台。

在最后一个工作台，装配机器人把4个垫圈放进螺栓，然后依次旋入和紧固4个螺母。搬运机器人把在本工段装配好的电动机送至输出圆盘传送带上。

整个装配系统由一个控制系统统一控制。FANUC公司应用这个装配工段能够在一天（三班制24h）内装配好300台电动机。如果由工人手工装配，那么每个工人每班（8 h）只能装配30台，因此，装配费用下降了30%。

(3) 西屋公司的APAS系统

美国西屋（Westinghouse）公司开发的APAS系统是一个具有视觉装置的自适应可编程装配系统。这一系统的目标是要建立一个有视觉功能的柔性装配线，能够生产450种不同型号的电动机。该系统每天的产量为13批、600台左右，图8-95所示为APAS系统的组成。

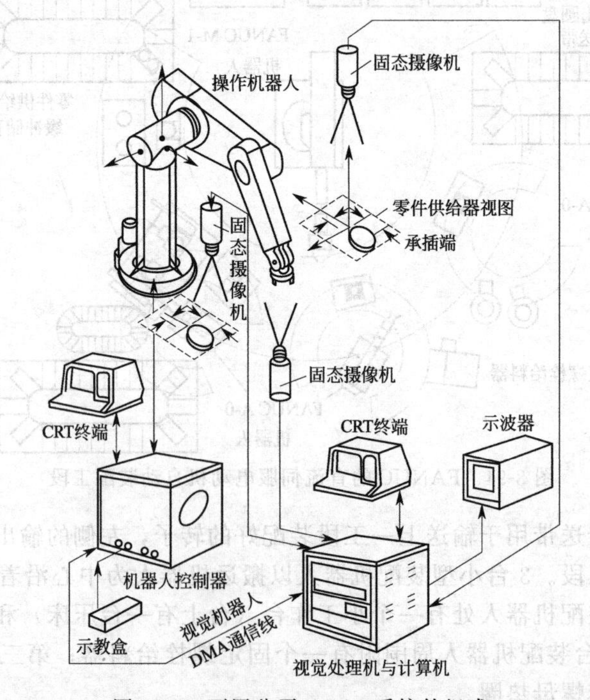

图8-95 西屋公司APAS系统的组成

APAS系统装配线组成闭合回路，含有10m长的传送带。每个回路有5个装配工作台和 1 个双装配工作台。视觉系统用于检查装配零件，确定零件的确切位置与方向，以便让机器人能准确抓起它，并执行一个装配操作。本视觉系统由 128×128 像素固态摄像机、视觉预处理器和视觉处理模块、用于显示 *X-Y-Z* 数据的示波器、阴极射线管图像显示终端、机器人及控制器等单元组成。该系统通过一条直接存取通信线实现机器人与视觉模块间的交互作用。

对于最复杂的装配任务，该系统一个工作循环的时间为 7.5s，其中视觉系统处理数据的时间为 1.5s。

8.2.6　装配机器人生产线

(1) 自动装配机器零部件的流水作业线

在大批量生产中，加工过程的自动化大大提高了生产率，保证了加工质量的稳定。为了与加工过程相适应，迫切要求实现装配过程的自动化。装配过程自动化的典型例子是装配自动线，它包括零件供给、装配作业和装配对象的传送等环节的自动化。装配自动线主要用于批量大和产品结构的自动装配工艺性好的工厂中，如电机、变压器、汽车、拖拉机和武器弹药等工厂中，以及劳动条件比较恶劣或危险的场合。装配作业的自动化程度需要根据技术经济分析结果确定。

(2) 构成

装配自动线一般由 4 个部分组成。

① 零部件运输装置。可以是输送带，也可以是有轨或无轨传输小车。

② 装配机械手或装配机器人。

③ 检验装置。用以检验已装配好的部件或整机的质量。

④ 控制系统。用以控制整条装配自动线，使其协调工作。自动化程度高的装配自动线需要采用装配机器人，它是装配自动线的关键环节。图 8-96 所示为装配机器人的工作情况。

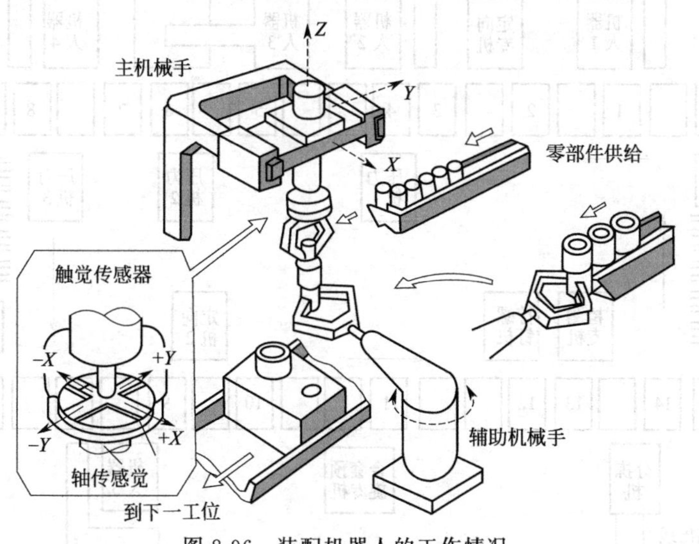

图 8-96　装配机器人的工作情况

(3) 应用

装配机器人主要用于各种电器制造（包括家用电器，如电视机、洗衣机、电冰箱、吸尘器等）、小型电机、汽车及其部件、计算机、玩具、机电产品及其组件的装配等方面。特别是在汽车装配线上，几乎所有的工位（如车门的安装、仪表盘的安装、前后挡板的安装、车灯的安装、汽车电池的安装、座椅的安装以及发动机的装配等）均可应用机器人来提高装配作业的自动化程度。此外，在汽车装配线上还可以利用机器人来填充液体物质，这些液体物质包括刹车油、离合器油、热交换器油、助力液、车窗清洗液等，机器人可以精确地控制这些液体物质的填充量，并能减少污染物的排放。

(4) 吊扇电动机自动装配生产线

用于吊扇电动机装配的机器人自动装配系统用于装配 1400mm、1200mm 和 1050mm 三种规格的吊扇电动机。图 8-97 所示是吊扇电动机的结构，它由下盖、转子组件、定子组件和上盖等组成。定子由上下各一个深沟球轴承支承，而整个电动机则用三套螺钉垫圈连接，电动机质量约 3.5kg，外径尺寸在 180～200mm 之间，生产节拍 6～8s。使用装配系统后，产品质量显著提高，返修率降低至 5%～8%。

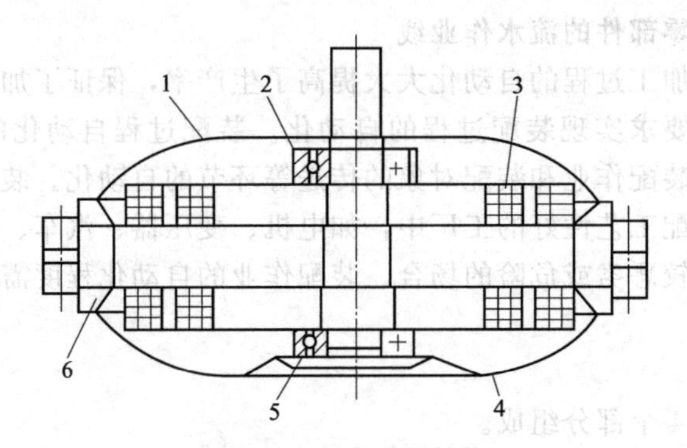

图 8-97　吊扇电机结构

1—上盖；2—上轴承；3—定子；4—下盖；5—下轴承；6—转子

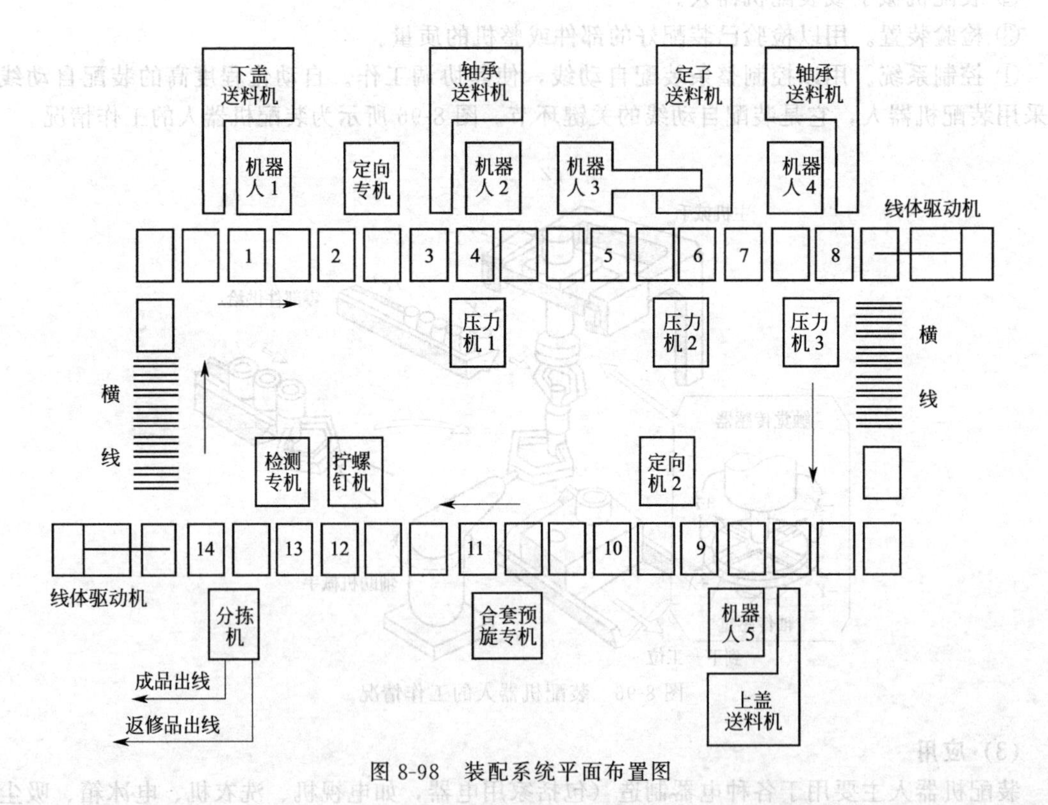

图 8-98　装配系统平面布置图

图 8-98 为机器人自动装配线的平面布置图。装配线的线体呈框形布局，全线有 14 个工位，34 套随行夹具分布于线体上，并按规定节拍同步传送。系统中使用 5 台装配机器人，各

配以一台自动送料机，还有压力机 3 台，各种功能的专用设备 6 台套。

在各工位上进行的装配作业如下。

工位 1：机器人从送料机夹持下盖，用光电检测装置检测螺孔定向，放入夹具内定位夹紧。

工位 2：螺孔精确定位。先松开夹具，利用定向专机的三个定向销，校正螺孔位置，重新夹紧。

工位 3：机器人从送料机夹持轴承，放入夹具内的下盖轴承室。

工位 4：压力机压下轴承到位。

工位 5：机器人从送料机夹持定子，放入下轴承孔中。

工位 6：压力机压定子到位。

工位 7：机器人从送料机夹持上轴承，套入定子轴颈。

工位 8：压力机压上轴承到位。

工位 9：机器人从送料机夹持上盖，用光电检测螺孔定向，放在上轴承上面。

工位 10：定向压力机先用三个定向销把上盖螺孔精确定向，随后压头压上盖到位。

工位 11：三台螺钉垫圈合套专机把弹性垫圈和平垫圈分别套在螺钉上，送到抓取位置，三个机械手分别把螺钉夹持，送到工件并插入螺孔，由螺钉预旋专机把螺钉拧入螺孔三圈。

工位 12：拧螺钉机以一定扭矩把三个螺钉同时拧紧。

工位 13：专机以一定扭矩转动定子，按转速确定电动机装配质量，分成合格品或返修品，然后松开夹具。

工位 14：机械手从夹具中夹持已装好的或未装好的电动机，分别送到合格品或返修品运输出线。

电动机装配实质上包括轴孔嵌套和螺纹装配两种基本操作，其中，轴孔嵌套是属于过渡配合下的轴孔嵌套，这对于装配系统的设计有决定性影响。

① 装配作业机器人系统　装配系统使用机器人进行装配作业，机器人应完成如下操作。

a. 利用机器人的堆垛功能，实现对零件的顺序抓取，并运送到装配位置。

b. 配合使用柔顺定心装置，实现零件在装配位置上的自动定心和轴孔插入。

c. 利用机器人及其控制器，配合光电检测装置和识别微处理器，实现螺孔的识别、定向和螺纹装配。

d. 利用机器人的示教功能，简化设备安装调整工作。

e. 使装配系统容易适应产品规格的变化，具有更大的柔性。

根据上述操作，要求机器人有垂直上下运动，以抓取和放置零件；有水平两个坐标的运动，把零件从送料机运送到夹具上，还有一个绕垂直轴的运动，实现螺孔检测。因此，选择了具有 4 个自由度的 SCARA（Selective Compliance Assembly Robot Arm）型机器人。定子组件采用装料板顺序运送的送料方式，每一装料板上安放 6 个零件。机器人必须有较大的工作区域，因此选择了直角坐标型。

对两种形式的机器人来说，根据作业要求，平面移动范围有 600mm，而垂直坐标行程在工件装入定子组件之前取 100mm，在装入定子组件以后，由于定子轴上端有一个保护导线的套管，需要增加 100mm 行程，因此分别选择 100mm 和 200mm 两种规格。工厂要求的生产节拍为 6～8s 以内，以保证较高的生产率。为了达到这一要求，两种形式的机器人都选择高速型。其中，SCARA 型机器人第一臂和第二臂的综合运动速度为 5.2m/s，Z 轴垂直运动速度 0.6m/s；直角坐标型机器人平面运动速度为 1.5m/s，垂直运动速度 0.25m/s。机器人持重由工件及夹持器质量决定，工件中质量最重的是定子组件，为 2.5kg，其余上下盖或轴承都比较轻，再考虑到夹持器的质量，选用持重 5kg 的机器人。为了提高定位精度，根据机器人生产厂家提供的技术资料，选择 SCARA 机器人的重复定位精度为±0.05mm，如图 8-99 所示。直角坐标型机器人为±0.02mm。

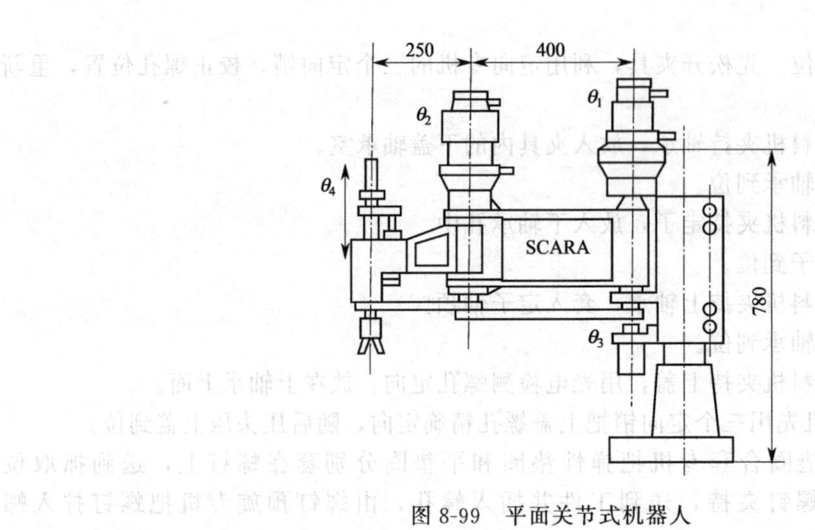

图 8-99 平面关节式机器人

除装配机器人外，吊扇电动机自动装配系统还包括机器人夹持器、自动送料装置、螺孔定向装置、螺钉垫圈合套装置等。

② 夹持器 机器人夹持器是机器人完成装配、搬运等作业的关键机械装置，通常使用气源、液压源、电力驱动，因此需要一套减速或传动装置，这将增加机器人的有效负荷，或是增加厂附属设施，增大了制造成本。

采用形状记忆合金（SMA）驱动元件应用在机器人夹持器中，在一些场合中能代替传统的驱动元件（如电动机、油压或气压活塞），且由于驱动与执行器件集成于夹持器中，不需复杂的减速或传动装置。该种夹持器结构简单、重量轻、操作方便，非常适合于小负载、高速、高精度的机器人装配作业中使用。

SMA 轴承夹持器的结构如图 8-100 所示，其外形为直径 50mm、高 90mm 的圆柱体，重约 400g，可安装在 SCARA 机器人手臂末端轴上进行装配作业。其工作过程分为 4 个阶段：抓取、到位、插放、复位。

当夹持轴承时，夹持器先套入轴承，通电加热右侧记忆合金弹簧（SMA1），使其收缩变形，带动杠杆逆时针转动，轴承被夹紧；松夹时，SMA 断电，通电加热左侧记忆合金弹簧（SMA2），使其收缩变形而带动杠杆顺时针转动，松开轴承。其工作原理如图 8-101 所示。

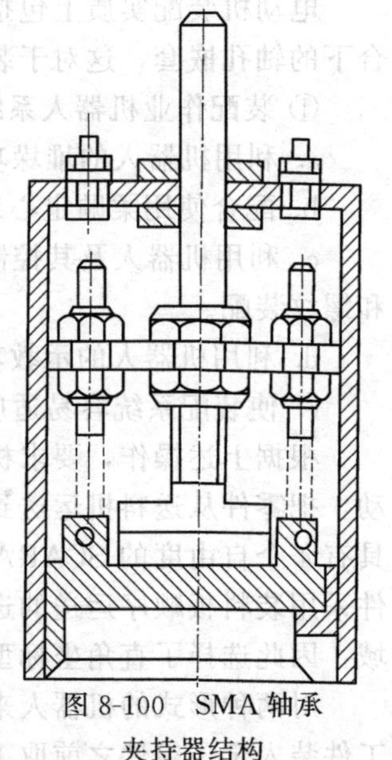

图 8-100 SMA 轴承夹持器结构

③ 轴承送料机 轴承零件外形规则、尺寸较小，因此采用料仓式储料式储料装置。轴承送料机如图 8-102 所示，主要由一级料仓 6（料筒）、二级料仓 2、料道 3、给油器 10、机架 8、隔离板 4、行程程序控制系统和气压传动系统（包括输出气缸 1、隔离气缸 5、栋输送气缸 7 和数字气缸 9）等组成。物料储备 576 件，备料间隔时间约 1h。

为达到较大储量，轴承送料机采用多仓分装、多级供料的结构形式。设有 6 个一级料仓，每个料仓二维堆存，共 6 栋，16 层；一个二级料仓，一维堆存，1 栋，16 层。料筒固定，料筒中的轴承按工作节拍逐个沿料道由一个输出气缸送到指定的机器人夹持装置；当料筒耗空后，对准料筒的一级料仓的轴承在输送气缸的作用下，再向料筒送进1栋轴承；如此6次之后，该一级料仓轴承耗空，由数字气缸组驱动切换料仓，一级料仓按控制系统设定的规律依次与料筒对接供料，至耗空5个料仓后，控制系统发出备料报警信号。

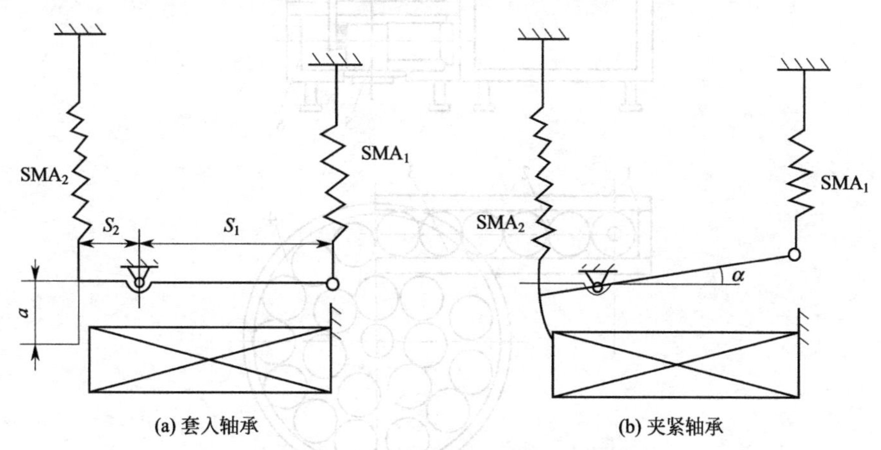

图8-101　SMA轴承夹持器的工作原理

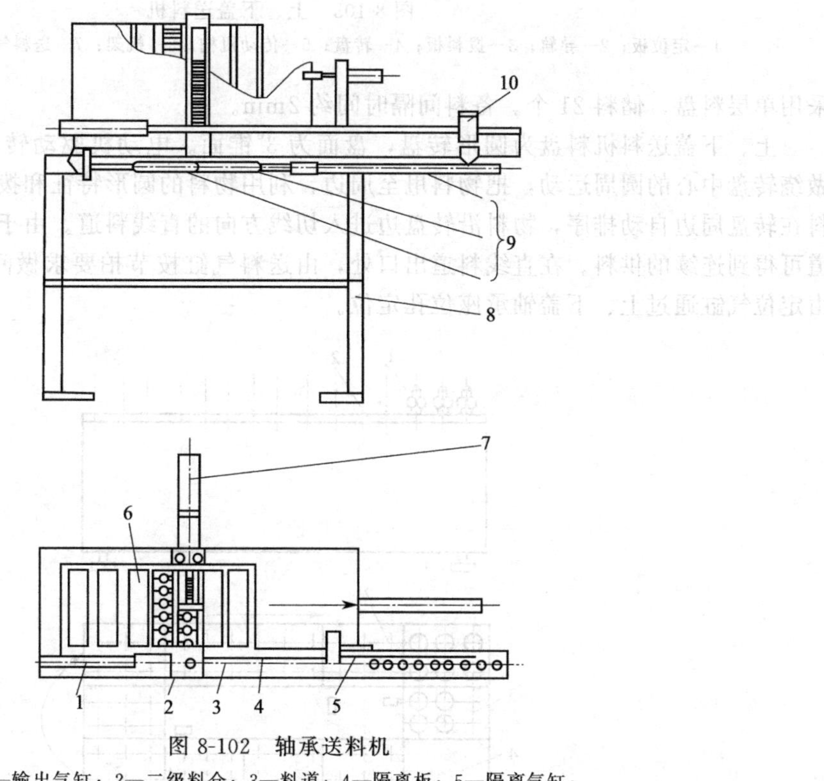

图8-102　轴承送料机

1—输出气缸；2—二级料仓；3—料道；4—隔离板；5—隔离气缸；6—一级料仓；7—栋输送气缸；8—机架；9—数字气缸；10—给油器

④ 上/下盖送料机　上、下盖零件尺寸较大，如果追求增加储量，会使送料装置过于庞大，因此，着重从方便加料考虑，把重点放在加料后能自动整列和传送，所以采用圆盘式送料装置。上、下盖送料机如图8-103所示，它主要由电磁调速电动机及传动机构5、转盘4、拨料板3、送料气缸7、定位气缸8、导轨2、定位板1、机架6等组成。上、下盖物料不宜堆叠，

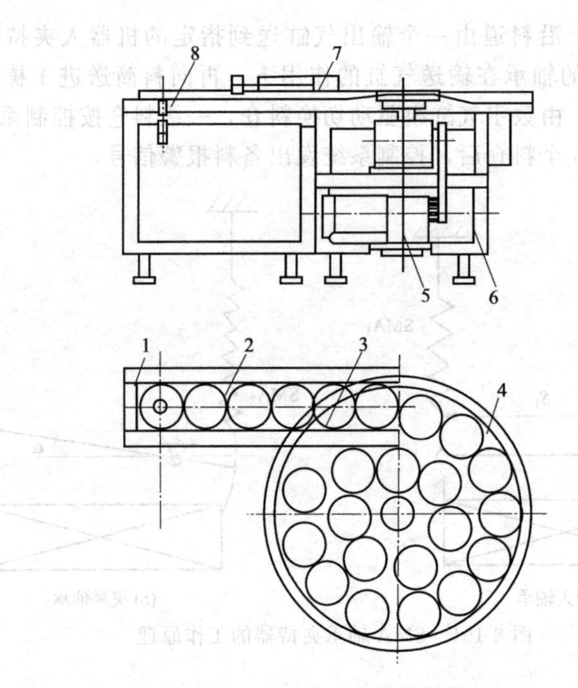

图 8-103 上、下盖送料机

1—定位板；2—导轨；3—拨料板；4—转盘；5—传动机构；6—机架；7—送料气缸；8—定位气缸

采用单层料盘，储料 21 个。备料间隔时间约 2min。

上、下盖送料机料盘为圆形转盘，盘面为 3°锥面。电动机驱动转盘旋转，转盘带动物料做绕转盘中心的圆周运动，把物料甩至周边，利用物料的圆形特征和拨料板的分道作用，使物料在转盘周边自动排序，物料沿转盘边进入切线方向的直线料道。由于物料的推挤力，直线料道可得到连续的供料。在直线料道出口处，由送料气缸按节拍要求做间歇供料。物料抓取后，由定位气缸通过上、下盖轴承座位孔定位。

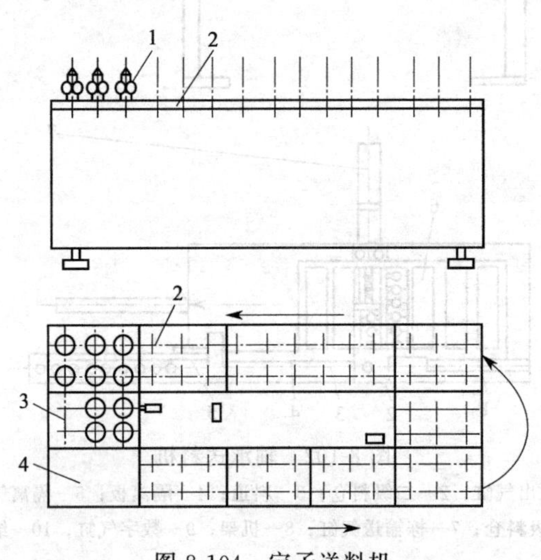

图 8-104 定子送料机

1—定子组件；2—托盘；3—工作位；4—空位

⑤ 定子送料机 定子组件 1 由于已经绕上线圈，存放和运送时不允许发生碰撞，因此采取定位存放的装料板形式。定子送料机如图 8-104 所示。它由 11 个托盘 2、输送导轨、托盘换位驱动气缸、机架等组成。送料机储料 60 件，正常备料间隔时间约 3min。定子送料机采用框

架式布置，矩形框四周设 12 个托盘位，其中一个为空位 4，用作托盘先后移动的交替位。矩形框的四边各设一个气缸，在托盘要切换时循环推动各边的托盘移动一个位。在工作位 3（输出位）底部设定位销给工作托盘精确定位，保证机器人与被抓定子的位置关系。

⑥ 监控系统　由于装配线上有 5 台机器人和 20 多台套专用设备，它们各自完成一定的动作，既要保证这些动作按既定的程序执行，又要保证安全运转。因此，对其作业状态必须严格进行检测与监控，根据检测信号防止错误操作，必要时还要进行人工干预，所以监控系统是整条自动线的核心部分。

监控系统采用三级分布式控制方式，既实现了对整个装配过程的集中监视和控制，又使控制系统层次分明，职能分散。监控级计算机可对全线的工作状态进行监控。采用多种联网方式保证整个系统运行的可靠性。在监控级计算机和协调级中的中型 PLC/C200H 之间使用 RS232 串行通信方式，在协调级和各机器人控制器之间使用 I/O 连接方式，在协调级和各执行级控制器之间使用光缆通信方式，以保证各级之间不会出现数据的传输出错。数百个检测点，检测初始状态信息、运行状态信息及安全监控信息。在关键或易出故障的部位检测危险动作的发生，防止被装零件或机构相互干涉，当有异常时，发出报警信号并紧急停机。

⑦ 自动线上的传送机械手　该系统如图 8-105 所示，由气动机械手、传输线和货料供给机组成。

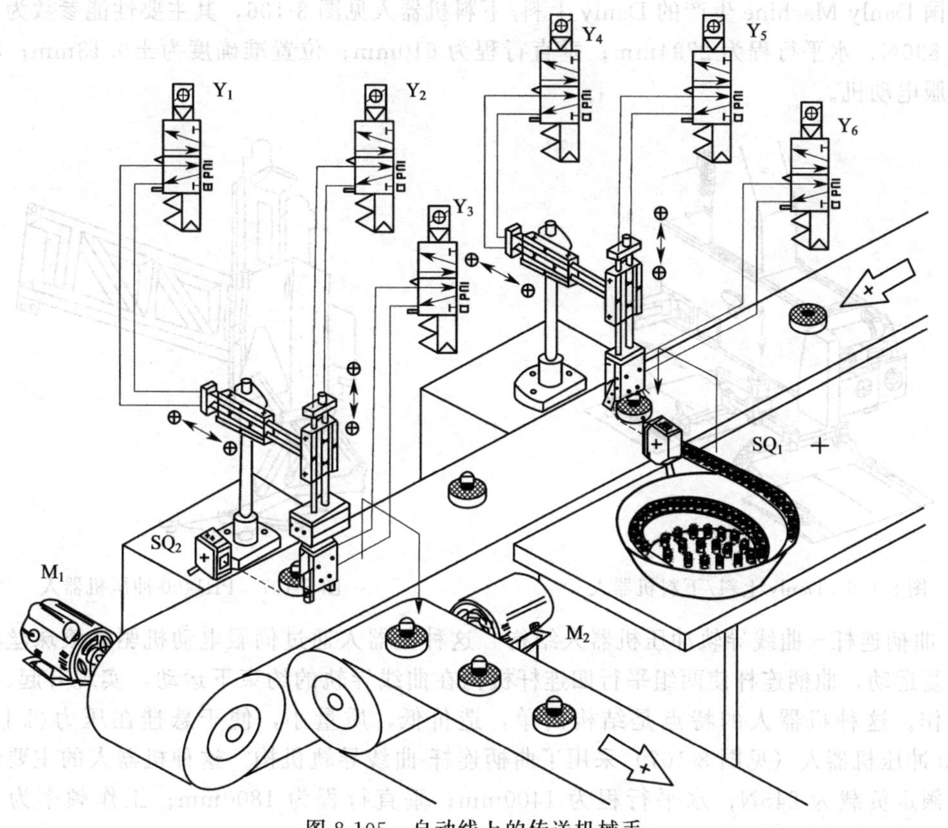

图 8-105　自动线上的传送机械手

按下启动按钮，开始下列操作。

a. 电机 M_1 正转，传送带开始工作，当到位传感器 SQ_1 为 ON 时，装配机械手开始工作。

b. 第一步：机械手水平方向前伸（气缸 Y_4 动作），然后垂直方向向下运动（气缸 Y_5 动作），将料柱抓取起来（气缸 Y_6 吸合）。

c. 第二步：机械手垂直方向向上抬起（Y_5 为 OFF），在水平方向向后缩（Y_4 为 OFF），然后垂直方向向下（Y_5 为 ON）运动，将料柱放入货箱中（Y_6 为 OFF），系统完成机械手装配工作。

d. 系统完成装配后，当到料传感器 SQ_2 检测到信号后（SQ_2 灯亮），搬运机械手开始工作。首先机械手垂直方向向下降到一定位置（Y_2 为 ON），然后抓手吸合（Y_3 为 ON），接着机械手抬起（Y_2 为 OFF），机械手向前运动（Y_1 为 ON），然后下降（Y_2 为 ON），机械手张开（Y_3 为 OFF），电机 M_2 开始工作，将货物送出。

8.3 冲压机器人工作站

8.3.1 冲压机器人的结构

(1) 臂结构

① 直角坐标冲压机器人结构　直角坐标机器人一般有水平和垂直运动两个自由度。适合于面积较大的板材的搬运，对水平、垂直运动可以进行编程控制，机器人一般挂装在压力机上。美国 Danly Machine 生产的 Danly 上料/下料机器人见图 8-106，其主要性能参数为：最大负载为 890N；水平行程为 2794mm；垂直行程为 610mm；位置准确度为±0.13mm；驱动方式为伺服电动机。

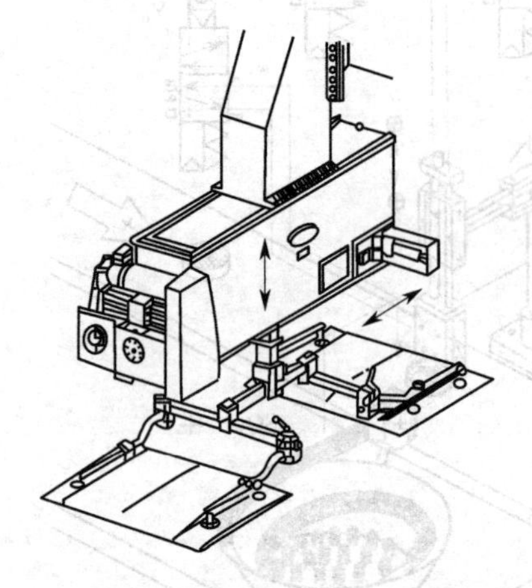

图 8-106　Danly 上料/下料机器人

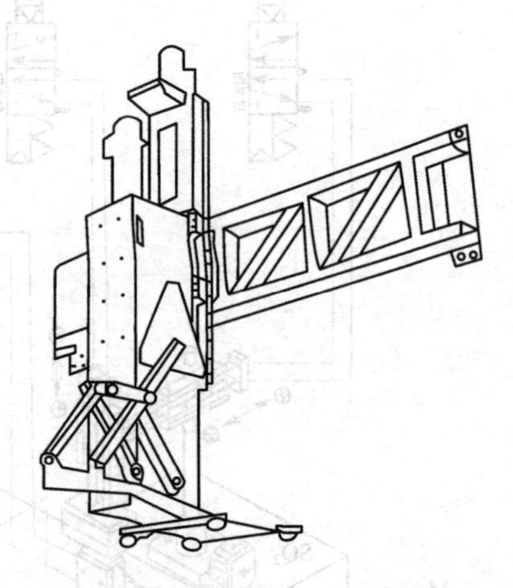

图 8-107　PR1400 冲压机器人

② 曲柄连杆－曲线导轨冲压机器人结构　这种机器人通过伺服电动机驱动滚珠丝杠带动螺母往复运动，曲柄连杆使两组平行四连杆机构在曲线导轨的约束下运动，实现升起、平移、落下动作。这种机器人的特点是结构简单，造价低，质量小，便于悬挂在压力机上工作。PR1400 冲压机器人（见图 8-107）采用了曲柄连杆-曲线导轨机构。这种机器人的主要性能参数是：额定负载为 245N；水平行程为 1400mm；垂直行程为 1800mm；工作频率为 15 次/min；位置准确度为±0.2mm。

③ 复合缸步进送料机器人结构　这种机器人采用双气缸复合增速机构，用双手爪步进送料。其特点是速度高，适合小板料冲压加工快速上下料。图 8-108 是这种机器人的机构。图 8-109 所示的 CR80-I 型冲压机器人用于电动机硅钢片的冲压加工上下料作业。

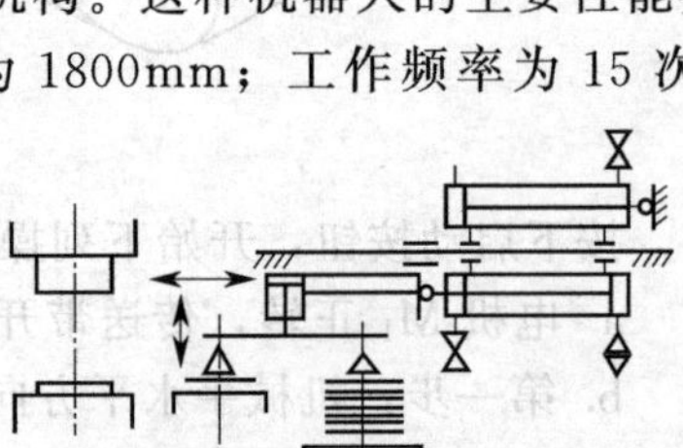

图 8-108　复合增速机构

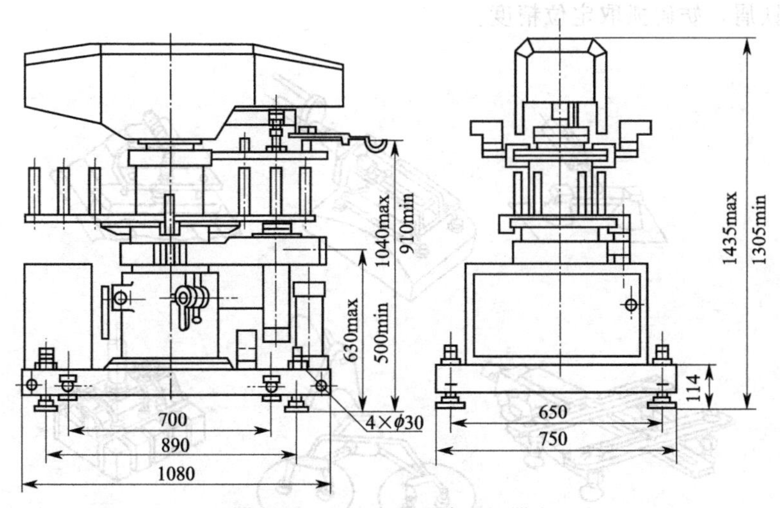

图 8-109 CR80-Ⅰ型冲压机器人

CR80-Ⅰ型冲压机器人主要技术参数为：额定负载为10N；工作频率＜34次/min；送料行程为800mm；送料速度为1000mm/s；自由度数为2；抓取方式为真窄吸附：最大工件尺寸为φ325mm×0.5mm。

(2) 末端执行器结构

冲压机器人的末端执行器（即手爪）一般采用吸盘式手爪。

① 气吸式吸盘

a. 真空吸盘。见图8-110，真空吸盘用真空泵把橡胶皮碗中的空气抽掉，产生吸力。特点是吸力大，工作可靠，应用较普遍。由于这种吸盘需要真空泵系统，成本较高。

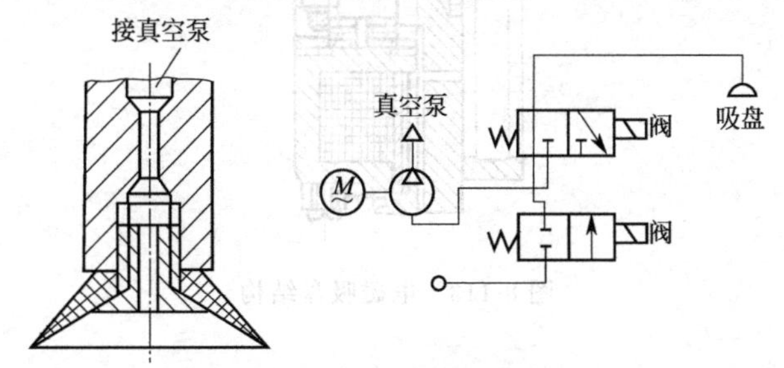

图 8-110 真空吸盘及控制原理

b. 气流负压吸盘。见图8-111，这种吸盘利用气流喷射过程中速度与压力转换产生的负压，使橡胶皮碗产生吸力。关掉喷射气流，负压消失。其特点是结构简单，成本低，但噪声大，吸力小些。图8-112是吸盘的典型应用结构。

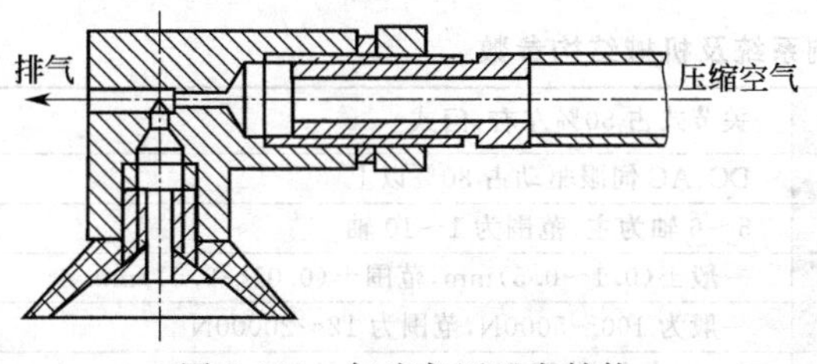

图 8-111 气流负压吸盘结构

② 电磁吸盘　电磁吸盘见图8-113，其特点是吸力大。结构简单，寿命长。这种吸盘的另一优点是能快速吸附工件。它的缺点是电磁吸盘只能吸附磁性材料，吸过的工件上会有剩磁，

吸盘上会残存铁屑，妨碍抓取定位精度。

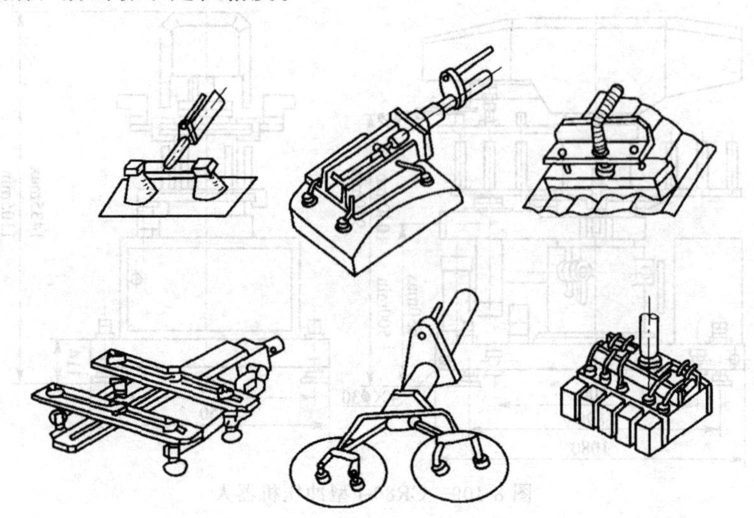

图 8-112 吸盘典型应用结构

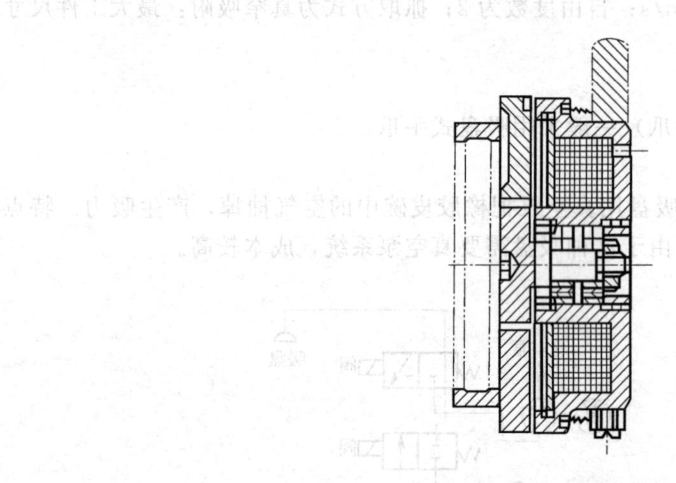

图 8-113 电磁吸盘结构

8.3.2 冲压机器人控制系统

冲压机器人一般采用微型计算机控制，少数也可采用可编程序控制器（PLC）控制。

冲压机器人控制系统及机械结构参数列于表 8-4。

表 8-4 冲压机器人控制系统及机械结构参数

结构形式	关节式占 50%左右，门式
驱动方式	DC、AC 伺服驱动占 80%以上
轴数	5～6 轴为主，范围为 1～10 轴
重复性	一般±(0.1～0.5)mm，范围±(0.01～0.51)mm
负载	一般为 100～5000N，范围为 12～20000N
速度	1m/s 为多，范围为 0.25～15m/s
语言	ARLA、PASCAL、BASIC、汇编等 20 余种
控制方式	主要有 PTP、少量有 CP
控制器	主要用工业控制计算机及 PLC

8.3.3 冲压机器人应用实例

冲压机器人可以用在汽车、电机、电器、仪表、日用电器等工业中，与压力机构成单机自动化冲压和多机冲压自动线。

(1) 冲压机器人在应用中的几个问题

① 在冲压加工自动线上，每天可能更换 2～3 种冲压工件。对于不同的工件，冲压工作量不同，为了提高生产率，压力机的工作频率也不同。机器人必须适应在不同的频率下与压力机同步工作，保持节拍一致。

② 在冲压加工中，机器人的上、下料动作必须与压力机压下、拾起动作互相协调，并且要有一定的时间差保证机器人与压力机不干涉和碰撞。与压力机和辅助设备必须有互锁功能，以保证设备安全。

③ 缩短上、下料时间是提高生产率的关键。机器人必须工作平稳，减少工件振动，快速定位，才能快速完成上、下料动作。

(2) 机器人在汽车工业冲压加工中的应用

美国克莱斯勒公司的一条车门冲压自动线采用了 10 台 Danly 上/下料机器人，用于冲压加工中的上、下料作业。冲压自动线由压力机、机器人、翻转机和传输机组成（见图 8-114)。其主要技术数据如下：

工件名称：车门里板；

工件尺寸：1280mm×1640mm×0.9mm；

冲压工序数：5；

生产率：600 件；

压力机数量：5 台；

机器人数量：10 台；

取料机数量：1 台；

翻转机数量：1 台；

水平旋转机数量：2 台；

传输机数量：3 台。

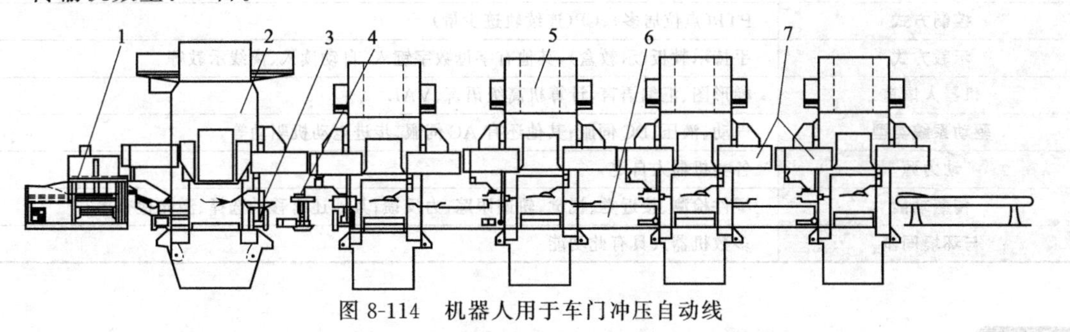

图 8-114　机器人用于车门冲压自动线

1—取料机；2，5—压力机；3—水平旋转机；4—翻转机；6—传输机；7—机器人

随着柔性制造技术的发展，机器人在工业生产中的应用日益广泛，从作业内容来看，还有注塑铸锻、压铸、精整、码垛、激光加工、密封粘接、切割、检查分选、打包包装等；从应用领域看，已从汽车制造业、机械产品制造业推广到其他制造业，从制造业扩展到非制造业等。机器人和现代化加工设备与控制系统的有机结合，为柔性自动化制造技术及系统的发展提供了良好的物料保证。

8.4 压铸机器人

压铸生产过程是在高温高压下，将合金熔液注入金属型或压模以生产零部件。压铸工业可成功地使机器人进行装料、淬火、卸料、切边等作业。

8.4.1 压铸机器人结构

压铸机器人属搬运机器人的一种，但必须适应高温、多尘的作业环境。其机械结构形式与大多数搬运机器人类同，见表 8-5。

表 8-5 压铸机器人机械结构

结构类型	直角坐标型、球坐标型、圆柱坐标型、关节型；其他还有球坐标加关节型、圆柱坐标加关节型、直角坐标加关节型、SCARA 型(平面关节型)、龙门式等
轴数	1～11
机器人质量	11～3000kg
额定负载	10～15000N
定位装置	机械挡块、接近开关、编码器等
末端执行器类型	真空吸盘(垫、杯)、磁性、三点式夹持器、各类机械夹钳、夹爪、工具握持器、软接触夹持器、各类通用夹持器、按用户需求的专用夹持器
安装方式	地面安装占 90%以上，其他有悬吊、墙壁安装等方式

8.4.2 压铸机器人控制系统

压铸机器人控制系统的类型见表 8-6。压铸机器人的其他性能指标参数列于表 8-7。

表 8-6 压铸机器人控制系统

控制系统类型	工控计算机、PLC 可编程序控制器、微处理器，其他还有小型计算机、继电器式、计算机数控、PLC、步进鼓及专用控制系统等
控制方式	PTP(点位居多)、CP(连续轨迹少量)
示教方式	手持示教板(示教盒)，其他有字母数字键入、自动读入、离线示教等
机器人语言	梯形图、汇编语言，计算机高级语言、VAL
驱动系统类型	气动、液压、DC 伺服；其他还有 AC 伺服、步进电动机驱动等
动力源	各类机器人自定
传感功能	零件检测、接近觉、视觉、轨迹跟踪、力反馈；其他还有移动选择、激光检查等
与环境同步	多数机器人具有此功能

表 8-7 压铸机器人性能参数范围

分辨率	±(0.000l～2)mm，±(0.001″～3″)
准确度	±(0.005～2)mm，±(0.002″～0.040″)
重复度	±(0.001～2)mm，±(0.002″～0.020″)
工作空间	随机器人结构类型而不同
速度范围	0～11m/s，大多数压铸机器人速度可编程

8.4.3 压铸机器人应用实例

压铸机器人是在恶劣环境下 24h 代替人工操作的极好的例子。目前用于压铸的机器人大多是通用型机器人，专门用于自动压铸系统的机器人为数极少，ALMART 系列机器人是其中具有代表性的一种，该系列自 20 世纪 70 年代推出，至 90 年代已开发出三代型号。用于 800kN、1250kN、1500kN、2500kN 压铸机，进行汽车零件等的压铸生产。一般来说，引入压铸机器人的条件至少包括以下各项。

① 力求将自动浇注机、压铸机、机器人、切边压力机、堆垛装置连成一系统。

② 要有足够的工作空间，既不影响机器人的动作，又不妨碍更换金属模的作业。

③ 机器人及系统选择要满足生产节拍的要求。

④ 除特殊要求外，夹持器应尽量通用化，并具有适当强度（以防搬运中工件脱落变形）。

⑤ 具有检测工件的手段。

⑥ 具有一定的安全保证措施。

作业系统的平面布置与构成应随不同的生产要求而定。作为压铸机器人应用一例，见图 8-115。

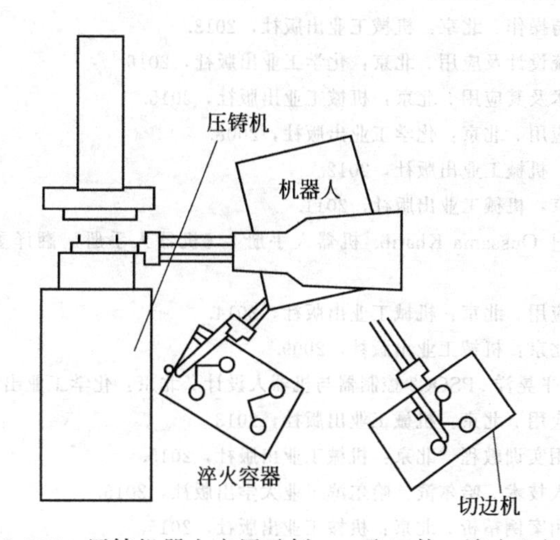

图 8-115 压铸机器人应用示例——取工件、淬火和切边

参 考 文 献

[1] 张培艳．工业机器人操作与应用实践教程．上海：上海交通大学出版社，2009.
[2] 邵慧，吴凤丽．焊接机器人案例教程．北京：化学工业出版社，2015.
[3] 韩建海．工业机器人．武汉：华中科技大学出版社，2009.
[4] 董春利．机器人应用技术．北京：机械工业出版社，2015.
[5] 于玲，王建明．机器人概论及实训．北京：化学工业出版社，2013.
[6] 余任冲．工业机器人应用案例入门．北京：电子工业出版社，2015.
[7] 杜志忠，刘伟．点焊机器人系统及编程应用．北京：机械工业出版社，2015.
[8] 叶晖，管小清．工业机器人实操与应用技巧．北京：机械工业出版社，2011.
[9] 肖南峰等．工业机器人．北京：机械工业出版社，2011.
[10] 郭洪江．工业机器人运用技术．北京：科学出版社，2008.
[11] 马履中，周建忠．机器人柔性制造系统．北京：化学工业出版社，2007.
[12] 闻邦椿．机械设计手册（单行本）——工业机器人与数控技术．北京：机械工业出版社，2015.
[13] 魏巍．机器人技术入门．北京：化学工业出版社，2014.
[14] 张玫等．机器人技术．北京：机械工业出版社，2015.
[15] 王保军，滕少峰．工业机器人基础．武汉：华中科技大学出版社，2015.
[16] 孙汉卿，吴海波．多关节机器人原理与维修．北京：国防工业出版社，2013.
[17] 张宪民等．工业机器人应用基础．北京：机械工业出版社，2015.
[18] 李荣雪．焊接机器人编程与操作．北京：机械工业出版社，2013.
[19] 郭彤颖，安冬．机器人系统设计及应用．北京：化学工业出版社，2016.
[20] 谢存禧，张铁．机器人技术及其应用．北京：机械工业出版社，2015.
[21] 芮延年．机械人技术及其应用．北京：化学工业出版社，2008.
[22] 张涛．机器人引论．北京：机械工业出版社，2012.
[23] 李云江．机器人概论．北京：机械工业出版社，2011.
[24] ［意］Bruno Sialiano，［美］Oussama Khatib. 机器人手册．《机器人手册》翻译委员会译．北京：机械工业出版社，2013.
[25] 兰虎．工业机器人技术及应用．北京：机械工业出版社，2014.
[26] 蔡自兴．机械人学基础．北京：机械工业出版社，2009.
[27] 王景川，陈卫东，［日］古平晃洋．PSOC3 控制器与机器人设计．北京：化学工业出版社，2013.
[28] 兰虎．焊接机器人编程及应用．北京：机械工业出版社，2013.
[29] 胡伟．工业机器人行业应用实训教程．北京：机械工业出版社，2015.
[30] 杨晓钧，李兵．工业机器人技术．哈尔滨：哈尔滨工业大学出版社，2015.
[31] 叶晖．工业机器人典型应用案例精析．北京：机械工业出版社，2015.
[32] 叶晖等．工业机器人工程应用虚拟仿真教程．北京：机械工业出版社，2016.
[33] 汪励，陈小艳．工业机器人工作站系统集成．北京：机械工业出版社，2014.
[34] 蒋庆斌，陈小艳．工业机器人现场编程．北京：机械工业出版社，2014.
[35] ［美］John J. Craig. 机器人学导论．负超等译．北京：机械工业出版社，2006.
[36] 刘伟等．焊接机器人离线编程及传真系统应用．北京：机械工业出版社，2014.
[37] 肖明耀，程莉．工业机器人程序控制技能实训．北京：中国电力出版社，2010.
[38] 陈以农．计算机科学导论基于机器人的实践方法．北京：机械工业出版社，2013.
[39] 李荣雪．弧焊机器人操作与编程．北京：机械工业出版社，2015.